電波法の歴史

―全改正逐条通史―

上巻

武智健二　著

「電波法の歴史―全改正逐条通史―」の執筆及び出版に当たって

電波法は、一九五〇年六月に制定され、本年で六十八年目の年を迎えている。人間に擬すれば、古稀に向かう年齢である。変化の目まぐるしい現代にあって、取り分け「秒進分歩」と言われる情報通信の世界にあって、電波法は、何故に長命を保っているのだろうか。基本法制といえども、社会情勢の変化に即応して改廃されるのであるのに、電波法が七十年弱の期間が経ってなお存在する理由は、周波数の交通整理である無線局免許制度を基本的枠組みとして保ちながらも、社会の要請に適合すべく、新たな仕組みを体内に採り入れてきたからに他ならない。ますます社会的に重要性を増している電波法を知るためには、その変遷の歴史を把握することが必要である。

六法全書等の法令集は、特定時点における現行法令を収集したものである。時間軸の断面を切り取ったものであり、時間軸に沿って法令の変遷を示したものではない。著者は、三十余年にわたる官庁在籍時に基本的な法律の変遷を体系的に整理構築した書物ができないものかと考えていたが、自身で作り上げる時間的余裕もなかった。退官して数年が経って時間的な余裕が生まれたので、いよいよ宿願に取り掛かることとし、最初に電気通信事業法、次に放送法を取りあげ、そして通信基本法制三部作の最後として、このたび「電波法の歴史」を書き上げた。これにより、すべての改正を逐条で通史的に整理するための方法を完成できたと考え、公刊を企図するに至ったものである。

本著書の執筆意図を具現化し記述するための設計の基本的枠組を述べれば、「電波法について逐条で制定時の条文から最近改正までの改正内容を時系列で整理する。」となる。各条の改正を具体的に表現するに当たっては、改正ごとに、当該改正法及び当該条に係る改正規定（いわゆる「改め文」）を示した上で、改正後の条文を置き、改正部分に傍線を施すという手法を採った。また、本書では時系列による整理を重視し、改正法を施行順に並べることとした。改正法は、制定順に施行されるとは限らず、殊に施行期日が政令に委任される例が多くなり、政令の制定期間の範囲が一年を超える長期のものとなると、制定時期と施行時期との逆転が甚だしくなるため、当該法律の改正実態を正確に反映するには施行順がふさわしいからである。

本書の本体は、逐条で改正経緯を追うことであるが、制定法及び各改正法の内容を知ることも有用である。そこで、冒頭に制定法及び一次改正から直近改正までの改正法の一覧表を掲げ、続いて制定及び各改正の概要を記述することとした。そこには、これらの法律が制定された国会の回次及び会期、両議院における可決・成立の日といった基礎的データのほか、当該改正法の趣旨を記述した。その際、電波法の一部改正法等については、政策意図を明らかにするため、委員会における提案理由説明を引用したところ、極めて興味深いものとなった。昭和二十五年の制定時の提案理由説明では正に戦後の新体制樹立に対する清新の意気込みが感じられるし、昭和五十年代後半以降は規制緩和政策を進めつつ電波利用の振興を図るという政策が現れ、平成以降は電波利用料制度の創設から利用料財源を用いた積極的周波数再編等の政策が展開されるという流れが語られている。これらのほか、改正関連条文を掲記し、逐条で構成された本体と呼応させている。

本書の執筆動機及び著述構成について述べたが、その性格は、各改正の概要に読み物的な要素はあるものの、やはり基本的な事実を整理編集した資料集であり、極めて専門性が強い。このたび本書を完成させるに至って、本書は前例がない書籍として、研究者にとっては貴重な基礎資料を提供するとともに、初学者には法改正の実務の一端を学べるものともなると考えているところである。

本書の出版に当たっては、公益財団法人ＫＤＤＩ財団の二〇一六年度の著書出版助成を受けた。この出版助成なくしては、専門的な性格を有する本書を出版することができなかった。本書を採択して頂いた監修委員会の舟田正之委員長ほかの先生方及び渡辺文夫同財団理事長に深く感謝する次第である。また、この助成制度を申請するに当たって御指導を頂いた株式会社ＫＤＤＩ総合研究所の東条続紀氏、篠原聡兵衛氏及び永久保綾子氏に篤く御礼を申し上げたい。

平成二十九年七月七日

推薦の言葉

ここにご推薦申し上げる「電波法の歴史―全改正逐条通史―」の著者である武智健二氏は、二〇〇一年一一月に総務省において電気通信事業紛争処理委員会が設立され、推薦者が委員長代理及び委員長として諸事案の処理に当っていた折、委員会事務局長として支えて頂いた方で、電気通信関連法律の専門家として高い評価を受けていた方である。

推薦者は、かつて大学においては、無線通信工学に関する教育と研究に従事し、特に、長距離マイクロ波通信、衛星通信、移動通信などの無線通信方式ならびに電波干渉・雑音対策に関する研究を推進してきた経緯からも、研究対象ではないにしても、いつも電波法の存在を意識していたといえる。また現在、(一財)移動無線センターの理事長として、直接的・間接的に電波に関する仕事に携わる身でもある。

言うまでもなく、電波は限られた有限の資源であり、それを法的に如何に有効に広く公共利用に役立たせるかという基本理念の下に電波法は形成されている。電波法自体はこれからも時代の要請と共に変貌を遂げていくであろう。しかし、その流れの根底には、その時代時代の電波科学技術の進歩、国際社会環境の変化、利用分野の拡大、安心・安全な社会構築、社会経済情勢、無線通信のユビキタス化、ＩＣＴビジネスの進展、無線ネットワークの高度化、等々を背景とするしっかりした変貌理念のあることを理解することが、今後の電波法のあり方を論じる上でも大切である。

このような観点から武智氏の著書を拝見すると、まさに著者が目指したように、電波法の変遷を体系的に、時間軸に沿って整理した内容となっており、一般にある、ある時点における現行の法令を収集したものとは趣を異にしており、上述した主旨に応える内容となっている。

以上のように、本書によって電波法のこれまでの変遷を含めた骨子と理念を知ることができ、引き続きこの分野の法律を考察していくべき専門家ならびに専門家として育っていく人達にとって、特にお勧めしたい著書である。本書は勿論、高度に専門的なものでもあり、この点、貴財団の出版助成を期待する次第である。

二〇一六年七月一四日

(一財)移動無線センター理事長
大阪大学名誉教授
広島国際大学元学長
森 永 規 彦

(注) 本稿は、本書について公益財団法人ＫＤＤＩ財団が行う出版助成を受けるための申請において、森永氏から同財団及びＮｅｘｔｃｏｍ誌監修委員会に対して御提出いただいた推薦書を同氏の御了解を得て転載したものである。

本書の読み方

本書「電波法の歴史」は、電波法（昭和二十五年法律第百三十一号）の制定から直近までの改正の経緯を逐条で追うことによって、同法に対する理解を深めることを目的としている。

執筆の基本的枠組みは、「電波法について逐条で制定時の条文から最近改正までの改正内容を時系列で整理すること」であり、副題を「全改正逐条通史」とした所以である。改正は、第百九十三回国会（常会、平成二十九年一月二十日～六月十八日）において成立したものまで含めることとし、本書の記述の基準日は、平成二十九年六月十八日とした。

本書は、次の通り構成されている。

第一編　放送法の制定と改正の大要

制定及び直近改正までの改正について、第一部［制定と改正の一覧］で根拠法及びその施行期日の一覧表を示すとともに、第二部［制定時の電波法及び各改正の内容］でこれらの概要を紹介している。

第一部において、一次改正から百五次改正までを掲げている。改正回数の数え方については、原則として一部改正法ごとに一回と数えることとした。ただし、次の場合を例外とした。

1　二以上の施行期日の間に別の改正が施行される場合には、改正を分ける。

（例）

二十五次改正	電波法の一部を改正する法律（昭和五十六年五月二十三日法律第四十九号）	昭和五十六年十一月二十三日
二十六次改正	放送法等の一部を改正する法律（昭和五十七年六月一日法律第六十号）第二条	昭和五十七年十二月一日
二十七次改正	電波法の一部を改正する法律（昭和五十六年五月二十三日法律第四十九号）	昭和五十八年一月一日

2　二段ロケット方式の改正は、二回と数える。

（注）二十五次改正と二十七次改正は、同じ法律によるものである。

（例）

		公布日
九十次改正	電波法の一部を改正する法律（平成二十三年六月一日法律第六十号）第一条（注）九十二次改正とした部分を除く。	公布日
九十二次改正	電波法の一部を改正する法律（平成二十三年六月一日法律第六十号）第一条（注）九十次改正とした部分を除く。	平成二十三年八月三十一日
九十三次改正	電波法の一部を改正する法律（平成二十三年六月一日法律第六十号）第二条	平成二十三年十月一日

（注）九十次改正と九十二次改正は第一条、九十三次改正は第二条による改正である。また、九十次改正と九十二次改正は、1の例でもある。

第二部において改正の概要を記述するに当たっては、電波法の制定又は改正を直接の目的とした法律については、当該法律案が付託された国会の委員会における政府からの提案理由説明を引用し、必要に応じて補足の説明を加えた。一方、他の法律の附則又は整備法等による規定の整備等が行われた場合には、その内容を簡記した。

施行期日は、本則改正の施行期日のみを対象としているが、一の改正において二以上の施行期日がある場合には、各改正の概要を述べる際に、改正事項ごとに紹介することとした。

また、改正の関連条文を掲げ、第二編との連携を図った。

第二編　電波法の変遷

第二編は、第一部［制定時の電波法］、第二部［一次改正から百五次改正までの逐条改正経緯］及び第三部［現行の電波法］の三部構成である。

本書のメインである第二部においては、各条（目次及び原始附則の各項を含む。）を単位として、制定時の条文を冒頭に置き、時系列に並べた改正ごとに、一部改正法の改正規定を掲げた上で、改正後の条文を置いた。

例えば、第Ｘ条のＮ次改正の記述パターンは、次のようになる。

> 第Ｘ条
>
> 【　Ｎ次改正　】
>
> 一部改正法の題名
>
> | 改正規定 |
> |---|
>
> 改正後の条文（第Ｘ条全体）

ここで、一部改正法の附則による改正である場合又は一部改正法が整備法等である場合には、題名に加えて条又は項まで示している。また、改正規定とは、当該一部改正法中の第Ｘ条を改正する規定であり、「第Ｘ条中ＡをＢに改める。」等のいわゆる「改め文（かいめぶん）」と呼ばれるものである。

改正後の条文は、一覧性のため条文全体を示し、次の方法により改正箇所に傍線を施した。

イ　改正条文で「ＡをＢに改める」とする場合は、Ｂに傍線を引く。Ａが条文中の語句である場合のほか、条、項、号等の全部改正についても同様である。

ロ　改正条文で「Ａの下にＢを加える」とする場合は、Ｂに傍線を引く。同様に、「Ａ条（項・号）の次に次のように加える」とする場合に、追加された条項に傍線を引く。

ハ　改正条文中の語句Ｂについて「Ｂを削る」とする場合は、改正前の文言が「ＡＢＣ」と続くとすると、Ｂが削られた改正後の文言「ＡＣ」に傍線を引くことを原則とした。ただし、他の改正との混同が生じる恐れがある場合には、この原則に拠らず、適宜工夫をした。

ニ　条、項、号等を移動する場合は、当該条、項、号等の番号に傍線を引く。

ホ　以上のほか、条、項、号等の全部を削る場合その他改正の内容が分かり難いときには、適宜注釈を加えた。

Ｎ次改正の直前には一つ前の改正後の条文（Ｎ次改正前の条文）全体が置かれているから、その条文とＮ次改正後の条文の傍線部分を比較すれば、改正の具体的内容がわかることになる。

第二部の構成は、電波法は、制定以降に章の追加はあったものの、基本的な章構成に変動がなかったので、目次、各章、附則及び別表の順とした。各章の章名は、現行のものを採用し、具体的には、次の構成となっている。

目次

第一章　総則
第二章　無線局の免許等
第三章　無線設備
第三章の二　特定無線設備の技術基準適合証明
第四章　無線従事者
第五章　運用
第六章　監督
第七章　審査請求及び訴訟
第七章の二　電波監理審議会
第八章　雑則
第九章　罰則
附則
別表

電波法の歴史　―　全改正逐条通史　―

目　次

【上　巻】

【下巻】

第一編　電波法の制定と改正の大要

第一部　制定と改正の一覧

（改正の配列は、施行期日順である。）

制定・改正	法律	施行期日
制定	電波法（昭和二十五年五月二日法律第百三十一号）	昭和二十五年六月一日
一次改正	電波法の一部を改正する法律（昭和二十七年七月三十一日法律第二百四十九号）（注）五次改正とした部分を除く。	公布日
二次改正	日本電信電話公社法施行法（昭和二十七年七月三十一日法律第二百五十一号）第四十条	昭和二十七年八月一日
三次改正	郵政省設置法の一部改正に伴う関係法令の整理に関する法律（昭和二十七年七月三十一日法律第二百八十号）第二条	昭和二十七年八月一日
四次改正	国際電信電話株式会社法（昭和二十七年八月七日法律第三百一号）附則第三十八項	昭和二十七年九月十日
五次改正	電波法の一部を改正する法律（昭和二十七年七月三十一日法律第二百四十九号）（注）一次改正とした部分を除く。	昭和二十七年十一月十九日
六次改正	有線電気通信法及び公衆電気通信法施行法（昭和二十八年七月三十一日法律第九十八号）第二十八条	昭和二十八年八月一日
七次改正	電波法の一部を改正する法律（昭和三十三年五月六日法律第百四十号）	昭和三十三年十一月五日
八次改正	行政事件訴訟法の施行に伴う関係法律の整理等に関する法律（昭和三十七年五月十六日法律第百四十号）第百二条	昭和三十七年十月一日
九次改正	行政不服審査法の施行に伴う関係法律の整理等に関する法律（昭和三十七年九月十五日法律第百六十一号）第二百二十条	昭和三十七年十月一日
十次改正	電波法の一部を改正する法律（昭和三十八年四月四日法律第八十二号）	昭和三十八年八月一日
十一次改正	電波法の一部を改正する法律（昭和三十九年七月四日法律第百四十九号）	昭和三十九年九月一日 昭和四十年五月二十六日
十二次改正	電波法の一部を改正する法律（昭和四十年六月二日法律第百十四号）	昭和四十年九月一日
十三次改正	登録免許税法の施行に伴う関係法令の整備等に関する法律（昭和四十二年六月十二日法律第三十六号）第八条	昭和四十二年八月一日
十四次改正	船舶安全法の一部を改正する法律（昭和四十三年五月十日法律第四十四号）附則第三条	昭和四十四年十月一日
十五次改正	許可、認可等の整理に関する法律（昭和四十六年六月一日法律第九十六号）第二十九条	公布日
十六次改正	沖縄の復帰に伴う関係法令の改廃に関する法律（昭和四十六年十二月三十一日法律第百三十号）第九十二条	昭和四十七年五月十五日
十七次改正	許可、認可等の整理に関する法律（昭和四十七年七月一日法律第百十一号）第十三条	公布日
十八次改正	有線テレビジョン放送法（昭和四十七年七月一日法律第百十四号）附則第六項	公布日

十九次改正	船舶安全法の一部を改正する法律（昭和四十八年九月十四日法律第八十号）附則第五条	昭和四十八年十二月十四日
二十次改正	航空法の一部を改正する法律（昭和五十年七月十日法律第五十八号）附則第六項	昭和五十年十月十日
二十一次改正	各種手数料等の改定に関する法律（昭和五十三年四月二十四日法律第二十七号）第三十三条	公布日
二十二次改正	許可、認可等の整理に関する法律（昭和五十三年五月二十三日法律第五十四号）第二十七条	公布日
二十三次改正	電波法の一部を改正する法律（昭和五十四年十二月十八日法律第六十七号）	昭和五十五年五月二十五日
二十四次改正	各種手数料等の改定に関する法律（昭和五十六年五月十九日法律第四十五号）第三十三条	公布日
二十五次改正	電波法の一部を改正する法律（昭和五十六年五月二十三日法律第四十九号）（注）二十七次改正とした部分を除く。	昭和五十六年十一月二十三日
二十六次改正	放送法等の一部を改正する法律（昭和五十七年六月一日法律第六十号）第二条	昭和五十七年十二月一日
二十七次改正	電波法の一部を改正する法律（昭和五十六年五月二十三日法律第四十九号）（注）二十五次改正とした部分を除く。	昭和五十八年一月一日
二十八次改正	電波法の一部を改正する法律（昭和五十七年六月一日法律第五十九号）	昭和五十八年一月一日 昭和五十八年四月三十日
二十九次改正	電波法の一部を改正する法律（昭和五十九年五月二十九日法律第四十八号）（注）三十一次改正とした部分を除く。	公布日
三十次改正	国家行政組織法の一部を改正する法律の施行に伴う関係法律の整理等に関する法律（昭和五十八年九月八日法律第七十八号）第百五十四条	昭和五十九年七月一日
三十一次改正	電波法の一部を改正する法律（昭和五十九年五月二十九日法律第四十八号）（注）二十九次改正とした部分を除く。	昭和五十九年九月一日
三十二次改正	日本電信電話株式会社法及び電気通信事業法の施行に伴う関係法律の整備等に関する法律（昭和五十九年十二月二十五日法律第八十七号）第四十七条	昭和六十年四月一日
三十三次改正	許可、認可等民間活動に係る規制の整理及び合理化に関する法律（昭和六十年十二月二十四日法律第百二号）第二十一条 （注）三十五次改正とした部分を除く。	昭和六十一年三月三十一日
三十四次改正	電波法の一部を改正する法律（昭和六十一年五月二十二日法律第三十五号）	昭和六十一年七月一日
三十五次改正	許可、認可等民間活動に係る規制の整理及び合理化に関する法律（昭和六十年十二月二十四日法律第百二号）第二十一条 （注）三十三次改正とした部分を除く。	昭和六十一年十二月一日
三十六次改正	日本国有鉄道改革法等施行法（昭和六十一年十二月四日法律第九十三号）第百四十一条	昭和六十二年四月一日

三十七次改正	電波法の一部を改正する法律（昭和六十二年六月二日法律第五十五号）	公布日 昭和六十二年十月一日
三十八次改正	放送法及び電波法の一部を改正する法律（昭和六十二年六月二日法律第五十六号）第二条	昭和六十三年一月一日
三十九次改正	放送法及び電波法の一部を改正する法律（昭和六十三年五月六日法律第二十九号）第二条	昭和六十三年十月一日
四十次改正	放送法及び電波法の一部を改正する法律（平成元年六月二十八日法律第五十五号）第二条	公布日 平成元年十月一日
四十一次改正	電波法の一部を改正する法律（平成元年十一月七日法律第六十七号）（注）四十三次改正とした部分を除く。	公布日 平成二年五月一日
四十二次改正	放送法及び電波法の一部を改正する法律（平成二年六月二十七日法律第五十四号）第二条	平成二年十月一日
四十三次改正	電波法の一部を改正する法律（平成元年十一月七日法律第六十七号）（注）四十一次改正とした部分を除く。	平成三年七月一日
四十四次改正	電波法の一部を改正する法律（平成三年五月二日法律第六十七号）	平成四年二月一日
四十五次改正	電波法の一部を改正する法律（平成四年六月五日法律第七十四号）	公布日 平成五年四月一日
四十六次改正	電波法の一部を改正する法律（平成五年六月十六日法律第七十一号）	公布日 平成六年四月一日
四十七次改正	行政手続法の施行に伴う関係法律の整備に関する法律（平成五年十一月十二日法律第八十九号）第二百九十九条	平成六年十月一日
四十八次改正	電気通信事業法及び電波法の一部を改正する法律（平成六年六月二十九日法律第七十三号）第二条	公布日
四十九次改正	放送法の一部を改正する法律（平成六年六月二十九日法律第七十四号）附則第五項	平成六年十二月一日
五十次改正	電波法の一部を改正する法律（平成七年五月八日法律第八十三号）	平成八年四月一日 平成八年五月一日
五十一次改正	電波法の一部を改正する法律（平成八年六月十二日法律第七十号）	公布日
五十二次改正	電波法の一部を改正する法律（平成九年五月九日法律第四十七号）（注）五十四次改正とした部分を除く。	平成九年十月一日
五十三次改正	電気通信事業法及び電波法の一部を改正する法律（平成九年六月二十日法律第百号）第二条	平成十年二月五日
五十四次改正	電波法の一部を改正する法律（平成九年五月九日法律第四十七号）（注）五十二次改正とした部分を除く。	平成十年四月一日

五十五次改正	電気通信分野における規制の合理化のための関係法律の整備等に関する法律（平成十年五月八日法律第五十八号）第三条	公布日 平成十年十一月一日 平成十一年三月六日
五十六次改正	学校教育法等の一部を改正する法律（平成十年六月十二日法律第百一号）附則第五十条	平成十一年四月一日
五十七次改正	電波法の一部を改正する法律（平成十一年五月二十一日法律第四十七号）（注）五十九次改正とした部分を除く。	公布日
五十八次改正	航空法の一部を改正する法律（平成十一年六月十一日法律第七十二号）附則第十七条	平成十一年七月十一日
五十九次改正	電波法の一部を改正する法律（平成十一年五月二十一日法律第四十七号）（注）五十七次改正とした部分を除く。	平成十一年十一月一日
六十次改正	電波法の一部を改正する法律（平成十二年六月二日法律第百九号）	公布日 平成十二年十一月三十日
六十一次改正	中央省庁等改革のための国の行政組織関係法律の整備等に関する法律（平成十一年七月十六日法律第百二号）第四十条	平成十三年一月六日
六十二次改正	中央省庁等改革関係法施行法（平成十一年十二月二十二日法律第百六十号）第百九十三条	平成十三年一月六日
六十三次改正	独立行政法人の業務実施の円滑化等のための関係法律の整備等に関する法律（平成十一年十二月二十二日法律第二百二十号）第五条	平成十三年一月六日
六十四次改正	書面の交付等に関する情報通信の技術の利用のための関係法律の整備に関する法律（平成十二年十一月二十七日法律第百二十六号）第十条（注）六十七次改正とした部分を除く。	平成十三年一月六日
六十五次改正	独立行政法人通信総合研究所法（平成十一年十二月二十二日法律第百六十二号）附則第九条	平成十三年四月一日
六十六次改正	商法等の一部を改正する法律の施行に伴う関係法律の整備に関する法律（平成十二年五月三十一日法律第九十一号）第二十八条	平成十三年四月一日
六十七次改正	書面の交付等に関する情報通信の技術の利用のための関係法律の整備に関する法律（平成十二年十一月二十七日法律第百二十六号）第十条（注）六十四次改正とした部分を除く。	平成十三年四月一日
六十八次改正	電波法の一部を改正する法律（平成十三年六月十五日法律第四十八号）	公布日 平成十三年七月二十五日
六十九次改正	電気通信役務利用放送法（平成十三年六月二十九日法律第八十五号）附則第五条	平成十四年一月二十八日
七十次改正	電波法の一部を改正する法律（平成十四年五月十日法律第三十八号）（注）七十二次改正とした部分を除く。	公布日

		平成十四年七月一日 平成十四年十七月三十一日
七十一次改正	行政手続等における情報通信の技術の利用に関する法律の施行に伴う関係法律の整備等に関する法律（平成十四年十二月十三日法律第百五十二号）第十条	平成十五年二月三日
七十二次改正	電波法の一部を改正する法律（平成十四年五月十日法律第三十八号）（注）七十次改正とした部分を除く。	平成十五年三月十七日
七十三次改正	電波法の一部を改正する法律（平成十五年六月六日法律第六十八号）	公布日 平成十五年九月一日 平成十六年一月二十六日
七十四次改正	独立行政法人通信総合研究所法の一部を改正する法律（平成十四年十二月六日法律第百三十四号）附則第十三条	平成十六年四月一日
七十五次改正	電気通信事業法及び日本電信電話株式会社等に関する法律の一部を改正する法律（平成十五年七月二十四日法律第百二十五号）附則第二十二条	平成十六年四月一日
七十六次改正	電波法及び有線電気通信法の一部を改正する法律（平成十六年五月十九日法律第四十七号）第一条（注）九十四　次改正とした部分を除く。	公布日 平成十六年六月八日 平成十六年七月十二日
七十七次改正	電波法及び有線電気通信法の一部を改正する法律（平成十六年五月十九日法律第四十七号）第二条（注）八十次改正とした部分を除く。	平成十六年七月十二日
七十八次改正	行政事件訴訟法の一部を改正する法律（平成十六年六月九日法律第八十四号）附則第十二条第二号	平成十七年四月一日
七十九次改正	所得税法等の一部を改正する法律（平成十七年三月三十一日法律第二十一号）附則第六十七条	平成十七年四月一日
八十次改正	電波法及び有線電気通信法の一部を改正する法律（平成十六年五月十九日法律第四十七号）第二条（注）七十七次改正とした部分を除く。	平成十七年五月十六日
八十一次改正	電波法及び放送法の一部を改正する法律（平成十七年十一月二日法律第百七号）第一条	公布日 平成十七年十二月一日 平成十八年四月一日
八十二次改正	会社法の施行に伴う関係法律の整備等に関する法律（平成十七年七月二十六日法律第八十七号）第二百五十四条	平成十八年五月一日

八十三次改正	消防組織法の一部を改正する法律（平成十八年六月十四日法律第六十四号）附則第四条	公布日
八十四次改正	放送法等の一部を改正する法律（平成十九年十二月二十八日法律第百三十六号）第二条	公布日 平成二十年四月一日
八十五次改正	電波法の一部を改正する法律（平成二十年五月三十日法律第五十号）（注）八十七次改正とした部分を除く。	公布日 平成二十年十月一日
八十六次改正	一般社団法人及び一般財団法人に関する法律及び公益社団法人及び公益財団法人の認定等に関する法律の施行に伴う関係法律の整備等に関する法律（平成十八年六月二日法律第五十号）第二百四条	平成二十年十二月一日
八十七次改正	電波法の一部を改正する法律（平成二十年五月三十日法律第五十号）（注）八十五次改正とした部分を除く。	平成二十一年四月一日
八十八次改正	電波法及び放送法の一部を改正する法律（平成二十一年四月二十四日法律第二十二号）第一条	公布日 平成二十二年四月二十三日
八十九次改正	放送法等の一部を改正する法律（平成二十二年十二月三日法律第六十五号）第三条	公布日 平成二十三年三月一日
九十次改正	電波法の一部を改正する法律（平成二十三年六月一日法律第六十号）第一条（注）九十二次改正とした部分を除く。	公布日
九十一次改正	放送法等の一部を改正する法律（平成二十二年十二月三日法律第六十五号）第四条	平成二十三年六月三十日
九十二次改正	電波法の一部を改正する法律（平成二十三年六月一日法律第六十号）第一条（注）九十次改正とした部分を除く。	平成二十三年八月三十一日
九十三次改正	電波法の一部を改正する法律（平成二十三年六月一日法律第六十号）第二条	平成二十三年十月一日
九十四次改正	電波法及び有線電気通信法の一部を改正する法律（平成十六年五月十九日法律第四十七号）第一条（注）七十六次改正とした部分を除く。	平成二十四年十一月一日
九十五次改正	電波法の一部を改正する法律（平成二十五年六月十二日法律第三十六号）	公布日
九十六次改正	奄美群島振興開発特別措置法及び小笠原諸島振興開発特別措置法の一部を改正する法律（平成二十六年三月三十一日法律第六号）附則第六条	平成二十六年四月一日

九十七次改正	電波法の一部を改正する法律（平成二十六年四月二十三日法律第二十六号）	公布日 平成二十六年九月一日 平成二十六年十月一日 平成二十七年四月一日
九十八次改正	独立行政法人通則法の一部を改正する法律の施行に伴う関係法律の整備に関する法律（平成二十六年六月十三日法律第六十七号）第三十八条	平成二十七年四月一日
九十九次改正	放送法及び電波法の一部を改正する法律（平成二十六年六月二十七日法律第九十六号）第二条	平成二十七年四月一日
百次改正	少年院法及び少年鑑別所法の施行に伴う関係法律の整備等に関する法律（平成二十六年六月十一日法律第六十号）第八条	平成二十七年六月一日
百一次改正	水防法等の一部を改正する法律（平成二十七年五月二十日法律第二十二号）附則第八条	平成二十七年七月十九日
百二次改正	行政不服審査法の施行に伴う関係法律の整備等に関する法律（平成二十六年六月十三日法律第六十九号）第三十八条	平成二十八年四月一日
百三次改正	電気通信事業法等の一部を改正する法律（平成二十七年五月二十二日法律第二十六号）第二条	平成二十八年五月二十一日
百四次改正	電波法及び電気通信事業法等の一部を改正する法律（平成二十九年五月十二日法律第二十七号）第一条	公布日 公布の日から起算して九月を超えない範囲内において政令で定める日 公布の日から起算して一年三月を超えない範囲内において政令で定める日
百五次改正	学校教育法の一部を改正する法律（平成二十九年五月三十一日法律第四十一号）附則第十五条	平成三十一年四月一日

（注）百四次改正（公布日に施行された部分を除く。）及び百五次改正は、未施行である。

第二部　制定時の電波法及び各改正の内容

昭和二十五年の電波法の制定及び一次改正から百五次改正までの各改正の内容は、次のとおりである。

【　制定　】

電波法案は、放送法案及び電波監理委員会設置法案とともに、第七回国会（常会、昭和二十四年十二月四日～昭和二十五年五月二日）に提出され、昭和二十五年四月二十六日の衆議院本会議で可決・成立し、同年五月二日に昭和二十五年法律第百三十一号として公布された。施行期日は、「公布の日から起算して三十日を経過した日から施行する」とされ、同年六月一日である。

上記三法案については、昭和二十五年一月二十四日の衆議院電気通信委員会において、小澤佐重喜電気通信大臣から、次の説明がなされている。

「ただいま議題と相なりました電波法案、放送法案及び電波監理委員会設置法案の提案理由を、ごく簡単に御説明申し上げます。

放送を含む電波行政の現在の基本法である無線電信法は、大正四年に施行せられたものでありますので、放送を初め、科学技術の進歩に伴い、電波を利用する分野が拡大した今日におきましては、十分に規律の目的を達しているとは申せないような次第であります。特に放送に関しましては、この不備を補うとともに、国民全体のための放送とするために、現在の日本放送協会を改組すると同時に、その事業の独占を排除することが、社会の要望するところとなつて参りました。次に、日本国憲法の施行によりまして、国民主権に基く法律による行政を確立いたしますためには、無線電信法は行政官庁に対する授権の範囲が広きに過ぎ、国民の権利及び自由を十分に保障しているものと申すことができません。また、電波が国境を越えた文化的手段でありますことから、その利用には高度の国際協力を必要といたしますが、このための国際電気通信条約に我が国も昨年加入いたしました結果、この条約の要求を満たすように国内法制を整備する必要がございます。さらに無線電信法の性格そのものにつきましても、現在電気通信省で行つております公衆通信事業の事業経営の準則と見られる規定が、監督行政の規定とともに包含せられておりますので、行政を事業から分離し、別個の法体系とすることが合理的であると申すことができるのであります。同時に主管の行政官庁も、事業官庁である電気通信省から分離するとともに、その組織を民主化することが、行政の公正を期する上に必要となって参っております。

以上要しまするに、電波の公平かつ能率的な利用を確保し、公共の福祉を増進するため、及び放送が公共の福祉に適合して行われ、かつその健全な発達をはかるために、電波法案及び放送法案並びに電波監理委員会設置法案を、ここに提出いたした次第であります。」

また、網島毅電波監理長官から、次の説明がなされた。

「電波関係三法案に関しましては、ただいま電気通信大臣から提案理由の御説明がございましたが、私からさらに三法案の大要について御説明申し上げたいと存じます。

まずこの三つの法案の関係を御説明申し上げたいと存じます。これら三つの法案は相互に密接に関連しておりまして、一体として電波及び放送の行政の基本法となるのでございますが、そのうち電波監理委員会設置法を独立の法案といたしましたのは、行政作用の法律と区別して、行政組織の法とするためでございます。電波法案及び放送法案は、ともに行政作用の法でございまして、設置法では、この電波及び放送の行政をつかさどる共通の国家行政組織であるところの電波監理委員会の組織、権限及び所掌を定めてあるのでございます。

電波法と放送法とにつきましては、放送が電気通信の中におきましても、最も社会的あるいはまた文化的に特質がある事実にかんがみまして、特に放送法といたしまして、放送事業の在り方、すなわち日本放送協会及び一般放送局の在り方、及び放送の番組内容の在り方につきまして、その大綱を規定いたしました。これに対しまして電波法は、放送を含む電波一般の有効かつ能率的な利用を確保するという面を、直接の規律の対象といたしまして、無線局はもちろん、個々の放送局も無線局の一つとして免許、設備の条件、運用の監督等につきまして、すべて電波法の適用を受けるということにいたした次第でございます。」

続いて、同長官から、各法案についての説明が行われた。電波法案については、次に掲げるとおりである。

「まず電波法案でございますが、この電波法案は、ただいま大臣から提出理由の説明にございましたように、最近における電波利用の急速かつ広範囲の進展と、これと軌を同じくいたしてできました新たな国際電気通信条約の成立とに即応いたしまして、古い無線電信法に替えまして、無線電信、無線電話——これにはもちろんラジオ放送も含んでおりまするが、そのほかテレビジョン、ファクシミリ、ラジオゾンデ、その他最近のいろいろなこの電波を応用する一切の施設、及びこれに妨害を与える施設に対する免許、監督等の国家の規律を定めておるのでございます。

この法案を現在の無線電信法に比べまして、そのおもな特色を以下二、三申し上げたいと存じます。第一は現在の無線電信法は、無線局の開設につきましては、政府が電波についてすべてを管掌するという観念のもとに、政府の専有を原則といたしておりまして、その制限列挙した例外の場合に限り、私設を許可しているのでございますが、今度の電波法案等におきましては電波の利用範囲の拡大に伴いまして、旧無線電信法の建前を捨てまして、万人の電波利用の自由を認めておるのでございます。ただ電波はこの数に非常に限度がありますために、これを有効適切に使うための統制を加えるということにいたしております。

第二は、旧無線電信法におきましては、国営無線通信事業の経営に関する規定と、無線通信の監督に関する規定とをともに含んでおりましたが、電波法案におきましてはこの部分を分離いたしまして、専ら電波行政の基本法律となっております。したがいまして電気通信省の事業経営に関する無線電信法の規定は、新しい事業法ができるまでその効力を存続するということにいたしまして、将来はこれを除去したいと考えておるのでございます。

第三は行政の対象が新事態に即しまして、前に述べましたように格段に拡張されております。すなわち従来電波の利用範囲がごく限定されておったのでありますが、波長の技術的な拡大に伴いまして、その応用範囲を広くしております。

第四は現在の無線電信法では、国民の権利義務に関する重要な事項が、極めて大幅に政府の行政命令に委任せられておるのでございますが、電波法案におきましてはこれらを法律中に定めてございます。

第五といたしまして、それでもなお細部におきまして、法律の委任によりまして、又は法律の執行のために命令を必要とする場合が多々ございますが、これらの命令を制定改廃いたしますためには、利害関係者の参加する聴聞を経なければならないことにしておるのでございます。

第六といたしまして、免許その他の処分を行う点につきましては、極力そのような場合を限定いたしますとともに、処分を行う際はあらかじめ電波監理委員会規則で定められているところの準則に基づかなければならないことになつております。そしてその決定に当たりましては、電波監理委員会において十分合議いたしまして、行政処分を行うことになっておるのであります。

このような民主的な過程による行政処分に対しましても、さらに自由に異議の申立てができるようにしてございまして、その申立てがございますれば、慎重な聴聞を経なければならないことになつております。その聴聞を経た決定に対しましては、さらに不服がある場合に、裁判所に出訴する道が開かれておるのでございます。

以上は電波法の概略でございますが、各章にわたりまして、おもな点を若干敷衍いたしたいと思います。

第一章は総則でございますが、この章におきましては法の目的を定め、電波の公平かつ能率的な利用を確保することによりまして、公共の福祉を増進することにあることを定めてございます。また電波に関する条約の規定は、この法律に優先するものといたしまして、電波の利用について国際協力をする日本の立場を明らかにしてございます。またこの法案の解釈に疑義の生ずることを避けるために、法案に用いておりますところの用語に対しまして、若干の定義を定めておるのでございます。

次に第二章は無線局の免許でございますが、無線局を開設しようとする際は、国の機関であろうと個人であろうと、すべて電波監理委員会の免許を受けなければならないことになっております。放送局も無線局の一種でございますからして、もちろんこの監理委員会の免許を必要とするのであります。現在電気通信省の営んでおりますところの公衆通信業務のための無線局は、今後も電気通信省で取り扱うということをはつきりいたしております。また免許を与えない人格上の事由といたしまして、外国人及び外国法人等並びに期間を定めまして、電波の利用に関する一定の罪を犯した者、及び免許の取消しを受けた者に、それぞれ免許を与えないということにしておるのでございます。

それから免許には放送局は三年以内、一般の無線局におきましては五年以内の有効期間を定めることといたしておりますが、ただ法律あるいは政令によりまして、無線局の設置を強制されておりますところの船舶に対しましては、期限を設けないことになつております。さらに免許の有効期間をつけました関係上、再免許の場合には簡単な手続で足りるように定めておるのでございます。

次に第三章の無線設備でございまするが、無線設備の技術的条件に関しましても、現在の無線電信法のような簡単な委任の根拠によって定める方法を改めまして、電波法案は、ここで国民の権利及び自由に影響する主要なものにつきましては、すべて法律事項といたしまして、命令に委任する場合にも、その範囲を明らかにして限定しておるのでございます。

次に第四章の無線従事者でございまするが、無線従事者と申しまするのは、無線局を構成する無線設備の操作、これは通信をやる場合と、技術的に設備を動かすという二つに分けておるのでございまするが、この無線設備の操作を行う者であつて、電波監理委員会の免許を受けている者を指すことになつております。したがいましてすべての無線設備では、この監理委員会の免許を受けた従事者でなければ、その操作を行い得ないことになつておるのでありまして、混信の防止と通信の円満な疎通を確保するために、この従事者に対しましては、国家試験を経たところの一定の資格を要求いたしております。しかもこの資格に対しましては、免許に対しましては五年の有効期間を設けまして、この資格に応ずるところの能力を保持させることにいたしております。同時に免許の無試験更新等の制度も確立しておるのでございます。

次に新しい資格制度の設定に伴いまして、従来の法令の規定に基きまして、現在資格を有しておる無線従事者は、電波法案の定めるそれぞれの資格に相当する資格を、そのまま保有することといたしております。たとえば現在無線通信士といたしまして、第一級、第二級、第三級、電話級及び聴守員級という区別がございまするが、これに対しましては、今後もこの電波法案に規定されておりまするところのそれぞれの資格等級を、そのまま取得し得ることになつておるのであります。

次に第五章は、無線局の運用でございまするが、無線局がその業務を遂行するに際しまして、従わなければならない規律を定めてございます。この規律は必要の最小限度にとどめてあるのでありまして、海岸局及び船舶局につきましては、海上の安全の見地より必要とされておる若干の原則を、特にこれに付加してございます。

次に第六章は監督でございまするが、ここで定めてございまするところの行政庁の監督命令の権限は、現在の無線電信法の規定を大幅に縮小いたしまして、法律による行政、一般に知らしめるところの行政というものを確立しておるのでございます。

そのうち主なものを二、三御説明申し上げたいと存ずるのでありますが、まず電波法案は、無線局の免許の取消し、運用の停止、制限の命令、これらは免許人が法令あるいは処分に違反いたしました、いわば過失責任の場合に限ることを原則といたしまして、しかもこの場合、取消しは原則として運用の停止、制限の処分をまず行ってからということにしております。また運用の停止は三箇月を越ゆることができないようになつておりまするし、運用の制限も運用許容時間、周波数及び空中線電力に限り、かつ期間を定めて行わなければならないことになっております。例外といたしましてわずかに電波法案は、過失のない場合、すなわち混信の防止その他公益上の必要があつた場合には、周波数又は空中線電力の指定を変更することができるようになっておりますが、それは無線局の目的の遂行に支障を及ぼさず、かつその無線設備の変更を要しないか、あるいはごく軽微な変更にとどまる場合に限っております。ただしかし通信の使命にかんがみまして、今回の場合には特別な通信を取扱い得ることをさせることができるようになっておりますが、この場合には実費を弁償することにしておるのでございます。

次に第七章の聴聞及び訴訟について申し上げたいと思います。電波行政の公正を確保する最も特色のある制度といたしまして、ここに聴聞の制度を新たに導入してございます。これは米国におきましては行政手続法という一般法によって、行政の一般的な制度として確立せられているところのものでございまして、我が国におきましては、この法案が電波行政の分野におきまして最初に確立するものであると申すことができます。単なる公聴会ではございません。ここに定めています聴聞制度の特徴は、第一に、聴聞を主宰する独自の職能を有しまする審理官によって聴聞が行われることになつており、第二に、放送局の免許を含む一切の行政処分について異議の申立てがありました場合だけでなく、広義の立法である点にかんがみまして、委員会規則の制定、改廃をする際にも、聴聞を行わなければならないものとしたのであります。第三に、聴聞の手続につきましては、聴聞の開始に際しましてその旨を公告し、広く利害関係者の参加を求めますほか、代理人の制度、当事者及び参考人の審問、主張と立証及び反対訊問、並びに調書及び意見書の作成等、第一審の裁判手続に準ずる手続を定めますとともに、この審理官の作成した調書及び意見書の内容に基いてのみ、委員会は決定権を行使しなければならないものとなつているのであります。従いまして第四に、訴訟におきましても、訴えの提起は第二審裁判所に対して行うものといたし、特に十分な証拠に基いて委員会が認定した事実は、裁判所を拘束するものとなつておるのでございます。

第八章は雑則でございまして、ここで規定しています主な事柄は、無線設備以外の設備でありまして、しかも無線通信に妨害を及ぼすというようなものに対する規律と、それから検査その他の行政手続に対する手数料の徴收を決めております。

第九章は罰則でございますが、ここでは、刑法が規律していないか、又は十分には規律していない反社会的な行為につきまして、電波を利用する部面に固有なものを抽出いたし規定しているのでございます。罰則を命令に委任してはございません。この罰則につきましても、旧法のように無制限となるような規定の方法を避けまして、罪となる場合を極力少くするとともに、その行為を明らかにいたしまして、個人の自由を尊重するように規定してございます。

なお附則におきましては、できるだけ早く施行されることを祈念いたしまして、この法律の施行期日を四月二日以降であつてはならないということにしている（著者注：昭和二十五年四月七日の衆議院電気通信委員会において、法案審議の状況及び公布後の実施準備期間を考慮したとの理由から、「公布の日から起算して三十日を経過した日から施行する」と修正された。）のでございます。

以上が大体電波法の概要でございます。」

【　一次改正　】

第十三回国会（常会、昭和二十六年十二月十日～昭和二十七年七月三十一日）に

おいて成立した電波法の一部を改正する法律（昭和二十七年法律第二百四十九号）による改正である。この一部改正法案は、衆議院において一部修正された上で、昭和二十七年六月十九日に可決され、同年七月二十五日の参議院本会議において可決・成立した。

この法律は、国際民間航空条約及び海上における人命の安全のための一九四八年の国際条約に基づき、航空機又は船舶に開設する無線局に係る電波法の規定を整備するものであり、昭和二十七年五月十五日の衆議院電気通信委員会において、網島毅電波監理委員会委員長から、次のとおりの提案理由説明が行われている。

「去る四月二十八日に効力を発生しました日本国との平和条約締結の際におきまして、わが政府はこの条約の最初の効力発生の後六箇月以内に、国際民間航空条約への参加の承認を申請する意思があることを宣言しておりまするが、平和条約第十三条におきましては、我が国は国際民間航空条約第九十三条に従って同条約の当事国となるまで、航空機の国際航空に適用すべきこの条約の規定を実施し、かつ同条約の条項に従っての条約の附属書として採択された標準方式及び手続を実施することを規定しております。

この規定に従いまして、政府は航空に関する基本法たる航空法を制定いたしますために、航空法案を今国会に提出しておりまするが、これに応じて電波法中にも航空機の無線局に関し、めざましく発達したこの種電波の利用上必要な規定を設けることが必要となったのでございます。

また電波法は、船舶の航行の安全のため、の無線局に関しまして規定しておりますが、現行法律の規定は、一九二九年の海上の人命の安全のための国際条約の規定に従っておりますが、一九四八年にロンドンにおいて新たに海上における人名の安全のための国際条約が締結せられまして、本年十一月十九日に効力を発生いたすこととなっておるのであります。

ところで前に申し上げました平和条約締結の際に、わが政府は実行可能な最短期間内に、かつ平和条約の最初の効力発生の後一年以内に、この新しい海上における人命の安全のための国際条約に正式に加入する意思があることを宣言しておりま す。政府はこの条約加入の手続を進めまするとともに、船舶安全法の一部を改正する法律案を今国会に提出しておりまするが、これに応じて電波法中の船舶の無線局の規定につき必要な改正を行う必要があります。」

一部改正法の施行期日は、公布の日（昭和二十七年七月三十一日）及び同年十一月十九日であり、後者の施行期日となる改正は、当該施行期日が二次改正及び三次改正の施行期日の後になるので、五次改正として扱っている。

公布の日に施行される改正に係る改正関連条文は、目次、第五条、第六条、第十三条、第二十七条、第三十六条の二、第三十七条、第三十九条、第四十条、第五十条、第五十二条、第六十六条、第三節（第七十条の二～第七十条の六）、第七十五条、第七十六条、第八十三条、第百三条の二、第百五条、第百六条、第百十二条、第百十三条及び附則第九項から第十五項までである。

【　二次改正　】

第十三回国会において成立した日本電信電話公社法施行法（昭和二十七年法律第二百五十一号）第四十条による改正である。同国会において成立した日本電信電話公社法（昭和二十七年法律第二百五十号）により、電気通信省が廃止され、電気通信事業を独占的に行う組織として日本電信電話公社が設立されたことに伴い、無線通信に係る公衆通信業務の独占を定める電波法第四条第二項について、「国」を「日本電信電話公社」と改めるものである。

この改正の施行期日は、日本電信電話公社法の施行期日である昭和二十七年八月一日である。

【　三次改正　】

第十三回国会において成立した郵政省設置法の一部改正に伴う関係法令の整理に関する法律（昭和二十七年法律第二百八十号）第二条による改正である。

電波監理委員会が廃止され、その所掌事務が郵政省に移管されることとなり、そのための法的措置として、同法第一条により電波監理委員会設置法（昭和二十五年法律第百三十三号）が廃止され、郵政省設置法の一部を改正する法律（昭和二十七年法律第二百七十九号）により郵政省の所掌事務として電波監理委員会の所掌事務が規定された。（なお、電波監理委員会委員会から郵政省へと行政事務が移管されると同時に、二次改正で触れた電気通信省の廃止に伴い日本電信電話公社の監督事務のほか同省が所掌していた電気通信に関する行政機能を郵政省が所掌することになった。）

この行政組織法の改正に伴って、行政作用法である電波法においても、所要の改正が行われた。

その第一は、無線局の免許のほか、電波法において電波監理委員会の権限とされていた事項を郵政大臣の権限としたことである。そのため、電波法の規定中、「電波監理委員会」を「郵政大臣」に、「電波監理委員会規則」を「郵政省令」に改めている。改正関連条文は、多数に上るので、逐一掲げることを省く。

第二は、郵政省の内部組織として、電波監理審議会を置いたことである。同審議会は、それまで電波監理委員会が行っていた同委員会の処分に対する異議申立てに係る聴聞に代えて郵政大臣の処分に対する異議申立てに係る聴聞を行い、また郵政省令の制定、郵政大臣が行う処分等のうち必要的諮問事項とされる事項について郵政大臣からの諮問を受けて審議することとされた。これに係る改正関連条文は、目次、第七章の章名、第八十三条から第八十八条まで、第九十二条、第九十三条、第九十三条の二、第九十四条、第九十六条、第九十六条の二、第九十七条から第九十九条まで、第七章の二（第九十九条の二～第九十九条の十三）及び第百十条である。

この改正の施行期日は、郵政省設置法の一部を改正する法律の施行期日である昭和二十七年八月一日である。

【　四次改正　】

第十三回国会において成立した国際電信電話株式会社法（昭和二十七年法律第三百一号）附則第三十八項による改正である。国際電信電話株式会社法案は、日本電信電話公社法案及び日本電信電話公社法施行法案とともに第十三回国会に提出され、昭和二十七年六月五日の衆議院本会議にて修正議決され、さらに同年七月十一日の参議院本会議にて修正議決された後、同国会の最終日である同月三十一日の衆議院本会議にて参議院の修正に同意することで成立した。

電波法の一部改正の趣旨は、二次改正で述べたところと同様であり、無線通信に係る公衆通信業務の独占を定める電波法第四条第二項について、国際公衆電気通信事業を独占する国際電信電話株式会社を追加するものである。

施行期日は、「この法律の施行期日は、政令で定める。但し、その期日は、昭和二十八年三月三十一日後であってはならない。」と規定され、昭和二十七年政令第四百十一号により、昭和二十七年九月十日とされた。

【　五次改正　】

一次改正の項に掲げた電波法の一部を改正する法律（昭和二十七年法律第二百四十九号）による改正事項のうち昭和二十七年十一月十九日に施行されたものである。

内容等については、一次改正の項を参照されたい。

この改正に係る改正関連条文は、第三十三条、第三十三条の二、第三十四条、第三十五条、第三十五条の二、第三十六条、第三十七条、第六十三条、第六十五条及び第九十九条の十一である。

【 六次改正 】

第十六回国会（特別会、昭和二十八年五月十八日～同年八月十日）において成立した有線電気通信法及び公衆電気通信法施行法（昭和二十八年七月三十一日法律第九十八号）第二十八条による改正である。

有線電気通信法及び公衆電気通信法施行法案は、有線電気通信法案及び公衆電気通信法案とともに提出された。衆議院において公衆電気通信法案の一部について修正が行われた上で昭和二十八年七月二十一日の衆議院本会議において可決され、同月二十七日の参議院本会議において可決・成立した。なお、この三法案は、第十三回国会及び第十五回国会（特別会、昭和二十七年十月二十四日～昭和二十八年三月十四日、解散）に提出され、いずれも廃案となり、第十六回国会において成立したものである。

この三法律は、当時の電信法が私設の電信電話設備を規律するとともに電気通信業務を規律するものであったところ、この両機能を有線電気通信法と公衆電気通信法とに分離するものであり、電波三法と並んで、戦後の基本法制の改革を行った重要な法制定である。ついては、昭和二十八年六月二十四日の衆議院電気通信委員会において行われた塚田十一郎郵政大臣による三法律案に係る国会の提案理由説明を次に掲げる。

「次に本委員会に付託になつております有線電気通信法案、公衆電気通信法案並びに有線電気通信法及び公衆電気通信法施行法案の提案理由を御説明いたします。

この三法案につきましては、去る第十五回特別国会に提出し、審議未了となつたものでありますが、前国会衆議院において修正せられた事項を改めるとともに、減価償却費の不足及び設備拡充資金の一部を補うため料金別表に必要な改訂を加え、再提出いたしたのであります。

現在電気通信に関する法律としましては、有線の私設電信電話を監督規律するとともに、公衆電気通信の業務を規律するものとしての電信法があり、無線に関する電信電話の設備並びに運用を監督規律するものとして電波法があり、日本電信電話公社による電気通信設備の建設及び保存のための土地の使用については電信線電話線建設条例があり、電信電話の料金については電信電話料金法があるのでありますが、これらの法律につきましては、電波法、電信電話料金法を除きましては、明治中期に制定せられて以来、長年月の間ほとんど据え置かれているのでありまして、これを現在の実情に沿うよう改正することとし、有線電気通信設備の設置に対する監督法規として有線電気通信法を、公社又は国際電信電話株式会社が提供する電信電話サービスに関する基本的事項を規定するとともに、公社がその電気通信設備を建設保全するため必要とする土地の使用に関する事項を併せて規定するため公衆電気通信法を、またこれらの二つの法律を施行するため必要な経過規定その他関係法律の改正を行うため、これら二つの法律の施行法を制定しようとするものであります。

次に法案に規定してあります主な内容について申し上げます。

まず有線電気通信法案につきましては、第一は、電気通信の利便を広くするため、有線電気通信設備の設置及び使用については、でき得る限り自由にすることを建前とし、ただ公社又は会社が行う公衆電気通信業務の独占を侵されることのないようにするため、公社又は会社以外の者が有線電気通信設備を設置し、又は使用するについて次のような制限を設けております。

まず有線電気通信設備の設置については、一人の専用に供するものは自由でありますが、二人以上の者が共同して設置することは、公社又は会社の業務の独占の侵害となるおそれのない特定の場合に限りこれを認めることとし、また他人の設置した有線電気通信設備との接続につきましても、共同設置と同様の取扱いをすることとしております。また公社又は会社以外の者の設置した有線電気通信設備については、その設備を用いて他人の通信を媒介し、その他他人の通信の用に供することを業とすることを制限しておりますが、社会経済生活の実情に即応させるようにするため、前に申し上げました他人の設備と接続を認める場合において相互に接続するとき、その他の法律において別段の規定がある場合等において認めることといたしております。

第二としては、行政簡素化並びに有線電気通信設備の設置者の手数を簡略化する趣旨から、届出報告等の手続は必要最小限度といたしますとともに、有線電気通信設備の設置及び使用に関する規律の保持についても、できる限り設置者の自律にまつ建前をとり、許可事項は極力少くしたのでありますが、技術基準について指導する必要があるものについては、原則として工事の開始前に届出を要することとしております。

第三に、他人の設置した有線電気通信設備に漏話、雑音等の妨害を与えないようにするため、また人体又は物件に損傷を与えないようにするため、設備の設置及び保存上必要な技術的条件として必要最小限度の基準を定め、もしこの基準に適合しないために、他人の設備に妨害を与え、又は人体もしくは物件に損傷を与えると認める場合においては、郵政大臣はその設備の使用の停止又は改修を命ずることができることとしております。

次に公衆電気通信法案について申し上げます。法案は第一章から第八章までに分かれておりまして、第一章は総則でありまして、このうち現行制度と異なる主なる改正事項といたしましては、第一点として、従来日本国有鉄道、船舶等の私設の電気通信設備の設置者に対し、主務大臣の供用命令により電報事務の一部を取扱わせていたのを改め、郵政省が取扱う場合と同様、事務の委託によることとし、その他必要と認める場合においては、他の者にも広く電報、電話の事務の一部を委託することができることといたしております。

第二点といたしましては、国際電信電話株式会社が行う国際電気通信業務の範囲を政令で明定することとし、公社は右の政令で定める業務以外の国際通信業務を行い、両者の業務範囲が重複しないようにしておるのであります。これら末端の業務につきましては両者はその重要なる事項について、郵政大臣の認可を受けて相互に事務の委託ができるようにしております。第二章は電報に関する規定でありまして、電報の種類、伝送及び配達の順序等を規定しておりまして、官報、局報、私報の区別をなくしたほかは、現在の取扱いとほとんど相違はありません。

第三章は電話に関する規定でありまして、現行制度と異なる重要な改正事項としましては、まず、普通加入区域外に加入電話を設置するときは、新設に要する費用について現在は設備料として実費の料金を徴収しているのを改めまして、その負担の合理化を図ることとしたこと、次に加入電話の種類として現在の単独電話及び共同電話のほかに甲種増設電話機、いわゆるＰＢＸを加えたこと、加入電話の利用関係を私法上の契約関係であることを明定したこと、また電話加入権の取扱及び電話の譲渡禁止等に関する政令の失効に伴い、電話加入権の譲渡は自由となりましたが、投機的な加入申込みを抑制するため、電話加入権を譲渡した者がその加入電話と同一加入区域内において、一年以内に加入申込みをしたときは、その加入申込みについては事実上承諾できないこととすることであります。

第四章は公衆電気通信設備の専用についての規定であります。

第五章は料金に関する規定であります。現在各種サービスに対する料金は、すべて法律をもって定められているのでありますが、これを改め、主要な料金は法律で定め、その他の料金は公社又は会社が郵政大臣の認可を受けて定めることといたしております。

なお現在料金の滞納の場合は、国税滞納処分の例によって徴収することができることとなっているのでありますが、今後はすべて一般の民事上の手続によって取立てることに改めました。なお料金の改訂につきましては、後ほど御説明申し上げます。

第六章は土地の使用に関する規定でありまして、公社において公衆電気通信業務の用に供する線路、空中線及びこれらの付属設備を設置するため、他人の土地等を使用する必要があり、かつ適当であるときは、土地収用法によらないで、この章に規定する手続に従い使用権を設定できることとし、別に政令で定めるところにより対価を支払うことといたしております。また他人の土地の一時使用、立入り、植物の伐採等をなし得る旨を規定しておりますが、これによって生じた損失に対しては、適正な方法で適正な補償をすることといたしております。

第七章は雑則でありまして、現行制度と異なる主要な事項としましては、構内交換電話の交換設備、内線電話機又は専用設備の端末機器の設置、保存については、現在原則として公社の独占とし、特別の場合に限り加入者又は専用者の自営を認めているのでありますが、利用者の要望等にかんがみ、今後は公社が行うほか、加入者又は専用者が自由に建設、保存を行うことを認めることといたしました。

ただし、この場合において、これらの設置について公社が郵政大臣の認可を受けて定める技術基準に適合することを要し、かつ郵政省令で定めるところにより交換設備の種類に応じた資格を有する工事担任者によって建設、保存を行わせることとしております。

また現在においては、電信電話サービスを提供すべき場合において提供しなかつたため利用者に損害を与えたときには、一切その損害を賠償しないことになつておりますが、これを改めまして、その損害が不可抗力及び利用者の故意過失によって生じた場合を除いて、一定の場合に一定額の限定賠償をすることといたしております。

第八章は罰則に関する事項を規定しておりますが、公社又は会社の業務法規である建前上極力罰則は少なくし、この法律の実施を確保するため必要なもののみを規定しております。

次に料金改訂について申し上げます。我が国の電信電話事業の当面している最大問題は、拡張資金の不足のため、積滞している厖大な電話需要を充足することができないことと、投下資本の維持が不十分であるため、そのサービスが低下していることにあります。このためには、設備拡張に要する資金を確保し、安定した長期計画を遂行するとともに、資産の健全なる維持をはかるため必要な償却費を計上し、老朽施設の徹底的取替を行うことが肝要であります。この要請を満たすため、一面公社をして必要経費を極力節約し、経営の合理化を推進せしめることはもちろんでありますが、他面上記所要資金の一部を賄うため、やむを得ず本年八月一日より約二五％の増収をはかるため、所要の電信電話料金の値上げを行うことといたしたのであります。

その概要を申し上げますと、まず内国電報については、現在多額の赤字を生じており、給与ベースの改訂に伴い、ますくその傾向が増大しますので、相当大幅の値上げを行う必要があるのでありますが、今回は最小限度の値上げにとどめることとし、市外電報の基本料現行十字まで五十円を六十円に改正し、累加料その他の電報料は据え置くことといたしております。

次に市内電話料金につきましては、度数制局は市内通話一度数ごとに現在の五円を十円に値上げするとともに、基本料について最低度数制を採用し、一箇月六十度数までの通話度数料は基本料に含めることとし、これに伴い度数制局における事務用と住宅用の区別を廃止することとし、定額制局における使用料は度数制局の料金との均衡を考慮して、平均二七％の値上げを行うことといたしました。なお度数制局における度数料及び基本料の合計は、平均約五割の値上げと相なります。附加使用料、加入料及び装置料につきましては据え置くことといたしました。

次に市外通話料については、現在近距離区間における料金が相当原価を割つておりますので、これを経費に対応する合理的な料金に是正するという見地からこの際この区間の料金値上げを行うこととし、現行の待時区間の最低料金七円を十円とし、三百八十キロまでの区間についてそれぞれ十円ずつの値上げを行い、これを越える区間については据え置くことといたします。また即時、準即時区間の料金は、現行待時区間の普通通話料の約五割増となっていますが、ＣＬＲ方式等の採用を考慮して五ないし八割増とすることといたしております。

また市外専用電話料については、市外通話料の値上げに伴う値上げのみとし、市外通話料に対する倍率は変更いたしません。

最後に、有線電気通信法及び公衆電気通信法施行法について申し上げます。前に申し上げました有線電気通信法及び公衆電気通信法の施行期日を八月一日と定め、また、これらの法律の施行に伴い、これらの法律に吸収せられる電信線電話線建設条例、電信法及び電信電話料金法の三法を廃止し、これらの法律の廃止に伴い必要な経過規定を規定しております。

このうち主な事項といたしましては、明治三十九年から大正八年までの間に五円ないし十五円を納付して今日に至るまで電話の設置を見ないものが原簿上約十二万あるのでありますが、この際これらの権利の帰属を確定整理してなるべく速やかに架設して行くこととしたことであります。

なお有線電気通信法及び公衆電気通信法の施行に伴い、電話設備費負担臨時措置法、電波法、海底線保護万国連合条約罰則等の関係法令を改正することといたしております。

以上まことに簡単でありますが、有線電気通信法案等の三法案の提案理由及びその内容の概略を御説明申し上げた次第でありますが、何とぞ十分御審議の上、速やかに御可決くださいますようお願いいたします。」

次いで、有線電気通信法及び公衆電気通信法施行法第二十八条による改正は、有線電気通信法及び公衆電気通信法の制定によって有線電気通信法及び公衆電気通信法によって新たに定立された「公衆電気通信業務」の概念に従って、電波法の関係条項を整備するものであり、改正関連条文は、第四条、第十六条の二、第十七条、第五十九条及び第百八条の二である。

改正の施行期日は、昭和二十八年八月一日である。

【 七次改正 】

第二十八回国会（常会、昭和三十二年十二月二十日～昭和三十三年四月二十五日（解散））において成立した電波法の一部を改正する法律（昭和三十三年五月六日法律第百四十号）による改正である。この一部改正法案は、一部修正された上で昭和三十三年三月十二日の参議院本会議で可決され、同年四月二十三日の衆議院本会議において可決・成立した。

この改正の内容については、昭和三十三年三月五日の参議院逓信委員会において、田中角榮郵政大臣から、次のとおり提案理由説明がなされている。

「電波法制定後における電波科学及び技術の進歩発達は極めて顕著であり、これに伴いその利用の分野も社会生活全般に拡大され、その形態も極めて多種多様となって参っております。無線局の数につきましては、これを昭和二十五年の現行電波法制定当時と今日とを比較いたしますと、約七倍となり、三万局にも及んでいるというありさまであります。しかも、これらの傾向は将来さらに著しくなるものと予想されます。

このように電波の利用が極めて顕著な発展を遂げている今日より見ますと、現行電波法の規定中には、無線局の免許手続、無線局の検査制度、無線従事者制度及び手数料等につきまして、必ずしも適切でないものがかなり出て参っておりますので、法律運用七年余の実績に徴し、施設者及び従事者の負担を最小限度に軽減し、並びに監理行政の合理化、能率化を図る目的をもって、これら関係規定の整備を行おうとするものであります。

改正の主な点につきまして申し上げますと、第一点は、無線局の免許についてでありますが、その一といたしましては、無線局の落成後の検査その他無線局の免許手続につきまして、無線局の規模及び種別又は電波監理上の必要の度に応じそれぞれ適当な措置がなし得るように改めようとするものであります。その二といたしましては、法人である免許人に合併がありましたときの免許人の地位の承継を当然承継としておくことは、電波監理上不適当と認められますので、これを許可を要するように改めようとするものであります。その三といたしましては、無線局の免許の欠格事由のうち、放送局に関するものにつきましては、その高い公共性にかんがみまして、一般の無線局の場合より厳格にする必要がありますので、その旨を規定しようとするものであります。その四といたしましては、一般の例に倣って予備免許、免許又は許可には、必要最小限度で、かつ、不当な義務を課すこととならない限度において、条件又は期限を付すことができる旨を規定しようとするものであります。

第二点は、無線従事者についてでありますが、その一といたしましては、過去における無線従事者の免許の更新の実績にかんがみますと、免許の有効期間を設けておく積極的な必要性が認められませんし、また、この制度を廃止いたしましても電波監理の上からも支障がないと認められ、他方無線従事者としての地位の安定を保たせることにもなりますので、今回これを廃止しようとするものであります。その二といたしましては、アマチュア無線の進歩発達を図る見地から、新たに初級のアマチュア無線技士の資格を設けようとするものであります。その三といたしましては、電波科学及び技術が急激に発達し、新しい電波の利用分野が開かれているという現状に即応して、速やかに適切な措置をとり得るように、無線従事者の行うことのできる無線設備の操作の範囲を政令で定めることに改めようとするものであります。

第三点は監督についてでありますが、その一といたしましては、無線局の態様の多種化に伴いまして、毎年行うことになっております定期検査を、電波監理の必要の度に応じ適切に行い得るように改めようとするものであります。その二といたしましては、免許を要しない微弱電波の無線局が多数できて参りましたので、その運用が他の無線局の運用に支障を与える場合も考えられますので、これらについて障害排除のための措置命令又は検査が行い得るように規定しようとするものであります。

第四点は、手数料についてでありますが、その一といたしましては、前にも申し上げましたように、電波の利用分野の拡大に伴いまして無線局の態様が多種多様となって参りましたため、手数料の徴収単位につきまして不合理な点が生じてきておりますので、これを是正いたしますとともに、その金額につきましても適正妥当な額に改めようとするものであります。その二といたしましては、手数料に関する規定は、国には適用しないことといたしまして、その旨を規定しようとするものであります。」

この一部改正法は、公布の日から起算して六月を超えない範囲内において政令で定める日から施行することとされており、昭和三十三年政令第三百五号により昭和三十三年十一月五日から施行された。

改正関連条文は、目次、第五条、第六条、第九条、第十条、第十二条、第十五条、第十六条、第十九条、第二十条、第二十二条、第二十五条、第二十七条、第四十条、第四十四条、第四十五条、第五十条、第五十三条、第五十八条、第六十条、第七十条の二、第七十三条、第七十五条、第七十九条、第八十条、第八十二条、第九十九条の十一、第百条、第百三条、第百四条及び第百四条の二である。

【　八次改正　】

第四十回国会（常会、昭和三十六年十二月九日～昭和三十七年五月七日）において成立した行政事件訴訟法の施行に伴う関係法律の整理等に関する法律（昭和三十七年五月十六日法律第百四十号）第百二条による改正である。同国会において成立した行政事件訴訟法（昭和三十七年法律第百三十九号）において訴願前置主義が廃止されたことに伴い、その例外の一として、電波法（同法に基づく命令を含む。）の規定による郵政大臣の処分については、当該処分に係る異議申立てに対する決定に対してのみ、取消しの訴えを提起することができるものとしたものである。この例外措置を設けることについては、昭和三十七年三月二十二日の衆議院法務委員会における提案理由説明において、次のとおり述べられている。

「各種行政法規に規定する処分のうち、特定のものについては訴願を前置する旨の規定を設けることといたしております。すなわち、さきに提案いたしました行政事件訴訟法案においては、原則として訴願前置主義を廃止するとともに、必要に応じて各特別法で訴願を前置する旨の規定が設けられることを前提といたしているのであります。従いまして、本法律案におきまして、特にその必要のある特定の処分に限り、その旨の規定を設けることといたした次第でありますが、これを選定いたしますには、概ね、大量的に行われる処分であって、訴願の裁決により行政の統一をはかる必要があるもの、専門技術的性質を有する処分、訴願に対する裁決が第三者的機関によってなされることになっている処分の三種のいずれかに該当するかどうかを基準とすることが妥当と考えまして、この基準に基づき各種行政法規に規定する処分を検討いたしました上、健康保険法その他法律に規定する特定の処分については訴願を前置する規定を設けることにいたしたわけであります。」

この改正の施行期日は、昭和三十七年十月一日である。

改正関連条文は、第九十六条の二、第九十七条及び第九十八条である。

【　九次改正　】

第四十一回国会（臨時会、昭和三十七年八月四日～同年九月二日）において成立した行政不服審査法の施行に伴う関係法律の整理等に関する法律（昭和三十七年九月十五日法律第百六十一号）による改正である。同国会において成立した行政不服審査法（昭和三十七年法律第百六十号）が行政処分に対する不服申立ての一般法として施行されるに伴い関係法律の整理を行ったもので、重複既定の削除、不服申立ての名称の統一、他に不服申立て制度の整備されているものについての特例等について措置したものである。

この改正の施行期日は、昭和三十七年十月一日である。

改正関連条文は、目次、第七章の章名、第八十三条から第八十六条まで、第八十八条から第九十二条まで、第九十二条の二から第九十二条の五まで、第九十三条の二から第九十三条の五まで、第九十四条、第九十五条、第九十九条の十二、第百四条及び第百十五条である。

【　十次改正　】

第四十三回国会（常会、昭和三十七年十二月二十四日～昭和三十八年七月六日）において成立した電波法の一部を改正する法律（昭和三十八年四月四日法律第八十二号）による改正である。この一部改正法案は、一部修正された上で昭和三十八年三月二十二日の衆議院本会議において可決され、同月三十日の参議院本会議において可決・成立した。

この法律は、船舶無線電信局の運用について運用義務時間と聴守義務時間の軽減を行うもので、昭和三十八年二月六日の衆議院逓信委員会において、小沢久太郎郵政大臣から、次のとおりの提案理由説明が行われている。

「現在、電波法におきましては、船舶無線電信局の運用に関する規定の一つとして、運用義務時間と聴守義務時間の規定があります。

運用義務時間につきましては、主として海上における公衆通信の円滑な疎通という観点から、国際電気通信条約上の船舶無線電信局の局種に応じてこれを定めております。すなわち、この条約は、船舶無線電信局を第一種局、第二種局及び第三種局に分類し、局種ごとの執務時間を規定しておりますが、各局種の内容を具体的にどのように定めるかは、各国政府の自由に任されております。

一方、聴守義務時間につきましては、主として海上における航行の安全という観点から、海上における人命の安全のための国際条約の要請に基づいて、これを定めております。

この両種の義務は、同一の船舶無線通信士によって果たされるわけでありまして、電波法におきましては、両者を相互に照応させて規定し、船舶航行中における運用の時間及び聴守の時間をそれぞれ段階的に定めておりますが、これらの時間の長短は、当然の結果として船舶に配置すべき通信士の最低員数に関連して参ります。これにつきまして、最近困難な事態に置かれている我が国海運企業の改善をはかり、国際競争力を強化する方策の一環として、かつは、船舶通信士の需給状態が最近逼迫を告げている実情から、船舶無線電信局の運用義務時間の短縮について強い要請があります。

　これらの事情にかんがみ、最近における無線機器の性能の向上並びに従来の我が国における船舶無線通信の利用状況及び外国の船舶無線通信の実情を考慮して検討いたしましたところ、通信の利用及び運用の方法の改善等により、海上における航行の安全の保持及び通信秩序の維持に支障を来たさない限度内で船舶無線通信局の運用義務時間等を従来よりも軽減して、これを国際水準の線に置くことが可能であると判断されるに至りましたので、ここに、海運の国際競争力の強化に資する等のため、電波法の規定につき所要の改正を施そうとするものであります。

　以下改正法案の内容を簡単に御説明申し上げます。

　第一に、船舶無線電信局の種別の内容を改めることであります。

　現行法におきましては、船舶の航行中常時運用することを必要とする第一種局は、総トン数三千トン以上の旅客船又は五千五百トンを超える非旅客船の船舶無線電信局となっておりますが、改正法案におきましては、これを国際航海に従事する旅客船で二百五十人を超える旅客定員を有するものの船舶無線電信局のみといたそうとしております。この改正の結果、現在の第一種局施設船六百六隻は、九隻となります。

　運用義務時間が一日十六時間の第二種局甲でありますが、現行法におきましては、船舶安全法上無線電信を施設することを義務づけられている船舶、これを義務船舶と申そうと存じますが、そのうち総トン数三千トン未満五百トン以上の旅客船及び総トン数五千五百トン以下千六百トン以上の非旅客船の船舶無線電信局をこの第二種局甲といたしております。改正法案におきましては、この第二種局甲を、総トン数五百トン以上の義務船舶である旅客船の船舶無線電信局で第一種局に該当しないものといたしました。この改正の結果、第二種局甲施設船四百五隻は、十二隻となります。

　次に、運用義務時間が一日八時間の第二種局乙でありますが、現行法によりますと、旅客船につきましては、第一種局及び第二種局甲に含まれない残余のすべての船舶無線電信局であり、非旅客船につきましては、第一種局及び第二種局甲以外の船舶無線電信局のうちで公衆通信業務を取り扱うものとなっているのであります。改正法案におきましては、一日八時間運用すべき船舶無線電信局を第二種局乙及び第三種局甲に分類し、旅客船につきましては、新しい第一種局及び第二種局甲に該当しない残余の船舶無線電信局全部を第二種局乙といたし、非旅客船につきましては、総トン数千六百トン以上の義務船舶の船舶無線電信局及びその他公衆通信業務を取り扱う船舶無線電信局を第二種局乙又は第三種局甲に含めることといたしております。この改正の結果、現在一日八時間運用すべきものの施設船三百五十五隻は、千三百四十五隻となります。

　一日八時間運用すべきものを第二種局乙及び第三種局甲に分類しようとするのは、両者の運用の時間割を異なったものとするためであります。すなわち、国際電気通信条約上第二種局の運用時間割が定められているため、全部を第二種局乙といたしますと、改正法案の実施後圧倒的多数の通信が第二種局乙の時間割の時間に集中し、その疎通に円滑を欠くような事態の発生が考えられますので、状況に応じて一定範囲の船舶無線電信局の運用時間割を別のものにする趣旨であります。改正法案におきましては、一日八時間運用すべきもののうち、非旅客船のものの一部を政令で定めるところにより第三種局甲にする道を開き、それ以外のものをすべて第二種局乙とすることといたしております。

なお、これに伴い、現行の第三種局甲及び第三種局乙につきましては、その内容はそのままとし、名称のみを第三種局及び第三種局丙と改めることといたしております。

改正の第二は、聴守義務時間に関するものであります。

これにつきましては、現行法では、第一種局、第二種局甲及び国際航海に従事する旅客船の第二種局乙は、常時聴守となっており、それ以外の第二種局乙は、一日八時間の運用義務時間中聴守しなければならないことになっておりますが、改正法案では、新しい第一種局、第二種局甲並びに国際航海に従事する旅客船及び国際航海に従事する総トン数千六百トン以上の非旅客船の第二種局乙が常時聴守となり、その他の第二種局乙は、その運用義務時間中のみを聴守義務時間とすることといたしております。これによりまして、従来無線通信士による常時又は十六時間の聴守を要した非旅客船九百八十三隻の船舶無線電信局は、八時間の聴守をもって足りることとなり、残余の時間は、オートアラームによって聴守することができることとなるわけであります。

第三に、今回の改正によって公衆通信の疎通等につき現状に急激な変化をもたらすことを避けるため、経過措置といたしまして、改正法案施行の際の現存船のうち、総トン数三千トン以上の義務船舶でない旅客船及び総トン数五千五百トンを超える非旅客船の船舶無線電信局につきましては、改正後一日八時間運用の第二種局乙となるところを、改正法案施行の日から三年間は第二種局甲とし、その運用義務時間を十六時間、聴守義務時間を常時といたそうとしております。」

本件改正の内容である運用義務時間と聴守義務時間の変更については、第二十六回国会（常会、昭和三十一年十二月二十日～昭和三十二年五月十九日）の参議院に電波法一部改正法案が議員提出され、同法案は、同国会及び第二十七回国会（臨時会、昭和三十二年十一月一日～同月十四日）で継続審議の後、第二十八回国会（常会、昭和三十二年十二月二十日～昭和三十三年四月二十五日（解散））において廃案となり、次いで政府提出法案が第三十九回国会（臨時会、昭和三十六年九月二十五日～同年十月三十一日）に提出され、同国会及び第四十回国会（常会、昭和三十六年十二月九日～昭和三十七年五月七日）で継続審議の後、第四十一回国会（臨時会、昭和三十七年八月四日～同年九月二日）において廃案となった経緯がある。この背景として、政府提案に言う「海運の国際競争力の強化」に関し、利益を得るのは海運事業者であり、義務時間の緩和による通信士配置減や労働強化に対する懸念があったことが窺える。

この改正法は、公布の日から起算して四月を超えない範囲内において政令で定める日から施行するとされ、昭和三十八年政令二百三十六号により、昭和三十八年八月一日から施行された。

改正関連条文は、第五十条、第六十三条及び第六十五条である。

【十一次改正】

第四十六回国会（常会、昭和三十八年十二月二十日～昭和三十九年六月二十六日）において成立した電波法の一部を改正する法律（昭和三十九年七月四日法律第百四十九号）による改正であり、この一部改正法は、昭和三十九年五月二十七日の参議院本会議で可決され、同年六月十六日の衆議院本会議で可決・成立した。

一部改正は、千九百六十年の海上における人命の安全のための国際条約に適合するために規定を整備するとともに、高層建築物等からのマイクロ波伝搬路の保護措置を講ずるものであり、昭和三十九年四月二日の参議院逓信委員会において、古池信三郵政大臣から、次の提案理由説明が行われている。

「ただいま議題となりました電波法の一部を改正する法律案の提案理由を御説明申し上げます。

第一点といたしましては、昨年四月に批准されました千九百六十年の海上における人命の安全のための国際条約の発効に備えまして、電波法中の船舶局の無線設備、運用等に関する条件を新しい条約の規定に適合させるために必要な改正をしようとするものであります。

第二点といたしましては、昨年の建築基準法の一部改正によりまして、新たに容積地区の制度が設けられ、この地区内では、三十一メートルという従来の高さの制限を受けない高層建築物の建築が予想されますので、この機会に、高層建築物その他の工作物によるマイクロ波重要無線通信路の障害を防止するための措置を講じようとするものであります。

次に、この法律案の要旨を御説明申し上げます。

まず、安全条約関係につきましては、義務船舶局の無線設備を設ける場所の要件を若干強化し、第三種局乙の船舶の範囲の下限を三百トンとし、並びに国際航海に従事する三百トン以上千六百トン未満の貨物船の船舶局の聴守義務時間を一日二十四時間としようとするものであります。

次に、高層建築物等によるマイクロ波重要無線通信路の障害防止の関係につきましては、高層建築物等による障害から保護すべき無線通信を八百九十メガサイクル以上の周波数を使用する固定地点間の重要無線通信に限ることとし、その電波伝搬路の直下で郵政大臣が指定する区域内において高さ三十一メートルを超える高層建築物等を建築しようとする者は、事前に郵政大臣に届け出なければならないこととし、電波伝搬上の障害となる旨の通知を受けた場合には、まず、建築主と関係無線局の免許人との間の協議によって障害防止措置を講じるものとし、もし、協議が調わない場合には、建築主は、通知を受けた日から、公衆通信に対する障害の場合には三年間、その他の重要無線通信に対する障害の場合には二年間、当該建築物の障害原因となる部分の工事をしてはならないこととしようとするものであります。」

施行期日は、公布の日から起算して六十日を超えない範囲内において政令で定める日から施行するとされ、昭和三十九年政令第二百八十五号により昭和三十九年九月一日から施行された。ただし、千九百六十年の海上における人命の安全のための国際条約に適合するための改正については、同条約が我が国について効力が発生する日（昭和四十年五月二十六日）に施行された。

改正関連条文は、千九百六十年の海上における人命の安全のための国際条約関係が第三十三条、第三十三条の二、第三十五条、第三十五条の二、第六十三条、第六十五条及び第九十九条の十一であり、高層建築物等からのマイクロ波伝搬路の保護措置関係が第百二条の二から第百二条の十まで、第百八条の二、第百十条、第百十二条、第百十三条及び第百十六条である。

【十二次改正】

第四十八回国会（常会、昭和三十九年十二月二十一日～昭和四十年六月一日）において成立した電波法の一部を改正する法律（昭和四十年六月二日法律第百十四号）による改正であり、この一部改正法は、昭和四十年四月二十二日の衆議院本会議で可決され、同年五月十二日の参議院本会議で可決・成立した。

この一部改正法案について、昭和四十年三月二十六日の衆議院逓信委員会において、服部安司郵政政務次官から、次の提案理由説明が行われている。

「ただいま議題となりました電波法の一部を改正する法律案の提案理由を御説明申し上げます。

この法律案は、国際電気通信条約に付属する無線通信規則の改正に伴いまして、電波天文業務等の用に供する受信設備の運用を混信から保護すること、電波監理の実績にかんがみまして、無線従事者国家試験に関する制度の合理化及び地震、津波等非常の場合の通信体制の整備を図ること等の必要がありますので、これらの事項につきまして所要の改正を行おうとするものであります。

次に、その要旨を申し上げます。

改正の第一点は、受信設備の保護でありますが、これは、電波天文業務等の用に供する受信設備で一定の条件に適合しているものにつきまして、郵政大臣が指定して公示し、無線局の運用による混信その他の妨害からこれを保護することとしようとするものであります。

第二点は、無線従事者国家試験に関する制度の合理化でありますが、これは、特殊無線技士等下位の資格の無線従事者の免許に関しまして、必ずしも国家試験の合格を要するものでないこととし、郵政大臣が郵政省令で定める基準に適合するものと認定した無線従事者の養成課程を修了した者であれば、それぞれの資格の免許を取得することができることとしようとするものであります。

第三点は、非常の場合の通信体制の整備でありますが、これは、郵政大臣は、非常の場合の無線通信の円滑な実施を確保するための体制を整備いたしますため、必要な措置を講じておかなければならないことといたしますと同時に、その体制の整備に際しましては、無線局の免許人に協力を求めることもできることとしようとするものであります。

なお、以上のほか、国際電気通信条約に付属する無線通信規則の改正等に伴いまして、若干の規定の整備をすることといたしております。」

施行期日は、公布の日から起算して三月を超えない範囲内において政令で定める日から施行するとされ、昭和四十年政令第二百八十九号により昭和四十年九月一日から施行された。

改正関連条文は、第二条、第四十一条、第四十九条、第五十六条、第六十四条、第七十条の六、第七十四条の二、第九十九条の十一及び第百条である。

【　十三次改正　】

第五十五回国会（特別会、昭和四十二年二月十五日～同年七月二十一日）において登録免許税法（昭和四十二年法律第三十五号）が成立したことに伴い、登録免許税法の施行に伴う関係法令の整備等に関する法律（昭和四十二年六月十二日法律第三十六号）第八条により電波法を改正し、無線局免許について登録免許税が課される場合には、免許申請に係る手数料を還付することとする調整規定を設けたものである。

この改正の施行期日は、登録免許税法の施行期日である昭和四十二年八月一日である。

改正関連条文は、第百三条である。

【　十四次改正　】

第五十八回国会（常会、昭和四十二年十二月二十七日～昭和四十三年六月三日）において成立した船舶安全法の一部を改正する法律（昭和四十三年五月十日法律第四十四号）附則第三条による改正である。同法による改正により、無線設備を設置しなければならない船舶の範囲が拡大することに伴い、電波法における船舶局に関する規定を整備したものである。この点については、昭和四十三年二月二十八日の衆議院運輸委員会において中曾根康弘運輸大臣が行った提案理由説明の中で、次のように触れられている。

「ただいま議題となりました船舶安全法の一部を改正する法律案の提案理由につきまして御説明申し上げます。

今回の改正の第一点は、満載喫水線を標示しなければならない船舶の範囲を拡大することであります。（中略）

改正の第二点は、無線設備を設置しなければならない船舶の範囲を拡大することであります。

海難を予防するとともに事故発生時の通信手段を確保するため、無線設備を設置しなければならない船舶の範囲を拡大し、内航旅客船につきましては沿海区域を航行区域とする総トン数百トン以上のものに対しまして、内航非旅客船につきましては遠洋区域又は近海区域を航行区域とする総トン数三百トン以上千六百トン未満のもの及び沿海区域を航行区域とする総トン数三百トン以上のものに対しまして、新たに無線設備の設置を義務づけることといたしました。

なお、無線設備は、無線電信であることが原則でありますが、今回新たに無線設備の設置を義務づけられた船舶は、すべて内航船であることを考慮いたしまして、これらの船舶につきましては、無線電話をもって足りることとしております。

また、無線設備に関する改正に伴いまして、電波法及び船舶職員法の関係規定の整備をすることとしております。」

船舶安全法の一部を改正する法律の施行期日は、千九百六十六年の満載喫水線に関する国際条約が日本国について効力を生ずる日（昭和四十三年八月十五日）であるが、電波法の改正については、同法附則第一条ただし書の規定に基づき、昭和四十四年十月一日とされている。

改正関連条文は、第三十三条、第三十三条の二、第三十五条、第五十条、第六十三条及び六十五条である。

【　十五次改正　】

第六十五回国会（常会、昭和四十五年十二月二十六日～昭和四十六年五月二十四日）において成立した許可、認可等の整理に関する法律（昭和四十六年法律第九十六号）第二十九条による改正である。同法については、昭和四十六年三月二十三日の衆議院内閣委員会において、荒木萬壽夫行政管理庁長官から、次の提案理由説明がなされている。

「ただいま議題となりました許可、認可等の整理に関する法律案について、その提案理由及び概要を御説明申し上げます。

政府は、行政の簡素化及び合理化を促進するために許可、認可等の整理を図ってまいりましたが、さらにその推進を図るため、先に政府において決定いたしました行政改革三カ年計画に基づき、計画的に許可、認可等の整理を行うこととし、この法律案を提出することとした次第であります。

法律案の内容について御説明申し上げますと、第一に、許可、認可等による規制を継続する必要性が認められないものにつきましてはこれを廃止し、第二に、規制の方法又は手続を簡素化することが適当と認められるものにつきましては規制を緩和し、第三に、下部機関等において迅速かつ能率的に処理することが適当なものにつきましては処分権限を地方支分部局の長等に委譲し、第四に、統一的に処理することを要するものにつきましてはこれを統合することとしております。

以上により廃止するもの二十二、規制を緩和するもの三十二、権限を委譲するもの十五、統合をはかるもの一、計七十について、三十法律にわたり所要の改正を行うことといたしました。」

この改正の施行期日は、許可、認可等の整理に関する法律の公布の日（昭和四十六年六月一日）である。

改正関連条文は、目次、第十四条、第十八条、第五十三条条及び第百四条の三である。

【　十六次改正　】

第六十八回国会（常会、昭和四十六年十二月二十九日～昭和四十七年六月十六日）において成立した沖縄の復帰に伴う関係法令の改廃に関する法律（昭和四十六年法律第百三十号）第九十二条による改正である。同法第八十二条により郵政省設置法の一部が改正され、同省の地方支分部局として沖縄郵政管理事務所が設置されることになったことに伴い、電波法中の郵政大臣の権限委任規定に関し地方電波監理局長のほか沖縄郵政管理事務所長へも権限の委任が行えるように規定の整備を行ったものである。

この法律は、琉球諸島及び大東諸島に関する日本国とアメリカ合衆国との間の協定の効力発生の日から施行するとされ、当該協定の発効した昭和四十七年五月十五日から施行された。

改正関連条文は、第百四条の三である。

【十七次改正】

第六十八回国会において成立した許可、認可等の整理に関する法律（昭和四十七年法律第百十一号）第十三条による改正であり、政府が進めていた行政の簡素化及び合理化の一環として規制緩和を行うとともに、その他規定の整備を行ったものである。

同法については、昭和四十七年五月十日の衆議院内閣委員会において、中村寅太行政管理庁長官から次の提案理由説明が行われている。

「ただいま議題となりました許可、認可等の整理に関する法律案について、その提案理由及び概要を御説明申し上げます。

政府は、行政の簡素化及び合理化を促進するために、行政改革三カ年計画に基づき許可、認可等の整理を行なってまいりましたが、本年も引き続きその推進を図るため、この法律案を提出することとした次第であります。

法律案の内容について御説明申し上げますと、第一に、許可、認可等による規制を継続する必要性が認められないものにつきましてはこれを廃止し、第二に、規制の方法又は手続を簡素化することが適当と認められるものにつきましては規制を緩和し、第三に、下部機関等において処理することが効率的であり、かつ実情に即応すると認められるものにつきましては処分権限を委譲することとしております。

以上により、廃止するもの五、規制を緩和するもの九、権限を委譲するもの六、計二十について、十六法律にわたり所要の改正を行なうことといたしました。」

施行期日は、公布の日（昭和四十七年七月一日）である。

改正関連条文は、第二条、第六条、第二十条、第六十四条、第六十五条、第七十三条、第八十二条、第九十九条の十一、第百条、第百二条の二、第百十条、第百十一条、第百十二条及び第百十六条である。

【十八次改正】

第六十八回国会において有線テレビジョン放送法（昭和四十七年法律第百十四号）が成立し、同法に基づき郵政省に有線放送審議会が設置されたことに伴い、同法附則第六項により、電波監理審議会の行う聴聞事項から有線放送を除くこととしたものである。

施行期日は、公布の日（昭和四十七年七月一日）である。

改正関連条文は、第九十九の十二である。

【十九次改正】

第七十一回国会（特別会、昭和四十七年十二月二十二日～昭和四十八年九月二十七日）において成立した船舶安全法の一部を改正する法律（昭和四十八年法律第八十号）附則第五条による改正で、同法による船舶安全法の改正に伴い、船舶局に関して同法の規定を引用する電波法の規定を整備したものである。

同一部改正法は、公布の日から三月を経過した日から施行するとされ、施行期日は、昭和四十八年十二月二十七日である。

改正関連条文は、第五条、第十三条、第三十五条の二、第三十六条、第六十三条及び第六十五条である。

【二十次改正】

第七十五回国会（常会、昭和四十九年十二月二十七日～昭和五十年七月四日）において成立した航空法の一部を改正する法律（昭和五十年法律第五十八号）附則第六項による改正で、同法による航空法の改正に伴い、航空機局に関して同法の規定を引用する電波法の規定を整備したものである。

同一部改正法は、公布の日から三月を経過した日から施行するとされ、施行期日は、昭和五十年十月十日である。

改正関連条文は、第六及び第十三条である。

【 二十一次改正 】

第八十四回国会（常会、昭和五十二年十二月十九日～昭和五十三年六月十六日）において成立した各種手数料等の改定に関する法律（昭和五十三年法律第二十七号）第三十三条に基づき、電波法第百三条に定める手数料の額を改訂したものである。

この一部改正法については、昭和五十三年四月五日の衆議院大蔵委員会において、村山達雄大蔵大臣から、次の提案理由説明が行われている。

「ただいま議題となりました各種手数料等の改定に関する法律案につきまして、その提案の理由及びその内容を御説明申し上げます。

各種の行政事務に係る登録手数料、許可手数料、特許料等のうち、その手数料等の金額又は金額の限度額が法律で定められているものにつきましては、経済情勢の変化等にもかかわらず長らく据え置かれていること等により、当該事務に要する経費の増高等の観点から見て、費用負担が著しく低くなっているものがあり、また、これまで適宜に改定が行われている手数料等の金額と比べ不均衡を生じているものもあります。

このような実情にかんがみ、今般、昭和五十三年度予算の編成に当たって、行政コスト等を勘案して統一的な観点から各種手数料等の金額について法律に規定されているものも含め、全般的な見直しを行い、費用負担の適正化を図ることとした次第であります。

この法律案の内容は、不動産の鑑定評価に関する法律等三十七法律に規定されております各種手数料等の金額又は金額の限度額につきまして、行政コスト等を勘案して、おのおの所要の引き上げを行おうとするものであります。

なお、この法律案に基づく各種手数料等の改定は昭和五十三年五月一日から実施することを予定しております。また、この改定に伴う昭和五十三年度の国の歳入の増加額は約百十億円と見込んでおります。」

この改正は、公布の日（昭和五十三年四月二十四日）から施行された。

【 二十二次改正 】

第八十四回国会において成立した許可、認可等の整理に関する法律（昭和五十三年法律第五十四号）第二十七条による改正であり、政府が進めていた行政の簡素化及び合理化の一環として規制緩和を行ったものである。

同法については、昭和五十三年三月二十三日の衆議院内閣委員会において、荒舩清十郎行政管理庁長官から次の提案理由説明が行われている。

「ただいま議題となりました許可、認可等の整理に関する法律案について、その提案理由及び概要を御説明申し上げます。

政府は、かねてから行政の簡素化及び合理化を促進するため、許可、認可等の整理を図ってまいりましたが、さらにその推進を図るため、昨年末に決定した行政改革計画に基づき、許認可等の整理合理化を行うこととし、この法律案を提出することといたした次第であります。

次に、法律案の内容について御説明申し上げます。

第一に、許可、認可等による規制を継続する必要性が認められないものにつきましてはこれを廃止し、第二に、規制の方法又は手続を簡素化することが適当と認められるものにつきましては規制を緩和し、第三に、下部機関等において処理することが能率的であり、かつ、実情に即応すると認められるものにつきましては処分権限を委譲し、第四に、統一的に処理することが適当と認められるものにつきましてはこれを統合することとしております。

以上により廃止するもの三十七事項、規制を緩和するもの十六事項、権限を委譲するもの三十七事項、統合を図るもの六事項、計九十六事項について、十二省庁、三十一法律にわたり所要の改正を行うことといたしております。」

この改正の施行期日は、許可、認可等の整理に関する法律の公布の日（昭和五十三年五月二十三日）である

改正関連条文は、第百条である。

【 二十三次改正 】

第九十回国会（臨時会、昭和五十四年十一月二十六日〜昭和五十四年十二月十一日）において成立した電波法の一部を改正する法律（昭和五十四年法律第六十七号）による改正であり、この一部改正法は、昭和五十四年十一月二十九日の衆議院本会議で可決され、同年十二月十一日の参議院本会議で可決・成立した。

一部改正は、千九百七十四年の海上における人命の安全のための国際条約に適合するために規定を整備するとともに、宇宙開発の進展に対処するため宇宙における無線通信について所要の規定を設けるものであり、昭和五十四年十一月二十八日の衆議院逓信委員会において、大西正男郵政大臣から、次の提案理由説明が行われている。

「ただいま議題となりました電波法の一部を改正する法律案について、その提案理由及び概要を御説明申し上げます。

航海の安全を確保するために船舶の構造、設備等に関する安全措置を定める国際条約としては、現在千九百六十年の海上における人命の安全のための国際条約があり、我が国もその締約国として、この条約を忠実に遵守しております。しかし、その後の技術進歩等に適応させるため、この条約の改正の必要が生じ、千九百七十四年の海上における人命の安全のための国際条約が採択されました。この新条約につきましては、現在、未発効でありますが、明年五月二十五日には発効することとなっております。このような国際動向に応じて電波法の規定を改正する必要があります。

また、我が国の宇宙開発につきましては、実用化の方向に向けて着実に進展しておりますが、宇宙開発の進展に対処するためには、電波法に宇宙における無線通信に関して、所要の規定を設ける必要があります。

この法律案を提案した理由は以上のとおりでありますが、次にその概要を御説明申し上げます。

まず、第一に、国際航海に従事する船舶の義務船舶局のうち、船舶無線電信局については、五百キロヘルツの周波数での無休聴守に加えて二千百八十二キロヘルツの周波数での無休聴守を義務づけております。

第二に、船舶安全法第二条の規定に基づく命令により、船舶に備えなければならないレーダーについては、郵政大臣の行う型式検定に合格したものでなければ施設してはならないとしております。

第三に、人工衛星局の無線設備の設置場所を当該人工衛星局を設置した人工衛星の軌道又は位置とするとともに、人工衛星局の免許の申請書に添付する書類には、現行の記載事項のほか、その人工衛星の打ち上げ予定時期及び使用可能期間並びにその人工衛星局の目的を遂行できる人工衛星の位置の範囲を併せて記載させることとしております。

第四に、人工衛星局は、電波の発射を遠隔操作により停止することができ、かつ、その無線設備の設置場所を遠隔操作により変更することができるものでなければならないとしております。

第五に、郵政大臣は、電波の規整その他公益上の必要があると認めたときは、人工衛星局の目的の遂行に支障を及ぼさない範囲内に限り、当該人工衛星局の無線設備の設置場所の変更を命ずることができるとするとともに、その変更によって生じた損失については、損失を受けた免許人に対して補償しなければならないとしてお

ります。

その他、所要の規定の整備を行うこととしております。

なお、この法律は、公布の日から起算して六月を超えない範囲内において政令で定める日から施行することとしております。」

なお、電波法の一部を改正する法律案は、当初、第八十七回国会（常会、昭和五十三年十二月二十二日～昭和五十四年六月十四日）に提出されたが、審議未了で廃案となり、第八十八回国会（臨時会、昭和五十四年八月三十日～同年九月七日（解散））及び第八十九回国会（特別会、昭和五十四年十月三十日～同年十一月十六日）をまたいで、第九十回国会に同一の内容（施行期日のみ変更）をもって再提出されたものである。

この改正法は、公布の日から起算して六月を超えない範囲内において政令で定める日から施行するとされ、昭和五十五年政令第百二十五号により昭和五十五年五月二十五日に施行された。

改正関連条文は、第六条、第九条、第十五条、第十六条、第二十条、第二十五条、第三十五条の二、第三十六条の三、第三十七条、第六十条、第六十三条、第六十五条、第七十一条及び第九十九条の十一である。

【二十四次改正】

第九十四回国会（常会、昭和五十五年十二月二十二日～昭和五十六年六月六日）において成立した各種手数料等の改定に関する法律（昭和五十六年法律第四十五号）第三十三条に基づき、電波法第百三条に定める手数料の額を改訂したものである。

この一部改正法については、昭和五十三年四月五日の衆議院大蔵委員会において、渡辺美智雄大蔵大臣から、次の提案理由説明が行われている。

「ただいま議題となりました各種手数料等の改定に関する法律案及び脱税に係る罰則の整備等を図るための国税関係法律の一部を改正する法律案につきまして、提案の理由及びその内容を御説明申し上げます。

まず、各種手数料等の改定に関する法律案につきまして申し上げます。各種の行政事務に係る登録手数料、許可手数料、特許料等のうちには、人件費及び諸物価の上昇等に伴うこれらの事務に要する経費の増等の事情を勘案すると、費用負担の適正化を図るべきものが生じてきております。

このような状況にかんがみ、昭和五十六年度予算の編成に当たっては、統一的な観点から、各種手数料等の金額について、法律に規定されているものを含む全般的な見直しを行い、その改定を図ることとした次第であります。

この法律案の内容は、不動産の鑑定評価に関する法律等三十四法律に規定されております各種手数料等の金額又は金額の限度額につきまして、所要経費の額の増等を勘案して、おのおの所要の引き上げを行おうとするものであります。

なお、この法律案に基づく各種手数料等の改定は昭和五十六年五月一日から実施することを予定しております。」

なお、提案理由説明の末尾においては改定の実施日を昭和五十六年五月一日としているところであるが、当該実施日までに法案が成立しなかったことから、参議院において、手数料額が法定されているものに係る改正の施行期日を昭和五十六年六月一日とする修正が行われて成立した。電波法に定める手数料は法律の定める額の範囲内において政令で定めることとされていることから、その施行期日は、各種手数料等の改定に関する法律の公布日（昭和五十六年五月十九日）である。

【二十五次改正】

第九十四回国会において成立した電波法の一部を改正する法律（昭和五十六年法律第四十九号）による改正であり、この一部改正法は、昭和五十六年四月二十三日の衆議院本会議で可決され、同月十五日の参議院本会議で可決・成立した。

一部改正の内容は、技術基準適合証明の創設等であり、昭和五十六年四月十六日の衆議院逓信委員会において、山内一郎郵政大臣から、次の提案理由説明が行われている。

「電波法の一部を改正する法律案について、その提案理由及び概要を御説明申し上げます。

最近における無線局の免許申請者及び無線従事者国家試験の受験者の増加に対応して行政事務の簡素合理化と申請者等の利便の増進を図るため所要の規定を設ける必要があります。

また、アマチュア無線局については、相互に相手国の国民による無線局の開設を認め合うという最近の動向にかんがみ、外国人にもアマチュア無線局の免許を与えることができるようにすることにより、日本人が諸外国においてアマチュア無線局を開設し得るようにする必要があります。

さらに、違法な無線局の増加に対処するため、罰則の規定を整備する等の必要があります。

この法律案を提案した理由は、以上のとおりでありますが、次にその概要を御説明申し上げます。

まず第一に、郵政大臣は、郵政省令で定める無線設備、特定無線設備、について技術基準適合証明を行うとするとともに、郵政大臣の指定する者、指定証明機関、にもこれを行わせることができるとしております。

また、指定証明機関は、公益法人であること等の指定の基準を定めるとともに、その行う技術基準適合証明の審査は、一定の要件を備える者に行わせなければならないとし、指定証明機関の役員の選任及び解任、業務規程並びに毎事業年度の事業計画及び収支予算については、郵政大臣の認可を受けなければならないとするほか、郵政大臣は、指定証明機関に対し、技術基準適合証明の業務の状況に関し報告させ、又はその職員に指定証明機関の事業所に立ち入り、技術基準適合証明の業務の状況等を検査させることができるとする等必要な監督規定を設けることとしております。

第二に、郵政大臣は、技術基準適合証明を受けた無線設備のみを使用する無線局については、簡易な手続により免許を与えることができるとしております。

第三に、郵政大臣は、その指定する者（指定試験機関）に、特殊無線技士、電信紙アマチュア無線技士又は電話級アマチュア無線技士の資格の無線従事者国家試験の実施に関する事務（特定試験事務）を行わせることができるとし、指定試験機関は、特定試験事務を行う場合において無線従事者として必要な知識及び技能を有するかどうかの判定に関する事務については、一定の要件を備える者に行わせなければならないとするとともに、指定試験機関の指定の基準、指定試験機関の役員の選任及び解任等についての郵政大臣の認可その他指定試験機関の監督等については、指定証明機関に準じて定めることとしております。

第四に、アマチュア無線局については、日本国民に対して同種の無線局の開設を認める国の国民に対しても免許を与えることができるとするとともに、外国人のアマチュア無線局については、その外国人の属する国における日本国民の無線局に対する取扱いとの均衡を考慮して、その免許等に条件若しくは期限を付し、又はその運用を制限することができるとしております。

第五に、現行電波法は、郵政大臣の免許がないのに無線局を運用した場合は刑罰を科すこととしていますが、これを改め、郵政大臣の免許がないのに無線局を開設した場合にも刑罰を科すこととしております。

その他、所要の規定の整備を行うこととしております。

なお、この法律の施行期日は、公布の日から起算して六月を経過した日としておりますが、郵政大臣の免許がないのに無線局を開設した者に対する罰則の改正規定は、昭和五十八年一月一日から施行することとしております。」

この改正法の施行期日は、昭和五十六年十一月二十三日である。ただし、第百十条の改正の施行期日は、昭和五十八年一月一日である。

改正関連条文は、目次、第五条、第十五条、第三章の二（第三十八条の二から第三十八条の十五まで）、第四十一条、第四十四条から第四十七条まで、第四十七条の二、第四十八条、第五十五条、第五十八条、第七十三条、第八十二条、第九十九条の十一、第百条、第百二条、第百三条の二、第百四条の二から第百四条の六まで、第百六条、第百八条、第百八条の二、第百九条、第百九条の二、第百十条の二、第百十一条から第百十三条まで、第百十三条の二及び第百十四条から第百十六条までである。（第百十条の規定の改正は、二十七次改正として扱っている。）

【二十六次改正】

第九十六回国会（常会、昭和五十六年十二月二十一日～昭和五十七年八月二十一日）において成立した放送法等の一部を改正する法律（昭和五十七年法律第六十号）においてテレビジョン多重放送が制度化されたことに伴い、電波法において、テレビジョン多重放送の免許に関し、同多重放送が重畳するテレビジョン放送の免許の効力が失われた場合には、当該多重放送の免許の効力も失われることを定めたものである。

この法律は、公布の日から起算して六月を経過した日（昭和五十七年十二月一日）から施行された。

改正関連条文は、第十三条の二である。

【二十七次改正】

二十五次改正の項に掲げた電波法の一部を改正する法律（昭和五十六年法律第四十九号）による第百十条の規定の改正であり、その施行期日は、昭和五十八年一月一日である。

改正の趣旨は、二十五次改正の項に掲げた法律案の提案理由説明の第五に述べられている。

【二十八次改正】

第九十六回国会（常会、昭和五十六年十二月二十一日～昭和五十七年八月二十一日）において成立した電波法の一部を改正する法律（昭和五十七年法律第五十九号）による改正であり、この一部改正法は、昭和五十七年四月二十三日の衆議院本会議で可決され、同年五月十二日の参議院本会議で可決・成立した。

この一部改正法については、昭和五十七年四月七日の衆議院逓信委員会において、箕輪登郵政大臣から、次の提案理由説明が行われている。

「次に、電波法の一部を改正する法律案について、その提案理由及び概要を御説明申し上げます。

航海の安全を確保するため、船舶の運航に携わる船員に必要な知識及び技能の基準を国際的に設定しようとする作業が、政府間海事協議機関（ＩＭＣＯ）を中心に進められ、昭和五十三年にロンドンで開催された国際会議において、千九百七十八年の船員の訓練及び資格証明並びに当直の基準に関する国際条約が採択されました。この条約は、今国会で御承認をいただくために別途提出されており、明年中にも発効することが予想されておりますので、同条約の発効に備える等のため、船舶において無線通信の業務に従事する無線通信士に関し、規定の整備を図る必要があります。

また、最近の国際情勢下において、在外公館からの無線による通信を確保することは、我が国の外交活動を円滑に遂行し、国益を確保する等の上から必要となっておりますので、我が国の在外公館に無線局設置の道を開くため、在日外国公館に無線局の設置を認める必要があります。

さらに、最近における無線局の免許申請者の増加に対応して、かねてより行政事務の簡素合理化を図る見地から、免許の簡略化の検討を進めてまいりました市民ラジオの無線局について、その免許を要しないこととする必要があります。
この法律案を提出した理由は以上のとおりでありますが、次にその概要を御説明申し上げます。

まず第一に、船舶において無線通信の業務に従事する無線通信士に関する規定の整備でありますが、船舶局の無線設備の操作に関して郵政大臣が行う訓練の課程又は郵政大臣がこれと同等の内容を有するものであると認定した訓練の課程を修了した者について船舶局無線従事者証明を行うこととするとともに、郵政省令で定めることとしております一定の船舶局の無線設備の操作については、この船舶局無線従事者証明を受けている無線従事者でなければ行ってはならないこととするほか、船舶局無線従事者証明の失効等必要な規定を整備することとしております。

第二に、外国の大使館、公使館又は領事館の無線局についてでありますが、この無線局は、固定地点間の通信を行うものについて相互主義を前提といたしまして免許を与えることができることとしております。

第三に、市民ラジオの無線局の開設についてでありますが、この無線局については、技術基準の適合性を確保した上で郵政大臣の免許を要しないこととしております。

その他、所要の規定の整備を行うことといたしております。

なお、この法律の施行期日は、この法律の公布の日から起算して一年を超えない範囲内において政令で定める日から施行することといたしております。ただし、市民ラジオの無線局及び外国公館の無線局についての改正規定は、昭和五十八年一月一日から施行することといたしております。」

この一部改正法の施行期日は、公布の日から起算して一年を超えない範囲内において政令で定める日であり、昭和五十八年政令第二十七号により昭和五十八年四月三十日から施行された。ただし、第四条及び第五条の改正規定並びに第九十九条の十一の改正規定の一部の施行期日は、昭和五十八年一月一日である。

改正関連条文は、第四条、第五条、第十条、第十二条、第三十九条、第四十八条の二、第四十八条の三、第四十九条、第五十条、第七十九条、第七十九条の二、第八十条、第八十一条の二、第九十九条の十一、第百三条及び百十三条である。

【 二十九次改正 】

第百一回国会（特別会、昭和五十八年十二月二十六日～昭和五十九年八月八日）において成立した電波法の一部を改正する法律（昭和五十九年法律第四十八号）による改正のうち第百三条（手数料の徴収）の改正のみ、施行期日が同法の公布日（昭和五十九年五月二十九日）とされた。

同法による改正の詳細については、三十一次改正の項を参照されたい。

【 三十次改正 】

第百回国会（臨時会、昭和五十八年九月八日～同年十一月二十八日（解散））において成立した国家行政組織法の一部を改正する法律の施行に伴う関係法律の整理等に関する法律（昭和五十八年法律第七十八号）第百五十四条による改正である。

同法及び国家行政組織法の一部を改正する法律（昭和五十八年法律第七十七号）については、昭和五十八年九月二十六日の衆議院・行政改革に関する特別委員会において、齋藤邦吉行政管理庁長官から、次のとおりの提案理由説明が行われている。

「ただいま議題となりました法律案につきまして、順次その提案理由及び内容の概要を御説明申し上げます。

初めに、国家行政組織法の一部を改正する法律案について申し上げます。

行政改革の推進は、政府の当面する最重要課題であります。政府としては従来から行政機構の簡素効率化に努めてきたところでありますが、最近における行政をめぐる内外の厳しい諸情勢のもとで、行政機構の膨張や行政運営の固定化を防止し、その一層の簡素効率化を継続的に促進する必要があります。

このため、昭和五十七年七月三十日に行われた臨時行政調査会の行政改革に関する第三次答申に沿って、行政需要の変化に即応した効率的な行政の実現に資するため、行政機関の組織編成の一層の弾力化を図り、併せて行政機関の組織の基準をさらに明確にすることとし、この法律案を提出した次第であります。

次に、この法律案の概要について御説明申し上げます。

第一に、府、省等の組織と所掌事務の範囲は現行どおり法律で定めるという原則は維持しつつ、府、省等に配分された行政事務を所掌する官房、局及び部の設置及び所掌事務の範囲については政令で定めることとしております。

第二に、府、省、委員会及び庁には、法律又は政令の定めるところにより、審議会等及び施設等機関を置くことができるものとし、また、特に必要がある場合には、法律の定めるところにより特別の機関を置くことができるものとしております。

第三に、庁次長、官房長及び局、部又は委員会の事務局に置かれる次長並びに大臣庁以外の庁に置かれる総括整理職の設置は政令で定めることとしております。

第四に、政府は、少なくとも毎年一回、国の行政機関の組織の一覧表を官報で公示するものとしております。

第五に、当分の間、府、省及び大臣庁の官房及び局の総数の最高限度は、百二十八とすることとしております。

なお、以上のほか、その他所要の規定の整備を行うこととしております。

次に、国家行政組織法の一部を改正する法律の施行に伴う関係法律の整理等に関する法律案について申し上げます。

この法律案は、国家行政組織法について、行政需要の変化に即応した効率的な行政の実現に資するため、国の行政機関の組織編成の弾力性を高めるとともに、併せてその基準を一層明確にするための改正を行うことに伴いまして、各省庁設置法等関係法律二百三件につき必要な整理等を行おうとするものであります。

次に、この法律案の内容について御説明申し上げます。

第一に、国家行政組織法の一部を改正する法律の施行期日を昭和五十九年七月一日と定めることとしております。

第二に、各省庁設置法等の改正であります。

その一は、新たに各省庁全体の所掌事務の規定を設けるとともに、官房、局及び部の規定を削ることとしております。

その二は、庁次長、局、部の次長、国務大臣を長としない庁に置かれる総括整理職等、政令で定めることとされた職の規定を削ることとしております。

その三は、附属機関その他の機関を審議会等、施設等機関及び特別の機関に区分し、審議会等及び施設等機関について法律で定めることを要しないものについて、その規定を削ることとしております。

その四は、地方支分部局のうち、ブロック単位に設置された機関等の個別の名称、位置、管轄区域及び内部組織は政令で規定することとし、これらについての規定を削ることとしております。

以上のほか、各省庁設置法等について所要の規定の整備を図ることとしております。

第三に、各省庁設置法等の改正に関連する諸法律について所要の改正を行うこととしております。」

電波法の改正は、上記提案理由説明中、国家行政組織法の一部改正に係る第二の事項及び同一部改正に伴う関係法律整理等法に係る第三の事項に関するもので、電波監理審議会については、政令でなく、法律により設置する審議会として規定の整備を行ったものである。

改正の施行期日は、昭和五十九年七月一日である。

改正関連条文は、目次、第九十九条の二、第九十九条の二の二条及び第九十九条の十四である。

【三十一次改正】

第百一回国会において成立した電波法の一部を改正する法律（昭和五十九年法律第四十八号）による改正であり、この一部改正法は、昭和五十九年五月十日の衆議院本会議で可決され、同月十八日の参議院本会議で可決・成立した。

この一部改正法については、昭和五十九年四月十九日の衆議院逓信委員会において、奥田敬和郵政大臣から、次の提案理由説明が行われている。

「電波法の一部を改正する法律案について、その提案理由及び概要を御説明申し上げます。

航海の安全を確保するため、船舶の構造、設備等について定める条約として千九百七十四年の海上における人命の安全のための国際条約があり、我が国もその締約国となっております。この条約の附属書が人命及び航海の安全をなお一層確保する観点から一九八一年十一月に改正され、本年九月一日に発効することとなりますので、その内容に沿って、船舶の無線局に関する規定を整備する必要があります。

また、我が国における外国人、外国の法人、外資系企業等の社会活動、経済活動の円滑な遂行に資するため、無線局の開設に関する外国性排除を緩和することにより、外国人等に一定範囲の無線局の開設を認める必要があります。

さらに、国の各種手数料等に関する規定の合理化に合わせて、電波法関係手数料についても、規定の合理化を図る必要があります。

この法律案を提出した理由は以上のとおりでありますが、次にその概要を御説明申し上げます。

まず第一に、船舶の無線局に関する規定の整備でありますが、国際航海に従事する旅客船及び総トン数三百トン以上の貨物船の無線局について、二千百八十二キロヘルツの無線電話遭難周波数の送信装置の有効通達距離を定めるとともに、百五十六・八メガヘルツの無線電話遭難周波数の聴守を義務づけることとしております。

第二に、外国人、外国の法人、外資系企業等の開設する無線局についてでありますが、国際化の進展に対応して、車載あるいは携帯して使用する無線局等について、相互主義を前提として免許を与えることができることとしております。

第三に、手数料に関する規定の合理化についてでありますが、電波法関係手数料について、その上限額が法定されていることを改め、具体的金額は政令に委任することとしております。

その他、所要の規定の整備を行うこととしております。

なお、この法律は、昭和五十九年九月一日から施行することとしております。ただし、電波法関係手数料についての改正規定は、公布の日から施行することとしております。」

一部改正法の施行期日は、昭和五十九年九月一日である。ただし、第百三条（手数料の徴収）の改正は、同法の公布日（昭和五十九年五月二十九日）とされ、二十九次改正として扱った。

三十一次改正の改正関連条文は、第五条、第三十四条、第三十五条の二、第三十六条、第三十六条の二、第三十六条の三、第三十七条、第六十三条、第六十五条、第九十九条の十一、及び第百四条の三である。

【三十二次改正】

第百二回国会（常会、昭和五十九年十二月一日～昭和六十年六月二十五日）において成立した日本電信電話株式会社法及び電気通信事業法の施行に伴う関係法律の整備等に関する法律（昭和五十九年法律第八十七号）第四十七条に基づく改正であり、電気通信事業法の施行に伴い、電気通信事業の独占を廃止したこと、「公衆通信業務」から「電気通信業務」へと用語を変えたこと等について、所要の改正を行ったものである。

施行期日は、昭和六十年四月一日である。

改正関連条文は、第四条、第五条、第十六条の二、第五十条、第五十九条、第六

十三条、第八十二条、第九十九条の二、第九十九条の三、第九十九条の十一、第百二条の二、第百二条の六、第百三条の二、第百四条の四、第百八条の二及び第百十条並びに附則第十三項及び附則第十四項である。

【　三十三次改正　】

第百三回国会（臨時会、昭和六十年十月十四日～同年十二月二十一日）において成立した許可、認可等民間活動に係る規制の整理及び合理化に関する法律（昭和六十年法律第百二号）第二十一条に基づく改正であり、無線設備の機器の検定に関する規定（電波法第三十七条）及び無線局の検査に関する規定（同法第七十三条及び関連する規定）について規制の緩和を行ったものである。

許可、認可等民間活動に係る規制の整理及び合理化に関する法律については、昭和六十年十一月十二日の衆議院本会議において、後藤田正晴総務庁長官により、次の趣旨説明が行われている。

「許可、認可等民間活動に係る規制の整理及び合理化に関する法律案について、その趣旨を御説明申し上げます。

政府は、民間における事業活動等に対する公的規制を緩和することを当面の重要課題の一つとして位置づけ、民間活力の発揮、推進に資するため、経済的目的から行われている規制についてはこれを必要最小限のものに止め、社会的目的から行われている規制については、その公共性を配慮しながら、できるだけ合理的なものとするとの基本的視点に立脚しつつ、その推進に取り組んでいるところであります。

その一環として、去る九月二十四日の閣議決定「当面の行政改革の具体化方策について」において、臨時行政改革推進審議会の答申で指摘された各分野にわたる規制緩和事項について、個別にその措置方針を決定しております。

今回は、これらのうち、所要の法律案を今国会に提出することとされた事項を取りまとめ、ここにこの法律案を提出した次第であります。

次に、法律案の内容について、その概要を御説明します。

第一に、規制制定の当初に比し、規制対象をめぐる社会経済環境が著しく変化しているものにつきましては、規制を継続する必要性が認められないものはこれを廃止し、現行の規制の必要性が乏しくなったものはその規制の手段を緩和する等、合理化を図ることとしております。

第二に、規制制定の当初に比し、民間能力が向上しているものにつきましては、国が直接実施している定型的事務であって民間で代行可能なものはこれを代行させることとし、規制対象者の能力が向上しているものは規制の態様、範囲を緩和する等、合理化を図ることとしております。

第三に、規制制定の当初に比し、技術革新が著しく進展しているものにつきましては、規制の範囲を緩和し、又は規制方式を変更する等、合理化を図ることとしております。

この法律案は、以上のとおり、時代の変化等に伴って不要ないし過剰あるいは不合理となっている規制を是正することによって、民間活動に対する制約を除去し、あわせて、国際的に遜色のない開放性を有する市場の実現に資する観点から、公的規制の整理合理化を行うため、八省、二十六法律、四十二事項にわたる改正を取りまとめたものであります。

なお、これらの改正は、一部を除いて公布の日から施行することといたしております。」

上述の改正事項のうち、無線設備の機器の検定に関する第三十七条の改正の施行期日は、許可、認可等民間活動に係る規制の整理及び合理化に関する法律の公布の日から起算して五月を超えない範囲内において政令で定める日とされ、昭和六十一年政令第三十三号により昭和六十一年三月三十一日とされた。

また、無線局の検査に関する第七十三条等の改正については、三十五次改正として扱う。

【三十四次改正】

第百四回国会（常会、昭和六十年十二月二十四日～昭和六十一年五月二十二日）において成立した電波法の一部を改正する法律（昭和六十一年法律第三十五号）に基づく改正であり、この一部改正法は、昭和六十一年四月八日の衆議院本会議において可決され、同月十八日の参議院本会議において可決・成立した。

一部改正の内容については、昭和六十一年三月二十四日の衆議院逓信委員会において、佐藤文生郵政大臣から、次の提案理由説明が行われている。

「電波法の一部を改正する法律案について、その提案理由及び概要を御説明申し上げます。

航海の安全を確保するため、船舶の構造、設備等について定める条約として千九百七十四年の海上における人命の安全のための国際条約があり、我が国もその締約国となっております。同条約附属書が人命及び航海の安全をなお一層確保する観点から一九八三年六月に改正され、本年七月一日に発効することとなりますので、これに備え、郵政大臣の行う型式検定に合格したものでなければ施設してはならない無線設備の機器の範囲について所要の措置を定める必要があります。

また、我が国における外国人、外国の法人、外資系企業等の社会活動、経済活動の円滑な遂行に資するため、相互主義を前提として、外国人等にも免許を与えることができる無線局の範囲を拡大する必要があります。

この法律案を提出した理由は以上のとおりでありますが、次にその概要を御説明申し上げます、

まず第一に、この条約の附属書の改正により主管庁の型式承認を要する無線設備の機器として、新たに救命艇用無線電信、生存艇用非常位置指示無線標識、双方向無線電話が追加されましたが、これら船舶に施設する救命用の無線設備の機器についても、郵政大臣の行う型式検定に合格したものでなければ施設してはならないこととし、同改正条約の発効に備えることとしております。

第二に、外国人、外国の法人、外資系企業等の開設する無線局につきましては、従来より、これらのものに陸上移動局、携帯局等の免許を与えることができることとしておりますが、近年の我が国内外の国際化の進展に対応し、外国人等の日常生活又は社会活動、経済活動になお一層資するため、無線標定移動局、陸上移動中継局、無線呼出局等の陸上に開設する無線局についても外国人等に免許を与えることができるよう、その範囲を拡大する措置を講ずることとしております。

なお、この法律は、昭和六十一年七月一日から施行することとしておりますが、新たに型式検定の対象とされた無線設備の機器の型式検定は、この法律の施行前から実施することとしております。」

この改正の施行期日は、昭和六十一年七月一日である。

改正関連条文は、第五条及び第三十七条である。

【三十五次改正】

三十三次改正で述べた許可、認可等民間活動に係る規制の整理及び合理化に関する法律第二十一条に基づく改正のうち、無線局の検査に関する規定についての規制緩和を行ったものである。同法の趣旨については、三十三次改正で述べたところを参照されたい。

この改正の施行期日は、同法の公布の日から起算して一年を超えない範囲内において政令定める日とされており、昭和六十一年政令第三百五十号により昭和六十一年十二月一日とされた。

改正関連条文は、第七十三条、第七十三条の二、第九十九条の十一、第百三条、第百四条の五、第百九条の二、第百十条の二及び第百十三条の二である。

【三十六次改正】

第百七国会（臨時会、昭和六十一年九月十一日～同年十二月二十日）において成

立した日本国有鉄道改革法（昭和六十一年法律第八十七号）等により日本国有鉄道が分割民営化されたことに伴い、日本国有鉄道改革法等施行法（昭和六十一年法律第九十三号）第百四十一条により、伝搬障害防止区域を指定することができる重要無線通信に該当するものについて「日本国有鉄道の列車の運行の業務」を「鉄道事業に係る列車の運行の業務」に改めたものである。

施行期日は、昭和六十二年四月一日である。

改正関連条文は、第百二条の二及び第百八条の二である。

【　三十七次改正　】

第百八回国会（常会、昭和六十一年十二月二十九日～昭和六十二年五月二十七日）において成立した電波法の一部を改正する法律（昭和六十二年法律第五十五号）による改正であり、同法は、昭和六十二年五月二十日の衆議院本会議において可決され、同月二十七日の参議院本会議において可決・成立した。

同法については、昭和六十二年五月十五日の衆議院逓信委員会において、唐沢俊二郎郵政大臣から、次の提案理由説明が行われている。

「次に、電波法の一部を改正する法律案につきまして、その提案理由及び内容の概要を御説明申し上げます。

この法律案は、最近における電波利用の増加等の状況にかんがみ、行政事務の簡素合理化等のために特定の無線局の免許を要しないこととする等の措置を定めるとともに、電波の有効な利用の促進を図るための所要の措置を講じ、併せて違法な無線局の増加に対処する等のため、所要の改正を行おうとするものであります。

次に、この法律案の概要を御説明申し上げます。

まず第一に、空中線電力が〇・〇一ワット以下である無線局のうち郵政省令で定めるものについては、技術基準への適合性等を確保した上で免許を要しないこととしております。

第二に、九百三メガヘルツから九百五メガヘルツまでの周波数の電波を使用し、かつ、空中線電力が五ワット以下である無線局であって、技術基準適合証明を受けた無線設備のみを使用するものの免許の有効期間については、現在の五年から十年とすることとしております。

第三に、郵政大臣は、混信に関する調査など無線局の開設等に必要な事項について照会及び相談に応じる等の業務を適正かつ確実に行うことができると認められる公益法人を電波有効利用促進センターとして指定することができることとしております。

第四に、免許状に記載された空中線電力の範囲を超えて無線局の運用を行った場合の罰則を整備することとしております。

第五に、郵政大臣は、技術基準に適合しない無線設備を使用する無線局が他の無線局に妨害を与えた場合において、その妨害が技術基準に適合しない設計に基づき製造等された無線設備を使用したことにより生じ、かつ、当該設計と同一の設計に基づき製造等された無線設備、以下基準不適合設備と言わせていただきますが、これが広く販売されており、これを放置しては、当該基準不適合設備を使用する無線局が他の無線局の運用に重大な悪影響を与えると認めるときは、製造業者又は販売業者に対し必要な勧告をし、これに従わない者があるときはその旨を公表することができることとしております。

以上のほか、電波有効利用促進センターの指定等について電波監理審議会に諮問すること等、所要の規定の整備を行うこととしております。

なお、この法律の施行期日は、公布の日から起算して六月を超えない範囲内において政令で定める日から施行することとしておりますが、免許の有効期間の延長に関する改正規定は、公布の日から施行することとしております。」

この改正は、一部改正法の公布の日から起算して六月を超えない範囲内において政令で定める日から施行するとされ、昭和六十二年政令三百十九号により昭和六十二年十月一日とされた。ただし、上記提案理由説明中の法律案の概要の第二において述べられた免許の有効期間の延長に係る第十三条の改正の施行期日は、公布の日（昭和六十二年六月二日）である。

改正関連条文は、第四条、第四条の二、第八条、第十三条、第十四条、第十九条、第五十三条、第五十四条、第九十九条の十一、第百二条の十一から第百二条の十三まで、第百九条の二、第百十条、第百十条の二、第百十二条、第百十三条及び第百十三条の二である。

【三十八次改正】

第百八回国会において成立した放送法及び電波法の一部を改正する法律（昭和六十二年法律第五十六号）第一条による放送法の改正において、テレビジョン多重放送に加えて、新たに超短波多重放送が制度化されたことに伴い、電波法において、超短波多重放送が重畳する超短波放送の免許の効力が失われた場合にも、当該多重放送の免許の効力が失われることを定めたものである。

この法律の施行期日は、昭和六十三年一月一日である。

改正関連条文は、第十三条の二である。

【三十九次改正】

第百十二回国会（常会、昭和六十二年十二月二十八日～昭和六十三年五月二十五日）において成立した放送法及び電波法の一部を改正する法律（昭和六十三年法律第二十九号）第一条による放送法の改正において、郵政大臣が放送普及基本計画を作成し、同計画において放送系の数の目標を定めることとされたことに対応して、同法第二条による電波法改正においても、放送系の数の目標の達成に資するように放送用周波数使用計画において放送用割当可能周波数を定めるものとしたことのほか、放送局の免許の有効期間を郵政省令で定める場合の範囲について三年を超えない範囲内から五年を超えない範囲内へとしたこと等、所要の規定の整備が行われた。

一部改正法の施行期日は、昭和六十三年十月一日である。

改正関連条文は、第七条から第九条まで、第十三条、第十三条の二、第九十九条の二、第九十九条の十一、第九十九条の十二及び第九十九条の十四である。

【四十次改正】

第百十四回国会（常会、昭和六十三年十二月三十日～平成元年六月二十二日）において成立した放送法及び電波法の一部を改正する法律（平成元年法律第五十五号）第一条による放送法の改正において委託／受託放送の制度が設けられたことに伴い、同法第二条による電波法改正において受託放送をする無線局の免許に係る欠格事由を放送局以外の無線局と同じとすることを定めるほか、所要の規定の整備を行ったものである。

電波法改正の施行期日は、平成元年十月一日である。ただし、放送法改正に伴い規定を整備した電波法第九十九条の十四の改正については、一部改正法の公布の日（平成元年六月二十八日）である。

改正関連条文は、第五条、第六条、第九十九条の二及び第九十九条の十四である。

【四十一次改正】

第百十六回国会（臨時会、平成元年九月二十八日～同年十二月十六日）において成立した電波法の一部を改正する法律（平成元年法律第六十七号）に基づく改正である。

この一部改正法は、第百十四回国会に提出されたが、衆議院で継続審査となり、第百十六回国会において、施行期日に関する修正が施された上で、平成元年十月十九日の衆議院本会議で可決され、同年十一月一日の参議院本会議で可決・成立した。

一部改正法の内容については、平成元年六月十四日に第百十四回国会衆議院逓信委員会において、村岡兼造郵政大臣から、次の提案理由説明がなされている。

「電波法の一部を改正する法律案につきまして、その提案理由及び内容の概要を御説明申し上げます。

この法律案は、最近における無線通信技術の進歩等に対処するため、主任無線従事者制度に関する規定を定める等無線従事者に関し所要の措置を講ずるとともに、国際電気通信条約に附属する無線通信規則等の改正に伴い、船舶地球局等の運用要件を整備する等のため所要の改正を行おうとするものであります。

次に、この法律案の概要を御説明申し上げます。

まず第一に、無線従事者でなければ行ってはならないこととされている無線局の無線設備の操作について、免許人により選任されその届出がされた主任無線従事者の監督のもとであれば、無資格者も行えることといたしております。

第二に、免許人は、主任無線従事者に定期講習を受けさせることとするとともに、郵政大臣は、その指定する者に当該定期講習の事務を行わせることができることとしております。

第三に、無線従事者の資格の区分を陸上、海上及び航空における電波利用の実態に応じたものに改め、併せて資格の名称も改めることといたしております。

第四に、指定試験機関に行わせることができる無線従事者国家試験の実施に関する事務について、現在一定の範囲に限られているものを全部又は一部に拡充することとしております。

第五に、船舶地球局及び航空機地球局に関し、これらの無線局が遭難通信等を取り扱う無線局として位置づけられることから、当該無線局の免許手続に関する規定を整備することといたしております。

第六に、遭難通信等について、新たな海上安全システムに対応した方法により行う無線通信を含めることとしております。

第七に、公衆通信等の疎通を確保するため、海岸地球局、航空地球局等の運用義務時間を定めることといたしております。

第八に、遭難通信等の疎通を確保するため、船舶地球局、航空機地球局等の聴守義務を定めるとともに、遭難通信等に関する運用手続を整備することとしております。

以上のほか、所要の規定の整備を行うことといたしております。

なお、この法律の施行期日は、公布の日から起算して一年を超えない範囲内において政令で定める日から施行することといたしておりますが、無線通信規則等の改正に伴う規定については、本年十月三日又は平成三年七月一日から施行することといたしております。」

なお、提案理由説明中の施行期日を「本年十月三日」とする改正部分については、国会審議中に当該期日が過ぎることになったため、公布の日から施行できるように修正された。

四十一次改正の内容は、この提案理由説明中の法律案の概要の第一から第五までの事項であり、改正関連条文を施行期日ごとに整理すると、次の表のとおりである。

施行期日	改正関連条文
公布の日（平成元年十一月七日）	目次、第六条、第十条、第五十条、第五章第二節の節名、第六十三条、第五章第三節の節名、第七十条の三、第七十条の四、第七十条の六、第九十九条の十一
公布の日から起算して一年を超えない範囲内において政令で定める日（平成元年政令第三百二十四号により平成二年五月一日）	第二条、第十条、第十二条、第三十九条、第三十九条の二、第三十九条の三、第四十条、第四十一条、第四十六条、第四十七条、第四十七条の二、第四十八条、第四十八条の二、第四十八条の三、第四十九条、第五十条、第五十一条、第九十九条の十一

また、提案理由説明中の法律案の概要の第六から第八までの事項に係る施行期日は、平成三年七月一日であり、四十三次改正として扱った。

【四十二次改正】

第百十八回国会（特別会、平成二年二月二十七日～同年六月二十六日）において成立した放送法及び電波法の一部を改正する法律（平成二年法律第五十四号）第一条による放送法の改正において受信障害対策中継放送に関する制度が設けられたことに伴い、電波法において受信障害対策中継放送をする無線局の免許に係る欠格事由を放送局以外の無線局と同じとしたものである。

この法律は、公布の日から起算して六月を超えない範囲内において政令で定める日から施行することとされており、平成二年政令第二百六十一号により平成二年十月一日から施行された。

改正関連条文は、第五条及び第十三条の二である。

【四十三次改正】

第百十六回国会において成立した電波法の一部を改正する法律（平成元年法律第六十七号）に基づく改正のうち、国際電気通信条約に附属する無線通信規則等の改正に伴い船舶地球局等の運用要件を整備する等のため所要の改正を行ったものである。四十一次改正の項で引用した提案理由説明中の法律案の概要の第六から第八までの事項であり、再掲すると、次のとおりである。

「第六に、遭難通信等について、新たな海上安全システムに対応した方法により行う無線通信を含めることとしております。

第七に、公衆通信等の疎通を確保するため、海岸地球局、航空地球局等の運用義務時間を定めることといたしております。

第八に、遭難通信等の疎通を確保するため、船舶地球局、航空機地球局等の聴守義務を定めるとともに、遭難通信等に関する運用手続を整備することとしております。」

この改正の施行期日は、平成三年七月一日である。

改正関連条文は、第五十二条、第六十四条から第六十八条まで及び第九十九条の十一（「第五十条第三項」を「第五十条第二項」に改める部分、「第五十二条第六号」を「第五十二条第一号、第二号、第三号及び第六号」に改める部分及び「第六十五条第一項」の下に「及び第四項（聴守義務）、第六十六条第一項（遭難通信）、第六十七条第二項（緊急通信）」を加える部分に限る。）である。

【四十四次改正】

第百二十回国会（常会、平成二年十二月十日～平成三年五月八日）において成立した電波法の一部を改正する法律（平成三年法律第六十七号）に基づく改正である。同一部改正法は、平成三年四月十八日の衆議院本会議で可決され、同月二十四日の参議院本会議で可決・成立したものであり、同月十七日の衆議院逓信委員会において、関谷勝嗣郵政大臣から、次の提案理由説明がなされている。

「電波法の一部を改正する法律案につきまして、その提案理由及び内容の概要を御説明申し上げます。

この法律案は、千九百七十四年の海上における人命の安全のための国際条約附属書の一部改正の発効に備え、義務船舶局等の無線設備の条件及び遭難通信責任者の配置について定め、並びに船舶局等の運用に関する規定を整備する等のため所要の改正を行おうとするものであります。

次に、この法律案の概要を御説明申し上げます。

まず第一に、無線設備を設置しなければならない船舶局には、遭難通信及び一般通信を行うための所要の機器を備えることとしております。

第二に、無線設備を設置しなければならない船舶局には、それが故障した場合に備え、予備設備の設置等所要の措置をとることとしております。

第三に、新たな海上安全システムで用いる無線設備については、郵政大臣の行う型式についての検定に合格した、信頼性の高いものを施設することとしております。

第四に、国際航海に従事する旅客船等については、遭難通信を確実に行うための無線従事者を配置することとしております。

第五に、最近の無線設備の自動化の進展等に伴い、船舶局については、人を配置して義務的に運用しなければならない時間を撤廃することとしております。

第六に、遭難通信の確実な疎通のため、船舶局等が聴守すべき周波数及び時間に関する規定を整備することとしております。

以上のほか、所要の規定の整備を行うこととしております。

なお、この法律の施行期日は、平成四年二月一日から施行することとしております。」

施行期日は、平成四年二月一日である。

改正関連条文は、第六条、第十条、第三十三条、第三十条の二、第三十四条、第三十五条、第三十七条、第三十九条、第四十八条の二、第四十八条の三、第五十条、第六十一条から第六十三条まで、第六十五条、第七十条及び第九十九条の十一並びに附則第十三項である。

【　四十五次改正　】

第百二十三回国会（常会、平成四年一月二十四日～同年六月二十一日）において成立した電波法の一部を改正する法律（平成四年六月五日法律第七十四号）に基づく改正である。同一部改正法は、平成四年五月二十二日の衆議院本会議で可決され、同月二十九日の参議院本会議で可決・成立したものであり、同年四月十四日の衆議院本会議において、渡辺秀央郵政大臣から、次の趣旨説明がなされている。

「電波法の一部を改正する法律案につきまして、その趣旨を御説明申し上げます。

この法律案は、最近における電波利用の増加等の状況にかんがみ、電波の適正な利用の確保に関し郵政大臣が無線局全体の受益を直接の目的として行う事務の処理に要する費用の財源に充てるために免許人から電波利用料を徴収することとするとともに、電波有効利用促進センターの業務に電波の有効かつ適正な利用の促進を図るための情報の収集及び提供の業務を追加する等のための所要の改正を行おうとするものであります。

次に、この法律案の概要を御説明申し上げます。

第一に、電波有効利用促進センターの業務として、無線局の周波数の指定の変更に関する事項、電波の能率的な利用に著しく資する設備に関する事項その他の電波の有効かつ適正な利用に寄与する事項について情報の収集及び提供を行うこと等を追加することとしております。

第二に、免許人は、電波利用共益費用の財源に充てるために免許人が負担すべき金銭として、電波利用料を納付しなければならないこととし、無線局の区分に応じてその額を定めるとともに、前納、督促等について所要の規定を定めることとしております。

第三に、地方公共団体が開設する消防用の無線局等については、電波利用料を減免することとしております。

第四に、政府は、原則として、毎会計年度の電波利用料の収入額の予算額に相当する金額を、予算で定めるところにより、電波利用共益費用の財源に充てるものとするとともに、必要があると認められるときは、前年度以前の各年度の電波利用料の収入額の決算額に相当する金額を合算した額から前年度以前の各年度の電波利用共益費用の決算額を合算した額を控除した額に相当する金額の全部又は一部を、予算で定めるところにより、当該年度の電波利用共益費用の財源に充てるものとすることとしております。

以上のほか、所要の規定を整備することとしております。

なお、この法律は、平成五年四月一日から施行することとしておりますが、電波有効利用促進センターの業務追加に関する改正規定は、公布の日から施行することとしております。」

施行期日は、平成五年四月一日である。ただし、電波有効利用促進センターに係る第百二条の十三の改正は、一部改正法の公布の日（平成四年六月五日）から施行された。

改正関連条文は、第十四条、第百二条の十三、第百三条の二から第百三条の四まで及び第百四条並びに附則第十三項である。

【　四十六次改正　】

第百二十六回国会（常会、平成五年一月二十二日～同年六月十八日(解散)）において成立した電波法の一部を改正する法律（平成五年法律第七十一号）に基づく改正である。同一部改正法は、平成五年六月三日の衆議院本会議で可決され、同月八日の参議院本会議で可決・成立したものであり、同年五月二十六日の衆議院逓信委員会において、小泉純一郎郵政大臣から、次の提案理由説明がなされている。

「最初に、電波法の一部を改正する法律案につきまして、その提案理由及び概要を御説明申し上げます。

この法律案は、我が国内外の国際化の進展にかんがみ、アマチュア無線局及び陸上を移動する無線局等について外国人等であることを免許付与の欠格事由としないこととするほか、行政事務の簡素合理化を図るため、放送をする無線局以外の無線局の免許申請については財政的基礎に関する審査を行わないこととするとともに、不法な無線局の増加に対処するため、特定の範囲の周波数の電波を使用する無線設備の小売業者に対し無線局の免許に関する事項の告知義務を定め、及び技術基準適合証明の表示の除去に関する規定を設ける等のための所要の改正を行おうとするものであります。

次に、この法律案の概要を御説明申し上げます。

第一に、アマチュア無線局及び陸上を移動する無線局等について、外国人等であることを免許付与の欠格事由としないこととしております。

第二に、放送をする無線局以外の無線局の免許申請については、無線設備の工事費及び無線局の運用費の支弁方法を添付書類に記載することを不要とするとともに、財政的基礎に関する審査を行わないこととしております。

第三に、技術基準適合証明を受けた旨の表示が付されている特定無線設備の変更の工事をした者は、郵政省令で定める方法により、その表示を除去しなければならないこととしております。

第四に、郵政大臣は、不法に開設される無線局のうち特定の範囲の周波数の電波を使用するもの（特定不法開設局）が著しく多数であると認められる場合において、その特定の範囲の周波数の電波を使用する無線設備のうち特定不法開設局に使用されるおそれが少ないもの等を除いたもの（特定周波数無線設備）が広く販売されているため、特定不法開設局の数を減少させることが容易でないと認めるときは、郵政省令で、その特定周波数無線設備を特定不法開設局に使用されることを防止すべき無線設備として指定することができることとしております。

また、指定された無線設備（指定無線設備）の小売を業とする者（指定無線設備小売業者）が指定無線設備を販売するときは、販売契約を締結するまでの間に、その相手方に対して、無線局の免許を受けなければならない旨を告げ、又は示すとともに、販売契約を締結したときは、無線局を不法に開設した場合の罰則等を記載した書面を購入者に交付しなければならないこととし、指定無線設備小売業者がこれに違反した場合において、特定不法開設局の開設を助長して無線通信の秩序の維持を妨げることとなると認めるときは、郵政大臣は、その指定無線設備小売業者に対し、必要な措置を講ずべきことを指示することができることとする等、所要の規定を設けることとしております。

以上のほか、所要の規定を整備することとしております。

なお、この法律は、平成六年四月一日から施行することとしておりますが、無線局免許申請者の欠格事由の緩和及び無線局の免許申請に係る審査事項の簡素化に関する改正規定は、公布の日から施行することとしております。」

改正の施行期日は、上記の提案理由説明中で述べられた法律案の概要の第一及び第二の事項については一部改正法の公布の日（平成五年六月十六日）、同概要の第三及び第四の事項については平成六年四月一日であり、施行期日ごとの改正関連条文は、次表のとおりである。

施行期日	改正関連条文
公布の日（平成五年六月十六日）	目次、第五条から第七条まで、第三十九条の三、第百四条の三から第百四条の六まで
平成六年四月一日	第三十八条の二、第九十九条の十一、第百二条の十三から第百二条の十七まで、第百六条、第百八条、第百八条の二、第百九条、第百九条の二、第百十条、第百十条の二、第百十一条、第百十二条、第百十三条、第百十三条の二、第百十五条、第百十六条

【 四十七次改正 】

第百二十八回国会（臨時会、平成五年九月十七日～平成六年一月二十九日）において成立した行政手続法（平成五年法律第八十八号）において聴聞に関する制度が設けられた。これに伴い、従来から各種審議会等で行われていた聴聞等は「意見の聴取」と統一的に呼称されることとなったため、同国会において成立した行政手続法の施行に伴う関係法律の整備に関する法律（平成五年法律第八十九号）第二百九十九条により、電波監理審議会が行う異議申立て及び聴聞に関する規定を整備したものである。

この改正の施行期日は、行政手続法の施行の日である平成六年十月一日である。

改正関連条文は、第八十四条、第八十六条から第九十三条まで、第九十三条の三、第九十四条、第九十六条、第九十九条の十二及び第九十九条の十四である。

【 四十八次改正 】

第百二十九回国会（常会、平成六年一月三十一日～同年六月二十九日）において成立した電気通信事業法及び電波法の一部を改正する法律（平成六年法律第七十三号）第二条に基づく改正であり、同一部改正法は、平成六年六月七日の衆議院本会議で可決され、同月二十二日の参議院本会議で可決・成立したものである。同法は、電気通信事業法及び電波法における外国性排除条項の緩和を目的とするもので、同月三日の衆議院逓信委員会において、日笠勝之郵政大臣から、次の提案理由説明がなされている。

「電気通信事業法及び電波法の一部を改正する法律案につきまして、その提案理由及び内容の概要を御説明申し上げます。

この法律案は、最近の電気通信事業における国際化の進展にかんがみ、人工衛星の無線局の無線設備等により国際電気通信事業を営もうとする者については、外国人等であることを第一種電気通信事業の許可の欠格事由としないこととするとともに、その者が営む当該事業に係る無線局であって人工衛星の無線局の中継により無線通信を行うもの等については、外国人等であることを免許付与の欠格事由としないこととする等の改正を行うものであります。

次に、この法律案の概要について申し上げます。

まず、電気通信事業法の一部改正の内容についてでございますが、第一種電気通信事業の許可の欠格事由のうち外国性の制限に係るものについては、人工衛星の無線局の無線設備等のみを設置して国際電気通信事業を営もうとする者であって、国内に営業所を有する者には、適用しないこととしております。

このほか、所要の規定の整備を行うこととしております。

次に、電波法の一部改正の内容についてでございますが、無線局の免許の欠格事由のうち外国性の制限に係るものについては、前記の電気通信事業法の一部改正により外国性の制限の適用を受けなくなる外国人等が国際電気通信事業を営むために開設する無線局であって、人工衛星の無線局の中継により無線通信を行うもの等には、適用しないこととしております。

なお、この法律は、公布の日から施行することとしております。」

この一部改正法の施行期日は、公布の日（平成六年六月二十九日）である。

改正関連条文は、第五条である。

【四十九次改正】

第百二十九回国会において成立した放送法の一部を改正する法律（平成六年法律第七十四号）において、日本放送協会に係る委託協会国際放送業務及び受託協会国際放送並びに一般放送事業者に係る受託内外放送の制度が新たに設けられたことにより国外受信ができることになったことに伴い、放送局の免許における外国性排除に関する規定が適用されない委託放送業務に係る放送局に関する規定から「国内受信に限る」との趣旨の文言を削ったものである。

この一部改正法の施行期日は、平成六年十二月一日である。

改正関連条文は、第五条である。

【五十次改正】

第百三十二回国会（常会、平成七年一月二十日～同年六月十八日）において成立した電波法の一部を改正する法律（平成七年五月八日法律第八十三号）に基づく改正である。同一部改正法は、平成四年五月二十二日の衆議院本会議で可決され、同月二十九日の参議院本会議で可決・成立したものであり、同年四月十四日の衆議院本会議において、渡辺秀央郵政大臣から、次の趣旨説明がなされている。

「初めに、電波法の一部を改正する法律案につきまして、その提案理由及び内容の概要を御説明申し上げます。

この法律案は、無線従事者の資格を取得しようとする者の負担の軽減等を図るため免許を受けることができる者の範囲を拡大する等の措置を講ずるとともに、口座振替の方法による電波利用料の納付を実施するため所要の規定を設けようとするものであります。

次に、この法律案の概要について申し上げます。

第一に、特定の無線従事者の資格について、大学等において無線通信に関する科目を修めて卒業した者は免許を受けることができることとしております。

第二に、無線従事者の資格及び業務経歴を有する者がその資格以外の免許を受けるに当たって、現在必要とされている郵政大臣の認定を廃止し、一定の要件を備えればよいこととしております。

第三に、電波利用料の納付について、免許人から口座振替の申し出があった場合には、郵政大臣は、その納付が確実と認められること等を条件としてその申し出を承認することができることとするとともに、納期限の特例を設けることとしております。

なお、この法律は、無線従事者関係は平成八年四月一日から、電波利用料の口座振替関係は公布の日から起算して一年を超えない範囲内において政令で定める日から施行することといたしております。」

改正事項ごとに、改正関連条文及び施行期日を掲げると次のとおりである。

改正事項	改正関連条文	施行期日
無線従事者関係	第四十一条 第九十九条の十一	平成八年四月一日
電波利用料の口	第百三条の二	公布の日から起算して一年を超えない範囲

座振替関係		内において政令で定める日（平成八年政令第二号により平成八年五月一日）

【 五十一次改正 】

第百三十六回国会（常会、平成八年一月二十二日～同年六月十九日）において成立した電波法の一部を改正する法律（平成八年法律第七十号）に基づく改正である。同一部改正法は、平成八年五月二十三日の衆議院本会議で可決され、同年六月五日の参議院本会議で可決・成立したものであり、同年五月二十二日の衆議院逓信委員会において、日野市朗郵政大臣から、次の提案理由説明がなされている。

「電波法の一部を改正する法律案につきまして、その提案理由及び内容の概要を御説明申し上げます。

この法律案は、無線局の増加の状況等にかんがみ、電波利用料の金額を引き下げるとともに、電波利用料を財源として支出すべき電波利用共益費用に関する規定を整備しようとするものであります。

次に、この法律案の概要について申し上げます。

第一に、無線局の増加の状況等にかんがみ、一部の無線局の区分について電波利用料の金額を引き下げることとしております。

第二に、電波利用共益費用に係る事務の例として、電波のより能率的な利用に資する技術を用いた無線設備について無線設備の技術基準を定めるために行う試験及びその結果の分析の事務を加えることとしております。

なお、この法律は、公布の日から施行することとしております。」

この一部改正法の施行期日は、公布の日（平成八年六月十二日）である。

改正関連条文は、第百三条の二である。

【 五十二次改正 】

第百四十回国会（常会、平成九年一月二十日～同年六月十八日）において成立した電波法の一部を改正する法律（平成九年法律第四十七号）に基づく改正である。同一部改正法は、平成九年四月十日の衆議院本会議で可決され、同月二十五日の参議院本会議で可決・成立したものであり、同月九日の衆議院逓信委員会において、堀之内久男郵政大臣から、次の提案理由説明がなされている。

「電波法の一部を改正する法律案につきまして、その提案理由及び内容の概要を御説明申し上げます。

この法律案は、最近における無線通信技術の進歩及び我が国内外の国際化の進展にかんがみ、携帯電話等の移動する無線局に関する免許制度の合理化を図るとともに、無線局の検査制度について民間能力をさらに活用したものとするなどのため、所要の規定を設けようとするものであります。

次に、この法律案の概要について申し上げます。

第一に、携帯電話等の移動する無線局について、個別の無線局ごとに免許を受けることなく、一つの免許により複数の無線局を開設できる包括免許制度を導入することとしています。

第二に、近い将来において導入が予定されている人工衛星を用いた世界的規模の携帯電話等の移動する無線局について、その自由な流通を確保するため、我が国に持ち込まれる場合に個別の無線局ごとに免許取得の手続をとることなく利用できる制度を導入することとしています。

第三に、無線局の検査において、民間の能力をさらに活用するため、郵政大臣の認定を受けた者が無線設備等について点検を行った結果が提出された場合には、無線局の検査の一部を省略することができる認定点検事業者制度を導入することとしています。併せて、無線設備等の点検に用いる測定器等の較正を郵政大臣が指定する者に行わせることができることとしています。

以上のほか、所要の規定の整備を行うこととしております。

なお、この法律は、公布の日から起算して六月を超えない範囲内において政令で定める日から施行することとしておりますが、認定点検事業者が行った点検結果が提出された場合における無線局の検査の一部省略に関する改正規定は、平成十年四月一日から施行することとしております。」

この法律は、公布の日から起算して六月を超えない範囲内において政令で定める日から施行するとされ、平成九年政令第二百九十五号により平成九年十月一日から施行された。ただし、認定点検事業者が行った点検結果が提出された場合における無線局の検査の一部省略に関する改正規定は、平成十年四月一日から施行され、五十四次改正として扱っている。

五十二次改正の改正関連条文は、目次、第二十七条、第二十七条の二から第二十七条の十一まで、第七十六条、第七十六条の二、第七十七条、第九十九条の十一、第九十九条の十二、第百二条の十八、第百三条、第百三条の二、第百三条の五、第百十条、第百十条の二、第百十二条、第百十三条の二及び第百十六条である。

【 五十三次改正 】

第百四十回国会において成立した電気通信事業法及び電波法の一部を改正する法律（平成九年法律第百号）は、サービスの貿易に関する一般協定の第四議定書の実施に伴い、同法第一条（電気通信事業法の一部改正）及び第二条（電波法の一部改正）により、それぞれ、第一種電気通信事業の許可及び電気通信業務を行うことを目的として開設する無線局等の免許について外国人等であることを欠格事由としないこととしたものであり、平成九年五月二十二日の衆議院通信委員会において、堀之内久男郵政大臣から、提案理由説明が次のとおり行われている。

「電気通信事業法及び電波法の一部を改正する法律案につきまして、その提案理由及び内容の概要を御説明申し上げます。

この法律案は、サービスの貿易に関する一般協定の第四議定書の実施に伴い、第一種電気通信事業の許可及び電気通信業務を行うことを目的として開設する無線局等の免許について、それぞれ外国人等であることを欠格事由としないこととする改正を行おうとするものであります。

次に、この法律案の概要について御説明申し上げます。

第一に、第一種電気通信事業の欠格事由のうち外国性の制限に係るものについて削除することとしております。

第二に、無線局の免許の欠格事由のうち外国性の制限に係るものについては、電気通信業務を行うことを目的として開設する無線局等には適用しないこととしております。

その他所要の規定の整備を行うこととしております。

なお、この法律は、サービスの貿易に関する一般協定の第四議定書が日本国について効力を生ずる日から施行することとしております。」

この一部改正法は、平成九年五月二十九日の衆議院本会議において可決され、同年六月十六日の参議院本会議において可決・成立し、サービスの貿易に関する一般協定の第四議定書が日本国について効力を生ずる日（平成十年外務省告示第二十二号により平成十年二月五日）から施行された。

改正関連条文は、第五条である。

【 五十四次改正 】

五十二次改正に掲げた電波法の一部を改正する法律（平成九年法律第四十七号）に基づく改正のうち、認定点検事業者が行った点検結果が提出された場合における無線局の検査の一部省略に関する措置である。

この部分の施行期日は、平成十年四月一日である。

改正関連条文は、第六条、第十条、第十八条、第二十四条の二から第二十四条の八まで、第七十三条、第七十三条の二、第九十九条の十一、百条、第百三条、第百四条の四、第百九条の二、第百十条、第百十一条、第百十三条及び第百十六条である。

【　五十五次改正　】

第百四十二回国会（常会、平成十年一月十二日~同年六月十八日）において成立した電気通信分野における規制の合理化のための関係法律の整備等に関する法律（平成十年法律第五十八号）による改正であり、同法は、平成十年四月二十四日の衆議院本会議で可決され、同月三十日の参議院本会議で可決・成立したものである。

同法は、国際電信電話株式会社法の廃止（第一条）、電気通信事業法の一部改正（第二条）及び電波法の一部改正（第三条）から成り、同法の趣旨及び電波法の一部改正部分の内容については、平成十年四月九日の衆議院逓信委員会における自見庄三郎郵政大臣による提案理由説明において、次のとおり述べられている。

「電気通信分野における規制の合理化のための関係法律の整備等に関する法律案につきまして、その提案理由及び内容の概要を御説明申し上げます。

我が国経済の体質を強化し、活性化を図るためには、我が国経済全体の構造改革を進めていくことが必要でありますが、特に、リーディング産業としての電気通信分野においては、市場構造の改革を大胆に実現していくことが極めて重要であります。電気通信分野における構造改革の具体策につきましては、昨年十一月十八日に経済対中等教育学校策閣僚会議で決定された「二十一世紀を切りひらく緊急経済対策」において種々の規制緩和策を盛り込んだところでありますが、これらの施策を確実に実現することにより、強靭で活力に満ちた日本経済の実現を図ることを主な目的といたしまして、今般、この法律案を提案した次第であります。

次に、この法律案の概要について申し上げます。　（中略）

第四に、端末機器及び無線設備が技術基準に適合することの認証制度について、内外の民間事業者による無線設備等の点検結果の活用、一定の要件を満たす外国の証明機関による証明の受入れ及び工事設計を単位とする技術基準への適合性の認証ができるようにすることとしております。

以上のほか、免許を要しない無線局の要件を緩和するなど所要の改正を行うこととしております。

なお、この法律は、それぞれの改正内容に応じ、施行の準備に要する期間を勘案して、公布の日から一定期間経過後の政令で定める日から施行することとしております。」

電波法の改正は、三段階に分けて施行された。改正事項により改正関連条文及び施行期日を整理すると、次の表のとおりである。

改正事項	改正関連条文	施行期日
電波監理審議会委員の欠格事由の緩和	第九十九条の三	公布の日（平成十年五月八日）
免許を要しない無線局の要件の緩和	第四条　第四条の二　第九十九条の十一　第百十二条	公布の日から起算して六月を超えない範囲内において政令で定める日（平成十年政令三百四十九号により平成十年十一月一日）
無線設備の技術基準適合に関する認証制度等	目次　第十条　第十八条、第二十四条の九　第三十八条の二　第三十八条の十六から第三十八条の十八まで、第七十三条　第九十九条の十一　第百三条　第百十二条　第百十三条	公布の日から起算して十月を超えない範囲内において政令で定める日（平成十一年政令三十五号により平成十一年三月六日）

【五十六次改正】

第百四十二回国会において成立した学校教育法等の一部を改正する法律（平成十年法律第百一号）附則第五十条に基づく改正であり、同法に基づき新しい学校種として中等教育学校が創設されたことに伴い、無線従事者の免許の受験資格に関する規定を整備したものである。

施行期日は、平成十一年四月一日である。

改正関連条文は、第四十一条である。

【五十七次改正】

第百四十五回国会（常会、平成十一年一月十九日～同年八月十三日）において成立した電波法の一部を改正する法律（平成十一年法律第四十七号）による改正である。同一部改正法は、平成十一年四月十四日の参議院本会議で可決され、同年五月十三日の衆議院本会議で可決・成立したものであり、同年三月二十三日の参議院交通・情報通信委員会において、野田聖子郵政大臣から、次の提案理由説明がなされている。

「電波法の一部を改正する法律案につきまして、その提案理由及び内容の概要を御説明申し上げます。

この法律案は、最近における航空無線通信の多様化に対処するため航空機地球局等について電気通信業務を行うこと以外のことを目的としても開設することができるようにすることとし、併せて国際電気通信連合憲章に規定する無線通信規則等の改正に伴い海上における遭難通信等に関する規定の整備をするとともに、無線局の増加の状況等にかんがみ電波利用料の金額を引き下げる等の改正を行おうとするものであります。

次に、この法律案の概要について申し上げます。

第一に、航空機地球局及び航空地球局について、電気通信業務を行うことを目的とするものに加えて、同業務以外のことを目的としても開設することができるようにするため、その開設目的等に関する規定の整備を行うこととしております。

第二に、新たな海上遭難・安全システムへの移行のための国際電気通信連合憲章に規定する無線通信規則等の改正に伴い、モールス信号による遭難通信の聴守を義務づけた規定を廃止する等の措置を講ずることとしております。

第三に、無線局の増加の状況等にかんがみ、一部の無線局の区分について電波利用料の金額を引き下げることとしております。

なお、この法律は、公布の日から施行することとしておりますが、航空機地球局及び航空地球局に関する改正規定は、公布の日から起算して六月を超えない範囲内において政令で定める日から施行することとしております。」

この改正について、改正事項により改正関連条文及び施行期日を整理すると、次の表のとおりであり、平成十一年五月二十一日に施行される改正を五十七次改正とし、平成十一年十一月一日を五十九次改正として扱うこととした。

改正事項	改正関連条文	施行期日
無線通信規則等の改正に伴鵜遭難通信に関する規定の整備	第三十七条　第六十一条　第六十四条　第六十五条　第七十条の六　第九十九条の十一　第百十三条	公布の日(平成十一年五月二十一日)
電波利用料の引下げ	第百三条の二	同右
航空機地球局及び航空地球局の開設目的等に関する規定の整備	第五条　第六条　第二十条　第二十七条　第七十条の三	公布の日から起算して六月を超えない範囲内において政令で定める日(平成十一年政令第三百四十号により平成十一年十一月一日)

【五十八次改正】

第百四十五回国会において成立した航空法の一部を改正する法律（平成十一年六月十一日法律第七十二号）附則第十七条に基づく改正であり、義務航空機局の免許の申請及び免許の有効期間に関して航空法の規定を引用している電波法の規定について、同法の改正に合わせて規定の整備を行ったものである。

施行期日は、一部改正法の公布の日から一月を経過した日（平成十一年七月十一日）である。

改正関連条文は、第六条及び第十三条である。

【五十九次改正】

五十七次改正の項において記述した事項のうち、航空機地球局及び航空地球局の開設目的等に関する規定の整備に関する事項である。

【六十次改正】

第百四十七回国会（常会、平成十二年一月二十日～同年六月二日（解散））において成立した電波法の一部を改正する法律（平成十二年六月二日法律第百九号）による改正である。同一部改正法は、平成十二年四月二十日の衆議院本会議で可決され、同年五月二十九日の参議院本会議で可決・成立したものであり、同年四月十三日の衆議院逓信委員会において、八代英太郵政大臣から、次の提案理由説明がなされている。

「郵便貯金法等の一部を改正する法律案、電波法の一部を改正する法律案、電気通信事業法の一部を改正する法律案、以上三件につきまして、その提案理由及び内容の概要を御説明申し上げます。

（中略）

続きまして、電波法の一部を改正する法律案について、その提案理由及び内容の概要を御説明申し上げます。

この法律案は、無線局の免許手続における透明性の向上を図るとともに、免許申請者の利便の向上、電波の有効利用の促進等を図るため、周波数割当計画の策定、無線局免許における競願処理手続の整備等に関する改正を行おうとするものであります。

次に、この法律案の概要について申し上げます。

第一に、郵政大臣は、固定業務、移動業務等の無線通信の業務別の周波数の割当てに加えて、電気通信業務用、公共業務用等の無線局の目的別の周波数の割当て等を定める周波数割当計画を策定し、公示することとしております。

第二に、無線局免許における競願処理手続を整備するため、電気通信業務用の人工衛星局等について、免許申請期間を設けて、公示することとしています。

また、携帯電話の基地局のように、広範囲にわたって多数開設される必要があるという特質を有している電気通信業務用の基地局については、多数の基地局全体を対象とする開設計画の認定の制度を導入することとし、当該認定について申請期間を設けて、公示することとしております。あわせて、これらの基地局の円滑な開設を確保するための所要の措置を講ずることとしております。

第三に、企業組織の再編成の円滑な実施に資するため、現在、無線局の免許人の地位の承継ができることとされている相続、合併等の場合に加えて、事業譲渡の場合においても、郵政大臣の許可を受けて、免許人の地位の承継ができることとすることにいたしております。

第四に、心身の障害により無線従事者免許を取り消された者について、その障害が回復した場合には、直ちに免許の再申請ができるようにする等の改正を行うこととしております。

以上のほか、所要の規定の整備を行うことといたしております。

なお、この法律は、一部を除き、公布の日から起算して六月を超えない範囲内において政令で定める日から施行することといたしております。」

この法律は、公布の日から起算して六月を超えない範囲内において政令で定める日から施行するとされ、平成十二年政令第四百八十九号により平成十二年十一月三十日から施行された。ただし、免許人の地位の承継に関する改正規定は、公布の日（平成十二年六月二日）から施行された。

改正関連条文は、目次、第五条から第七条まで、第二十条、第二十六条、第二十七条の十一から第二十七条の十七、第四十一条、第四十二条、第四十八条の二、第七十六条、第九十九条の十一、第百三条及び第百十六条である。このうち、免許人の地位の承継に関する改正関連条文は、第二十条、第二十七条の十一及び第百十六条（第二十七条の十六に係る部分を除く。）である。

【六十一次改正】

第百四十五回国会において成立した中央省庁等改革のための国の行政組織関係法律の整備等に関する法律（平成十一年法律第百二号）第四十条に基づく改正である。同法において、政策審議機能を有する審議会等に関する統一的整理が行われ、電波監理審議会についても所要の規定の整備を行うとともに、同審議会に係る条項において郵政省が総務省に統合されたことに伴う所要の改正を行ったものである。

改正関連条文は、第九十九条の二、第九十九条の三、第九十九条の七、第九十九条の八及び第九十九条の十である。

中央省庁等改革のための国の行政組織関係法律の整備等に関する法律第四十条の施行期日については、同法附則第一条本文において「内閣法の一部を改正する法律（平成十一年法律第八十八号）の施行の日から施行する」とされ、同法は、附則第一項において「別に法律で定める日から施行する」とされ、中央省庁等改革関係法施行法（平成十一年法律第百六十号）第二条において「内閣法の一部を改正する法律は、平成十三年一月六日から施行する」と規定されている。

【六十二次改正】

第百四十六回国会（臨時会、平成十一年十月二十九日～同年十二月十五日）において成立した中央省庁等改革関係法施行法（平成十一年法律第百六十号）第百九十三条に基づく改正であり、中央省庁等改革関係法（内閣法及び国家行政組織法の一部改正法、内閣府設置法及び各省設置法等の総称）によって郵政省が総務省に統合されたことに伴う大臣名、省名、省令名等の改正、電波監理審議会に関する規定の整備等が行われた。

この改正の施行期日は、平成十三年一月六日である。

改正関連条文は、「郵政大臣」、「郵政省令」等の語があった本則中の条文のほか、第四十九条、第九十六条、第九十九条の十一、第九十九条の十二、第九十九条の十三及び第百二条の二である。

【六十三次改正】

第百四十六回国会において成立した独立行政法人の業務実施の円滑化等のための関係法律の整備等に関する法律（平成十一年法律第二百二十号）第五条に基づく改正である。中央省庁等の改革の一環として、独立行政法人制度が発足することに伴い、国と同様に、独立行政法人には電波法に規定する手数料及び電波利用料を課さないこととするものである。

施行期日は、平成十三年一月六日である。

改正関連条文は、第百四条である。

【六十四次改正】

第百五十回国会において成立した書面の交付等に関する情報通信の技術の利用のための関係法律の整備に関する法律（平成十二年法律第百二十六号）第十条に基

づく改正である。同法は、電子商取引の普及を背景として、民間における商取引に関する書面の交付や書面による手続の義務に代えて、書面に記載すべき事項を情報通信技術を利用する方法により提供することができること等とするもので、総計五十本の関係法律を、政府一体として、省庁横断的に、統一的な方針のもとに改正したものである。電波法については、指定無線設備小売業者の販売契約締結時の書面交付義務について、所要の改正を行った。

施行期日は、公布の日から起算して五月を超えない範囲内において政令で定める日から施行するとされ、平成十三年政令三号により平成十三年四月一日から施行された。ただし、電波監理審議会への関係省令の諮問規定の改正は、平成十三年一月六日から施行された。

六十四次改正は、平成十三年一月六日を施行期日とする部分で、その改正関連条文は、第九十九条の十一である。その他は、六十七次改正とした。

【六十五次改正】

第百四十六回国会において成立した独立行政法人通信総合研究所法（平成十一年法律第百六十二号）附則第九条に基づく改正である。

総務省通信総合研究所が独立行政法人化されるに当たり、無線設備の点検に用いる測定機器等の較正を引き続き同研究所が行うこととされたことに伴い、国の事務から同研究所の事務への移行に関して関係規定の整備を行ったものである。

施行期日は、独立行政法人通信総合研究所法附則第一条ただし書に基づき、平成十三年一月六日から起算して六月を超えない範囲内において政令で定める日とされ、平成十二年政令三百三十三号により平成十三年四月一日から施行された。

改正関連条文は、第二十四条の二、第百二条の十八及び第百三条である。

【六十六次改正】

第百四十七回国会において成立した商法等の一部を改正する法律の施行に伴う関係法律の整備に関する法律（平成十二年法律第九十一号）第二十八条に基づく改正であり、商法等の一部を改正する法律（平成十二年法律第九十号）によって会社の分割の制度が設けられたことに伴い、無線局の免許人、無線設備等に係る認定点検事業者及び高周波利用設備の設置に係る許可を受けた者の地位の承継に関して規定の整備を行ったものである。

施行期日は、商法等の一部を改正する法律の施行期日である平成十三年四月一日である。

改正関連条文は、第二十条、第二十四条の五及び第百条である。

【六十七次改正】

六十四次改正に係る改正法律のうち平成十三年四月一日を施行期日とする部分であり、その改正関連条文は、第百二条の十四の二及び第百二条の十五である.

【六十八次改正】

第百五十一回国会（常会、平成十三年一月三十一日～同年六月二十九日）において成立した電波法の一部を改正する法律（平成十三年法律第四十八号）による改正である。同一部改正法は、平成十三年四月十二日の衆議院本会議で可決され、同年六月八日の参議院本会議で可決・成立したものであり、同年四月五日の衆議院総務委員会において、片山虎之助総務大臣から、次の提案理由説明がなされている。

「電波法の一部を改正する法律案につきまして、その提案理由及び内容の概要を御説明申し上げます。

この法律案は、最近における電波利用の増加等の状況にかんがみ、電波の適正な利用の確保を図るため、一定の要件に該当する周波数割当計画等の変更に伴う無線設備の変更の工事をする免許人等に対して、給付金の支給等の援助を行うことができるようにするとともに、無線設備の技術基準適合証明制度等において民間能力の一層の活用を図るため、指定証明機関等に係る制度を合理化する等の改正を行おうとするものであります。

次に、この法律案の概要を御説明申し上げます。

第一に、総務大臣が、一定の要件に該当する周波数割当計画又は放送用周波数使用計画の変更を行う場合において、電波の適正な利用の確保を図るため必要があると認めるときは、予算の範囲内で、無線局の周波数等の変更に係る無線設備の変更の工事をしようとする免許人等に対して、当該工事に要する費用に充てるための給付金の支給その他の必要な援助（特定周波数変更対策業務）を行うことができることとしております。

第二に、総務大臣は、その指定する者に、特定周波数変更対策業務を行わせることができることとしております。

第三に、電波利用料の使途として、特定周波数変更対策業務の追加を行うこととしております。

第四に、指定証明機関及び指定較正機関について、指定の欠格事由のうち民法第三十四条の規定により設立された法人以外の者であることを欠格事由とする要件を廃止する等指定の基準に係る規定等を整備することとしております。

以上のほか、所要の規定の整備を行うこととしております。

なお、この法律は、一部を除き、公布の日から起算して四月を超えない範囲内において政令で定める日から施行することとしております。」

この法律は、公布の日から起算して四月を超えない範囲内において政令で定める日から施行するとされ、平成十三年政令第二百四十三号により平成十三年七月二十五日から施行された。ただし、第九十九条の十一の規定（電波監理審議会への諮問）の改正中の第七十一条の三第四項（給付金の支給基準）を加える部分については、公布の日（平成十三年六月十五日）から施行された。

改正関連条文は、第三十八条の三、第三十八条の三の二、第三十八条の六、第三十八条の七、第三十八条の九、第三十八条の十四、第三十八条の十七、第三十八条の十八、第三十九条の二、第四十六条、第四十七条、第四十七条の二、第四十七条の三、第四十七条の四、第七十一条の二、第七十一条の三、第七十一条の四、第九十九条の十一、第九十九条の十二、第百二条の十七、第百二条の十八、第百三条の二、第百九条の二、第百十条の二、第百十三条、第百十三条の二及び第百十六条である。

【六十九次改正】

第百五十一回国会において成立した電気通信役務利用放送法（平成十三年法律第八十五号）附則第五条による改正である。同法に基づく電気通信役務利用放送が電気通信業務を利用するものであることから、無線局の免許及び電波利用料に関する規定においては放送をする無線局の範囲から除き、一方で放送の一形態であることから電波監理審議会に関する規定においては放送（無線の放送である。）と同じ取扱いとするものである。

施行期日は、公布の日から起算して一年を超えない範囲内において政令で定める日とされ、平成十四年政令第十六号により平成十四年一月二十八日から施行された。

改正関連条文は、第五条から第七条まで、第二十六条、第五十二条、第九十九条の二、第九十九条の三、第九十九条の十四及び第百三条の二である。

【七十次改正】

第百五十四回国会（常会、平成十四年一月二十一日~同年七月三十一日）において成立した電波法の一部を改正する法律（平成十四年法律第三十八号）による改正である。同一部改正法は、平成十四年四月十二日の参議院本会議で可決され、同月二十六日の衆議院本会議で可決・成立したものであり、同年四月九日の参議院総務委員会において、片山虎之助総務大臣から、次の提案理由説明がなされている。

「電波法の一部を改正する法律案につきまして、その提案理由及び内容の概要を御説明申し上げます。

この法律案は、ＩＴ革命の進展に伴い深刻化した電波の逼迫状況におきまして、無線アクセスや移動通信サービスなどの発展のため必要な新たな電波ニーズに的確に対応できるよう、電波の再配分など電波の有効利用政策を総合的かつ計画的に推進するため、電波の利用状況を調査し評価等する措置を講ずるとともに、無線局に関する情報の提供制度を拡充するものであります。

次に、この法律案の概要を御説明申し上げます。

第一に、総務大臣は、電波が無駄なく効率的に利用されているか、また、無線通信の光ファイバーへの転換が可能か否かなど電波の実際の利用状況について、概ね三年ごとに調査を行い、その結果を公表するとともに、国民の様々な意見を踏まえて、電波の有効利用の程度を評価・公表することとしております。また、総務大臣は、電波の再配分を実施した場合に免許人に及ぼす経済的な影響等をあらかじめ調査できることとするとともに、これらの調査のため必要な情報について、免許人から報告を求めることができることとしております。

第二に、電波行政の透明性の向上を図るとともに、民間分野における電波の有効利用の一層の推進を図るため、総務大臣は、無線局に関する情報の概要をインターネット上で公表することとするほか、無線局に関するより詳細な情報についても、自己の無線局の開設等のため他の無線局との混信調査を行おうとする者からの求めに応じ、混信調査以外の目的への利用等を禁じた上で必要な情報を提供できることとしております。

以上のほか、所要の規定の整備を行うこととしております。

なお、この法律は、一部を除き、公布の日から起算して六月を超えない範囲内において政令で定める日から施行することとしております。」

この改正について、改正事項により改正関連条文及び施行期日を整理すると、次の表のとおりである。

改正事項	改正関連条文	施行期日
電波の利用状況に関する調査	第九十九条の十一	公布の日（平成十四年五月十日）
国際条約効力発生に伴う措置	第三十七条	平成十二年十二月五日に採択された千九百七十四年の海上における人命の安全のための国際条約附属書の改正が日本国について効力を生ずる日（平成十四年七月一日）
電波の利用状況に関する調査	第二十六条　第二十六条の二	公布の日から起算して六月を超えない範囲内において政令で定める日（平成十四年政令第三百十六号により平成十四年十月三十一日）
無線局に関する情報の公開及び提供	第二十五条　第二十七条の十一　第百三条　第百十三条　第百十六条	公布の日から起算して一年を超えない範囲内において政令で定める日（平成十五年政令第二十四六号により平成十五年三月十七日）

なお、無線局に関する情報の公開及び提供に関する改正については、七十二次改正とした。

【 七十一次改正 】

第百五十五回国会（臨時会、平成十四年十月十八日～同年十二月十三日）において成立した行政手続等における情報通信の技術の利用に関する法律（平成十四年法律第百五十一号）により、行政機関等に係る申請、届出その他の手続等に関し、電子情報処理組織を使用する方法その他の情報通信の技術を利用する方法により行うことができるようにされた。併せて、同国会において成立した行政手続等における情報通信の技術の利用に関する法律の施行に伴う関係法律の整備等に関する法律（平成十四年法律第百五十二号）により、既に電子情報処理組織による手続等について規定整備を行っている法律との間において行政手続等における情報通信の技術の利用に関する法律との適用関係を整理するとともに、電子情報処理組織を使用して手続を行う場合の手数料の納付の特例規定、オンライン化に伴う手続の簡素化の規定、歳入又は歳出の電子化のための所要の規定等の整備が行われた。電波法については、同法第十条に基づき、異議申立ての方式についての規定の整備を行ったものである。

この改正の施行期日は、情報通信の技術の利用に関する法律の施行の日である平成十五年二月三日である。

改正関連条文は、第五条及び第八十三条である。

【 七十二次改正 】

七十次改正において述べた改正のうち、無線局に関する情報の公開及び提供に関するものであり、同次改正の項を参照されたい。

【 七十三次改正 】

第百五十六回国会（常会、平成十五年一月二十日～同年七月二十八日）において成立した電波法の一部を改正する法律（平成十五年法律第六十八号）による改正である。同一部改正法は、平成十五年五月九日の衆議院本会議で可決され、同月三十日の参議院本会議で可決・成立したものであり、同月六日の参議院総務委員会において、片山虎之助総務大臣から、次の提案理由説明がなされている。

「電波法の一部を改正する法律案につきまして、その提案理由及び内容の概要を御説明申し上げます。

この法律案は、昨年三月二十九日に閣議決定された規制改革推進三カ年計画等を踏まえ、無線機器の迅速な市場投入を促進し、経済活性化及び国際競争力強化に資するため、無線設備の技術基準適合性を製造事業者等が自ら確認する制度を新設するとともに、総務大臣又は指定証明機関が行う技術基準適合証明等について総務大臣の登録を受けた者が行うこととするほか、電波利用共益費用の負担における無線局免許人間の公平性を確保するため、放送事業者の電波利用料の額の改定を行う等の改正を行おうとするものであります。

次に、法律案の内容について、その概要を御説明申し上げます。

第一に、総務大臣が認定した認定点検事業者が無線設備等の点検を行う制度を改め、総務大臣の登録を受けた者が点検を行う制度とし、当該事業者に対する監督規定を整備することとしております。

第二に、総務大臣又は指定証明機関が特定無線設備について技術基準適合証明を行う制度を改め、総務大臣の登録を受けた者が技術基準適合証明を行う制度とし、当該登録を受けた者等に対する監督規定を整備することとしております。

第三に、特定無線設備のうち、混信その他の妨害を与える恐れが少ないものについて、製造業者等が一定の検証を行い、技術基準適合性を自ら確認できることとする制度を新設するとともに、確認をした製造業者等に対する監督規定を整備する等所要の措置を講ずることとしております。

第四に、特定周波数変更対策業務に係る既開設局の免許人に適用される電波利用料の料額を、当該業務が実施される期間内の各年度においては、通常の電波利用料の金額に一定の金額を加算した金額とすることとしております。

その他、所要の規定の整備を行うこととしております。

なお、この法律は、公布の日から起算して九月を超えない範囲内において政令で定める日から施行することとしておりますが、電波監理審議会への必要的諮問事項に関する改定規定は公布の日から、電波利用料額の改定に関する改正規定は公布の日から起算して三月を超えない範囲内において政令で定める日から施行することとしております。」

施行期日は、公布の日から起算して九月を超えない範囲内において政令で定める日とされ、平成十五年政令第五百号により平成十六年一月二十六日から施行された。ただし、後掲の改正関連条文のうち、第二十六条及び第九十九条の十一の一部に係る改正については公布の日（平成十五年六月六日）から、第七十一条の二、第百三条の二及び第百十六条に係る改正については公布の日から起算して三月を超えない範囲内において政令で定める日（平成十五年政令第三百六十二号により平成十五年九月一日とされた。）から施行された。

改正関連条文は、目次、第四条、第六条、第十条、第十二条、第十三条、第十五条、第十八条、第二十四条の二から第二十四条の十三まで、第二十六条、第二十七条の二、第三章の二の章名、第三章の二第一節の節名、第三十八条の二、第三十八条の三、第三十八条の三の二、第三十八条の四から第三十八条の三十二まで、第三章の二第二節（第三十八条の三十三から第三十八条の三十八まで）、第三十九条の二から第三十九条の十三まで、第四十六条、第四十七条の二から第四十七条の五まで、第七十一条の二、第七十一条の三、第七十三条、第八十二条、第九十九条の十一、第九十九条の十二、第百二条の十六から第百二条の十八まで、第百三条、第百三条の二、第百四条の四、第百九条の二、第百十条、第百十条の二から第百十条の四まで、第百十二条、第百十三条、第百十三条の二、第百十四条、第百十六条及び別表第一から第四までである。

【　七十四次改正　】

第百五十五回国会において成立した独立行政法人通信総合研究所法の一部を改正する法律（平成十四年法律第百三十四号）により、独立行政法人通信総合研究所が独立行政法人情報通信研究機構に改組されたことに伴い、同法附則第十三条に基づき電波法中の同研究所の名称を改めたものである。

施行期日は、平成十六年四月一日である。

改正関連条文は、第二十四条の二、第百二条の十八及び第百三条である。

【　七十五次改正　】

第百五十六回国会において成立した電気通信事業法及び日本電信電話株式会社等に関する法律の一部を改正する法律（平成十五年法律第百二十五号）附則第二十二条による改正である。同一部改正法により、第一種電気通信事業及び第二種電気通信事業の事業区分を廃止する等の措置が講じられたことに伴い、所要の規定の整備を行ったものである。

施行期日は、公布の日から起算して一年を超えない範囲内において政令で定める日とされ、平成十六年政令第五十八号により平成十六年四月一日から施行された。

改正関連条文は、第十六条の二、第五十九条、第九十九条の三及び附則第十三項である。

【　七十六次改正　】

第百五十九回国会（常会、平成十六年一月十九日～同年六月十六日）において成立した電波法及び有線電気通信法の一部を改正する法律（平成十六年法律第四十七号）第一条による改正である。同一部改正法は、平成十六年四月十六日の衆議院本会議で可決され、同年五月十二日の参議院本会議で可決・成立したものであり、同年四月一日の参議院総務委員会において、麻生太郎総務大臣から、次の提案理由説明がなされている。

「電波法及び有線電気通信法の一部を改正する法律案につきまして、その提案理由及び内容の概要を御説明申し上げます。

我が国が、経済の成長力を取り戻し、豊かな国民生活を実現するためには、我が国の社会経済システムの活性化を進めていくことが重要であります。特に、リーディング産業としてのＩＴ分野におきましては、有限かつ希少な電波を、大胆かつ迅速に、ニーズの高い分野に再配分し、無線を活用した新たなビジネスを開花させることが必要であり、そのための措置を講ずることが喫緊の課題となっております。これに積極的に応えるため、電波の有効利用を一層促進するための制度整備等を図ることによって、世界最先端の無線ネットワークの構築を実現し、強靭で活力に満ちた日本経済の再生を目指すことを目的といたしまして、今般、この法律案を提出した次第であります。

次に、法律案の内容につきまして、その概要を御説明申し上げます。

第一に、電波の利用状況の評価結果に基づき、原則として五年間に満たない期間内で既存無線局の使用する周波数につきまして使用期限を定める場合に、その使用期限までに周波数の指定の変更申請等しようとする免許人等に対して、使用期限の早期の到来により通常生ずる費用に充てるための電波利用料を財源とする給付金を支給等する制度を新設いたします。併せて、その周波数を新たに使用する免許人その他の無線局の開設者等は、一定期間、追加的な電波利用料を国に納めなければならないこととする等所要の措置を講ずることといたしております。

第二に、他の無線局への混信を防止する機能を有する無線局につきまして、その開設に関する規制を、総務大臣の免許に代えて登録とする制度を新設いたします。併せて、登録を受けた無線局に対する監督規定等を整備することといたしております。

第三に、サイバー犯罪に関する条約の締結に向けた国内法の整備として、暗号化された無線通信を傍受して、その秘密を漏らし又は窃用する目的で、その内容を復元する行為及びその未遂並びにこれらに対する国外犯を処罰する措置を講じます。併せて、有線電気通信の秘密侵害罪及びその未遂罪に対する国外犯を処罰する措置を講ずることといたしております。

第四に、電気通信業務用無線局に係る伝搬障害防止区域内において建築する一定の高層建築物等の建築主に対する工事制限期間を三年間から二年間に短縮することといたしております。

以上のほか、所要の規定の整備を行うことといたしております。

なお、この法律は、公布の日から起算して三月を超えない範囲内において政令で定める日から施行することといたしておりますが、無線局の登録制度の新設に関する改正規定は公布の日から起算して一年を超えない範囲内において政令で定める日から、サイバー犯罪に関する条約の締結のための罰則規定の新設に関する改正規定は同条約が日本国について効力を生ずる日から施行すること等といたしております。」

この一部改正法は、電波法の一部改正について第一条及び第二条で構成される二段ロケット方式を採り、施行期日も多岐にわたる複雑な構成である。同法による改正を七十六次、七十七次、八十次及び九十四次の四段階に分けて整理することとし、前掲の提案理由説明における改正事項と対比して整理すると次の表のとおりである。

改正次	一部改正法の規定	提案理由説明の項目	施行期日
七十六次	一部改正法第一条 （九十四次改正としたものを除く。）	第一の事項 第四の事項	公布日 平成十六年六月八日 平成十六年七月十二日

七十七次	一部改正法第二条（八十次改正としたものを除く。）	第二の事項	平成十六年七月十二日
八十次	一部改正法第二条（七十七次改正としたものを除く。）	同右	平成十七年五月十六日
九十四次	一部改正法第一条（七十六次改正としたものを除く。）	第三の事項	平成二十四年十一月一日

さらに、七十六次改正として整理した部分の改正関連条文と施行期日については、次のとおりである。

一　施行期日が公布日（平成十六年五月十九日）である改正

一部改正法第一条による第九十九条の十一に係る改正であり、同法附則第一条(施行期日)第一号により、公布の日から施行すると定められている。

二　施行期日が平成十六年六月八日である改正

一部改正法第一条による第五十九条、第百九条の二及び第百九条の三に係る改正であり、同法附則第一条第二号により、公布の日から起算して二十日を経過した日（平成十六年六月八日）から施行すると定められている。

三　施行期日が平成十六年七月十二日である改正

一部改正法附則第一条は、「この法律は、公布の日から起算して三月を超えない範囲内において政令で定める日から施行する。ただし、次の各号に掲げる規定は、それぞれ当該各号に定める日から施行する。」と規定している。同条第一号及び第二号に係る改正は前掲の一及び二に掲げたものであり、同条第三号に係る改正は一部改正法第二条によるものであり、同条第四号は九十四次改正として整理したサイバー犯罪に関する条約関係の改正である。よって、一部改正法第一条中の残余の改正事項であり、これらの改正は、前掲の同法附則第一条本文に基づく平成十六年政令二百二十七号により平成十六年七月十二日から施行するとされた。

この三に係る改正関連条文は、第五条、第二十四条の二、第二十六条、第三十八条の三、第三十八条の十、第三十八条の十八、第三十八条の三十三、第七十一条の二、第七十一条の三の二、第七十一条の四、第七十六条の三、第七十七条、第九十九条の十一、第百二条の二、第百二条の六、第百三条、第百三条の二、第百三条の五、第百十条の二、第百十三条、第百十三条の二、第百十六条並びに別表第一、別表第四及び別表第五である。

【七十七次改正】

七十六次改正の項に掲げた電波法及び有線電気通信法の一部を改正する法律第二条により新設される無線局の登録制度に係る郵政省令の制定等を電波監理審議会への諮問事項とするため、電波法第九十九条の十一を改正するものである。同登録制度は、八十次改正として平成十七年五月十六日に施行されることとなるが、これに先立って関連の郵政省令に係る諮問が行えるようにするものと解される。

この改正の施行期日は、七十六次改正のうち三番目の「施行期日が平成十六年七月十二日である改正」と同じく、上記一部改正法附則第一条(施行期日)本文に基づき、平成十六年政令第二百二十七号により平成十六年七月十二日と定められた。

【七十八次改正】

第百五十九回国会において成立した行政事件訴訟法の一部を改正する法律（平成十六年法律第八十四号）附則第十二条第二号による改正である。同一部改正法により、取消訴訟の出訴期間について、処分又は裁決があったことを知った日から三カ月から六カ月に延長されたことに伴い、周波数等の変更による損失補償の金額に関する訴えの出訴期間を同様に延長したものである。

施行期日は、公布の日から起算して一年を超えない範囲内において政令で定める日とされ、平成十六年政令第三百十一号により平成十七年四月一日から施行された。

改正関連条文は、第七十一条である。

【七十九次改正】

第百六十二回国会（常会、平成十七年一月二十一日～同年八月八日（解散））において成立した所得税法等の一部を改正する法律（平成十七年三月三十一日法律第二十一号）附則第六十七条による改正である。同法第四条（登録免許税法の一部改正）により、検査機関等の登録等に対し登録免許税の負担を求める措置が導入され、登録免許税法別表第一第四十八号が改正されて、同号（一）～（四）により点検事業者等の登録に登録免許税が課されることになったことに伴い、これらの登録の申請に課せられていた手数料を課さないこととしたものである。

施行期日は、平成十七年四月一日である。

改正関連条文は、第百三条である。

【八十次改正】

七十六次改正の項に掲げた電波法及び有線電気通信法の一部を改正する法律第二条による改正（七十七次改正の項に掲げた第九十九条の十一に係る改正を除く。）である。改正事項について、一部改正法案の提案理由説明の部分を再掲すれば、次のとおりである。

「第二に、他の無線局への混信を防止する機能を有する無線局につきまして、その開設に関する規制を、総務大臣の免許に代えて登録とする制度を新設いたします。併せて、登録を受けた無線局に対する監督規定等を整備することといたしております。」

「なお、この法律は、（中略）無線局の登録制度の新設に関する改正規定は公布の日から起算して一年を超えない範囲内において政令で定める日から、（中略）施行することとといたしております。」

この改正の施行期日は、一部改正法附則第一条第三号において、公布の日から起算して一年を超えない範囲内において政令で定める日とされ、平成十七年政令第百五十八号により平成十七年五月十六日から施行された。

改正関連条文は、目次、第二章の章名、第二章第一節の節名、第四条、第四条の二、第五条、第二十五条、第二十六条の二、第二十七条の十五、第二章第二節（第二十七条の十八から第二十七条の三十四まで）、第三十八条の十一、第三十九条、第五十三条、第五十四条、第七十一条、第七十一条の二、第七十一条の四、第七十四条の二、第七十六条、第七十六条の二の二、第七十六条の三、第七十七条、第七十八条、第八十条、第八十一条、第八十二条、第九十九条の十一、第百二条の十三、第百二条の十四、第百三条、第百三条の二、第百三条の五、第百四条の二、第百十条、第百十三条及び第百十六条である。

【八十一次改正】

第百六十三回国会（特別会、平成十七年九月二十一日～同年十一月一日）において成立した電波法及び放送法の一部を改正する法律（平成十七年法律第百七号）第一条による改正である。同一部改正法は、平成十七年十月二十日の衆議院本会議で可決され、同月二十六日の参議院本会議で可決・成立したものであり、同月十三日の衆議院総務委員会において、麻生太郎総務大臣から、次の提案理由説明がなされている。

「電波法及び放送法の一部を改正する法律案につきまして、その提案理由及び概要を御説明申し上げます。

現在、総務省では、有限かつ希少な電波を、大胆かつ迅速に、成長が期待される無線ビジネスに開放する電波開放戦略を積極的に推進しております。この戦略の一層の推進を図るため、電波の有効利用の観点から、電波利用料の負担の在り方を見直して電波の経済的価値に係る諸要素を勘案した料額を定めるとともに、国民が携帯電話などの無線システムをいつでもどこでも利用できる環境を積極的に整備等することが有用であります。併せて、最近の放送事業を巡る対内投資の増大等、社会経済情勢の変化に的確に対応するため、国民生活に不可欠な情報の提供手段として重要な役割を担っております地上放送につきまして、外資規制の実効性を確保していくことが重要な課題となっております。これらが、今般、この法律案を提出した理由であります。

次に、法律案の内容について、その概要を御説明申し上げます。

第一に、免許人等が無線局ごとに納めなければならない電波利用料につきましては、無線局の区分に応じ、使用する電波の周波数帯及び周波数の幅、設置場所等に従い細分して定めることとし、料額表の改定を行います。併せて、広範囲の地域において同一の者が開設する無線局に専ら使用させることを目的とした広域専用電波を使用する免許人は、毎年、その周波数の幅等を勘案して算定される電波利用料を納めなければならないことといたしております。

第二に、電波利用料の使途として、電波のより能率的な利用に資する技術に関する研究開発に要する費用を例示として追加します。また、携帯電話などの無線通信を利用できない地域において必要最小の空中線電力を用いてこれらの無線通信を利用できるようにするための伝送路設備整備の補助金に要する費用につきましても、新たに例示として追加することといたしております。

第三に、外国人等が議決権の一定割合以上を占める法人又は団体が、地上放送の業務を行おうとする者の議決権の一定割合以上を占めていることを、放送局の免許の欠格事由とするものであります。また、これに伴い、株主名簿等への記載等の拒否、議決権の制限に関する規定等を整備することといたしております。

以上のほか、所要の規定の整備を行うこととしております。

なお、この法律は、一部の規定を除きまして、公布の日から起算して三月を超えない範囲内において政令で定める日から施行することといたしております。」

なお、この一部改正法案の内容は、前国会（第百六十二回国会・常会）に提出され審議未了で廃案となった電波法の一部を改正する法律案と電波法及び放送法の一部を改正する法律案の内容を合わせたものとなっている。

この一部改正法第一条（電波法の一部改正）の施行期日は、三段階に分かれており、それぞれの改正関連条文は、次の表のとおりである。

施行期日	改正関連条文
公布の日（平成十七年十一月二日）	第百三条の二（第九項第三号及び同項第六号に係る部分に限る。）
公布の日から起算して三月を超えない範囲内において政令で定める日（平成十七年政令三百四十三号により平成十七年十二月一日）	第二十七条の十九　第九十九条の十一　第百三条の二（第九項第三号及び同項第六号に係る部分を除く。）　第百十六条　別表第六　別表第七　別表第八、
公布の日から起算して六月を超えない範囲内において政令で定める日（平成十八年政令二十一号により平成十八年四月一日）	第五条　第七十五条

【八十二次改正】

第百六十二回国会において成立した会社法の施行に伴う関係法律の整備等に関する法律（平成十七年法律第八十七号）第二百五十四条による改正である。同国会において成立した会社法（平成十七年法律第八十六号）の施行に伴い、用語の整理等を行ったものである。

施行期日は、平成十八年五月一日である。

改正関連条文は、第三十八条の三、第三十八条の十一、第三十八条の三十一及び第七十一条の三の二である。

【八十三次改正】

第百六十四回国会（常会、平成十八年一月二十日～同年六月十八日）において成立した消防組織法の一部を改正する法律（平成十八年六月十四日法律第六十四号）附則第四条による改正である。同一部改正法による消防組織法中の条の移動を反映した改正である。

施行期日は、同一部改正法の公布の日である平成十八年六月十四日である。

改正関連条文は、第百三条二である。

【八十四次改正】

第百六十八回国会（臨時会、平成十九年九月十日～平成二十年一月十五日）において成立した放送法等の一部を改正する法律（平成十九年法律第百三十六号）第二条による改正である。同一部改正法案は、第百六十六回国会（常会、平成十九年一月二十五日～同年七月五日）に国会に提出されて第百六十八回国会まで継続審査となっていたものであり、同国会において、平成十九年十二月十一日の衆議院本会議で可決され、同月二十一日の参議院本会議で可決・成立したものである。

放送法等の一部を改正する法律案は、第百六十六回国会に提出された段階では、第一条（放送法の一部改正）、第二条（電波法の一部改正）、第三条（有線ラジオ放送業務の運用の規正に関する法律の一部改正）、第四条（有線テレビジョン放送法の一部改正）、第五条（電気通信事業法の一部改正）及び第六条（電気通信役務利用放送法の一部改正）の六条で構成されていたが、第百六十八回国会において衆議院で一部修正が施された上で成立した。修正内容は、放送法の一部改正関係事項及び第三条及び第四条の削除であり、その結果、一部改正法案は、第五条及び第六条が一条ずつ繰り上げられて四条構成となった。

平成十九年十一月二十九日の衆議院総務委員会において増田寛也総務大臣が行った提案理由説明中の電波法関係部分を抜き出すと次のとおりである。

「第四に、新しい無線通信サービス等の迅速かつ円滑な実現のため、電波利用の技術的な試験や需要調査のための無線局を開設できる制度を創設するとともに、無線局を開設する場合等に既存無線局との間で行う混信等の防止に関する協議を促進するためのあっせん及び仲裁の制度を創設することとしております。また、柔軟な電波利用の実現のため、無線局の免許人等以外の者に一定の条件のもとで無線局を運用させることができる制度を創設することとしております。」

この改正は、第九十九条の十一に係る改正が公布の日（平成十九年十二月二十八日）に施行されたことを除き、平成二十年四月一日に施行された。なお、施行期日を定める一部改正法附則第一条本文において、公布の日から起算して一年を超えない範囲内において政令で定める日から施行すると定めるとともに、ただし同条第二号に掲げる規定については公布の日から起算して九月を超えない範囲内において政令で定める日から施行すると定めており、施行期日を異にすることが予定されていたが、平成二十年政令第四十九号により、双方ともに平成二十年四月一日と定められた。

改正関連条文は、目次、第五条から第七条まで、第二十六条の二、第二十七条の三、第二十七条の十八、第二章第三節（第二十七条の三十五及び第二十七条の三十六）、第五十七条、第五十八条、第五章第四節（第七十条の七及び第七十条の八）、第八十条、第九十九条の三、第九十九条の十一、第百十条、第百十二条から第百十四条まで、第百十六条及び別表第六である。

【八十五次改正】

第百六十九回国会（常会、平成二十年一月十八日～同年六月二十一日）において成立した電波法の一部を改正する法律（平成二十年法律第五十号）による改正である。同一部改正法は、平成二十年四月十七日の衆議院本会議で可決され、同年五月二十三日の参議院本会議で可決・成立したものである。

内閣から提出された電波法の一部を改正する法律案の趣旨・内容については、平成二十年四月十日の衆議院総務委員会における増田寛也総務大臣からの提案理由説明において、次のとおり述べられている。

「電波法の一部を改正する法律案につきまして、その提案理由及び内容の概要を御説明申し上げます。

我が国のあらゆる社会経済活動の基盤として電波利用の拡大が進む中、有限かつ希少な電波の有効利用の重要性はますます高まっております。そこで、電波の有効利用を促進する観点から、電波利用料についてその使途の範囲及び料額を見直すとともに、柔軟な電波利用の実現のために無線局の運用の特例を追加する等の必要があります。

次に、法律案の内容について、その概要を御説明申し上げます。

第一に、電波利用料の使途として、電波のより能率的な利用に資する技術を用いた無線設備の技術基準を定めるために行う国際機関等との連絡調整の事務を例示として追加するとともに、携帯電話や地上デジタル放送などの無線通信を利用できない地域において必要最小の空中線電力によるその利用を可能とするために行われる設備の整備のための補助金の交付対象の拡大等を行うこととしております。

第二に、免許人等が電波利用料として国に納めなければならない金額の改定を行うこととしております。

第三に、国等について、電波利用料の徴収に関する規定を適用することとするとともに、特定の無線局の免許人等については、その規定を適用除外とし、又は納めなければならない電波利用料の金額を減額することとしております。

第四に、電波利用料を納付しようとする者は、一定の要件を満たす者として総務大臣が指定する者に納付を委託することができるようにする納付委託制度を整備することとしております。

第五に、携帯電話の超小型基地局等の無線局について、一定の要件のもとで、免許人以外の者に当該無線局の簡易な操作による運用を行わせることができるようにする制度を整備することとしております。

以上のほか、所要の規定の整備を行うこととしております。

なお、この法律は、公布の日から起算して九月を超えない範囲内において政令で定める日から施行することとしておりますが、電波利用料の使途の範囲の見直しに関する改正規定は公布の日から、電波利用料の納付委託制度の整備に関する改正規定は公布の日から起算して一年を超えない範囲内で政令で定める日から施行することとしております。」

この法律案に対して、衆議院において一部修正がなされた。平成二十年四月十七日の衆議院総務委員会における原口一博委員による修正案の提出者を代表しての提案の趣旨説明を引用すると、法案の本則に係る修正内容は次のとおりである。

「この修正案は、委員会における審査等を通じて明らかになった問題点を踏まえ、各党間の協議により取りまとめたものでございます。

その内容は、第一に、電波監理審議会の諮問に関する事項であります。

現行法では、電波監理審議会への諮問は、総務大臣が免許等を「しようとするとき」と規定されており、総務省が策定した案を電波監理審議会に諮問しております。

本修正案は、免許等の手続の透明性を高めるため、総務大臣は、案の策定前においても電波監理審議会に諮問することができるようにするものであります。

第二に、電波利用料の使途に関する事項であります。

現行法では、電波利用料の使途につきましては、その他事務として、法律に明示されていない事務も実施されており、また、研究開発事務につきましては、広く、電波のより能率的な利用に資する技術に関する研究開発を対象としております。

本修正案は、電波利用料の使途をすべて法律に明記し、その対象を明確にするとともに、研究開発事務の対象を、周波数を効率的に利用する技術等に関する研究開発であって技術基準の策定に向けて実施されるものに限定するものであります。

また、本修正案では、電波に関するリテラシーの重要性にかんがみ、新たに、電波利用料の使途として、電波に関するリテラシーの向上のための活動に対する必要な援助を追加するとともに、情報公開に資するため、研究開発の成果その他の電波利用料の使途として実施される事務の実施状況に関する資料の公表に関する規定を設けることとしております。」

この一部改正法の施行期日は、上述の総務大臣からの提案理由説明においても述べられているとおり三段階に分かれており、八十五次改正としては公布の日及び公布の日から起算して九月を超えない範囲内において政令で定める日から施行する部分を扱い、残余の公布の日から起算して一年を超えない範囲内において政令で定める日から施行する部分、すなわち電波利用料の納付委託制度の整備に関する改正については、八十七次改正として扱っている。

八十五次改正に属する改正関連条文を施行期日ごとに分類すると、次のとおりである。

(一) 公布の日（平成二十年五月三十日）から施行される改正関連条文

第九十九条の十一、第百三条の二、第百三条の三及び附則第十四項

(二) 公布の日から起算して九月を超えない範囲内において政令で定める日（平成二十年政令第二百八十六号により平成二十年十月一日）から施行される改正関連条文

目次、第七十条の七から第七十条の九まで、第八十条、第九十九条の十一、第百三条の二、第百四条、第百十条、第百十二条、第百十三条、第百十六条及び別表第六から第八まで

【 八十六次改正 】

第百六十四回国会（常会、平成十八年一月二十日～同年六月十八日）において成立した一般社団法人及び一般財団法人に関する法律（平成十八年法律第四十八号）により、従前の民法に基づく公益法人制度に代えて、一般社団法人及び一般財団法人の制度が設けられた。これに伴い、同国会において成立した一般社団法人及び一般財団法人に関する法律及び公益社団法人及び公益財団法人の認定等に関する法律の施行に伴う関係法律の整備等に関する法律（平成十八年法律第五十号）第二百四条において所要の改正が行われたものである。

この改正の施行期日は、一般社団法人及び一般財団法人に関する法律の施行の日である平成二十年十二月一日である。

改正関連条文は、第三十九条の二、第四十六条及び第百二条の十七である。

【 八十七次改正 】

八十五次改正の項に掲げた電波法の一部を改正する法律（平成二十年法律第五十号）による改正の一部である。その内容に関し、同一部改正法案に係る衆議院総務委員会における提案理由説明中の関係部分を再掲すると、次のとおりである。

「第四に、電波利用料を納付しようとする者は、一定の要件を満たす者として総務大臣が指定する者に納付を委託することができるようにする納付委託制度を整備することとしております。」

「電波利用料の納付委託制度の整備に関する改正規定は公布の日から起算して一年を超えない範囲内で政令で定める日から施行することとしております。」

この改正は、一部改正法附則第一条（施行期日）第二号において、公布の日から起算して一年を超えない範囲内において政令で定める日から施行するものとされ、平成二十年政令第二百八十六号により平成二十一年四月一日から施行された。

改正関連条文は、第三十八条の十一及び第百三条の二である。

【八十八次改正】

第百七十一回国会（常会、平成二十一年一月五日～同年七月二十一日（解散））において成立した電波法及び放送法の一部を改正する法律（平成二十一年法律第二十二号）第一条による改正である。同一部改正法は、平成二十一年四月九日の衆議院本会議で可決され、同月十七日の参議院本会議で可決・成立したものであり、同月七日の衆議院総務委員会において鳩山邦夫総務大臣から次の提案理由説明がなされている。

「電波法及び放送法の一部を改正する法律案につきまして、その提案理由及び内容の概要を御説明申し上げます。

我が国のあらゆる社会経済活動の基盤となる電波の有効利用を推進する観点から、地上デジタルテレビジョン放送への円滑な移行を推進するため、電波利用料の使途の範囲を拡大する必要があります。また、この移行によって空くこととなる周波数帯を利用した新しい放送である移動受信用地上放送の早期実現を図るため、所要の措置を講ずる必要があります。

次に、法律案の内容について、その概要を御説明申し上げます。

第一に、当分の間の電波利用料の使途の特例として、経済的困難その他の事由により地上デジタル放送の受信が困難な者に対して、地上デジタル放送の受信を可能とするための支援を追加することとしております。

第二に、移動受信用地上放送の早期実現を図るため、現在携帯電話の基地局など電気通信業務用の無線局について導入されている開設計画の認定制度の対象として、移動受信用地上放送をする無線局を追加することとしております。また、現在衛星放送に導入されている、他人の委託により放送を行う受託国内放送の対象として、移動受信用地上放送を追加することとしております。

以上のほか、所要の規定の整備を行うこととしております。

なお、この法律は、公布の日から起算して一年を超えない範囲内において政令で定める日から施行することとしておりますが、電波利用料の使途の特例に関する改正規定は公布の日から施行することとしております。」

この提案理由説明中に述べられている第一の事項である電波利用料の使途の特例については電波法において附則第十五項を設けることにより措置されている。また、移動受信用地上放送に係る制度に関する第二の事項の前段は電波法の改正により、後段は放送法の改正により措置されている。

この改正のうち附則第十五項の改正に係る施行期日は、公布の日（平成二十一年四月二十四日）である。

それ以外の改正は、公布の日から起算して一年を超えない範囲内において政令で定める日から施行するとされ、平成二十二年政令百十八号により平成二十二年四月二十三日から施行された。その改正関連条文は、第五条、第六条、第二十六条、第二十七条の十二から第二十七条の十五まで、第二十七条の二十七、第二十七条の二十八及び第九十九条の十一である。

【八十九次改正】

第百七十六回国会（臨時会、平成二十二年十月一日～同年十二月三日）において成立した放送法等の一部を改正する法律（平成二十二年法律第六十五号）第三条に基づく改正である。同法は、第一条及び第二条が放送法の一部改正、第三条及び第四条が電波法の一部改正並びに第五条が電気通信事業法の一部改正として構成されている。第三条による電波法の一部改正を八十九改正とし、第四条による電波法の一部改正を九十一次改正とする。

放送法等の一部を改正する法律案は、第百七十四回国会（常会、平成二十二年一月十八日～同年六月十六日）に提出され、衆議院において一部条項を削除する修正をした後、参議院に送付されたが、同院において審査未了、廃案となり、上記削除を施した上で第百七十六回国会に再提出された。再提出された放送法等の一部を改正する法律案は、衆議院で一部修正が行われて平成二十二年十一月二十五日の同院本会議で可決され、同月二十六日の参議院本会議で可決・成立した。

第百七十六回国会に再提出された放送法等の一部を改正する法律案について、平成二十二年十一月二十五日の衆議院総務委員会において片山善博総務大臣から、次の提案理由説明がなされている。

「まず、放送法等の一部を改正する法律案につきまして、その提案理由及び内容を御説明申し上げます。

通信・放送分野におけるデジタル化の進展に対応した制度の整理合理化を図るため、各種の放送形態に係る制度を統合し、無線局の免許及び放送業務の認定の制度を弾力化する等、放送、電波及び電気通信事業に係る制度について所要の改正を行う必要があります。

次に、法律案の内容について、その概要を御説明申し上げます。

第一に、放送に係る制度の整理合理化を図るため、放送関連の四つの法律を一つに統合するとともに、放送を基幹放送と一般放送に区分し、放送の業務の参入について、基幹放送は認定、一般放送は登録とするとともに、放送の業務と電気通信設備の設置、運用を一の者で行うことも、それぞれを別の者が担うことも選択可能にする一方、地上放送において放送の業務と無線局の設置、運用を一の者が行う場合には、無線局の免許のみで足りる現行の制度も併存させることとしております。

第二に、放送の多元性、多様性等を確保するため、基幹放送について、いわゆるマスメディア集中排除原則の基本的な部分を法定化し、複数の基幹放送事業者への出資に関しては、一定の範囲内において定める水準を超えないことを原則とすることとしております。

第三に、放送についてはこのほかに、設備の維持、重大事故が発生した場合の報告、放送番組の種別の公表、有料放送の提供条件の説明、再放送同意をめぐる紛争に係る電気通信紛争処理委員会によるあっせん及び仲裁等に関する規定を整備することとしております。

第四に、電波利用に係る制度の合理化、弾力化を図るため、主たる目的に支障のない範囲で、一つの無線局を通信及び放送の双方の目的に利用することが可能となるよう、無線局の免許及び目的変更の許可に関する規定を整備するとともに、免許を要しない無線局の空中線電力の上限の見直し、携帯電話基地局の免許の包括化、電波監理審議会による意見の聴取等に関する規定を整備することとしております。

第五に、電気通信事業に係る制度の整理合理化を図るため、いわゆるコンテンツ配信事業者等と電気通信事業者との間における電気通信役務の提供をめぐる紛争等に係る電気通信紛争処理委員会によるあっせん及び仲裁、第二種指定電気通信設備を設置する電気通信事業者の接続会計に関する規定を整備するとともに、有線放送電話に関する法律の廃止及びこれに伴う規定の整備等を行うこととしております。

第六に、附則において、政府は、この法律の施行後三年以内に、表現の自由ができるだけ多くの者によって享有されるようにするための制度の在り方について、放送の健全な発達を図り、国民にその効用をもたらすことを保障する観点から、新聞社、通信社その他のニュース又は情報の頒布を業とする事業者と基幹放送事業者との関係、いわゆるクロスメディア所有規制の在り方を含めて検討を加え、必要があると認めるときは、その結果に基づいて所要の措置を講ずることとしております。

以上のほか、所要の規定の整備を行うこととしております。

なお、この法律は、公布の日から起算して九月を超えない範囲内において政令で定める日から施行することとしておりますが、電気通信紛争処理委員会の委員の任命に関する改正規定等は公布の日から、免許を要しない無線局に関する改正規定等は公布の日から起算して三月を超えない範囲内において政令で定める日から、放送番組の種別の公表に関する改正規定等は公布の日から起算して六月を超えない範囲内において政令で定める日から施行することとしております。」

なお、上述した第百七十六回国会の衆議院における再提出法案の一部修正に関して、平成二十二年十一月二十五日の参議院総務委員会において行われた片山善博総務大臣による提案理由説明の中で、次の内容が追加されている。

「政府といたしましては、以上を内容とする法律案を提出した次第でございますが、衆議院におきまして、第一に、日本放送協会の経営委員会の構成員に会長を加える改正並びに経営委員、会長、副会長及び理事の欠格事由を緩和する改正を行わず、現行どおりとすることとし、第二に、政府は、法律の施行後三年以内に、表現の自由ができるだけ多くの者によって享有されるようにするための制度の在り方について、いわゆるクロスメディア所有規制の在り方を含めて検討を加え、必要があると認めるときは、その結果に基づいて所要の措置を講ずるものとする規定を削除することとし、第三に、政府は、この法律の公布後一年をめどとして、日本放送協会の役員に係る欠格事由の在り方について検討を加え、必要があると認めるときは、その結果に基づいて所要の措置を講ずるものとする検討条項を設けることとする修正が行われております。」

このように、放送法等の一部を改正する法律案には多岐にわたる内容が盛り込まれているが、八十九次改正として述べる同法律第三条に係る改正事項は、上述の衆議院総務委員会における提案理由説明中の第四の電波利用に係る制度の合理化、弾力化を図るための措置として掲げられた免許を要しない無線局の空中線電力の上限の見直し、携帯電話基地局の免許の包括化、電波監理審議会による意見の聴取等に関する規定の整備等であり、その改正関連条文は、目次、第四条から第六条まで、第二十七条の二、第二十七条の三、第二十七条の五から第二十七条の七まで、第二十七条の九、第二十七条の十、第二十七条の二十七、第二十七条の二十八、第三十八条の二、第三十八条の二の二、第三十八条の三から第三十八条の六まで、第三十八条の十一、第三十八条の十七から三十八条の十九まで、第三十八条の二十四、第三十八条の二十九から第三十八条の三十一まで、第六十条、第七十条の七、第七十条の九、第七十一条の三の二、第七十一条の五、第七十三条、第七十六条、第七十六条の二、第七十八条、第九十九条の十一、第九十九条の十二、第百条、第百三条の二、第百三条の五、第百十条、第百十三条、第百十四条、第百十六条、附則第十三項及び別表第三である。

八十九次改正は、第九十九条の十二に係る改正が公布の日（平成二十二年十二月三日）から施行されたことを除き、公布の日から起算して三月を超えない範囲内において政令で定める日から施行するとされ、平成二十三年政令第二号により平成二十三年三月一日から施行された。

【 九十次改正 】

第百七十七回国会（常会、平成二十三年一月二十四日～同年八月三十一日）において成立した電波法の一部を改正する法律（平成二十三年六月一日法律第六十号）第一条による改正である。同一部改正法案は、平成二十三年四月二十日の参議院本会議で可決され、同年五月二十六日の衆議院本会議で可決・成立したものであり、同年四月十九日の参議院総務委員会において片山善博総務大臣から次の提案理由説明がなされている。

「まず、電波法の一部を改正する法律案につきまして、その提案理由及び内容の概要を御説明申し上げます。

我が国のあらゆる社会経済活動の基盤となる電波の有効利用を促進する観点から、電波利用料の適正性を確保するためその料額を改定するとともに、周波数の再編を迅速に行うことを可能とするため特定基地局の開設計画の認定に関する所要の措置を講ずる等の必要があります。

次に、法律案の内容について、その概要を御説明申し上げます。

第一に、電波利用料について、電波法附則第十四項の規定に基づき、三年ごとにその適正性の確保の観点から見直すこととされており、電波利用共益費用及び無線局の開設状況の見込みを勘案して、その料額を改定することとしております。

第二に、携帯電話基地局等の特定基地局を新規に開設しようとする者が既存の無線局の周波数変更等に要する費用を負担することによって早期に特定基地局の開設ができるよう、当該費用の負担に関する事項を開設指針の規定事項及び開設計画の記載事項に追加することとしております。

以上のほか、所要の規定の整備を行うこととしております。

なお、この法律は、公布の日から起算して六月を超えない範囲内において政令で定める日から施行することとしておりますが、広域専用電波を使用して放送をする無線局に係る電波利用料の料額の設定に関する改正規定等は公布の日から、特定基地局の開設計画の認定に関する改正規定等は公布の日から起算して三か月を超えない範囲内において政令で定める日から施行することとしております。

以上が、この法律案の提案理由及び内容の概要であります。」

この電波法の一部を改正する法律は、第一条及び第二条（いずれも電波法の一部改正）の二段ロケット方式を採っており、第一条に提案理由説明中第二の携帯電話基地局等の特定基地局の開設指針に関する事項、第二条に提案理由説明中第一の電波利用料の料額改定に関する事項が規定されている。ただし、広域専用電波を使用して放送をする無線局に係る電波利用料については第一条に規定されている。

ついては、これら三の改正事項については、広域専用電波を使用して放送をする無線局に係る電波利用料に係る改正を九十次改正とし、携帯電話基地局等の特定基地局の開設指針に関する事項に係る改正を九十二次改正とし、電波利用料の料額改定に係る改正を九十三次改正として扱うこととした。

九十次改正の改正関連条文は、第百三条の二及び別表第六であり、同改正の施行期日は、一部改正法の公布の日（平成二十三年六月一日）である。

【　九十一次改正　】

八十九次改正の項で述べた放送法等の一部を改正する法律第四条に基づく改正である。

この一部改正法において、放送法制の放送法への一元化並びに同法における基幹放送及び一般放送の制度の創設という放送制度の抜本的改革がなされた。八十九次改正の項に掲げた法律案の提案理由説明で述べられた次の部分である。

「通信・放送分野におけるデジタル化の進展に対応した制度の整理合理化を図るため、各種の放送形態に係る制度を統合し、無線局の免許及び放送業務の認定の制度を弾力化する等、放送、電波及び電気通信事業に係る制度について所要の改正を行う必要があります。

次に、法律案の内容について、その概要を御説明申し上げます。

第一に、放送に係る制度の整理合理化を図るため、放送関連の四つの法律を一つに統合するとともに、放送を基幹放送と一般放送に区分し、放送の業務の参入について、基幹放送は認定、一般放送は登録とするとともに、放送の業務と電気通信設備の設置、運用を一の者で行うことも、それぞれを別の者が担うことも選択可能にする一方、地上放送において放送の業務と無線局の設置、運用を一の者が行う場合には、無線局の免許のみで足りる現行の制度も併存させることとしております。

第二に、放送の多元性、多様性等を確保するため、基幹放送について、いわゆるマスメディア集中排除原則の基本的な部分を法定化し、複数の基幹放送事業者への出資に関しては、一定の範囲内において定める水準を超えないことを原則とすることとしております。

第三に、放送についてはこのほかに、設備の維持、重大事故が発生した場合の報告、放送番組の種別の公表、有料放送の提供条件の説明、再放送同意をめぐる紛争に係る電気通信紛争処理委員会によるあっせん及び仲裁等に関する規定を整備することとしております。」

提案理由説明中の第一で述べられている放送の業務の参入について、従前の制度は、電波法に基づき放送をする無線局（放送局）の免許を取得することによって放送事業者の地位を得る「ハードとソフトの一致」と言われるものであったが、新制度では、放送の業務と放送局の開設及び運用とを別の者が担う「ハードとソフトの分離」の形態も採れることとするとともに、地上放送においては両者を一の者が行う場合には、従来どおり無線局の免許のみで足りる現行の制度も併存させることとされた。よって、電波法における放送局の免許に関する制度が大幅に改正された。

また、八十九次改正の項に掲げた提案理由説明中の第四で述べられている無線局の免許及び目的変更の許可に関する規定の整備が行われた。同第四の部分を再掲すると、次のとおりである。

「第四に、電波利用に係る制度の合理化、弾力化を図るため、主たる目的に支障のない範囲で、一つの無線局を通信及び放送の双方の目的に利用することが可能となるよう、無線局の免許及び目的変更の許可に関する規定を整備するとともに、免許を要しない無線局の空中線電力の上限の見直し、携帯電話基地局の免許の包括化、電波監理審議会による意見の聴取等に関する規定を整備することとしております。」

九十一次改正の施行期日については、公布の日から起算して九月を超えない範囲内において政令で定める日から施行するとされ、平成二十三年政令第百八十二号により平成二十三年六月三十日から施行された。

改正関連条文は、第五条から第七条まで、第九条、第十条、第十二条、第十三条の二、第十四条、第十六条の二、第十七条、第二十条、第二十四条の二、第二十四条の二の二、第二十四条の三から第二十四条の八まで、第二十四条の十から第二十四条の十三まで、第二十六条、第二十七条の三から第二十七条の五まで、第二十七条の八、第二十七条の十一から第二十七条の十三まで、第二十七条の十五、第二十七条の十六、第二十七条の三十五、第三十八条の十九、第五十二条、第七十一条の二、第七十一条の三の二、第七十三条、第七十五条、第七十六条、第九十九条の二、第九十九条の三、第九十九条の十一、第九十九条の十四、第百条、第百三条、第百十条の二、第百十一条、第百十六条、附則第十三項、別表第四及び別表第六である。

【九十二次改正】

九十次改正で述べた電波法の一部を改正する法律第一条による改正であり、同法律案の提案理由説明において、「第二に、携帯電話基地局等の特定基地局を新規に開設しようとする者が既存の無線局の周波数変更等に要する費用を負担することによって早期に特定基地局の開設ができるよう、当該費用の負担に関する事項を開設指針の規定事項及び開設計画の記載事項に追加することとしております。」と述べられている。

この一部改正の改正関連条文は、第十三条、第二十五条、第二十七条の十二から第二十七条の十四まで及び第百十六条である。

この改正は、公布の日から起算して三月を超えない範囲内において政令で定める日から施行するとされ、平成二十三年政令第二百四十号により平成二十三年八月三十一日から施行された。

【九十三次改正】

九十次改正で述べた電波法の一部を改正する法律第二条による改正であり、同法律案の提案理由説明において、「第一に、電波利用料について、電波法附則第十四項の規定に基づき、三年ごとにその適正性の確保の観点から見直すこととされており、電波利用共益費用及び無線局の開設状況の見込みを勘案して、その料額を改定することとしております。」と述べられている。

この一部改正の改正関連条文は、第百三条の二、別表第六、別表第七及び別表第八である。

この改正は、公布の日から起算して六月を超えない範囲内において政令で定める日から施行するとされ、平成二十三年政令第二百九十二号により平成二十三年十月一日から施行された。

【九十四次改正】

七十六次改正の項に掲げた電波法及び有線電気通信法の一部を改正する法律第一条による改正のうち、第百九条の二第五項の追加である。改正事項について、一部改正法案の提案理由説明の関係部分を再掲すれば、次のとおりである。

「第三に、サイバー犯罪に関する条約の締結に向けた国内法の整備として、暗号化された無線通信を傍受して、その秘密を漏らし又は窃用する目的で、その内容を復元する行為及びその未遂並びにこれらに対する国外犯を処罰する措置を講じます。併せて、有線電気通信の秘密侵害罪及びその未遂罪に対する国外犯を処罰する措置を講ずることといたしております。」

「なお、この法律は、(中略)サイバー犯罪に関する条約の締結のための罰則規定の新設に関する改正規定は同条約が日本国について効力を生ずる日から施行すること等といたしております。」

サイバー犯罪に関する条約は、第百五十九回国会において平成十六年四月二十一日に承認され、平成二十四年七月四日に平成二十四年条約第七号として公布され、同年十一月一日に　我が国について効力が発生した。同条約は、サイバー犯罪から社会を保護することを目的として、コンピュータ・システムに対する違法なアクセス等一定の行為の犯罪化、コンピュータ・データの迅速な保全等に係る刑事手続の整備、犯罪人引渡し等に関する国際協力等につき規定するものであり、この条約を実施するため、同国会において成立した電波法及び有線電気通信法の一部を改正する法律第二条により電波法、同法第三条により有線電気通信法の一部改正が行われた。電波法については、暗号通信の秘密を漏らす等の行為を犯罪とする第百九条の二が新設され、同条第一項から第四項までは電波法及び有線電気通信法の一部を改正する法律附則第一条本文に基づき平成十六年七月十二日に施行され（七十六次改正）、第百九条の二第五項の国外犯規定は、同法第一条第四号の規定に基づき、「サイバー犯罪に関する条約が日本国について効力を生ずる日」である平成二十四年十一月一日から施行された（九十四次改正）。

【九十五次改正】

第百八十三回国会（常会、平成二十五年一月二十八日～同年六月二十六日）において成立した電波法の一部を改正する法律（平成二十五年法律第三十六号）による改正である。同一部改正法は、平成二十五年五月二十三日の衆議院本会議で可決され、同年六月五日の参議院本会議で可決・成立したものであり、同年五月十六日の衆議院総務委員会において新藤義孝総務大臣から次の提案理由説明がなされている。

「電波法の一部を改正する法律案につきまして、その提案理由及び内容の概要を御説明申し上げます。

我が国のあらゆる社会経済活動の基盤として電波利用の拡大が進む中、有限かつ希少な電波の有効利用の重要性はますます高まっております。そこで、電波の有効利用を促進する観点から、電波利用料の使途の範囲を拡大する必要があります。

次に、この法律案の内容について、その概要を御説明申し上げます。

電波利用料の使途として、市町村等が設置している防災行政無線、消防救急無線などの人命又は財産の保護の用に供する無線設備による無線通信について、デジタル技術など電波の能率的な利用に資する技術を用いた無線設備により行われるようにするため必要があると認められる場合における当該技術を用いた無線設備の整備のための補助金の交付を追加することとしております。

以上のほか、所要の規定の整備を行うこととしております。

なお、この法律は、公布の日から施行することとしております。」

この一部改正の改正関連条文は、第百三条の二及び附則第十五項である。

この改正は、公布の日（平成二十五年六月十二日）から施行された。


【九十六次改正】


第百八十六回国会（常会、平成二十六年一月二十四日～同年六月二十二日）において成立した奄美群島振興開発特別措置法及び小笠原諸島振興開発特別措置法の一部を改正する法律（平成二十六年三月三十一日法律第六号）附則第六条による改正であり、小笠原諸島振興開発特別措置法（昭和四十四年法律第七十九号）の改正における条の移動を反映させたものである。

改正の施行期日は、平成二十六年四月一日である。

改正関連条文は、別表第六である。


【九十七次改正】

第百八十六回国会において成立した電波法の一部を改正する法律（平成二十六年法律第二十六号）による改正である。同一部改正法は、平成二十六年四月四日の衆議院本会議で可決され、同月十六日の参議院本会議で可決・成立したものであり、同月一日の衆議院総務委員会において新藤義孝総務大臣から次の提案理由説明がなされている。


「電波法の一部を改正する法律案につきまして、その提案理由及び内容の概要を御説明申し上げます。

我が国のあらゆる社会経済活動の基盤となる電波の有効利用を促進する観点から、電波利用料の適正性を確保するためその料額を改定するとともに、災害時に非常通信を行う無線局等に係る手数料等を免除するほか、技術基準適合証明等の表示方法に係る規定の整備等を行う必要があります。

次に、法律案の内容について、その概要を御説明申し上げます。

第一に、電波利用料について、電波法附則第十四項の規定に基づき、三年ごとにその適正性の確保の観点から見直すこととされており、電波利用共益費用及び無線局の開設状況の見込みを勘案して、その料額を改定することとしております。併せて、広域専用電波を使用する第一号包括免許人が納めなければならない電波利用料に上限額を設ける改正を行うこととしております。

第二に、電波利用料の使途として、ラジオ放送の難聴地域において必要最小の空中線電力によるラジオ放送の受信を可能とするための中継局等の整備に対する補助金の交付を追加することとしております。

第三に、災害時において人命の救助、災害の救援等のために必要な通信を行う無線局等を臨時に開設する場合に、電波利用料及び免許申請等に係る手数料を免除することを可能といたします。

第四に、技術基準適合証明等を受けた特定無線設備を組み込んだ製品の製造業者等が、その特定無線設備に付されている技術基準適合証明等の表示を製品に適切に転記することを可能といたします。

第五に、携帯電話端末等の適合表示無線設備の修理業者が、電波特性に影響を与えない範囲での修理の確認を行う場合に、総務大臣の登録を受けることを可能といたします。

以上のほか、所要の規定の整備を行うこととしております。

なお、この法律は、公布の日から起算して九月を超えない範囲内において政令で定める日から施行することとしておりますが、電波利用料の使途に関する改正規定等は公布の日から、災害時等に開設する無線局に関する改正規定等は公布の日から起算して六月を超えない範囲内において政令で定める日から、修理業者の登録制度に関する改正規定は公布の日から起算して一年を超えない範囲内において政令で定める日から施行することとしております。」

この提案理由説明で述べられた五項目の改正事項等について、施行期日及び改正関連条文を整理すると次の表のとおりである。

改正事項	施行期日	改正関連条文
第一：電波利用料の料額の改定等	公布の日から起算して九月を超えない範囲内において政令で定める日（平成二十六年政令第二百九十六号により平成二十六年十月一日）	第三十八条の十一　第九十九条の十一　第百三条の二　第百十六条　別表第六から別表第八まで
第二：電波利用料の使途の追加	公布の日（平成二十六年四月二十三日）	附則第十五項
第三：災害時等に開設する無線局に係る電波利用料及び手数料の免除	公布の日から起算して六月を超えない範囲内において政令で定める日（平成二十六年政令第二百七十五号により平成二十六年九月一日）	第百三条　第百三条の二
第四：技術基準適合証明等の表示	同右	第三十八条の七　第百十二条
第五：修理業者の登録制度	公布の日から起算して一年を超えない範囲内において政令で定める日（平成二十七年政令第五十八号により平成二十七年四月一日）	目次　第四条　第三十八条の七　第三十八条の二十二　第三十八条の二十三　第三十八条の二十九　第三十八条の三十一　第三十八条の三十八　第三章の二第三節（第三十八条の三十九～第三十八条の四十八）　第百三条　第百十二条　第百十三条　第百十六条
その他規定の整備	公布の日（平成二十六年四月二十三日）	第二十五条　第三十八条の五　第五十三条　第七十一条の三

【九十八次改正】

第百八十六回国会において成立した独立行政法人通則法の一部を改正する法律の施行に伴う関係法律の整備に関する法律（平成二十六年法律第六十七号）第三十八条に基づく改正である。独立行政法人通則法の一部を改正する法律（平成二十六年法律第六十六号）に基づき国立研究開発法人の制度が設けられ、独立行政法人通則法の一部を改正する法律の施行に伴う関係法律の整備に関する法律第四十七条により「独立行政法人情報通信研究機構」が「国立研究開発法人情報通信研究機構」と改称されたことに伴い、関係規定中の法人の名称を改めたものである。

施行期日は、独立行政法人通則法の一部を改正する法律が施行された平成二十七年四月一日である。

改正関連条文は、第二十四条の二である。

【九十九次改正】

第百八十六回国会において成立した放送法及び電波法の一部を改正する法律（平成二十六年法律第九十六号）第二条に基づく改正である。

同一部改正法案は、平成二十六年五月二十九日の衆議院本会議で可決され、同年六月二十日の参議院本会議で可決・成立したものであり、同法第一条による放送法の一部改正において民間の基幹放送事業者の経営基盤強化計画の認定に係る制度の創設、認定放送持株会社に係る認定の要件の緩和等が行われ、併せて「認定放送持株会社」及び「特定役員」の定義が整理されたことに伴い、同一部改正法第二条により電波法における関係規定の整備を行ったものである。

電波法の一部改正は、公布の日から起算して一年を超えない範囲内において政令で定める日から施行するとされ、平成二十七年政令第五十二号により平成二十七年四月一日から施行された。

改正関連条文は、第五条及び第九十九条の三である。

【 百次改正 】

第百八十六回国会において成立した少年院法及び少年鑑別所法の施行に伴う関係法律の整備等に関する法律（平成二十六年法律第六十号）第八条に基づく改正である。昭和二十三年に制定された少年院法（昭和二十三年法律第百六十九号）が全面的に見直され、新たに少年院法（平成二十六年法律第五十八号）及び少年院法から独立して少年鑑別所法（平成二十六年法律第五十九号）が制定されたことに伴い、旧少年法を引用する規定の整備を行ったものである。

この改正は、少年院法及び少年鑑別所法の施行に伴う関係法律の整備等に関する法律の施行期日である新少年院法の施行期日（平成二十七年六月一日）から施行された。

改正関連条文は、第百三条の二である。

【 百一次改正 】

第百八十九回国会（常会、平成二十七年一月二十六日～同年六月二十四日において成立した水防法等の一部を改正する法律（平成二十七年法律第二十二号）附則第八条に基づく改正である。同一部改正法第一条の水防法の一部改正により「水防管理団体」の定義規定に関して項の移動があったため、当該項を引用する規定の整備を行ったものである。

この改正は、平成二十七年七月十九日から施行された。

改正関連条文は、第百三条の二である。

【 百二次改正 】

第百八十六回国会において成立した行政不服審査法の施行に伴う関係法律の整備等に関する法律(平成二十六年法律第六十九号)第三十八条に基づく改正である。行政不服審査法（平成二十六年法律第六十八号）により行政不服審査法（昭和三十七年法律第百六十号）が全部改正され、不服申立ての手続が審査請求に一元化されたこと等に伴い、電波法中の不服申立て制度に関する規定について所要の改正を行ったものである。

この改正は、行政不服審査法の施行に伴う関係法律の整備等に関する法律の施行期日である行政不服審査法の施行期日（平成二十八年四月一日）から施行された。

改正関連条文は、目次、第七章の章名、第八十三条から第八十六条まで、第八十八条、第九十条、第九十一条、第九十二条から第九十二条の五まで、第九十三条の三から第九十三条の五まで、第九十四条、第九十六条の二、第九十七条、第九十九条の十二、第百四条の三及び第百四条の四である。

【 百三次改正 】

第百八十九回国会（常会、平成二十七年一月二十六日～同年六月二十四日）において成立した電気通信事業法等の一部を改正する法律（平成二十七年法律第二十六号）第二条による改正である。同一部改正法は、第一条（電気通信事業法の一部改正）、第二条（電波法の一部改正）及び第三条（放送法の一部改正）から成り、平成二十七年四月二十四日の衆議院本会議で可決され、同年五月十五日の参議院本会議で可決・成立したものであり、同年四月十六日の衆議院総務委員会において高市早苗総務大臣から次の提案理由説明がなされている。

「電気通信事業法等の一部を改正する法律案につきまして、その提案理由及び内容の概要を御説明申し上げます。

電気通信事業の公正な競争の促進、電気通信役務の利用者及び有料放送の役務の国内受信者の利益の保護等を図るため、電気通信事業の登録の更新に関する制度の創設、電気通信役務及び有料放送の役務の提供に関する契約の解除並びに本邦に入国する者が持ち込む無線設備を使用する無線局に係る規定の整備等を行う必要があります。

次に、法律案の内容について、その概要を御説明申し上げます。

（第一～第三：電気通信事業法及び放送法の一部改正に係るものであるため、省略）

第四に、本邦に入国する者が、電波法に定める技術基準に相当する技術基準に適合する無線設備を持ち込み、これを使用して無線局を開設しようとする場合には、当該無線設備を一定の期間に限り適合表示無線設備とみなすこととする等の規定を整備することとしております。

第五に、電気通信業務を行うことを目的とする特定基地局の開設計画の認定において電気通信事業の登録を要件とするとともに、当該登録が取り消された場合等に当該認定を取り消す等の規定を整備することとしております。

第六に、基準不適合設備の製造業者、輸入業者又は販売業者に対する総務大臣の勧告の要件を改めること等の規定を整備することとしております。

以上のほか、所要の規定の整備を行うこととしております。

なお、この法律は、一部の規定を除き、公布の日から起算して一年を超えない範囲内において政令で定める日から施行することとしております。」

この改正は、公布の日から起算して一年を超えない範囲内において政令で定める日から施行するとされ、平成二十八年政令第三十九号により平成二十八年五月二十一日から施行された。

改正関連条文は、第四条、第四条の二、第五条、第六条、第二十七条の十二、第二十七条の十三、第二十七条の十五、第二十七条の二十七、第二十七条の二十八、第三十八条の二の二、第五十九条、第七十六条、第八十二条、第九十九条の十一、第百二条の十一から第百二条の十三まで、第百三条の二、第百三条の五、第百十条及び第百十三条である。

【百四次改正】

第百九十三回国会（常会、平成二十九年一月二十日～同年六月十八日）において成立した電波法及び電気通信事業法等の一部を改正する法律（平成二十九年法律第二十七号）第一条による改正である。同一部改正法は、第一条（電波法の一部改正）及び第二条（電気通信事業法の一部改正）から成り、平成二十九年四月十一日の衆議院本会議で可決され、同月二十八日の参議院本会議で可決・成立したものであり、同月四日の衆議院総務委員会において高市早苗総務大臣から次の提案理由説明がなされている。

「電波法及び電気通信事業法の一部を改正する法律案につきまして、その提案理由及び内容の概要を御説明申し上げます。

我が国のあらゆる社会経済活動の基盤となる電波の有効利用を促進し、及び情報通信技術の進展に対応した規制の合理化を図るため、電波利用料の料額の改定、電気通信業務を行うことを目的としない船舶地球局の実用化に係る規定の整備、登録検査等事業者及び登録認定機関がその業務に使用する測定器などの較正に係る期間の延長などの措置を講ずる必要があります。

次に、法律案の内容について、その概要を御説明申し上げます。

第一に、電波利用料について、電波法附則第十四項の規定において、三年ごとにその適正性の確保の観点から見直すこととされており、電波利用共益費用及び無線局の開設状況の見込みを勘案して、その料額を改定することとしております。

第二に、電波利用料の使途として、新たな衛星基幹放送に対応する空中線を接続した場合に技術基準に適合しないこととなる既設の受信設備について、当該技術基準に適合させるために行われる改修のための必要な援助を行うことを可能といたします。

第三に、電気通信業務を行うことを目的としない船舶地球局の実用化に伴い、免許申請書の添付書類に係る記載事項を定める等の規定の整備を行うこととしております。

第四に、登録検査等事業者及び登録認定機関がその業務に使用する測定器などの較正について、現在一年以内とされている較正に係る期間を、すぐれた性能を有する測定器などについては、一年を超え三年を超えない範囲内で柔軟に規定できることといたします。

(注：第四は、電波法と電気通信事業法の共通改正事項である。)

以上のほか、所要の規定の整備を行うこととしております。

なお、この法律は、公布の日から起算して九月を超えない範囲内において政令で定める日から施行することとしておりますが、電波利用料の使途に関する改正規定等は公布の日から、電気通信業務を行うことを目的としない船舶地球局の実用化に関する改正規定等は公布の日から起算して一年三月を超えない範囲内において政令で定める日から施行することとしております。」

この改正においては、上記の提案理由説明で述べられた四項目のほか、電波の利用状況の調査等に係る周期の見直し及び航空機局等の無線設備等の点検その他の保守に関する規程の認定制度の整備が含まれており、これら六項目の改正事項について、施行期日及び改正関連条文を整理すると次の表のとおりである。

改正事項	施行期日	改正関連条文
第一：電波利用料の料額の改定等	公布の日から起算して九月を超えない範囲内において政令で定める日	第百三条の二　別表第六から別表第八まで
第二：電波利用料の使途の追加	公布の日(平成二十九年五月十二日)	附則第十五項　附則第十六条
第三：電気通信業務を行わない船舶地球局の実用化	公布の日から起算して一年三月を超えない範囲内にいて政令で定める日	第六条　第二十条　第二十七条の十七　第六十三条　第九十九条の十一
第四：登録検査等事業者が使用する測定器等の較正に関する期間の柔軟化	公布の日から起算して九月を超えない範囲内において政令で定める日	第二十四条の二　第三十八条の三　第三十八の八　第九十九条の十一
電波の利用状況の調査等に係る周期の見直し	同右	第二十六条の二　第七十一条の二　第七十六条の三　第九十九条の十一　第百十三条
航空機局等の無線設備等の点検その他の保守に関する規程の認定制度の整備	公布の日から起算して一年三月を超えない範囲内にいて政令で定める日	第七十条の五の二　第七十六条　第九十九条の十一　第百三条　第百十一条　第百十六条

なお、公布の日(平成二十九年五月十二日)に施行された第二以外の改正事項は、本書収録の基準日である平成二十九年六月十八日において未施行である。

【百五次改正】

第百九十三回国会において成立した学校教育法の一部を改正する法律（平成二十九年法律第四十一号）附則第十五条に基づく改正である。学校教育法の一部改正において専門職大学が制度化されたことに伴い、無線従事者の受験資格、無線設備の検査等事業者の登録条件、技術基準適合証明の事業の登録の条件、登録証明機関の審査の方法及び特定周波数終了対策業務の登録の条件に係る学校の種類に基づく要件に関する事項を整備したものである。

この改正は、学校教育法の一部を改正する法律の施行期日である平成三十一年四月一日から施行される。

改正関連条文は、第四十一条並びに別表第一、第四及び第五である。

第二編　電波法の変遷

第一部　制定時の電波法

（昭和二十五年五月二日法律第百三十一号）

電波法

目次

第一章　総則

（目的）

第一条　この法律は、電波の公平且つ能率的な利用を確保することによつて、公共の福祉を増進することを目的とする。

（定義）

第二条　この法律及びこの法律に基く命令の規定の解釈に関しては、左の定義に従うものとする。

一　「電波」とは、十キロサイクルから三百万メガサイクルまでの周波数の電磁波をいう。

二　「無線電信」とは、電波を利用して、符号を送り、又は受けるための通信設備をいう。

三　「無線電話」とは、電波を利用して、音声その他の音響を送り、又は受けるための通信設備をいう。

四　「無線設備」とは、無線電信、無線電話その他電波を送り、又は受けるための電気的設備をいう。

五　「無線局」とは、無線設備及び無線設備の操作を行う者の総体をいう。但し、受信のみを目的とするものを含まない。

六　「無線従事者」とは、無線設備の操作を行う者であつて、電波監理委員会の免許を受けたものをいう。

（電波に関する条約）

第三条　電波に関し条約に別段の定があるときは、その規定による。

第二章　無線局の免許

（無線局の開設）

第四条　無線局を開設しようとする者は、電波監理委員会の免許を受けなければならない。但し、発射する電波が著しく微弱な無線局で電波監理委員会規則で定めるものについては、この限りでない。

２　公衆通信業務（公衆の一般的利用に供する無線通信の業務をいう。以下同じ。）を行うことを目的とする無線局は、国でなければ、開設することができない。

（欠格事由）

第五条　左の各号の一に該当する者には、無線局の免許を与えない。

一　日本の国籍を有しない人

二　外国政府又はその代表者

三　外国の法人又は団体

四　法人又は団体であつて、前三号に掲げる者がその代表者であるもの又はこれらの者がその役員の三分の一以上若しくは議決権の三分の一以上を占めるもの。

五　この法律又は放送法（昭和二十五年法律第百三十二号）に規定する罪を犯し罰金以上の刑に処せられ、その執行を終り、又はその執行を受けることがなくなつた日から二年を経過しない者

六　無線局の免許の取消を受け、その取消の日から二年を経過しない者

2　前項の規定は、左に掲げる無線局については、適用しない。

一　実験無線局（科学又は技術の発達のための実験に専用する無線局をいう。以下同じ。）

二　船舶安全法（昭和八年法律第十一号）第十四条の船舶の無線局

（免許の申請）

第六条　無線局の免許を受けようとする者は、申請書に、左に掲げる事項を記載した書類を添えて、電波監理委員会に提出しなければならない。

一　目的

二　開設を必要とする理由

三　通信の相手方及び通信事項

四　無線設備の設置場所

五　電波の型式並びに希望する周波数の範囲及び空中線電力

六　希望する運用許容時間（運用することができる時間をいう。以下同じ。）

七　無線設備の工事設計及び工事落成の予定期日

八　無線設備の工事費及び無線局の運用費の支弁方法

九　運用開始の予定期日

2　公衆によつて直接受信されることを目的とする無線通信の送信（以下「放送」という。）をする無線局の免許を受けようとする者は、前項の規定にかかわらず、申請書に、左に掲げる事項を記載した書類を添えて、電波監理委員会に提出しなければならない。

一　前項第一号、第二号及び第四号から第九号までに掲げる事項

二　事業計画及び事業収支見積

三　放送事項

四　放送区域

3　船舶局（船舶無線電信局（船舶の無線局であつて、無線電信により無線通信を行うもの）及び船舶無線電話局（船舶の無線局であつて、無線電話により無線通信を行うもの）をいう。以下同じ。）の免許を受けようとする者は、第一項の書類に同項に掲げる事項の外、その船舶の所有者、用途、総トン数、旅客船であるときは旅客定員、航行区域、主たる停泊港及び信号符字をあわせて記載しなければならない。

（申請の審査）

第七条　電波監理委員会は、前条の申請書を受理したときは、遅滞なくその申請が左の各号に適合しているかどうかを審査しなければならない。

一　工事設計が第三章に定める技術基準に適合すること。

二　周波数の割当が可能であること。

三　当該業務を維持するに足りる財政的基礎があること。

四　前三号に掲げるものの外、電波監理委員会規則で定める無線局の開設の根本的基準に合致すること。

2　電波監理委員会は、申請の審査に際し、必要があると認めるときは、申請者に出頭又は資料の提出を求めることができる。

（予備免許）

第八条　電波監理委員会は、前条の規定により審査した結果、その申請が同条第一項各号に適合していると認めるときは、申請者に対し、左に掲げる事項を指定して、無線局の予備免許を与える。

一　工事落成の期限

二　電波の型式及び周波数

三　呼出符号（標識符号を含む。以下同じ。）又は呼出名称

四　空中線電力

五　運用許容時間

2　電波監理委員会は、予備免許を受けた者から申請があった場合において、相当と認めるときは、前項第一号の期限を延長することができる。

（工事設計の変更）

第九条　前条の予備免許を受けた者は、工事設計を変更しようとするときは、あらかじめ電波監理委員会の許可を受けなければならない。但し、電波監理委員会規則で定める軽微な事項については、この限りでない。

2　前項但書の事項について工事設計を変更したときは、遅滞なくその旨を電波監理委員会に届け出なければならない。

3　第一項の変更は、周波数、電波の型式又は空中線電力に変更をきたすものであってはならず、且つ、第七条第一項第一号の技術基準に合致するものでなければならない。

（落成後の検査）

第十条　第八条の予備免許を受けた者は、工事が落成したときは、その旨を電波監理委員会に届け出て、その無線設備並びに無線従事者の資格及び員数について検査を受けなければならない。

（免許の拒否）

第十一条　第八条第一項第一号の期限（同条第二項の規定による期限の延長があったときは、その期限）経過後二週間以内に前条の規定による届出がないときは、電波監理委員会は、その無線局の免許を拒否しなければならない。

（免許の附与）

第十二条　電波監理委員会は、第十条の規定による検査を行った結果、その無線設備が第六条第一項第七号又は同条第二項第一号の工事設計（第九条の規定による変更があったときは、変更があったもの）に合致し、且つ、その無線従事者の資格及び員数が第四十条及び第五十条の規定に違反しないと認めるときは、遅滞なく申請者に対し免許を与えなければならない。

（免許の有効期間）

第十三条　免許の有効期間は、免許の日から起算して五年（放送を目的とする無線局については、三年）をこえない範囲内において電波監理委員会規則で定める。但し、再免許を妨げない。

2　船舶安全法第四条（同法第十四条の規定に基く政令において準用する場合を含む。以下同じ。）の船舶及び漁船の操業区域の制限に関する政令（昭和二十四年政令第三百六号）第五条の漁船の船舶無線電信局の免許の有効期間は、前項の規定にかかわらず、無期限とする。

（免許状）

第十四条　電波監理委員会は、免許を与えたときは、免許状を交付する。

2　免許状には、左に掲げる事項を記載しなければならない。

一　免許の年月日及び免許の番号

二　免許人（無線局の免許を受けた者をいう。以下同じ。）の氏名又は名称

三　無線局の種別

四　無線局の目的

五　通信の相手方及び通信事項

六　無線設備の設置場所

七　免許の有効期間

八　呼出符号又は呼出名称

九　電波の型式及び周波数並びに発振及び変調の方式

十　空中線電力

十一　空中線の型式及び構成

十二　運用許容時間

3　放送をする無線局の免許状には、前項の規定にかかわらず、左に掲げる事項を記載しなければならない。

一　前項第一号から第四号まで及び第六号から第十二号までに掲げる事項

二　放送事項

三　放送区域

（再免許の手続）

第十五条　第十三条第一項但書の再免許については、第六条及び第八条から第十二条までの規定にかかわらず、電波監理委員会規則で定める簡易な手続によることができる。

（運用開始の届出）

第十六条　免許人は、免許を受けたときは、遅滞なくその無線局の運用開始の期日を電波監理委員会に届け出なければならない。

（変更等の許可）

第十七条　免許人は、通信の相手方、通信事項若しくは無線設備の設置場所を変更し、又は無線設備の変更の工事をしようとするときは、あらかじめ電波監理委員会の許可を受けなければならない。放送をする無線局の免許人が放送事項又は放送区域を変更しようとするときも、同様とする。

2　第九条第一項但書、第二項及び第三項の規定は、前項の規定により無線設備の変更の工事をする場合に準用する。

（変更検査）

第十八条　前条第一項の規定により無線設備の設置場所の変更又は無線設備の変更の工事の許可を受けた免許人は、電波監理委員会の検査を受け、当該変更又は工事の結果が同条同項の許可の内容に適合していると認められた後でなければ、許可に係る無線設備を運用してはならない。

（申請による周波数等の変更）

第十九条　電波監理委員会は、免許人が呼出符号若しくは呼出名称、電波の型式、周波数、空中線電力又は運用許容時間の指定の変更を申請した場合において、混信の除去その他特に必要があると認めるときは、その指定を変更することができる。

（免許の承継）

第二十条　免許人について相続又は合併があつたときは、相続人又は合併後存続する法人若しくは合併により設立された法人は、免許人の地位を承継する。

2　船舶局のある船舶について船舶の所有権の移転又はよう船契約の設定、変更若しくは解除により船舶を運行する者に変更があつたときは、変更後船舶を運行する者は、免許人の地位を承継する。

3　前二項の規定により免許人の地位を承継した者は、遅滞なくその事実を証する書面を添えてその旨を電波監理委員会に届け出なければならない。

（免許状の訂正）

第二十一条　免許人は、免許状に記載した事項に変更を生じたときは、その免許状を電波監理委員会に提出し、訂正を受けなければならない。

（廃止及び休止）

第二十二条　免許人は、その無線局を廃止するときは、その旨を電波監理委員会に届け出なければならない。無線局の運用を一箇月以上休止するときも、同様とする。

第二十三条　免許人が無線局を廃止したときは、免許は、その効力を失う。

（免許状の返納）

第二十四条　免許がその効力を失つたときは、免許人であつた者は、一箇月以内にその免許状を返納しなければならない。

（無線局の公示）

第二十五条　電波監理委賃会は、免許をしたときは、その無線局について、電波監理委員会規則で定める事項を公示する。

（周波数の公開）

第二十六条　電波監理委員会は、免許の申請等に資するため、割り当てることが可能である周波数及び割り当てた周波数の現状を示す表を作成し、公衆の閲覧に供しなければならない。

（免許の特例）

第二十七条　外国において取得した船舶の無線局については、電波監理委員会は、第六条から第十四条まで及び第二十五条の規定によらないで免許を与えることができる。

2　前項の規定による免許は、その船舶が日本国内の目的港に到着した時に、その効力を失う。

第三章　無線設備

（電波の質）

第二十八条　送信設備に使用する電波の周波数の偏差及び幅、高調波の強度等電波の質は、電波監理委員会規則で定めるところに適合するものでなければならない。

（受信設備の条件）

第二十九条　受信設備は、その副次的に発する電波又は高周波電流が、電波監理委員会規則で定める限度をこえて他の無線設備の機能に支障を与えるものであつてはならない。

（安全施設）

第三十条　無線設備には、人体に危害を及ぼし、又は物件に損傷を与えることがないように、電波監理委員会規則で定める施設をしなければならない。

（周波数測定装置の備えつけ）

第三十一条　電波監理委員会規則で定める送信設備には、その誤差が使用周波数の許容偏差の二分の一以下である周波数測定装置を備えつけなければならない。

（計器及び予備品の備えつけ）

第三十二条　船舶局の無線設備には、その操作のために必要な計器及び予備品であつて、電波監理委員会規則で定めるものを備えつけなければならない。

（非常灯、送話管等の備えつけ）

第三十三条　船舶局の通信室には、非常灯を備えつけなければならない。

2　船舶局の通信室が航海船橋以外の場所にあるときは、航海船橋との間に送話管若しくは電話又はこれらに代わる連絡設備を備えつけなければならない。

（非常灯、送話管等の備えつけ）

第三十三条　船舶局の通信室には、非常灯を備えつけなければならない。

2　船舶局の通信室が航海船橋以外の場所にあるときは、航海船橋との間に送話管若しくは電話又はこれらに代わる連絡設備を備えつけなければならない。

（船舶の義務無線電信の条件）

第三十四条　船舶安全法第四条の船舶に施設する無線電信（以下「義務無線電信」という。）の主送信装置は、五百キロサイクルの周波数において昼間百九十キロメートル以上の有効通達距離をもつものでなければならない。

2　電波監理委員会は、船舶安全法第四条第一項第三号（同法第十四条の規定に基く政令において準用する場合を含む。以下同じ。）の船舶に施設する無線電信については、前項の有効通達距離の特例を定めることができる。

第三十五条　義務無線電信には、左に掲げる条件に適合する補助装置を備えなければならない。但し、船舶安全法第四条第一項第三号の船舶に施設する無線電信であつて、電波監理委員会規則で定めるものについては、この限りでない。

一　独立の電源をもつこと。

二　連続して六時間以上使用できること。

三　送信装置は、五百キロサイクルの周波数において昼間九十五キロメートル（第五十条の第一種局については百五十キロメートル）以上の有効通達距離をもつこと。

四　受信装置は、五百キロサイクルの周波数を受信することができ、且つ、鉱石検波の方式によつても受信できること。

五　直ちに完全に操作できること。

2　前項の補助装置は、船舶の最高満載きつ水線上のなるべく高い安全な位置に装置することを要する。

3　送信又は受信の主装置が前二項の条件を具備するときは、その補助装置を備えることを要しない。

（救命艇の無線電信の条件）

第三十六条　船舶安全法第二条（同法第十四条の規定に基く政令において準用する場合を含む。）の規定に基く命令により船舶に備える救命艇に装置しなければならない無線電信は、左に掲げる条件に適合したものでなければならない。

一　五百キロサイクルの周波数により送り、及び受けることができること。

二　連続して三時間以上使用できること。

三　送信装置は、五百キロサイクルの周波数において昼間五十キロメートル以上の有効通達距離をもつこと。

四　受信装置は、鉱石検波の方式によつても受信できること。

五　機器は、救命艇の機関による振動に耐えること。

六　有効な防水装置があること。

（無線設備の機器の検定）

第三十七条　第三十一条の規定により備えつけなければならない周波数測定装置、船舶に施設する警急自動受信機及び電波監理委員会規則で定める無線方位測定機は、その型式について、電波監理委員会の行う検定に合格したものでなければ、施設してはならない。

（その他の技術基準）

第三十八条　無線設備（放送の受信のみを目的とするものを除く。）は、この章に定めるものの外、電波監理委員会規則で定める技術基準に適合するものでなければならない。

第四章　無線従事者

（無線設備の操作）

第三十九条　無線局の無線設備の操作は、次条の定めるところにより、無線従事者でなければ、行つてはならない。但し、船舶が航行中であるため無線従事者を補充することができないとき、その他電波監理委員会規則で定める場合は、この限りでない。

（無線従事者の従事範囲）

第四十条　無線従事者の資格は、左の表の上欄に掲げるとおりとし、それぞれ下欄に掲げる無線局の無線設備の操作を行うことができるものとする。

無線従事者の資格	行うことができる無線設備の操作
第一級無線通信士	無線設備の通信操作 船舶に施設する無線設備の技術操作 陸上に施設する空中線電力二キロワット以下の無線電信及び五百ワット以下の無線電話の技術操作
第二級無線通信士	国内通信のための無線設備の通信操作 第一級無線通信士の指揮の下に行う国際通信のための無線設備の通信操作 船舶に施設する空中線電力五百ワット以下の無線電信及び百五十ワット以下の無線電話の技術操作 漁業用の海岸局（船舶局と通信を行うため陸上に開設した無線局をいう。以下同じ。）の空中線電力二百五十ワット以下の無線電信及び七十五ワット以下の無線電話の技術操作 空中線電力五十ワット以下の可搬型の無線電信及び無線電話の技術操作
第三級無線通信士	第一級無線通信士又は第二級無線通信士の指揮の下に行う国内通信のための無線設備の通信操作 漁船に施設する空中線電力二百五十ワット以下の無線電

	信及び百ワット以下の無線電話の通信操作及び技術操作 漁業用の海岸局の空中線電力百二十五ワット以下の無線電信及び五十ワット以下の無線電話の通信操作及び技術操作
電話級無線通信士	船舶に施設する空中線電力百ワット以下の無線電話の通信操作及び技術操作 漁業用の海岸局の空中線電力五十ワット以下の無線電話の通信操作及び技術操作
聴守員級無線通信士	船舶に施設する無線電信の通信操作（遭難信号、緊急信号及び安全信号の聴守に限る。）
第一級無線技術士	無線設備の技術操作
第二級無線技術士	第一級無線技術士の指揮の下に行う無線設備の技術操作 空中線電力二キロワット以下の無線電信及び五百ワット以下の無線電話の技術操作
第一級アマチュア無線技士	アマチュア無線局（個人的な興味によつて無線通信を行うために開設する無線局をいう。以下同じ。）の無線設備の通信操作及び技術操作
第二級アマチュア無線技士	空中線電力百ワット以下で五十メガサイクル以上又は八メガサイクル以下の周波数を使用するアマチュア無線局の無線電話の通信操作及び技術操作
特殊無線技士	電波監理委員会規則で定める無線設備の操作

（免許）

第四十一条　無線従事者になろうとする者は、前条の資格別に行う無線従事者国家試験に合格し、合格の日から三箇月以内に電波監理委員会の免許を受けなければならない。

（免許を与えない場合）

第四十二条　左の各号の一に該当する者に対しては、無線従事者の免許を与えないことができる。

一　第九章の罪を犯し罰金以上の刑に処せられ、その執行を終り、又はその執行を受けることがなくなつた日から二年を経過しない者

二　無線従事者の免許を取り消され、取消の日から二年を経過しない者

三　著しく心身に欠陥があつて無線従事者たるに適しない者

（無線従事者原簿）

第四十三条　電波監理委員会は、無線従事者原簿を備えつけ、免許に関する事項を記載する。

（免許の有効期間）

第四十四条　無線従事者の免許の有効期間は、免許の日から起算して五年とする。

（免許の更新）

第四十五条　無線従事者は、同一の資格について免許の更新を申請することができる。

2　前項の申請をした者が、左の各号の一に該当するときは、電波監理委員会は、無線従事者国家試験を行わないでその免許の更新をしなければならない。

一　免許の有効期間中通算して二年六箇月以上当該免許に係る業務に従事し、この法律若しくはこの法律に基く命令又はこれらに基く処分に違反しなかつた者

二　免許の有効期間中通算して一年六箇月以上及び申請前一年以内に六箇月以上当該免許に係る業務に従事し、この法律若しくはこの法律に基く命令又はこれらに基く処分に違反しなかつた者

3　第一項の申請をした者が前項各号に該当しない場合であつても、電波監理委員会は、申請者の無線設備の操作に関する業務の経歴及び成績によつて、無線従事者国家試験の全部又は一部を免除することができる。

4　免許の更新については、第四十二条及び第四十四条の規定を準用する。

（無線従事者国家試験）

第四十六条　無線従事者国家試験は、無線設備の操作に必要な知識及び技能について行う。

第四十七条　無線従事者国家試験は、第四十条の資格別に、毎年少くとも一回電波監理委員会が行う。

第四十八条　無線従事者国家試験に関して不正の行為があつたときは、電波監理委員会は、当該不正行為に関係のある者について、その受験を停止し、又はその試験を無効とすることができる。この場合においては、なお、その者について、期間を定めて試験を受けさせないことができる。

（命令への委任）

第四十九条　第四十一条から前条までに規定するものの外、免許の申請、免許証の交付、再交付及び返納その他無線従事者の免許に関する手続的事項並びに試験科目、受験手続その他無線従事者国家試験の実施細目は、電波監理委員会規則で定める。

（通信長の配置等）

第五十条　左の表の上欄に掲げる船舶無線電信局には、通信長（船舶通信士の長をいう。）としてそれぞれ下欄に掲げる無線通信士を配置しなければならない。

船舶無線電信局	無線通信士
第一種局（総トン数三千トン以上の旅客船及び総トン数五千五百トンをこえる旅客船以外の船舶の船舶無線電信局をいう。以下同じ。）	通信長となる前十五年以内に船舶無線電信局において第一級無線通信士として四年以上業務に従事し、且つ、現に第一級無線通信士の免許を受けている者
第二種局甲（船舶安全法第四条の船舶であつて総トン数三千トン未満五百トン以上の旅客船又は総トン数五千五百トン以下千六百トン以上の旅客船以外の船舶の船舶無線電信局をいう。以下同じ。）	通信長となる前十五年以内に船舶無線電信局において第一級無線通信士として二年以上業務に従事し、且つ、現に第一級無線通信士の免許を受けている者
第二種局乙（旅客船以外の船舶の船舶無線電信局（第一種局及び第二種局甲に該当するものを除く。）であつて公衆通信業務を取り扱うもの又は旅客船の船舶無線電信局（第一種局及び第二種局甲に該当するものを除く。）をいう。以下同じ。）	第一級無線通信士の免許を受けている者又は通信長となる前十五年以内に船舶無線電信局若しくは海岸局において第二級無線通信士として一年以上業務に従事し、且つ、現に第二級無線通信士の免許を受けている者

2　電波監理委員会は、前項に規定するものの外、必要があると認めるときは、電波監理委員会規則により、無線局に配置すべき無線従事者の資格別員数を定

めることができる。

（選解任届）

第五十一条　無線局の免許人は、無線従事者を選任又は解任したときは、遅滞なくその旨を電波監理委員会に届け出なければならない。

第五章　運用

第一節　通則

（目的外使用の禁止等）

第五十二条　無線局は、免許状に記載された目的又は通信の相手方若しくは通信事項（放送をする無線局については放送事項）の範囲をこえて運用してはならない。但し、左に掲げる通信については、この限りでない。

一　遭難通信（船舶が重大且つ急迫の危険に陥つた場合に遭難信号を前置して行う無線通信をいう。以下同じ。）

二　緊急通信（船舶が重大且つ急迫の危険に陥るおそれがある場合その他緊急の事態が発生した場合に緊急信号を前置して行う無線通信をいう。以下同じ。）

三　安全通信（船舶の航行に対する重大な危険を予防するために安全信号を前置して行う無線通信をいう。以下同じ。）

四　非常通信（地震、台風、洪水、津波、雪害、火災、暴動その他非常の事態が発生し、又は発生するおそれがある場合において、有線通信を利用することができないか又はこれを利用することが著しく困難であるときに人命の救助、災害の救援、交通通信の確保又は秩序の維持のために行われる無線通信をいう。以下同じ。）

五　放送の受信

六　その他電波監理委員会規則で定める通信

第五十三条　無線局を運用する場合においては、呼出符号又は呼出名称、電波の型式、周波数、発振及び変調の方式並びに空中線の型式及び構成は、免許状に記載されたところによらなければならない。但し、遭難通信については、この限りでない。

第五十四条　無線局を運用する場合においては、空中線電力は、免許状に記載されたものの範囲内で通信を行うため必要最小のものでなければならない。但し、遭難通信については、この限りでない。

第五十五条　無線局は、第八条第一項の規定により指定する運用許容時間内でなければ、運用してはならない。但し、第五十二条各号に掲げる通信を行う場合及び電波監理委員会規則で定める場合は、この限りでない。

（混信等の防止）

第五十六条　無線局は、他の無線局にその運用を阻害するような混信その他の妨害を与えないように運用しなければならない。但し、第五十二条第一号から第四号までに掲げる通信については、この限りでない。

（擬似空中線回路の使用）

第五十七条　無線局は、左に掲げる場合には、なるべく擬似空中線回路を使用しなければならない。

一　無線設備の機器の試験又は調整を行うために運用するとき。

二　実験無線局を運用するとき。

（実験無線局等の通信）

第五十八条　実験無線局及びアマチュア無線局の行う通信には、暗語を使用してはならない。

（秘密の保護）

第五十九条　何人も法律に別段の定がある場合を除く外、特定の相手方に対して行われる無線通信を傍受してその存在若しくは内容を漏らし、又はこれを窃用してはならない。

（時計、業務書類等の備えつけ）

第六十条　無線局には、正確な時計及び無線検査簿、無線業務日誌その他電波監理委員会規則で定める書類を備えつけておかなければならない。

（通信方法等）

第六十一条　無線局の呼出又は応答の方法その他の通信方法、時刻の照合並びに補助設備、救命艇の無線設備、方位測定装置及び警急自動受信機の調整その他無線設備の機能を維持するために必要な事項の細目は、電波監理委員会規則で定める。

第二節　海岸局及び船舶局の運用

（船舶局の運用）

第六十二条　船舶局の運用は、その船舶の航行中に限る。但し、受信装置のみを運用するとき、第五十二条各号に掲げる通信を行うとき、その他電波監理委員会規則で定める場合は、この限りでない。

2　海岸局は、船舶局から自局の運用に妨害を受けたときは、妨害している船舶局に対して、その妨害を除去するために必要な措置をとることを求めることができる。

3　船舶局は、海岸局と通信を行う場合において、通信の順序若しくは時刻又は使用電波の型式若しくは周波数について、海岸局から指示を受けたときは、その指示に従わなければならない。

（運用しなければならない時間）

第六十三条　船舶無線電信局は、その船舶の航行中は、第一種局にあつては常時、第二種局にあつては電波監理委員会規則で定める時間割の時間運用しなければならない。但し、電波監理委員会規則で定める場合は、この限りでない。

2　前項の時間割の時間は、第二種局甲にあつては一日十六時間、第二種局乙にあつては一日八時間とする。

3　海岸局は、常時運用しなければならない。但し、電波監理委員会規則で定める海岸局については、この限りでない。

（沈黙時間）

第六十四条　海岸局及び船舶局は、中央標準時による毎時の十五分過ぎから十八分過ぎまで及び四十五分過ぎから四十八分過ぎまで（「第一沈黙時間」という。以下同じ。）は、四百八十五キロサイクルから五百十五キロサイクルまでの周波数の電波を発射してはならない。但し、遭難通信若しくは緊急通信を行う場合又は第一沈黙時間の最後の二十秒間に安全信号を送信する場合は、この限りでない。

2　海岸局及び船舶局は、毎時六分をこえない範囲内で電波監理委員会規則で定める時間（「第二沈黙時間」という。以下同じ。）は、前項の周波数以外の電波であつて電波監理委員会規則で定めるものを発射してはならない。

3　第一項但書の規定は、前項の場合に準用する。

（聴守義務）

第六十五条　五百キロサイクルの周波数の指定を受けている海岸局及び船舶無線電信局は、その運用しなければならない時間（以下「運用義務時間」という。）中は、五百キロサイクルの周波数で聴守しなければならない。但し、第一沈黙時間中を除く外、現に通信を行つている場合は、この限りでない。

2　前条第二項の電波監理委員会規則で定める周波数の指定を受けている海岸局及び船舶局は、その運用義務時間中は、その周波数で聴守しなければならない。但し、電波監理委員会規則で定める第二沈黙時間中を除く外、現に通信を行つている場合は、この限りでない。

（遭難通信）

第六十六条　海岸局及び船舶局は、遭難通信を受信したときは、他の一切の無線通信に優先して、直ちにこれに応答し、且つ、遭難している船舶を救助するため最も便宜な位置にある無線局に対して通報する等救助の通信に関し最善の措置をとらなければならない。

2　無線局は、遭難信号を受信したときは、遭難通信を妨害するおそれのある電波の発射を直ちに中止しなければならない。

（緊急通信）

第六十七条　海岸局及び船舶局は、遭難通信に次ぐ優先順位をもつて、緊急通信を取り扱わなければならない。

2　海岸局及び船舶局は、緊急信号を受信したときは、遭難通信を行う場合を除き、少くとも三分間継続してその緊急通信を受信しなければならない。

（安全通信）

第六十八条　海岸局及び船舶局は、すみやかに、且つ、確実に安全通信を取り扱わなければならない。

2　海岸局及び船舶局は、安全信号を受信したときは、その通信が自局に関係のないことを確認するまでその安全通信を受信しなければならない。

（船舶局の機器の調整のための通信）

第六十九条　海岸局又は船舶局は、他の船舶局から無線設備の機器の調整のための通信を求められたときは、支障のない限り、これに応じなければならない。

（通信圏入出の通知）

第七十条　船舶無線電信局は、海岸局の通信圏に入つたとき、又はその通信圏を去ろうとするときは、その旨をその海岸局に通知しなければならない。但し、電波監理委員会規則で定める場合は、この限りでない。

2　前項の海岸局の通信圏は、電波監理委員会規則で定める。

第六章　監督

（周波数等の変更）

第七十一条　電波監理委員会は、電波の規整その他公益上必要があるときは、当該無線局の目的の遂行に支障を及ぼさない範囲内に限り、無線局の周波数又は空中線電力の指定を変更することができる。

2　国は、前項の規定による無線局の周波数又は空中線電力の指定の変更によつて生じた損失を当該免許人に対して補償しなければならない。

3　前項の規定により補償すべき損失は、同項の処分によつて通常生ずべき損失とする。

4　第二項の補償金額に不服がある者は、補償金額決定の通知を受けた日から三箇月以内に、訴をもつて、その増額を請求することができる。

5　前項の訴においては、国を被告とする。

（電波の発射の停止）

第七十二条　電波監理委員会は、無線局の発射する電波の質が第二十八条の電波監理委員会規則で定めるものに適合していないと認めるときは、当該無線局に対して臨時に電波の発射の停止を命ずることができる。

2　電波監理委員会は、前項の命令を受けた無線局からその発射する電波の質が第二十八条の電波監理委員会規則の定めるものに適合するに至つた旨の申出を受けたときは、その無線局に電波を試験的に発射させなければならない。

3　電波監理委員会は、前項の規定により発射する電波の質が第二十八条の電波監理委員会規則で定めるものに適合しているときは、直ちに第一項の停止を解除しなければならない。

（検査）

第七十三条　電波監理委員会は、毎年一回、あらかじめ通知する期日に、その職員を無線局に派遣し、その無線設備、無線従事者の資格及び員数並びに第六十条の時計及び書類を検査させる。但し、その年に免許を受けた無線局及び外国地間を航行中の船舶の無線局については、この限りでない。

2　電波監理委員会は、前条第一項の電波の発射の停止を命じたとき、同条第二項の申出があつたとき、無線局のある船舶が外国へ出港しようとするとき、その他この法律の施行を確保するため特に必要があるときは、その職員を無線局に派遣し、その無線設備、無線従事者の資格及び員数並びに第六十条の時計及び書類を検査させることができる。

3　前二項の規定により無線局に立ち入り、検査をする職員は、その身分を示す証票を携帯し、且つ、関係人の請求があるときは、これを呈示しなければならない。

4　第一項又は第二項の規定による検査は、犯罪捜査のために認められたものと解釈してはならない。

（非常の場合の無線通信）

第七十四条　電波監理委員会は、地震、台風、洪水、津波、雪害、火災、暴動その他非常の事態が発生し、又は発生するおそれがある場合においては、人命の救助、災害の救援、交通通信の確保又は秩序の維持のために必要な通信を無線局に行わせることができる。

2　電波監理委員会が前項の規定により無線局に通信を行わせたときは、国は、その通信に要した実費を弁償しなければならない。

（無線局の免許の取消等）

第七十五条　電波監理委員会は、免許人が第五条の規定により免許を受けることができない者となつたときは、その免許を取り消さなければならない。

第七十六条　電波監理委員会は、免許人がこの法律、放送法若しくはこれらの法律に基く命令又はこれらに基く処分に違反したときは、三箇月以内の期間を定めて無線局の運用の停止を命じ、又は期間を定めて運用許容時間、周波数若しくはくは空中線電力を制限することができる。

2　電波監理委員会は、免許人が左の各号の一に該当するときは、その免許を取り消すことができる。

一　正当な理由がないのに、無線局の運用を引き続き六箇月以上休止したとき。

二　不正な手段により無線局の免許若しくは第十七条の許可を受け、又は第十九条の規定による指定の変更を行わせたとき。

三　前項の規定による命令又は制限に従わないとき。

第七十七条　電波監理委員会は、前二条の規定による処分をしたときは、理由を記載した文書を免許人に送付しなければならない。

（空中線の撤去）

第七十八条　無線局の免許がその効力を失つたときは、免許人であつた者は、遅滞なく空中線を撤去しなければならない。

（無線従事者の免許の取消等）

第七十九条　電波監理委員会は、無線従事者が左の各号の一に該当するときは、その免許を取り消し、又は三箇月以内の期間を定めてその業務に従事することを停止することができる。

一　この法律若しくはこの法律に基く命令又はこれらに基く処分に違反したとき。

二　不正な手段により免許又は免許の更新を受けたとき。

2　第七十七条の規定は、前項の規定による取消又は停止に準用する。

（報告）

第八十条　無線局の免許人は、左に掲げる場合は、電波監理委員会規則で定める手続により、電波監理委員会に報告しなければならない。

一　遭難通信、緊急通信、安全通信又は非常通信を行つたとき。

二　この法律又はこの法律に基く命令の規定に違反して運用した無線局を認めたとき。

三　第二十五条の規定により公示された無線局の無線設備以外の無線設備から電波が発射されたことを認めたとき。

四　無線局が外国において、あらかじめ電波監理委員会が告示した以外の運用の制限をされたとき。

第八十一条　電波監理委員会は、無線通信の秩序の維持その他無線局の適正な運用を確保するため必要があると認めるときは、免許人に対し、無線局に関し報告を求めることができる。

（受信設備に対する監督）

第八十二条　電波監理委員会は、受信設備が副次的に発する電波又は高周波電流が他の無線設備の機能に継続的且つ重大な障害を与えるときは、その設備の所有者又は占有者に対し、その障害を除去するために必要な措置をとるべきことを命ずることができる。

2　電波監理委員会は、放送の受信を目的とする受信設備以外の受信設備について前項の措置をとるべきことを命じた場合において特に必要があると認めるときは、その職員を当該設備のある場所に派遣し、その設備を検査させることができる。

3　第七十三条第三項及び第四項の規定は、前項の場合に準用する。

第七章　聴聞及び訴訟

（聴聞の事案）

第八十三条　電波監理委員会は、左に掲げる場合は、この章に定めるところに従い聴聞を行わなければならない。

一　第四条第一項但書（免許を要しない無線局）、第七条第一項第四号（無線局の開設の根本的基準）、第十三条第一項（無線局の免許の有効期間）、第十五条（再免許の手続）、第二十八条（第百条第三項において準用する場合を含む。）（電波の質）、第二十九条（受信設備の条件）、第三十条（第百条第三項において準用する場合を含む。）（安全施設）、第三十一条（周波数測定装置の備えつけ）、第三十二条（計器及び予備品の備えつけ）、第三十五条（補助装置の備えつけ）、第三十七条（無線設備の機器の検定）、第三十八条（第百条第三項において準用する場合を含む。）（技術基準）、第三十九条（無線設備の操作）、第四十条（特殊無線技士の従事範囲）、第四十九条（国家試験の細目等）、第五十条第二項（無線従事者の資格別員数の指定）、第五十二条第六号（目的外使用）、第五十五条（運用許容時間外運用）、第六十一条（通信方法等）、第六十四条第二項（第二沈黙時間）、第六十五条第二項（聴守義務）及び第百条第一項第二号（高周波利用設備）の規定による電波監理委員会規則を制定しようとするとき。

二　第七十六条第二項の規定による無線局の免許の取消又は第七十九条第一項の規定による無線従業者の免許の取消の処分をしようとするとき。

三　電波監理委員会の処分に対する異議の申立があつたとき。

2　電波監理委員会は、前項の場合の外、必要と認める事項について聴聞を行うことができる。

（異議の申立）

第八十四条　この法律又はこの法律に基く命令の規定に基く電波監理委員会の処分に不服のある者は、電波監理委員会に対して異議の申立をすることができる。

2　異議の申立は、処分のあつたことを知つた日から三十日以内に、理由を記載した申立書を電波監理委員会に提出して、行わなければならない。但し、処分の日から六十日を経過したときは、異議の申立をすることができない。

（申立の却下）

第八十五条　電波監理委員会は、異議の申立が不適法であると認めるときは、直ちに申立を却下する。

2　前項の規定による申立の却下は、理由を記載した文書で行い、その正本を申立人に送付しなければならない。

（聴聞の開始）

第八十六条　第八十四条の規定による異議の申立があつたときは、電波監理委員会は、前条の規定により却下する場合を除き、申立を受理した日から三十日以内に聴聞を開始しなければならない。

第八十七条　聴聞は、電波監理委員会が事案を指定して指名する審理官が主宰する。但し、事案が特に重要である場合において電波監理委員会が聴聞を主宰すべき委員を指名したときは、この限りでない。

第八十八条　聴聞の開始は、利害関係者（異議の申立に係る聴聞の場合は利害関係者及び異議の申立をした者。以下同じ。）に対し、審理官（前条但書の場合はその委員。以下同じ。）の名をもつて、事案の要旨、聴聞の期日及び場所並びに出頭を求める旨を記載した聴聞開始通知書を送付して行う。

2　前項の聴聞開始通知書を発送したときは、事案の要旨並びに聴聞の期日及び場所を公告しなければならない。

（参加）

第八十九条　前条に定める者の外、聴聞に参加して意見を述べようとする者は、利害関係のある理由及び主張の要旨を記載した文書をもつて、審理官に利害関係者として参加する旨を申し出なければならない。

（代理人）

第九十条　利害関係者は、弁護士その他適当と認める者を代理人に選任することができる。

（調査）

第九十一条　審理官は、聴聞に際し必要があると認めるときは、利害関係者を審問し、又は参考人に出頭を求めて審問し、且つ、これらの者に報告をさせることができる。

（主張と立証）

第九十二条　利害関係者若しくはその代理人又は電波監理委員会は、聴聞に際し、自己の主張を述べ、証拠を申しいで、又は利害関係者若しくは参考人若しくは電波監理委員会を審問することができる。

（調書及び意見書）

第九十三条　審理官は、聴聞に際しては、調書を作成しなければならない。

2　審理官は、前項の調書に基き意見書を作成し、同項の調書とともに、電波監理委員会に提出しなければならない。

3　電波監理委員会は、第一項の調書及び前項の意見書を公衆の閲覧に供しなければならない。

（決定）

第九十四条　電波監理委員会は、前条の調書及び意見書に基き事案の決定を行う。

2　前項の決定は、文書により行い、その正本を第八十八条及び第八十九条の利害関係者に送付しなければならない。

3　前項の文書には、聴聞を経て電波監理委員会が認定した事実及び理由を示さなければならない。

（参考人の旅費等）

第九十五条　第九十一条の規定により出頭を求められた参考人は、政令で定める額の旅費、日当及び宿泊料を受ける。

（規則委任事項）

第九十六条　この章に定めるものの外、聴聞に関する手続は、電波監理委員会規則で定める。

（専属管轄）

第九十七条　この法律又はこの法律に基く命令の規定に基く電波監理委員会の処分に対する訴は、東京高等裁判所の専属管轄とする。

（記録の送付）

第九十八条　前条の訴の提起があつたときは、裁判所は、遅滞なく電波監理委員会に対し当該事件の記録の送付を求めなければならない。

（事実認定の拘束力）

第九十九条　第九十七条の訴については、電波監理委員会が適法に認定した事実は、これを立証する実質的な証拠があるときは、裁判所を拘束する。

2　前項に規定する実質的な証拠の有無は、裁判所が判断するものとする。

第八章　雑則

（高周波利用設備）

第百条　左に掲げる設備を設置しようとする者は、当該設備につき、電波監理委員会の許可を受けなければならない。

一　電線路に十キロサイクル以上の高周波電流を通ずる電信、電話その他の通信設備（ケーブル搬送設備及び平衡二線式裸線搬送設備を除く。）

二　無線設備及び前号の設備以外の設備であつて十キロサイクル以上の高周波電流を利用するもののうち、電波監理委員会規則で定めるもの

2　前項の許可の申請があつたときは、電波監理委員会は、当該申請が次項において準用する第二十八条、第三十条又は第三十八条の技術基準に適合し、且つ、当該申請に係る周波数の使用が他の通信に妨害を与えないと認めるときは、これを許可しなければならない。

3　第十四条第一項及び第二項（免許状）、第十七条（変更等の許可）、第二十一条（免許状の訂正）、第二十二条、第二十三条（廃止及び休止）、第二十四条（免許状の返納）、第二十八条（電波の質）、第三十条（安全施設）、第三十八条（技術基準）、第七十二条（電波の発射の停止）、第七十三条第二項から第四項まで（検査）、第七十六条、第七十七条（無線局の免許の取消等）、第八十一条（報告）の規定は、第一項の規定により許可を受けた設備に準用する。

（無線設備の機能の保護）

第百一条　第八十二条第一項の規定は、無線設備以外の設備（前条の設備を除く。）が副次的に発する電波又は高周波電流が無線設備の機能に継続的且つ重大な障害を与えるときに準用する。

第百二条　電波監理委員会の施設した無線方位測定装置の設置場所から一キロメートル以内の地域に、電波を乱すおそれのある建造物又は工作物であつて電波監理委員会規則で定めるものを建設しようとする者は、あらかじめ電波監理委員会にその旨を届け出なければならない。

2　前項の無線方位測定装置の設置場所は、電波監理委員会が公示する。

（手数料の徴収）

第百三条　左の表の上欄に掲げる者は、それぞれ同表の下欄に掲げる金額の範囲内で政令で定める手数料を政令で定める期日に納めなければならない。

納めなければならない者	金額
一　第六条の規定による免許の申請をする者	三千円
二　第十条の規定による落成後の検査を受ける者	
イ　船舶局	
空中線電力五十ワット以下のもの	三千六百円
空中線電力二百ワット以下のもの	六千円
空中線電力二キロワット以下のもの	八千円

空中線電力二キロワツトをこえるもの	一万三千円
ロ　放送をする無線局	
空中線電力五十ワツト以下のもの	六千円
空中線電力五百ワツト以下のもの	一万円
空中線電力十キロワツト以下のもの	一万九千円
空中線電力十キロワツトをこえるもの	二万二千円
ハ　その他の無線局	
空中線電力五十ワツト以下のもの	四千円
空中線電力二百ワツト以下のもの	七千円
空中線電力二キロワツト以下のもの	九千円
空中線電力二キロワツトをこえるもの	一万五千円
三　第七十三条第一項の規定による検査を受ける者	
イ　船舶局	
空中線電力五十ワツト以下のもの	千八百円
空中線電力二百ワツト以下のもの	三千円
空中線電力二百ワツト以下のもの	四千円
空中線電力二キロワツトをこえるもの	六千五百円
ロ　放送をする無線局	
空中線電力五十ワツト以下のもの	三千円
空中線電力五百ワツト以下のもの	五千円
空中線電力十キロワツト以下のもの	九千五百円
空中線電力十キロワツトをこえるもの	一万一千円
ハ　その他の無線局	
空中線電力五十ワツト以下のもの	二千円
空中線電力二百ワツト以下のもの	三千五百円

空中線電力二キロワツト以下のもの	四千五百円
空中線電力二キロワツトをこえるもの	七千五百円
四　第十八条の規定による検査を受ける者（第七十一条第一項の規定に基く指定の変更を受けたため第十七条第一項の許可を受けた者を除く。）	五千円
五　第三十七条の規定による検定を受ける者	二万円
六　第四十一条の規定による無線従事者国家試験を受ける者	五百円
七　第四十五条第一項の規定による免許の更新を申請する者であつて同条第二項に該当するもの	百円
八　免許状又は免許証の再交付を申請する	百円

（国に対する適用）

第百四条　この法律の規定は、第七章及び第九章の規定を除き、国に適用があるものとする。この場合において「免許」又は「許可」とあるのは、第四章を除き、「承認」と読み替えるものとする。

第九章　罰則

第百五条　無線通信の業務に従事する者が第六十六条第一項の規定による遭難通信の取扱をしなかつたとき、又はこれを遅延させたときは、一年以上の有期懲役に処する。

2　遭難通信の取扱を妨害した者も、前項と同様とする。

3　前二項の未遂罪は、罰する。

第百六条　自己若しくは他人に利益を与え、又は他人に損害を加える目的で、無線設備又は第百条第一項第一号の通信設備によつて虚偽の通信を発した者は、三年以下の懲役又は二十万円以下の罰金に処する。

2　船舶遭難の事実がないのに、無線設備によつて遭難通信を発した者は、三月以上十年以下の懲役に処する。

第百七条　無線設備又は第百条第一項第一号の通信設備によつて日本国憲法又はその下に成立した政府を暴力で破壊することを主張する通信を発した者は、五年以下の懲役又は禁こに処する。

第百八条　無線設備又は第百条第一項第一号の通信設備によつてわいせつな通信を発した者は、二年以下の懲役又は十万円以下の罰金に処する。

第百九条　無線局の取扱中に係る無線通信の秘密を漏らし、又は窃用した者は、一年以下の懲役又は五万円以下の罰金に処する。

2　無線通信の業務に従事する者がその業務に関し知り得た前項の秘密を漏らし、又は窃用したときは、二年以下の懲役又は十万円以下の罰金に処する。

第百十条　左の各号の一に該当する者は、一年以下の懲役又は五万円以下の罰金に処する。

一　第四条第一項の規定による免許がないのに、無線局を運用した者

二　第百条第一項の規定による許可がないのに、同条同項の設備を運用した者

三　第五十二条、第五十三条又は第五十五条の規定に違反して無線局を運用した者

四　第十八条の規定に違反して無線設備を運用した者

五　第七十二条第一項又は第七十六条第一項（以上の各規定を第百条第三項において準用する場合を含む。）の規定によつて電波の発射又は運用を停止された無線局又は第百条第一項の設備を運用した者

六　第七十四条第一項の規定による処分に違反した者

第百十一条　第七十三条第一項若しくは第二項（第百条第三項において準用する場合を含む。）又は第八十二条第二項の規定による検査を拒み、妨げ、又は忌避した者は、六月以下の懲役又は三万円以下の罰金に処する。

第百十二条　左の各号の一に該当する者は、五万円以下の罰金に処する。

一　第六十二条第一項の規定に違反した者

二　第七十六条第一項（第百条第三項において準用する場合を含む。）の規定による運用の制限に違反した者

第百十三条　左の各号の一に該当する者は、三万円以下の罰金に処する。

一　第三十九条の規定に違反した者

二　第六十四条第一項の規定に違反した者

三　第七十八条の規定に違反した者

四　第七十九条第一項の規定により業務に従事することを停止されたのに、無線設備の操作を行つた者

五　第八十二条第一項（第百一条において準用する場合を含む。）の規定による命令に違反した者

第百十四条　法人の代表者又は法人若しくは人の代理人、使用人その他の従事者が、その法人又は人の業務に関し、第百十条から前条までの違反行為をしたときは、行為者を罰する外、その法人又は人に対しても各本条の罰金刑を科する。

第百十五条　第九十一条の規定による審理官の処分に違反して、出頭せず、陳述をせず、若しくは虚偽の陳述をし、又は報告をせず、若しくは虚偽の報告をした者は、三千円以下の過料に処する。

第百十六条　左の各号の一に該当する者は、三千円以下の過料に処する。

一　第二十条第三項の規定に違反して、届出をしない者

二　第二十二条（第百条第三項において準用する場合を含む。）の規定に違反して届出をしない者

三　第二十四条（第百条第三項において準用する場合を含む。）の規定に違反して、免許状を返納しない者

附　則

（施行期日）

1　この法律は、公布の日から起算して三十日を経過した日から施行する。

（無線電信法の廃止）

2　無線電信法（大正四年法律第二十六号。以下「旧法」という。）は、廃止する。

3　旧法第六条、第十五条、第十九条、第二十一条、第二十三条、第二十四条第一項、第二十五条、第二十六条及び第二十八条の規定は、公衆通信業務に関する法律が制定施行されるまでは、この法律施行後も、なおその効力を有する。

（旧法の罰則の適用）

4　この法律の施行前にした行為に対する罰則の適用については、旧法は、この法律施行後も、なおその効力を有する。

（無線従事者に関する経過規定）

5　この法律施行の際、現に無線通信士資格検定規則（昭和六年逓信省令第八号）の規定によつて第一級、第二級、第三級、電話級又は聴守員級の無線通信士の資格を有する者は、この法律施行の日に、それぞれこの法律の規定による第一級無線通信士、第二級無線通信士、第三級無線通信士、電話級無線通信士又は聴守員級無線通信士の免許を受けたものとみなす。

6　旧電気通信技術者資格検定規則（昭和十五年逓信省令第十三号）廃止の際（昭和二十四年六月一日）、現に同規則の規定によつて第一級若しくは第二級の電気通信技術者の資格又は第三級（無線）の電気通信技術者の資格を有していた者は、この法律施行の日に、それぞれこの法律の規定による第一級。無線技術士又は第二級無線技術士の免許を受けたものとみなす。

7　前二項の規定により免許を受けたものとみなされた者は、この法律施行の日から一年以内に、この法律の規定による無線従事者免許証の交付を申請しなければ、不可抗力による場合を除く外、同期間の満了によつて、その免許は、効力を失う。

8　この法律施行の際、現に無線設備の技術操作に従事している者は、この法律施行後一年間は、第三十九条の規定にかかわらず、無線技術士の資格がなくても、無線設備の技術操作に従事することができる。

9　この法律施行後三年間は、第二級無線通信士は、第四十条の規定にかかわらず、東は東経百七十五度、西は東経百十三度、南は北緯二十一度、北は北緯六十三度の線によつて囲まれた区域内において、国際通信を行うため、船舶に施設する無線設備の通信操作を行うことができる。

ノ許可ヲ受ケタル放送無線電話施設者」を「放送事業者」に改める。

（この法律の施行前になした処分等）

10 第五項又は第六項に規定するものの外、旧法又はこれに基く命令の規定に基く処分、手続その他の行為は、この法律中これに相当する規定があるときは、この法律によつてしたものとみなす。この場合において、無線局（船舶安全法第四条の船舶及び漁船の操業区域の制限に関する政令第五条の漁船の船舶無線電信局を除く。）の免許の有効期間は、第十三条第一項の規定にかかわらず、この法律施行の日から起算して一年以上三年以内において無線局の種別ごとに電波監理委員会規則で定める期間とする。

（既設の高周波利用設備の許可の申請）

11 この法律の施行の際、現に第百条第一項第二号の設備を設置している者は、この法律施行の日から一年以内に当該設備につき同条同項の許可を受けなければならない。

12 この法律施行の日から一箇月以内は、電波監理委員会は、第八十三条第一項第一号の規定にかかわらず、聴聞を行わないで同条同項同号の電波監理委員会規則を制定することができる。

13 前項の規定により制定された電波監理委員会規則は、この法律施行の日から六箇月を経過した日に、その効力を失う。

（船舶安全法等の改正）

14 船舶安全法の一部を次のように改正する。

第四条第一項中「無線電信法」を「電波法」に改める。

15 著作権法（明治三十二年法律第三十九号）の一部を次のように改正する。

第二十二条ノ五第二項中「無線電信法及之ニ基キ発スル命令ニ依リ主務大臣

第二編　電波法の変遷

第二部　一次改正から百五次改正までの逐条改正経緯

目次

【制定】

電波法（昭和二十五年五月二日法律第百三十一号）

目次
第一章　総則（第一条―第三条）
第二章　無線局の免許（第四条―第二十七条）
第三章　無線設備（第二十八条―第三十八条）
第四章　無線従事者（第三十九条―第五十一条）
第五章　運用
　第一節　通則（第五十二条―第六十一条）
　第二節　海岸局及び船舶局の運用（第六十二条―第七十条）
第六章　監督（第七十一条―第八十二条）
第七章　聴聞及び訴訟（第八十三条―第九十九条）
第八章　雑則（第百条―第百四条）
第九章　罰則（第百五条―第百十六条）
附則

【一次改正】

電波法の一部を改正する法律（昭和二十七年七月三十一日法律第二百四十九号）

目次中「第二節　海岸局及び船舶局の運用（第六十二条―第七十条）」を
「第二節　海岸局及び船舶局の運用（第六十二条―第七十条）
第三節　航空局及び航空機局の運用（第七十条の二―第七十条の六）」に改める。

目次
第一章　総則（第一条―第三条）
第二章　無線局の免許（第四条―第二十七条）
第三章　無線設備（第二十八条―第三十八条）
第四章　無線従事者（第三十九条―第五十一条）
第五章　運用
　第一節　通則（第五十二条―第六十一条）
　第二節　海岸局及び船舶局の運用（第六十二条―第七十条）
　第三節　航空局及び航空機局の運用（第七十条の二―第七十条の六）
第六章　監督（第七十一条―第八十二条）
第七章　聴聞及び訴訟（第八十三条―第九十九条）
第八章　雑則（第百条―第百四条）
第九章　罰則（第百五条―第百十六条）
附則

【三次改正】

郵政省設置法の一部改正に伴う関係法令の整理に関する法律（昭和二十七年七月三十一日法律第二百八十号）第二条

目次中「第七章　聴聞及び訴訟（第八十三条―第九十九条）」を
「第七章　異議の申立及び訴訟（第八十三条―第九十九条）
第七章の二　電波監理審議会（第九十九条の二―第九十九条の十三）」に改める。

目次
第一章　総則（第一条―第三条）

第二章　無線局の免許（第四条―第二十七条）
第三章　無線設備（第二十八条―第三十八条）
第四章　無線従事者（第三十九条―第五十一条）
第五章　運用
　第一節　通則（第五十二条―第六十一条）
　第二節　海岸局及び船舶局の運用（第六十二条―第七十条）
　第三節　航空局及び航空機局の運用（第七十条の二―第七十条の六）
第六章　監督（第七十一条―第八十二条）
第七章　異議の申立及び訴訟（第八十三条―第九十九条）
第七章の二　電波監理審議会（第九十九条の二―第九十九条の十三）
第八章　雑則（第百条―第百四条）
第九章　罰則（第百五条―第百十六条）
附則

【七次改正】

電波法の一部を改正する法律（昭和三十三年五月六日法律第百四十号）

目次中「第百四条」を「第百四の二」に改める。

目次
第一章　総則（第一条―第三条）
第二章　無線局の免許（第四条―第二十七条）
第三章　無線設備（第二十八条―第三十八条）
第四章　無線従事者（第三十九条―第五十一条）
第五章　運用
　第一節　通則（第五十二条―第六十一条）
　第二節　海岸局及び船舶局の運用（第六十二条―第七十条）
　第三節　航空局及び航空機局の運用（第七十条の二―第七十条の六）
第六章　監督（第七十一条―第八十二条）
第七章　異議の申立及び訴訟（第八十三条―第九十九条）
第七章の二　電波監理審議会（第九十九条の二―第九十九条の十三）
第八章　雑則（第百条―第百四条の二）
第九章　罰則（第百五条―第百十六条）
附則

【九次改正】

行政不服審査法の施行に伴う関係法律の整理等に関する法律（昭和三十七年九月十五日法律第百六十一号）第二百二十条

目次中「異議の申立」を「異議申立て」に改める。

目次
第一章　総則（第一条―第三条）
第二章　無線局の免許（第四条―第二十七条）
第三章　無線設備（第二十八条―第三十八条）
第四章　無線従事者（第三十九条―第五十一条）
第五章　運用
　第一節　通則（第五十二条―第六十一条）
　第二節　海岸局及び船舶局の運用（第六十二条―第七十条）
　第三節　航空局及び航空機局の運用（第七十条の二―第七十条の六）
第六章　監督（第七十一条―第八十二条）
第七章　異議申立て及び訴訟（第八十三条―第九十九条）

第七章の二　電波監理審議会（第九十九条の二―第九十九条の十三）
第八章　雑則（第百条―第百四条の二）
第九章　罰則（第百五条―第百十六条）
附則

【十五次改正】

許可、認可等の整理に関する法律（昭和四十六年六月一日法律第九十六号）第二十九条

目次中「第百四条の二」を「第百四条の三」に改める。

目次
第一章　総則（第一条―第三条）
第二章　無線局の免許（第四条―第二十七条）
第三章　無線設備（第二十八条―第三十八条）
第四章　無線従事者（第三十九条―第五十一条）
第五章　運用
　第一節　通則（第五十二条―第六十一条）
　第二節　海岸局及び船舶局の運用（第六十二条―第七十条）
　第三節　航空局及び航空機局の運用（第七十条の二―第七十条の六）
第六章　監督（第七十一条―第八十二条）
第七章　異議申立て及び訴訟（第八十三条―第九十九条）
第七章の二　電波監理審議会（第九十九条の二―第九十九条の十三）
第八章　雑則（第百条―第百四条の三）
第九章　罰則（第百五条―第百十六条）
附則

【二十五次改正】

電波法の一部を改正する法律（昭和五十六年五月二十三日法律第四十九号）

目次中「第三章　無線設備（第二十八条―第三十八条）」を
「第三章　無線設備（第二十八条―第三十八条）
第三章の二　特定無線設備の技術基準適合証明（第三十八条の二―第三十八条の十五）」に、「第百四条の三」を「第百四条の六」に改める。

目次
第一章　総則（第一条―第三条）
第二章　無線局の免許（第四条―第二十七条）
第三章　無線設備（第二十八条―第三十八条）
第三章の二　特定無線設備の技術基準適合証明（第三十八条の二―第三十八条の十五）
第四章　無線従事者（第三十九条―第五十一条）
第五章　運用
　第一節　通則（第五十二条―第六十一条）
　第二節　海岸局及び船舶局の運用（第六十二条―第七十条）
　第三節　航空局及び航空機局の運用（第七十条の二―第七十条の六）
第六章　監督（第七十一条―第八十二条）
第七章　異議申立て及び訴訟（第八十三条―第九十九条）
第七章の二　電波監理審議会（第九十九条の二―第九十九条の十三）
第八章　雑則（第百条―第百四条の六）
第九章　罰則（第百五条―第百十六条）

附則

【三十次改正】

国家行政組織法の一部を改正する法律の施行に伴う関係法律の整理等に関する法律（昭和五十八年九月八日法律第七十八号）第百五十四条

目次中「第九十九条の十三」を「第九十九条の十四」に改める。

目次
第一章　総則（第一条―第三条）
第二章　無線局の免許（第四条―第二十七条）
第三章　無線設備（第二十八条―第三十八条）
第三章の二　特定無線設備の技術基準適合証明（第三十八条の二―第三十八条の十五）
第四章　無線従事者（第三十九条―第五十一条）
第五章　運用
　第一節　通則（第五十二条―第六十一条）
　第二節　海岸局及び船舶局の運用（第六十二条―第七十条）
　第三節　航空局及び航空機局の運用（第七十条の二―第七十条の六）
第六章　監督（第七十一条―第八十二条）
第七章　異議申立て及び訴訟（第八十三条―第九十九条）
第七章の二　電波監理審議会（第九十九条の二―第九十九条の十四）
第八章　雑則（第百条―第百四条の六）
第九章　罰則（第百五条―第百十六条）
附則

【四十一次改正】

電波法の一部を改正する法律（平成元年十一月七日法律第六十七号）

目次中「海岸局及び船舶局」を「海岸局等」に、「航空局及び航空機局」を「航空局等」に改める。

目次
第一章　総則（第一条―第三条）
第二章　無線局の免許（第四条―第二十七条）
第三章　無線設備（第二十八条―第三十八条）
第三章の二　特定無線設備の技術基準適合証明（第三十八条の二―第三十八条の十五）
第四章　無線従事者（第三十九条―第五十一条）
第五章　運用
　第一節　通則（第五十二条―第六十一条）
　第二節　海岸局等の運用（第六十二条―第七十条）
　第三節　航空局等の運用（第七十条の二―第七十条の六）
第六章　監督（第七十一条―第八十二条）
第七章　異議申立て及び訴訟（第八十三条―第九十九条）
第七章の二　電波監理審議会（第九十九条の二―第九十九条の十四）
第八章　雑則（第百条―第百四条の六）
第九章　罰則（第百五条―第百十六条）
附則

【四十六次改正】

電波法の一部を改正する法律（平成五年六月十六日法律第七十一号）

目次中「第百四条の六」を「第百四条の五」に改める。

目次

第一章　総則（第一条―第三条）
第二章　無線局の免許（第四条―第二十七条）
第三章　無線設備（第二十八条―第三十八条）
第三章の二　特定無線設備の技術基準適合証明（第三十八条の二―第三十八条の十五）
第四章　無線従事者（第三十九条―第五十一条）
第五章　運用
第一節　通則（第五十二条―第六十一条）
第二節　海岸局等の運用（第六十二条―第七十条）
第三節　航空局等の運用（第七十条の二―第七十条の六）
第六章　監督（第七十一条―第八十二条）
第七章　異議申立て及び訴訟（第八十三条―第九十九条）
第七章の二　電波監理審議会（第九十九条の二―第九十九条の十四）
第八章　雑則（第百条―第百四条の五）
第九章　罰則（第百五条―第百十六条）
附則

【五十二次改正】

電波法の一部を改正する法律（平成九年五月九日法律第四十七号）

目次中「第二十七条」を「第二十七条の十一」に改める。

目次

第一章　総則（第一条―第三条）
第二章　無線局の免許（第四条―第二十七条の十一）
第三章　無線設備（第二十八条―第三十八条）
第三章の二　特定無線設備の技術基準適合証明（第三十八条の二―第三十八条の十五）
第四章　無線従事者（第三十九条―第五十一条）
第五章　運用
第一節　通則（第五十二条―第六十一条）
第二節　海岸局等の運用（第六十二条―第七十条）
第三節　航空局等の運用（第七十条の二―第七十条の六）
第六章　監督（第七十一条―第八十二条）
第七章　異議申立て及び訴訟（第八十三条―第九十九条）
第七章の二　電波監理審議会（第九十九条の二―第九十九条の十四）
第八章　雑則（第百条―第百四条の五）
第九章　罰則（第百五条―第百十六条）
附則

【五十五次改正】

電気通信分野における規制の合理化のための関係法律の整備等に関する法律（平成十年五月八日法律第五十八号）第三条

目次中「第三十八条の十五」を「第三十八条の十八」に改める。

目次

第一章　総則（第一条―第三条）
第二章　無線局の免許（第四条―第二十七条の十一）

第三章　無線設備（第二十八条―第三十八条）
第三章の二　特定無線設備の技術基準適合証明（第三十八条の二―第三十八条の十八）
第四章　無線従事者（第三十九条―第五十一条）
第五章　運用
　第一節　通則（第五十二条―第六十一条）
　第二節　海岸局等の運用（第六十二条―第七十条）
　第三節　航空局等の運用（第七十条の二―第七十条の六）
第六章　監督（第七十一条―第八十二条）
第七章　異議申立て及び訴訟（第八十三条―第九十九条）
第七章の二　電波監理審議会（第九十九条の二―第九十九条の十四）
第八章　雑則（第百条―第百四条の五）
第九章　罰則（第百五条―第百十六条）
附則

【六十次改正】

電波法の一部を改正する法律（平成十二年六月二日法律第百九号）

目次中「第二十七条の十一」を「第二十七条の十七」に改める。

目次
第一章　総則（第一条―第三条）
第二章　無線局の免許（第四条―第二十七条の十七）
第三章　無線設備（第二十八条―第三十八条）
第三章の二　特定無線設備の技術基準適合証明（第三十八条の二―第三十八条の十八）
第四章　無線従事者（第三十九条―第五十一条）
第五章　運用
　第一節　通則（第五十二条―第六十一条）
　第二節　海岸局等の運用（第六十二条―第七十条）
　第三節　航空局等の運用（第七十条の二―第七十条の六）
第六章　監督（第七十一条―第八十二条）
第七章　異議申立て及び訴訟（第八十三条―第九十九条）
第七章の二　電波監理審議会（第九十九条の二―第九十九条の十四）
第八章　雑則（第百条―第百四条の五）
第九章　罰則（第百五条―第百十六条）
附則

【七十三次改正】

電波法の一部を改正する法律（平成十五年六月六日法律第六十八号）

目次中「第三章の二　特定無線設備の技術基準適合証明（第三十八条の二―第三十八条の十八）」を
「第三章の二　特定無線設備の技術基準適合証明等
　第一節　特定無線設備の技術基準適合証明及び工事設計認証（第三十八条の二―第三十八条の三十二）
　第二節　特別特定無線設備の技術基準適合自己確認（第三十八条の三十三―第三十八条の三十八）」
に改める。

目次
第一章　総則（第一条―第三条）

第二章　無線局の免許（第四条―第二十七条の十七）
第三章　無線設備（第二十八条―第三十八条）
第三章の二　特定無線設備の技術基準適合証明等
第一節　特定無線設備の技術基準適合証明及び工事設計認証（第三十八条の二―第三十八条の三十二）
第二節　特別特定無線設備の技術基準適合自己確認（第三十八条の三十三―第三十八条の三十八）
第四章　無線従事者（第三十九条―第五十一条）
第五章　運用
第一節　通則（第五十二条―第六十一条）
第二節　海岸局等の運用（第六十二条―第七十条）
第三節　航空局等の運用（第七十条の二―第七十条の六）
第六章　監督（第七十一条―第八十二条）
第七章　異議申立て及び訴訟（第八十三条―第九十九条）
第七章の二　電波監理審議会（第九十九条の二―第九十九条の十四）
第八章　雑則（第百条―第百四条の五）
第九章　罰則（第百五条―第百十六条）
附則

【八十次改正】

電波法及び有線電気通信法の一部を改正する法律（平成十六年五月十九日法律第四十七号）第二条

目次中「第二章　無線局の免許（第四条―第二十七条の十七）」を
「第二章　無線局の免許等
第一節　無線局の免許（第四条―第二十七条の十七）
第二節　無線局の登録（第二十七条の十八―第二十七条の三十四）」
に改める。

目次
第一章　総則（第一条―第三条）
第二章　無線局の免許等
第一節　無線局の免許（第四条―第二十七条の十七）
第二節　無線局の登録（第二十七条の十八―第二十七条の三十四）
第三章　無線設備（第二十八条―第三十八条）
第三章の二　特定無線設備の技術基準適合証明等
第一節　特定無線設備の技術基準適合証明及び工事設計認証（第三十八条の二―第三十八条の三十二）
第二節　特別特定無線設備の技術基準適合自己確認（第三十八条の三十三―第三十八条の三十八）
第四章　無線従事者（第三十九条―第五十一条）
第五章　運用
第一節　通則（第五十二条―第六十一条）
第二節　海岸局等の運用（第六十二条―第七十条）
第三節　航空局等の運用（第七十条の二―第七十条の六）
第六章　監督（第七十一条―第八十二条）
第七章　異議申立て及び訴訟（第八十三条―第九十九条）
第七章の二　電波監理審議会（第九十九条の二―第九十九条の十四）
第八章　雑則（第百条―第百四条の五）
第九章　罰則（第百五条―第百十六条）
附則

【八十四次改正】

放送法等の一部を改正する法律（平成十九年十二月二十八日法律第百三十六号）第二条

目次中「第二節　無線局の登録（第二十七条の十八―第二十七条の三十四）」を

「第二節　無線局の登録（第二十七条の十八―第二十七条の三十四）
第三節　無線局の開設に関するあっせん等（第二十七条の三十五・第二十七条の三十六）」

に、「第三節　航空局等の運用（第七十条の二―第七十条の六）」を

「第三節　航空局等の運用（第七十条の二―第七十条の六）
第四節　無線局の運用の特例（第七十条の七・第七十条の八）」

に改める。

目次

第一章　総則（第一条―第三条）
第二章　無線局の免許等
第一節　無線局の免許（第四条―第二十七条の十七）
第二節　無線局の登録（第二十七条の十八―第二十七条の三十四）
第三節　無線局の開設に関するあっせん等（第二十七条の三十五・第二十七条の三十六）
第三章　無線設備（第二十八条―第三十八条）
第三章の二　特定無線設備の技術基準適合証明等
第一節　特定無線設備の技術基準適合証明及び工事設計認証（第三十八条の二―第三十八条の三十二）
第二節　特別特定無線設備の技術基準適合自己確認（第三十八条の三十三―第三十八条の三十八）
第四章　無線従事者（第三十九条―第五十一条）
第五章　運用
第一節　通則（第五十二条―第六十一条）
第二節　海岸局等の運用（第六十二条―第七十条）
第三節　航空局等の運用（第七十条の二―第七十条の六）
第四節　無線局の運用の特例（第七十条の七・第七十条の八）
第六章　監督（第七十一条―第八十二条）
第七章　異議申立て及び訴訟（第八十三条―第九十九条）
第七章の二　電波監理審議会（第九十九条の二―第九十九条の十四）
第八章　雑則（第百条―第百四条の五）
第九章　罰則（第百五条―第百十六条）
附則

【八十五次改正】

電波法の一部を改正する法律（平成二十年五月三十日法律第五十号）

目次中「第七十条の七・第七十条の八」を「第七十条の七―第七十条の九」に改める。

目次

第一章　総則（第一条―第三条）
第二章　無線局の免許等
第一節　無線局の免許（第四条―第二十七条の十七）
第二節　無線局の登録（第二十七条の十八―第二十七条の三十四）

第三節　無線局の開設に関するあっせん等（第二十七条の三十五・第二十七条の三十六）
第三章　無線設備（第二十八条―第三十八条）
第三章の二　特定無線設備の技術基準適合証明等
第一節　特定無線設備の技術基準適合証明及び工事設計認証（第三十八条の二―第三十八条の三十二）
第二節　特別特定無線設備の技術基準適合自己確認（第三十八条の三十三―第三十八条の三十八）
第四章　無線従事者（第三十九条―第五十一条）
第五章　運用
第一節　通則（第五十二条―第六十一条）
第二節　海岸局等の運用（第六十二条―第七十条）
第三節　航空局等の運用（第七十条の二―第七十条の六）
第四節　無線局の運用の特例（第七十条の七―第七十条の九）
第六章　監督（第七十一条―第八十二条）
第七章　異議申立て及び訴訟（第八十三条―第九十九条）
第七章の二　電波監理審議会（第九十九条の二―第九十九条の十四）
第八章　雑則（第百条―第百四条の五）
第九章　罰則（第百五条―第百十六条）
附則

【八十九次改正】

放送法等の一部を改正する法律（平成二十二年十二月三日法律第六十五号）第三条

目次中「第三十八条）」を「第三十八条の二）」に、「第三十八条の二」を「第三十八条の二の二」に改める。

目次
第一章　総則（第一条―第三条）
第二章　無線局の免許等
第一節　無線局の免許（第四条―第二十七条の十七）
第二節　無線局の登録（第二十七条の十八―第二十七条の三十四）
第三節　無線局の開設に関するあっせん等（第二十七条の三十五・第二十七条の三十六）
第三章　無線設備（第二十八条―第三十八条の二）
第三章の二　特定無線設備の技術基準適合証明等
第一節　特定無線設備の技術基準適合証明及び工事設計認証（第三十八条の二の二―第三十八条の三十二）
第二節　特別特定無線設備の技術基準適合自己確認（第三十八条の三十三―第三十八条の三十八）
第四章　無線従事者（第三十九条―第五十一条）
第五章　運用
第一節　通則（第五十二条―第六十一条）
第二節　海岸局等の運用（第六十二条―第七十条）
第三節　航空局等の運用（第七十条の二―第七十条の六）
第四節　無線局の運用の特例（第七十条の七―第七十条の九）
第六章　監督（第七十一条―第八十二条）
第七章　異議申立て及び訴訟（第八十三条―第九十九条）
第七章の二　電波監理審議会（第九十九条の二―第九十九条の十四）
第八章　雑則（第百条―第百四条の五）
第九章　罰則（第百五条―第百十六条）

附則

【九十七次改正】

電波法の一部を改正する法律（平成二十六年四月二十三日法律第二十六号）

目次中「第二節　特別特定無線設備の技術基準適合自己確認（第三十八条の三十三―第三十八条の三十八）」を

「第二節　特別特定無線設備の技術基準適合自己確認（第三十八条の三十三―第三十八条の三十八）
第三節　登録修理業者（第三十八条の三十九―第三十八条の四十八）」

に改める。

目次

第一章　総則（第一条―第三条）
第二章　無線局の免許等
第一節　無線局の免許（第四条―第二十七条の十七）
第二節　無線局の登録（第二十七条の十八―第二十七条の三十四）
第三節　無線局の開設に関するあっせん等（第二十七条の三十五・第二十七条の三十六）
第三章　無線設備（第二十八条―第三十八条の二）
第三章の二　特定無線設備の技術基準適合証明等
第一節　特定無線設備の技術基準適合証明及び工事設計認証（第三十八条の二の二―第三十八条の三十二）
第二節　特別特定無線設備の技術基準適合自己確認（第三十八条の三十三―第三十八条の三十八）
第三節　登録修理業者（第三十八条の三十九―第三十八条の四十八）
第四章　無線従事者（第三十九条―第五十一条）
第五章　運用
第一節　通則（第五十二条―第六十一条）
第二節　海岸局等の運用（第六十二条―第七十条）
第三節　航空局等の運用（第七十条の二―第七十条の六）
第四節　無線局の運用の特例（第七十条の七―第七十条の九）
第六章　監督（第七十一条―第八十二条）
第七章　異議申立て及び訴訟（第八十三条―第九十九条）
第七章の二　電波監理審議会（第九十九条の二―第九十九条の十四）
第八章　雑則（第百条―第百四条の五）
第九章　罰則（第百五条―第百十六条）
附則

【百二次改正】

行政不服審査法の施行に伴う関係法律の整備等に関する法律（平成二十六年六月十三日法律第六十九号）第三十八条

目次中「異議申立て」を「審査請求」に改める。

目次

第一章　総則（第一条―第三条）
第二章　無線局の免許等
第一節　無線局の免許（第四条―第二十七条の十七）
第二節　無線局の登録（第二十七条の十八―第二十七条の三十四）
第三節　無線局の開設に関するあっせん等（第二十七条の三十五・第二十七条

第二編　電波法の変遷

第二部　一次改正から百五次改正までの逐条改正経緯

第一章　総則

第一条

【制定】

電波法（昭和二十五年五月二日法律第百三十一号）

（目的）

第一条　この法律は、電波の公平且つ能率的な利用を確保することによつて、公共の福祉を増進することを目的とする。

第二条

【制定】

電波法（昭和二十五年五月二日法律第百三十一号）

（定義）

第二条　この法律及びこの法律に基く命令の規定の解釈に関しては、左の定義に従うものとする。

一　「電波」とは、十キロサイクルから三百万メガサイクルまでの周波数の電磁波をいう。

二　「無線電信」とは、電波を利用して、符号を送り、又は受けるための通信設備をいう。

三　「無線電話」とは、電波を利用して、音声その他の音響を送り、又は受けるための通信設備をいう。

四　「無線設備」とは、無線電信、無線電話その他電波を送り、又は受けるための電気的設備をいう。

五　「無線局」とは、無線設備及び無線設備の操作を行う者の総体をいう。但し、受信のみを目的とするものを含まない。

六　「無線従事者」とは、無線設備の操作を行う者であつて、電波監理委員会の免許を受けたものをいう。

【三次改正】

郵政省設置法の一部改正に伴う関係法令の整理に関する法律（昭和二十七年七月三十一日法律第二百八十号）第二条

「電波監理委員会」を「郵政大臣」に改める。

（定義）

第二条　この法律及びこの法律に基く命令の規定の解釈に関しては、左の定義に従うものとする。

一　「電波」とは、十キロサイクルから三百万メガサイクルまでの周波数の電磁波をいう。

二　「無線電信」とは、電波を利用して、符号を送り、又は受けるための通信設備をいう。

三　「無線電話」とは、電波を利用して、音声その他の音響を送り、又は受けるための通信設備をいう。

四　「無線設備」とは、無線電信、無線電話その他電波を送り、又は受けるための電気的設備をいう。

五　「無線局」とは、無線設備及び無線設備の操作を行う者の総体をいう。但し、受信のみを目的とするものを含まない。

六　「無線従事者」とは、無線設備の操作を行う者であつて、郵政大臣の免許を受けたものをいう。

【　十二次改正　】

電波法の一部を改正する法律（昭和四十年六月二日法律第百十四号）

> 第二条第一号中「十キロサイクルから三百万メガサイクルまで」を「三百万メガサイクル以下」に改める。

（定義）

第二条　この法律及びこの法律に基く命令の規定の解釈に関しては、左の定義に従うものとする。

一　「電波」とは、三百万メガサイクル以下の周波数の電磁波をいう。

二　「無線電信」とは、電波を利用して、符号を送り、又は受けるための通信設備をいう。

三　「無線電話」とは、電波を利用して、音声その他の音響を送り、又は受けるための通信設備をいう。

四　「無線設備」とは、無線電信、無線電話その他電波を送り、又は受けるための電気的設備をいう。

五　「無線局」とは、無線設備及び無線設備の操作を行う者の総体をいう。但し、受信のみを目的とするものを含まない。

六　「無線従事者」とは、無線設備の操作を行う者であつて、郵政大臣の免許を受けたものをいう。

【　十七次改正　】

許可、認可等の整理に関する法律（昭和四十七年七月一日法律第百十一号）第十三条

> 第二条第一号中「三百万メガサイクル」を「三百万メガヘルツ」に改める。

（定義）

第二条　この法律及びこの法律に基く命令の規定の解釈に関しては、左の定義に従うものとする。

一　「電波」とは、三百万メガヘルツ以下の周波数の電磁波をいう。

二　「無線電信」とは、電波を利用して、符号を送り、又は受けるための通信設備をいう。

三　「無線電話」とは、電波を利用して、音声その他の音響を送り、又は受けるための通信設備をいう。

四　「無線設備」とは、無線電信、無線電話その他電波を送り、又は受けるための電気的設備をいう。

五　「無線局」とは、無線設備及び無線設備の操作を行う者の総体をいう。但し、受信のみを目的とするものを含まない。

六　「無線従事者」とは、無線設備の操作を行う者であつて、郵政大臣の免許を受けたものをいう。

【　四十一次改正　】

電波法の一部を改正する法律（平成元年十一月七日法律第六十七号）

> 第二条中「基く」を「基づく」に、「左の」を「次の」に改め、同条第六号中「操作」の下に「又はその監督」を加える。

（定義）

第二条　この法律及びこの法律に基づく命令の規定の解釈に関しては、次の定義に従うものとする。

一　「電波」とは、三百万メガヘルツ以下の周波数の電磁波をいう。

二　「無線電信」とは、電波を利用して、符号を送り、又は受けるための通信設備をいう。

三　「無線電話」とは、電波を利用して、音声その他の音響を送り、又は受けるための通信設備をいう。

四　「無線設備」とは、無線電信、無線電話その他電波を送り、又は受けるための電気的設備をいう。

五　「無線局」とは、無線設備及び無線設備の操作を行う者の総体をいう。但し、受信のみを目的とするものを含まない。

六　「無線従事者」とは、無線設備の操作又はその監督を行う者であつて、郵政大臣の免許を受けたものをいう。

【六十二次改正】

中央省庁等改革関係法施行法（平成十一年十二月二十二日法律第百六十号）第百九十三条

> 本則（第九十九条の十二第二項を除く。）中「郵政大臣」を「総務大臣」に、「郵政省令」を「総務省令」に、「通商産業大臣」を「経済産業大臣」に、「建設大臣」を「国土交通大臣」に、「地方電気通信監理局長」を「総合通信局長」に、「沖縄郵政管理事務所長」を「沖縄総合通信事務所長」に改める。

（定義）

第二条　この法律及びこの法律に基づく命令の規定の解釈に関しては、次の定義に従うものとする。

一　「電波」とは、三百万メガヘルツ以下の周波数の電磁波をいう。

二　「無線電信」とは、電波を利用して、符号を送り、又は受けるための通信設備をいう。

三　「無線電話」とは、電波を利用して、音声その他の音響を送り、又は受けるための通信設備をいう。

四　「無線設備」とは、無線電信、無線電話その他電波を送り、又は受けるための電気的設備をいう。

五　「無線局」とは、無線設備及び無線設備の操作を行う者の総体をいう。但し、受信のみを目的とするものを含まない。

六　「無線従事者」とは、無線設備の操作又はその監督を行う者であつて、総務大臣の免許を受けたものをいう。

第三条

【制定】

電波法（昭和二十五年五月二日法律第百三十一号）

（電波に関する条約）

第三条　電波に関し条約に別段の定があるときは、その規定による。

第二編　電波法の変遷

第二部　一次改正から百五次改正までの逐条改正経緯

第二章　無線局の免許等

（八十次改正前）第二章　無線局の免許

第二章　無線局の免許

【八十次改正】

電波法及び有線電気通信法の一部を改正する法律（平成十六年五月十九日法律第四十七号）第二条

「第二章　無線局の免許」を「第二章　無線局の免許等」に改める。

［注釈］八十次改正において無線局の登録の制度が新設されたことに伴い、第二章の章名が「無線局の免許等」と改められるとともに、同章中の第四条から第二十七条の十七までの規定が「第一節　無線局の免許」とされ、新たに「第二節　無線局の登録」として第二十七条の十八から第二十七条の三十四までの規定が設けられた。

第二章　無線局の免許等

【八十次改正】

電波法及び有線電気通信法の一部を改正する法律（平成十六年五月十九日法律第四十七号）第二条

第二章中第四条の前に次の節名を付する。

第一節　無線局の免許

第一節　無線局の免許

第四条

【制定】

電波法（昭和二十五年五月二日法律第百三十一号）

（無線局の開設）

第四条　無線局を開設しようとする者は、電波監理委員会の免許を受けなければならない。但し、発射する電波が著しく微弱な無線局で電波監理委員会規則で定めるものについては、この限りでない。

2　公衆通信業務（公衆の一般的利用に供する無線通信の業務をいう。以下同じ。）を行うことを目的とする無線局は、国でなければ、開設することができない。

【二次改正】

日本電信電話公社法施行法（昭和二十七年七月三十一日法律第二百五十一号）第四十条

第四条第二項中「国」を「日本電信電話公社」に改める。

（無線局の開設）

第四条　無線局を開設しようとする者は、電波監理委員会の免許を受けなければならない。但し、発射する電波が著しく微弱な無線局で電波監理委員会規則で定めるものについては、この限りでない。

2　公衆通信業務（公衆の一般的利用に供する無線通信の業務をいう。以下同じ。）を行うことを目的とする無線局は、日本電信電話公社でなければ、開設することができない。

【三次改正】

郵政省設置法の一部改正に伴う関係法令の整理に関する法律（昭和二十七年七月三十一日法律第二百八十号）第二条

「電波監理委員会規則」を「郵政省令」に改める。
第七章を除き、「電波監理委員会」を「郵政大臣」に改める。

（無線局の開設）
第四条　無線局を開設しようとする者は、郵政大臣の免許を受けなければならない。但し、発射する電波が著しく微弱な無線局で郵政省令で定めるものについては、この限りでない。
2　公衆通信業務（公衆の一般的利用に供する無線通信の業務をいう。以下同じ。）を行うことを目的とする無線局は、日本電信電話公社でなければ、開設することができない。

【四次改正】

国際電信電話株式会社法（昭和二十七年八月七日法律第三百一号）附則第三十八項

第四条第二項中「日本電信電話公社」の下に「又は国際電信電話株式会社」を加える。

（無線局の開設）
第四条　無線局を開設しようとする者は、郵政大臣の免許を受けなければならない。但し、発射する電波が著しく微弱な無線局で郵政省令で定めるものについては、この限りでない。
2　公衆通信業務（公衆の一般的利用に供する無線通信の業務をいう。以下同じ。）を行うことを目的とする無線局は、日本電信電話公社又は国際電信電話株式会社でなければ、開設することができない。

【六次改正】

有線電気通信法及び公衆電気通信法施行法（昭和二十八年七月三十一日法律第九十八号）第二十八条

第四条第二項を次のように改める。
（改正後の第二項の規定は、後掲の条文の通り。）

（無線局の開設）
第四条　無線局を開設しようとする者は、郵政大臣の免許を受けなければならない。但し、発射する電波が著しく微弱な無線局で郵政省令で定めるものについては、この限りでない。
2　公衆通信業務（無線設備を用いて他人の通信を媒介し、その他無線設備を他人の通信の用に供する業務であつて、政令で定めるもの以外のものをいう。以外同じ。）を行うことを目的とする無線局は、日本電信電話公社又は国際電信電話株式会社でなければ、開設することができない。但し、第十六条の二の許可を受けた場合及び政令で定める場合は、この限りでない。

【二十八次改正】

電波法の一部を改正する法律（昭和五十七年六月一日法律第五十九号）

第四条第一項ただし書を次のように改める。

（改正後のただし書の規定は、後掲の条文の通り。）

（無線局の開設）

第四条　無線局を開設しようとする者は、郵政大臣の免許を受けなければならない。ただし、次の各号に掲げる無線局については、この限りでない。

一　発射する電波が著しく微弱な無線局で郵政省令で定めるもの

二　市民ラジオの無線局（二十六・九メガヘルツから二十七・二メガヘルツまでの周波数の電波を使用し、かつ、空中線電力が〇・五ワット以下である無線局のうち郵政省令で定めるものであって、第三十八条の二第一項の技術基準適合証明を受けた無線設備のみを使用するものをいう。）

2　公衆通信業務（無線設備を用いて他人の通信を媒介し、その他無線設備を他人の通信の用に供する業務であって、政令で定めるもの以外のものをいう。以下同じ。）を行うことを目的とする無線局は、日本電信電話公社又は国際電信電話株式会社でなければ、開設することができない。但し、第十六条の二の許可を受けた場合及び政令で定める場合は、この限りでない。

【三十二次改正】

日本電信電話株式会社法及び電気通信事業法の施行に伴う関係法律の整備等に関する法律（昭和五十九年十二月二十五日法律第八十七号）第四十七条

第四条第二項を削る。

（無線局の開設）

第四条　無線局を開設しようとする者は、郵政大臣の免許を受けなければならない。ただし、次の各号に掲げる無線局については、この限りでない。

一　発射する電波が著しく微弱な無線局で郵政省令で定めるもの

二　市民ラジオの無線局（二十六・九メガヘルツから二十七・二メガヘルツまでの周波数の電波を使用し、かつ、空中線電力が〇・五ワット以下である無線局のうち郵政省令で定めるものであって、第三十八条の二第一項の技術基準適合証明を受けた無線設備のみを使用するものをいう。）

［注釈］第二項が削られた。

【三十七次改正】

電波法の一部を改正する法律（昭和六十二年六月二日法律第五十五号）

第四条に次の一号を加える。
（追加された第三号の規定は、後掲の条文の通り。）

（無線局の開設）

第四条　無線局を開設しようとする者は、郵政大臣の免許を受けなければならない。ただし、次の各号に掲げる無線局については、この限りでない。

一　発射する電波が著しく微弱な無線局で郵政省令で定めるもの

二　市民ラジオの無線局（二十六・九メガヘルツから二十七・二メガヘルツまでの周波数の電波を使用し、かつ、空中線電力が〇・五ワット以下である無線局のうち郵政省令で定めるものであって、第三十八条の二第一項の技術基準適合証明を受けた無線設備のみを使用するものをいう。）

三　空中線電力が〇・〇一ワット以下である無線局のうち郵政省令で定めるものであって、次条第一項の規定により指定された呼出符号又は呼出名称を自動的に送信し、又は受信するもので、かつ、第三十八条の二第一項の技術基準適合証明を受けた無線設備のみを使用するもの

【五十五次改正】

電気通信分野における規制の合理化のための関係法律の整備等に関する法律（平成十年五月八日法律第五十八号）第三条

第四条第二号中「ワット」を「ワット」に改め、同条第三号中「ワット」を「ワット」に、「次条第一項」を「次条」に、「受信するもの」を「受信する機能その他郵政省令で定める機能を有することにより他の無線局にその運用を阻害するような混信その他の妨害を与えないように運用することができるもの」に改める。

（無線局の開設）

第四条　無線局を開設しようとする者は、郵政大臣の免許を受けなければならない。ただし、次の各号に掲げる無線局については、この限りでない。

一　発射する電波が著しく微弱な無線局で郵政省令で定めるもの

二　市民ラジオの無線局（二十六・九メガヘルツから二十七・二メガヘルツまでの周波数の電波を使用し、かつ、空中線電力が〇・五ワット以下である無線局のうち郵政省令で定めるものであつて、第三十八条の二第一項の技術基準適合証明を受けた無線設備のみを使用するものをいう。）

三　空中線電力が〇・〇一ワット以下である無線局のうち郵政省令で定めるものであつて、次条の規定により指定された呼出符号又は呼出名称を自動的に送信し、又は受信する機能その他郵政省令で定める機能を有することにより他の無線局にその運用を阻害するような混信その他の妨害を与えないように運用することができるもので、かつ、第三十八条の二第一項の技術基準適合証明を受けた無線設備のみを使用するもの

【六十二次改正】

中央省庁等改革関係法施行法（平成十一年十二月二十二日法律第百六十号）第百九十三条

本則（第九十九条の十二第二項を除く。）中「郵政大臣」を「総務大臣」に、「郵政省令」を「総務省令」に、「通商産業大臣」を「経済産業大臣」に、「建設大臣」を「国土交通大臣」に、「地方電気通信監理局長」を「総合通信局長」に、「沖縄郵政管理事務所長」を「沖縄総合通信事務所長」に改める。

（無線局の開設）

第四条　無線局を開設しようとする者は、総務大臣の免許を受けなければならない。ただし、次の各号に掲げる無線局については、この限りでない。

一　発射する電波が著しく微弱な無線局で総務省令で定めるもの

二　市民ラジオの無線局（二十六・九メガヘルツから二十七・二メガヘルツまでの周波数の電波を使用し、かつ、空中線電力が〇・五ワット以下である無線局のうち総務省令で定めるものであつて、第三十八条の二第一項の技術基準適合証明を受けた無線設備のみを使用するものをいう。）

三　空中線電力が〇・〇一ワット以下である無線局のうち総務省令で定めるものであつて、次条の規定により指定された呼出符号又は呼出名称を自動的に送信し、又は受信する機能その他総務省令で定める機能を有することにより他の無線局にその運用を阻害するような混信その他の妨害を与えないように運用することができるもので、かつ、第三十八条の二第一項の技術基準適合証明を受けた無線設備のみを使用するもの

【七十三次改正】

電波法の一部を改正する法律（平成十五年六月六日法律第六十八号）

第四条第二号中「市民ラジオの無線局（」を削り、「第三十八条の二第一項の技術基準適合証明を受けた無線設備」を「第三十八条の七第一項（第三十八条の

三十一第四項において準用する場合を含む。）、第三十八条の二十六（第三十八条の三十一第六項において準用する場合を含む。）又は第三十八条の三十五の規定により表示が付されている無線設備（第三十八条の二十三第一項（第三十八条の二十九、第三十八条の三十一第四項及び第六項並びに第三十八条の三十八において準用する場合を含む。）の規定により表示が付されていないものとみなされたものを除く。以下「適合表示無線設備」という。）」に改め、「をいう。）」を削り、同条第三号中「第三十八条の二第一項の技術基準適合証明を受けた無線設備」を「適合表示無線設備」に改める。

（無線局の開設）

第四条　無線局を開設しようとする者は、総務大臣の免許を受けなければならない。ただし、次の各号に掲げる無線局については、この限りでない。

一　発射する電波が著しく微弱な無線局で総務省令で定めるもの

二　二十六・九メガヘルツから二十七・二メガヘルツまでの周波数の電波を使用し、かつ、空中線電力が〇・五ワット以下である無線局のうち総務省令で定めるものであつて、第三十八条の七第一項（第三十八条の三十一第四項において準用する場合を含む。）、第三十八条の二十六（第三十八条の三十一第六項において準用する場合を含む。）又は第三十八条の三十五の規定により表示が付されている無線設備（第三十八条の二十三第一項（第三十八条の二十九、第三十八条の三十一第四項及び第六項並びに第三十八条の三十八において準用する場合を含む。）の規定により表示が付されていないものとみなされたものを除く。以下「適合表示無線設備」という。）のみを使用するもの

三　空中線電力が〇・〇一ワット以下である無線局のうち総務省令で定めるものであつて、次条の規定により指定された呼出符号又は呼出名称を自動的に送信し、又は受信する機能その他総務省令で定める機能を有することにより他の無線局にその運用を阻害するような混信その他の妨害を与えないように運用することができるもので、かつ、適合表示無線設備のみを使用するもの

【八十次改正】

電波法及び有線電気通信法の一部を改正する法律（平成十六年五月十九日法律第四十七号）第二条

第四条に次の一号を加える。
（追加された第四号の規定は、後掲の条文の通り。）

（無線局の開設）

第四条　無線局を開設しようとする者は、総務大臣の免許を受けなければならない。ただし、次の各号に掲げる無線局については、この限りでない。

一　発射する電波が著しく微弱な無線局で総務省令で定めるもの

二　二十六・九メガヘルツから二十七・二メガヘルツまでの周波数の電波を使用し、かつ、空中線電力が〇・五ワット以下である無線局のうち総務省令で定めるものであつて、第三十八条の七第一項（第三十八条の三十一第四項において準用する場合を含む。）、第三十八条の二十六（第三十八条の三十一第六項において準用する場合を含む。）又は第三十八条の三十五の規定により表示が付されている無線設備（第三十八条の二十三第一項（第三十八条の二十九、第三十八条の三十一第四項及び第六項並びに第三十八条の三十八において準用する場合を含む。）の規定により表示が付されていないものとみなされたものを除く。以下「適合表示無線設備」という。）のみを使用するもの

三　空中線電力が〇・〇一ワット以下である無線局のうち総務省令で定めるものであつて、次条の規定により指定された呼出符号又は呼出名称を自動的に送信し、又は受信する機能その他総務省令で定める機能を有することにより他の無

線局にその運用を阻害するような混信その他の妨害を与えないように運用することができるもので、かつ、適合表示無線設備のみを使用するもの

四　第二十七条の十八第一項の登録を受けて開設する無線局（以下「登録局」という。）

【八十九次改正】

放送法等の一部を改正する法律（平成二十二年十二月三日法律第六十五号）第三条

> 第四条第三号中「〇・〇一ワット」を「一ワット」に改める。

（無線局の開設）

第四条　無線局を開設しようとする者は、総務大臣の免許を受けなければならない。ただし、次の各号に掲げる無線局については、この限りでない。

一　発射する電波が著しく微弱な無線局で総務省令で定めるもの

二　二十六・九メガヘルツから二十七・二メガヘルツまでの周波数の電波を使用し、かつ、空中線電力が〇・五ワット以下である無線局のうち総務省令で定めるものであつて、第三十八条の七第一項（第三十八条の三十一第四項において準用する場合を含む。）、第三十八条の二十六（第三十八条の三十一第六項において準用する場合を含む。）又は第三十八条の三十五の規定により表示が付されている無線設備（第三十八条の二十三第一項（第三十八条の二十九、第三十八条の三十一第四項及び第六項並びに第三十八条の三十八において準用する場合を含む。）の規定により表示が付されていないものとみなされたものを除く。以下「適合表示無線設備」という。）のみを使用するもの

三　空中線電力が一ワット以下である無線局のうち総務省令で定めるものであつて、次条の規定により指定された呼出符号又は呼出名称を自動的に送信し、又は受信する機能その他総務省令で定める機能を有することにより他の無線局にその運用を阻害するような混信その他の妨害を与えないように運用することができるもので、かつ、適合表示無線設備のみを使用するもの

四　第二十七条の十八第一項の登録を受けて開設する無線局（以下「登録局」という。）

【九十七次改正】

電波法の一部を改正する法律（平成二十六年四月二十三日法律第二十六号）

> 第四条第二号中「又は第三十八条の三十五」を「若しくは第三十八条の三十五又は第三十八条の四十四第三項」に改める。

（無線局の開設）

第四条　無線局を開設しようとする者は、総務大臣の免許を受けなければならない。ただし、次の各号に掲げる無線局については、この限りでない。

一　発射する電波が著しく微弱な無線局で総務省令で定めるもの

二　二十六・九メガヘルツから二十七・二メガヘルツまでの周波数の電波を使用し、かつ、空中線電力が〇・五ワット以下である無線局のうち総務省令で定めるものであつて、第三十八条の七第一項（第三十八条の三十一第四項において準用する場合を含む。）、第三十八条の二十六（第三十八条の三十一第六項において準用する場合を含む。）若しくは第三十八条の三十五又は第三十八条の四十四第三項の規定により表示が付されている無線設備（第三十八条の二十三第一項（第三十八条の二十九、第三十八条の三十一第四項及び第六項並びに第三十八条の三十八において準用する場合を含む。）の規定により表示が付されていないものとみなされたものを除く。以下「適合表示無線設備」という。）のみを使用するもの

三　空中線電力が一ワット以下である無線局のうち総務省令で定めるものであ

つて、次条の規定により指定された呼出符号又は呼出名称を自動的に送信し、又は受信する機能その他総務省令で定める機能を有することにより他の無線局にその運用を阻害するような混信その他の妨害を与えないように運用することができるもので、かつ、適合表示無線設備のみを使用するもの
四　第二十七条の十八第一項の登録を受けて開設する無線局（以下「登録局」という。）

【百三次改正】

電気通信事業法等の一部を改正する法律（平成二十七年五月二十二日法律第二十六号）第二条

第四条に次の二項を加える。
（追加された第二項及び第三項の規定は、後掲の条文の通り。）

（無線局の開設）
第四条　無線局を開設しようとする者は、総務大臣の免許を受けなければならない。ただし、次の各号に掲げる無線局については、この限りでない。
一　発射する電波が著しく微弱な無線局で総務省令で定めるもの
二　二十六・九メガヘルツから二十七・二メガヘルツまでの周波数の電波を使用し、かつ、空中線電力が〇・五ワット以下である無線局のうち総務省令で定めるものであつて、第三十八条の七第一項（第三十八条の三十一第四項において準用する場合を含む。）、第三十八条の二十六（第三十八条の三十一第六項において準用する場合を含む。）若しくは第三十八条の三十五又は第三十八条の四十四第三項の規定により表示が付されている無線設備（第三十八条の二十三第一項（第三十八条の二十九、第三十八条の三十一第四項及び第六項並びに第三十八条の三十八において準用する場合を含む。）の規定により表示が付されていないものとみなされたものを除く。以下「適合表示無線設備」という。）のみを使用するもの
三　空中線電力が一ワット以下である無線局のうち総務省令で定めるものであつて、次条の規定により指定された呼出符号又は呼出名称を自動的に送信し、又は受信する機能その他総務省令で定める機能を有することにより他の無線局にその運用を阻害するような混信その他の妨害を与えないように運用することができるもので、かつ、適合表示無線設備のみを使用するもの
四　第二十七条の十八第一項の登録を受けて開設する無線局（以下「登録局」という。）
2　本邦に入国する者が、自ら持ち込む無線設備（次章に定める技術基準に相当する技術基準として総務大臣が指定する技術基準に適合しているものに限る。）を使用して無線局（前項第三号の総務省令で定める無線局のうち、用途及び周波数を勘案して総務省令で定めるものに限る。）を開設しようとするときは、当該無線設備は、適合表示無線設備でない場合であつても、同号の規定の適用については、当該者の入国の日から同日以後九十日を超えない範囲内で総務省令で定める期間を経過する日までの間に限り、適合表示無線設備とみなす。この場合において、当該無線設備については、同章の規定は、適用しない。
3　前項の規定による技術基準の指定は、告示をもつて行わなければならない。

第四条の二

【三十七次改正】

電波法の一部を改正する法律（昭和六十二年六月二日法律第五十五号）

第四条の次に次の一条を加える。
（追加された第四条の二の規定は、後掲の条文の通り。）

（呼出符号又は呼出名称の指定等）
第四条の二　郵政大臣は、前条第三号に掲げる無線局に使用するための無線設備について、当該無線設備を使用する無線局の呼出符号又は呼出名称の指定を受けようとする者から申請があつたときは、郵政省令で定めるところにより、呼出符号又は呼出名称の指定を行う。
２　無線設備について前項の規定による呼出符号又は呼出名称の指定を受けた者は、郵政省令で定めるところにより、当該無線設備に、その指定された呼出符号又は呼出名称その他郵政省令で定める事項を表示しなければならない。
３　第一項の規定による呼出符号又は呼出名称の指定を受けた無線設備以外の無線設備には、前項の表示又はこれと紛らわしい表示をしてはならない。

【　五十五次改正　】

電気通信分野における規制の合理化のための関係法律の整備等に関する法律（平成十年五月八日法律第五十八号）第三条

第四条の二の見出し中「指定等」を「指定」に改め、同条第二項及び第三項を削る。

（呼出符号又は呼出名称の指定）
第四条の二　郵政大臣は、前条第三号に掲げる無線局に使用するための無線設備について、当該無線設備を使用する無線局の呼出符号又は呼出名称の指定を受けようとする者から申請があつたときは、郵政省令で定めるところにより、呼出符号又は呼出名称の指定を行う。

［注釈］第二項及び第三項は、削られた。

【　六十二次改正　】

中央省庁等改革関係法施行法（平成十一年十二月二十二日法律第百六十号）第百九十三条

本則（第九十九条の十二第二項を除く。）中「郵政大臣」を「総務大臣」に、「郵政省令」を「総務省令」に、「通商産業大臣」を「経済産業大臣」に、「建設大臣」を「国土交通大臣」に、「地方電気通信監理局長」を「総合通信局長」に、「沖縄郵政管理事務所長」を「沖縄総合通信事務所長」に改める。

（呼出符号又は呼出名称の指定）
第四条の二　総務大臣は、前条第三号に掲げる無線局に使用するための無線設備について、当該無線設備を使用する無線局の呼出符号又は呼出名称の指定を受けようとする者から申請があつたときは、総務省令で定めるところにより、呼出符号又は呼出名称の指定を行う。

【　八十次改正　】

電波法及び有線電気通信法の一部を改正する法律（平成十六年五月十九日法律第四十七号）第二条

第四条の二中「前条第三号」の下に「又は第四号」を加える。

（呼出符号又は呼出名称の指定）
第四条の二　総務大臣は、前条第三号又は第四号に掲げる無線局に使用するための無線設備について、当該無線設備を使用する無線局の呼出符号又は呼出名称の指定を受けようとする者から申請があつたときは、総務省令で定めるところにより、呼出符号又は呼出名称の指定を行う。

【百三次改正】

電気通信事業法等の一部を改正する法律（平成二十七年五月二十二日法律第二十六号）第二条

> 第四条の二中「前条第三号」を「前条第一項第三号」に改める。

（呼出符号又は呼出名称の指定）

第四条の二　総務大臣は、前条第一項第三号又は第四号に掲げる無線局に使用するための無線設備について、当該無線設備を使用する無線局の呼出符号又は呼出名称の指定を受けようとする者から申請があつたときは、総務省令で定めるところにより、呼出符号又は呼出名称の指定を行う。

第五条

【制定】

電波法（昭和二十五年五月二日法律第百三十一号）

（欠格事由）

第五条　左の各号の一に該当する者には、無線局の免許を与えない。

一　日本の国籍を有しない人

二　外国政府又はその代表者

三　外国の法人又は団体

四　法人又は団体であつて、前三号に掲げる者がその代表者であるもの又はこれらの者がその役員の三分の一以上若しくは議決権の三分の一以上を占めるもの。

五　この法律又は放送法（昭和二十五年法律第百三十二号）に規定する罪を犯し罰金以上の刑に処せられ、その執行を終り、又はその執行を受けることがなくなつた日から二年を経過しない者

六　無線局の免許の取消を受け、その取消の日から二年を経過しない者

2　前項の規定は、左に掲げる無線局については、適用しない。

一　実験無線局（科学又は技術の発達のための実験に専用する無線局をいう。以下同じ。）

二　船舶安全法（昭和八年法律第十一号）第十四条の船舶の無線局

【一次改正】

電波法の一部を改正する法律（昭和二十七年七月三十一日法律第二百四十九号）

> 第五条第一項中第五号及び第六号を削り、同条第二項に次の一号を加える。
> （追加された第二項第三号の規定は、後掲の条文の通り。）
>
> 第五条に次の一項を加える。
> （追加された第三項の規定は、後掲の条文の通り。）

（欠格事由）

第五条　左の各号の一に該当する者には、無線局の免許を与えない。

一　日本の国籍を有しない人

二　外国政府又はその代表者

三　外国の法人又は団体

四　法人又は団体であつて、前三号に掲げる者がその代表者であるもの又はこれらの者がその役員の三分の一以上若しくは議決権の三分の一以上を占めるもの。

2　前項の規定は、左に掲げる無線局については、適用しない。

一　実験無線局（科学又は技術の発達のための実験に専用する無線局をいう。以下同じ。）

二　船舶安全法（昭和八年法律第十一号）第十四条の船舶の無線局

三　航空法（昭和二十七年法律第二百三十一号）第百二十七条但書の許可を受けて本邦内の各地間の航空の用に供される航空機の無線局

3　左の各号の一に該当する者には、無線局の免許を与えないことができる。

一　この法律又は放送法（昭和二十五年法律第百三十二号）に規定する罪を犯し罰金以上の刑に処せられ、その執行を終り、又はその執行を受けることがなくなつた日から二年を経過しない者

二　無線局の免許の取消を受け、その取消の日から二年を経過しない者

[注釈] 無線局の免許取得の絶対的欠格事由であった改正前の第一項第四号及び第五号が相対的欠格事由として、第三項第一号及び第二号として規定された。

【七次改正】

電波法の一部を改正する法律（昭和三十三年五月六日法律第百四十号）

第五条に次の一項を加える。
（追加された第四項の規定は、後掲の条文の通り。）

（欠格事由）

第五条　左の各号の一に該当する者には、無線局の免許を与えない。

一　日本の国籍を有しない人

二　外国政府又はその代表者

三　外国の法人又は団体

四　法人又は団体であつて、前三号に掲げる者がその代表者であるもの又はこれらの者がその役員の三分の一以上若しくは議決権の三分の一以上を占めるもの。

2　前項の規定は、左に掲げる無線局については、適用しない。

一　実験無線局（科学又は技術の発達のための実験に専用する無線局をいう。以下同じ。）

二　船舶安全法（昭和八年法律第十一号）第十四条の船舶の無線局

三　航空法（昭和二十七年法律第二百三十一号）第百二十七条但書の許可を受けて本邦内の各地間の航空の用に供される航空機の無線局

3　左の各号の一に該当する者には、無線局の免許を与えないことができる。

一　この法律又は放送法（昭和二十五年法律第百三十二号）に規定する罪を犯し罰金以上の刑に処せられ、その執行を終り、又はその執行を受けることがなくなつた日から二年を経過しない者

二　無線局の免許の取消を受け、その取消の日から二年を経過しない者

4　公衆によつて直接受信されることを目的とする無線通信の送信（以下「放送」という。）をする無線局については、第一項及び前項の規定にかかわらず、左の各号の一に該当する者には、無線局の免許を与えない。

一　第一項第一号から第三号まで又は前項各号に掲げる者

二　法人又は団体であつて、第一項第一号から第三号までに掲げる者が業務を執行する役員であるもの又はこれらの者がその議決権の五分の一以上を占めるもの

三　法人又は団体であつて、その役員が前項各号の一に該当する者であるもの

【十九次改正】

船舶安全法の一部を改正する法律（昭和四十八年九月十四日法律第八十号）附則第五条

> 第五条第二項第二号、第十三条第二項、第三十五条の二、第三十六条及び第六十三条第三項並びに第六十五条第一項の表中「第十四条」を「第二十九条ノ七」に改める。

（欠格事由）

第五条　左の各号の一に該当する者には、無線局の免許を与えない。

一　日本の国籍を有しない人

二　外国政府又はその代表者

三　外国の法人又は団体

四　法人又は団体であつて、前三号に掲げる者がその代表者であるもの又はこれらの者がその役員の三分の一以上若しくは議決権の三分の一以上を占めるもの。

2　前項の規定は、左に掲げる無線局については、適用しない。

一　実験無線局（科学又は技術の発達のための実験に専用する無線局をいう。以下同じ。）

二　船舶安全法（昭和八年法律第十一号）第二十九条ノ七の船舶の無線局

三　航空法（昭和二十七年法律第二百三十一号）第百二十七条但書の許可を受けて本邦内の各地間の航空の用に供される航空機の無線局

3　左の各号の一に該当する者には、無線局の免許を与えないことができる。

一　この法律又は放送法（昭和二十五年法律第百三十二号）に規定する罪を犯し罰金以上の刑に処せられ、その執行を終り、又はその執行を受けることがなくなつた日から二年を経過しない者

二　無線局の免許の取消を受け、その取消の日から二年を経過しない者

4　公衆によつて直接受信されることを目的とする無線通信の送信（以下「放送」という。）をする無線局については、第一項及び前項の規定にかかわらず、左の各号の一に該当する者には、無線局の免許を与えない。

一　第一項第一号から第三号まで又は前項各号に掲げる者

二　法人又は団体であつて、第一項第一号から第三号までに掲げる者が業務を執行する役員であるもの又はこれらの者がその議決権の五分の一以上を占めるもの

三　法人又は団体であつて、その役員が前項各号の一に該当する者であるもの

【二十五次改正】

電波法の一部を改正する法律（昭和五十六年五月二十三日法律第四十九号）

> 第五条第二項中「左に」を「次に」に改め、同項第三号中「但書」を「ただし書」に改め、同項に次の一号を加える。
> （追加された第四号の規定は、後掲の条文の通り。）

（欠格事由）

第五条　左の各号の一に該当する者には、無線局の免許を与えない。

一　日本の国籍を有しない人

二　外国政府又はその代表者

三　外国の法人又は団体

四　法人又は団体であつて、前三号に掲げる者がその代表者であるもの又はこれらの者がその役員の三分の一以上若しくは議決権の三分の一以上を占めるもの。

2　前項の規定は、次に掲げる無線局については、適用しない。

一　実験無線局（科学又は技術の発達のための実験に専用する無線局をいう。以下同じ。）

二　船舶安全法（昭和八年法律第十一号）第二十九条ノ七の船舶の無線局

三　航空法（昭和二十七年法律第二百三十一号）第百二十七条ただし書の許可を受けて本邦内の各地間の航空の用に供される航空機の無線局

四　アマチュア無線局（個人的な興味によつて無線通信を行うために開設する無線局をいう。以下同じ。）であつて、その国内において日本国民が同種の無線局を開設することを認める国の国籍を有する人の開設するもの

3　左の各号の一に該当する者には、無線局の免許を与えないことができる。

一　この法律又は放送法（昭和二十五年法律第百三十二号）に規定する罪を犯し罰金以上の刑に処せられ、その執行を終り、又はその執行を受けることがなくなつた日から二年を経過しない者

二　無線局の免許の取消を受け、その取消の日から二年を経過しない者

4　公衆によつて直接受信されることを目的とする無線通信の送信（以下「放送」という。）をする無線局については、第一項及び前項の規定にかかわらず、左の各号の一に該当する者には、無線局の免許を与えない。

一　第一項第一号から第三号まで又は前項各号に掲げる者

二　法人又は団体であつて、第一項第一号から第三号までに掲げる者が業務を執行する役員であるもの又はこれらの者がその議決権の五分の一以上を占めるもの

三　法人又は団体であつて、その役員が前項各号の一に該当する者であるもの

【二十八次改正】

電波法の一部を改正する法律（昭和五十七年六月一日法律第五十九号）

第五条第二項に次の一号を加える。
（追加された第五号の規定は、後掲の条文の通り。）

（欠格事由）

第五条　左の各号の一に該当する者には、無線局の免許を与えない。

一　日本の国籍を有しない人

二　外国政府又はその代表者

三　外国の法人又は団体

四　法人又は団体であつて、前三号に掲げる者がその代表者であるもの又はこれらの者がその役員の三分の一以上若しくは議決権の三分の一以上を占めるもの。

2　前項の規定は、次に掲げる無線局については、適用しない。

一　実験無線局（科学又は技術の発達のための実験に専用する無線局をいう。以下同じ。）

二　船舶安全法（昭和八年法律第十一号）第二十九条ノ七の船舶の無線局

三　航空法（昭和二十七年法律第二百三十一号）第百二十七条ただし書の許可を受けて本邦内の各地間の航空の用に供される航空機の無線局

四　アマチュア無線局（個人的な興味によつて無線通信を行うために開設する無線局をいう。以下同じ。）であつて、その国内において日本国民が同種の無線局を開設することを認める国の国籍を有する人の開設するもの

五　大使館、公使館又は領事館の公用に供する無線局（特定の固定地点間の無線通信を行うものに限る。）であつて、その国内において日本国政府又はその代表者が同種の無線局を開設することを認める国の政府又はその代表者の開設するもの

3　左の各号の一に該当する者には、無線局の免許を与えないことができる。

一　この法律又は放送法（昭和二十五年法律第百三十二号）に規定する罪を犯し罰金以上の刑に処せられ、その執行を終り、又はその執行を受けることがなくなつた日から二年を経過しない者

二　無線局の免許の取消を受け、その取消の日から二年を経過しない者

4　公衆によつて直接受信されることを目的とする無線通信の送信（以下「放送」という。）をする無線局については、第一項及び前項の規定にかかわらず、左の各号の一に該当する者には、無線局の免許を与えない。

一　第一項第一号から第三号まで又は前項各号に掲げる者

二　法人又は団体であつて、第一項第一号から第三号までに掲げる者が業務を執行する役員であるもの又はこれらの者がその議決権の五分の一以上を占めるもの

三　法人又は団体であつて、その役員が前項各号の一に該当する者であるもの

【三十一次改正】

電波法の一部を改正する法律（昭和五十九年五月二十九日法律第四十八号）

第五条第二項に次の一号を加える。

（追加された第六号の規定は、後掲の条文の通り。）

（欠格事由）

第五条　左の各号の一に該当する者には、無線局の免許を与えない。

一　日本の国籍を有しない人

二　外国政府又はその代表者

三　外国の法人又は団体

四　法人又は団体であつて、前三号に掲げる者がその代表者であるもの又はこれらの者がその役員の三分の一以上若しくは議決権の三分の一以上を占めるもの。

2　前項の規定は、次に掲げる無線局については、適用しない。

一　実験無線局（科学又は技術の発達のための実験に専用する無線局をいう。以下同じ。）

二　船舶安全法（昭和八年法律第十一号）第二十九条ノ七の船舶の無線局

三　航空法（昭和二十七年法律第二百三十一号）第百二十七条ただし書の許可を受けて本邦内の各地間の航空の用に供される航空機の無線局

四　アマチユア無線局（個人的な興味によつて無線通信を行うために開設する無線局をいう。以下同じ。）であつて、その国内において日本国民が同種の無線局を開設することを認める国の国籍を有する人の開設するもの

五　大使館、公使館又は領事館の公用に供する無線局（特定の固定地点間の無線通信を行うものに限る。）であつて、その国内において日本国政府又はその代表者が同種の無線局を開設することを認める国の政府又はその代表者の開設するもの

六　自動車その他の陸上を移動するものに開設し、若しくは携帯して使用するために開設する無線局（無線局相互間の通信を行うものに限る。）又はこれらの無線局と通信を行うために陸上に開設する移動しない無線局（通信を中継するために開設するものを除く。）であつて、次に掲げる者の開設するもの

イ　その国内において日本国民が同種の無線局を開設することを認める国の国籍を有する人

ロ　その国内において日本国政府又はその代表者が同種の無線局を開設することを認める国の政府又はその代表者

ハ　その国内において日本の法人又は団体が同種の無線局を開設することを認める国の法人又は団体

ニ　前項第四号に掲げる法人又は団体であつて、同項第一号から第三号までに

掲げる者でイからハまでに掲げる者でないものがその役員の三分の一以上又は議決権の三分の一以上を占めないもの（同項第一号から第三号までに掲げる者でイからハまでに掲げる者でないものがその代表者であるものを除く。）

3 左の各号の一に該当する者には、無線局の免許を与えないことができる。

一 この法律又は放送法（昭和二十五年法律第百三十二号）に規定する罪を犯し罰金以上の刑に処せられ、その執行を終り、又はその執行を受けることがなくなつた日から二年を経過しない者

二 無線局の免許の取消を受け、その取消の日から二年を経過しない者

4 公衆によつて直接受信されることを目的とする無線通信の送信（以下「放送」という。）をする無線局については、第一項及び前項の規定にかかわらず、左の各号の一に該当する者には、無線局の免許を与えない。

一 第一項第一号から第三号まで又は前項各号に掲げる者

二 法人又は団体であつて、第一項第一号から第三号までに掲げる者が業務を執行する役員であるもの又はこれらの者がその議決権の五分の一以上を占めるもの

三 法人又は団体であつて、その役員が前項各号の一に該当する者であるもの

【三十二次改正】

日本電信電話株式会社法及び電気通信事業法の施行に伴う関係法律の整備等に関する法律（昭和五十九年十二月二十五日法律第八十七号）第四十七条

第五条第二項第六号中「の開設するもの」の下に「（電気通信業務（電気通信事業法（昭和五十九年法律第八十六号）第二条第六号の電気通信業務をいう。以下同じ。）を行うことを目的とするものを除く。）」を加える。

（欠格事由）

第五条 左の各号の一に該当する者には、無線局の免許を与えない。

一 日本の国籍を有しない人

二 外国政府又はその代表者

三 外国の法人又は団体

四 法人又は団体であつて、前三号に掲げる者がその代表者であるもの又はこれらの者がその役員の三分の一以上若しくは議決権の三分の一以上を占めるもの。

2 前項の規定は、次に掲げる無線局については、適用しない。

一 実験無線局（科学又は技術の発達のための実験に専用する無線局をいう。以下同じ。）

二 船舶安全法（昭和八年法律第十一号）第二十九条ノ七の船舶の無線局

三 航空法（昭和二十七年法律第二百三十一号）第百二十七条ただし書の許可を受けて本邦内の各地間の航空の用に供される航空機の無線局

四 アマチュア無線局（個人的な興味によつて無線通信を行うために開設する無線局をいう。以下同じ。）であつて、その国内において日本国民が同種の無線局を開設することを認める国の国籍を有する人の開設するもの

五 大使館、公使館又は領事館の公用に供する無線局（特定の固定地点間の無線通信を行うものに限る。）であつて、その国内において日本国政府又はその代表者が同種の無線局を開設することを認める国の政府又はその代表者の開設するもの

六 自動車その他の陸上を移動するものに開設し、若しくは携帯して使用するために開設する無線局（無線局相互間の通信を行うものに限る。）又はこれらの無線局と通信を行うために陸上に開設する移動しない無線局（通信を中継するために開設するものを除く。）であつて、次に掲げる者の開設するもの（電気

通信業務（電気通信事業法（昭和五十九年法律第八十六号）第二条第六号の電気通信業務をいう。以下同じ。）を行うことを目的とするものを除く。）

イ　その国内において日本国民が同種の無線局を開設することを認める国の国籍を有する人

ロ　その国内において日本国政府又はその代表者が同種の無線局を開設することを認める国の政府又はその代表者

ハ　その国内において日本の法人又は団体が同種の無線局を開設することを認める国の法人又は団体

ニ　前項第四号に掲げる法人又は団体であつて、同項第一号から第三号までに掲げる者でイからハまでに掲げる者でないものがその役員の三分の一以上又は議決権の三分の一以上を占めないもの（同項第一号から第三号までに掲げる者でイからハまでに掲げる者でないものがその代表者であるものを除く。）

3　左の各号の一に該当する者には、無線局の免許を与えないことができる。

一　この法律又は放送法（昭和二十五年法律第百三十二号）に規定する罪を犯し罰金以上の刑に処せられ、その執行を終り、又はその執行を受けることがなくなつた日から二年を経過しない者

二　無線局の免許の取消を受け、その取消の日から二年を経過しない者

4　公衆によつて直接受信されることを目的とする無線通信の送信（以下「放送」という。）をする無線局については、第一項及び前項の規定にかかわらず、左の各号の一に該当する者には、無線局の免許を与えない。

一　第一項第一号から第三号まで又は前項各号に掲げる者

二　法人又は団体であつて、第一項第一号から第三号までに掲げる者が業務を執行する役員であるもの又はこれらの者がその議決権の五分の一以上を占めるもの

三　法人又は団体であつて、その役員が前項各号の一に該当する者であるもの

【　三十四次改正　】

電波法の一部を改正する法律（昭和六十一年五月二十二日法律第三十五号）

第五条第二項第六号中「（無線局相互間の通信を行うものに限る。）」を削り、「これらの無線局」の下に「若しくは携帯して使用するための受信設備」を加え、「（通信を中継するために開設するものを除く。）」を削る。

（欠格事由）

第五条　左の各号の一に該当する者には、無線局の免許を与えない。

一　日本の国籍を有しない人

二　外国政府又はその代表者

三　外国の法人又は団体

四　法人又は団体であつて、前三号に掲げる者がその代表者であるもの又はこれらの者がその役員の三分の一以上若しくは議決権の三分の一以上を占めるもの。

2　前項の規定は、次に掲げる無線局については、適用しない。

一　実験無線局（科学又は技術の発達のための実験に専用する無線局をいう。以下同じ。）

二　船舶安全法（昭和八年法律第十一号）第二十九条ノ七の船舶の無線局

三　航空法（昭和二十七年法律第二百三十一号）第百二十七条ただし書の許可を受けて本邦内の各地間の航空の用に供される航空機の無線局

四　アマチュア無線局（個人的な興味によつて無線通信を行うために開設する無線局をいう。以下同じ。）であつて、その国内において日本国民が同種の無線局を開設することを認める国の国籍を有する人の開設するもの

五　大使館、公使館又は領事館の公用に供する無線局（特定の固定地点間の無線通信を行うものに限る。）であつて、その国内において日本国政府又はその代表者が同種の無線局を開設することを認める国の政府又はその代表者の開設するもの

六　自動車その他の陸上を移動するものに開設し、若しくは携帯して使用するために開設する無線局又はこれらの無線局若しくは携帯して使用するための受信設備と通信を行うために陸上に開設する移動しない無線局であつて、次に掲げる者の開設するもの（電気通信業務（電気通信事業法（昭和五十九年法律第八十六号）第二条第六号の電気通信業務をいう。以下同じ。）を行うことを目的とするものを除く。）

イ　その国内において日本国民が同種の無線局を開設することを認める国の国籍を有する人

ロ　その国内において日本国政府又はその代表者が同種の無線局を開設することを認める国の政府又はその代表者

ハ　その国内において日本の法人又は団体が同種の無線局を開設することを認める国の法人又は団体

ニ　前項第四号に掲げる法人又は団体であつて、同項第一号から第三号までに掲げる者でイからハまでに掲げる者でないものがその役員の三分の一以上又は議決権の三分の一以上を占めないもの（同項第一号から第三号までに掲げる者でイからハまでに掲げる者でないものがその代表者であるものを除く。）

3　左の各号の一に該当する者には、無線局の免許を与えないことができる。

一　この法律又は放送法（昭和二十五年法律第百三十二号）に規定する罪を犯し罰金以上の刑に処せられ、その執行を終り、又はその執行を受けることがなくなつた日から二年を経過しない者

二　無線局の免許の取消を受け、その取消の日から二年を経過しない者

4　公衆によつて直接受信されることを目的とする無線通信の送信（以下「放送」という。）をする無線局については、第一項及び前項の規定にかかわらず、左の各号の一に該当する者には、無線局の免許を与えない。

一　第一項第一号から第三号まで又は前項各号に掲げる者

二　法人又は団体であつて、第一項第一号から第三号までに掲げる者が業務を執行する役員であるもの又はこれらの者がその議決権の五分の一以上を占めるもの

三　法人又は団体であつて、その役員が前項各号の一に該当する者であるもの

【四十次改正】

放送法及び電波法の一部を改正する法律（平成元年六月二十八日法律第五十五号）

第二条

第五条第四項中「をする無線局」の下に「（人工衛星の無線局（以下「人工衛星局」という。）であつて、他人の委託により、その放送番組を国内において受信されることを目的としてそのまま送信する放送をするものを除く。）」を加え、「左の」を「次の」に改める。

（欠格事由）

第五条　左の各号の一に該当する者には、無線局の免許を与えない。

一　日本の国籍を有しない人

二　外国政府又はその代表者

三　外国の法人又は団体

四　法人又は団体であつて、前三号に掲げる者がその代表者であるもの又はこれらの者がその役員の三分の一以上若しくは議決権の三分の一以上を占めるも

の。

２　前項の規定は、次に掲げる無線局については、適用しない。

一　実験無線局（科学又は技術の発達のための実験に専用する無線局をいう。以下同じ。）

二　船舶安全法（昭和八年法律第十一号）第二十九条ノ七の船舶の無線局

三　航空法（昭和二十七年法律第二百三十一号）第百二十七条ただし書の許可を受けて本邦内の各地間の航空の用に供される航空機の無線局

四　アマチュア無線局（個人的な興味によつて無線通信を行うために開設する無線局をいう。以下同じ。）であつて、その国内において日本国民が同種の無線局を開設することを認める国の国籍を有する人の開設するもの

五　大使館、公使館又は領事館の公用に供する無線局（特定の固定地点間の無線通信を行うものに限る。）であつて、その国内において日本国政府又はその代表者が同種の無線局を開設することを認める国の政府又はその代表者の開設するもの

六　自動車その他の陸上を移動するものに開設し、若しくは携帯して使用するために開設する無線局又はこれらの無線局若しくは携帯して使用するための受信設備と通信を行うために陸上に開設する移動しない無線局であつて、次に掲げる者の開設するもの（電気通信業務（電気通信事業法（昭和五十九年法律第八十六号）第二条第六号の電気通信業務をいう。以下同じ。）を行うことを目的とするものを除く。）

イ　その国内において日本国民が同種の無線局を開設することを認める国の国籍を有する人

ロ　その国内において日本国政府又はその代表者が同種の無線局を開設することを認める国の政府又はその代表者

ハ　その国内において日本の法人又は団体が同種の無線局を開設することを認める国の法人又は団体

ニ　前項第四号に掲げる法人又は団体であつて、同項第一号から第三号までに掲げる者でイからハまでに掲げる者でないものがその役員の三分の一以上又は議決権の三分の一以上を占めないもの（同項第一号から第三号までに掲げる者でイからハまでに掲げる者でないものがその代表者であるものを除く。）

３　左の各号の一に該当する者には、無線局の免許を与えないことができる。

一　この法律又は放送法（昭和二十五年法律第百三十二号）に規定する罪を犯し罰金以上の刑に処せられ、その執行を終り、又はその執行を受けることがなくなつた日から二年を経過しない者

二　無線局の免許の取消を受け、その取消の日から二年を経過しない者

４　公衆によつて直接受信されることを目的とする無線通信の送信（以下「放送」という。）をする無線局（人工衛星の無線局（以下「人工衛星局」という。）であつて、他人の委託により、その放送番組を国内において受信されることを目的としてそのまま送信する放送をするものを除く。）については、第一項及び前項の規定にかかわらず、次の各号の一に該当する者には、無線局の免許を与えない。

一　第一項第一号から第三号まで又は前項各号に掲げる者

二　法人又は団体であつて、第一項第一号から第三号までに掲げる者が業務を執行する役員であるもの又はこれらの者がその議決権の五分の一以上を占めるもの

三　法人又は団体であつて、その役員が前項各号の一に該当する者であるもの

【　四十二次改正　】

放送法及び電波法の一部を改正する法律（平成二年六月二十七日法律第五十四号）

第二条

第五条第四項中「人工衛星の」を「受信障害対策中継放送をするもの及び人工衛星の」に改め、同条に次の一項を加える。
（追加された第五項の規定については、後掲の条文の通り。）

（欠格事由）
第五条　左の各号の一に該当する者には、無線局の免許を与えない。
一　日本の国籍を有しない人
二　外国政府又はその代表者
三　外国の法人又は団体
四　法人又は団体であつて、前三号に掲げる者がその代表者であるもの又はこれらの者がその役員の三分の一以上若しくは議決権の三分の一以上を占めるもの。
2　前項の規定は、次に掲げる無線局については、適用しない。
一　実験無線局（科学又は技術の発達のための実験に専用する無線局をいう。以下同じ。）
二　船舶安全法（昭和八年法律第十一号）第二十九条ノ七の船舶の無線局
三　航空法（昭和二十七年法律第二百三十一号）第百二十七条ただし書の許可を受けて本邦内の各地間の航空の用に供される航空機の無線局
四　アマチュア無線局（個人的な興味によつて無線通信を行うために開設する無線局をいう。以下同じ。）であつて、その国内において日本国民が同種の無線局を開設することを認める国の国籍を有する人の開設するもの
五　大使館、公使館又は領事館の公用に供する無線局（特定の固定地点間の無線通信を行うものに限る。）であつて、その国内において日本国政府又はその代表者が同種の無線局を開設することを認める国の政府又はその代表者の開設するもの
六　自動車その他の陸上を移動するものに開設し、若しくは携帯して使用するために開設する無線局又はこれらの無線局若しくは携帯して使用するための受信設備と通信を行うために陸上に開設する移動しない無線局であつて、次に掲げる者の開設するもの（電気通信業務（電気通信事業法（昭和五十九年法律第八十六号）第二条第六号の電気通信業務をいう。以下同じ。）を行うことを目的とするものを除く。）
イ　その国内において日本国民が同種の無線局を開設することを認める国の国籍を有する人
ロ　その国内において日本国政府又はその代表者が同種の無線局を開設することを認める国の政府又はその代表者
ハ　その国内において日本の法人又は団体が同種の無線局を開設することを認める国の法人又は団体
ニ　前項第四号に掲げる法人又は団体であつて、同項第一号から第三号までに掲げる者でイからハまでに掲げる者でないものがその役員の三分の一以上又は議決権の三分の一以上を占めないもの（同項第一号から第三号までに掲げる者でイからハまでに掲げる者でないものがその代表者であるものを除く。）
3　左の各号の一に該当する者には、無線局の免許を与えないことができる。
一　この法律又は放送法（昭和二十五年法律第百三十二号）に規定する罪を犯し罰金以上の刑に処せられ、その執行を終り、又はその執行を受けることがなくなつた日から二年を経過しない者
二　無線局の免許の取消を受け、その取消の日から二年を経過しない者
4　公衆によつて直接受信されることを目的とする無線通信の送信（以下「放送」という。）をする無線局（受信障害対策中継放送をするもの及び人工衛星の無線局（以下「人工衛星局」という。）であつて、他人の委託により、その放送番組

を国内において受信されることを目的としてそのまま送信する放送をするものを除く。）については、第一項及び前項の規定にかかわらず、次の各号の一に該当する者には、無線局の免許を与えない。

一　第一項第一号から第三号まで又は前項各号に掲げる者

二　法人又は団体であつて、第一項第一号から第三号までに掲げる者が業務を執行する役員であるもの又はこれらの者がその議決権の五分の一以上を占めるもの

三　法人又は団体であつて、その役員が前項各号の一に該当する者であるもの

5　前項に規定する受信障害対策中継放送とは、相当範囲にわたる受信の障害が発生しているテレビジョン放送（放送法第二条第二号の五のテレビジョン放送をいう。以下同じ。）及び当該テレビジョン放送の電波に重畳して行う多重放送（同条第二号の六の多重放送をいう。以下同じ。）を受信し、そのすべての放送番組に変更を加えないで当該受信の障害が発生している区域において受信されることを目的として同時にこれを再送信する放送のうち、当該障害に係るテレビジョン放送又は当該テレビジョン放送の電波に重畳して行う多重放送をする無線局の免許を受けた者が行うもの以外のものをいう。

【　四十六次改正　】

電波法の一部を改正する法律（平成五年六月十六日法律第七十一号）

第五条第二項第四号中「アマチユア無線局」を「アマチュア無線局」に改め、「であつて、その国内において日本国民が同種の無線局を開設することを認める国の国籍を有する人の開設するもの」を削り、同項第六号中「であつて、次に掲げる者の開設するもの」を削り、同号イからニまでを削る。

（欠格事由）

第五条　左の各号の一に該当する者には、無線局の免許を与えない。

一　日本の国籍を有しない人

二　外国政府又はその代表者

三　外国の法人又は団体

四　法人又は団体であつて、前三号に掲げる者がその代表者であるもの又はこれらの者がその役員の三分の一以上若しくは議決権の三分の一以上を占めるもの。

2　前項の規定は、次に掲げる無線局については、適用しない。

一　実験無線局（科学又は技術の発達のための実験に専用する無線局をいう。以下同じ。）

二　船舶安全法（昭和八年法律第十一号）第二十九条ノ七の船舶の無線局

三　航空法（昭和二十七年法律第二百三十一号）第百二十七条ただし書の許可を受けて本邦内の各地間の航空の用に供される航空機の無線局

四　アマチュア無線局（個人的な興味によつて無線通信を行うために開設する無線局をいう。以下同じ。）

五　大使館、公使館又は領事館の公用に供する無線局（特定の固定地点間の無線通信を行うものに限る。）であつて、その国内において日本国政府又はその代表者が同種の無線局を開設することを認める国の政府又はその代表者の開設するもの

六　自動車その他の陸上を移動するものに開設し、若しくは携帯して使用するために開設する無線局又はこれらの無線局若しくは携帯して使用するための受信設備と通信を行うために陸上に開設する移動しない無線局（電気通信業務（電気通信事業法（昭和五十九年法律第八十六号）第二条第六号の電気通信業務をいう。以下同じ。）を行うことを目的とするものを除く。）

3　左の各号の一に該当する者には、無線局の免許を与えないことができる。

一　この法律又は放送法（昭和二十五年法律第百三十二号）に規定する罪を犯し罰金以上の刑に処せられ、その執行を終り、又はその執行を受けることがなくなつた日から二年を経過しない者

二　無線局の免許の取消を受け、その取消の日から二年を経過しない者

4　公衆によつて直接受信されることを目的とする無線通信の送信（以下「放送」という。）をする無線局（受信障害対策中継放送をするもの及び人工衛星の無線局（以下「人工衛星局」という。）であつて、他人の委託により、その放送番組を国内において受信されることを目的としてそのまま送信する放送をするものを除く。）については、第一項及び前項の規定にかかわらず、次の各号の一に該当する者には、無線局の免許を与えない。

一　第一項第一号から第三号まで又は前項各号に掲げる者

二　法人又は団体であつて、第一項第一号から第三号までに掲げる者が業務を執行する役員であるもの又はこれらの者がその議決権の五分の一以上を占めるもの

三　法人又は団体であつて、その役員が前項各号の一に該当する者であるもの

5　前項に規定する受信障害対策中継放送とは、相当範囲にわたる受信の障害が発生しているテレビジョン放送（放送法第二条第二号の五のテレビジョン放送をいう。以下同じ。）及び当該テレビジョン放送の電波に重畳して行う多重放送（同条第二号の六の多重放送をいう。以下同じ。）を受信し、そのすべての放送番組に変更を加えないで当該受信の障害が発生している区域において受信されることを目的として同時にこれを再送信する放送のうち、当該障害に係るテレビジョン放送又は当該テレビジョン放送の電波に重畳して行う多重放送をする無線局の免許を受けた者が行うもの以外のものをいう。

[注釈]第二項第六号イからニまでは、削られた。

【　四十八次改正　】

電気通信事業法及び電波法の一部を改正する法律（平成六年六月二十九日法律第七十三号）第二条

第五条第二項に次の二号を加える。
（追加された第二項第七号及び第八号の規定は、後掲の条文の通り。）

（欠格事由）

第五条　左の各号の一に該当する者には、無線局の免許を与えない。

一　日本の国籍を有しない人

二　外国政府又はその代表者

三　外国の法人又は団体

四　法人又は団体であつて、前三号に掲げる者がその代表者であるもの又はこれらの者がその役員の三分の一以上若しくは議決権の三分の一以上を占めるもの。

2　前項の規定は、次に掲げる無線局については、適用しない。

一　実験無線局（科学又は技術の発達のための実験に専用する無線局をいう。以下同じ。）

二　船舶安全法（昭和八年法律第十一号）第二十九条ノ七の船舶の無線局

三　航空法（昭和二十七年法律第二百三十一号）第百二十七条ただし書の許可を受けて本邦内の各地間の航空の用に供される航空機の無線局

四　アマチュア無線局（個人的な興味によつて無線通信を行うために開設する無線局をいう。以下同じ。）

五　大使館、公使館又は領事館の公用に供する無線局（特定の固定地点間の無線通信を行うものに限る。）であつて、その国内において日本国政府又はその代

表者が同種の無線局を開設することを認める国の政府又はその代表者の開設するもの
六　自動車その他の陸上を移動するものに開設し、若しくは携帯して使用するために開設する無線局又はこれらの無線局若しくは携帯して使用するための受信設備と通信を行うために陸上に開設する移動しない無線局（電気通信業務（電気通信事業法（昭和五十九年法律第八十六号）第二条第六号の電気通信業務をいう。以下同じ。）を行うことを目的とするものを除く。）
七　電気通信事業法第十一条第二項の規定により同条第一項（第四号から第七号までに係る部分に限る。）の規定の適用を受けないこととなる者が同条第二項に規定する国際電気通信事業に係る電気通信業務を行うことを目的として開設する無線局であつて、人工衛星の無線局（外国のもの（国際電気通信衛星機構が開設するものを除く。）に限る。次号において「外国人工衛星局」という。）の中継により特定の固定地点間の無線通信を行うもの
八　前号に規定する電気通信業務を行うことを目的とする外国人工衛星局の無線設備を搭載する人工衛星の位置、姿勢等を制御することを目的として陸上に開設する無線局

3　左の各号の一に該当する者には、無線局の免許を与えないことができる。
一　この法律又は放送法（昭和二十五年法律第百三十二号）に規定する罪を犯し罰金以上の刑に処せられ、その執行を終り、又はその執行を受けることがなくなつた日から二年を経過しない者
二　無線局の免許の取消を受け、その取消の日から二年を経過しない者

4　公衆によつて直接受信されることを目的とする無線通信の送信（以下「放送」という。）をする無線局（受信障害対策中継放送をするもの及び人工衛星の無線局（以下「人工衛星局」という。）であつて、他人の委託により、その放送番組を国内において受信されることを目的としてそのまま送信する放送をするものを除く。）については、第一項及び前項の規定にかかわらず、次の各号の一に該当する者には、無線局の免許を与えない。
一　第一項第一号から第三号まで又は前項各号に掲げる者
二　法人又は団体であつて、第一項第一号から第三号までに掲げる者が業務を執行する役員であるもの又はこれらの者がその議決権の五分の一以上を占めるもの
三　法人又は団体であつて、その役員が前項各号の一に該当する者であるもの

5　前項に規定する受信障害対策中継放送とは、相当範囲にわたる受信の障害が発生しているテレビジョン放送（放送法第二条第二号の五のテレビジョン放送をいう。以下同じ。）及び当該テレビジョン放送の電波に重畳して行う多重放送（同条第二号の六の多重放送をいう。以下同じ。）を受信し、そのすべての放送番組に変更を加えないで当該受信の障害が発生している区域において受信されることを目的として同時にこれを再送信する放送のうち、当該障害に係るテレビジョン放送又は当該テレビジョン放送の電波に重畳して行う多重放送をする無線局の免許を受けた者が行うもの以外のものをいう。

【四十九次改正】

放送法の一部を改正する法律（平成六年六月二十九日法律第七十四号）附則第五項

第五条第四項中「国内において受信されることを目的として」を削る。

（欠格事由）
第五条　左の各号の一に該当する者には、無線局の免許を与えない。
一　日本の国籍を有しない人
二　外国政府又はその代表者
三　外国の法人又は団体

四　法人又は団体であつて、前三号に掲げる者がその代表者であるもの又はこれらの者がその役員の三分の一以上若しくは議決権の三分の一以上を占めるもの。

2　前項の規定は、次に掲げる無線局については、適用しない。

一　実験無線局（科学又は技術の発達のための実験に専用する無線局をいう。以下同じ。）

二　船舶安全法（昭和八年法律第十一号）第二十九条ノ七の船舶の無線局

三　航空法（昭和二十七年法律第二百三十一号）第百二十七条ただし書の許可を受けて本邦内の各地間の航空の用に供される航空機の無線局

四　アマチュア無線局（個人的な興味によつて無線通信を行うために開設する無線局をいう。以下同じ。）

五　大使館、公使館又は領事館の公用に供する無線局（特定の固定地点間の無線通信を行うものに限る。）であつて、その国内において日本国政府又はその代表者が同種の無線局を開設することを認める国の政府又はその代表者の開設するもの

六　自動車その他の陸上を移動するものに開設し、若しくは携帯して使用するために開設する無線局又はこれらの無線局若しくは携帯して使用するための受信設備と通信を行うために陸上に開設する移動しない無線局（電気通信業務（電気通信事業法（昭和五十九年法律第八十六号）第二条第六号の電気通信業務をいう。以下同じ。）を行うことを目的とするものを除く。）

七　電気通信事業法第十一条第二項の規定により同条第一項（第四号から第七号までに係る部分に限る。）の規定の適用を受けないこととなる者が同条第二項に規定する国際電気通信事業に係る電気通信業務を行うことを目的として開設する無線局であつて、人工衛星の無線局（外国のもの（国際電気通信衛星機構が開設するものを除く。）に限る。次号において「外国人工衛星局」という。）の中継により特定の固定地点間の無線通信を行うもの

八　前号に規定する電気通信業務を行うことを目的とする外国人工衛星局の無線設備を搭載する人工衛星の位置、姿勢等を制御することを目的として陸上に開設する無線局

3　左の各号の一に該当する者には、無線局の免許を与えないことができる。

一　この法律又は放送法（昭和二十五年法律第百三十二号）に規定する罪を犯し罰金以上の刑に処せられ、その執行を終り、又はその執行を受けることがなくなつた日から二年を経過しない者

二　無線局の免許の取消を受け、その取消の日から二年を経過しない者

4　公衆によつて直接受信されることを目的とする無線通信の送信（以下「放送」という。）をする無線局（受信障害対策中継放送をするもの及び人工衛星の無線局（以下「人工衛星局」という。）であつて、他人の委託により、その放送番組をそのまま送信する放送をするものを除く。）については、第一項及び前項の規定にかかわらず、次の各号の一に該当する者には、無線局の免許を与えない。

一　第一項第一号から第三号まで又は前項各号に掲げる者

二　法人又は団体であつて、第一項第一号から第三号までに掲げる者が業務を執行する役員であるもの又はこれらの者がその議決権の五分の一以上を占めるもの

三　法人又は団体であつて、その役員が前項各号の一に該当する者であるもの

5　前項に規定する受信障害対策中継放送とは、相当範囲にわたる受信の障害が発生しているテレビジョン放送（放送法第二条第二号の五のテレビジョン放送をいう。以下同じ。）及び当該テレビジョン放送の電波に重畳して行う多重放送（同条第二号の六の多重放送をいう。以下同じ。）を受信し、そのすべての放送番組に変更を加えないで当該受信の障害が発生している区域において受信されることを目的として同時にこれを再送信する放送のうち、当該障害に係るテレビジョ

ン放送又は当該テレビジョン放送の電波に重畳して行う多重放送をする無線局の免許を受けた者が行うもの以外のものをいう。

【五十三次改正】

電気通信事業法及び電波法の一部を改正する法律（平成九年六月二十日法律第百号）

第二条

第五条第二項第七号を次のように改める。 （改正後の第二項第七号の規定は、後掲の条文の通り。） 第五条第二項第八号中「前号に規定する」を削り、「外国人工衛星局」を「無線局」に改める。

（欠格事由）

第五条　左の各号の一に該当する者には、無線局の免許を与えない。

一　日本の国籍を有しない人

二　外国政府又はその代表者

三　外国の法人又は団体

四　法人又は団体であつて、前三号に掲げる者がその代表者であるもの又はこれらの者がその役員の三分の一以上若しくは議決権の三分の一以上を占めるもの。

2　前項の規定は、次に掲げる無線局については、適用しない。

一　実験無線局（科学又は技術の発達のための実験に専用する無線局をいう。以下同じ。）

二　船舶安全法（昭和八年法律第十一号）第二十九条ノ七の船舶の無線局

三　航空法（昭和二十七年法律第二百三十一号）第百二十七条ただし書の許可を受けて本邦内の各地間の航空の用に供される航空機の無線局

四　アマチュア無線局（個人的な興味によつて無線通信を行うために開設する無線局をいう。以下同じ。）

五　大使館、公使館又は領事館の公用に供する無線局（特定の固定地点間の無線通信を行うものに限る。）であつて、その国内において日本国政府又はその代表者が同種の無線局を開設することを認める国の政府又はその代表者の開設するもの

六　自動車その他の陸上を移動するものに開設し、若しくは携帯して使用するために開設する無線局又はこれらの無線局若しくは携帯して使用するための受信設備と通信を行うために陸上に開設する移動しない無線局（電気通信業務（電気通信事業法（昭和五十九年法律第八十六号）第二条第六号の電気通信業務をいう。以下同じ。）を行うことを目的とするものを除く。）

七　電気通信業務を行うことを目的として開設する無線局

八　電気通信業務を行うことを目的とする無線局の無線設備を搭載する人工衛星の位置、姿勢等を制御することを目的として陸上に開設する無線局

3　左の各号の一に該当する者には、無線局の免許を与えないことができる。

一　この法律又は放送法（昭和二十五年法律第百三十二号）に規定する罪を犯し罰金以上の刑に処せられ、その執行を終り、又はその執行を受けることがなくなつた日から二年を経過しない者

二　無線局の免許の取消を受け、その取消の日から二年を経過しない者

4　公衆によつて直接受信されることを目的とする無線通信の送信（以下「放送」という。）をする無線局（受信障害対策中継放送をするもの及び人工衛星の無線局（以下「人工衛星局」という。）であつて、他人の委託により、その放送番組をそのまま送信する放送をするものを除く。）については、第一項及び前項の規定にかかわらず、次の各号の一に該当する者には、無線局の免許を与えない。

一　第一項第一号から第三号まで又は前項各号に掲げる者

二　法人又は団体であつて、第一項第一号から第三号までに掲げる者が業務を執行する役員であるもの又はこれらの者がその議決権の五分の一以上を占めるもの

三　法人又は団体であつて、その役員が前項各号の一に該当する者であるもの

5　前項に規定する受信障害対策中継放送とは、相当範囲にわたる受信の障害が発生しているテレビジョン放送（放送法第二条第二号の五のテレビジョン放送をいう。以下同じ。）及び当該テレビジョン放送の電波に重畳して行う多重放送（同条第二号の六の多重放送をいう。以下同じ。）を受信し、そのすべての放送番組に変更を加えないで当該受信の障害が発生している区域において受信されることを目的として同時にこれを再送信する放送のうち、当該障害に係るテレビジョン放送又は当該テレビジョン放送の電波に重畳して行う多重放送をする無線局の免許を受けた者が行うもの以外のものをいう。

【五十九次改正】

電波法の一部を改正する法律（平成十一年五月二十一日法律第四十七号）

第五条第二項第二号から第四号までを次のように改める。

（改正後の第二号から第四号までの規定は、後掲の条文の通り。）

第五条第二項第六号中「（電気通信事業法（昭和五十九年法律第八十六号）第二条第六号の電気通信業務をいう。以下同じ。）」を削る。

（欠格事由）

第五条　左の各号の一に該当する者には、無線局の免許を与えない。

一　日本の国籍を有しない人

二　外国政府又はその代表者

三　外国の法人又は団体

四　法人又は団体であつて、前三号に掲げる者がその代表者であるもの又はこれらの者がその役員の三分の一以上若しくは議決権の三分の一以上を占めるもの。

2　前項の規定は、次に掲げる無線局については、適用しない。

一　実験無線局（科学又は技術の発達のための実験に専用する無線局をいう。以下同じ。）

二　アマチュア無線局（個人的な興味によつて無線通信を行うために開設する無線局をいう。以下同じ。）

三　船舶の無線局（船舶に開設する無線局のうち、電気通信業務（電気通信事業法（昭和五十九年法律第八十六号）第二条第六号の電気通信業務をいう。以下同じ。）を行うことを目的とするもの以外のもの（実験無線局及びアマチュア無線局を除く。）をいう。以下同じ。）であつて、船舶安全法（昭和八年法律第十一号）第二十九条ノ七に規定する船舶に開設するもの

四　航空機の無線局（航空機に開設する無線局のうち、電気通信業務を行うことを目的とするもの以外のもの（実験無線局及びアマチュア無線局を除く。）をいう。以下同じ。）であつて、航空法（昭和二十七年法律第二百三十一号）第百二十七条ただし書の許可を受けて本邦内の各地間の航空の用に供される航空機に開設するもの

五　大使館、公使館又は領事館の公用に供する無線局（特定の固定地点間の無線通信を行うものに限る。）であつて、その国内において日本国政府又はその代表者が同種の無線局を開設することを認める国の政府又はその代表者の開設するもの

六　自動車その他の陸上を移動するものに開設し、若しくは携帯して使用するために開設する無線局又はこれらの無線局若しくは携帯して使用するための受信設備と通信を行うために陸上に開設する移動しない無線局（電気通信業務を

行うことを目的とするものを除く。）

七　電気通信業務を行うことを目的として開設する無線局

八　電気通信業務を行うことを目的とする無線局の無線設備を搭載する人工衛星の位置、姿勢等を制御することを目的として陸上に開設する無線局

3　左の各号の一に該当する者には、無線局の免許を与えないことができる。

一　この法律又は放送法（昭和二十五年法律第百三十二号）に規定する罪を犯し罰金以上の刑に処せられ、その執行を終り、又はその執行を受けることがなくなつた日から二年を経過しない者

二　無線局の免許の取消を受け、その取消の日から二年を経過しない者

4　公衆によつて直接受信されることを目的とする無線通信の送信（以下「放送」という。）をする無線局（受信障害対策中継放送をするもの及び人工衛星の無線局（以下「人工衛星局」という。）であつて、他人の委託により、その放送番組をそのまま送信する放送をするものを除く。）については、第一項及び前項の規定にかかわらず、次の各号の一に該当する者には、無線局の免許を与えない。

一　第一項第一号から第三号まで又は前項各号に掲げる者

二　法人又は団体であつて、第一項第一号から第三号までに掲げる者が業務を執行する役員であるもの又はこれらの者がその議決権の五分の一以上を占めるもの

三　法人又は団体であつて、その役員が前項各号の一に該当する者であるもの

5　前項に規定する受信障害対策中継放送とは、相当範囲にわたる受信の障害が発生しているテレビジョン放送（放送法第二条第二号の五のテレビジョン放送をいう。以下同じ。）及び当該テレビジョン放送の電波に重畳して行う多重放送（同条第二号の六の多重放送をいう。以下同じ。）を受信し、そのすべての放送番組に変更を加えないで当該受信の障害が発生している区域において受信されることを目的として同時にこれを再送信する放送のうち、当該障害に係るテレビジョン放送又は当該テレビジョン放送の電波に重畳して行う多重放送をする無線局の免許を受けた者が行うもの以外のものをいう。

【　六十次改正　】

電波法の一部を改正する法律（平成十二年六月二日法律第百九号）

第五条第三項中「左の各号の一」を「次の各号のいずれか」に改め、同項第一号中「終り」を「終わり」に改め、同項第二号中「取消」を「取消し」に改め、同項に次の一号を加える。

（追加された第三項第三号の規定は、後掲の条文の通り。）

（欠格事由）

第五条　左の各号の一に該当する者には、無線局の免許を与えない。

一　日本の国籍を有しない人

二　外国政府又はその代表者

三　外国の法人又は団体

四　法人又は団体であつて、前三号に掲げる者がその代表者であるもの又はこれらの者がその役員の三分の一以上若しくは議決権の三分の一以上を占めるもの。

2　前項の規定は、次に掲げる無線局については、適用しない。

一　実験無線局（科学又は技術の発達のための実験に専用する無線局をいう。以下同じ。）

二　アマチュア無線局（個人的な興味によつて無線通信を行うために開設する無線局をいう。以下同じ。）

三　船舶の無線局（船舶に開設する無線局のうち、電気通信業務（電気通信事業法（昭和五十九年法律第八十六号）第二条第六号の電気通信業務をいう。以下

同じ。）を行うことを目的とするもの以外のもの（実験無線局及びアマチュア無線局を除く。）をいう。以下同じ。）であつて、船舶安全法（昭和八年法律第十一号）第二十九条ノ七に規定する船舶に開設するもの

四　航空機の無線局（航空機に開設する無線局のうち、電気通信業務を行うことを目的とするもの以外のもの（実験無線局及びアマチュア無線局を除く。）をいう。以下同じ。）であつて、航空法（昭和二十七年法律第二百三十一号）第百二十七条ただし書の許可を受けて本邦内の各地間の航空の用に供される航空機に開設するもの

五　大使館、公使館又は領事館の公用に供する無線局（特定の固定地点間の無線通信を行うものに限る。）であつて、その国内において日本国政府又はその代表者が同種の無線局を開設することを認める国の政府又はその代表者の開設するもの

六　自動車その他の陸上を移動するものに開設し、若しくは携帯して使用するために開設する無線局又はこれらの無線局若しくは携帯して使用するための受信設備と通信を行うために陸上に開設する移動しない無線局（電気通信業務を行うことを目的とするものを除く。）

七　電気通信業務を行うことを目的として開設する無線局

八　電気通信業務を行うことを目的とする無線局の無線設備を搭載する人工衛星の位置、姿勢等を制御することを目的として陸上に開設する無線局

3　次の各号のいずれかに該当する者には、無線局の免許を与えないことができる。

一　この法律又は放送法（昭和二十五年法律第百三十二号）に規定する罪を犯し罰金以上の刑に処せられ、その執行を終わり、又はその執行を受けることがなくなつた日から二年を経過しない者

二　無線局の免許の取消しを受け、その取消しの日から二年を経過しない者

三　第二十七条の十五第一項（第三号を除く。）の規定により認定の取消しを受け、その取消しの日から二年を経過しない者

4　公衆によつて直接受信されることを目的とする無線通信の送信（以下「放送」という。）をする無線局（受信障害対策中継放送をするもの及び人工衛星の無線局（以下「人工衛星局」という。）であつて、他人の委託により、その放送番組をそのまま送信する放送をするものを除く。）については、第一項及び前項の規定にかかわらず、次の各号の一に該当する者には、無線局の免許を与えない。

一　第一項第一号から第三号まで又は前項各号に掲げる者

二　法人又は団体であつて、第一項第一号から第三号までに掲げる者が業務を執行する役員であるもの又はこれらの者がその議決権の五分の一以上を占めるもの

三　法人又は団体であつて、その役員が前項各号の一に該当する者であるもの

5　前項に規定する受信障害対策中継放送とは、相当範囲にわたる受信の障害が発生しているテレビジョン放送（放送法第二条第二号の五のテレビジョン放送をいう。以下同じ。）及び当該テレビジョン放送の電波に重畳して行う多重放送（同条第二号の六の多重放送をいう。以下同じ。）を受信し、そのすべての放送番組に変更を加えないで当該受信の障害が発生している区域において受信されることを目的として同時にこれを再送信する放送のうち、当該障害に係るテレビジョン放送又は当該テレビジョン放送の電波に重畳して行う多重放送をする無線局の免許を受けた者が行うもの以外のものをいう。

【　六十九次改正　】

電気通信役務利用放送法（平成十三年六月二十九日法律第八十五号）附則第五条

第五条第四項中「無線局（」の下に「電気通信業務を行うことを目的とするもの、」を加え、「一に」を「いずれかに」に改める。

（欠格事由）

第五条　左の各号の一に該当する者には、無線局の免許を与えない。

一　日本の国籍を有しない人

二　外国政府又はその代表者

三　外国の法人又は団体

四　法人又は団体であつて、前三号に掲げる者がその代表者であるもの又はこれらの者がその役員の三分の一以上若しくは議決権の三分の一以上を占めるもの。

2　前項の規定は、次に掲げる無線局については、適用しない。

一　実験無線局（科学又は技術の発達のための実験に専用する無線局をいう。以下同じ。）

二　アマチュア無線局（個人的な興味によつて無線通信を行うために開設する無線局をいう。以下同じ。）

三　船舶の無線局（船舶に開設する無線局のうち、電気通信業務（電気通信事業法（昭和五十九年法律第八十六号）第二条第六号の電気通信業務をいう。以下同じ。）を行うことを目的とするもの以外のもの（実験無線局及びアマチュア無線局を除く。）をいう。以下同じ。）であつて、船舶安全法（昭和八年法律第十一号）第二十九条ノ七に規定する船舶に開設するもの

四　航空機の無線局（航空機に開設する無線局のうち、電気通信業務を行うことを目的とするもの以外のもの（実験無線局及びアマチュア無線局を除く。）をいう。以下同じ。）であつて、航空法（昭和二十七年法律第二百三十一号）第百二十七条ただし書の許可を受けて本邦内の各地間の航空の用に供される航空機に開設するもの

五　大使館、公使館又は領事館の公用に供する無線局（特定の固定地点間の無線通信を行うものに限る。）であつて、その国内において日本国政府又はその代表者が同種の無線局を開設することを認める国の政府又はその代表者の開設するもの

六　自動車その他の陸上を移動するものに開設し、若しくは携帯して使用するために開設する無線局又はこれらの無線局若しくは携帯して使用するための受信設備と通信を行うために陸上に開設する移動しない無線局（電気通信業務を行うことを目的とするものを除く。）

七　電気通信業務を行うことを目的として開設する無線局

八　電気通信業務を行うことを目的とする無線局の無線設備を搭載する人工衛星の位置、姿勢等を制御することを目的として陸上に開設する無線局

3　次の各号のいずれかに該当する者には、無線局の免許を与えないことができる。

一　この法律又は放送法（昭和二十五年法律第百三十二号）に規定する罪を犯し罰金以上の刑に処せられ、その執行を終わり、又はその執行を受けることがなくなつた日から二年を経過しない者

二　無線局の免許の取消しを受け、その取消しの日から二年を経過しない者

三　第二十七条の十五第一項（第三号を除く。）の規定により認定の取消しを受け、その取消しの日から二年を経過しない者

4　公衆によつて直接受信されることを目的とする無線通信の送信（以下「放送」という。）をする無線局（電気通信業務を行うことを目的とするもの、受信障害対策中継放送をするもの及び人工衛星の無線局（電気通信業務を行うことを目的とするもの、以下「人工衛星局」という。）であつて、他人の委託により、その放送番組をそのまま送信する放送をするものを除く。）については、第一項及び前項の規定にかかわらず、次の各号のいずれかに該当する者には、無線局の免許を与えない。

一　第一項第一号から第三号まで又は前項各号に掲げる者

二　法人又は団体であつて、第一項第一号から第三号までに掲げる者が業務を執

行する役員であるもの又はこれらの者がその議決権の五分の一以上を占めるもの

三　法人又は団体であつて、その役員が前項各号のいずれかに該当する者であるもの

5　前項に規定する受信障害対策中継放送とは、相当範囲にわたる受信の障害が発生しているテレビジョン放送（放送法第二条第二号の五のテレビジョン放送をいう。以下同じ。）及び当該テレビジョン放送の電波に重畳して行う多重放送（同条第二号の六の多重放送をいう。以下同じ。）を受信し、そのすべての放送番組に変更を加えないで当該受信の障害が発生している区域において受信されることを目的として同時にこれを再送信する放送のうち、当該障害に係るテレビジョン放送又は当該テレビジョン放送の電波に重畳して行う多重放送をする無線局の免許を受けた者が行うもの以外のものをいう。

［注釈］改正後の第四項中の「人工衛星の無線局（電気通信業務を行うことを目的とするもの、以下「人工衛星局」という。）」と傍線部を加える改正は、誤りである。これは、七十一次改正において、治癒される。

【　七十一次改正　】

行政手続等における情報通信の技術の利用に関する法律の施行に伴う関係法律の整備等に関する法律（平成十四年十二月十三日法律第百五十二号）第十条

第五条第四項中「人工衛星の無線局（電気通信業務を行うことを目的とするもの、」を「人工衛星の無線局（」に改める。

（欠格事由）

第五条　左の各号の一に該当する者には、無線局の免許を与えない。

一　日本の国籍を有しない人

二　外国政府又はその代表者

三　外国の法人又は団体

四　法人又は団体であつて、前三号に掲げる者がその代表者であるもの又はこれらの者がその役員の三分の一以上若しくは議決権の三分の一以上を占めるもの。

2　前項の規定は、次に掲げる無線局については、適用しない。

一　実験無線局（科学又は技術の発達のための実験に専用する無線局をいう。以下同じ。）

二　アマチュア無線局（個人的な興味によつて無線通信を行うために開設する無線局をいう。以下同じ。）

三　船舶の無線局（船舶に開設する無線局のうち、電気通信業務（電気通信事業法（昭和五十九年法律第八十六号）第二条第六号の電気通信業務をいう。以下同じ。）を行うことを目的とするもの以外のもの（実験無線局及びアマチュア無線局を除く。）をいう。以下同じ。）であつて、船舶安全法（昭和八年法律第十一号）第二十九条ノ七に規定する船舶に開設するもの

四　航空機の無線局（航空機に開設する無線局のうち、電気通信業務を行うことを目的とするもの以外のもの（実験無線局及びアマチュア無線局を除く。）をいう。以下同じ。）であつて、航空法（昭和二十七年法律第二百三十一号）第百二十七条ただし書の許可を受けて本邦内の各地間の航空の用に供される航空機に開設するもの

五　大使館、公使館又は領事館の公用に供する無線局（特定の固定地点間の無線通信を行うものに限る。）であつて、その国内において日本国政府又はその代表者が同種の無線局を開設することを認める国の政府又はその代表者の開設するもの

六　自動車その他の陸上を移動するものに開設し、若しくは携帯して使用するために開設する無線局又はこれらの無線局若しくは携帯して使用するための受信設備と通信を行うために陸上に開設する移動しない無線局（電気通信業務を行うことを目的とするものを除く。）
七　電気通信業務を行うことを目的として開設する無線局
八　電気通信業務を行うことを目的とする無線局の無線設備を搭載する人工衛星の位置、姿勢等を制御することを目的として陸上に開設する無線局

3　次の各号のいずれかに該当する者には、無線局の免許を与えないことができる。
一　この法律又は放送法（昭和二十五年法律第百三十二号）に規定する罪を犯し罰金以上の刑に処せられ、その執行を終わり、又はその執行を受けることがなくなつた日から二年を経過しない者
二　無線局の免許の取消しを受け、その取消しの日から二年を経過しない者
三　第二十七条の十五第一項（第三号を除く。）の規定により認定の取消しを受け、その取消しの日から二年を経過しない者

4　公衆によつて直接受信されることを目的とする無線通信の送信（以下「放送」という。）をする無線局（電気通信業務を行うことを目的とするもの、受信障害対策中継放送をするもの及び人工衛星の無線局（以下「人工衛星局」という。）であつて、他人の委託により、その放送番組をそのまま送信する放送をするものを除く。）については、第一項及び前項の規定にかかわらず、次の各号のいずれかに該当する者には、無線局の免許を与えない。
一　第一項第一号から第三号まで又は前項各号に掲げる者
二　法人又は団体であつて、第一項第一号から第三号までに掲げる者が業務を執行する役員であるもの又はこれらの者がその議決権の五分の一以上を占めるもの
三　法人又は団体であつて、その役員が前項各号のいずれかに該当する者であるもの

5　前項に規定する受信障害対策中継放送とは、相当範囲にわたる受信の障害が発生しているテレビジョン放送（放送法第二条第二号の五のテレビジョン放送をいう。以下同じ。）及び当該テレビジョン放送の電波に重畳して行う多重放送（同条第二号の六の多重放送をいう。以下同じ。）を受信し、そのすべての放送番組に変更を加えないで当該受信の障害が発生している区域において受信されることを目的として同時にこれを再送信する放送のうち、当該障害に係るテレビジョン放送又は当該テレビジョン放送の電波に重畳して行う多重放送をする無線局の免許を受けた者が行うもの以外のものをいう。

［注釈］この改正は、六十九次改正の誤りを治癒したものである。

【　七十六次改正　】

電波法及び有線電気通信法の一部を改正する法律（平成十六年五月十九日法律第四十七号）第一条

第五条第三項第二号中「無線局」を「第七十五条又は第七十六条第二項（第四号を除く。）若しくは第三項（第五号を除く。）の規定により無線局」に改める。

（欠格事由）
第五条　左の各号の一に該当する者には、無線局の免許を与えない。
一　日本の国籍を有しない人
二　外国政府又はその代表者
三　外国の法人又は団体
四　法人又は団体であつて、前三号に掲げる者がその代表者であるもの又はこれらの者がその役員の三分の一以上若しくは議決権の三分の一以上を占めるも

の。

2　前項の規定は、次に掲げる無線局については、適用しない。

一　実験無線局（科学又は技術の発達のための実験に専用する無線局をいう。以下同じ。）

二　アマチュア無線局（個人的な興味によつて無線通信を行うために開設する無線局をいう。以下同じ。）

三　船舶の無線局（船舶に開設する無線局のうち、電気通信業務（電気通信事業法（昭和五十九年法律第八十六号）第二条第六号の電気通信業務をいう。以下同じ。）を行うことを目的とするもの以外のもの（実験無線局及びアマチュア無線局を除く。）をいう。以下同じ。）であつて、船舶安全法（昭和八年法律第十一号）第二十九条ノ七に規定する船舶に開設するもの

四　航空機の無線局（航空機に開設する無線局のうち、電気通信業務を行うことを目的とするもの以外のもの（実験無線局及びアマチュア無線局を除く。）をいう。以下同じ。）であつて、航空法（昭和二十七年法律第二百三十一号）第百二十七条ただし書の許可を受けて本邦内の各地間の航空の用に供される航空機に開設するもの

五　大使館、公使館又は領事館の公用に供する無線局（特定の固定地点間の無線通信を行うものに限る。）であつて、その国内において日本国政府又はその代表者が同種の無線局を開設することを認める国の政府又はその代表者の開設するもの

六　自動車その他の陸上を移動するものに開設し、若しくは携帯して使用するために開設する無線局又はこれらの無線局若しくは携帯して使用するための受信設備と通信を行うために陸上に開設する移動しない無線局（電気通信業務を行うことを目的とするものを除く。）

七　電気通信業務を行うことを目的として開設する無線局

八　電気通信業務を行うことを目的とする無線局の無線設備を搭載する人工衛星の位置、姿勢等を制御することを目的として陸上に開設する無線局

3　次の各号のいずれかに該当する者には、無線局の免許を与えないことができる。

一　この法律又は放送法（昭和二十五年法律第百三十二号）に規定する罪を犯し罰金以上の刑に処せられ、その執行を終わり、又はその執行を受けることがなくなつた日から二年を経過しない者

二　第七十五条又は第七十六条第二項（第四号を除く。）若しくは第三項（第五号を除く。）の規定により無線局の免許の取消しを受け、その取消しの日から二年を経過しない者

三　第二十七条の十五第一項（第三号を除く。）の規定により認定の取消しを受け、その取消しの日から二年を経過しない者

4　公衆によつて直接受信されることを目的とする無線通信の送信（以下「放送」という。）をする無線局（電気通信業務を行うことを目的とするもの、受信障害対策中継放送をするもの及び人工衛星の無線局（以下「人工衛星局」という。）であつて、他人の委託により、その放送番組をそのまま送信する放送をするものを除く。）については、第一項及び前項の規定にかかわらず、次の各号のいずれかに該当する者には、無線局の免許を与えない。

一　第一項第一号から第三号まで又は前項各号に掲げる者

二　法人又は団体であつて、第一項第一号から第三号までに掲げる者が業務を執行する役員であるもの又はこれらの者がその議決権の五分の一以上を占めるもの

三　法人又は団体であつて、その役員が前項各号のいずれかに該当する者であるもの

5　前項に規定する受信障害対策中継放送とは、相当範囲にわたる受信の障害が発生しているテレビジョン放送（放送法第二条第二号の五のテレビジョン放送をい

う。以下同じ。）及び当該テレビジョン放送の電波に重畳して行う多重放送（同条第二号の六の多重放送をいう。以下同じ。）を受信し、そのすべての放送番組に変更を加えないで当該受信の障害が発生している区域において受信されることを目的として同時にこれを再送信する放送のうち、当該障害に係るテレビジョン放送又は当該テレビジョン放送の電波に重畳して行う多重放送をする無線局の免許を受けた者が行うもの以外のものをいう。

【 八十次改正 】

電波法及び有線電気通信法の一部を改正する法律（平成十六年五月十九日法律第四十七号）第二条

第五条第三項第二号中「第七十六条第二項（第四号を除く。）若しくは第三項（第五号を除く。）」を「第七十六条第三項（第四号を除く。）若しくは第四項（第五号を除く。）」に改め、同項に次の一号を加える。
（追加された第三項第四号の規定は、後掲の条文の通り。）

（欠格事由）

第五条　左の各号の一に該当する者には、無線局の免許を与えない。

一　日本の国籍を有しない人

二　外国政府又はその代表者

三　外国の法人又は団体

四　法人又は団体であつて、前三号に掲げる者がその代表者であるもの又はこれらの者がその役員の三分の一以上若しくは議決権の三分の一以上を占めるもの。

2　前項の規定は、次に掲げる無線局については、適用しない。

一　実験無線局（科学又は技術の発達のための実験に専用する無線局をいう。以下同じ。）

二　アマチュア無線局（個人的な興味によつて無線通信を行うために開設する無線局をいう。以下同じ。）

三　船舶の無線局（船舶に開設する無線局のうち、電気通信業務（電気通信事業法（昭和五十九年法律第八十六号）第二条第六号の電気通信業務をいう。以下同じ。）を行うことを目的とするもの以外のもの（実験無線局及びアマチュア無線局を除く。）をいう。以下同じ。）であつて、船舶安全法（昭和八年法律第十一号）第二十九条ノ七に規定する船舶に開設するもの

四　航空機の無線局（航空機に開設する無線局のうち、電気通信業務を行うことを目的とするもの以外のもの（実験無線局及びアマチュア無線局を除く。）をいう。以下同じ。）であつて、航空法（昭和二十七年法律第二百三十一号）第百二十七条ただし書の許可を受けて本邦内の各地間の航空の用に供される航空機に開設するもの

五　大使館、公使館又は領事館の公用に供する無線局（特定の固定地点間の無線通信を行うものに限る。）であつて、その国内において日本国政府又はその代表者が同種の無線局を開設することを認める国の政府又はその代表者の開設するもの

六　自動車その他の陸上を移動するものに開設し、若しくは携帯して使用するために開設する無線局又はこれらの無線局若しくは携帯して使用するための受信設備と通信を行うために陸上に開設する移動しない無線局（電気通信業務を行うことを目的とするものを除く。）

七　電気通信業務を行うことを目的として開設する無線局

八　電気通信業務を行うことを目的とする無線局の無線設備を搭載する人工衛星の位置、姿勢等を制御することを目的として陸上に開設する無線局

3　次の各号のいずれかに該当する者には、無線局の免許を与えないことができる。

一　この法律又は放送法（昭和二十五年法律第百三十二号）に規定する罪を犯し罰金以上の刑に処せられ、その執行を終わり、又はその執行を受けることがなくなつた日から二年を経過しない者

二　第七十五条又は第七十六条第三項（第四号を除く。）若しくは第四項（第五号を除く。）の規定により無線局の免許の取消しを受け、その取消しの日から二年を経過しない者

三　第二十七条の十五第一項（第三号を除く。）の規定により認定の取消しを受け、その取消しの日から二年を経過しない者

四　第七十六条第五項（第三号を除く。）の規定により第二十七条の十八第一項の登録の取消しを受け、その取消しの日から二年を経過しない者

4　公衆によつて直接受信されることを目的とする無線通信の送信（以下「放送」という。）をする無線局（電気通信業務を行うことを目的とするもの、受信障害対策中継放送をするもの及び人工衛星の無線局（以下「人工衛星局」という。）であつて、他人の委託により、その放送番組をそのまま送信する放送をするものを除く。）については、第一項及び前項の規定にかかわらず、次の各号のいずれかに該当する者には、無線局の免許を与えない。

一　第一項第一号から第三号まで又は前項各号に掲げる者

二　法人又は団体であつて、第一項第一号から第三号までに掲げる者が業務を執行する役員であるもの又はこれらの者がその議決権の五分の一以上を占めるもの

三　法人又は団体であつて、その役員が前項各号のいずれかに該当する者であるもの

5　前項に規定する受信障害対策中継放送とは、相当範囲にわたる受信の障害が発生しているテレビジョン放送（放送法第二条第二号の五のテレビジョン放送をいう。以下同じ。）及び当該テレビジョン放送の電波に重畳して行う多重放送（同条第二号の六の多重放送をいう。以下同じ。）を受信し、そのすべての放送番組に変更を加えないで当該受信の障害が発生している区域において受信されることを目的として同時にこれを再送信する放送のうち、当該障害に係るテレビジョン放送又は当該テレビジョン放送の電波に重畳して行う多重放送をする無線局の免許を受けた者が行うもの以外のものをいう。

【八十一次改正】

電波法及び放送法の一部を改正する法律（平成十七年十一月二日法律第百七号）第一条

第五条第一項中「左の各号の一」を「次の各号のいずれか」に改め、同条第三項第二号中「第七十五条」を「第七十五条第一項」に改め、同条第四項中「除く」の下に「。以下この項において「特定放送局」という」を、「次の各号」の下に「（人工衛星に開設する特定放送局にあつては、第一号、第二号又は第四号）」を加え、第三号を第四号とし、第二号の次に次の一号を加える。
（追加された第四項第三号の規定は、後掲の条文の通り。）

（欠格事由）

第五条　次の各号のいずれかに該当する者には、無線局の免許を与えない。

一　日本の国籍を有しない人

二　外国政府又はその代表者

三　外国の法人又は団体

四　法人又は団体であつて、前三号に掲げる者がその代表者であるもの又はこれらの者がその役員の三分の一以上若しくは議決権の三分の一以上を占めるもの。

2　前項の規定は、次に掲げる無線局については、適用しない。

一　実験無線局（科学又は技術の発達のための実験に専用する無線局をいう。以下同じ。）

二　アマチュア無線局（個人的な興味によつて無線通信を行うために開設する無線局をいう。以下同じ。）

三　船舶の無線局（船舶に開設する無線局のうち、電気通信業務（電気通信事業法（昭和五十九年法律第八十六号）第二条第六号の電気通信業務をいう。以下同じ。）を行うことを目的とするもの以外のもの（実験無線局及びアマチュア無線局を除く。）をいう。以下同じ。）であつて、船舶安全法（昭和八年法律第十一号）第二十九条ノ七に規定する船舶に開設するもの

四　航空機の無線局（航空機に開設する無線局のうち、電気通信業務を行うことを目的とするもの以外のもの（実験無線局及びアマチュア無線局を除く。）をいう。以下同じ。）であつて、航空法（昭和二十七年法律第二百三十一号）第百二十七条ただし書の許可を受けて本邦内の各地間の航空の用に供される航空機に開設するもの

五　大使館、公使館又は領事館の公用に供する無線局（特定の固定地点間の無線通信を行うものに限る。）であつて、その国内において日本国政府又はその代表者が同種の無線局を開設することを認める国の政府又はその代表者の開設するもの

六　自動車その他の陸上を移動するものに開設し、若しくは携帯して使用するために開設する無線局又はこれらの無線局若しくは携帯して使用するための受信設備と通信を行うために陸上に開設する移動しない無線局（電気通信業務を行うことを目的とするものを除く。）

七　電気通信業務を行うことを目的として開設する無線局

八　電気通信業務を行うことを目的とする無線局の無線設備を搭載する人工衛星の位置、姿勢等を制御することを目的として陸上に開設する無線局

3　次の各号のいずれかに該当する者には、無線局の免許を与えないことができる。

一　この法律又は放送法（昭和二十五年法律第百三十二号）に規定する罪を犯し罰金以上の刑に処せられ、その執行を終わり、又はその執行を受けることがなくなつた日から二年を経過しない者

二　第七十五条第一項又は第七十六条第三項（第四号を除く。）若しくは第四項（第五号を除く。）の規定により無線局の免許の取消しを受け、その取消しの日から二年を経過しない者

三　第二十七条の十五第一項（第三号を除く。）の規定により認定の取消しを受け、その取消しの日から二年を経過しない者

四　第七十六条第五項（第三号を除く。）の規定により第二十七条の十八第一項の登録の取消しを受け、その取消しの日から二年を経過しない者

4　公衆によつて直接受信されることを目的とする無線通信の送信（以下「放送」という。）をする無線局（電気通信業務を行うことを目的とするもの、受信障害対策中継放送をするもの及び人工衛星の無線局（以下「人工衛星局」という。）であつて、他人の委託により、その放送番組をそのまま送信する放送をするものを除く。以下この項において「特定放送局」という。）については、第一項及び前項の規定にかかわらず、次の各号（人工衛星に開設する特定放送局にあつては、第一号、第二号又は第四号）のいずれかに該当する者には、無線局の免許を与えない。

一　第一項第一号から第三号まで又は前項各号に掲げる者

二　法人又は団体であつて、第一項第一号から第三号までに掲げる者が業務を執行する役員であるもの又はこれらの者がその議決権の五分の一以上を占めるもの

三　法人又は団体であつて、イに掲げる者により直接に占められる議決権の割合とこれらの者によりロに掲げる者を通じて間接に占められる議決権の割合と

して総務省令で定める割合とを合計した割合がその議決権の五分の一以上を占めるもの（前号に該当する場合を除く。）

イ 第一項第一号から第三号までに掲げる者

ロ イに掲げる者により直接に占められる議決権の割合が総務省令で定める割合以上である法人又は団体

四 法人又は団体であつて、その役員が前項各号のいずれかに該当する者であるもの

5 前項に規定する受信障害対策中継放送とは、相当範囲にわたる受信の障害が発生しているテレビジョン放送（放送法第二条第二号の五のテレビジョン放送をいう。以下同じ。）及び当該テレビジョン放送の電波に重畳して行う多重放送（同条第二号の六の多重放送をいう。以下同じ。）を受信し、そのすべての放送番組に変更を加えないで当該受信の障害が発生している区域において受信されることを目的として同時にこれを再送信する放送のうち、当該障害に係るテレビジョン放送又は当該テレビジョン放送の電波に重畳して行う多重放送をする無線局の免許を受けた者が行うもの以外のものをいう。

【 八十四次改正 】

放送法等の一部を改正する法律（平成十九年十二月二十八日法律第百三十六号）第二条

第五条第二項第一号中「実験無線局」を「実験等無線局」に、「又は」を「若しくは」に改め、「ための実験」の下に「、電波の利用の効率性に関する試験又は電波の利用の需要に関する調査」を加え、同項第三号及び第四号中「実験無線局」を「実験等無線局」に改める。

（欠格事由）

第五条 次の各号のいずれかに該当する者には、無線局の免許を与えない。

一 日本の国籍を有しない人

二 外国政府又はその代表者

三 外国の法人又は団体

四 法人又は団体であつて、前三号に掲げる者がその代表者であるもの又はこれらの者がその役員の三分の一以上若しくは議決権の三分の一以上を占めるもの。

2 前項の規定は、次に掲げる無線局については、適用しない。

一 実験等無線局（科学若しくは技術の発達のための実験、電波の利用の効率性に関する試験又は電波の利用の需要に関する調査に専用する無線局をいう。以下同じ。）

二 アマチュア無線局（個人的な興味によつて無線通信を行うために開設する無線局をいう。以下同じ。）

三 船舶の無線局（船舶に開設する無線局のうち、電気通信業務（電気通信事業法（昭和五十九年法律第八十六号）第二条第六号の電気通信業務をいう。以下同じ。）を行うことを目的とするもの以外のもの（実験等無線局及びアマチュア無線局を除く。）をいう。以下同じ。）であつて、船舶安全法（昭和八年法律第十一号）第二十九条ノ七に規定する船舶に開設するもの

四 航空機の無線局（航空機に開設する無線局のうち、電気通信業務を行うことを目的とするもの以外のもの（実験等無線局及びアマチュア無線局を除く。）をいう。以下同じ。）であつて、航空法（昭和二十七年法律第二百三十一号）第百二十七条ただし書の許可を受けて本邦内の各地間の航空の用に供される航空機に開設するもの

五 大使館、公使館又は領事館の公用に供する無線局（特定の固定地点間の無線通信を行うものに限る。）であつて、その国内において日本国政府又はその代

表者が同種の無線局を開設することを認める国の政府又はその代表者の開設するもの

六　自動車その他の陸上を移動するものに開設し、若しくは携帯して使用するために開設する無線局又はこれらの無線局若しくは携帯して使用するための受信設備と通信を行うために陸上に開設する移動しない無線局（電気通信業務を行うことを目的とするものを除く。）

七　電気通信業務を行うことを目的として開設する無線局

八　電気通信業務を行うことを目的とする無線局の無線設備を搭載する人工衛星の位置、姿勢等を制御することを目的として陸上に開設する無線局

3　次の各号のいずれかに該当する者には、無線局の免許を与えないことができる。

一　この法律又は放送法（昭和二十五年法律第百三十二号）に規定する罪を犯し罰金以上の刑に処せられ、その執行を終わり、又はその執行を受けることがなくなつた日から二年を経過しない者

二　第七十五条第一項又は第七十六条第三項（第四号を除く。）若しくは第四項（第五号を除く。）の規定により無線局の免許の取消しを受け、その取消しの日から二年を経過しない者

三　第二十七条の十五第一項（第三号を除く。）の規定により認定の取消しを受け、その取消しの日から二年を経過しない者

四　第七十六条第五項（第三号を除く。）の規定により第二十七条の十八第一項の登録の取消しを受け、その取消しの日から二年を経過しない者

4　公衆によつて直接受信されることを目的とする無線通信の送信（以下「放送」という。）をする無線局（電気通信業務を行うことを目的とするもの、受信障害対策中継放送をするもの及び人工衛星の無線局（以下「人工衛星局」という。）であつて、他人の委託により、その放送番組をそのまま送信する放送をするものを除く。以下この項において「特定放送局」という。）については、第一項及び前項の規定にかかわらず、次の各号（人工衛星に開設する特定放送局にあつては、第一号、第二号又は第四号）のいずれかに該当する者には、無線局の免許を与えない。

一　第一項第一号から第三号まで又は前項各号に掲げる者

二　法人又は団体であつて、第一項第一号から第三号までに掲げる者が業務を執行する役員であるもの又はこれらの者がその議決権の五分の一以上を占めるもの

三　法人又は団体であつて、イに掲げる者により直接に占められる議決権の割合とこれらの者によりロに掲げる者を通じて間接に占められる議決権の割合として総務省令で定める割合とを合計した割合がその議決権の五分の一以上を占めるもの（前号に該当する場合を除く。）

イ　第一項第一号から第三号までに掲げる者

ロ　イに掲げる者により直接に占められる議決権の割合が総務省令で定める割合以上である法人又は団体

四　法人又は団体であつて、その役員が前項各号のいずれかに該当する者であるもの

5　前項に規定する受信障害対策中継放送とは、相当範囲にわたる受信の障害が発生しているテレビジョン放送（放送法第二条第二号の五のテレビジョン放送をいう。以下同じ。）及び当該テレビジョン放送の電波に重畳して行う多重放送（同条第二号の六の多重放送をいう。以下同じ。）を受信し、そのすべての放送番組に変更を加えないで当該受信の障害が発生している区域において受信されることを目的として同時にこれを再送信する放送のうち、当該障害に係るテレビジョン放送又は当該テレビジョン放送の電波に重畳して行う多重放送をする無線局の免許を受けた者が行うもの以外のものをいう。

【八十八次改正】

電波法及び放送法の一部を改正する法律（平成二十一年四月二十四日法律第二十二号）第一条

第五条第三項第三号中「第二十七条の十五第一項」の下に「又は第二項」を加え、同条第四項中「人工衛星局」という。）」の下に「又は移動受信用地上放送（放送法第二条第二号の二の六の移動受信用地上放送をいう。以下同じ。）をする無線局」を、「開設する特定放送局」の下に「又は移動受信用地上放送をする特定放送局」を加える。

（欠格事由）

第五条　次の各号のいずれかに該当する者には、無線局の免許を与えない。

一　日本の国籍を有しない人

二　外国政府又はその代表者

三　外国の法人又は団体

四　法人又は団体であつて、前三号に掲げる者がその代表者であるもの又はこれらの者がその役員の三分の一以上若しくは議決権の三分の一以上を占めるもの。

2　前項の規定は、次に掲げる無線局については、適用しない。

一　実験等無線局（科学若しくは技術の発達のための実験、電波の利用の効率性に関する試験又は電波の利用の需要に関する調査に専用する無線局をいう。以下同じ。）

二　アマチュア無線局（個人的な興味によつて無線通信を行うために開設する無線局をいう。以下同じ。）

三　船舶の無線局（船舶に開設する無線局のうち、電気通信業務（電気通信事業法（昭和五十九年法律第八十六号）第二条第六号の電気通信業務をいう。以下同じ。）を行うことを目的とするもの以外のもの（実験等無線局及びアマチュア無線局を除く。）をいう。以下同じ。）であつて、船舶安全法（昭和八年法律第十一号）第二十九条ノ七に規定する船舶に開設するもの

四　航空機の無線局（航空機に開設する無線局のうち、電気通信業務を行うことを目的とするもの以外のもの（実験等無線局及びアマチュア無線局を除く。）をいう。以下同じ。）であつて、航空法（昭和二十七年法律第二百三十一号）第百二十七条ただし書の許可を受けて本邦内の各地間の航空の用に供される航空機に開設するもの

五　大使館、公使館又は領事館の公用に供する無線局（特定の固定地点間の無線通信を行うものに限る。）であつて、その国内において日本国政府又はその代表者が同種の無線局を開設することを認める国の政府又はその代表者の開設するもの

六　自動車その他の陸上を移動するものに開設し、若しくは携帯して使用するために開設する無線局又はこれらの無線局若しくは携帯して使用するための受信設備と通信を行うために陸上に開設する移動しない無線局（電気通信業務を行うことを目的とするものを除く。）

七　電気通信業務を行うことを目的として開設する無線局

八　電気通信業務を行うことを目的とする無線局の無線設備を搭載する人工衛星の位置、姿勢等を制御することを目的として陸上に開設する無線局

3　次の各号のいずれかに該当する者には、無線局の免許を与えないことができる。

一　この法律又は放送法（昭和二十五年法律第百三十二号）に規定する罪を犯し罰金以上の刑に処せられ、その執行を終わり、又はその執行を受けることがなくなつた日から二年を経過しない者

二　第七十五条第一項又は第七十六条第三項（第四号を除く。）若しくは第四項（第五号を除く。）の規定により無線局の免許の取消しを受け、その取消しの

日から二年を経過しない者

三　第二十七条の十五第一項又は第二項（第三号を除く。）の規定により認定の取消しを受け、その取消しの日から二年を経過しない者

四　第七十六条第五項（第三号を除く。）の規定により第二十七条の十八第一項の登録の取消しを受け、その取消しの日から二年を経過しない者

4　公衆によつて直接受信されることを目的とする無線通信の送信（以下「放送」という。）をする無線局（電気通信業務を行うことを目的とするもの、受信障害対策中継放送をするもの及び人工衛星の無線局（以下「人工衛星局」という。）又は移動受信用地上放送（放送法第二条第二号の二の六の移動受信用地上放送をいう。以下同じ。）をする無線局であつて、他人の委託により、その放送番組をそのまま送信する放送をするものを除く。以下この項において「特定放送局」という。）については、第一項及び前項の規定にかかわらず、次の各号（人工衛星に開設する特定放送局又は移動受信用地上放送をする特定放送局にあつては、第一号、第二号又は第四号）のいずれかに該当する者には、無線局の免許を与えない。

一　第一項第一号から第三号まで又は前項各号に掲げる者

二　法人又は団体であつて、第一項第一号から第三号までに掲げる者が業務を執行する役員であるもの又はこれらの者がその議決権の五分の一以上を占めるもの

三　法人又は団体であつて、イに掲げる者により直接に占められる議決権の割合とこれらの者によりロに掲げる者を通じて間接に占められる議決権の割合として総務省令で定める割合とを合計した割合がその議決権の五分の一以上を占めるもの（前号に該当する場合を除く。）

イ　第一項第一号から第三号までに掲げる者

ロ　イに掲げる者により直接に占められる議決権の割合が総務省令で定める割合以上である法人又は団体

四　法人又は団体であつて、その役員が前項各号のいずれかに該当する者であるもの

5　前項に規定する受信障害対策中継放送とは、相当範囲にわたる受信の障害が発生しているテレビジョン放送（放送法第二条第二号の五のテレビジョン放送をいう。以下同じ。）及び当該テレビジョン放送の電波に重畳して行う多重放送（同条第二号の六の多重放送をいう。以下同じ。）を受信し、そのすべての放送番組に変更を加えないで当該受信の障害が発生している区域において受信されることを目的として同時にこれを再送信する放送のうち、当該障害に係るテレビジョン放送又は当該テレビジョン放送の電波に重畳して行う多重放送をする無線局の免許を受けた者が行うもの以外のものをいう。

【八十九次改正】

放送法等の一部を改正する法律（平成二十二年十二月三日法律第六十五号）第三条

第五条第二項中第八号を第九号とし、第五号から第七号までを一号ずつ繰り下げ、第四号の次に次の一号を加える。
（追加された第二項第五号の規定は、後掲の条文の通り。）
第五条第三項第二号中「第七十六条第三項」を「第七十六条第四項」に、「第四項」を「第五項」に改め、同項第四号中「第七十六条第五項」を「第七十六条第六項」に改める。

（欠格事由）

第五条　次の各号のいずれかに該当する者には、無線局の免許を与えない。

一　日本の国籍を有しない人

二　外国政府又はその代表者

三　外国の法人又は団体

四　法人又は団体であつて、前三号に掲げる者がその代表者であるもの又はこれらの者がその役員の三分の一以上若しくは議決権の三分の一以上を占めるもの。

2　前項の規定は、次に掲げる無線局については、適用しない。

一　実験等無線局（科学若しくは技術の発達のための実験、電波の利用の効率性に関する試験又は電波の利用の需要に関する調査に専用する無線局をいう。以下同じ。）

二　アマチュア無線局（個人的な興味によつて無線通信を行うために開設する無線局をいう。以下同じ。）

三　船舶の無線局（船舶に開設する無線局のうち、電気通信業務（電気通信事業法（昭和五十九年法律第八十六号）第二条第六号の電気通信業務をいう。以下同じ。）を行うことを目的とするもの以外のもの（実験等無線局及びアマチュア無線局を除く。）をいう。以下同じ。）であつて、船舶安全法（昭和八年法律第十一号）第二十九条ノ七に規定する船舶に開設するもの

四　航空機の無線局（航空機に開設する無線局のうち、電気通信業務を行うことを目的とするもの以外のもの（実験等無線局及びアマチュア無線局を除く。）をいう。以下同じ。）であつて、航空法（昭和二十七年法律第二百三十一号）第百二十七条ただし書の許可を受けて本邦内の各地間の航空の用に供される航空機に開設するもの

五　特定の固定地点間の無線通信を行う無線局（実験等無線局、アマチュア無線局、大使館、公使館又は領事館の公用に供するもの及び電気通信業務を行うことを目的とするものを除く。）

六　大使館、公使館又は領事館の公用に供する無線局（特定の固定地点間の無線通信を行うものに限る。）であつて、その国内において日本国政府又はその代表者が同種の無線局を開設することを認める国の政府又はその代表者の開設するもの

七　自動車その他の陸上を移動するものに開設し、若しくは携帯して使用するために開設する無線局又はこれらの無線局若しくは携帯して使用するための受信設備と通信を行うために陸上に開設する移動しない無線局（電気通信業務を行うことを目的とするものを除く。）

八　電気通信業務を行うことを目的として開設する無線局

九　電気通信業務を行うことを目的とする無線局の無線設備を搭載する人工衛星の位置、姿勢等を制御することを目的として陸上に開設する無線局

3　次の各号のいずれかに該当する者には、無線局の免許を与えないことができる。

一　この法律又は放送法（昭和二十五年法律第百三十二号）に規定する罪を犯し罰金以上の刑に処せられ、その執行を終わり、又はその執行を受けることがなくなつた日から二年を経過しない者

二　第七十五条第一項又は第七十六条第四項（第四号を除く。）若しくは第五項（第五号を除く。）の規定により無線局の免許の取消しを受け、その取消しの日から二年を経過しない者

三　第二十七条の十五第一項又は第二項（第三号を除く。）の規定により認定の取消しを受け、その取消しの日から二年を経過しない者

四　第七十六条第六項（第三号を除く。）の規定により第二十七条の十八第一項の登録の取消しを受け、その取消しの日から二年を経過しない者

4　公衆によつて直接受信されることを目的とする無線通信の送信（以下「放送」という。）をする無線局（電気通信業務を行うことを目的とするもの、受信障害対策中継放送をするもの及び人工衛星の無線局（以下「人工衛星局」という。）又は移動受信用地上放送（放送法第二条第二号の二の六の移動受信用地上放送をいう。以下同じ。）をする無線局であつて、他人の委託により、その放送番組を

そのまま送信する放送をするものを除く。以下この項において「特定放送局」という。）については、第一項及び前項の規定にかかわらず、次の各号（人工衛星に開設する特定放送局又は移動受信用地上放送をする特定放送局にあつては、第一号、第二号又は第四号）のいずれかに該当する者には、無線局の免許を与えない。

一　第一項第一号から第三号まで又は前項各号に掲げる者

二　法人又は団体であつて、第一項第一号から第三号までに掲げる者が業務を執行する役員であるもの又はこれらの者がその議決権の五分の一以上を占めるもの

三　法人又は団体であつて、イに掲げる者により直接に占められる議決権の割合とこれらの者によりロに掲げる者を通じて間接に占められる議決権の割合として総務省令で定める割合とを合計した割合がその議決権の五分の一以上を占めるもの（前号に該当する場合を除く。）

イ　第一項第一号から第三号までに掲げる者

ロ　イに掲げる者により直接に占められる議決権の割合が総務省令で定める割合以上である法人又は団体

四　法人又は団体であつて、その役員が前項各号のいずれかに該当する者であるもの

5　前項に規定する受信障害対策中継放送とは、相当範囲にわたる受信の障害が発生しているテレビジョン放送（放送法第二条第二号の五のテレビジョン放送をいう。以下同じ。）及び当該テレビジョン放送の電波に重畳して行う多重放送（同条第二号の六の多重放送をいう。以下同じ。）を受信し、そのすべての放送番組に変更を加えないで当該受信の障害が発生している区域において受信されることを目的として同時にこれを再送信する放送のうち、当該障害に係るテレビジョン放送又は当該テレビジョン放送の電波に重畳して行う多重放送をする無線局の免許を受けた者が行うもの以外のものをいう。

【　九十一次改正　】

放送法等の一部を改正する法律（平成二十二年十二月三日法律第六十五号）第四条

第五条第四項中「送信（」の下に「第九十九条の二を除き、」を、「放送」という。）」の下に「であつて、第二十六条第二項第五号イに掲げる周波数（第七条第三項及び第四項において「基幹放送用割当可能周波数」という。）の電波を使用するもの（以下「基幹放送」という。）」を加え、「電気通信業務を行うことを目的とするもの、受信障害対策中継放送をするもの及び人工衛星の無線局（以下「人工衛星局」という。）又は移動受信用地上放送（放送法第二条第二号の二の六の移動受信用地上放送をいう。以下同じ。）をする無線局であつて、他人の委託により、その放送番組をそのまま送信する放送をするものを除く。以下この項において「特定放送局」という」を「受信障害対策中継放送、衛星基幹放送（放送法第二条第十三号の衛星基幹放送をいう。）及び移動受信用地上基幹放送（同条第十四号の移動受信用地上基幹放送をいう。以下同じ。）をする無線局を除く」に改め、「（人工衛星に開設する特定放送局又は移動受信用地上放送をする特定放送局にあつては、第一号、第二号又は第四号）」を削り、同項第一号中「又は」を「若しくは」に改め、「掲げる者」の下に「又は放送法第百三条第一項若しくは第百四条（第五号を除く。）の規定による認定の取消し若しくは同法第百三十一条の規定により登録の取消しを受け、その取消しの日から二年を経過しない者」を加え、同条第五項中「テレビジョン放送（放送法第二条第二号の五のテレビジョン放送」を「地上基幹放送（放送法第二条第十五号の地上基幹放送」に、「テレビジョン放送の電波」を「地上基幹放送の電波」に、「同条第二号の六」を「同条第十九号」に、「これを再送信する放送」を「その再放送をする基幹放送」に、「係るテレビジョン放送」を「係る地上基幹放送」に改める。

（欠格事由）

第五条　次の各号のいずれかに該当する者には、無線局の免許を与えない。

一　日本の国籍を有しない人

二　外国政府又はその代表者

三　外国の法人又は団体

四　法人又は団体であつて、前三号に掲げる者がその代表者であるもの又はこれらの者がその役員の三分の一以上若しくは議決権の三分の一以上を占めるもの。

2　前項の規定は、次に掲げる無線局については、適用しない。

一　実験等無線局（科学若しくは技術の発達のための実験、電波の利用の効率性に関する試験又は電波の利用の需要に関する調査に専用する無線局をいう。以下同じ。）

二　アマチュア無線局（個人的な興味によつて無線通信を行うために開設する無線局をいう。以下同じ。）

三　船舶の無線局（船舶に開設する無線局のうち、電気通信業務（電気通信事業法（昭和五十九年法律第八十六号）第二条第六号の電気通信業務をいう。以下同じ。）を行うことを目的とするもの以外のもの（実験等無線局及びアマチュア無線局を除く。）をいう。以下同じ。）であつて、船舶安全法（昭和八年法律第十一号）第二十九条ノ七に規定する船舶に開設するもの

四　航空機の無線局（航空機に開設する無線局のうち、電気通信業務を行うことを目的とするもの以外のもの（実験等無線局及びアマチュア無線局を除く。）をいう。以下同じ。）であつて、航空法（昭和二十七年法律第二百三十一号）第百二十七条ただし書の許可を受けて本邦内の各地間の航空の用に供される航空機に開設するもの

五　特定の固定地点間の無線通信を行う無線局（実験等無線局、アマチュア無線局、大使館、公使館又は領事館の公用に供するもの及び電気通信業務を行うことを目的とするものを除く。）

六　大使館、公使館又は領事館の公用に供する無線局（特定の固定地点間の無線通信を行うものに限る。）であつて、その国内において日本国政府又はその代表者が同種の無線局を開設することを認める国の政府又はその代表者の開設するもの

七　自動車その他の陸上を移動するものに開設し、若しくは携帯して使用するために開設する無線局又はこれらの無線局若しくは携帯して使用するための受信設備と通信を行うために陸上に開設する移動しない無線局（電気通信業務を行うことを目的とするものを除く。）

八　電気通信業務を行うことを目的として開設する無線局

九　電気通信業務を行うことを目的とする無線局の無線設備を搭載する人工衛星の位置、姿勢等を制御することを目的として陸上に開設する無線局

3　次の各号のいずれかに該当する者には、無線局の免許を与えないことができる。

一　この法律又は放送法（昭和二十五年法律第百三十二号）に規定する罪を犯し罰金以上の刑に処せられ、その執行を終わり、又はその執行を受けることがなくなつた日から二年を経過しない者

二　第七十五条第一項又は第七十六条第四項（第四号を除く。）若しくは第五項（第五号を除く。）の規定により無線局の免許の取消しを受け、その取消しの日から二年を経過しない者

三　第二十七条の十五第一項又は第二項（第三号を除く。）の規定により認定の取消しを受け、その取消しの日から二年を経過しない者

四　第七十六条第六項（第三号を除く。）の規定により第二十七条の十八第一項の登録の取消しを受け、その取消しの日から二年を経過しない者

4　公衆によつて直接受信されることを目的とする無線通信の送信（第九十九条の二を除き、以下「放送」という。）であつて、第二十六条第二項第五号イに掲げる周波数（第七条第三項及び第四項において「基幹放送用割当可能周波数」という。）の電波を使用するもの（以下「基幹放送」という。）をする無線局（受信障害対策中継放送、衛星基幹放送（放送法第二条第十三号の衛星基幹放送をいう。）及び移動受信用地上基幹放送（同条第十四号の移動受信用地上基幹放送をいう。以下同じ。）をする無線局を除く。）については、第一項及び前項の規定にかかわらず、次の各号のいずれかに該当する者には、無線局の免許を与えない。

一　第一項第一号から第三号まで若しくは前項各号に掲げる者又は放送法第百三条第一項若しくは第百四条（第五号を除く。）の規定による認定の取消し若しくは同法第百三十一条の規定により登録の取消しを受け、その取消しの日から二年を経過しない者

二　法人又は団体であつて、第一項第一号から第三号までに掲げる者が業務を執行する役員であるもの又はこれらの者がその議決権の五分の一以上を占めるもの

三　法人又は団体であつて、イに掲げる者により直接に占められる議決権の割合とこれらの者によりロに掲げる者を通じて間接に占められる議決権の割合とを合計した割合がその議決権の五分の一以上を占めるもの（前号に該当する場合を除く。）

イ　第一項第一号から第三号までに掲げる者

ロ　イに掲げる者により直接に占められる議決権の割合が総務省令で定める割合以上である法人又は団体

四　法人又は団体であつて、その役員が前項各号のいずれかに該当する者であるもの

5　前項に規定する受信障害対策中継放送とは、相当範囲にわたる受信の障害が発生している地上基幹放送（放送法第二条第十五号の地上基幹放送をいう。以下同じ。）及び当該地上基幹放送の電波に重畳して行う多重放送（同条第十九号の多重放送をいう。以下同じ。）を受信し、そのすべての放送番組に変更を加えないで当該受信の障害が発生している区域において受信されることを目的として同時にその再放送をする基幹放送のうち、当該障害に係る地上基幹放送又は当該地上基幹放送の電波に重畳して行う多重放送をする無線局の免許を受けた者が行うもの以外のものをいう。

【九十九次改正】

放送法及び電波法の一部を改正する法律（平成二十六年六月二十七日法律第九十六号）第二条

第五条第四項第二号中「業務を執行する役員」を「放送法第二条第三十一号の特定役員」に改める。

（欠格事由）

第五条　次の各号のいずれかに該当する者には、無線局の免許を与えない。

一　日本の国籍を有しない人

二　外国政府又はその代表者

三　外国の法人又は団体

四　法人又は団体であつて、前三号に掲げる者がその代表者であるもの又はこれらの者がその役員の三分の一以上若しくは議決権の三分の一以上を占めるもの。

2　前項の規定は、次に掲げる無線局については、適用しない。

一　実験等無線局（科学若しくは技術の発達のための実験、電波の利用の効率性に関する試験又は電波の利用の需要に関する調査に専用する無線局をいう。以

下同じ。）

二　アマチュア無線局（個人的な興味によつて無線通信を行うために開設する無線局をいう。以下同じ。）

三　船舶の無線局（船舶に開設する無線局のうち、電気通信業務（電気通信事業法（昭和五十九年法律第八十六号）第二条第六号の電気通信業務をいう。以下同じ。）を行うことを目的とするもの以外のもの（実験等無線局及びアマチュア無線局を除く。）をいう。以下同じ。）であつて、船舶安全法（昭和八年法律第十一号）第二十九条ノ七に規定する船舶に開設するもの

四　航空機の無線局（航空機に開設する無線局のうち、電気通信業務を行うことを目的とするもの以外のもの（実験等無線局及びアマチュア無線局を除く。）をいう。以下同じ。）であつて、航空法（昭和二十七年法律第二百三十一号）第百二十七条ただし書の許可を受けて本邦内の各地間の航空の用に供される航空機に開設するもの

五　特定の固定地点間の無線通信を行う無線局（実験等無線局、アマチュア無線局、大使館、公使館又は領事館の公用に供するもの及び電気通信業務を行うことを目的とするものを除く。）

六　大使館、公使館又は領事館の公用に供する無線局（特定の固定地点間の無線通信を行うものに限る。）であつて、その国内において日本国政府又はその代表者が同種の無線局を開設することを認める国の政府又はその代表者の開設するもの

七　自動車その他の陸上を移動するものに開設し、若しくは携帯して使用するために開設する無線局又はこれらの無線局若しくは携帯して使用するための受信設備と通信を行うために陸上に開設する移動しない無線局（電気通信業務を行うことを目的とするものを除く。）

八　電気通信業務を行うことを目的として開設する無線局

九　電気通信業務を行うことを目的とする無線局の無線設備を搭載する人工衛星の位置、姿勢等を制御することを目的として陸上に開設する無線局

3　次の各号のいずれかに該当する者には、無線局の免許を与えないことができる。

一　この法律又は放送法（昭和二十五年法律第百三十二号）に規定する罪を犯し罰金以上の刑に処せられ、その執行を終わり、又はその執行を受けることがなくなつた日から二年を経過しない者

二　第七十五条第一項又は第七十六条第四項（第四号を除く。）若しくは第五項（第五号を除く。）の規定により無線局の免許の取消しを受け、その取消しの日から二年を経過しない者

三　第二十七条の十五第一項又は第二項（第三号を除く。）の規定により認定の取消しを受け、その取消しの日から二年を経過しない者

四　第七十六条第六項（第三号を除く。）の規定により第二十七条の十八第一項の登録の取消しを受け、その取消しの日から二年を経過しない者

4　公衆によつて直接受信されることを目的とする無線通信の送信（第九十九条の二を除き、以下「放送」という。）であつて、第二十六条第二項第五号イに掲げる周波数（第七条第三項及び第四項において「基幹放送用割当可能周波数」という。）の電波を使用するもの（以下「基幹放送」という。）をする無線局（受信障害対策中継放送、衛星基幹放送（放送法第二条第十三号の衛星基幹放送をいう。）及び移動受信用地上基幹放送（同条第十四号の移動受信用地上基幹放送をいう。以下同じ。）をする無線局を除く。）については、第一項及び前項の規定にかかわらず、次の各号のいずれかに該当する者には、無線局の免許を与えない。

一　第一項第一号から第三号まで若しくは前項各号に掲げる者又は放送法第百三条第一項若しくは第百四条（第五号を除く。）の規定による認定の取消し若しくは同法第百三十一条の規定により登録の取消しを受け、その取消しの日から二年を経過しない者

二　法人又は団体であつて、第一項第一号から第三号までに掲げる者が放送法第二条第三十一号の特定役員であるもの又はこれらの者がその議決権の五分の一以上を占めるもの

三　法人又は団体であつて、イに掲げる者により直接に占められる議決権の割合とこれらの者によりロに掲げる者を通じて間接に占められる議決権の割合として総務省令で定める割合とを合計した割合がその議決権の五分の一以上を占めるもの（前号に該当する場合を除く。）

イ　第一項第一号から第三号までに掲げる者

ロ　イに掲げる者により直接に占められる議決権の割合が総務省令で定める割合以上である法人又は団体

四　法人又は団体であつて、その役員が前項各号のいずれかに該当する者であるもの

5　前項に規定する受信障害対策中継放送とは、相当範囲にわたる受信の障害が発生している地上基幹放送（放送法第二条第十五号の地上基幹放送をいう。以下同じ。）及び当該地上基幹放送の電波に重畳して行う多重放送（同条第十九号の多重放送をいう。以下同じ。）を受信し、そのすべての放送番組に変更を加えないで当該受信の障害が発生している区域において受信されることを目的として同時にその再放送をする基幹放送のうち、当該障害に係る地上基幹放送又は当該地上基幹放送の電波に重畳して行う多重放送をする無線局の免許を受けた者が行うもの以外のものをいう。

【　百三次改正　】

電気通信事業法等の一部を改正する法律（平成二十七年五月二十二日法律第二十六号）第二条

第五条第三項第三号中「第二十七条の十五第一項」の下に「（第一号を除く。）」を、「第三号」の下に「及び第四号」を加える。

（欠格事由）

第五条　次の各号のいずれかに該当する者には、無線局の免許を与えない。

一　日本の国籍を有しない人

二　外国政府又はその代表者

三　外国の法人又は団体

四　法人又は団体であつて、前三号に掲げる者がその代表者であるもの又はこれらの者がその役員の三分の一以上若しくは議決権の三分の一以上を占めるもの。

2　前項の規定は、次に掲げる無線局については、適用しない。

一　実験等無線局（科学若しくは技術の発達のための実験、電波の利用の効率性に関する試験又は電波の利用の需要に関する調査に専用する無線局をいう。以下同じ。）

二　アマチュア無線局（個人的な興味によつて無線通信を行うために開設する無線局をいう。以下同じ。）

三　船舶の無線局（船舶に開設する無線局のうち、電気通信業務（電気通信事業法（昭和五十九年法律第八十六号）第二条第六号の電気通信業務をいう。以下同じ。）を行うことを目的とするもの以外のもの（実験等無線局及びアマチュア無線局を除く。）をいう。以下同じ。）であつて、船舶安全法（昭和八年法律第十一号）第二十九条ノ七に規定する船舶に開設するもの

四　航空機の無線局（航空機に開設する無線局のうち、電気通信業務を行うことを目的とするもの以外のもの（実験等無線局及びアマチュア無線局を除く。）をいう。以下同じ。）であつて、航空法（昭和二十七年法律第二百三十一号）第百二十七条ただし書の許可を受けて本邦内の各地間の航空の用に供される

航空機に開設するもの

五　特定の固定地点間の無線通信を行う無線局（実験等無線局、アマチュア無線局、大使館、公使館又は領事館の公用に供するもの及び電気通信業務を行うことを目的とするものを除く。）

六　大使館、公使館又は領事館の公用に供する無線局（特定の固定地点間の無線通信を行うものに限る。）であつて、その国内において日本国政府又はその代表者が同種の無線局を開設することを認める国の政府又はその代表者の開設するもの

七　自動車その他の陸上を移動するものに開設し、若しくは携帯して使用するために開設する無線局又はこれらの無線局若しくは携帯して使用するための受信設備と通信を行うために陸上に開設する移動しない無線局（電気通信業務を行うことを目的とするものを除く。）

八　電気通信業務を行うことを目的として開設する無線局

九　電気通信業務を行うことを目的とする無線局の無線設備を搭載する人工衛星の位置、姿勢等を制御することを目的として陸上に開設する無線局

3　次の各号のいずれかに該当する者には、無線局の免許を与えないことができる。

一　この法律又は放送法（昭和二十五年法律第百三十二号）に規定する罪を犯し罰金以上の刑に処せられ、その執行を終わり、又はその執行を受けることがなくなつた日から二年を経過しない者

二　第七十五条第一項又は第七十六条第四項（第四号を除く。）若しくは第五項（第五号を除く。）の規定により無線局の免許の取消しを受け、その取消しの日から二年を経過しない者

三　第二十七条の十五第一項（第一号を除く。）又は第二項（第三号及び第四号を除く。）の規定により認定の取消しを受け、その取消しの日から二年を経過しない者

四　第七十六条第六項（第三号を除く。）の規定により第二十七条の十八第一項の登録の取消しを受け、その取消しの日から二年を経過しない者

4　公衆によつて直接受信されることを目的とする無線通信の送信（第九十九条の二を除き、以下「放送」という。）であつて、第二十六条第二項第五号イに掲げる周波数（第七条第三項及び第四項において「基幹放送用割当可能周波数」という。）の電波を使用するもの（以下「基幹放送」という。）をする無線局（受信障害対策中継放送、衛星基幹放送（放送法第二条第十三号の衛星基幹放送をいう。）及び移動受信用地上基幹放送（同条第十四号の移動受信用地上基幹放送をいう。以下同じ。）をする無線局を除く。）については、第一項及び前項の規定にかかわらず、次の各号のいずれかに該当する者には、無線局の免許を与えない。

一　第一項第一号から第三号まで若しくは前項各号に掲げる者又は放送法第百三条第一項若しくは第百四条（第五号を除く。）の規定による認定の取消し若しくは同法第百三十一条の規定により登録の取消しを受け、その取消しの日から二年を経過しない者

二　法人又は団体であつて、第一項第一号から第三号までに掲げる者が放送法第二条第三十一号の特定役員であるもの又はこれらの者がその議決権の五分の一以上を占めるもの

三　法人又は団体であつて、イに掲げる者により直接に占められる議決権の割合とこれらの者によりロに掲げる者を通じて間接に占められる議決権の割合として総務省令で定める割合とを合計した割合がその議決権の五分の一以上を占めるもの（前号に該当する場合を除く。）

イ　第一項第一号から第三号までに掲げる者

ロ　イに掲げる者により直接に占められる議決権の割合が総務省令で定める割合以上である法人又は団体

四　法人又は団体であつて、その役員が前項各号のいずれかに該当する者である

もの

5　前項に規定する受信障害対策中継放送とは、相当範囲にわたる受信の障害が発生している地上基幹放送（放送法第二条第十五号の地上基幹放送をいう。以下同じ。）及び当該地上基幹放送の電波に重畳して行う多重放送（同条第十九号の多重放送をいう。以下同じ。）を受信し、そのすべての放送番組に変更を加えないで当該受信の障害が発生している区域において受信されることを目的として同時にその再放送をする基幹放送のうち、当該障害に係る地上基幹放送又は当該地上基幹放送の電波に重畳して行う多重放送をする無線局の免許を受けた者が行うもの以外のものをいう。

第六条

【 制定 】

電波法（昭和二十五年五月二日法律第百三十一号）

（免許の申請）

第六条　無線局の免許を受けようとする者は、申請書に、左に掲げる事項を記載した書類を添えて、電波監理委員会に提出しなければならない。

一　目的

二　開設を必要とする理由

三　通信の相手方及び通信事項

四　無線設備の設置場所

五　電波の型式並びに希望する周波数の範囲及び空中線電力

六　希望する運用許容時間（運用することができる時間をいう。以下同じ。）

七　無線設備の工事設計及び工事落成の予定期日

八　無線設備の工事費及び無線局の運用費の支弁方法

九　運用開始の予定期日

2　公衆によつて直接受信されることを目的とする無線通信の送信（以下「放送」という。）をする無線局の免許を受けようとする者は、前項の規定にかかわらず、申請書に、左に掲げる事項を記載した書類を添えて、電波監理委員会に提出しなければならない。

一　前項第一号、第二号及び第四号から第九号までに掲げる事項

二　事業計画及び事業収支見積

三　放送事項

四　放送区域

3　船舶局（船舶無線電信局（船舶の無線局であつて、無線電信により無線通信を行うもの）及び船舶無線電話局（船舶の無線局であつて、無線電話により無線通信を行うもの）をいう。以下同じ。）の免許を受けようとする者は、第一項の書類に同項に掲げる事項の外、その船舶の所有者、用途、総トン数、旅客船であるときは旅客定員、航行区域、主たる停泊港及び信号符字をあわせて記載しなければならない。

【 一次改正 】

電波法の一部を改正する法律（昭和二十七年七月三十一日法律第二百四十九号）

第六条第三項中「（船舶無線電信局（船舶の無線局であつて、無線電信により無線通信を行うもの）及び船舶無線電話局（船舶の無線局であつて、無線電話により無線通信を行うもの）をいう。以下同じ。）」を「（船舶の無線局をいう。以下同じ。）」に改める。

第六条に次の一項を加える。

（追加された第四項の規定は、後掲の条文の通り。）

（免許の申請）

第六条　無線局の免許を受けようとする者は、申請書に、左に掲げる事項を記載した書類を添えて、電波監理委員会に提出しなければならない。

一　目的
二　開設を必要とする理由
三　通信の相手方及び通信事項
四　無線設備の設置場所
五　電波の型式並びに希望する周波数の範囲及び空中線電力
六　希望する運用許容時間（運用することができる時間をいう。以下同じ。）
七　無線設備の工事設計及び工事落成の予定期日
八　無線設備の工事費及び無線局の運用費の支弁方法
九　運用開始の予定期日

2　公衆によつて直接受信されることを目的とする無線通信の送信（以下「放送」という。）をする無線局の免許を受けようとする者は、前項の規定にかかわらず、申請書に、左に掲げる事項を記載した書類を添えて、電波監理委員会に提出しなければならない。

一　前項第一号、第二号及び第四号から第九号までに掲げる事項
二　事業計画及び事業収支見積
三　放送事項
四　放送区域

3　船舶局（船舶の無線局をいう。以下同じ。）の免許を受けようとする者は、第一項の書類に同項に掲げる事項の外、その船舶の所有者、用途、総トン数、旅客船であるときは旅客定員、航行区域、主たる停泊港及び信号符字をあわせて記載しなければならない。

4　航空機局（航空機の無線局をいう。以下同じ。）の免許を受けようとする者は、第一項の書類に同項に掲げる事項の外、その航空機の所有者、用途、種類、等級、型式、航行区域、定置場及び登録記号をあわせて記載しなければならない。

【三次改正】

郵政省設置法の一部改正に伴う関係法令の整理に関する法律（昭和二十七年七月三十一日法律第二百八十号）第二条

第七章を除き、「電波監理委員会」を「郵政大臣」に改める。

（免許の申請）

第六条　無線局の免許を受けようとする者は、申請書に、左に掲げる事項を記載した書類を添えて、郵政大臣に提出しなければならない。

一　目的
二　開設を必要とする理由
三　通信の相手方及び通信事項
四　無線設備の設置場所
五　電波の型式並びに希望する周波数の範囲及び空中線電力
六　希望する運用許容時間（運用することができる時間をいう。以下同じ。）
七　無線設備の工事設計及び工事落成の予定期日
八　無線設備の工事費及び無線局の運用費の支弁方法
九　運用開始の予定期日

2　公衆によつて直接受信されることを目的とする無線通信の送信（以下「放送」という。）をする無線局の免許を受けようとする者は、前項の規定にかかわらず、申請書に、左に掲げる事項を記載した書類を添えて、郵政大臣に提出しなければ

ならない。

一　前項第一号、第二号及び第四号から第九号までに掲げる事項

二　事業計画及び事業収支見積

三　放送事項

四　放送区域

3　船舶局（船舶の無線局をいう。以下同じ。）の免許を受けようとする者は、第一項の書類に同項に掲げる事項の外、その船舶の所有者、用途、総トン数、旅客船であるときは旅客定員、航行区域、主たる停泊港及び信号符字をあわせて記載しなければならない。

4　航空機局（航空機の無線局をいう。以下同じ。）の免許を受けようとする者は、第一項の書類に同項に掲げる事項の外、その航空機の所有者、用途、種類、等級、型式、航行区域、定置場及び登録記号をあわせて記載しなければならない。

【七次改正】

電波法の一部を改正する法律（昭和三十三年五月六日法律第百四十号）

第六条第一項第四号中「設置場所」の下に「（移動する無線局であつて船舶局（船舶の無線局をいう。以下同じ。）及び航空機局（航空機の無線局をいう。以下同じ。）以外のものについては、移動範囲。第十八条を除き、以下同じ。）」を加え、同項第七号中「無線設備」の下に「（第三十条、第三十二条及び第三十三条の規定により備えつけなければならない設備を含む。第八号並びに第十条、第十二条、第十七条、第十八条及び第七十三条において同じ。）」を加え、同条第二項中「公衆によつて直接受信されることを目的とする無線通信の送信（以下「放送」という。）」を「放送」に改め、同条第三項中「（船舶の無線局をいう。以下同じ。）」を削り、「信号符字」の下に「並びに国際航海に従事する船舶であるとき、又は船舶安全法第四条第三項の規定により無線電信若しくは無線電話の施設を免除された船舶であるときはその旨」を加え、同条第四項中「（航空機の無線局をいう。以下同じ。）」及び「種類、等級、」を削り、「及び登録記号」を「、登録記号及び航空法第六十条各号の一に該当する航空機であるときはその旨」に改める。

（免許の申請）

第六条　無線局の免許を受けようとする者は、申請書に、左に掲げる事項を記載した書類を添えて、郵政大臣に提出しなければならない。

一　目的

二　開設を必要とする理由

三　通信の相手方及び通信事項

四　無線設備の設置場所（移動する無線局であつて船舶局（船舶の無線局をいう。以下同じ。）及び航空機局（航空機の無線局をいう。以下同じ。）以外のものについては、移動範囲。第十八条を除き、以下同じ。）

五　電波の型式並びに希望する周波数の範囲及び空中線電力

六　希望する運用許容時間（運用することができる時間をいう。以下同じ。）

七　無線設備（第三十条、第三十二条及び第三十三条の規定により備えつけなければならない設備を含む。第八号並びに第十条、第十二条、第十七条、第十八条及び第七十三条において同じ。）の工事設計及び工事落成の予定期日

八　無線設備の工事費及び無線局の運用費の支弁方法

九　運用開始の予定期日

2　放送をする無線局の免許を受けようとする者は、前項の規定にかかわらず、申請書に、左に掲げる事項を記載した書類を添えて、郵政大臣に提出しなければならない。

一　前項第一号、第二号及び第四号から第九号までに掲げる事項

二　事業計画及び事業収支見積
三　放送事項
四　放送区域

3　船舶局の免許を受けようとする者は、第一項の書類に同項に掲げる事項の外、その船舶の所有者、用途、総トン数、旅客船であるときは旅客定員、航行区域、主たる停泊港及び信号符字並びに国際航海に従事する船舶であるとき、又は船舶安全法第四条第三項の規定により無線電信若しくは無線電話の施設を免除された船舶であるときはその旨をあわせて記載しなければならない。

4　航空機局の免許を受けようとする者は、第一項の書類に同項に掲げる事項の外、その航空機の所有者、用途、型式、航行区域、定置場及び、登録記号及び航空法第六十条各号の一に該当する航空機であるときはその旨をあわせて記載しなければならない。

【十七次改正】

許可、認可等の整理に関する法律（昭和四十七年七月一日法律第百十一号）第十三条

第六条第一項第四号中「船舶局（船舶の無線局をいう。以下同じ。）及び航空機局（航空機の無線局をいう。以下同じ。）」を「船舶の無線局及び航空機の無線局」に改め、同条第三項中「船舶局」の下に「（船舶の無線局のうち、無線設備が遭難自動通報設備又はレーダーのみのもの以外のものをいう。以下同じ。）」を加え、同条第四項中「航空機局」の下に「（航空機の無線局のうち、無線設備がレーダーのみのもの以外のものをいう。以下同じ。）」を加える。

（免許の申請）

第六条　無線局の免許を受けようとする者は、申請書に、左に掲げる事項を記載した書類を添えて、郵政大臣に提出しなければならない。
一　目的
二　開設を必要とする理由
三　通信の相手方及び通信事項
四　無線設備の設置場所（移動する無線局であつて船舶の無線局及び航空機の無線局以外のものについては、移動範囲。第十八条を除き、以下同じ。）
五　電波の型式並びに希望する周波数の範囲及び空中線電力
六　希望する運用許容時間（運用することができる時間をいう。以下同じ。）
七　無線設備（第三十条、第三十二条及び第三十三条の規定により備えつけなければならない設備を含む。第八号並びに第十条、第十二条、第十七条、第十八条及び第七十三条において同じ。）の工事設計及び工事落成の予定期日
八　無線設備の工事費及び無線局の運用費の支弁方法
九　運用開始の予定期日

2　放送をする無線局の免許を受けようとする者は、前項の規定にかかわらず、申請書に、左に掲げる事項を記載した書類を添えて、郵政大臣に提出しなければならない。
一　前項第一号、第二号及び第四号から第九号までに掲げる事項
二　事業計画及び事業収支見積
三　放送事項
四　放送区域

3　船舶局（船舶の無線局のうち、無線設備が遭難自動通報設備又はレーダーのみのもの以外のものをいう。以下同じ。）の免許を受けようとする者は、第一項の書類に同項に掲げる事項の外、その船舶の所有者、用途、総トン数、旅客船であるときは旅客定員、航行区域、主たる停泊港及び信号符字並びに国際航海に従事する船舶であるとき、又は船舶安全法第四条第三項の規定により無線電信若しく

は無線電話の施設を免除された船舶であるときはその旨をあわせて記載しなければならない。

4　航空機局（航空機の無線局のうち、無線設備がレーダーのみのもの以外のものをいう。以下同じ。）の免許を受けようとする者は、第一項の書類に同項に掲げる事項の外、その航空機の所有者、用途、型式、航行区域、定置場及び、登録記号及び航空法第六十条各号の一に該当する航空機であるときはその旨をあわせて記載しなければならない。

【二十次改正】

航空法の一部を改正する法律（昭和五十年七月十日法律第五十八号）附則第六項

> 第六条第四項中「第六十条各号の一に該当する」を「第六十一条又は第六十一条の二第一項の規定により無線設備を設置しなければならない」に改める。

（免許の申請）

第六条　無線局の免許を受けようとする者は、申請書に、左に掲げる事項を記載した書類を添えて、郵政大臣に提出しなければならない。

一　目的

二　開設を必要とする理由

三　通信の相手方及び通信事項

四　無線設備の設置場所（移動する無線局であつて船舶の無線局及び航空機の無線局以外のものについては、移動範囲。第十八条を除き、以下同じ。）

五　電波の型式並びに希望する周波数の範囲及び空中線電力

六　希望する運用許容時間（運用することができる時間をいう。以下同じ。）

七　無線設備（第三十条、第三十二条及び第三十三条の規定により備えつけなければならない設備を含む。第八号並びに第十条、第十二条、第十七条、第十八条及び第七十三条において同じ。）の工事設計及び工事落成の予定期日

八　無線設備の工事費及び無線局の運用費の支弁方法

九　運用開始の予定期日

2　放送をする無線局の免許を受けようとする者は、前項の規定にかかわらず、申請書に、左に掲げる事項を記載した書類を添えて、郵政大臣に提出しなければならない。

一　前項第一号、第二号及び第四号から第九号までに掲げる事項

二　事業計画及び事業収支見積

三　放送事項

四　放送区域

3　船舶局（船舶の無線局のうち、無線設備が遭難自動通報設備又はレーダーのみのもの以外のものをいう。以下同じ。）の免許を受けようとする者は、第一項の書類に同項に掲げる事項の外、その船舶の所有者、用途、総トン数、旅客船であるときは旅客定員、航行区域、主たる停泊港及び信号符字並びに国際航海に従事する船舶であるとき、又は船舶安全法第四条第三項の規定により無線電信若しくは無線電話の施設を免除された船舶であるときはその旨をあわせて記載しなければならない。

4　航空機局（航空機の無線局のうち、無線設備がレーダーのみのもの以外のものをいう。以下同じ。）の免許を受けようとする者は、第一項の書類に同項に掲げる事項の外、その航空機の所有者、用途、型式、航行区域、定置場及び、登録記号及び航空法第六十一条又は第六十一条の二第一項の規定により無線設備を設置しなければならない航空機であるときはその旨をあわせて記載しなければならない。

【二十三次改正】

電波法の一部を改正する法律（昭和五十四年十二月十八日法律第六十七号）

第六条第一項中「左に」を「次に」に改め、同項第四号中「であつて」を「のうち、人工衛星の無線局（以下「人工衛星局」という。）についてはその人工衛星の軌道又は位置、人工衛星局、」に、「、移動範囲」を「移動範囲」に改め、同項第七号中「備えつけ」を「備え付け」に改め、同条に次の一項を加える。
（追加された第五項の規定は、後掲の条文の通り。）

（免許の申請）
第六条　無線局の免許を受けようとする者は、申請書に、次に掲げる事項を記載した書類を添えて、郵政大臣に提出しなければならない。
一　目的
二　開設を必要とする理由
三　通信の相手方及び通信事項
四　無線設備の設置場所（移動する無線局のうち、人工衛星の無線局（以下「人工衛星局」という。）についてはその人工衛星の軌道又は位置、人工衛星局、船舶の無線局及び航空機の無線局以外のものについては移動範囲。第十八条を除き、以下同じ。）
五　電波の型式並びに希望する周波数の範囲及び空中線電力
六　希望する運用許容時間（運用することができる時間をいう。以下同じ。）
七　無線設備（第三十条、第三十二条及び第三十三条の規定により備え付けなければならない設備を含む。第八号並びに第十条、第十二条、第十七条、第十八条及び第七十三条において同じ。）の工事設計及び工事落成の予定期日
八　無線設備の工事費及び無線局の運用費の支弁方法
九　運用開始の予定期日
2　放送をする無線局の免許を受けようとする者は、前項の規定にかかわらず、申請書に、左に掲げる事項を記載した書類を添えて、郵政大臣に提出しなければならない。
一　前項第一号、第二号及び第四号から第九号までに掲げる事項
二　事業計画及び事業収支見積
三　放送事項
四　放送区域
3　船舶局（船舶の無線局のうち、無線設備が遭難自動通報設備又はレーダーのみのもの以外のものをいう。以下同じ。）の免許を受けようとする者は、第一項の書類に同項に掲げる事項の外、その船舶の所有者、用途、総トン数、旅客船であるときは旅客定員、航行区域、主たる停泊港及び信号符字並びに国際航海に従事する船舶であるとき、又は船舶安全法第四条第三項の規定により無線電信若しくは無線電話の施設を免除された船舶であるときはその旨をあわせて記載しなければならない。
4　航空機局（航空機の無線局のうち、無線設備がレーダーのみのもの以外のものをいう。以下同じ。）の免許を受けようとする者は、第一項の書類に同項に掲げる事項の外、その航空機の所有者、用途、型式、航行区域、定置場及び、登録記号及び航空法第六十一条又は第六十一条の二第一項の規定により無線設備を設置しなければならない航空機であるときはその旨をあわせて記載しなければならない。
5　人工衛星局の免許を受けようとする者は、第一項又は第二項の書類にそれらの規定に掲げる事項のほか、その人工衛星の打上げ予定時期及び使用可能期間並びにその人工衛星局の目的を遂行できる人工衛星の位置の範囲を併せて記載しなければならない。

【四十次改正】

放送法及び電波法の一部を改正する法律（平成元年六月二十八日法律第五十五号）

第二条

第六条第一項第四号中「人工衛星の無線局（以下「人工衛星局」という。）」を「人工衛星局」に改める。

（免許の申請）

第六条　無線局の免許を受けようとする者は、申請書に、次に掲げる事項を記載した書類を添えて、郵政大臣に提出しなければならない。

一　目的

二　開設を必要とする理由

三　通信の相手方及び通信事項

四　無線設備の設置場所（移動する無線局のうち、人工衛星局についてはその人工衛星の軌道又は位置、人工衛星局、船舶の無線局及び航空機の無線局以外のものについては移動範囲。第十八条を除き、以下同じ。）

五　電波の型式並びに希望する周波数の範囲及び空中線電力

六　希望する運用許容時間（運用することができる時間をいう。以下同じ。）

七　無線設備（第三十条、第三十二条及び第三十三条の規定により備え付けなければならない設備を含む。第八号並びに第十条、第十二条、第十七条、第十八条及び第七十三条において同じ。）の工事設計及び工事落成の予定期日

八　無線設備の工事費及び無線局の運用費の支弁方法

九　運用開始の予定期日

2　放送をする無線局の免許を受けようとする者は、前項の規定にかかわらず、申請書に、左に掲げる事項を記載した書類を添えて、郵政大臣に提出しなければならない。

一　前項第一号、第二号及び第四号から第九号までに掲げる事項

二　事業計画及び事業収支見積

三　放送事項

四　放送区域

3　船舶局（船舶の無線局のうち、無線設備が遭難自動通報設備又はレーダーのみのもの以外のものをいう。以下同じ。）の免許を受けようとする者は、第一項の書類に同項に掲げる事項の外、その船舶の所有者、用途、総トン数、旅客船であるときは旅客定員、航行区域、主たる停泊港及び信号符字並びに国際航海に従事する船舶であるとき、又は船舶安全法第四条第三項の規定により無線電信若しくは無線電話の施設を免除された船舶であるときはその旨をあわせて記載しなければならない。

4　航空機局（航空機の無線局のうち、無線設備がレーダーのみのもの以外のものをいう。以下同じ。）の免許を受けようとする者は、第一項の書類に同項に掲げる事項の外、その航空機の所有者、用途、型式、航行区域、定置場及び、登録記号及び航空法第六十一条又は第六十一条の二第一項の規定により無線設備を設置しなければならない航空機であるときはその旨をあわせて記載しなければならない。

5　人工衛星局の免許を受けようとする者は、第一項又は第二項の書類にそれらの規定に掲げる事項のほか、その人工衛星の打上げ予定時期及び使用可能期間並びにその人工衛星局の目的を遂行できる人工衛星の位置の範囲を併せて記載しなければならない。

【四十一次改正】

電波法の一部を改正する法律（平成元年十一月七日法律第六十七号）

第六条第一項第四号中「及び航空機の無線局」を「、船舶地球局（電気通信業務を行うことを目的として船舶に開設する無線局であつて、人工衛星局の中継に

より無線通信を行うものをいう。以下同じ。）、航空機の無線局及び航空機地球局（電気通信業務を行うことを目的として航空機に開設する無線局であつて、人工衛星局の中継により無線通信を行うものをいう。以下同じ。）」に改める。

（免許の申請）

第六条　無線局の免許を受けようとする者は、申請書に、次に掲げる事項を記載した書類を添えて、郵政大臣に提出しなければならない。

一　目的

二　開設を必要とする理由

三　通信の相手方及び通信事項

四　無線設備の設置場所（移動する無線局のうち、人工衛星局についてはその人工衛星の軌道又は位置、人工衛星局、船舶の無線局、船舶地球局（電気通信業務を行うことを目的として船舶に開設する無線局であつて、人工衛星局の中継により無線通信を行うものをいう。以下同じ。）、航空機の無線局及び航空機地球局（電気通信業務を行うことを目的として航空機に開設する無線局であつて、人工衛星局の中継により無線通信を行うものをいう。以下同じ。）以外のものについては移動範囲。第十八条を除き、以下同じ。）

五　電波の型式並びに希望する周波数の範囲及び空中線電力

六　希望する運用許容時間（運用することができる時間をいう。以下同じ。）

七　無線設備（第三十条、第三十二条及び第三十三条の規定により備え付けなければならない設備を含む。第八号並びに第十条、第十二条、第十七条、第十八条及び第七十三条において同じ。）の工事設計及び工事落成の予定期日

八　無線設備の工事費及び無線局の運用費の支弁方法

九　運用開始の予定期日

2　放送をする無線局の免許を受けようとする者は、前項の規定にかかわらず、申請書に、左に掲げる事項を記載した書類を添えて、郵政大臣に提出しなければならない。

一　前項第一号、第二号及び第四号から第九号までに掲げる事項

二　事業計画及び事業収支見積

三　放送事項

四　放送区域

3　船舶局（船舶の無線局のうち、無線設備が遭難自動通報設備又はレーダーのみのもの以外のものをいう。以下同じ。）の免許を受けようとする者は、第一項の書類に同項に掲げる事項の外、その船舶の所有者、用途、総トン数、旅客船であるときは旅客定員、航行区域、主たる停泊港及び信号符字並びに国際航海に従事する船舶であるとき、又は船舶安全法第四条第三項の規定により無線電信若しくは無線電話の施設を免除された船舶であるときはその旨をあわせて記載しなければならない。

4　航空機局（航空機の無線局のうち、無線設備がレーダーのみのもの以外のものをいう。以下同じ。）の免許を受けようとする者は、第一項の書類に同項に掲げる事項の外、その航空機の所有者、用途、型式、航行区域、定置場及び、登録記号及び航空法第六十一条又は第六十一条の二第一項の規定により無線設備を設置しなければならない航空機であるときはその旨をあわせて記載しなければならない。

5　人工衛星局の免許を受けようとする者は、第一項又は第二項の書類にそれらの規定に掲げる事項のほか、その人工衛星の打上げ予定時期及び使用可能期間並びにその人工衛星局の目的を遂行できる人工衛星の位置の範囲を併せて記載しなければならない。

【　四十四次改正　】

電波法の一部を改正する法律（平成三年五月二日法律第六十七号）

第六条第一項第七号中「、第三十二条及び第三十三条」を「及び第三十二条」に改め、同条第三項を次のように改める。
（改正後の第三項の規定は、後掲の条文の通り。）

（免許の申請）

第六条　無線局の免許を受けようとする者は、申請書に、次に掲げる事項を記載した書類を添えて、郵政大臣に提出しなければならない。

一　目的

二　開設を必要とする理由

三　通信の相手方及び通信事項

四　無線設備の設置場所（移動する無線局のうち、人工衛星局についてはその人工衛星の軌道又は位置、人工衛星局、船舶の無線局、船舶地球局（電気通信業務を行うことを目的として船舶に開設する無線局であつて、人工衛星局の中継により無線通信を行うものをいう。以下同じ。）、航空機の無線局及び航空機地球局（電気通信業務を行うことを目的として航空機に開設する無線局であつて、人工衛星局の中継により無線通信を行うものをいう。以下同じ。）以外のものについては移動範囲。第十八条を除き、以下同じ。）

五　電波の型式並びに希望する周波数の範囲及び空中線電力

六　希望する運用許容時間（運用することができる時間をいう。以下同じ。）

七　無線設備（第三十条及び第三十二条の規定により備え付けなければならない設備を含む。第八号並びに第十条、第十二条、第十七条、第十八条及び第七十三条において同じ。）の工事設計及び工事落成の予定期日

八　無線設備の工事費及び無線局の運用費の支弁方法

九　運用開始の予定期日

2　放送をする無線局の免許を受けようとする者は、前項の規定にかかわらず、申請書に、左に掲げる事項を記載した書類を添えて、郵政大臣に提出しなければならない。

一　前項第一号、第二号及び第四号から第九号までに掲げる事項

二　事業計画及び事業収支見積

三　放送事項

四　放送区域

3　船舶局（船舶の無線局のうち、無線設備が遭難自動通報設備又はレーダーのみのもの以外のものをいう。以下同じ。）の免許を受けようとする者は、第一項の書類に、同項に掲げる事項のほか、次に掲げる事項を併せて記載しなければならない。

一　その船舶に関する次の事項

イ　所有者

ロ　用途

ハ　総トン数

ニ　航行区域

ホ　主たる停泊港

ヘ　信号符字

ト　旅客船であるときは、旅客定員

チ　国際航海に従事する船舶であるときは、その旨

リ　船舶安全法第四条第一項ただし書の規定により無線電信又は無線電話の施設を免除された船舶であるときは、その旨

二　第三十五条の規定による措置をとらなければならない船舶局であるときは、そのとることとした措置

4　航空機局（航空機の無線局のうち、無線設備がレーダーのみのもの以外のもの

をいう。以下同じ。）の免許を受けようとする者は、第一項の書類に同項に掲げる事項の外、その航空機の所有者、用途、型式、航行区域、定置場及び、登録記号及び航空法第六十一条又は第六十一条の二第一項の規定により無線設備を設置しなければならない航空機であるときはその旨をあわせて記載しなければならない。

5　人工衛星局の免許を受けようとする者は、第一項又は第二項の書類にそれらの規定に掲げる事項のほか、その人工衛星の打上げ予定時期及び使用可能期間並びにその人工衛星局の目的を遂行できる人工衛星の位置の範囲を併せて記載しなければならない。

【四十六次改正】

電波法の一部を改正する法律（平成五年六月十六日法律第七十一号）

> 第六条第一項第七号中「第八号並びに」を「次項第二号、」に改め、同項中第八号を削り、第九号を第八号とし、同条第二項中「左に」を「次に」に改め、同項第一号中「第九号」を「第八号」に改め、同項中第四号を第五号とし、第三号を第四号とし、第二号を第三号とし、第一号の次に次の一号を加える。
> （追加された第二項第二号の規定は、後掲の条文の通り。）

（免許の申請）

第六条　無線局の免許を受けようとする者は、申請書に、次に掲げる事項を記載した書類を添えて、郵政大臣に提出しなければならない。

一　目的

二　開設を必要とする理由

三　通信の相手方及び通信事項

四　無線設備の設置場所（移動する無線局のうち、人工衛星局についてはその人工衛星の軌道又は位置、人工衛星局、船舶の無線局、船舶地球局（電気通信業務を行うことを目的として船舶に開設する無線局であつて、人工衛星局の中継により無線通信を行うものをいう。以下同じ。）、航空機の無線局及び航空機地球局（電気通信業務を行うことを目的として航空機に開設する無線局であつて、人工衛星局の中継により無線通信を行うものをいう。以下同じ。）以外のものについては移動範囲。第十八条を除き、以下同じ。）

五　電波の型式並びに希望する周波数の範囲及び空中線電力

六　希望する運用許容時間（運用することができる時間をいう。以下同じ。）

七　無線設備（第三十条及び第三十二条の規定により備え付けなければならない設備を含む。次項第二号、第十条、第十二条、第十七条、第十八条及び第七十三条において同じ。）の工事設計及び工事落成の予定期日

八　運用開始の予定期日

2　放送をする無線局の免許を受けようとする者は、前項の規定にかかわらず、申請書に、次に掲げる事項を記載した書類を添えて、郵政大臣に提出しなければならない。

一　前項第一号、第二号及び第四号から第八号までに掲げる事項

二　無線設備の工事費及び無線局の運用費の支弁方法

三　事業計画及び事業収支見積

四　放送事項

五　放送区域

3　船舶局（船舶の無線局のうち、無線設備が遭難自動通報設備又はレーダーのみのもの以外のものをいう。以下同じ。）の免許を受けようとする者は、第一項の書類に、同項に掲げる事項のほか、次に掲げる事項を併せて記載しなければならない。

一　その船舶に関する次の事項

イ　所有者
ロ　用途
ハ　総トン数
ニ　航行区域
ホ　主たる停泊港
ヘ　信号符字
ト　旅客船であるときは、旅客定員
チ　国際航海に従事する船舶であるときは、その旨
リ　船舶安全法第四条第一項ただし書の規定により無線電信又は無線電話の施設を免除された船舶であるときは、その旨

ニ　第三十五条の規定による措置をとらなければならない船舶局であるときは、そのとることとした措置

4　航空機局（航空機の無線局のうち、無線設備がレーダーのみのもの以外のものをいう。以下同じ。）の免許を受けようとする者は、第一項の書類に同項に掲げる事項の外、その航空機の所有者、用途、型式、航行区域、定置場及び、登録記号及び航空法第六十一条又は第六十一条の二第一項の規定により無線設備を設置しなければならない航空機であるときはその旨をあわせて記載しなければならない。

5　人工衛星局の免許を受けようとする者は、第一項又は第二項の書類にそれらの規定に掲げる事項のほか、その人工衛星の打上げ予定時期及び使用可能期間並びにその人工衛星局の目的を遂行できる人工衛星の位置の範囲を併せて記載しなければならない。

【五十四次改正】

電波法の一部を改正する法律（平成九年五月九日法律第四十七号）

> 第六条第一項第七号中「第十条」を「第十条第一項」に、「及び第七十三条」を「、第二十四条の二第一項、第七十三条第一項ただし書及び第五項並びに第百二条の十八第一項」に改める。

（免許の申請）

第六条　無線局の免許を受けようとする者は、申請書に、次に掲げる事項を記載した書類を添えて、郵政大臣に提出しなければならない。

一　目的
二　開設を必要とする理由
三　通信の相手方及び通信事項
四　無線設備の設置場所（移動する無線局のうち、人工衛星局についてはその人工衛星の軌道又は位置、人工衛星局、船舶の無線局、船舶地球局（電気通信業務を行うことを目的として船舶に開設する無線局であつて、人工衛星局の中継により無線通信を行うものをいう。以下同じ。）、航空機の無線局及び航空機地球局（電気通信業務を行うことを目的として航空機に開設する無線局であつて、人工衛星局の中継により無線通信を行うものをいう。以下同じ。）以外のものについては移動範囲。第十八条を除き、以下同じ。）
五　電波の型式並びに希望する周波数の範囲及び空中線電力
六　希望する運用許容時間（運用することができる時間をいう。以下同じ。）
七　無線設備（第三十条及び第三十二条の規定により備え付けなければならない設備を含む。次項第二号、第十条第一項、第十二条、第十七条、第十八条、第二十四条の二第一項、第七十三条第一項ただし書及び第五項並びに第百二条の十八第一項において同じ。）の工事設計及び工事落成の予定期日
八　運用開始の予定期日

2　放送をする無線局の免許を受けようとする者は、前項の規定にかかわらず、申

請書に、次に掲げる事項を記載した書類を添えて、郵政大臣に提出しなければならない。

一　前項第一号、第二号及び第四号から第八号までに掲げる事項

二　無線設備の工事費及び無線局の運用費の支弁方法

三　事業計画及び事業収支見積

四　放送事項

五　放送区域

3　船舶局（船舶の無線局のうち、無線設備が遭難自動通報設備又はレーダーのみのもの以外のものをいう。以下同じ。）の免許を受けようとする者は、第一項の書類に、同項に掲げる事項のほか、次に掲げる事項を併せて記載しなければならない。

一　その船舶に関する次の事項

イ　所有者

ロ　用途

ハ　総トン数

ニ　航行区域

ホ　主たる停泊港

ヘ　信号符字

ト　旅客船であるときは、旅客定員

チ　国際航海に従事する船舶であるときは、その旨

リ　船舶安全法第四条第一項ただし書の規定により無線電信又は無線電話の施設を免除された船舶であるときは、その旨

二　第三十五条の規定による措置をとらなければならない船舶局であるときは、そのとることとした措置

4　航空機局（航空機の無線局のうち、無線設備がレーダーのみのもの以外のものをいう。以下同じ。）の免許を受けようとする者は、第一項の書類に同項に掲げる事項の外、その航空機の所有者、用途、型式、航行区域、定置場及び、登録記号及び航空法第六十一条又は第六十一条の二第一項の規定により無線設備を設置しなければならない航空機であるときはその旨をあわせて記載しなければならない。

5　人工衛星局の免許を受けようとする者は、第一項又は第二項の書類にそれらの規定に掲げる事項のほか、その人工衛星の打上げ予定時期及び使用可能期間並びにその人工衛星局の目的を遂行できる人工衛星の位置の範囲を併せて記載しなければならない。

【五十八次改正】

航空法の一部を改正する法律（平成十一年六月十一日法律第七十二号）附則第十七条

> 第六条第四項中「外、」を「ほか、」に、「第六十一条又は第六十一条の二第一項」を「第六十条」に、「あわせて」を「併せて」に改める。

（免許の申請）

第六条　無線局の免許を受けようとする者は、申請書に、次に掲げる事項を記載した書類を添えて、郵政大臣に提出しなければならない。

一　目的

二　開設を必要とする理由

三　通信の相手方及び通信事項

四　無線設備の設置場所（移動する無線局のうち、人工衛星局についてはその人工衛星の軌道又は位置、人工衛星局、船舶の無線局、船舶地球局（電気通信業務を行うことを目的として船舶に開設する無線局であつて、人工衛星局の中継

により無線通信を行うものをいう。以下同じ。）、航空機の無線局及び航空機地球局（電気通信業務を行うことを目的として航空機に開設する無線局であって、人工衛星局の中継により無線通信を行うものをいう。以下同じ。）以外のものについては移動範囲。第十八条を除き、以下同じ。）

五　電波の型式並びに希望する周波数の範囲及び空中線電力

六　希望する運用許容時間（運用することができる時間をいう。以下同じ。）

七　無線設備（第三十条及び第三十二条の規定により備え付けなければならない設備を含む。次項第二号、第十条第一項、第十二条、第十七条、第十八条、第二十四条の二第一項、第七十三条第一項ただし書及び第五項並びに第百二条の十八第一項において同じ。）の工事設計及び工事落成の予定期日

八　運用開始の予定期日

2　放送をする無線局の免許を受けようとする者は、前項の規定にかかわらず、申請書に、次に掲げる事項を記載した書類を添えて、郵政大臣に提出しなければならない。

一　前項第一号、第二号及び第四号から第八号までに掲げる事項

二　無線設備の工事費及び無線局の運用費の支弁方法

三　事業計画及び事業収支見積

四　放送事項

五　放送区域

3　船舶局（船舶の無線局のうち、無線設備が遭難自動通報設備又はレーダーのみのもの以外のものをいう。以下同じ。）の免許を受けようとする者は、第一項の書類に、同項に掲げる事項のほか、次に掲げる事項を併せて記載しなければならない。

一　その船舶に関する次の事項

イ　所有者

ロ　用途

ハ　総トン数

ニ　航行区域

ホ　主たる停泊港

ヘ　信号符字

ト　旅客船であるときは、旅客定員

チ　国際航海に従事する船舶であるときは、その旨

リ　船舶安全法第四条第一項ただし書の規定により無線電信又は無線電話の施設を免除された船舶であるときは、その旨

二　第三十五条の規定による措置をとらなければならない船舶局であるときは、そのとることとした措置

4　航空機局（航空機の無線局のうち、無線設備がレーダーのみのもの以外のものをいう。以下同じ。）の免許を受けようとする者は、第一項の書類に同項に掲げる事項のほか、その航空機の所有者、用途、型式、航行区域、定置場及び、登録記号及び航空法第六十条の規定により無線設備を設置しなければならない航空機であるときはその旨を併せて記載しなければならない。

5　人工衛星局の免許を受けようとする者は、第一項又は第二項の書類にそれらの規定に掲げる事項のほか、その人工衛星の打上げ予定時期及び使用可能期間並びにその人工衛星局の目的を遂行できる人工衛星の位置の範囲を併せて記載しなければならない。

【五十九次改正】

電波法の一部を改正する法律（平成十一年五月二十一日法律第四十七号）

第六条第一項第四号中「航空機の無線局」の下に「（人工衛星局の中継によってのみ無線通信を行うものを除く。第四項において同じ。）」を加え、「電気通

信業務を行うことを目的として航空機に開設する無線局であつて、人工衛星局の中継により無線通信を行うもの」を「航空機に開設する無線局であつて、人工衛星局の中継によつてのみ無線通信を行うもの（実験無線局及びアマチュア無線局を除く。）」に改め、同条第四項を次のように改める。

（改正後の第四項の規定は、後掲の条文の通り。）

第六条中第五項を第六項とし、第四項の次に次の一項を加える。

（追加された第五項の規定は、後掲の条文の通り。）

（免許の申請）

第六条　無線局の免許を受けようとする者は、申請書に、次に掲げる事項を記載した書類を添えて、郵政大臣に提出しなければならない。

一　目的

二　開設を必要とする理由

三　通信の相手方及び通信事項

四　無線設備の設置場所（移動する無線局のうち、人工衛星局についてはその人工衛星の軌道又は位置、人工衛星局、船舶の無線局、船舶地球局（電気通信業務を行うことを目的として船舶に開設する無線局であつて、人工衛星局の中継により無線通信を行うものをいう。以下同じ。）、航空機の無線局（人工衛星局の中継によつてのみ無線通信を行うものを除く。第四項において同じ。）及び航空機地球局（航空機に開設する無線局であつて、人工衛星局の中継によつてのみ無線通信を行うもの（実験無線局及びアマチュア無線局を除く。）をいう。以下同じ。）以外のものについては移動範囲。第十八条を除き、以下同じ。）

五　電波の型式並びに希望する周波数の範囲及び空中線電力

六　希望する運用許容時間（運用することができる時間をいう。以下同じ。）

七　無線設備（第三十条及び第三十二条の規定により備え付けなければならない設備を含む。次項第二号、第十条第一項、第十二条、第十七条、第十八条、第二十四条の二第一項、第七十三条第一項ただし書及び第五項並びに第百二条の十八第一項において同じ。）の工事設計及び工事落成の予定期日

八　運用開始の予定期日

2　放送をする無線局の免許を受けようとする者は、前項の規定にかかわらず、申請書に、次に掲げる事項を記載した書類を添えて、郵政大臣に提出しなければならない。

一　前項第一号、第二号及び第四号から第八号までに掲げる事項

二　無線設備の工事費及び無線局の運用費の支弁方法

三　事業計画及び事業収支見積

四　放送事項

五　放送区域

3　船舶局（船舶の無線局のうち、無線設備が遭難自動通報設備又はレーダーのみのもの以外のものをいう。以下同じ。）の免許を受けようとする者は、第一項の書類に、同項に掲げる事項のほか、次に掲げる事項を併せて記載しなければならない。

一　その船舶に関する次の事項

イ　所有者

ロ　用途

ハ　総トン数

ニ　航行区域

ホ　主たる停泊港

ヘ　信号符字

ト　旅客船であるときは、旅客定員

チ　国際航海に従事する船舶であるときは、その旨

リ　船舶安全法第四条第一項ただし書の規定により無線電信又は無線電話の施設を免除された船舶であるときは、その旨

二　第三十五条の規定による措置をとらなければならない船舶局であるときは、そのとることとした措置

4　航空機局（航空機の無線局のうち、無線設備がレーダーのみのもの以外のものをいう。以下同じ。）の免許を受けようとする者は、第一項の書類に、同項に掲げる事項のほか、その航空機に関する次に掲げる事項を併せて記載しなければならない。

一　所有者

二　用途

三　型式

四　航行区域

五　定置場

六　登録記号

七　航空法第六十条の規定により無線設備を設置しなければならない航空機であるときは、その旨

5　航空機地球局（電気通信業務を行うことを目的とするものを除く。）の免許を受けようとする者は、第一項の書類に、同項に掲げる事項のほか、その航空機に関する前項第一号から第六号までに掲げる事項を併せて記載しなければならない。

6　人工衛星局の免許を受けようとする者は、第一項又は第二項の書類にそれらの規定に掲げる事項のほか、その人工衛星の打上げ予定時期及び使用可能期間並びにその人工衛星局の目的を遂行できる人工衛星の位置の範囲を併せて記載しなければならない。

【　六十次改正　】

電波法の一部を改正する法律（平成十二年六月二日法律第百九号）

第六条に次の二項を加える。
（追加された第七項及び第八項の規定は、後掲の条文の通り。）

（免許の申請）

第六条　無線局の免許を受けようとする者は、申請書に、次に掲げる事項を記載した書類を添えて、郵政大臣に提出しなければならない。

一　目的

二　開設を必要とする理由

三　通信の相手方及び通信事項

四　無線設備の設置場所（移動する無線局のうち、人工衛星局についてはその人工衛星の軌道又は位置、人工衛星局、船舶の無線局、船舶地球局（電気通信業務を行うことを目的として船舶に開設する無線局であつて、人工衛星局の中継により無線通信を行うものをいう。以下同じ。）、航空機の無線局（人工衛星局の中継によつてのみ無線通信を行うものを除く。第四項において同じ。）及び航空機地球局（航空機に開設する無線局であつて、人工衛星局の中継によつてのみ無線通信を行うもの（実験無線局及びアマチュア無線局を除く。）をいう。以下同じ。）以外のものについては移動範囲。第十八条を除き、以下同じ。）

五　電波の型式並びに希望する周波数の範囲及び空中線電力

六　希望する運用許容時間（運用することができる時間をいう。以下同じ。）

七　無線設備（第三十条及び第三十二条の規定により備え付けなければならない設備を含む。次項第二号、第十条第一項、第十二条、第十七条、第十八条、第二十四条の二第一項、第七十三条第一項ただし書及び第五項並びに第百二条の十八第一項において同じ。）の工事設計及び工事落成の予定期日

八　運用開始の予定期日

2　放送をする無線局の免許を受けようとする者は、前項の規定にかかわらず、申請書に、次に掲げる事項を記載した書類を添えて、郵政大臣に提出しなければならない。

一　前項第一号、第二号及び第四号から第八号までに掲げる事項

二　無線設備の工事費及び無線局の運用費の支弁方法

三　事業計画及び事業収支見積

四　放送事項

五　放送区域

3　船舶局（船舶の無線局のうち、無線設備が遭難自動通報設備又はレーダーのみのもの以外のものをいう。以下同じ。）の免許を受けようとする者は、第一項の書類に、同項に掲げる事項のほか、次に掲げる事項を併せて記載しなければならない。

一　その船舶に関する次の事項

イ　所有者

ロ　用途

ハ　総トン数

ニ　航行区域

ホ　主たる停泊港

ヘ　信号符字

ト　旅客船であるときは、旅客定員

チ　国際航海に従事する船舶であるときは、その旨

リ　船舶安全法第四条第一項ただし書の規定により無線電信又は無線電話の施設を免除された船舶であるときは、その旨

二　第三十五条の規定による措置をとらなければならない船舶局であるときは、そのとることとした措置

4　航空機局（航空機の無線局のうち、無線設備がレーダーのみのもの以外のものをいう。以下同じ。）の免許を受けようとする者は、第一項の書類に、同項に掲げる事項のほか、その航空機に関する次に掲げる事項を併せて記載しなければならない。

一　所有者

二　用途

三　型式

四　航行区域

五　定置場

六　登録記号

七　航空法第六十条の規定により無線設備を設置しなければならない航空機であるときは、その旨

5　航空機地球局（電気通信業務を行うことを目的とするものを除く。）の免許を受けようとする者は、第一項の書類に、同項に掲げる事項のほか、その航空機に関する前項第一号から第六号までに掲げる事項を併せて記載しなければならない。

6　人工衛星局の免許を受けようとする者は、第一項又は第二項の書類にそれらの規定に掲げる事項のほか、その人工衛星の打上げ予定時期及び使用可能期間並びにその人工衛星局の目的を遂行できる人工衛星の位置の範囲を併せて記載しなければならない。

7　次に掲げる無線局（郵政省令で定めるものを除く。）であつて郵政大臣が公示する周波数を使用するものの免許の申請は、郵政大臣が公示する期間内に行わなければならない。

一　電気通信業務を行うことを目的として陸上に開設する移動する無線局（一又

は二以上の都道府県の区域の全部を含む区域をその移動範囲とするものに限る。）

二　電気通信業務を行うことを目的として陸上に開設する移動しない無線局であつて、前号に掲げる無線局を通信の相手方とするもの

三　電気通信業務を行うことを目的として開設する人工衛星局

四　放送をする無線局

8　前項の期間は、一月を下らない範囲内で周波数ごとに定めるものとし、同項の規定による期間の公示は、免許を受ける無線局の無線設備の設置場所とすることができる区域の範囲その他免許の申請に資する事項を併せ行うものとする。

【六十二次改正】

中央省庁等改革関係法施行法（平成十一年十二月二十二日法律第百六十号）第百九十三条

本則（第九十九条の十二第二項を除く。）中「郵政大臣」を「総務大臣」に、「郵政省令」を「総務省令」に、「通商産業大臣」を「経済産業大臣」に、「建設大臣」を「国土交通大臣」に、「地方電気通信監理局長」を「総合通信局長」に、「沖縄郵政管理事務所長」を「沖縄総合通信事務所長」に改める。

（免許の申請）

第六条　無線局の免許を受けようとする者は、申請書に、次に掲げる事項を記載した書類を添えて、総務大臣に提出しなければならない。

一　目的

二　開設を必要とする理由

三　通信の相手方及び通信事項

四　無線設備の設置場所（移動する無線局のうち、人工衛星局についてはその人工衛星の軌道又は位置、人工衛星局、船舶の無線局、船舶地球局（電気通信業務を行うことを目的として船舶に開設する無線局であつて、人工衛星局の中継により無線通信を行うものをいう。以下同じ。）、航空機の無線局（人工衛星局の中継によつてのみ無線通信を行うものを除く。第四項において同じ。）及び航空機地球局（航空機に開設する無線局であつて、人工衛星局の中継によつてのみ無線通信を行うもの（実験無線局及びアマチュア無線局を除く。）をいう。以下同じ。）以外のものについては移動範囲。第十八条を除き、以下同じ。）

五　電波の型式並びに希望する周波数の範囲及び空中線電力

六　希望する運用許容時間（運用することができる時間をいう。以下同じ。）

七　無線設備（第三十条及び第三十二条の規定により備え付けなければならない設備を含む。次項第二号、第十条第一項、第十二条、第十七条、第十八条、第二十四条の二第一項、第七十三条第一項ただし書及び第五項並びに第百二条の十八第一項において同じ。）の工事設計及び工事落成の予定期日

八　運用開始の予定期日

2　放送をする無線局の免許を受けようとする者は、前項の規定にかかわらず、申請書に、次に掲げる事項を記載した書類を添えて、総務大臣に提出しなければならない。

一　前項第一号、第二号及び第四号から第八号までに掲げる事項

二　無線設備の工事費及び無線局の運用費の支弁方法

三　事業計画及び事業収支見積

四　放送事項

五　放送区域

3　船舶局（船舶の無線局のうち、無線設備が遭難自動通報設備又はレーダーのみのもの以外のものをいう。以下同じ。）の免許を受けようとする者は、第一項の書類に、同項に掲げる事項のほか、次に掲げる事項を併せて記載しなければなら

ない。
一　その船舶に関する次の事項
イ　所有者
ロ　用途
ハ　総トン数
ニ　航行区域
ホ　主たる停泊港
ヘ　信号符字
ト　旅客船であるときは、旅客定員
チ　国際航海に従事する船舶であるときは、その旨
リ　船舶安全法第四条第一項ただし書の規定により無線電信又は無線電話の施設を免除された船舶であるときは、その旨
二　第三十五条の規定による措置をとらなければならない船舶局であるときは、そのとることとした措置
4　航空機局（航空機の無線局のうち、無線設備がレーダーのみのもの以外のものをいう。以下同じ。）の免許を受けようとする者は、第一項の書類に、同項に掲げる事項のほか、その航空機に関する次に掲げる事項を併せて記載しなければならない。
一　所有者
二　用途
三　型式
四　航行区域
五　定置場
六　登録記号
七　航空法第六十条の規定により無線設備を設置しなければならない航空機であるときは、その旨
5　航空機地球局（電気通信業務を行うことを目的とするものを除く。）の免許を受けようとする者は、第一項の書類に、同項に掲げる事項のほか、その航空機に関する前項第一号から第六号までに掲げる事項を併せて記載しなければならない。
6　人工衛星局の免許を受けようとする者は、第一項又は第二項の書類にそれらの規定に掲げる事項のほか、その人工衛星の打上げ予定時期及び使用可能期間並びにその人工衛星局の目的を遂行できる人工衛星の位置の範囲を併せて記載しなければならない。
7　次に掲げる無線局（総務省令で定めるものを除く。）であつて総務大臣が公示する周波数を使用するものの免許の申請は、総務大臣が公示する期間内に行わなければならない。
一　電気通信業務を行うことを目的として陸上に開設する移動する無線局（一又は二以上の都道府県の区域の全部を含む区域をその移動範囲とするものに限る。）
二　電気通信業務を行うことを目的として陸上に開設する移動しない無線局であつて、前号に掲げる無線局を通信の相手方とするもの
三　電気通信業務を行うことを目的として開設する人工衛星局
四　放送をする無線局
8　前項の期間は、一月を下らない範囲内で周波数ごとに定めるものとし、同項の規定による期間の公示は、免許を受ける無線局の無線設備の設置場所とすることができる区域の範囲その他免許の申請に資する事項を併せ行うものとする。

【六十九次改正】

電気通信役務利用放送法（平成十三年六月二十九日法律第八十五号）附則第五条

第六条第二項中「放送をする無線局」の下に「（電気通信業務を行うことを目的とするものを除く。第七項第四号、次条第二項第二号及び第四号並びに第三項、第十四条第三項並びに第十七条第一項において同じ。）」を加える。

（免許の申請）

第六条　無線局の免許を受けようとする者は、申請書に、次に掲げる事項を記載した書類を添えて、総務大臣に提出しなければならない。

一　目的

二　開設を必要とする理由

三　通信の相手方及び通信事項

四　無線設備の設置場所（移動する無線局のうち、人工衛星局についてはその人工衛星の軌道又は位置、人工衛星局、船舶の無線局、船舶地球局（電気通信業務を行うことを目的として船舶に開設する無線局であつて、人工衛星局の中継により無線通信を行うものをいう。以下同じ。）、航空機の無線局（人工衛星局の中継によつてのみ無線通信を行うものを除く。第四項において同じ。）及び航空機地球局（航空機に開設する無線局であつて、人工衛星局の中継によつてのみ無線通信を行うもの（実験無線局及びアマチュア無線局を除く。）をいう。以下同じ。）以外のものについては移動範囲。第十八条を除き、以下同じ。）

五　電波の型式並びに希望する周波数の範囲及び空中線電力

六　希望する運用許容時間（運用することができる時間をいう。以下同じ。）

七　無線設備（第三十条及び第三十二条の規定により備え付けなければならない設備を含む。次項第二号、第十条第一項、第十二条、第十七条、第十八条、第二十四条の二第一項、第七十三条第一項ただし書及び第五項並びに第百二条の十八第一項において同じ。）の工事設計及び工事落成の予定期日

八　運用開始の予定期日

2　放送をする無線局（電気通信業務を行うことを目的とするものを除く。第七項第四号、次条第二項第二号及び第四号並びに第三項、第十四条第三項並びに第十七条第一項において同じ。）の免許を受けようとする者は、前項の規定にかかわらず、申請書に、次に掲げる事項を記載した書類を添えて、総務大臣に提出しなければならない。

一　前項第一号、第二号及び第四号から第八号までに掲げる事項

二　無線設備の工事費及び無線局の運用費の支弁方法

三　事業計画及び事業収支見積

四　放送事項

五　放送区域

3　船舶局（船舶の無線局のうち、無線設備が遭難自動通報設備又はレーダーのみのもの以外のものをいう。以下同じ。）の免許を受けようとする者は、第一項の書類に、同項に掲げる事項のほか、次に掲げる事項を併せて記載しなければならない。

一　その船舶に関する次の事項

イ　所有者

ロ　用途

ハ　総トン数

ニ　航行区域

ホ　主たる停泊港

ヘ　信号符字

ト　旅客船であるときは、旅客定員

チ　国際航海に従事する船舶であるときは、その旨

リ　船舶安全法第四条第一項ただし書の規定により無線電信又は無線電話の施設を免除された船舶であるときは、その旨

二　第三十五条の規定による措置をとらなければならない船舶局であるときは、そのとることとした措置

4　航空機局（航空機の無線局のうち、無線設備がレーダーのみのもの以外のものをいう。以下同じ。）の免許を受けようとする者は、第一項の書類に、同項に掲げる事項のほか、その航空機に関する次に掲げる事項を併せて記載しなければならない。

一　所有者

二　用途

三　型式

四　航行区域

五　定置場

六　登録記号

七　航空法第六十条の規定により無線設備を設置しなければならない航空機であるときは、その旨

5　航空機地球局（電気通信業務を行うことを目的とするものを除く。）の免許を受けようとする者は、第一項の書類に、同項に掲げる事項のほか、その航空機に関する前項第一号から第六号までに掲げる事項を併せて記載しなければならない。

6　人工衛星局の免許を受けようとする者は、第一項又は第二項の書類にそれらの規定に掲げる事項のほか、その人工衛星の打上げ予定時期及び使用可能期間並びにその人工衛星局の目的を遂行できる人工衛星の位置の範囲を併せて記載しなければならない。

7　次に掲げる無線局（総務省令で定めるものを除く。）であつて総務大臣が公示する周波数を使用するものの免許の申請は、総務大臣が公示する期間内に行わなければならない。

一　電気通信業務を行うことを目的として陸上に開設する移動する無線局（一又は二以上の都道府県の区域の全部を含む区域をその移動範囲とするものに限る。）

二　電気通信業務を行うことを目的として陸上に開設する移動しない無線局であつて、前号に掲げる無線局を通信の相手方とするもの

三　電気通信業務を行うことを目的として開設する人工衛星局

四　放送をする無線局

8　前項の期間は、一月を下らない範囲内で周波数ごとに定めるものとし、同項の規定による期間の公示は、免許を受ける無線局の無線設備の設置場所とすることができる区域の範囲その他免許の申請に資する事項を併せ行うものとする。

【七十三次改正】

電波法の一部を改正する法律（平成十五年六月六日法律第六十八号）

第六条第一項第七号中「第二十四条の二第一項」を「第二十四条の二第四項」に改める。

（免許の申請）

第六条　無線局の免許を受けようとする者は、申請書に、次に掲げる事項を記載した書類を添えて、総務大臣に提出しなければならない。

一　目的

二　開設を必要とする理由

三　通信の相手方及び通信事項

四　無線設備の設置場所（移動する無線局のうち、人工衛星局についてはその人工衛星の軌道又は位置、人工衛星局、船舶の無線局、船舶地球局（電気通信業務を行うことを目的として船舶に開設する無線局であつて、人工衛星局の中継

により無線通信を行うものをいう。以下同じ。）、航空機の無線局（人工衛星局の中継によつてのみ無線通信を行うものを除く。第四項において同じ。）及び航空機地球局（航空機に開設する無線局であつて、人工衛星局の中継によつてのみ無線通信を行うもの（実験無線局及びアマチュア無線局を除く。）をいう。以下同じ。）以外のものについては移動範囲。第十八条を除き、以下同じ。）

五　電波の型式並びに希望する周波数の範囲及び空中線電力

六　希望する運用許容時間（運用することができる時間をいう。以下同じ。）

七　無線設備（第三十条及び第三十二条の規定により備え付けなければならない設備を含む。次項第二号、第十条第一項、第十二条、第十七条、第十八条、第二十四条の二第四項、第七十三条第一項ただし書及び第五項並びに第百二条の十八第一項において同じ。）の工事設計及び工事落成の予定期日

八　運用開始の予定期日

2　放送をする無線局（電気通信業務を行うことを目的とするものを除く。第七項第四号、次条第二項第二号及び第四号並びに第三項、第十四条第三項並びに第十七条第一項において同じ。）の免許を受けようとする者は、前項の規定にかかわらず、申請書に、次に掲げる事項を記載した書類を添えて、総務大臣に提出しなければならない。

一　前項第一号、第二号及び第四号から第八号までに掲げる事項

二　無線設備の工事費及び無線局の運用費の支弁方法

三　事業計画及び事業収支見積

四　放送事項

五　放送区域

3　船舶局（船舶の無線局のうち、無線設備が遭難自動通報設備又はレーダーのみのもの以外のものをいう。以下同じ。）の免許を受けようとする者は、第一項の書類に、同項に掲げる事項のほか、次に掲げる事項を併せて記載しなければならない。

一　その船舶に関する次の事項

イ　所有者

ロ　用途

ハ　総トン数

ニ　航行区域

ホ　主たる停泊港

ヘ　信号符字

ト　旅客船であるときは、旅客定員

チ　国際航海に従事する船舶であるときは、その旨

リ　船舶安全法第四条第一項ただし書の規定により無線電信又は無線電話の施設を免除された船舶であるときは、その旨

二　第三十五条の規定による措置をとらなければならない船舶局であるときは、そのとることとした措置

4　航空機局（航空機の無線局のうち、無線設備がレーダーのみのもの以外のものをいう。以下同じ。）の免許を受けようとする者は、第一項の書類に、同項に掲げる事項のほか、その航空機に関する次に掲げる事項を併せて記載しなければならない。

一　所有者

二　用途

三　型式

四　航行区域

五　定置場

六　登録記号

七　航空法第六十条の規定により無線設備を設置しなければならない航空機で

あるときは、その旨

5　航空機地球局（電気通信業務を行うことを目的とするものを除く。）の免許を受けようとする者は、第一項の書類に、同項に掲げる事項のほか、その航空機に関する前項第一号から第六号までに掲げる事項を併せて記載しなければならない。

6　人工衛星局の免許を受けようとする者は、第一項又は第二項の書類にそれらの規定に掲げる事項のほか、その人工衛星の打上げ予定時期及び使用可能期間並びにその人工衛星局の目的を遂行できる人工衛星の位置の範囲を併せて記載しなければならない。

7　次に掲げる無線局（総務省令で定めるものを除く。）であつて総務大臣が公示する周波数を使用するものの免許の申請は、総務大臣が公示する期間内に行わなければならない。

一　電気通信業務を行うことを目的として陸上に開設する移動する無線局（一又は二以上の都道府県の区域の全部を含む区域をその移動範囲とするものに限る。）

二　電気通信業務を行うことを目的として陸上に開設する移動しない無線局であつて、前号に掲げる無線局を通信の相手方とするもの

三　電気通信業務を行うことを目的として開設する人工衛星局

四　放送をする無線局

8　前項の期間は、一月を下らない範囲内で周波数ごとに定めるものとし、同項の規定による期間の公示は、免許を受ける無線局の無線設備の設置場所とすることができる区域の範囲その他免許の申請に資する事項を併せ行うものとする。

【　八十四次改正　】

放送法等の一部を改正する法律（平成十九年十二月二十八日法律第百三十六号）第二条

第六条第一項第四号中「実験無線局」を「実験等無線局」に改め、同項に次の一号を加える。

（追加された第一項第九号の規定は、後掲の条文の通り。）

第六条第二項中「次条第二項第二号及び第四号」を「次条第二項第二号及び第五号」に改め、同項に次の一号を加える。

（追加された第二項第六号の規定は、後掲の条文の通り。）

（免許の申請）

第六条　無線局の免許を受けようとする者は、申請書に、次に掲げる事項を記載した書類を添えて、総務大臣に提出しなければならない。

一　目的

二　開設を必要とする理由

三　通信の相手方及び通信事項

四　無線設備の設置場所（移動する無線局のうち、人工衛星局についてはその人工衛星の軌道又は位置、人工衛星局、船舶の無線局、船舶地球局（電気通信業務を行うことを目的として船舶に開設する無線局であつて、人工衛星局の中継により無線通信を行うものをいう。以下同じ。）、航空機の無線局（人工衛星局の中継によつてのみ無線通信を行うものを除く。第四項において同じ。）及び航空機地球局（航空機に開設する無線局であつて、人工衛星局の中継によつてのみ無線通信を行うもの（実験等無線局及びアマチュア無線局を除く。）をいう。以下同じ。）以外のものについては移動範囲。第十八条を除き、以下同じ。）

五　電波の型式並びに希望する周波数の範囲及び空中線電力

六　希望する運用許容時間（運用することができる時間をいう。以下同じ。）

七　無線設備（第三十条及び第三十二条の規定により備え付けなければならない設備を含む。次項第二号、第十条第一項、第十二条、第十七条、第十八条、第二十四条の二第四項、第七十三条第一項ただし書及び第五項並びに第百二条の十八第一項において同じ。）の工事設計及び工事落成の予定期日

八　運用開始の予定期日

九　他の無線局の第十四条第二項第二号の免許人又は第二十七条の二十三第一項の登録人（以下「免許人等」という。）との間で混信その他の妨害を防止するために必要な措置に関する契約を締結しているときは、その契約の内容

2　放送をする無線局（電気通信業務を行うことを目的とするものを除く。第七項第四号、次条第二項第二号及び第五号並びに第三項、第十四条第三項並びに第十七条第一項において同じ。）の免許を受けようとする者は、前項の規定にかかわらず、申請書に、次に掲げる事項を記載した書類を添えて、総務大臣に提出しなければならない。

一　前項第一号、第二号及び第四号から第八号までに掲げる事項

二　無線設備の工事費及び無線局の運用費の支弁方法

三　事業計画及び事業収支見積

四　放送事項

五　放送区域

六　他の無線局の免許人等との間で混信その他の妨害を防止するために必要な措置に関する契約を締結しているときは、その契約の内容

3　船舶局（船舶の無線局のうち、無線設備が遭難自動通報設備又はレーダーのみのもの以外のものをいう。以下同じ。）の免許を受けようとする者は、第一項の書類に、同項に掲げる事項のほか、次に掲げる事項を併せて記載しなければならない。

一　その船舶に関する次の事項

イ　所有者

ロ　用途

ハ　総トン数

ニ　航行区域

ホ　主たる停泊港

ヘ　信号符字

ト　旅客船であるときは、旅客定員

チ　国際航海に従事する船舶であるときは、その旨

リ　船舶安全法第四条第一項ただし書の規定により無線電信又は無線電話の施設を免除された船舶であるときは、その旨

二　第三十五条の規定による措置をとらなければならない船舶局であるときは、そのとることとした措置

4　航空機局（航空機の無線局のうち、無線設備がレーダーのみのもの以外のものをいう。以下同じ。）の免許を受けようとする者は、第一項の書類に、同項に掲げる事項のほか、その航空機に関する次に掲げる事項を併せて記載しなければならない。

一　所有者

二　用途

三　型式

四　航行区域

五　定置場

六　登録記号

七　航空法第六十条の規定により無線設備を設置しなければならない航空機であるときは、その旨

5　航空機地球局（電気通信業務を行うことを目的とするものを除く。）の免許を

受けようとする者は、第一項の書類に、同項に掲げる事項のほか、その航空機に関する前項第一号から第六号までに掲げる事項を併せて記載しなければならない。

6　人工衛星局の免許を受けようとする者は、第一項又は第二項の書類にそれらの規定に掲げる事項のほか、その人工衛星の打上げ予定時期及び使用可能期間並びにその人工衛星局の目的を遂行できる人工衛星の位置の範囲を併せて記載しなければならない。

7　次に掲げる無線局（総務省令で定めるものを除く。）であつて総務大臣が公示する周波数を使用するものの免許の申請は、総務大臣が公示する期間内に行わなければならない。

一　電気通信業務を行うことを目的として陸上に開設する移動する無線局（一又は二以上の都道府県の区域の全部を含む区域をその移動範囲とするものに限る。）

二　電気通信業務を行うことを目的として陸上に開設する移動しない無線局であつて、前号に掲げる無線局を通信の相手方とするもの

三　電気通信業務を行うことを目的として開設する人工衛星局

四　放送をする無線局

8　前項の期間は、一月を下らない範囲内で周波数ごとに定めるものとし、同項の規定による期間の公示は、免許を受ける無線局の無線設備の設置場所とすることができる区域の範囲その他免許の申請に資する事項を併せ行うものとする。

【八十八次改正】

電波法及び放送法の一部を改正する法律（**平成二十一年四月二十四日法律第二十二号**）**第一条**

第六条第一項第七号中「第二十四条の二第四項」の下に「、第二十七条の十三第二項第七号」を加える。

（免許の申請）

第六条　無線局の免許を受けようとする者は、申請書に、次に掲げる事項を記載した書類を添えて、総務大臣に提出しなければならない。

一　目的

二　開設を必要とする理由

三　通信の相手方及び通信事項

四　無線設備の設置場所（移動する無線局のうち、人工衛星局についてはその人工衛星の軌道又は位置、人工衛星局、船舶の無線局、船舶地球局（電気通信業務を行うことを目的として船舶に開設する無線局であつて、人工衛星局の中継により無線通信を行うものをいう。以下同じ。）、航空機の無線局（人工衛星局の中継によつてのみ無線通信を行うものを除く。第四項において同じ。）及び航空機地球局（航空機に開設する無線局であつて、人工衛星局の中継によつてのみ無線通信を行うもの（実験等無線局及びアマチュア無線局を除く。）をいう。以下同じ。）以外のものについては移動範囲。第十八条を除き、以下同じ。）

五　電波の型式並びに希望する周波数の範囲及び空中線電力

六　希望する運用許容時間（運用することができる時間をいう。以下同じ。）

七　無線設備（第三十条及び第三十二条の規定により備え付けなければならない設備を含む。次項第二号、第十条第一項、第十二条、第十七条、第十八条、第二十四条の二第四項、第二十七条の十三第二項第七号、第七十三条第一項ただし書及び第五項並びに第百二条の十八第一項において同じ。）の工事設計及び工事落成の予定期日

八　運用開始の予定期日

九　他の無線局の第十四条第二項第二号の免許人又は第二十七条の二十三第一項の登録人（以下「免許人等」という。）との間で混信その他の妨害を防止するために必要な措置に関する契約を締結しているときは、その契約の内容

2　放送をする無線局（電気通信業務を行うことを目的とするものを除く。第七項第四号、次条第二項第二号及び第五号並びに第三項、第十四条第三項並びに第十七条第一項において同じ。）の免許を受けようとする者は、前項の規定にかかわらず、申請書に、次に掲げる事項を記載した書類を添えて、総務大臣に提出しなければならない。

一　前項第一号、第二号及び第四号から第八号までに掲げる事項

二　無線設備の工事費及び無線局の運用費の支弁方法

三　事業計画及び事業収支見積

四　放送事項

五　放送区域

六　他の無線局の免許人等との間で混信その他の妨害を防止するために必要な措置に関する契約を締結しているときは、その契約の内容

3　船舶局（船舶の無線局のうち、無線設備が遭難自動通報設備又はレーダーのみのもの以外のものをいう。以下同じ。）の免許を受けようとする者は、第一項の書類に、同項に掲げる事項のほか、次に掲げる事項を併せて記載しなければならない。

一　その船舶に関する次の事項

イ　所有者

ロ　用途

ハ　総トン数

ニ　航行区域

ホ　主たる停泊港

ヘ　信号符字

ト　旅客船であるときは、旅客定員

チ　国際航海に従事する船舶であるときは、その旨

リ　船舶安全法第四条第一項ただし書の規定により無線電信又は無線電話の施設を免除された船舶であるときは、その旨

二　第三十五条の規定による措置をとらなければならない船舶局であるときは、そのとることとした措置

4　航空機局（航空機の無線局のうち、無線設備がレーダーのみのもの以外のものをいう。以下同じ。）の免許を受けようとする者は、第一項の書類に、同項に掲げる事項のほか、その航空機に関する次に掲げる事項を併せて記載しなければならない。

一　所有者

二　用途

三　型式

四　航行区域

五　定置場

六　登録記号

七　航空法第六十条の規定により無線設備を設置しなければならない航空機であるときは、その旨

5　航空機地球局（電気通信業務を行うことを目的とするものを除く。）の免許を受けようとする者は、第一項の書類に、同項に掲げる事項のほか、その航空機に関する前項第一号から第六号までに掲げる事項を併せて記載しなければならない。

6　人工衛星局の免許を受けようとする者は、第一項又は第二項の書類にそれらの規定に掲げる事項のほか、その人工衛星の打上げ予定時期及び使用可能期間並び

にその人工衛星局の目的を遂行できる人工衛星の位置の範囲を併せて記載しなければならない。

7 次に掲げる無線局（総務省令で定めるものを除く。）であつて総務大臣が公示する周波数を使用するものの免許の申請は、総務大臣が公示する期間内に行わなければならない。

一 電気通信業務を行うことを目的として陸上に開設する移動する無線局（一又は二以上の都道府県の区域の全部を含む区域をその移動範囲とするものに限る。）

二 電気通信業務を行うことを目的として陸上に開設する移動しない無線局であつて、前号に掲げる無線局を通信の相手方とするもの

三 電気通信業務を行うことを目的として開設する人工衛星局

四 放送をする無線局

8 前項の期間は、一月を下らない範囲内で周波数ごとに定めるものとし、同項の規定による期間の公示は、免許を受ける無線局の無線設備の設置場所とすることができる区域の範囲その他免許の申請に資する事項を併せ行うものとする。

【八十九次改正】

放送法等の一部を改正する法律（平成二十二年十二月三日法律第六十五号）第三条

> 第六条第一項第七号中「第二十七条の十三第二項第七号」の下に「、第三十八条の二第一項、第七十一条の五」を加える。

（免許の申請）

第六条 無線局の免許を受けようとする者は、申請書に、次に掲げる事項を記載した書類を添えて、総務大臣に提出しなければならない。

一 目的

二 開設を必要とする理由

三 通信の相手方及び通信事項

四 無線設備の設置場所（移動する無線局のうち、人工衛星局についてはその人工衛星の軌道又は位置、人工衛星局、船舶の無線局、船舶地球局（電気通信業務を行うことを目的として船舶に開設する無線局であつて、人工衛星局の中継により無線通信を行うものをいう。以下同じ。）、航空機の無線局（人工衛星局の中継によつてのみ無線通信を行うものを除く。第四項において同じ。）及び航空機地球局（航空機に開設する無線局であつて、人工衛星局の中継によつてのみ無線通信を行うもの（実験等無線局及びアマチュア無線局を除く。）をいう。以下同じ。）以外のものについては移動範囲。第十八条を除き、以下同じ。）

五 電波の型式並びに希望する周波数の範囲及び空中線電力

六 希望する運用許容時間（運用することができる時間をいう。以下同じ。）

七 無線設備（第三十条及び第三十二条の規定により備え付けなければならない設備を含む。次項第二号、第十条第一項、第十二条、第十七条、第十八条、第二十四条の二第四項、第二十七条の十三第二項第七号、第三十八条の二第一項、第七十一条の五、第七十三条第一項ただし書及び第五項並びに第百二条の十八第一項において同じ。）の工事設計及び工事落成の予定期日

八 運用開始の予定期日

九 他の無線局の第十四条第二項第二号の免許人又は第二十七条の二十三第一項の登録人（以下「免許人等」という。）との間で混信その他の妨害を防止するために必要な措置に関する契約を締結しているときは、その契約の内容

2 放送をする無線局（電気通信業務を行うことを目的とするものを除く。第七項第四号、次条第二項第二号及び第五号並びに第三項、第十四条第三項並びに第十七条第一項において同じ。）の免許を受けようとする者は、前項の規定にかかわ

らず、申請書に、次に掲げる事項を記載した書類を添えて、総務大臣に提出しなければならない。

一　前項第一号、第二号及び第四号から第八号までに掲げる事項

二　無線設備の工事費及び無線局の運用費の支弁方法

三　事業計画及び事業収支見積

四　放送事項

五　放送区域

六　他の無線局の免許人等との間で混信その他の妨害を防止するために必要な措置に関する契約を締結しているときは、その契約の内容

3　船舶局（船舶の無線局のうち、無線設備が遭難自動通報設備又はレーダーのみのもの以外のものをいう。以下同じ。）の免許を受けようとする者は、第一項の書類に、同項に掲げる事項のほか、次に掲げる事項を併せて記載しなければならない。

一　その船舶に関する次の事項

イ　所有者

ロ　用途

ハ　総トン数

ニ　航行区域

ホ　主たる停泊港

ヘ　信号符字

ト　旅客船であるときは、旅客定員

チ　国際航海に従事する船舶であるときは、その旨

リ　船舶安全法第四条第一項ただし書の規定により無線電信又は無線電話の施設を免除された船舶であるときは、その旨

二　第三十五条の規定による措置をとらなければならない船舶局であるときは、そのとることとした措置

4　航空機局（航空機の無線局のうち、無線設備がレーダーのみのもの以外のものをいう。以下同じ。）の免許を受けようとする者は、第一項の書類に、同項に掲げる事項のほか、その航空機に関する次に掲げる事項を併せて記載しなければならない。

一　所有者

二　用途

三　型式

四　航行区域

五　定置場

六　登録記号

七　航空法第六十条の規定により無線設備を設置しなければならない航空機であるときは、その旨

5　航空機地球局（電気通信業務を行うことを目的とするものを除く。）の免許を受けようとする者は、第一項の書類に、同項に掲げる事項のほか、その航空機に関する前項第一号から第六号までに掲げる事項を併せて記載しなければならない。

6　人工衛星局の免許を受けようとする者は、第一項又は第二項の書類にそれらの規定に掲げる事項のほか、その人工衛星の打上げ予定時期及び使用可能期間並びにその人工衛星局の目的を遂行できる人工衛星の位置の範囲を併せて記載しなければならない。

7　次に掲げる無線局（総務省令で定めるものを除く。）であつて総務大臣が公示する周波数を使用するものの免許の申請は、総務大臣が公示する期間内に行わなければならない。

一　電気通信業務を行うことを目的として陸上に開設する移動する無線局（一又

は二以上の都道府県の区域の全部を含む区域をその移動範囲とするものに限る。）

二　電気通信業務を行うことを目的として陸上に開設する移動しない無線局であつて、前号に掲げる無線局を通信の相手方とするもの

三　電気通信業務を行うことを目的として開設する人工衛星局

四　放送をする無線局

８　前項の期間は、一月を下らない範囲内で周波数ごとに定めるものとし、同項の規定による期間の公示は、免許を受ける無線局の無線設備の設置場所とすることができる区域の範囲その他免許の申請に資する事項を併せ行うものとする。

【九十一次改正】

放送法等の一部を改正する法律（平成二十二年十二月三日法律第六十五号）第四条

第六条第一項第一号中「目的」の下に「（二以上の目的を有する無線局であつて、その目的に主たるものと従たるものの区別がある場合にあつては、その主従の区別を含む。）」を加え、同項第四号中「人工衛星局については」を「人工衛星の無線局（以下「人工衛星局」という。）については」に改め、同項第七号中「次項第二号」を「次項第三号」に、「及び第五項」を「、第三項及び第六項」に改め、同条第二項中「放送をする無線局（電気通信業務を行うことを目的とするものを除く。第七項第四号、次条第二項第二号及び第五号並びに第三項、第十四条第三項並びに第十七条第一項において同じ」を「基幹放送局（基幹放送をする無線局をいい、当該基幹放送に加えて基幹放送以外の無線通信の送信をするものを含む。以下同じ」に改め、「次に掲げる事項」の下に「（自己の地上基幹放送の業務に用いる無線局（以下「特定地上基幹放送局」という。）の免許を受けようとする者にあつては次に掲げる事項及び放送事項、地上基幹放送の業務を行うことについて放送法第九十三条第一項の規定により認定を受けようとする者の当該業務に用いられる無線局の免許を受けようとする者にあつては次に掲げる事項及び当該認定を受けようとする者の氏名又は名称）」を加え、同項中第四号を削り、第三号を第四号とし、第二号を第三号とし、同項第一号中「前項第一号、第二号及び第四号から第八号まで」を「前項第二号から第九号まで（基幹放送のみをする無線局にあつては、第三号を除く。）」に改め、同号を同項第二号とし、同項に第一号として次の一号を加える。

（追加された第二項第一号の規定は、後掲の条文の通り。）

第六条第二項第六号を次のように改める。

（改正後の第二項第六号の規定は、後掲の条文の通り。）

第六条第七項第四号を次のように改める。

（改正後の第七項第四号の規定は、後掲の条文の通り。）

第六条第八項中「定めるもの」を「定める期間」に改める。

（免許の申請）

第六条　無線局の免許を受けようとする者は、申請書に、次に掲げる事項を記載した書類を添えて、総務大臣に提出しなければならない。

一　目的（二以上の目的を有する無線局であつて、その目的に主たるものと従たるものの区別がある場合にあつては、その主従の区別を含む。）

二　開設を必要とする理由

三　通信の相手方及び通信事項

四　無線設備の設置場所（移動する無線局のうち、人工衛星の無線局（以下「人工衛星局」という。）については、その人工衛星の軌道又は位置、人工衛星局、船舶の無線局、船舶地球局（電気通信業務を行うことを目的として船舶に開設する無線局であつて、人工衛星局の中継により無線通信を行うものをいう。以下同じ。）、航空機の無線局（人工衛星局の中継によつてのみ無線通信を行う

ものを除く。第四項において同じ。）及び航空機地球局（航空機に開設する無線局であつて、人工衛星局の中継によつてのみ無線通信を行うもの（実験等無線局及びアマチュア無線局を除く。）をいう。以下同じ。）以外のものについては移動範囲。第十八条を除き、以下同じ。）

五　電波の型式並びに希望する周波数の範囲及び空中線電力

六　希望する運用許容時間（運用することができる時間をいう。以下同じ。）

七　無線設備（第三十条及び第三十二条の規定により備え付けなければならない設備を含む。次項第三号、第十条第一項、第十二条、第十七条、第十八条、第二十四条の二第四項、第二十七条の十三第二項第七号、第三十八条の二第一項、第七十一条の五、第七十三条第一項ただし書、第三項及び第六項並びに第百二条の十八第一項において同じ。）の工事設計及び工事落成の予定期日

八　運用開始の予定期日

九　他の無線局の第十四条第二項第二号の免許人又は第二十七条の二十三第一項の登録人（以下「免許人等」という。）との間で混信その他の妨害を防止するために必要な措置に関する契約を締結しているときは、その契約の内容

2　基幹放送局（基幹放送をする無線局をいい、当該基幹放送に加えて基幹放送以外の無線通信の送信をするものを含む。以下同じ。）の免許を受けようとする者は、前項の規定にかかわらず、申請書に、次に掲げる事項（自己の地上基幹放送の業務に用いる無線局（以下「特定地上基幹放送局」という。）の免許を受けようとする者にあつては次に掲げる事項及び放送事項、地上基幹放送の業務を行うことについて放送法第九十三条第一項の規定により認定を受けようとする者の当該業務に用いられる無線局の免許を受けようとする者にあつては次に掲げる事項及び当該認定を受けようとする者の氏名又は名称）を記載した書類を添えて、総務大臣に提出しなければならない。

一　目的

二　前項第二号から第九号まで（基幹放送のみをする無線局にあつては、第三号を除く。）に掲げる事項

三　無線設備の工事費及び無線局の運用費の支弁方法

四　事業計画及び事業収支見積

五　放送区域

六　基幹放送の業務に用いられる電気通信設備（電気通信事業法第二条第二号の電気通信設備をいう。以下同じ。）の概要

3　船舶局（船舶の無線局のうち、無線設備が遭難自動通報設備又はレーダーのみのもの以外のものをいう。以下同じ。）の免許を受けようとする者は、第一項の書類に、同項に掲げる事項のほか、次に掲げる事項を併せて記載しなければならない。

一　その船舶に関する次の事項

イ　所有者

ロ　用途

ハ　総トン数

ニ　航行区域

ホ　主たる停泊港

ヘ　信号符字

ト　旅客船であるときは、旅客定員

チ　国際航海に従事する船舶であるときは、その旨

リ　船舶安全法第四条第一項ただし書の規定により無線電信又は無線電話の施設を免除された船舶であるときは、その旨

二　第三十五条の規定による措置をとらなければならない船舶局であるときは、そのとることとした措置

4　航空機局（航空機の無線局のうち、無線設備がレーダーのみのもの以外のもの

をいう。以下同じ。）の免許を受けようとする者は、第一項の書類に、同項に掲げる事項のほか、その航空機に関する次に掲げる事項を併せて記載しなければならない。

一　所有者

二　用途

三　型式

四　航行区域

五　定置場

六　登録記号

七　航空法第六十条の規定により無線設備を設置しなければならない航空機であるときは、その旨

5　航空機地球局（電気通信業務を行うことを目的とするものを除く。）の免許を受けようとする者は、第一項の書類に、同項に掲げる事項のほか、その航空機に関する前項第一号から第六号までに掲げる事項を併せて記載しなければならない。

6　人工衛星局の免許を受けようとする者は、第一項又は第二項の書類にそれらの規定に掲げる事項のほか、その人工衛星の打上げ予定時期及び使用可能期間並びにその人工衛星局の目的を遂行できる人工衛星の位置の範囲を併せて記載しなければならない。

7　次に掲げる無線局（総務省令で定めるものを除く。）であつて総務大臣が公示する周波数を使用するものの免許の申請は、総務大臣が公示する期間内に行わなければならない。

一　電気通信業務を行うことを目的として陸上に開設する移動する無線局（一又は二以上の都道府県の区域の全部を含む区域をその移動範囲とするものに限る。）

二　電気通信業務を行うことを目的として陸上に開設する移動しない無線局であつて、前号に掲げる無線局を通信の相手方とするもの

三　電気通信業務を行うことを目的として開設する人工衛星局

四　基幹放送局

8　前項の期間は、一月を下らない範囲内で周波数ごとに定める期間とし、同項の規定による期間の公示は、免許を受ける無線局の無線設備の設置場所とすることができる区域の範囲その他免許の申請に資する事項を併せ行うものとする。

【百三次改正】

電気通信事業法等の一部を改正する法律（平成二十七年五月二十二日法律第二十六号）第二条

> 第六条第一項第七号中「第二十七条の十三第二項第七号」を「第二十七条の十三第二項第八号」に改める。

（免許の申請）

第六条　無線局の免許を受けようとする者は、申請書に、次に掲げる事項を記載した書類を添えて、総務大臣に提出しなければならない。

一　目的（二以上の目的を有する無線局であつて、その目的に主たるものと従たるものの区別がある場合にあつては、その主従の区別を含む。）

二　開設を必要とする理由

三　通信の相手方及び通信事項

四　無線設備の設置場所（移動する無線局のうち、人工衛星の無線局（以下「人工衛星局」という。）についてはその人工衛星の軌道又は位置、人工衛星局、船舶の無線局、船舶地球局（電気通信業務を行うことを目的として船舶に開設する無線局であつて、人工衛星局の中継により無線通信を行うものをいう。以

下同じ。）、航空機の無線局（人工衛星局の中継によつてのみ無線通信を行うものを除く。第四項において同じ。）及び航空機地球局（航空機に開設する無線局であつて、人工衛星局の中継によつてのみ無線通信を行うもの（実験等無線局及びアマチュア無線局を除く。）をいう。以下同じ。）以外のものについては移動範囲。第十八条を除き、以下同じ。）

五　電波の型式並びに希望する周波数の範囲及び空中線電力

六　希望する運用許容時間（運用することができる時間をいう。以下同じ。）

七　無線設備（第三十条及び第三十二条の規定により備え付けなければならない設備を含む。次項第三号、第十条第一項、第十二条、第十七条、第十八条、第二十四条の二第四項、第二十七条の十三第二項第八号、第三十八条の二第一項、第七十一条の五、第七十三条第一項ただし書、第三項及び第六項並びに第百二条の十八第一項において同じ。）の工事設計及び工事落成の予定期日

八　運用開始の予定期日

九　他の無線局の第十四条第二項第二号の免許人又は第二十七条の二十三第一項の登録人（以下「免許人等」という。）との間で混信その他の妨害を防止するために必要な措置に関する契約を締結しているときは、その契約の内容

2　基幹放送局（基幹放送をする無線局をいい、当該基幹放送に加えて基幹放送以外の無線通信の送信をするものを含む。以下同じ。）の免許を受けようとする者は、前項の規定にかかわらず、申請書に、次に掲げる事項（自己の地上基幹放送の業務に用いる無線局（以下「特定地上基幹放送局」という。）の免許を受けようとする者にあつては次に掲げる事項及び放送事項、地上基幹放送の業務を行うことについて放送法第九十三条第一項の規定により認定を受けようとする者の当該業務に用いられる無線局の免許を受けようとする者にあつては次に掲げる事項及び当該認定を受けようとする者の氏名又は名称）を記載した書類を添えて、総務大臣に提出しなければならない。

一　目的

二　前項第二号から第九号まで（基幹放送のみをする無線局にあつては、第三号を除く。）に掲げる事項

三　無線設備の工事費及び無線局の運用費の支弁方法

四　事業計画及び事業収支見積

五　放送区域

六　基幹放送の業務に用いられる電気通信設備（電気通信事業法第二条第二号の電気通信設備をいう。以下同じ。）の概要

3　船舶局（船舶の無線局のうち、無線設備が遭難自動通報設備又はレーダーのみのもの以外のものをいう。以下同じ。）の免許を受けようとする者は、第一項の書類に、同項に掲げる事項のほか、次に掲げる事項を併せて記載しなければならない。

一　その船舶に関する次の事項

イ　所有者

ロ　用途

ハ　総トン数

ニ　航行区域

ホ　主たる停泊港

ヘ　信号符字

ト　旅客船であるときは、旅客定員

チ　国際航海に従事する船舶であるときは、その旨

リ　船舶安全法第四条第一項ただし書の規定により無線電信又は無線電話の施設を免除された船舶であるときは、その旨

二　第三十五条の規定による措置をとらなければならない船舶局であるときは、そのとることとした措置

4　航空機局（航空機の無線局のうち、無線設備がレーダーのみのもの以外のものをいう。以下同じ。）の免許を受けようとする者は、第一項の書類に、同項に掲げる事項のほか、その航空機に関する次に掲げる事項を併せて記載しなければならない。

一　所有者

二　用途

三　型式

四　航行区域

五　定置場

六　登録記号

七　航空法第六十条の規定により無線設備を設置しなければならない航空機であるときは、その旨

5　航空機地球局（電気通信業務を行うことを目的とするものを除く。）の免許を受けようとする者は、第一項の書類に、同項に掲げる事項のほか、その航空機に関する前項第一号から第六号までに掲げる事項を併せて記載しなければならない。

6　人工衛星局の免許を受けようとする者は、第一項又は第二項の書類にそれらの規定に掲げる事項のほか、その人工衛星の打上げ予定時期及び使用可能期間並びにその人工衛星局の目的を遂行できる人工衛星の位置の範囲を併せて記載しなければならない。

7　次に掲げる無線局（総務省令で定める期間を除く。）であつて総務大臣が公示する周波数を使用するものの免許の申請は、総務大臣が公示する期間内に行わなければならない。

一　電気通信業務を行うことを目的として陸上に開設する移動する無線局（一又は二以上の都道府県の区域の全部を含む区域をその移動範囲とするものに限る。）

二　電気通信業務を行うことを目的として陸上に開設する移動しない無線局であつて、前号に掲げる無線局を通信の相手方とするもの

三　電気通信業務を行うことを目的として開設する人工衛星局

四　基幹放送局

8　前項の期間は、一月を下らない範囲内で周波数ごとに定めるものとし、同項の規定による期間の公示は、免許を受ける無線局の無線設備の設置場所とすることができる区域の範囲その他免許の申請に資する事項を併せ行うものとする。

【百四次改正】

電波法及び電気通信事業法等の一部を改正する法律（平成二十九年五月十二日法律第二十七号）第一条

第六条第一項第四号を次のように改める。

（改正後の第一項第四号の規定は、後掲の条文の通り。）

第六条第一項第七号中「第三十八条の二第一項」の下に「、第七十条の五の二第一項」を加え、同条第三項第一号中「次の」を「次に掲げる」に改め、同条中第八項を第九項とし、第七項を第八項とし、同条第六項中「それら」を「、これら」に改め、同項を同条第七項とし、同条中第五項を第六項とし、第四項を第五項とし、第三項の次に次の一項を加える。

（追加された第四項の規定は、後掲の条文の通り。）

（免許の申請）

第六条　無線局の免許を受けようとする者は、申請書に、次に掲げる事項を記載した書類を添えて、総務大臣に提出しなければならない。

一　目的（二以上の目的を有する無線局であつて、その目的に主たるものと従た

るものの区別がある場合にあつては、その主従の区別を含む。）

二　開設を必要とする理由

三　通信の相手方及び通信事項

四　無線設備の設置場所（移動する無線局のうち、次のイ又はロに掲げるものについては、それぞれイ又はロに定める事項。第十八条第一項を除き、以下同じ。）

イ　人工衛星の無線局（以下「人工衛星局」という。）　その人工衛星の軌道又は位置

ロ　人工衛星局、船舶の無線局（人工衛星局の中継によつてのみ無線通信を行うものを除く。第三項において同じ。）、船舶地球局（船舶に開設する無線局であつて、人工衛星局の中継によつてのみ無線通信を行うもの（実験等無線局及びアマチュア無線局を除く。）をいう。以下同じ。）、航空機の無線局（人工衛星局の中継によつてのみ無線通信を行うものを除く。第五項において同じ。）及び航空機地球局（航空機に開設する無線局であつて、人工衛星局の中継によつてのみ無線通信を行うもの（実験等無線局及びアマチュア無線局を除く。）をいう。以下同じ。）以外の無線局　移動範囲

五　電波の型式並びに希望する周波数の範囲及び空中線電力

六　希望する運用許容時間（運用することができる時間をいう。以下同じ。）

七　無線設備（第三十条及び第三十二条の規定により備え付けなければならない設備を含む。次項第三号、第十条第一項、第十二条、第十七条、第十八条、第二十四条の二第四項、第二十七条の十三第二項第八号、第三十八条の二第一項、第七十条の五の二第一項、第七十一条の五、第七十三条第一項ただし書、第三項及び第六項並びに第百二条の十八第一項において同じ。）の工事設計及び工事落成の予定期日

八　運用開始の予定期日

九　他の無線局の第十四条第二項第二号の免許人又は第二十七条の二十三第一項の登録人（以下「免許人等」という。）との間で混信その他の妨害を防止するために必要な措置に関する契約を締結しているときは、その契約の内容

2　基幹放送局（基幹放送をする無線局をいい、当該基幹放送に加えて基幹放送以外の無線通信の送信をするものを含む。以下同じ。）の免許を受けようとする者は、前項の規定にかかわらず、申請書に、次に掲げる事項（自己の地上基幹放送の業務に用いる無線局（以下「特定地上基幹放送局」という。）の免許を受けようとする者にあつては次に掲げる事項及び放送事項、地上基幹放送の業務を行うことについて放送法第九十三条第一項の規定により認定を受けようとする者の当該業務に用いられる無線局の免許を受けようとする者にあつては次に掲げる事項及び当該認定を受けようとする者の氏名又は名称）を記載した書類を添えて、総務大臣に提出しなければならない。

一　目的

二　前項第二号から第九号まで（基幹放送のみをする無線局にあつては、第三号を除く。）に掲げる事項

三　無線設備の工事費及び無線局の運用費の支弁方法

四　事業計画及び事業収支見積

五　放送区域

六　基幹放送の業務に用いられる電気通信設備（電気通信事業法第二条第二号の電気通信設備をいう。以下同じ。）の概要

3　船舶局（船舶の無線局のうち、無線設備が遭難自動通報設備又はレーダーのみのもの以外のものをいう。以下同じ。）の免許を受けようとする者は、第一項の書類に、同項に掲げる事項のほか、次に掲げる事項を併せて記載しなければならない。

一　その船舶に関する次に掲げる事項

イ　所有者

ロ　用途
ハ　総トン数
ニ　航行区域
ホ　主たる停泊港
ヘ　信号符字
ト　旅客船であるときは、旅客定員
チ　国際航海に従事する船舶であるときは、その旨
リ　船舶安全法第四条第一項ただし書の規定により無線電信又は無線電話の施設を免除された船舶であるときは、その旨

二　第三十五条の規定による措置をとらなければならない船舶局であるときは、そのとることとした措置

4　船舶地球局（電気通信業務を行うことを目的とするものを除く。）の免許を受けようとする者は、第一項の書類に、同項に掲げる事項のほか、その船舶に関する前項第一号イからチまでに掲げる事項を併せて記載しなければならない。

5　航空機局（航空機の無線局のうち、無線設備がレーダーのみのもの以外のものをいう。以下同じ。）の免許を受けようとする者は、第一項の書類に、同項に掲げる事項のほか、その航空機に関する次に掲げる事項を併せて記載しなければならない。

一　所有者
二　用途
三　型式
四　航行区域
五　定置場
六　登録記号
七　航空法第六十条の規定により無線設備を設置しなければならない航空機であるときは、その旨

6　航空機地球局（電気通信業務を行うことを目的とするものを除く。）の免許を受けようとする者は、第一項の書類に、同項に掲げる事項のほか、その航空機に関する前項第一号から第六号までに掲げる事項を併せて記載しなければならない。

7　人工衛星局の免許を受けようとする者は、第一項又は第二項の書類に、これらの規定に掲げる事項のほか、その人工衛星の打上げ予定時期及び使用可能期間並びにその人工衛星局の目的を遂行できる人工衛星の位置の範囲を併せて記載しなければならない。

8　次に掲げる無線局（総務省令で定める期間を除く。）であつて総務大臣が公示する周波数を使用するものの免許の申請は、総務大臣が公示する期間内に行わなければならない。

一　電気通信業務を行うことを目的として陸上に開設する移動する無線局（一又は二以上の都道府県の区域の全部を含む区域をその移動範囲とするものに限る。）
二　電気通信業務を行うことを目的として陸上に開設する移動しない無線局であつて、前号に掲げる無線局を通信の相手方とするもの
三　電気通信業務を行うことを目的として開設する人工衛星局
四　基幹放送局

9　前項の期間は、一月を下らない範囲内で周波数ごとに定めるものとし、同項の規定による期間の公示は、免許を受ける無線局の無線設備の設置場所とすることができる区域の範囲その他免許の申請に資する事項を併せ行うものとする。

［注釈］この改正は、本書収録の基準日である平成二十九年六月十八日において未施行である。

第七条

【制定】

電波法（昭和二十五年五月二日法律第百三十一号）

（申請の審査）

第七条　電波監理委員会は、前条の申請書を受理したときは、遅滞なくその申請が左の各号に適合しているかどうかを審査しなければならない。

一　工事設計が第三章に定める技術基準に適合すること。

二　周波数の割当が可能であること。

三　当該業務を維持するに足りる財政的基礎があること。

四　前三号に掲げるものの外、電波監理委員会規則で定める無線局の開設の根本的基準に合致すること。

2　電波監理委員会は、申請の審査に際し、必要があると認めるときは、申請者に出頭又は資料の提出を求めることができる。

【三次改正】

郵政省設置法の一部改正に伴う関係法令の整理に関する法律（昭和二十七年七月三十一日法律第二百八十号）第二条

　「電波監理委員会規則」を「郵政省令」に改める。

第七章を除き、「電波監理委員会」を「郵政大臣」に改める。

（申請の審査）

第七条　郵政大臣は、前条の申請書を受理したときは、遅滞なくその申請が左の各号に適合しているかどうかを審査しなければならない。

一　工事設計が第三章に定める技術基準に適合すること。

二　周波数の割当が可能であること。

三　当該業務を維持するに足りる財政的基礎があること。

四　前三号に掲げるものの外、郵政省令で定める無線局の開設の根本的基準に合致すること。

2　郵政大臣は、申請の審査に際し、必要があると認めるときは、申請者に出頭又は資料の提出を求めることができる。

【三十九次改正】

放送法及び電波法の一部を改正する法律（昭和六十三年五月六日法律第二十九号）第二条

　第七条第一項中「前条」を「前条第一項」に、「左の」を「次の」に改め、同項第二号中「割当」を「割当て」に改め、同項第四号中「の外」を「のほか」に改め、「無線局」の下に「（放送をするものを除く。）」を加え、同条中第二項を第六項とし、第一項の次に次の四項を加える。

（追加された第二項から第五項までの規定は、後掲の条文の通り。）

（申請の審査）

第七条　郵政大臣は、前条第一項の申請書を受理したときは、遅滞なくその申請が次の各号に適合しているかどうかを審査しなければならない。

一　工事設計が第三章に定める技術基準に適合すること。

二　周波数の割当てが可能であること。

三　当該業務を維持するに足りる財政的基礎があること。

四　前三号に掲げるもののほか、郵政省令で定める無線局（放送をするものを除く。）の開設の根本的基準に合致すること。

2　郵政大臣は、前条第二項の申請書を受理したときは、遅滞なくその申請が次の各号に適合しているかどうかを審査しなければならない。

一　工事設計が第三章に定める技術基準に適合すること。

二　郵政大臣が定める放送用周波数使用計画（放送をする無線局に使用させることのできる周波数及びその周波数の使用に関し必要な事項を定める計画をいう。以下同じ。）に基づき、周波数の割当てが可能であること。

三　当該業務を維持するに足りる財政的基礎があること。

四　前三号に掲げるもののほか、郵政省令で定める放送をする無線局の開設の根本的基準に合致すること。

3　放送用周波数使用計画は、放送法第二条の二第一項の放送普及基本計画に定める同条第二項第三号の放送系の数の目標（次項において「放送系の数の目標」という。）の達成に資することとなるように、第二十六条の規定により作成された表に示される割り当てることが可能である周波数のうち放送をする無線局に係るもの（次項において「放送用割当可能周波数」という。）の範囲内で、混信の防止その他電波の公平かつ能率的な利用を確保するために必要な事項を勘案して定めるものとする。

4　郵政大臣は、放送系の数の目標、放送用割当可能周波数及び前項に規定する混信の防止その他電波の公平かつ能率的な利用を確保するために必要な事項の変更により必要があると認めるときは、放送用周波数使用計画を変更することができる。

5　郵政大臣は、放送用周波数使用計画を定め、又は変更したときは、遅滞なく、これを公示しなければならない。

6　郵政大臣は、申請の審査に際し、必要があると認めるときは、申請者に出頭又は資料の提出を求めることができる。

【四十六次改正】

電波法の一部を改正する法律（平成五年六月十六日法律第七十一号）

第七条第一項第三号を削り、同項第四号中「前三号」を「前二号」に改め、同号を同項第三号とする。

（申請の審査）

第七条　郵政大臣は、前条第一項の申請書を受理したときは、遅滞なくその申請が次の各号に適合しているかどうかを審査しなければならない。

一　工事設計が第三章に定める技術基準に適合すること。

二　周波数の割当てが可能であること。

三　前二号に掲げるもののほか、郵政省令で定める無線局（放送をするものを除く。）の開設の根本的基準に合致すること。

2　郵政大臣は、前条第二項の申請書を受理したときは、遅滞なくその申請が次の各号に適合しているかどうかを審査しなければならない。

一　工事設計が第三章に定める技術基準に適合すること。

二　郵政大臣が定める放送用周波数使用計画（放送をする無線局に使用させることのできる周波数及びその周波数の使用に関し必要な事項を定める計画をいう。以下同じ。）に基づき、周波数の割当てが可能であること。

三　当該業務を維持するに足りる財政的基礎があること。

四　前三号に掲げるもののほか、郵政省令で定める放送をする無線局の開設の根本的基準に合致すること。

3　放送用周波数使用計画は、放送法第二条の二第一項の放送普及基本計画に定める同条第二項第三号の放送系の数の目標（次項において「放送系の数の目標」という。）の達成に資することとなるように、第二十六条の規定により作成された表に示される割り当てることが可能である周波数のうち放送をする無線局に係るもの（次項において「放送用割当可能周波数」という。）の範囲内で、混信の防止その他電波の公平かつ能率的な利用を確保するために必要な事項を勘案して定めるものとする。

4　郵政大臣は、放送系の数の目標、放送用割当可能周波数及び前項に規定する混信の防止その他電波の公平かつ能率的な利用を確保するために必要な事項の変更により必要があると認めるときは、放送用周波数使用計画を変更することができる。

5　郵政大臣は、放送用周波数使用計画を定め、又は変更したときは、遅滞なく、これを公示しなければならない。

6　郵政大臣は、申請の審査に際し、必要があると認めるときは、申請者に出頭又は資料の提出を求めることができる。

【　六十次改正　】

電波法の一部を改正する法律（平成十二年六月二日法律第百九号）

第七条第三項中「第二十六条の規定により作成された表」を「第二十六条第一項に規定する周波数割当計画」に改める。

（申請の審査）

第七条　郵政大臣は、前条第一項の申請書を受理したときは、遅滞なくその申請が次の各号に適合しているかどうかを審査しなければならない。

一　工事設計が第三章に定める技術基準に適合すること。

二　周波数の割当てが可能であること。

三　前二号に掲げるもののほか、郵政省令で定める無線局（放送をするものを除く。）の開設の根本的基準に合致すること。

2　郵政大臣は、前条第二項の申請書を受理したときは、遅滞なくその申請が次の各号に適合しているかどうかを審査しなければならない。

一　工事設計が第三章に定める技術基準に適合すること。

二　郵政大臣が定める放送用周波数使用計画（放送をする無線局に使用させることのできる周波数及びその周波数の使用に関し必要な事項を定める計画をいう。以下同じ。）に基づき、周波数の割当てが可能であること。

三　当該業務を維持するに足りる財政的基礎があること。

四　前三号に掲げるもののほか、郵政省令で定める放送をする無線局の開設の根本的基準に合致すること。

3　放送用周波数使用計画は、放送法第二条の二第一項の放送普及基本計画に定める同条第二項第三号の放送系の数の目標（次項において「放送系の数の目標」という。）の達成に資することとなるように、第二十六条第一項に規定する周波数割当計画に示される割り当てることが可能である周波数のうち放送をする無線局に係るもの（次項において「放送用割当可能周波数」という。）の範囲内で、混信の防止その他電波の公平かつ能率的な利用を確保するために必要な事項を勘案して定めるものとする。

4　郵政大臣は、放送系の数の目標、放送用割当可能周波数及び前項に規定する混信の防止その他電波の公平かつ能率的な利用を確保するために必要な事項の変更により必要があると認めるときは、放送用周波数使用計画を変更することができる。

5　郵政大臣は、放送用周波数使用計画を定め、又は変更したときは、遅滞なく、これを公示しなければならない。

6　郵政大臣は、申請の審査に際し、必要があると認めるときは、申請者に出頭又は資料の提出を求めることができる。

【　六十二次改正　】

中央省庁等改革関係法施行法（平成十一年十二月二十二日法律第百六十号）第百九十三条

> 本則（第九十九条の十二第二項を除く。）中「郵政大臣」を「総務大臣」に、「郵政省令」を「総務省令」に、「通商産業大臣」を「経済産業大臣」に、「建設大臣」を「国土交通大臣」に、「地方電気通信監理局長」を「総合通信局長」に、「沖縄郵政管理事務所長」を「沖縄総合通信事務所長」に改める。

（申請の審査）

第七条　総務大臣は、前条第一項の申請書を受理したときは、遅滞なくその申請が次の各号に適合しているかどうかを審査しなければならない。

一　工事設計が第三章に定める技術基準に適合すること。

二　周波数の割当てが可能であること。

三　前二号に掲げるもののほか、総務省令で定める無線局（放送をするものを除く。）の開設の根本的基準に合致すること。

2　総務大臣は、前条第二項の申請書を受理したときは、遅滞なくその申請が次の各号に適合しているかどうかを審査しなければならない。

一　工事設計が第三章に定める技術基準に適合すること。

二　総務大臣が定める放送用周波数使用計画（放送をする無線局に使用させることのできる周波数及びその周波数の使用に関し必要な事項を定める計画をいう。以下同じ。）に基づき、周波数の割当てが可能であること。

三　当該業務を維持するに足りる財政的基礎があること。

四　前三号に掲げるもののほか、総務省令で定める放送をする無線局の開設の根本的基準に合致すること。

3　放送用周波数使用計画は、放送法第二条の二第一項の放送普及基本計画に定める同条第二項第三号の放送系の数の目標（次項において「放送系の数の目標」という。）の達成に資することとなるように、第二十六条第一項に規定する周波数割当計画に示される割り当てることが可能である周波数のうち放送をする無線局に係るもの（次項において「放送用割当可能周波数」という。）の範囲内で、混信の防止その他電波の公平かつ能率的な利用を確保するために必要な事項を勘案して定めるものとする。

4　総務大臣は、放送系の数の目標、放送用割当可能周波数及び前項に規定する混信の防止その他電波の公平かつ能率的な利用を確保するために必要な事項の変更により必要があると認めるときは、放送用周波数使用計画を変更することができる。

5　総務大臣は、放送用周波数使用計画を定め、又は変更したときは、遅滞なく、これを公示しなければならない。

6　総務大臣は、申請の審査に際し、必要があると認めるときは、申請者に出頭又は資料の提出を求めることができる。

【　六十九次改正　】

電気通信役務利用放送法（平成十三年六月二十九日法律第八十五号）附則第五条

> 第七条第一項中「各号に」を「各号のいずれにも」に改め、同項第三号中「放送をするもの」を「放送をする無線局（電気通信業務を行うことを目的とするものを除く。）」に改める。

（申請の審査）

第七条　総務大臣は、前条第一項の申請書を受理したときは、遅滞なくその申請が次の各号のいずれにも適合しているかどうかを審査しなければならない。

一　工事設計が第三章に定める技術基準に適合すること。

二　周波数の割当てが可能であること。

三　前二号に掲げるもののほか、総務省令で定める無線局（放送をする無線局（電気通信業務を行うことを目的とするものを除く。）を除く。）の開設の根本的基準に合致すること。

2　総務大臣は、前条第二項の申請書を受理したときは、遅滞なくその申請が次の各号に適合しているかどうかを審査しなければならない。

一　工事設計が第三章に定める技術基準に適合すること。

二　総務大臣が定める放送用周波数使用計画（放送をする無線局に使用させることのできる周波数及びその周波数の使用に関し必要な事項を定める計画をいう。以下同じ。）に基づき、周波数の割当てが可能であること。

三　当該業務を維持するに足りる財政的基礎があること。

四　前三号に掲げるもののほか、総務省令で定める放送をする無線局の開設の根本的基準に合致すること。

3　放送用周波数使用計画は、放送法第二条の二第一項の放送普及基本計画に定める同条第二項第三号の放送系の数の目標（次項において「放送系の数の目標」という。）の達成に資することとなるように、第二十六条第一項に規定する周波数割当計画に示される割り当てることが可能である周波数のうち放送をする無線局に係るもの（次項において「放送用割当可能周波数」という。）の範囲内で、混信の防止その他電波の公平かつ能率的な利用を確保するために必要な事項を勘案して定めるものとする。

4　総務大臣は、放送系の数の目標、放送用割当可能周波数及び前項に規定する混信の防止その他電波の公平かつ能率的な利用を確保するために必要な事項の変更により必要があると認めるときは、放送用周波数使用計画を変更することができる。

5　総務大臣は、放送用周波数使用計画を定め、又は変更したときは、遅滞なく、これを公示しなければならない。

6　総務大臣は、申請の審査に際し、必要があると認めるときは、申請者に出頭又は資料の提出を求めることができる。

【　八十四次改正　】

放送法等の一部を改正する法律（平成十九年十二月二十八日法律第百三十六号）第二条

第七条第二項第四号中「前三号」を「前各号」に改め、同号を同項第五号とし、同項第三号次に次の一号を加える。
（追加された第二項第四号の規定は、後掲の条文の通り。）

（申請の審査）

第七条　総務大臣は、前条第一項の申請書を受理したときは、遅滞なくその申請が次の各号のいずれにも適合しているかどうかを審査しなければならない。

一　工事設計が第三章に定める技術基準に適合すること。

二　周波数の割当てが可能であること。

三　前二号に掲げるもののほか、総務省令で定める無線局（放送をする無線局（電気通信業務を行うことを目的とするものを除く。）を除く。）の開設の根本的基準に合致すること。

2　総務大臣は、前条第二項の申請書を受理したときは、遅滞なくその申請が次の各号に適合しているかどうかを審査しなければならない。

一　工事設計が第三章に定める技術基準に適合すること。

二　総務大臣が定める放送用周波数使用計画（放送をする無線局に使用させることのできる周波数及びその周波数の使用に関し必要な事項を定める計画をいう。以下同じ。）に基づき、周波数の割当てが可能であること。
三　当該業務を維持するに足りる財政的基礎があること。
四　総務省令で定める放送による表現の自由享有基準（放送をすることができる機会をできるだけ多くの者に対し確保することにより、放送による表現の自由ができるだけ多くの者によつて享有されるようにするため、申請者に関し必要な事項を定める基準をいう。）に合致すること。
五　前各号に掲げるもののほか、総務省令で定める放送をする無線局の開設の根本的基準に合致すること。

3　放送用周波数使用計画は、放送法第二条の二第一項の放送普及基本計画に定める同条第二項第三号の放送系の数の目標（次項において「放送系の数の目標」という。）の達成に資することとなるように、第二十六条第一項に規定する周波数割当計画に示される割り当てることが可能である周波数のうち放送をする無線局に係るもの（次項において「放送用割当可能周波数」という。）の範囲内で、混信の防止その他電波の公平かつ能率的な利用を確保するために必要な事項を勘案して定めるものとする。

4　総務大臣は、放送系の数の目標、放送用割当可能周波数及び前項に規定する混信の防止その他電波の公平かつ能率的な利用を確保するために必要な事項の変更により必要があると認めるときは、放送用周波数使用計画を変更することができる。

5　総務大臣は、放送用周波数使用計画を定め、又は変更したときは、遅滞なく、これを公示しなければならない。

6　総務大臣は、申請の審査に際し、必要があると認めるときは、申請者に出頭又は資料の提出を求めることができる。

【九十一次改正】

放送法等の一部を改正する法律（平成二十二年十二月三日法律第六十五号）第四条

第七条第一項第三号中「前二号」を「前三号」に、「放送をする無線局（電気通信業務を行うことを目的とするものを除く。）」を「基幹放送局」に改め、同号を同項第四号とし、同項第二号の次に次の一号を加える。
（追加された第一項第三号の規定は、後掲の条文の通り。）

第七条第二項第一号中「適合すること」の下に「及び基幹放送の業務に用いられる電気通信設備が放送法第百二十一条第一項の総務省令で定める技術基準に適合すること」を加え、同項第二号中「放送用周波数使用計画（放送をする無線局」を「基幹放送用周波数使用計画（基幹放送局」に改め、同項第三号中「財政的基礎」を「経理的基礎及び技術的能力」に改め、同項第四号を次のように改める。
（改正後の第二項第四号の規定は、後掲の条文の通り。）

第七条第二項第五号中「放送をする無線局」を「基幹放送局」に改め、同号を同項第七号とし、同項第四号の次に次の二号を加える。
（追加された第二項第五号及び第六号の規定は、後掲の条文の通り。）

第七条第三項中「放送用周波数使用計画」を「基幹放送用周波数使用計画」に、「第二条の二第一項の放送普及基本計画」を「第九十一条第一項の基幹放送普及計画」に、「第二十六条第一項に規定する周波数割当計画に示される割り当てることが可能である周波数のうち放送をする無線局に係るもの（次項において「放送用割当可能周波数」という。）」を「基幹放送用割当可能周波数」に改め、同条第四項中「放送用割当可能周波数」を「基幹放送用割当可能周波数」に、「放送用周波数使用計画」を「基幹放送用周波数使用計画」に改め、同条第五項中「放送用周波数使用計画」を「基幹放送用周波数使用計画」に改める。

（申請の審査）

第七条　総務大臣は、前条第一項の申請書を受理したときは、遅滞なくその申請が次の各号のいずれにも適合しているかどうかを審査しなければならない。

一　工事設計が第三章に定める技術基準に適合すること。

二　周波数の割当てが可能であること。

三　主たる目的及び従たる目的を有する無線局にあつては、その従たる目的の遂行がその主たる目的の遂行に支障を及ぼすおそれがないこと。

四　前三号に掲げるもののほか、総務省令で定める無線局（基幹放送局を除く。）の開設の根本的基準に合致すること。

2　総務大臣は、前条第二項の申請書を受理したときは、遅滞なくその申請が次の各号に適合しているかどうかを審査しなければならない。

一　工事設計が第三章に定める技術基準に適合すること及び基幹放送の業務に用いられる電気通信設備が放送法第百二十一条第一項の総務省令で定める技術基準に適合すること。

二　総務大臣が定める基幹放送用周波数使用計画（基幹放送局に使用させることのできる周波数及びその周波数の使用に関し必要な事項を定める計画をいう。以下同じ。）に基づき、周波数の割当てが可能であること。

三　当該業務を維持するに足りる経理的基礎及び技術的能力があること。

四　特定地上基幹放送局にあつては、次のいずれにも適合すること。

イ　基幹放送の業務に用いられる電気通信設備が放送法第百十一条第一項の総務省令で定める技術基準に適合すること。

ロ　免許を受けようとする者が放送法第九十三条第一項第四号に掲げる要件に該当すること。

ハ　その免許を与えることが放送法第九十一条第一項の基幹放送普及計画に適合することその他放送の普及及び健全な発達のために適切であること。

五　地上基幹放送の業務を行うことについて放送法第九十三条第一項の規定により認定を受けようとする者の当該業務に用いられる無線局にあつては、当該認定を受けようとする者が同項各号に掲げる要件のいずれにも該当すること。

六　基幹放送に加えて基幹放送以外の無線通信の送信をする無線局にあつては、次のいずれにも適合すること。

イ　基幹放送以外の無線通信の送信について、周波数の割当てが可能であること。

ロ　基幹放送以外の無線通信の送信について、前項第四号の総務省令で定める無線局（基幹放送局を除く。）の開設の根本的基準に合致すること。

ハ　基幹放送以外の無線通信の送信をすることが適正かつ確実に基幹放送をすることに支障を及ぼすおそれがないものとして総務省令で定める基準に合致すること。

七　前各号に掲げるもののほか、総務省令で定める基幹放送局の開設の根本的基準に合致すること。

3　基幹放送用周波数使用計画は、放送法第九十一条第一項の基幹放送普及計画に定める同条第二項第三号の放送系の数の目標（次項において「放送系の数の目標」という。）の達成に資することとなるように、基幹放送用割当可能周波数の範囲内で、混信の防止その他電波の公平かつ能率的な利用を確保するために必要な事項を勘案して定めるものとする。

4　総務大臣は、放送系の数の目標、基幹放送用割当可能周波数及び前項に規定する混信の防止その他電波の公平かつ能率的な利用を確保するために必要な事項の変更により必要があると認めるときは、基幹放送用周波数使用計画を変更することができる。

5　総務大臣は、基幹放送用周波数使用計画を定め、又は変更したときは、遅滞なく、これを公示しなければならない。

6　総務大臣は、申請の審査に際し、必要があると認めるときは、申請者に出頭又は資料の提出を求めることができる。

第八条

【制定】

電波法（昭和二十五年五月二日法律第百三十一号）

（予備免許）

第八条　電波監理委員会は、前条の規定により審査した結果、その申請が同条第一項各号に適合していると認めるときは、申請者に対し、左に掲げる事項を指定して、無線局の予備免許を与える。

一　工事落成の期限
二　電波の型式及び周波数
三　呼出符号（標識符号を含む。以下同じ。）又は呼出名称
四　空中線電力
五　運用許容時間

2　電波監理委員会は、予備免許を受けた者から申請があつた場合において、相当と認めるときは、前項第一号の期限を延長することができる。

【三次改正】

郵政省設置法の一部改正に伴う関係法令の整理に関する法律（昭和二十七年七月三十一日法律第二百八十号）第二条

> 第七章を除き、「電波監理委員会」を「郵政大臣」に改める。

（予備免許）

第八条　郵政大臣は、前条の規定により審査した結果、その申請が同条第一項各号に適合していると認めるときは、申請者に対し、左に掲げる事項を指定して、無線局の予備免許を与える。

一　工事落成の期限
二　電波の型式及び周波数
三　呼出符号（標識符号を含む。以下同じ。）又は呼出名称
四　空中線電力
五　運用許容時間

2　郵政大臣は、予備免許を受けた者から申請があつた場合において、相当と認めるときは、前項第一号の期限を延長することができる。

【三十七次改正】

電波法の一部を改正する法律（昭和六十二年六月二日法律第五十五号）

> 第八条第一項中「左に」を「次に」に改め、同項第三号中「含む。以下同じ。）又は呼出名称」を「含む。）、呼出名称その他の郵政省令で定める識別信号（以下「識別信号」という。）」に改める。

（予備免許）

第八条　郵政大臣は、前条の規定により審査した結果、その申請が同条第一項各号に適合していると認めるときは、申請者に対し、次に掲げる事項を指定して、無線局の予備免許を与える。

一　工事落成の期限

二　電波の型式及び周波数
三　呼出符号（標識符号を含む。）、呼出名称その他の郵政省令で定める識別信号（以下「識別信号」という。）
四　空中線電力
五　運用許容時間
2　郵政大臣は、予備免許を受けた者から申請があつた場合において、相当と認めるときは、前項第一号の期限を延長することができる。

【三十九次改正】

放送法及び電波法の一部を改正する法律（昭和六十三年五月六日法律第二十九号）第二条

第八条第一項中「同条第一項各号」の下に「又は第二項各号」を加える。

（予備免許）

第八条　郵政大臣は、前条の規定により審査した結果、その申請が同条第一項各号又は第二項各号に適合していると認めるときは、申請者に対し、次に掲げる事項を指定して、無線局の予備免許を与える。
一　工事落成の期限
二　電波の型式及び周波数
三　呼出符号（標識符号を含む。）、呼出名称その他の郵政省令で定める識別信号（以下「識別信号」という。）
四　空中線電力
五　運用許容時間
2　郵政大臣は、予備免許を受けた者から申請があつた場合において、相当と認めるときは、前項第一号の期限を延長することができる。

【六十二次改正】

中央省庁等改革関係法施行法（平成十一年十二月二十二日法律第百六十号）第百九十三条

本則（第九十九条の十二第二項を除く。）中「郵政大臣」を「総務大臣」に、「郵政省令」を「総務省令」に、「通商産業大臣」を「経済産業大臣」に、「建設大臣」を「国土交通大臣」に、「地方電気通信監理局長」を「総合通信局長」に、「沖縄郵政管理事務所長」を「沖縄総合通信事務所長」に改める。

（予備免許）

第八条　総務大臣は、前条の規定により審査した結果、その申請が同条第一項各号又は第二項各号に適合していると認めるときは、申請者に対し、次に掲げる事項を指定して、無線局の予備免許を与える。
一　工事落成の期限
二　電波の型式及び周波数
三　呼出符号（標識符号を含む。）、呼出名称その他の総務省令で定める識別信号（以下「識別信号」という。）
四　空中線電力
五　運用許容時間
2　総務大臣は、予備免許を受けた者から申請があつた場合において、相当と認めるときは、前項第一号の期限を延長することができる。

第九条

【制定】

電波法（昭和二十五年五月二日法律第百三十一号）

（工事設計の変更）

第九条　前条の予備免許を受けた者は、工事設計を変更しようとするときは、あらかじめ電波監理委員会の許可を受けなければならない。但し、電波監理委員会規則で定める軽微な事項については、この限りでない。

２　前項但書の事項について工事設計を変更したときは、遅滞なくその旨を電波監理委員会に届け出なければならない。

３　第一項の変更は、周波数、電波の型式又は空中線電力に変更をきたすものであつてはならず、且つ、第七条第一項第一号の技術基準に合致するものでなければならない。

【三次改正】

郵政省設置法の一部改正に伴う関係法令の整理に関する法律（昭和二十七年七月三十一日法律第二百八十号）第二条

「電波監理委員会規則」を「郵政省令」に改める。

第七章を除き、「電波監理委員会」を「郵政大臣」に改める。

（工事設計の変更）

第九条　前条の予備免許を受けた者は、工事設計を変更しようとするときは、あらかじめ郵政大臣の許可を受けなければならない。但し、郵政省令で定める軽微な事項については、この限りでない。

２　前項但書の事項について工事設計を変更したときは、遅滞なくその旨を郵政大臣に届け出なければならない。

３　第一項の変更は、周波数、電波の型式又は空中線電力に変更をきたすものであつてはならず、且つ、第七条第一項第一号の技術基準に合致するものでなければならない。

【七次改正】

電波法の一部を改正する法律（昭和三十三年五月六日法律第百四十号）

第九条の見出し中「工事設計」を「工事設計等」に改め、同条に次の一項を加える。

（追加された第四項の規定は、後掲の条文の通り。）

（工事設計等の変更）

第九条　前条の予備免許を受けた者は、工事設計を変更しようとするときは、あらかじめ郵政大臣の許可を受けなければならない。但し、郵政省令で定める軽微な事項については、この限りでない。

２　前項但書の事項について工事設計を変更したときは、遅滞なくその旨を郵政大臣に届け出なければならない。

３　第一項の変更は、周波数、電波の型式又は空中線電力に変更をきたすものであつてはならず、且つ、第七条第一項第一号の技術基準に合致するものでなければならない。

４　前条の予備免許を受けた者は、通信大臣の許可を受けて、通信の相手方、通信事項、放送事項、放送区域又は無線設備の設置場所を変更することができる。

［注釈］改正後の第四項中の「通信大臣」は、この七次改正法附則第三項により、「郵政省の省名が通信省に改められるまでの間は」、「郵政大臣」と読み替えるものと

されている。

【二十三次改正】

電波法の一部を改正する法律（昭和五十四年十二月十八日法律第六十七号）

第九条第四項中「逓信大臣」を「郵政大臣」に改める。

（工事設計等の変更）

第九条　前条の予備免許を受けた者は、工事設計を変更しようとするときは、あらかじめ郵政大臣の許可を受けなければならない。但し、郵政省令で定める軽微な事項については、この限りでない。

２　前項但書の事項について工事設計を変更したときは、遅滞なくその旨を郵政大臣に届け出なければならない。

３　第一項の変更は、周波数、電波の型式又は空中線電力に変更をきたすものであつてはならず、且つ、第七条第一項第一号の技術基準に合致するものでなければならない。

４　前条の予備免許を受けた者は、郵政大臣の許可を受けて、通信の相手方、通信事項、放送事項、放送区域又は無線設備の設置場所を変更することができる。

［注釈］今次改正法附則第四項により、「逓信大臣」を「郵政大臣」と読み替えるための七次改正法附則第三項は、削られた。

【三十九次改正】

放送法及び電波法の一部を改正する法律（昭和六十三年五月六日法律第二十九号）

第二条

第九条第三項中「きたす」を「来す」に、「且つ」を「かつ」に改め、「第七条第一項第一号」の下に「又は第二項第一号」を加える。

（工事設計等の変更）

第九条　前条の予備免許を受けた者は、工事設計を変更しようとするときは、あらかじめ郵政大臣の許可を受けなければならない。但し、郵政省令で定める軽微な事項については、この限りでない。

２　前項但書の事項について工事設計を変更したときは、遅滞なくその旨を郵政大臣に届け出なければならない。

３　第一項の変更は、周波数、電波の型式又は空中線電力に変更を来すものであつてはならず、かつ、第七条第一項第一号又は第二項第一号の技術基準に合致するものでなければならない。

４　前条の予備免許を受けた者は、郵政大臣の許可を受けて、通信の相手方、通信事項、放送事項、放送区域又は無線設備の設置場所を変更することができる。

【六十二次改正】

中央省庁等改革関係法施行法（平成十一年十二月二十二日法律第百六十号）第百九十三条

本則（第九十九条の十二第二項を除く。）中「郵政大臣」を「総務大臣」に、「郵政省令」を「総務省令」に、「通商産業大臣」を「経済産業大臣」に、「建設大臣」を「国土交通大臣」に、「地方電気通信監理局長」を「総合通信局長」に、「沖縄郵政管理事務所長」を「沖縄総合通信事務所長」に改める。

（工事設計等の変更）

第九条　前条の予備免許を受けた者は、工事設計を変更しようとするときは、あらかじめ総務大臣の許可を受けなければならない。但し、総務省令で定める軽微な事項については、この限りでない。

2　前項但書の事項について工事設計を変更したときは、遅滞なくその旨を総務大臣に届け出なければならない。

3　第一項の変更は、周波数、電波の型式又は空中線電力に変更を来すものであってはならず、かつ、第七条第一項第一号又は第二項第一号の技術基準に合致するものでなければならない。

4　前条の予備免許を受けた者は、総務大臣の許可を受けて、通信の相手方、通信事項、放送事項、放送区域又は無線設備の設置場所を変更することができる。

【九十一次改正】

放送法等の一部を改正する法律（平成二十二年十二月三日法律第六十五号）第四条

第九条第三項中「技術基準」の下に「（第三章に定めるものに限る。）」を加え、同条第四項を次のように改める。

（改正後の第四項の規定は、後掲の条文の通り。）

第九条に次の二項を加える。

（追加された第五項及び第六項の規定は、後掲の条文の通り。）

（工事設計等の変更）

第九条　前条の予備免許を受けた者は、工事設計を変更しようとするときは、あらかじめ総務大臣の許可を受けなければならない。但し、総務省令で定める軽微な事項については、この限りでない。

2　前項但書の事項について工事設計を変更したときは、遅滞なくその旨を総務大臣に届け出なければならない。

3　第一項の変更は、周波数、電波の型式又は空中線電力に変更を来すものであってはならず、かつ、第七条第一項第一号又は第二項第一号の技術基準（第三章に定めるものに限る。）に合致するものでなければならない。

4　前条の予備免許を受けた者は、無線局の目的、通信の相手方、通信事項、放送事項、放送区域、無線設備の設置場所又は基幹放送の業務に用いられる電気通信設備を変更しようとするときは、あらかじめ総務大臣の許可を受けなければならない。ただし、次に掲げる事項を内容とする無線局の目的の変更は、これを行うことができない。

一　基幹放送局以外の無線局が基幹放送をすることとすること。

二　基幹放送局が基幹放送をしないこととすること。

5　前項本文の規定にかかわらず、基幹放送の業務に用いられる電気通信設備の変更が総務省令で定める軽微な変更に該当するときは、その変更をした後遅滞なく、その旨を総務大臣に届け出ることをもつて足りる。

6　第五条第一項から第三項までの規定は、無線局の目的の変更に係る第四項の許可に準用する。

第十条

【制定】

電波法（昭和二十五年五月二日法律第百三十一号）

（落成後の検査）

第十条　第八条の予備免許を受けた者は、工事が落成したときは、その旨を電波監理委員会に届け出て、その無線設備並びに無線従事者の資格及び員数について検査を受けなければならない。

【三次改正】

郵政省設置法の一部改正に伴う関係法令の整理に関する法律（昭和二十七年七月三十一日法律第二百八十号）第二条

> 第七章を除き、「電波監理委員会」を「郵政大臣」に改める。

（落成後の検査）
第十条　第八条の予備免許を受けた者は、工事が落成したときは、その旨を郵政大臣に届け出て、その無線設備並びに無線従事者の資格及び員数について検査を受けなければならない。

【七次改正】

電波法の一部を改正する法律（昭和三十三年五月六日法律第百四十号）

> 第十条中「並びに無線従事者の資格及び員数」を「、無線従事者の資格及び員数並びに時計及び書類」に改める。

（落成後の検査）
第十条　第八条の予備免許を受けた者は、工事が落成したときは、その旨を郵政大臣に届け出て、その無線設備、無線従事者の資格及び員数並びに時計及び書類について検査を受けなければならない。

【二十八次改正】

電波法の一部を改正する法律（昭和五十七年六月一日法律第五十九号）

> 第十条中「資格」の下に「（第四十八条の二第一項の船舶局無線従事者証明、第五十条第一項に規定する通信長の要件及び同条第二項に規定する航空機通信長の要件に係るものを含む。第十二条及び第七十三条において同じ。）」を加える。

（落成後の検査）
第十条　第八条の予備免許を受けた者は、工事が落成したときは、その旨を郵政大臣に届け出て、その無線設備、無線従事者の資格（第四十八条の二第一項の船舶局無線従事者証明、第五十条第一項に規定する通信長の要件及び同条第二項に規定する航空機通信長の要件に係るものを含む。第十二条及び第七十三条において同じ。）及び員数並びに時計及び書類について検査を受けなければならない。

【四十一次改正】

電波法の一部を改正する法律（平成元年十一月七日法律第六十七号）

> 第十条中「第四十八条の二第一項」を「第三十九条第三項に規定する主任無線従事者の要件、第四十八条の二第一項」に、「、第五十条第一項」を「及び第五十条第一項」に改め、「及び同条第二項に規定する航空機通信長の要件」を削る。

（落成後の検査）
第十条　第八条の予備免許を受けた者は、工事が落成したときは、その旨を郵政大臣に届け出て、その無線設備、無線従事者の資格（第三十九条第三項に規定する主任無線従事者の要件、第四十八条の二第一項の船舶局無線従事者証明及び第五十条第一項に規定する通信長の要件に係るものを含む。第十二条及び第七十三条において同じ。）及び員数並びに時計及び書類について検査を受けなければならない。

［注釈］右記条文は、平成二年五月一日の施行期日時点のものであり、平成元年十一月七日（公布日）の施行期日時点の条文は、次のとおりである。

（落成後の検査）

第十条　第八条の予備免許を受けた者は、工事が落成したときは、その旨を郵政大臣に届け出て、その無線設備、無線従事者の資格（第四十八条の二第一項の船舶局無線従事者証明及び第五十条第一項に規定する通信長の要件に係るものを含む。第十二条及び第七十三条において同じ。）及び員数並びに時計及び書類について検査を受けなければならない。

【　四十四次改正　】

電波法の一部を改正する法律（平成三年五月二日法律第六十七号）

第十条中「通信長」を「遭難通信責任者」に改める。

（落成後の検査）

第十条　第八条の予備免許を受けた者は、工事が落成したときは、その旨を郵政大臣に届け出て、その無線設備、無線従事者の資格（第三十九条第三項に規定する主任無線従事者の要件、第四十八条の二第一項の船舶局無線従事者証明及び第五十条第一項に規定する遭難通信責任者の要件に係るものを含む。第十二条及び第七十三条において同じ。）及び員数並びに時計及び書類について検査を受けなければならない。

【　五十四次改正　】

電波法の一部を改正する法律（平成九年五月九日法律第四十七号）

第十条中「及び第七十三条」を削り、「書類」の下に「（以下「無線設備等」という。）」を加え、同条に次の一項を加える。
（追加された第二項の規定は、後掲の条文の通り。）

（落成後の検査）

第十条　第八条の予備免許を受けた者は、工事が落成したときは、その旨を郵政大臣に届け出て、その無線設備、無線従事者の資格（第三十九条第三項に規定する主任無線従事者の要件、第四十八条の二第一項の船舶局無線従事者証明及び第五十条第一項に規定する遭難通信責任者の要件に係るものを含む。第十二条において同じ。）及び員数並びに時計及び書類（以下「無線設備等」という。）について検査を受けなければならない。

2　前項の検査は、同項の検査を受けようとする者が、当該検査を受けようとする無線設備等について第二十四条の二第一項の認定を受けた者が郵政省令で定めるところにより行つた当該認定に係る点検の結果を記載した書類を添えて前項の届出をした場合においては、その一部を省略することができる。

【　五十五次改正　】

電気通信分野における規制の合理化のための関係法律の整備等に関する法律（平成十年五月八日法律第五十八号）第三条

第十条第二項及び第十八条第二項中「第二十四条の二第一項」の下に「又は第二十四条の九第一項」を加える。

（落成後の検査）

第十条　第八条の予備免許を受けた者は、工事が落成したときは、その旨を郵政大臣に届け出て、その無線設備、無線従事者の資格（第三十九条第三項に規定する主任無線従事者の要件、第四十八条の二第一項の船舶局無線従事者証明及び第五十条第一項に規定する遭難通信責任者の要件に係るものを含む。第十二条において同じ。）及び員数並びに時計及び書類（以下「無線設備等」という。）について検査を受けなければならない。

2　前項の検査は、同項の検査を受けようとする者が、当該検査を受けようとする無線設備等について第二十四条の二第一項又は第二十四条の九第一項の認定を受けた者が郵政省令で定めるところにより行つた当該認定に係る点検の結果を記載した書類を添えて前項の届出をした場合においては、その一部を省略することができる。

【 六十二次改正 】

中央省庁等改革関係法施行法（平成十一年十二月二十二日法律第百六十号）第百九十三条

> 本則（第九十九条の十二第二項を除く。）中「郵政大臣」を「総務大臣」に、「郵政省令」を「総務省令」に、「通商産業大臣」を「経済産業大臣」に、「建設大臣」を「国土交通大臣」に、「地方電気通信監理局長」を「総合通信局長」に、「沖縄郵政管理事務所長」を「沖縄総合通信事務所長」に改める。

（落成後の検査）

第十条　第八条の予備免許を受けた者は、工事が落成したときは、その旨を総務大臣に届け出て、その無線設備、無線従事者の資格（第三十九条第三項に規定する主任無線従事者の要件、第四十八条の二第一項の船舶局無線従事者証明及び第五十条第一項に規定する遭難通信責任者の要件に係るものを含む。第十二条において同じ。）及び員数並びに時計及び書類（以下「無線設備等」という。）について検査を受けなければならない。

2　前項の検査は、同項の検査を受けようとする者が、当該検査を受けようとする無線設備等について第二十四条の二第一項又は第二十四条の九第一項の認定を受けた者が総務省令で定めるところにより行つた当該認定に係る点検の結果を記載した書類を添えて前項の届出をした場合においては、その一部を省略することができる。

【 七十三次改正 】

電波法の一部を改正する法律（平成十五年六月六日法律第六十八号）

> 第十条第二項中「第二十四条の九第一項の認定」を「第二十四条の十三第一項の登録」に、「認定に」を「登録に」に改める。

（落成後の検査）

第十条　第八条の予備免許を受けた者は、工事が落成したときは、その旨を総務大臣に届け出て、その無線設備、無線従事者の資格（第三十九条第三項に規定する主任無線従事者の要件、第四十八条の二第一項の船舶局無線従事者証明及び第五十条第一項に規定する遭難通信責任者の要件に係るものを含む。第十二条において同じ。）及び員数並びに時計及び書類（以下「無線設備等」という。）について検査を受けなければならない。

2　前項の検査は、同項の検査を受けようとする者が、当該検査を受けようとする無線設備等について第二十四条の二第一項又は第二十四条の十三第一項の登録を受けた者が総務省令で定めるところにより行つた当該登録に係る点検の結果を記載した書類を添えて前項の届出をした場合においては、その一部を省略することができる。

【 九十一次改正 】

放送法等の一部を改正する法律（平成二十二年十二月三日法律第六十五号）第四条

> 第十条第一項中「第十二条」の下に「及び第七十三条第三項」を加える。

（落成後の検査）

第十条　第八条の予備免許を受けた者は、工事が落成したときは、その旨を総務大臣に届け出て、その無線設備、無線従事者の資格（第三十九条第三項に規定する主任無線従事者の要件、第四十八条の二第一項の船舶局無線従事者証明及び第五十条第一項に規定する遭難通信責任者の要件に係るものを含む。第十二条及び第七十三条第三項において同じ。）及び員数並びに時計及び書類（以下「無線設備等」という。）について検査を受けなければならない。

2　前項の検査は、同項の検査を受けようとする者が、当該検査を受けようとする無線設備等について第二十四条の二第一項又は第二十四条の十三第一項の登録を受けた者が総務省令で定めるところにより行つた当該登録に係る点検の結果を記載した書類を添えて前項の届出をした場合においては、その一部を省略することができる。

第十一条

【制定】

電波法（昭和二十五年五月二日法律第百三十一号）

（免許の拒否）

第十一条　第八条第一項第一号の期限（同条第二項の規定による期限の延長があつたときは、その期限）経過後二週間以内に前条の規定による届出がないときは、電波監理委員会は、その無線局の免許を拒否しなければならない。

【三次改正】

郵政省設置法の一部改正に伴う関係法令の整理に関する法律（昭和二十七年七月三十一日法律第二百八十号）第二条

第七章を除き、「電波監理委員会」を「郵政大臣」に改める。

（免許の拒否）

第十一条　第八条第一項第一号の期限（同条第二項の規定による期限の延長があつたときは、その期限）経過後二週間以内に前条の規定による届出がないときは、郵政大臣は、その無線局の免許を拒否しなければならない。

【六十二次改正】

中央省庁等改革関係法施行法（平成十一年十二月二十二日法律第百六十号）第百九十三条

本則（第九十九条の十二第二項を除く。）中「郵政大臣」を「総務大臣」に、「郵政省令」を「総務省令」に、「通商産業大臣」を「経済産業大臣」に、「建設大臣」を「国土交通大臣」に、「地方電気通信監理局長」を「総合通信局長」に、「沖縄郵政管理事務所長」を「沖縄総合通信事務所長」に改める。

（免許の拒否）

第十一条　第八条第一項第一号の期限（同条第二項の規定による期限の延長があつたときは、その期限）経過後二週間以内に前条の規定による届出がないときは、総務大臣は、その無線局の免許を拒否しなければならない。

第十二条

【　制定　】

電波法（昭和二十五年五月二日法律第百三十一号）

（免許の附与）

第十二条　電波監理委員会は、第十条の規定による検査を行つた結果、その無線設備が第六条第一項第七号又は同条第二項第一号の工事設計（第九条の規定による変更があつたときは、変更があつたもの）に合致し、且つ、その無線従事者の資格及び員数が第四十条及び第五十条の規定に違反しないと認めるときは、遅滞なく申請者に対し免許を与えなければならない。

【　三次改正　】

郵政省設置法の一部改正に伴う関係法令の整理に関する法律（昭和二十七年七月三十一日法律第二百八十号）第二条

> 第七章を除き、「電波監理委員会」を「郵政大臣」に改める。

（免許の附与）

第十二条　郵政大臣は、第十条の規定による検査を行つた結果、その無線設備が第六条第一項第七号又は同条第二項第一号の工事設計（第九条の規定による変更があつたときは、変更があつたもの）に合致し、且つ、その無線従事者の資格及び員数が第四十条及び第五十条の規定に違反しないと認めるときは、遅滞なく申請者に対し免許を与えなければならない。

【　七次改正　】

電波法の一部を改正する法律（昭和三十三年五月六日法律第百四十号）

> 第十二条中「第九条」を「第九条第一項」に改め、「第五十条の規定に」の下に「、その時計及び書類が第六十条の規定にそれぞれ」を加える。

（免許の附与）

第十二条　郵政大臣は、第十条の規定による検査を行つた結果、その無線設備が第六条第一項第七号又は同条第二項第一号の工事設計（第九条第一項の規定による変更があつたときは、変更があつたもの）に合致し、且つ、その無線従事者の資格及び員数が第四十条及び第五十条の規定に、その時計及び書類が第六十条の規定にそれぞれ違反しないと認めるときは、遅滞なく申請者に対し免許を与えなければならない。

【　二十八次改正　】

電波法の一部を改正する法律（昭和五十七年六月一日法律第五十九号）

> 第十二条の見出し中「附与」を「付与」に改め、同条中「且つ」を「かつ」に、「第四十条」を「第三十九条、第四十条」に改める。

（免許の付与）

第十二条　郵政大臣は、第十条の規定による検査を行つた結果、その無線設備が第六条第一項第七号又は同条第二項第一号の工事設計（第九条第一項の規定による変更があつたときは、変更があつたもの）に合致し、かつ、その無線従事者の資格及び員数が第三十九条、第四十条及び第五十条の規定に、その時計及び書類が第六十条の規定にそれぞれ違反しないと認めるときは、遅滞なく申請者に対し免許を与えなければならない。

【　四十一次改正　】

電波法の一部を改正する法律（平成元年十一月七日法律第六十七号）

第十二条中「第三十九条」の下に「又は第三十九条の三」を加える

（免許の付与）

第十二条　郵政大臣は、第十条の規定による検査を行つた結果、その無線設備が第六条第一項第七号又は同条第二項第一号の工事設計（第九条第一項の規定による変更があつたときは、変更があつたもの）に合致し、かつ、その無線従事者の資格及び員数が第三十九条又は第三十九条の三、第四十条及び第五十条の規定に、その時計及び書類が第六十条の規定にそれぞれ違反しないと認めるときは、遅滞なく申請者に対し免許を与えなければならない。

【六十二次改正】

中央省庁等改革関係法施行法（平成十一年十二月二十二日法律第百六十号）第百九十三条

本則（第九十九条の十二第二項を除く。）中「郵政大臣」を「総務大臣」に、「郵政省令」を「総務省令」に、「通商産業大臣」を「経済産業大臣」に、「建設大臣」を「国土交通大臣」に、「地方電気通信監理局長」を「総合通信局長」に、「沖縄郵政管理事務所長」を「沖縄総合通信事務所長」に改める。

（免許の付与）

第十二条　総務大臣は、第十条の規定による検査を行つた結果、その無線設備が第六条第一項第七号又は同条第二項第一号の工事設計（第九条第一項の規定による変更があつたときは、変更があつたもの）に合致し、かつ、その無線従事者の資格及び員数が第三十九条又は第三十九条の三、第四十条及び第五十条の規定に、その時計及び書類が第六十条の規定にそれぞれ違反しないと認めるときは、遅滞なく申請者に対し免許を与えなければならない。

【七十三次改正】

電波法の一部を改正する法律（平成十五年六月六日法律第六十八号）

第十二条中「第三十九条の三」を「第三十九条の十三」に改める。

（免許の付与）

第十二条　総務大臣は、第十条の規定による検査を行つた結果、その無線設備が第六条第一項第七号又は同条第二項第一号の工事設計（第九条第一項の規定による変更があつたときは、変更があつたもの）に合致し、かつ、その無線従事者の資格及び員数が第三十九条又は第三十九条の十三、第四十条及び第五十条の規定に、その時計及び書類が第六十条の規定にそれぞれ違反しないと認めるときは、遅滞なく申請者に対し免許を与えなければならない。

【九十一次改正】

放送法等の一部を改正する法律（平成二十二年十二月三日法律第六十五号）第四条

第十二条中「同条第二項第一号」を「同条第二項第二号」に改める。

（免許の付与）

第十二条　総務大臣は、第十条の規定による検査を行つた結果、その無線設備が第六条第一項第七号又は同条第二項第二号の工事設計（第九条第一項の規定による変更があつたときは、変更があつたもの）に合致し、かつ、その無線従事者の資格及び員数が第三十九条又は第三十九条の十三、第四十条及び第五十条の規定に、その時計及び書類が第六十条の規定にそれぞれ違反しないと認めるときは、遅滞なく申請者に対し免許を与えなければならない。

第十三条

【制定】

電波法（昭和二十五年五月二日法律第百三十一号）

（免許の有効期間）

第十三条　免許の有効期間は、免許の日から起算して五年（放送を目的とする無線局については、三年）をこえない範囲内において電波監理委員会規則で定める。但し、再免許を妨げない。

2　船舶安全法第四条（同法第十四条の規定に基く政令において準用する場合を含む。以下同じ。）の船舶及び漁船の操業区域の制限に関する政令（昭和二十四年政令第三百六号）第五条の漁船の船舶無線電信局の免許の有効期間は、前項の規定にかかわらず、無期限とする。

【一次改正】

電波法の一部を改正する法律（昭和二十七年七月三十一日法律第二百四十九号）

> 第十三条第二項中「船舶及び漁船の操業区域の制限に関する政令（昭和二十四年政令第三百六号）第五条の漁船の船舶無線電信局」を「船舶の船舶局（以下「義務船舶局」という。）及び航空法第六十条に掲げる場合に該当する航空機の航空機局（以下「義務航空機局」という。）」に改める。

（免許の有効期間）

第十三条　免許の有効期間は、免許の日から起算して五年（放送を目的とする無線局については、三年）をこえない範囲内において電波監理委員会規則で定める。但し、再免許を妨げない。

2　船舶安全法第四条（同法第十四条の規定に基く政令において準用する場合を含む。以下同じ。）の船舶の船舶局（以下「義務船舶局」という。）及び航空法第六十条に掲げる場合に該当する航空機の航空機局（以下「義務航空機局」という。）の免許の有効期間は、前項の規定にかかわらず、無期限とする。

【三次改正】

郵政省設置法の一部改正に伴う関係法令の整理に関する法律（昭和二十七年七月三十一日法律第二百八十号）第二条

> 「電波監理委員会規則」を「郵政省令」に改める。

（免許の有効期間）

第十三条　免許の有効期間は、免許の日から起算して五年（放送を目的とする無線局については、三年）をこえない範囲内において郵政省令で定める。但し、再免許を妨げない。

2　船舶安全法第四条（同法第十四条の規定に基く政令において準用する場合を含む。以下同じ。）の船舶の船舶局（以下「義務船舶局」という。）及び航空法第六十条に掲げる場合に該当する航空機の航空機局（以下「義務航空機局」という。）の免許の有効期間は、前項の規定にかかわらず、無期限とする。

【十九次改正】

船舶安全法の一部を改正する法律（昭和四十八年九月十四日法律第八十号）附則第五条

第五条第二項第二号、第十三条第二項、第三十五条の二、第三十六条及び第六十三条第三項並びに第六十五条第一項の表中「第十四条」を「第二十九条ノ七」に改める。

（免許の有効期間）

第十三条　免許の有効期間は、免許の日から起算して五年（放送を目的とする無線局については、三年）をこえない範囲内において郵政省令で定める。但し、再免許を妨げない。

2　船舶安全法第四条（同法第二十九条ノ七の規定に基く政令において準用する場合を含む。以下同じ。）の船舶の船舶局（以下「義務船舶局」という。）及び航空法第六十条に掲げる場合に該当する航空機の航空機局（以下「義務航空機局」という。）の免許の有効期間は、前項の規定にかかわらず、無期限とする。

【　二十次改正　】

航空法の一部を改正する法律（昭和五十年七月十日法律第五十八号）附則第六項

第十三条第二項中「第六十条に掲げる場合に該当する」を「第六十一条又は第六十一条の二第一項の規定により無線設備を設置しなければならない」に改める。

（免許の有効期間）

第十三条　免許の有効期間は、免許の日から起算して五年（放送を目的とする無線局については、三年）をこえない範囲内において郵政省令で定める。但し、再免許を妨げない。

2　船舶安全法第四条（同法第二十九条ノ七の規定に基く政令において準用する場合を含む。以下同じ。）の船舶の船舶局（以下「義務船舶局」という。）及び航空法第六十一条又は第六十一条の二第一項の規定により無線設備を設置しなければならない航空機の航空機局（以下「義務航空機局」という。）の免許の有効期間は、前項の規定にかかわらず、無期限とする。

【　三十七次改正　】

電波法の一部を改正する法律（昭和六十二年六月二日法律第五十五号）

第十三条第二項中「基く」を「基づく」に、「前項」を「第一項」に改め、同項を同条第三項とし、同条第一項の次に次の一項を加える。
（追加された第二項の規定は、後掲の条文の通り。）

（免許の有効期間）

第十三条　免許の有効期間は、免許の日から起算して五年（放送を目的とする無線局については、三年）をこえない範囲内において郵政省令で定める。但し、再免許を妨げない。

2　九百三メガヘルツから九百五メガヘルツまでの周波数の電波を使用し、かつ、空中線電力が五ワット以下である無線局であつて、第三十八条の二第一項の技術基準適合証明を受けた無線設備のみを使用するものの免許の有効期間は、前項本文の規定にかかわらず、十年とする。

3　船舶安全法第四条（同法第二十九条ノ七の規定に基づく政令において準用する場合を含む。以下同じ。）の船舶の船舶局（以下「義務船舶局」という。）及び航空法第六十一条又は第六十一条の二第一項の規定により無線設備を設置しなければならない航空機の航空機局（以下「義務航空機局」という。）の免許の有効期間は、第一項の規定にかかわらず、無期限とする。

【　三十九次改正　】

放送法及び電波法の一部を改正する法律（昭和六十三年五月六日法律第二十九号）

第二条

第十三条第一項中「（放送を目的とする無線局については、三年）をこえない」を「を超えない」に、「但し」を「ただし」に改める。

（免許の有効期間）

第十三条　免許の有効期間は、免許の日から起算して五年を超えない範囲内において郵政省令で定める。ただし、再免許を妨げない。

2　九百三十メガヘルツから九百五十メガヘルツまでの周波数の電波を使用し、かつ、空中線電力が五ワット以下である無線局であつて、第三十八条の二第一項の技術基準適合証明を受けた無線設備のみを使用するものの免許の有効期間は、前項本文の規定にかかわらず、十年とする。

3　船舶安全法第四条（同法第二十九条ノ七の規定に基づく政令において準用する場合を含む。以下同じ。）の船舶の船舶局（以下「義務船舶局」という。）及び航空法第六十一条又は第六十一条の二第一項の規定により無線設備を設置しなければならない航空機の航空機局（以下「義務航空機局」という。）の免許の有効期間は、第一項の規定にかかわらず、無期限とする。

【　五十八次改正　】

航空法の一部を改正する法律（平成十一年六月十一日法律第七十二号）附則第十七条

第十三条第三項中「第六十一条又は第六十一条の二第一項」を「第六十条」に改める。

（免許の有効期間）

第十三条　免許の有効期間は、免許の日から起算して五年を超えない範囲内において郵政省令で定める。ただし、再免許を妨げない。

2　九百三十メガヘルツから九百五十メガヘルツまでの周波数の電波を使用し、かつ、空中線電力が五ワット以下である無線局であつて、第三十八条の二第一項の技術基準適合証明を受けた無線設備のみを使用するものの免許の有効期間は、前項本文の規定にかかわらず、十年とする。

3　船舶安全法第四条（同法第二十九条ノ七の規定に基づく政令において準用する場合を含む。以下同じ。）の船舶の船舶局（以下「義務船舶局」という。）及び航空法第六十条の規定により無線設備を設置しなければならない航空機の航空機局（以下「義務航空機局」という。）の免許の有効期間は、第一項の規定にかかわらず、無期限とする。

【　六十二次改正　】

中央省庁等改革関係法施行法（平成十一年十二月二十二日法律第百六十号）第百九十三条

本則（第九十九条の十二第二項を除く。）中「郵政大臣」を「総務大臣」に、「郵政省令」を「総務省令」に、「通商産業大臣」を「経済産業大臣」に、「建設大臣」を「国土交通大臣」に、「地方電気通信監理局長」を「総合通信局長」に、「沖縄郵政管理事務所長」を「沖縄総合通信事務所長」に改める。

（免許の有効期間）

第十三条　免許の有効期間は、免許の日から起算して五年を超えない範囲内において総務省令で定める。ただし、再免許を妨げない。

2　九百三十メガヘルツから九百五十メガヘルツまでの周波数の電波を使用し、かつ、空中線電力が五ワット以下である無線局であつて、第三十八条の二第一項の技術基準適合証明を受けた無線設備のみを使用するものの免許の有効期間は、前項本文の規定にかかわらず、十年とする。

3　船舶安全法第四条（同法第二十九条ノ七の規定に基づく政令において準用する場合を含む。以下同じ。）の船舶の船舶局（以下「義務船舶局」という。）及び航空法第六十条の規定により無線設備を設置しなければならない航空機の航空機局（以下「義務航空機局」という。）の免許の有効期間は、第一項の規定にかかわらず、無期限とする。

【七十三次改正】

電波法の一部を改正する法律（平成十五年六月六日法律第六十八号）

第十三条第二項及び第十五条中「第三十八条の二第一項の技術基準適合証明を受けた無線設備」を「適合表示無線設備」に改める。

（免許の有効期間）

第十三条　免許の有効期間は、免許の日から起算して五年を超えない範囲内において総務省令で定める。ただし、再免許を妨げない。

2　九百三メガヘルツから九百五メガヘルツまでの周波数の電波を使用し、かつ、空中線電力が五ワット以下である無線局であつて、適合表示無線設備のみを使用するものの免許の有効期間は、前項本文の規定にかかわらず、十年とする。

3　船舶安全法第四条（同法第二十九条ノ七の規定に基づく政令において準用する場合を含む。以下同じ。）の船舶の船舶局（以下「義務船舶局」という。）及び航空法第六十条の規定により無線設備を設置しなければならない航空機の航空機局（以下「義務航空機局」という。）の免許の有効期間は、第一項の規定にかかわらず、無期限とする。

【九十二次改正】

電波法の一部を改正する法律（平成二十三年六月一日法律第六十号）第一条

第十三条第二項を削り、同条第三項中「第一項」を「前項」に改め、同項を同条第二項とする。

（免許の有効期間）

第十三条　免許の有効期間は、免許の日から起算して五年を超えない範囲内において総務省令で定める。ただし、再免許を妨げない。

2　船舶安全法第四条（同法第二十九条ノ七の規定に基づく政令において準用する場合を含む。以下同じ。）の船舶の船舶局（以下「義務船舶局」という。）及び航空法第六十条の規定により無線設備を設置しなければならない航空機の航空機局（以下「義務航空機局」という。）の免許の有効期間は、前項の規定にかかわらず、無期限とする。

第十三条の二

【二十六次改正】

放送法等の一部を改正する法律（昭和五十七年六月一日法律第六十号）第二条

第十三条の次に次の一条を加える。
（追加された第十三条の二の規定は、後掲の条文の通り。）

（テレビジョン多重放送をする無線局の免許の効力）

第十三条の二　テレビジョン放送（静止し、又は移動する事物の瞬間的影像及びこれに伴う音声その他の音響を送る放送をいう。以下同じ。）をする無線局の免許がその効力を失つたときは、そのテレビジョン放送の電波に重畳してテレビジョン多重放送（テレビジョン放送の電波に重畳して、音声その他の音響、文字、図形その他の影像又は信号を送る放送をいう。）をする無線局の免許は、その効力を失う。

【三十八次改正】

放送法及び電波法の一部を改正する法律（昭和六十二年六月二日法律第五十六号）
第二条

第十三条の二を次のように改める。
（改正後の規定は、後掲の条文の通り。）

（多重放送をする無線局の免許の効力）
第十三条の二　超短波放送（放送法第九条第一項第一号ロの超短波放送をいう。）又はテレビジョン放送（同号ハのテレビジョン放送をいう。）をする無線局の免許がその効力を失つたときは、その放送の電波に重畳して多重放送（同号ニの多重放送をいう。）をする無線局の免許は、その効力を失う。

【三十九次改正】

放送法及び電波法の一部を改正する法律（昭和六十三年五月六日法律第二十九号）
第二条

第十三条の二中「第九条第一項第一号ロ」を「第二条第二号の四」に、「テレビジョン放送（同号ハのテレビジョン放送」を「テレビジョン放送（同条第二号の五のテレビジョン放送」に、「同号ニ」を「同条第二号の六」に改める。

（多重放送をする無線局の免許の効力）
第十三条の二　超短波放送（放送法第二条第二号の四の超短波放送をいう。）又はテレビジョン放送（同条第二号の五のテレビジョン放送をいう。）をする無線局の免許がその効力を失つたときは、その放送の電波に重畳して多重放送（同条第二号の六の多重放送をいう。）をする無線局の免許は、その効力を失う。

【四十二次改正】

放送法及び電波法の一部を改正する法律（平成二年六月二十七日法律第五十四号）
第二条

第十三条の二中「（同条第二号の五のテレビジョン放送をいう。）」及び「（同条第二号の六の多重放送をいう。）」を削る。

（多重放送をする無線局の免許の効力）
第十三条の二　超短波放送（放送法第二条第二号の四の超短波放送をいう。）又はテレビジョン放送をする無線局の免許がその効力を失つたときは、その放送の電波に重畳して多重放送をする無線局の免許は、その効力を失う。

【九十一次改正】

放送法等の一部を改正する法律（平成二十二年十二月三日法律第六十五号）第四条

第十三条の二中「第二条第二号の四」を「第二条第十七号」に改め、「テレビジョン放送」の下に「（同条第十八号のテレビジョン放送をいう。以下同じ。）」を加える。

（多重放送をする無線局の免許の効力）
第十三条の二　超短波放送（放送法第二条第十七号の超短波放送をいう。）又はテレビジョン放送（同条第十八号のテレビジョン放送をいう。以下同じ。）をする無線局の免許がその効力を失つたときは、その放送の電波に重畳して多重放送をする無線局の免許は、その効力を失う。

第十四条

【制定】

電波法（昭和二十五年五月二日法律第百三十一号）

（免許状）

第十四条　電波監理委員会は、免許を与えたときは、免許状を交付する。

2　免許状には、左に掲げる事項を記載しなければならない。

一　免許の年月日及び免許の番号

二　免許人（無線局の免許を受けた者をいう。以下同じ。）の氏名又は名称

三　無線局の種別

四　無線局の目的

五　通信の相手方及び通信事項

六　無線設備の設置場所

七　免許の有効期間

八　呼出符号又は呼出名称

九　電波の型式及び周波数並びに発振及び変調の方式

十　空中線電力

十一　空中線の型式及び構成

十二　運用許容時間

3　放送をする無線局の免許状には、前項の規定にかかわらず、左に掲げる事項を記載しなければならない。

一　前項第一号から第四号まで及び第六号から第十二号までに掲げる事項

二　放送事項

三　放送区域

【三次改正】

郵政省設置法の一部改正に伴う関係法令の整理に関する法律（昭和二十七年七月三十一日法律第二百八十号）第二条

第七章を除き、「電波監理委員会」を「郵政大臣」に改める。

（免許状）

第十四条　郵政大臣は、免許を与えたときは、免許状を交付する。

2　免許状には、左に掲げる事項を記載しなければならない。

一　免許の年月日及び免許の番号

二　免許人（無線局の免許を受けた者をいう。以下同じ。）の氏名又は名称

三　無線局の種別

四　無線局の目的

五　通信の相手方及び通信事項

六　無線設備の設置場所

七　免許の有効期間

八　呼出符号又は呼出名称

九　電波の型式及び周波数並びに発振及び変調の方式

十　空中線電力

十一　空中線の型式及び構成

十二　運用許容時間

3　放送をする無線局の免許状には、前項の規定にかかわらず、左に掲げる事項を記載しなければならない。

一　前項第一号から第四号まで及び第六号から第十二号までに掲げる事項

二　放送事項

三　放送区域

【十五次改正】

許可、認可等の整理に関する法律（昭和四十六年六月一日法律第九十六号）第二十九条

> 第十四条第二項第九号中「並びに発振及び変調の方式」を削り、同項中第十一号を削り、第十二号を第十一号とし、同条第三項第一号中「第十二号」を「第十一号」に改める。

（免許状）

第十四条　郵政大臣は、免許を与えたときは、免許状を交付する。

2　免許状には、左に掲げる事項を記載しなければならない。

一　免許の年月日及び免許の番号

二　免許人（無線局の免許を受けた者をいう。以下同じ。）の氏名又は名称

三　無線局の種別

四　無線局の目的

五　通信の相手方及び通信事項

六　無線設備の設置場所

七　免許の有効期間

八　呼出符号又は呼出名称

九　電波の型式及び周波数

十　空中線電力

十一　運用許容時間

3　放送をする無線局の免許状には、前項の規定にかかわらず、左に掲げる事項を記載しなければならない。

一　前項第一号から第四号まで及び第六号から第十一号までに掲げる事項

二　放送事項

三　放送区域

【三十七次改正】

電波法の一部を改正する法律（昭和六十二年六月二日法律第五十五号）

> 第十四条第二項中「左に」を「次に」に改め、同項第八号を次のように改める。
> （改正された第八号の規定は、後掲の条文の通り。）

（免許状）

第十四条　郵政大臣は、免許を与えたときは、免許状を交付する。

2　免許状には、次に掲げる事項を記載しなければならない。

一　免許の年月日及び免許の番号

二　免許人（無線局の免許を受けた者をいう。以下同じ。）の氏名又は名称

三　無線局の種別

四　無線局の目的

五　通信の相手方及び通信事項

六　無線設備の設置場所

七　免許の有効期間

八　識別信号

九　電波の型式及び周波数
十　空中線電力
十一　運用許容時間
3　放送をする無線局の免許状には、前項の規定にかかわらず、左に掲げる事項を記載しなければならない。
一　前項第一号から第四号まで及び第六号から第十一号までに掲げる事項
二　放送事項
三　放送区域

【四十五次改正】

電波法の一部を改正する法律（平成四年六月五日法律第七十四号）

第十四条第二項第二号中「名称」の下に「及び住所」を加える。

（免許状）
第十四条　郵政大臣は、免許を与えたときは、免許状を交付する。
2　免許状には、次に掲げる事項を記載しなければならない。
一　免許の年月日及び免許の番号
二　免許人（無線局の免許を受けた者をいう。以下同じ。）の氏名又は名称及び住所
三　無線局の種別
四　無線局の目的
五　通信の相手方及び通信事項
六　無線設備の設置場所
七　免許の有効期間
八　識別信号
九　電波の型式及び周波数
十　空中線電力
十一　運用許容時間
3　放送をする無線局の免許状には、前項の規定にかかわらず、左に掲げる事項を記載しなければならない。
一　前項第一号から第四号まで及び第六号から第十一号までに掲げる事項
二　放送事項
三　放送区域

【六十二次改正】

中央省庁等改革関係法施行法（平成十一年十二月二十二日法律第百六十号）第百九十三条

本則（第九十九条の十二第二項を除く。）中「郵政大臣」を「総務大臣」に、「郵政省令」を「総務省令」に、「通商産業大臣」を「経済産業大臣」に、「建設大臣」を「国土交通大臣」に、「地方電気通信監理局長」を「総合通信局長」に、「沖縄郵政管理事務所長」を「沖縄総合通信事務所長」に改める。

（免許状）
第十四条　総務大臣は、免許を与えたときは、免許状を交付する。
2　免許状には、次に掲げる事項を記載しなければならない。
一　免許の年月日及び免許の番号
二　免許人（無線局の免許を受けた者をいう。以下同じ。）の氏名又は名称及び住所
三　無線局の種別
四　無線局の目的

五　通信の相手方及び通信事項
六　無線設備の設置場所
七　免許の有効期間
八　識別信号
九　電波の型式及び周波数
十　空中線電力
十一　運用許容時間

3　放送をする無線局の免許状には、前項の規定にかかわらず、左に掲げる事項を記載しなければならない。
一　前項第一号から第四号まで及び第六号から第十一号までに掲げる事項
二　放送事項
三　放送区域

【九十一次改正】

放送法等の一部を改正する法律（平成二十二年十二月三日法律第六十五号）第四条

第十四条第二項第四号中「目的」の下に「（主たる目的及び従たる目的を有する無線局にあつては、その主従の区別を含む。）」を加え、同条第三項中「放送をする無線局」を「基幹放送局」に、「左に」を「次に」に改め、同項第一号中「前項第一号から第四号まで及び第六号から第十一号まで」を「前項各号（基幹放送のみをする無線局の免許状にあつては、第五号を除く。）」に改め、同項第二号を削り、同項第三号を同項第二号とし、同項に次の一号を加える。
（追加された第三項第三号の規定は、後掲の条文の通り。）

（免許状）
第十四条　総務大臣は、免許を与えたときは、免許状を交付する。

2　免許状には、次に掲げる事項を記載しなければならない。
一　免許の年月日及び免許の番号
二　免許人（無線局の免許を受けた者をいう。以下同じ。）の氏名又は名称及び住所
三　無線局の種別
四　無線局の目的（主たる目的及び従たる目的を有する無線局にあつては、その主従の区別を含む。）
五　通信の相手方及び通信事項
六　無線設備の設置場所
七　免許の有効期間
八　識別信号
九　電波の型式及び周波数
十　空中線電力
十一　運用許容時間

3　基幹放送局の免許状には、前項の規定にかかわらず、次に掲げる事項を記載しなければならない。
一　前項各号（基幹放送のみをする無線局の免許状にあつては、第五号を除く。）に掲げる事項
二　放送区域
三　特定地上基幹放送局の免許状にあつては放送事項、認定基幹放送事業者（放送法第二条第二十一号の認定基幹放送事業者をいう。以下同じ。）の地上基幹放送の業務の用に供する無線局にあつてはその無線局に係る認定基幹放送事業者の氏名又は名称

第十五条

【 制定 】

電波法（昭和二十五年五月二日法律第百三十一号）

（再免許の手続）

第十五条　第十三条第一項但書の再免許については、第六条及び第八条から第十二条までの規定にかかわらず、電波監理委員会規則で定める簡易な手続によることができる。

【 三次改正 】

郵政省設置法の一部改正に伴う関係法令の整理に関する法律（昭和二十七年七月三十一日法律第二百八十号）第二条

「電波監理委員会規則」を「郵政省令」に改める。

（再免許の手続）

第十五条　第十三条第一項但書の再免許については、第六条及び第八条から第十二条までの規定にかかわらず、郵政省令で定める簡易な手続によることができる。

【 七次改正 】

電波法の一部を改正する法律（昭和三十三年五月六日法律第百四十号）

第十五条の見出しを「（簡易な免許手続）」に改め、同条中「再免許」の下に「及び通信省令で定める無線局の免許」を加える。

（簡易な免許手続）

第十五条　第十三条第一項但書の再免許及び通信省令で定める無線局の免許については、第六条及び第八条から第十二条までの規定にかかわらず、郵政省令で定める簡易な手続によることができる。

［注釈］改正後規定中の「通信省令」は、この七次改正法附則第三項により、「郵政省の省名が通信省に改められるまでの間は」、「郵政省令」と読み替えるものとされている。

【 二十三次改正 】

電波法の一部を改正する法律（昭和五十四年十二月十八日法律第六十七号）

第十五条中「但書」を「ただし書」に、「通信省令」を「郵政省令」に改める。

（簡易な免許手続）

第十五条　第十三条第一項ただし書の再免許及び郵政省令で定める無線局の免許については、第六条及び第八条から第十二条までの規定にかかわらず、郵政省令で定める簡易な手続によることができる。

［注釈］今次改正法附則第四項により、「通信省令」を「郵政省令」と読み替えるための七次改正法附則第三項は、削られた。

【 二十五次改正 】

電波法の一部を改正する法律（昭和五十六年五月二十三日法律第四十九号）

第十五条中「再免許及び」の下に「第三十八条の二第一項の技術基準適合証明を受けた無線設備のみを使用する無線局その他」を加える。

（簡易な免許手続）

第十五条　第十三条第一項ただし書の再免許及び第三十八条の二第一項の技術基準適合証明を受けた無線設備のみを使用する無線局その他郵政省令で定める無線局の免許については、第六条及び第八条から第十二条までの規定にかかわらず、郵政省令で定める簡易な手続によることができる。

【六十二次改正】

中央省庁等改革関係法施行法（平成十一年十二月二十二日法律第百六十号）第百九十三条

本則（第九十九条の十二第二項を除く。）中「郵政大臣」を「総務大臣」に、「郵政省令」を「総務省令」に、「通商産業大臣」を「経済産業大臣」に、「建設大臣」を「国土交通大臣」に、「地方電気通信監理局長」を「総合通信局長」に、「沖縄郵政管理事務所長」を「沖縄総合通信事務所長」に改める。

（簡易な免許手続）

第十五条　第十三条第一項ただし書の再免許及び第三十八条の二第一項の技術基準適合証明を受けた無線設備のみを使用する無線局その他総務省令で定める無線局の免許については、第六条及び第八条から第十二条までの規定にかかわらず、総務省令で定める簡易な手続によることができる。

【七十三次改正】

電波法の一部を改正する法律（平成十五年六月六日法律第六十八号）

第十三条第二項及び第十五条中「第三十八条の二第一項の技術基準適合証明を受けた無線設備」を「適合表示無線設備」に改める。

（簡易な免許手続）

第十五条　第十三条第一項ただし書の再免許及び適合表示無線設備のみを使用する無線局その他総務省令で定める無線局の免許については、第六条及び第八条から第十二条までの規定にかかわらず、総務省令で定める簡易な手続によることができる。

第十六条

【制定】

電波法（昭和二十五年五月二日法律第百三十一号）

（運用開始の届出）

第十六条　免許人は、免許を受けたときは、遅滞なくその無線局の運用開始の期日を電波監理委員会に届け出なければならない。

【三次改正】

郵政省設置法の一部改正に伴う関係法令の整理に関する法律（昭和二十七年七月三十一日法律第二百八十号）第二条

第七章を除き、「電波監理委員会」を「郵政大臣」に改める。

（運用開始の届出）

第十六条　免許人は、免許を受けたときは、遅滞なくその無線局の運用開始の期日を郵政大臣に届け出なければならない。

【　七次改正　】

電波法の一部を改正する法律（昭和三十三年五月六日法律第百四十号）

> 第十六条の見出しを「（運用開始及び休止の届出）」に改め、同条に次のただし書を加える。
> （追加されたただし書の規定は、後掲の条文の通り。）
>
> 第十六条に次の一項を加える。
> （追加された第二項の規定は、後掲の条文の通り。）

（運用開始及び休止の届出）

第十六条　免許人は、免許を受けたときは、遅滞なくその無線局の運用開始の期日を郵政大臣に届け出なければならない。但し、逓信省令で定める無線局については、この限りでない。

2　前項の規定により届け出た無線局の運用を一箇月以上休止するときは、免許人は、その休止期間を逓信大臣に届け出なければならない。休止期間を変更するときも、同様とする。

[注釈]改正後の第一項中ただし書中の「逓信省令」及び第二項中の「逓信大臣」は、それぞれ、この七次改正法附則第三項により、「郵政省の省名が逓信省に改められるまでの間は」、「郵政省令」及び「郵政大臣」と読み替えるものとされている。

【　二十三次改正　】

電波法の一部を改正する法律（昭和五十四年十二月十八日法律第六十七号）

> 第十六条第一項中「但し、逓信省令」を「ただし、郵政省令」に改め、同条第二項中「逓信大臣」を「郵政大臣」に改める。

（運用開始及び休止の届出）

第十六条　免許人は、免許を受けたときは、遅滞なくその無線局の運用開始の期日を郵政大臣に届け出なければならない。ただし、郵政省令で定める無線局については、この限りでない。

2　前項の規定により届け出た無線局の運用を一箇月以上休止するときは、免許人は、その休止期間を郵政大臣に届け出なければならない。休止期間を変更するときも、同様とする。

[注釈]今次改正法附則第四項により、「逓信省令」を「郵政省令」と、「逓信大臣」を「郵政大臣」と読み替えるための七次改正法附則第三項は、削られた。

【　六十二次改正　】

中央省庁等改革関係法施行法（平成十一年十二月二十二日法律第百六十号）第百九十三条

> 本則（第九十九条の十二第二項を除く。）中「郵政大臣」を「総務大臣」に、「郵政省令」を「総務省令」に、「通商産業大臣」を「経済産業大臣」に、「建設大臣」を「国土交通大臣」に、「地方電気通信監理局長」を「総合通信局長」に、「沖縄郵政管理事務所長」を「沖縄総合通信事務所長」に改める。

（運用開始及び休止の届出）

第十六条　免許人は、免許を受けたときは、遅滞なくその無線局の運用開始の期日を総務大臣に届け出なければならない。ただし、総務省令で定める無線局については、この限りでない。

2　前項の規定により届け出た無線局の運用を一箇月以上休止するときは、免許人は、その休止期間を総務大臣に届け出なければならない。休止期間を変更するときも、同様とする。

第十六条の二

【六次改正】

有線電気通信法及び公衆電気通信法施行法（昭和二十八年七月三十一日法律第九十八号）第二十八条

第十六条の次に次の一条を加え、第十七条の見出しを削る。
（追加された第十六条の二の規定は、後掲の条文の通り。）

（変更等の許可）
第十六条の二　免許人は、公衆電気通信法（昭和二十八年法律第九十七号）第八条及び第九条の規定による委託を受けようとするときは、無線局の目的の変更について、郵政大臣の許可を受けなければならない。

【三十二次改正】

日本電信電話株式会社法及び電気通信事業法の施行に伴う関係法律の整備等に関する法律（昭和五十九年十二月二十五日法律第八十七号）第四十七条

第十六条の二を次のように改める。
第十六条の二　免許人は、電気通信事業法第十二条第一項に規定する第一種電気通信事業者から、電気通信業務の委託を受けようとするときは、郵政大臣の許可を受けて、無線局の目的を変更することができる。

（変更等の許可）
第十六条の二　免許人は、電気通信事業法第十二条第一項に規定する第一種電気通信事業者から、電気通信業務の委託を受けようとするときは、郵政大臣の許可を受けて、無線局の目的を変更することができる。

［注釈］改正規定は、前掲のとおり見出しを付さない条文となっているため、改正後の第十六条の二の規定は、第十六条との共通見出しとなったとも解されるが、同条及び第十七条の規定内容を考慮すれば、「変更等の許可」との見出しが維持されたもの解するのが相当であろう。また、当時の法改正資料においても、そのように扱っている。なお、この見出しは、第十七条との共通見出しである。

【六十二次改正】

中央省庁等改革関係法施行法（平成十一年十二月二十二日法律第百六十号）第百九十三条

本則（第九十九条の十二第二項を除く。）中「郵政大臣」を「総務大臣」に、「郵政省令」を「総務省令」に、「通商産業大臣」を「経済産業大臣」に、「建設大臣」を「国土交通大臣」に、「地方電気通信監理局長」を「総合通信局長」に、「沖縄郵政管理事務所長」を「沖縄総合通信事務所長」に改める。

（変更等の許可）
第十六条の二　免許人は、電気通信事業法第十二条第一項に規定する第一種電気通信事業者から、電気通信業務の委託を受けようとするときは、総務大臣の許可を受けて、無線局の目的を変更することができる。

【 七十五次改正 】

電気通信事業法及び日本電信電話株式会社等に関する法律の一部を改正する法律（平成十五年七月二十四日法律第百二十五号）附則第二十二条

> 第十六条の二中「第十二条第一項に規定する第一種電気通信事業者」を「第二条第五号に規定する電気通信事業者」に改める。

（変更等の許可）

第十六条の二　免許人は、電気通信事業法第二条第五号に規定する電気通信事業者から、電気通信業務の委託を受けようとするときは、総務大臣の許可を受けて、無線局の目的を変更することができる。

【 九十一次改正 】

放送法等の一部を改正する法律（平成二十二年十二月三日法律第六十五号）第四条

> 第十六条の二の前の見出し及び同条を削る。

［注釈］第十六条の二は、削られた。

第十七条

【 制定 】

電波法（昭和二十五年五月二日法律第百三十一号）

（変更等の許可）

第十七条　免許人は、通信の相手方、通信事項若しくは無線設備の設置場所を変更し、又は無線設備の変更の工事をしようとするときは、あらかじめ電波監理委員会の許可を受けなければならない。放送をする無線局の免許人が放送事項又は放送区域を変更しようとするときも、同様とする。

２　第九条第一項但書、第二項及び第三項の規定は、前項の規定により無線設備の変更の工事をする場合に準用する。

【 三次改正 】

郵政省設置法の一部改正に伴う関係法令の整理に関する法律（昭和二十七年七月三十一日法律第二百八十号）第二条

> 第七章を除き、「電波監理委員会」を「郵政大臣」に改める。

（変更等の許可）

第十七条　免許人は、通信の相手方、通信事項若しくは無線設備の設置場所を変更し、又は無線設備の変更の工事をしようとするときは、あらかじめ郵政大臣の許可を受けなければならない。放送をする無線局の免許人が放送事項又は放送区域を変更しようとするときも、同様とする。

２　第九条第一項但書、第二項及び第三項の規定は、前項の規定により無線設備の変更の工事をする場合に準用する。

【 六次改正 】

有線電気通信法及び公衆電気通信法施行法（昭和二十八年七月三十一日法律第九十八号）第二十八条

> 第十六条の次に次の一条を加え、第十七条の見出しを削る。

[変更等の許可]・・・第十六条の二との共通見出しとなった。

第十七条　免許人は、通信の相手方、通信事項若しくは無線設備の設置場所を変更し、又は無線設備の変更の工事をしようとするときは、あらかじめ郵政大臣の許可を受けなければならない。放送をする無線局の免許人が放送事項又は放送区域を変更しようとするときも、同様とする。

２　第九条第一項但書、第二項及び第三項の規定は、前項の規定により無線設備の変更の工事をする場合に準用する。

【　六十二次改正　】

中央省庁等改革関係法施行法（平成十一年十二月二十二日法律第百六十号）第百九十三条

本則（第九十九条の十二第二項を除く。）中「郵政大臣」を「総務大臣」に、「郵政省令」を「総務省令」に、「通商産業大臣」を「経済産業大臣」に、「建設大臣」を「国土交通大臣」に、「地方電気通信監理局長」を「総合通信局長」に、「沖縄郵政管理事務所長」を「沖縄総合通信事務所長」に改める。

[変更等の許可]・・・第十六条の二との共通見出しである。

第十七条　免許人は、通信の相手方、通信事項若しくは無線設備の設置場所を変更し、又は無線設備の変更の工事をしようとするときは、あらかじめ総務大臣の許可を受けなければならない。放送をする無線局の免許人が放送事項又は放送区域を変更しようとするときも、同様とする。

２　第九条第一項但書、第二項及び第三項の規定は、前項の規定により無線設備の変更の工事をする場合に準用する。

【　九十一次改正　】

放送法等の一部を改正する法律（平成二十二年十二月三日法律第六十五号）第四条

第十七条に見出しとして「（変更等の許可）」を付し、同条第一項中「免許人は」の下に「、無線局の目的」を加え、「若しくは」を「、放送事項、放送区域、」に改め、「設置場所」の下に「若しくは基幹放送の業務に用いられる電気通信設備」を加え、後段を削り、同項に次のただし書を加える。

（追加された第一項ただし書の規定は、後掲の条文の通り。）

第十七条第二項中「第九条第一項但書」を「第五条第一項から第三項までの規定は無線局の目的の変更に係る第一項の許可について、第九条第一項ただし書」に、「、前項」を「第一項」に改め、「場合に」の下に「ついて、それぞれ」を加え、同項を同条第三項とし、同条第一項の次に次の一項を加える。

（追加された第二項の規定は、後掲の条文の通り。）

（変更等の許可）

第十七条　免許人は、無線局の目的、通信の相手方、通信事項、放送事項、放送区域、無線設備の設置場所若しくは基幹放送の業務に用いられる電気通信設備を変更し、又は無線設備の変更の工事をしようとするときは、あらかじめ総務大臣の許可を受けなければならない。ただし、次に掲げる事項を内容とする無線局の目的の変更は、これを行うことができない。

一　基幹放送局以外の無線局が基幹放送をすることとすること。

二　基幹放送局が基幹放送をしないこととすること。

２　前項本文の規定にかかわらず、基幹放送の業務に用いられる電気通信設備の変更が総務省令で定める軽微な変更に該当するときは、その変更をした後遅滞なく、その旨を総務大臣に届け出ることをもつて足りる。

３　第五条第一項から第三項までの規定は無線局の目的の変更に係る第一項の許

可について、第九条第一項ただし書、第二項及び第三項の規定は第一項の規定により無線設備の変更の工事をする場合について、それぞれ準用する。

第十八条

【 制定 】

電波法（昭和二十五年五月二日法律第百三十一号）

（変更検査）

第十八条　前条第一項の規定により無線設備の設置場所の変更又は無線設備の変更の工事の許可を受けた免許人は、電波監理委員会の検査を受け、当該変更又は工事の結果が同条同項の許可の内容に適合していると認められた後でなければ、許可に係る無線設備を運用してはならない。

【 三次改正 】

郵政省設置法の一部改正に伴う関係法令の整理に関する法律（昭和二十七年七月三十一日法律第二百八十号）第二条

第七章を除き、「電波監理委員会」を「郵政大臣」に改める。

（変更検査）

第十八条　前条第一項の規定により無線設備の設置場所の変更又は無線設備の変更の工事の許可を受けた免許人は、郵政大臣の検査を受け、当該変更又は工事の結果が同条同項の許可の内容に適合していると認められた後でなければ、許可に係る無線設備を運用してはならない。

【 十五次改正 】

許可、認可等の整理に関する法律（昭和四十六年六月一日法律第九十六号）第二十九条

第十八条に次のただし書を加える。
（追加されたただし書の規定は、後掲の条文の通り。）

（変更検査）

第十八条　前条第一項の規定により無線設備の設置場所の変更又は無線設備の変更の工事の許可を受けた免許人は、郵政大臣の検査を受け、当該変更又は工事の結果が同条同項の許可の内容に適合していると認められた後でなければ、許可に係る無線設備を運用してはならない。ただし、郵政省令で定める場合は、この限りでない。

【 五十四次改正 】

電波法の一部を改正する法律（平成九年五月九日法律第四十七号）

第十八条に次の一項を加える。
（追加された第二項の規定は、後掲の条文の通り。）

（変更検査）

第十八条　前条第一項の規定により無線設備の設置場所の変更又は無線設備の変更の工事の許可を受けた免許人は、郵政大臣の検査を受け、当該変更又は工事の結果が同条同項の許可の内容に適合していると認められた後でなければ、許可に係る無線設備を運用してはならない。ただし、郵政省令で定める場合は、この限りでない。

2　前項の検査は、同項の検査を受けようとする者が、当該検査を受けようとする無線設備について第二十四条の二第一項の認定を受けた者が郵政省令で定めるところにより行つた当該認定に係る点検の結果を記載した書類を郵政大臣に提出した場合においては、その一部を省略することができる。

【五十五次改正】

電気通信分野における規制の合理化のための関係法律の整備等に関する法律（平成十年五月八日法律第五十八号）第三条

第十条第二項及び第十八条第二項中「第二十四条の二第一項」の下に「又は第二十四条の九第一項」を加える。

（変更検査）

第十八条　前条第一項の規定により無線設備の設置場所の変更又は無線設備の変更の工事の許可を受けた免許人は、郵政大臣の検査を受け、当該変更又は工事の結果が同条同項の許可の内容に適合していると認められた後でなければ、許可に係る無線設備を運用してはならない。ただし、郵政省令で定める場合は、この限りでない。

2　前項の検査は、同項の検査を受けようとする者が、当該検査を受けようとする無線設備について第二十四条の二第一項又は第二十四条の九第一項の認定を受けた者が郵政省令で定めるところにより行つた当該認定に係る点検の結果を記載した書類を郵政大臣に提出した場合においては、その一部を省略することができる。

【六十二次改正】

中央省庁等改革関係法施行法（平成十一年十二月二十二日法律第百六十号）第百九十三条

本則（第九十九条の十二第二項を除く。）中「郵政大臣」を「総務大臣」に、「郵政省令」を「総務省令」に、「通商産業大臣」を「経済産業大臣」に、「建設大臣」を「国土交通大臣」に、「地方電気通信監理局長」を「総合通信局長」に、「沖縄郵政管理事務所長」を「沖縄総合通信事務所長」に改める。

（変更検査）

第十八条　前条第一項の規定により無線設備の設置場所の変更又は無線設備の変更の工事の許可を受けた免許人は、総務大臣の検査を受け、当該変更又は工事の結果が同条同項の許可の内容に適合していると認められた後でなければ、許可に係る無線設備を運用してはならない。ただし、総務省令で定める場合は、この限りでない。

2　前項の検査は、同項の検査を受けようとする者が、当該検査を受けようとする無線設備について第二十四条の二第一項又は第二十四条の九第一項の認定を受けた者が総務省令で定めるところにより行つた当該認定に係る点検の結果を記載した書類を総務大臣に提出した場合においては、その一部を省略することができる。

【七十三次改正】

電波法の一部を改正する法律（平成十五年六月六日法律第六十八号）

第十八条第二項中「第二十四条の二第一項の認定」を「第二十四条の十三第一項の登録」に、「認定に」を「登録に」に改める。

（変更検査）

第十八条　前条第一項の規定により無線設備の設置場所の変更又は無線設備の変更の工事の許可を受けた免許人は、総務大臣の検査を受け、当該変更又は工事の結果が同条同項の許可の内容に適合していると認められた後でなければ、許可に係る無線設備を運用してはならない。ただし、総務省令で定める場合は、この限りでない。

2　前項の検査は、同項の検査を受けようとする者が、当該検査を受けようとする無線設備について第二十四条の二第一項又は第二十四条の十三第一項の登録を受けた者が総務省令で定めるところにより行つた当該登録に係る点検の結果を記載した書類を総務大臣に提出した場合においては、その一部を省略することができる。

第十九条

【制定】

電波法（昭和二十五年五月二日法律第百三十一号）

（申請による周波数等の変更）

第十九条　電波監理委員会は、免許人が呼出符号若しくは呼出名称、電波の型式、周波数、空中線電力又は運用許容時間の指定の変更を申請した場合において、混信の除去その他特に必要があると認めるときは、その指定を変更することができる。

【三次改正】

郵政省設置法の一部改正に伴う関係法令の整理に関する法律（昭和二十七年七月三十一日法律第二百八十号）第二条

第七章を除き、「電波監理委員会」を「郵政大臣」に改める。

（申請による周波数等の変更）

第十九条　郵政大臣は、免許人が呼出符号若しくは呼出名称、電波の型式、周波数、空中線電力又は運用許容時間の指定の変更を申請した場合において、混信の除去その他特に必要があると認めるときは、その指定を変更することができる。

【七次改正】

電波法の一部を改正する法律（昭和三十三年五月六日法律第百四十号）

第十九条中「免許人」の下に「又は第八条の予備免許を受けた者」を加える。

（申請による周波数等の変更）

第十九条　郵政大臣は、免許人又は第八条の予備免許を受けた者が呼出符号若しくは呼出名称、電波の型式、周波数、空中線電力又は運用許容時間の指定の変更を申請した場合において、混信の除去その他特に必要があると認めるときは、その指定を変更することができる。

【三十七次改正】

電波法の一部を改正する法律（昭和六十二年六月二日法律第五十五号）

第十九条中「呼出符号若しくは呼出名称」を「識別信号」に改める。

（申請による周波数等の変更）

第十九条　郵政大臣は、免許人又は第八条の予備免許を受けた者が識別信号、電波の型式、周波数、空中線電力又は運用許容時間の指定の変更を申請した場合において、混信の除去その他特に必要があると認めるときは、その指定を変更することができる。

【六十二次改正】

中央省庁等改革関係法施行法（平成十一年十二月二十二日法律第百六十号）第百九十三条

本則（第九十九条の十二第二項を除く。）中「郵政大臣」を「総務大臣」に、「郵政省令」を「総務省令」に、「通商産業大臣」を「経済産業大臣」に、「建設大臣」を「国土交通大臣」に、「地方電気通信監理局長」を「総合通信局長」に、「沖縄郵政管理事務所長」を「沖縄総合通信事務所長」に改める。

（申請による周波数等の変更）

第十九条　総務大臣は、免許人又は第八条の予備免許を受けた者が識別信号、電波の型式、周波数、空中線電力又は運用許容時間の指定の変更を申請した場合において、混信の除去その他特に必要があると認めるときは、その指定を変更することができる。

第二十条

【制定】

電波法（昭和二十五年五月二日法律第百三十一号）

（免許の承継）

第二十条　免許人について相続又は合併があつたときは、相続人又は合併後存続する法人若しくは合併により設立された法人は、免許人の地位を承継する。

2　船舶局のある船舶について船舶の所有権の移転又はよう船契約の設定、変更若しくは解除により船舶を運行する者に変更があつたときは、変更後船舶を運行する者は、免許人の地位を承継する。

3　前二項の規定により免許人の地位を承継した者は、遅滞なくその事実を証する書面を添えてその旨を電波監理委員会に届け出なければならない。

【三次改正】

郵政省設置法の一部改正に伴う関係法令の整理に関する法律（昭和二十七年七月三十一日法律第二百八十号）第二条

第七章を除き、「電波監理委員会」を「郵政大臣」に改める。

（免許の承継）

第二十条　免許人について相続又は合併があつたときは、相続人又は合併後存続する法人若しくは合併により設立された法人は、免許人の地位を承継する。

2　船舶局のある船舶について船舶の所有権の移転又はよう船契約の設定、変更若しくは解除により船舶を運行する者に変更があつたときは、変更後船舶を運行する者は、免許人の地位を承継する。

3　前二項の規定により免許人の地位を承継した者は、遅滞なくその事実を証する書面を添えてその旨を郵政大臣に届け出なければならない。

【七次改正】

電波法の一部を改正する法律（昭和三十三年五月六日法律第百四十号）

第二十条を次のように改める。
（改正後の第二十条の規定は、後掲の条文の通り。）

（免許の承継）

第二十条　免許人について相続があつたときは、その相続人は、免許人の地位を承継する。

2　免許人（船舶局及び航空機局の免許人を除く。）たる法人が合併したときは、合併後存続する法人又は合併により設立された法人は、逓信大臣の許可を受けて免許人の地位を承継することができる。

3　第五条及び第七条の規定は、前項の許可に準用する。

4　船舶局のある船舶について、船舶の所有権の移転又は傭船契約の設定、変更若しくは解除により船舶を運行する者に変更があつたときは、変更後船舶を運行する者は、免許人の地位を承継する。

5　前項の規定は、航空機局のある航空機に準用する。

6　第一項及び前二項の規定により免許人の地位を承継した者は、遅滞なく、その事実を証する書面を添えてその旨を逓信大臣に届け出なければならない。

7　前六項の規定は、第八条の予備免許を受けた者に準用する。

［注釈］改正後の第二項及び第六項中の「逓信大臣」は、この七次改正法附則第三項により、「郵政省の省名が逓信省に改められるまでの間は」、「郵政大臣」と読み替えるものとされている。

【　十七次改正　】

許可、認可等の整理に関する法律（昭和四十七年七月一日法律第百十一号）第十三条

第二十条第二項中「船舶局及び航空機局」を「第四項及び第五項に規定する無線局」に改め、同条第四項中「船舶局」を「船舶局のある船舶又は無線設備が遭難自動通報設備若しくはレーダーのみの無線局」に、「又は傭船契約の設定、変更若しくは解除」を「その他の理由」に改め、同条第五項中「航空機局」を「航空機局のある航空機又は無線設備がレーダーのみの無線局」に改める。

（免許の承継）

第二十条　免許人について相続があつたときは、その相続人は、免許人の地位を承継する。

2　免許人（第四項及び第五項に規定する無線局の免許人を除く。）たる法人が合併したときは、合併後存続する法人又は合併により設立された法人は、逓信大臣の許可を受けて免許人の地位を承継することができる。

3　第五条及び第七条の規定は、前項の許可に準用する。

4　船舶局のある船舶又は無線設備が遭難自動通報設備若しくはレーダーのみの無線局のある船舶について、船舶の所有権の移転その他の理由により船舶を運行する者に変更があつたときは、変更後船舶を運行する者は、免許人の地位を承継する。

5　前項の規定は、航空機局のある航空機又は無線設備がレーダーのみの無線局のある航空機に準用する。

6　第一項及び前二項の規定により免許人の地位を承継した者は、遅滞なく、その事実を証する書面を添えてその旨を逓信大臣に届け出なければならない。

7　前六項の規定は、第八条の予備免許を受けた者に準用する。

【　二十三次改正　】

電波法の一部を改正する法律（昭和五十四年十二月十八日法律第六十七号）

第二十条第二項及び第六項中「通信大臣」を「郵政大臣」に改める。

（免許の承継）

第二十条　免許人について相続があつたときは、その相続人は、免許人の地位を承継する。

2　免許人（第四項及び第五項に規定する無線局の免許人を除く。）たる法人が合併したときは、合併後存続する法人又は合併により設立された法人は、郵政大臣の許可を受けて免許人の地位を承継することができる。

3　第五条及び第七条の規定は、前項の許可に準用する。

4　船舶局のある船舶又は無線設備が遭難自動通報設備若しくはレーダーのみの無線局のある船舶について、船舶の所有権の移転その他の理由により船舶を運行する者に変更があつたときは、変更後船舶を運行する者は、免許人の地位を承継する。

5　前項の規定は、航空機局のある航空機又は無線設備がレーダーのみの無線局のある航空機に準用する。

6　第一項及び前二項の規定により免許人の地位を承継した者は、遅滞なく、その事実を証する書面を添えてその旨を郵政大臣に届け出なければならない。

7　前六項の規定は、第八条の予備免許を受けた者に準用する。

［注釈］今次改正法附則第四項により、「通信省令」を「郵政省令」と、「通信大臣」を「郵政大臣」と読み替えるための七次改正法附則第三項は、削られた。

【　五十九次改正　】

電波法の一部を改正する法律（平成十一年五月二十一日法律第四十七号）

第二十条第五項中「航空機局」の下に「若しくは航空機地球局（電気通信業務を行うことを目的とするものを除く。）」を加える。

（免許の承継）

第二十条　免許人について相続があつたときは、その相続人は、免許人の地位を承継する。

2　免許人（第四項及び第五項に規定する無線局の免許人を除く。）たる法人が合併したときは、合併後存続する法人又は合併により設立された法人は、郵政大臣の許可を受けて免許人の地位を承継することができる。

3　第五条及び第七条の規定は、前項の許可に準用する。

4　船舶局のある船舶又は無線設備が遭難自動通報設備若しく。を運行する者に変更があつたときは、変更後船舶を運行する者は、免許人の地位を承継する。

5　前項の規定は、航空機局若しくは航空機地球局（電気通信業務を行うことを目的とするものを除く。）のある航空機又は無線設備がレーダーのみの無線局のある航空機に準用する。

6　第一項及び前二項の規定により免許人の地位を承継した者は、遅滞なく、その事実を証する書面を添えてその旨を郵政大臣に届け出なければならない。

7　前六項の規定は、第八条の予備免許を受けた者に準用する。

【　六十次改正　】

電波法の一部を改正する法律（平成十二年六月二日法律第百九号）

第二十条第二項中「第四項及び第五項」を「第五項及び第六項」に改め、「除く」の下に「。以下この項及び次項において同じ」を加え、同条第七項中「前六項」を「前各項」に改め、同項を同条第八項とし、同条第四項から第六項までを一項ずつ繰り下げ、同条第三項中「前項」を「前二項」に改め、同項を同条第四項とし、同条第二項の次に次の一項を加える。

（追加された第三項の規定は、後掲の条文の通り。）

（免許の承継）

第二十条　免許人について相続があつたときは、その相続人は、免許人の地位を承継する。

２　免許人（第五項及び第六項に規定する無線局の免許人を除く。以下この項及び次項において同じ。）たる法人が合併したときは、合併後存続する法人又は合併により設立された法人は、郵政大臣の許可を受けて免許人の地位を承継することができる。

３　免許人が無線局をその用に供する事業の全部の譲渡しをしたときは、譲受人は、郵政大臣の許可を受けて免許人の地位を承継することができる。

４　第五条及び第七条の規定は、前二項の許可に準用する。

５　船舶局のある船舶又は無線設備が遭難自動通報設備若しくはレーダーのみの無線局のある船舶について、船舶の所有権の移転その他の理由により船舶を運行する者に変更があつたときは、変更後船舶を運行する者は、免許人の地位を承継する。

６　前項の規定は、航空機局若しくは航空機地球局（電気通信業務を行うことを目的とするものを除く。）のある航空機又は無線設備がレーダーのみの無線局のある航空機に準用する。

７　第一項及び前二項の規定により免許人の地位を承継した者は、遅滞なく、その事実を証する書面を添えてその旨を郵政大臣に届け出なければならない。

８　前各項の規定は、第八条の予備免許を受けた者に準用する。

【六十二次改正】

中央省庁等改革関係法施行法（平成十一年十二月二十二日法律第百六十号）第百九十三条

本則（第九十九条の十二第二項を除く。）中「郵政大臣」を「総務大臣」に、「郵政省令」を「総務省令」に、「通商産業大臣」を「経済産業大臣」に、「建設大臣」を「国土交通大臣」に、「地方電気通信監理局長」を「総合通信局長」に、「沖縄郵政管理事務所長」を「沖縄総合通信事務所長」に改める。

（免許の承継）

第二十条　免許人について相続があつたときは、その相続人は、免許人の地位を承継する。

２　免許人（第五項及び第六項に規定する無線局の免許人を除く。以下この項及び次項において同じ。）たる法人が合併したときは、合併後存続する法人又は合併により設立された法人は、総務大臣の許可を受けて免許人の地位を承継することができる。

３　免許人が無線局をその用に供する事業の全部の譲渡しをしたときは、譲受人は、総務大臣の許可を受けて免許人の地位を承継することができる。

４　第五条及び第七条の規定は、前二項の許可に準用する。

５　船舶局のある船舶又は無線設備が遭難自動通報設備若しくはレーダーのみの無線局のある船舶について、船舶の所有権の移転その他の理由により船舶を運行する者に変更があつたときは、変更後船舶を運行する者は、免許人の地位を承継する。

６　前項の規定は、航空機局若しくは航空機地球局（電気通信業務を行うことを目的とするものを除く。）のある航空機又は無線設備がレーダーのみの無線局のある航空機に準用する。

７　第一項及び前二項の規定により免許人の地位を承継した者は、遅滞なく、その事実を証する書面を添えてその旨を総務大臣に届け出なければならない。

8　前各項の規定は、第八条の予備免許を受けた者に準用する。

【六十六次改正】

商法等の一部を改正する法律の施行に伴う関係法律の整備に関する法律（平成十二年五月三十一日法律第九十一号）第二十八条

第二十条第二項中「合併した」を「合併又は分割（無線局をその用に供する事業の全部を承継させるものに限る。）をした」に、「又は合併」を「若しくは合併」に改め、「設立された法人」の下に「又は分割により当該事業の全部を承継した法人」を加える。

（免許の承継）

第二十条　免許人について相続があつたときは、その相続人は、免許人の地位を承継する。

2　免許人（第五項及び第六項に規定する無線局の免許人を除く。以下この項及び次項において同じ。）たる法人が合併又は分割（無線局をその用に供する事業の全部を承継させるものに限る。）をしたときは、合併後存続する法人若しくは合併により設立された法人又は分割により当該事業の全部を承継した法人は、総務大臣の許可を受けて免許人の地位を承継することができる。

3　免許人が無線局をその用に供する事業の全部の譲渡しをしたときは、譲受人は、総務大臣の許可を受けて免許人の地位を承継することができる。

4　第五条及び第七条の規定は、前二項の許可に準用する。

5　船舶局のある船舶又は無線設備が遭難自動通報設備若しくはレーダーのみの無線局のある船舶について、船舶の所有権の移転その他の理由により船舶を運行する者に変更があつたときは、変更後船舶を運行する者は、免許人の地位を承継する。

6　前項の規定は、航空機局若しくは航空機地球局（電気通信業務を行うことを目的とするものを除く。）のある航空機又は無線設備がレーダーのみの無線局のある航空機に準用する。

7　第一項及び前二項の規定により免許人の地位を承継した者は、遅滞なく、その事実を証する書面を添えてその旨を総務大臣に届け出なければならない。

8　前各項の規定は、第八条の予備免許を受けた者に準用する。

【九十一次改正】

放送法等の一部を改正する法律（平成二十二年十二月三日法律第六十五号）第四条

第二十条の見出しを「（免許の承継等）」に改め、同条第二項中「第五項及び第六項」を「第七項及び第八項」に改め、同条中第八項を第十項とし、第五項から第七項までを二項ずつ繰り下げ、同条第四項中「前二項」を「第二項から前項まで」に改め、同項を同条第六項とし、同条第三項の次に次の二項を加える。（追加された第四項及び第五項の規定は、後掲の条文の通り。）

（免許の承継等）

第二十条　免許人について相続があつたときは、その相続人は、免許人の地位を承継する。

2　免許人（第七項及び第八項に規定する無線局の免許人を除く。以下この項及び次項において同じ。）たる法人が合併又は分割（無線局をその用に供する事業の全部を承継させるものに限る。）をしたときは、合併後存続する法人若しくは合併により設立された法人又は分割により当該事業の全部を承継した法人は、総務大臣の許可を受けて免許人の地位を承継することができる。

3　免許人が無線局をその用に供する事業の全部の譲渡しをしたときは、譲受人は、総務大臣の許可を受けて免許人の地位を承継することができる。

4　特定地上基幹放送局の免許人たる法人が分割をした場合において、分割により当該基幹放送局を承継し、これを分割により地上基幹放送の業務を承継した他の法人の業務の用に供する業務を行おうとする法人が総務大臣の許可を受けたときは、当該法人が当該特定地上基幹放送局の免許人から当該業務に係る基幹放送局の免許人の地位を承継したものとみなす。特定地上基幹放送局の免許人が当該基幹放送局を譲渡し、譲受人が当該基幹放送局を譲渡人の地上基幹放送の業務の用に供する業務を行おうとする場合において、当該譲受人が総務大臣の許可を受けたとき又は特定地上基幹放送局の免許人が地上基幹放送の業務を譲渡し、その譲渡人が当該基幹放送局を譲受人の地上基幹放送の業務の用に供する業務を行おうとする場合において、当該譲渡人が総務大臣の許可を受けたときも、同様とする。

5　他の地上基幹放送の業務の用に供する基幹放送局の免許人が当該地上基幹放送の業務を行う認定基幹放送事業者と合併をし、又は当該地上基幹放送の業務を行う事業を譲り受けた場合において、合併後存続する法人若しくは合併により設立された法人又は譲受人が総務大臣の許可を受けたときは、当該法人又は譲受人が当該基幹放送局の免許人から特定地上基幹放送局の免許人の地位を承継したものとみなす。地上基幹放送の業務を行う認定基幹放送事業者が当該地上基幹放送の業務の用に供する基幹放送局を譲り受けた場合において、総務大臣の許可を受けたときも、同様とする。

6　第五条及び第七条の規定は、第二項から前項までの許可に準用する。

7　船舶局のある船舶又は無線設備が遭難自動通報設備若しくはレーダーのみの無線局のある船舶について、船舶の所有権の移転その他の理由により船舶を運行する者に変更があつたときは、変更後船舶を運行する者は、免許人の地位を承継する。

8　前項の規定は、航空機局若しくは航空機地球局（電気通信業務を行うことを目的とするものを除く。）のある航空機又は無線設備がレーダーのみの無線局のある航空機に準用する。

9　第一項及び前二項の規定により免許人の地位を承継した者は、遅滞なく、その事実を証する書面を添えてその旨を総務大臣に届け出なければならない。

10　前各項の規定は、第八条の予備免許を受けた者に準用する。

【百四次改正】

電波法及び電気通信事業法等の一部を改正する法律（平成二十九年五月十二日法律第二十七号）第一条

第二十条第四項中「又は」を「、又は」に改め、同条第六項中「許可に」の下に「ついて」を加え、同条第七項中「船舶局」の下に「若しくは船舶地球局（電気通信業務を行うことを目的とするものを除く。）」を加え、同条第八項及び第十項中「準用する」を「ついて準用する」に改める。

（免許の承継等）

第二十条　免許人について相続があつたときは、その相続人は、免許人の地位を承継する。

2　免許人（第七項及び第八項に規定する無線局の免許人を除く。以下この項及び次項において同じ。）たる法人が合併又は分割（無線局をその用に供する事業の全部を承継させるものに限る。）をしたときは、合併後存続する法人若しくは合併により設立された法人又は分割により当該事業の全部を承継した法人は、総務大臣の許可を受けて免許人の地位を承継することができる。

3　免許人が無線局をその用に供する事業の全部の譲渡しをしたときは、譲受人は、総務大臣の許可を受けて免許人の地位を承継することができる。

4　特定地上基幹放送局の免許人たる法人が分割をした場合において、分割により当該基幹放送局を承継し、これを分割により地上基幹放送の業務を承継した他の法人の業務の用に供する業務を行おうとする法人が総務大臣の許可を受けたときは、当該法人が当該特定地上基幹放送局の免許人から当該業務に係る基幹放送局の免許人の地位を承継したものとみなす。特定地上基幹放送局の免許人が当該基幹放送局を譲渡し、譲受人が当該基幹放送局を譲渡人の地上基幹放送の業務の用に供する業務を行おうとする場合において、当該譲受人が総務大臣の許可を受けたとき、又は特定地上基幹放送局の免許人が地上基幹放送の業務を譲渡し、その譲渡人が当該基幹放送局を譲受人の地上基幹放送の業務の用に供する業務を行おうとする場合において、当該譲渡人が総務大臣の許可を受けたときも、同様とする。

5　他の地上基幹放送の業務の用に供する基幹放送局の免許人が当該地上基幹放送の業務を行う認定基幹放送事業者と合併をし、又は当該地上基幹放送の業務を行う事業を譲り受けた場合において、合併後存続する法人若しくは合併により設立された法人又は譲受人が総務大臣の許可を受けたときは、当該法人又は譲受人が当該基幹放送局の免許人から特定地上基幹放送局の免許人の地位を承継したものとみなす。地上基幹放送の業務を行う認定基幹放送事業者が当該地上基幹放送の業務の用に供する基幹放送局を譲り受けた場合において、総務大臣の許可を受けたときも、同様とする。

6　第五条及び第七条の規定は、第二項から前項までの許可について準用する。

7　船舶局若しくは船舶地球局（電気通信業務を行うことを目的とするものを除く。）のある船舶又は無線設備が遭難自動通報設備若しくはレーダーのみの無線局のある船舶について、船舶の所有権の移転その他の理由により船舶を運行する者に変更があつたときは、変更後船舶を運行する者は、免許人の地位を承継する。

8　前項の規定は、航空機局若しくは航空機地球局（電気通信業務を行うことを目的とするものを除く。）のある航空機又は無線設備がレーダーのみの無線局のある航空機について準用する。

9　第一項及び前二項の規定により免許人の地位を承継した者は、遅滞なく、その事実を証する書面を添えてその旨を総務大臣に届け出なければならない。

10　前各項の規定は、第八条の予備免許を受けた者について準用する。

［注釈］この改正は、本書収録の基準日である平成二十九年六月十八日において未施行である。

第二十一条

【　制定　】

電波法（昭和二十五年五月二日法律第百三十一号）

（免許状の訂正）

第二十一条　免許人は、免許状に記載した事項に変更を生じたときは、その免許状を電波監理委員会に提出し、訂正を受けなければならない。

【　三次改正　】

郵政省設置法の一部改正に伴う関係法令の整理に関する法律（昭和二十七年七月三十一日法律第二百八十号）第二条

> 第七章を除き、「電波監理委員会」を「郵政大臣」に改める。

（免許状の訂正）

第二十一条　免許人は、免許状に記載した事項に変更を生じたときは、その免許状を郵政大臣に提出し、訂正を受けなければならない。

【 六十二次改正 】

中央省庁等改革関係法施行法（平成十一年十二月二十二日法律第百六十号）第百九十三条

> 本則（第九十九条の十二第二項を除く。）中「郵政大臣」を「総務大臣」に、「郵政省令」を「総務省令」に、「通商産業大臣」を「経済産業大臣」に、「建設大臣」を「国土交通大臣」に、「地方電気通信監理局長」を「総合通信局長」に、「沖縄郵政管理事務所長」を「沖縄総合通信事務所長」に改める。

（免許状の訂正）

第二十一条　免許人は、免許状に記載した事項に変更を生じたときは、その免許状を総務大臣に提出し、訂正を受けなければならない。

第二十二条

【 制定 】

電波法（昭和二十五年五月二日法律第百三十一号）

（廃止及び休止）

第二十二条　免許人は、その無線局を廃止するときは、その旨を電波監理委員会に届け出なければならない。無線局の運用を一箇月以上休止するときも、同様とする。

【 三次改正 】

郵政省設置法の一部改正に伴う関係法令の整理に関する法律（昭和二十七年七月三十一日法律第二百八十号）第二条

> 第七章を除き、「電波監理委員会」を「郵政大臣」に改める。

（廃止及び休止）

第二十二条　免許人は、その無線局を廃止するときは、その旨を郵政大臣に届け出なければならない。無線局の運用を一箇月以上休止するときも、同様とする。

【 七次改正 】

電波法の一部を改正する法律（昭和三十三年五月六日法律第百四十号）

> 第二十二条の見出しを「（無線局の廃止）」に改め、同条中後段を削る。

（無線局の廃止）

第二十二条　免許人は、その無線局を廃止するときは、その旨を郵政大臣に届け出なければならない。

[注釈]第二十二条後段は、削られた。

【 六十二次改正 】

中央省庁等改革関係法施行法（平成十一年十二月二十二日法律第百六十号）第百九十三条

> 本則（第九十九条の十二第二項を除く。）中「郵政大臣」を「総務大臣」に、「郵

政省令」を「総務省令」に、「通商産業大臣」を「経済産業大臣」に、「建設大臣」を「国土交通大臣」に、「地方電気通信監理局長」を「総合通信局長」に、「沖縄郵政管理事務所長」を「沖縄総合通信事務所長」に改める。

（無線局の廃止）

第二十二条　免許人は、その無線局を廃止するときは、その旨を総務大臣に届け出なければならない。

第二十三条

【制定】

電波法（昭和二十五年五月二日法律第百三十一号）

第二十三条　免許人が無線局を廃止したときは、免許は、その効力を失う。

第二十四条

【制定】

電波法（昭和二十五年五月二日法律第百三十一号）

（免許状の返納）

第二十四条　免許がその効力を失つたときは、免許人であつた者は、一箇月以内にその免許状を返納しなければならない。

第二十四条の二

【五十四次改正】

電波法の一部を改正する法律（平成九年五月九日法律第四十七号）

第二十四条の次に次の七条を加える。
（追加された第二十四条の二の規定は、後掲の条文の通り。）

（事業者の点検能力の認定）

第二十四条の二　無線設備等の点検の事業を行う者は、郵政省令で定める区分ごとに、郵政大臣に申請して、その事業が次の各号に適合している旨の認定を受けることができる。

一　無線設備等の点検の能力が郵政省令で定める技術上の基準を満たすものであること。

二　郵政省令で定める測定器その他の設備であつて、郵政省令で定める期間内に郵政大臣又は第百二条の十八第一項の指定較正機関による較正その他郵政省令で定める較正を受けたものを使用して無線設備の点検を行うものであること。

三　無線設備等の点検を適正に行うのに必要な業務の実施の方法が定められているものであること。

2　前項の認定に関し必要な事項は、郵政省令で定める。

【六十二次改正】

中央省庁等改革関係法施行法（平成十一年十二月二十二日法律第百六十号）第百九十三条

本則（第九十九条の十二第二項を除く。）中「郵政大臣」を「総務大臣」に、「郵政省令」を「総務省令」に、「通商産業大臣」を「経済産業大臣」に、「建設大臣」を「国土交通大臣」に、「地方電気通信監理局長」を「総合通信局長」に、「沖縄郵政管理事務所長」を「沖縄総合通信事務所長」に改める。

（事業者の点検能力の認定）

第二十四条の二　無線設備等の点検の事業を行う者は、総務省令で定める区分ごとに、総務大臣に申請して、その事業が次の各号に適合している旨の認定を受けることができる。

一　無線設備等の点検の能力が総務省令で定める技術上の基準を満たすものであること。

二　総務省令で定める測定器その他の設備であつて、総務省令で定める期間内に総務大臣又は第百二条の十八第一項の指定較正機関による較正その他総務省令で定める較正を受けたものを使用して無線設備の点検を行うものであること。

三　無線設備等の点検を適正に行うのに必要な業務の実施の方法が定められているものであること。

2　前項の認定に関し必要な事項は、総務省令で定める。

【六十五次改正】

独立行政法人通信総合研究所法（平成十一年十二月二十二日法律第百六十二号）附則第九条

第二十四条の二第一項第二号中「総務大臣」を「独立行政法人通信総合研究所（以下「研究所」という。）」に改める。

（事業者の点検能力の認定）

第二十四条の二　無線設備等の点検の事業を行う者は、総務省令で定める区分ごとに、総務大臣に申請して、その事業が次の各号に適合している旨の認定を受けることができる。

一　無線設備等の点検の能力が総務省令で定める技術上の基準を満たすものであること。

二　総務省令で定める測定器その他の設備であつて、総務省令で定める期間内に独立行政法人通信総合研究所（以下「研究所」という。）又は第百二条の十八第一項の指定較正機関による較正その他総務省令で定める較正を受けたものを使用して無線設備の点検を行うものであること。

三　無線設備等の点検を適正に行うのに必要な業務の実施の方法が定められているものであること。

2　前項の認定に関し必要な事項は、総務省令で定める。

【七十三次改正】

電波法の一部を改正する法律（平成十五年六月六日法律第六十八号）

第二十四条の二の見出しを「（点検事業者の登録）」に改め、同条第一項を次のように改める。

（改正後の第一項の規定は、後掲の条文の通り。）

第二十四条の二第二項中「前項の認定」を「前各項に規定するもののほか、第一項の登録」に改め、同項を同条第六項とし、同項の前に次の四項を加える。

（追加された第二項から第五項までの規定は、後掲の条文の通り。）

（点検事業者の登録）

第二十四条の二　無線設備等の点検の事業を行う者は、総務大臣の登録を受けることができる。

2　前項の登録を受けようとする者は、総務省令で定めるところにより、次に掲げる事項を記載した申請書を総務大臣に提出しなければならない。

一　氏名又は名称及び住所並びに法人にあつては、その代表者の氏名

二　事務所の名称及び所在地

三　点検に用いる測定器その他の設備の概要

3　前項の申請書には、業務の実施の方法を定める書類その他総務省令で定める書類を添付しなければならない。

4　総務大臣は、第一項の登録を申請した者が次の各号のいずれにも適合しているときは、その登録をしなければならない。

一　別表第一に掲げる条件のいずれかに適合する知識経験を有する者が無線設備等の点検を行うものであること。

二　別表第二に掲げる測定器その他の設備であつて、次のいずれかに掲げる較正又は校正（以下この号、第三十八条の三第一項第二号及び第三十八条の八第二項において「較正等」という。）を受けたもの（その較正等を受けた日の属する月の翌月の一日から起算して一年以内のものに限る。）を使用して無線設備の点検を行うものであること。

イ　独立行政法人通信総合研究所（以下「研究所」という。）又は第百二条の十八第一項の指定較正機関が行う較正

ロ　計量法（平成四年法律第五十一号）第百三十五条又は第百四十四条の規定に基づく校正

ハ　外国において行う較正であつて、研究所又は第百二条の十八第一項の指定較正機関が行う較正に相当するもの

ニ　別表第三の下欄に掲げる測定器その他の設備であつて、イからハまでのいずれかに掲げる較正等を受けたものを用いて行う較正等

三　無線設備等の点検を適正に行うのに必要な業務の実施の方法が定められているものであること。

5　次の各号のいずれかに該当する者は、第一項の登録を受けることができない。

一　この法律に規定する罪を犯して刑に処せられ、その執行を終わり、又はその執行を受けることがなくなつた日から二年を経過しない者であること。

二　第二十四条の十又は第二十四条の十三第三項の規定により登録を取り消され、その取消しの日から二年を経過しない者であること。

三　法人であつて、その役員のうちに前二号のいずれかに該当する者があること。

6　前各項に規定するもののほか、第一項の登録に関し必要な事項は、総務省令で定める。

【七十四次改正】

独立行政法人通信総合研究所法の一部を改正する法律（平成十四年十二月六日法律第百三十四号）附則第十三条

第二十四条の二第四項第二号中「独立行政法人通信総合研究所（以下「研究所」という。）」を「独立行政法人情報通信研究機構（以下「機構」という。）」に改める。

（点検事業者の登録）

第二十四条の二　無線設備等の点検の事業を行う者は、総務大臣の登録を受けることができる。

2　前項の登録を受けようとする者は、総務省令で定めるところにより、次に掲げる事項を記載した申請書を総務大臣に提出しなければならない。
一　氏名又は名称及び住所並びに法人にあつては、その代表者の氏名
二　事務所の名称及び所在地
三　点検に用いる測定器その他の設備の概要
3　前項の申請書には、業務の実施の方法を定める書類その他総務省令で定める書類を添付しなければならない。
4　総務大臣は、第一項の登録を申請した者が次の各号のいずれにも適合しているときは、その登録をしなければならない。
一　別表第一に掲げる条件のいずれかに適合する知識経験を有する者が無線設備等の点検を行うものであること。
二　別表第二に掲げる測定器その他の設備であつて、次のいずれかに掲げる較正又は校正（以下この号、第三十八条の三第一項第二号及び第三十八条の八第二項において「較正等」という。）を受けたもの（その較正等を受けた日の属する月の翌月の一日から起算して一年以内のものに限る。）を使用して無線設備の点検を行うものであること。
イ　独立行政法人情報通信研究機構（以下「機構」という。）又は第百二条の十八第一項の指定較正機関が行う較正
ロ　計量法（平成四年法律第五十一号）第百三十五条又は第百四十四条の規定に基づく校正
ハ　外国において行う較正であつて、研究所又は第百二条の十八第一項の指定較正機関が行う較正に相当するもの
ニ　別表第三の下欄に掲げる測定器その他の設備であつて、イからハまでのいずれかに掲げる較正等を受けたものを用いて行う較正等
三　無線設備等の点検を適正に行うのに必要な業務の実施の方法が定められているものであること。
5　次の各号のいずれかに該当する者は、第一項の登録を受けることができない。
一　この法律に規定する罪を犯して刑に処せられ、その執行を終わり、又はその執行を受けることがなくなつた日から二年を経過しない者であること。
二　第二十四条の十又は第二十四条の十三第三項の規定により登録を取り消され、その取消しの日から二年を経過しない者であること。
三　法人であつて、その役員のうちに前二号のいずれかに該当する者があること。
6　前各項に規定するもののほか、第一項の登録に関し必要な事項は、総務省令で定める。

[注釈一]　改正規定（独立行政法人通信総合研究所法の一部を改正する法律附則第十三条）の制定時の規定は、「第二十四条の二第一項第二号中「独立行政法人通信総合研究所（以下「研究所」という。）」を「独立行政法人情報通信研究機構（以下「機構」という。）」に改める。」であったが、電波法の一部を改正する法律（平成十五年法律第六十八号）附則第十三条（独立行政法人通信総合研究所法の一部を改正する法律の規定「附則第十三条中「第二十四条の二第一項第二号」を「第二十四条の二第四項第二号」に改める。」によって、前掲の条文となった。

[注釈二]今次改正において第四項第二号ハ中の「研究所」を「機構」に改めるべきであり、七十六次改正において治癒された。

【　七十六次改正　】

電波法及び有線電気通信法の一部を改正する法律（平成十六年五月十九日法律第四十七号）第一条

第二十四条の二第四項第二号ハ中「研究所」を「機構」に改める。

（点検事業者の登録）

第二十四条の二　無線設備等の点検の事業を行う者は、総務大臣の登録を受けることができる。

2　前項の登録を受けようとする者は、総務省令で定めるところにより、次に掲げる事項を記載した申請書を総務大臣に提出しなければならない。

一　氏名又は名称及び住所並びに法人にあつては、その代表者の氏名

二　事務所の名称及び所在地

三　点検に用いる測定器その他の設備の概要

3　前項の申請書には、業務の実施の方法を定める書類その他総務省令で定める書類を添付しなければならない。

4　総務大臣は、第一項の登録を申請した者が次の各号のいずれにも適合しているときは、その登録をしなければならない。

一　別表第一に掲げる条件のいずれかに適合する知識経験を有する者が無線設備等の点検を行うものであること。

二　別表第二に掲げる測定器その他の設備であつて、次のいずれかに掲げる較正又は校正（以下この号、第三十八条の三第一項第二号及び第三十八条の八第二項において「較正等」という。）を受けたもの（その較正等を受けた日の属する月の翌月の一日から起算して一年以内のものに限る。）を使用して無線設備等の点検を行うものであること。

イ　独立行政法人情報通信研究機構（以下「機構」という。）又は第百二条の十八第一項の指定較正機関が行う較正

ロ　計量法（平成四年法律第五十一号）第百三十五条又は第百四十四条の規定に基づく校正

ハ　外国において行う較正であつて、機構又は第百二条の十八第一項の指定較正機関が行う較正に相当するもの

ニ　別表第三の下欄に掲げる測定器その他の設備であつて、イからハまでのいずれかに掲げる較正等を受けたものを用いて行う較正等

三　無線設備等の点検を適正に行うのに必要な業務の実施の方法が定められているものであること。

5　次の各号のいずれかに該当する者は、第一項の登録を受けることができない。

一　この法律に規定する罪を犯して刑に処せられ、その執行を終わり、又はその執行を受けることがなくなつた日から二年を経過しない者であること。

二　第二十四条の十又は第二十四条の十三第三項の規定により登録を取り消され、その取消しの日から二年を経過しない者であること。

三　法人であつて、その役員のうちに前二号のいずれかに該当する者があること。

6　前各項に規定するもののほか、第一項の登録に関し必要な事項は、総務省令で定める。

[注釈]七十四次改正における改正漏れを治癒したものと考えられる。

【九十一次改正】

放送法等の一部を改正する法律（平成二十二年十二月三日法律第六十五号）第四条

第二十四条の二の見出しを「（検査等事業者の登録）」に改め、同条第一項中「無線設備等の」の下に「検査又は」を加え、同条第二項に次の一号を加える。

（追加された第二項第四号の規定は、後掲の条文の通り。）

第二十四条の二第四項中「各号」の下に「（無線設備等の点検の事業のみを行う者にあつては、第一号、第二号及び第四号）」を加え、同項第三号中「無線設備等の」の下に「検査又は」を、「方法」の下に「（無線設備等の点検の事業のみを行う者にあつては、無線設備等の点検を適正に行うのに必要な業務の実施の方法に

限る。）」を加え、同号を同項第四号とし、同項第二号の次に次の一号を加える。
（追加された第四項第三号の規定は、後掲の条文の通り。）

（検査等事業者の登録）

第二十四条の二　無線設備等の検査又は点検の事業を行う者は、総務大臣の登録を受けることができる。

2　前項の登録を受けようとする者は、総務省令で定めるところにより、次に掲げる事項を記載した申請書を総務大臣に提出しなければならない。

一　氏名又は名称及び住所並びに法人にあつては、その代表者の氏名

二　事務所の名称及び所在地

三　点検に用いる測定器その他の設備の概要

四　無線設備等の点検の事業のみを行う者にあつては、その旨

3　前項の申請書には、業務の実施の方法を定める書類その他総務省令で定める書類を添付しなければならない。

4　総務大臣は、第一項の登録を申請した者が次の各号（無線設備等の点検の事業のみを行う者にあつては、第一号、第二号及び第四号）のいずれにも適合しているときは、その登録をしなければならない。

一　別表第一に掲げる条件のいずれかに適合する知識経験を有する者が無線設備等の点検を行うものであること。

二　別表第二に掲げる測定器その他の設備であつて、次のいずれかに掲げる較正又は校正（以下この号、第三十八条の三第一項第二号及び第三十八条の八第二項において「較正等」という。）を受けたもの（その較正等を受けた日の属する月の翌月の一日から起算して一年以内のものに限る。）を使用して無線設備の点検を行うものであること。

イ　独立行政法人情報通信研究機構（以下「機構」という。）又は第百二条の十八第一項の指定較正機関が行う較正

ロ　計量法（平成四年法律第五十一号）第百三十五条又は第百四十四条の規定に基づく校正

ハ　外国において行う較正であつて、機構又は第百二条の十八第一項の指定較正機関が行う較正に相当するもの

ニ　別表第三の下欄に掲げる測定器その他の設備であつて、イからハまでのいずれかに掲げる較正等を受けたものを用いて行う較正等

三　別表第四に掲げる条件のいずれかに適合する知識経験を有する者が無線設備等の検査（点検である部分を除く。）を行うものであること。

四　無線設備等の検査又は点検を適正に行うのに必要な業務の実施の方法（無線設備等の点検の事業のみを行う者にあつては、無線設備等の点検を適正に行うのに必要な業務の実施の方法に限る。）が定められているものであること。

5　次の各号のいずれかに該当する者は、第一項の登録を受けることができない。

一　この法律に規定する罪を犯して刑に処せられ、その執行を終わり、又はその執行を受けることがなくなつた日から二年を経過しない者であること。

二　第二十四条の十又は第二十四条の十三第三項の規定により登録を取り消され、その取消しの日から二年を経過しない者であること。

三　法人であつて、その役員のうちに前二号のいずれかに該当する者があること。

6　前各項に規定するもののほか、第一項の登録に関し必要な事項は、総務省令で定める。

【　九十八次改正　】

独立行政法人通則法の一部を改正する法律の施行に伴う関係法律の整備に関する法律（平成二十六年六月十三日法律第六十七号）第三十八条

次に掲げる法律の規定中「独立行政法人情報通信研究機構」を「国立研究開発

法人情報通信研究機構」に改める。
一　電波法（昭和二十五年法律第百三十一号）第二十四条の二第四項第二号イ
（以下略）

（検査等事業者の登録）
第二十四条の二　無線設備等の検査又は点検の事業を行う者は、総務大臣の登録を受けることができる。
2　前項の登録を受けようとする者は、総務省令で定めるところにより、次に掲げる事項を記載した申請書を総務大臣に提出しなければならない。
一　氏名又は名称及び住所並びに法人にあつては、その代表者の氏名
二　事務所の名称及び所在地
三　点検に用いる測定器その他の設備の概要
四　無線設備等の点検の事業のみを行う者にあつては、その旨
3　前項の申請書には、業務の実施の方法を定める書類その他総務省令で定める書類を添付しなければならない。
4　総務大臣は、第一項の登録を申請した者が次の各号（無線設備等の点検の事業のみを行う者にあつては、第一号、第二号及び第四号）のいずれにも適合しているときは、その登録をしなければならない。
一　別表第一に掲げる条件のいずれかに適合する知識経験を有する者が無線設備等の点検を行うものであること。
二　別表第二に掲げる測定器その他の設備であつて、次のいずれかに掲げる較正又は校正（以下この号、第三十八条の三第一項第二号及び第三十八条の八第二項において「較正等」という。）を受けたもの（その較正等を受けた日の属する月の翌月の一日から起算して一年以内のものに限る。）を使用して無線設備の点検を行うものであること。
イ　国立研究開発法人情報通信研究機構（以下「機構」という。）又は第百二条の十八第一項の指定較正機関が行う較正
ロ　計量法（平成四年法律第五十一号）第百三十五条又は第百四十四条の規定に基づく校正
ハ　外国において行う較正であつて、機構又は第百二条の十八第一項の指定較正機関が行う較正に相当するもの
ニ　別表第三の下欄に掲げる測定器その他の設備であつて、イからハまでのいずれかに掲げる較正等を受けたものを用いて行う較正等
三　別表第四に掲げる条件のいずれかに適合する知識経験を有する者が無線設備等の検査（点検である部分を除く。）を行うものであること。
四　無線設備等の検査又は点検を適正に行うのに必要な業務の実施の方法（無線設備等の点検の事業のみを行う者にあつては、無線設備等の点検を適正に行うのに必要な業務の実施の方法に限る。）が定められているものであること。
5　次の各号のいずれかに該当する者は、第一項の登録を受けることができない。
一　この法律に規定する罪を犯して刑に処せられ、その執行を終わり、又はその執行を受けることがなくなつた日から二年を経過しない者であること。
二　第二十四条の十又は第二十四条の十三第三項の規定により登録を取り消され、その取消しの日から二年を経過しない者であること。
三　法人であつて、その役員のうちに前二号のいずれかに該当する者があること。
6　前各項に規定するもののほか、第一項の登録に関し必要な事項は、総務省令で定める。

【百四次改正】

電波法及び電気通信事業法等の一部を改正する法律（平成二十九年五月十二日法律第二十七号）第一条

第二十四条の二第四項第二号中「一年」の下に「（無線設備の点検を行うのに優れた性能を有する測定器その他の設備として総務省令で定める測定器その他の設備に該当するものにあつては、当該測定器その他の設備の区分に応じ、一年を超え三年を超えない範囲内で総務省令で定める期間）」を加える。

（検査等事業者の登録）

第二十四条の二　無線設備等の検査又は点検の事業を行う者は、総務大臣の登録を受けることができる。

2　前項の登録を受けようとする者は、総務省令で定めるところにより、次に掲げる事項を記載した申請書を総務大臣に提出しなければならない。

一　氏名又は名称及び住所並びに法人にあつては、その代表者の氏名

二　事務所の名称及び所在地

三　点検に用いる測定器その他の設備の概要

四　無線設備等の点検の事業のみを行う者にあつては、その旨

3　前項の申請書には、業務の実施の方法を定める書類その他総務省令で定める書類を添付しなければならない。

4　総務大臣は、第一項の登録を申請した者が次の各号（無線設備等の点検の事業のみを行う者にあつては、第一号、第二号及び第四号）のいずれにも適合しているときは、その登録をしなければならない。

一　別表第一に掲げる条件のいずれかに適合する知識経験を有する者が無線設備等の点検を行うものであること。

二　別表第二に掲げる測定器その他の設備であつて、次のいずれかに掲げる較正又は校正（以下この号、第三十八条の三第一項第二号及び第三十八条の八第二項において「較正等」という。）を受けたもの（その較正等を受けた日の属する月の翌月の一日から起算して一年（無線設備の点検を行うのに優れた性能を有する測定器その他の設備として総務省令で定める測定器その他の設備に該当するものにあつては、当該測定器その他の設備の区分に応じ、一年を超え三年を超えない範囲内で総務省令で定める期間）以内のものに限る。）を使用して無線設備の点検を行うものであること。

イ　国立研究開発法人情報通信研究機構（以下「機構」という。）又は第百二条の十八第一項の指定較正機関が行う較正

ロ　計量法（平成四年法律第五十一号）第百三十五条又は第百四十四条の規定に基づく校正

ハ　外国において行う較正であつて、機構又は第百二条の十八第一項の指定較正機関が行う較正に相当するもの

ニ　別表第三の下欄に掲げる測定器その他の設備であつて、イからハまでのいずれかに掲げる較正等を受けたものを用いて行う較正等

三　別表第四に掲げる条件のいずれかに適合する知識経験を有する者が無線設備等の検査（点検である部分を除く。）を行うものであること。

四　無線設備等の検査又は点検を適正に行うのに必要な業務の実施の方法（無線設備等の点検の事業のみを行う者にあつては、無線設備等の点検を適正に行うのに必要な業務の実施の方法に限る。）が定められているものであること。

5　次の各号のいずれかに該当する者は、第一項の登録を受けることができない。

一　この法律に規定する罪を犯して刑に処せられ、その執行を終わり、又はその執行を受けることがなくなつた日から二年を経過しない者であること。

二　第二十四条の十又は第二十四条の十三第三項の規定により登録を取り消され、その取消しの日から二年を経過しない者であること。

三　法人であつて、その役員のうちに前二号のいずれかに該当する者があること。

6　前各項に規定するもののほか、第一項の登録に関し必要な事項は、総務省令で定める。

［注釈］この改正は、本書収録の基準日である平成二十九年六月十八日において未施行である。

第二十四条の二の二

【九十一次改正】

放送法等の一部を改正する法律（平成二十二年十二月三日法律第六十五号）第四条

第二十四条の二の次に次の一条を加える。
（追加された第二十四条の二の二の規定は、後掲の条文の通り。）

（登録の更新）

第二十四条の二の二　前条第一項の登録（無線設備等の点検の事業のみを行う者についてのものを除く。）は、五年以上十年以内において政令で定める期間ごとにその更新を受けなければ、その期間の経過によつて、その効力を失う。

2　前条第二項から第六項までの規定は、前項の登録の更新に準用する。

第二十四条の三

【五十四次改正】

電波法の一部を改正する法律（平成九年五月九日法律第四十七号）

第二十四条の次に次の七条を加える。
（追加された第二十四条の三の規定は、後掲の条文の通り。）

（認定証）

第二十四条の三　郵政大臣は、前条第一項の認定をしたときは、認定証を交付する。

2　前条第一項の認定を受けた者（以下「認定点検事業者」という。）は、認定証をその事業所の見やすい場所に掲示しておかなければならない。

【六十二次改正】

中央省庁等改革関係法施行法（平成十一年十二月二十二日法律第百六十号）第百九十三条

本則（第九十九条の十二第二項を除く。）中「郵政大臣」を「総務大臣」に、「郵政省令」を「総務省令」に、「通商産業大臣」を「経済産業大臣」に、「建設大臣」を「国土交通大臣」に、「地方電気通信監理局長」を「総合通信局長」に、「沖縄郵政管理事務所長」を「沖縄総合通信事務所長」に改める。

（認定証）

第二十四条の三　総務大臣は、前条第一項の認定をしたときは、認定証を交付する。

2　前条第一項の認定を受けた者（以下「認定点検事業者」という。）は、認定証をその事業所の見やすい場所に掲示しておかなければならない。

【七十三次改正】

電波法の一部を改正する法律（平成十五年六月六日法律第六十八号）

第二十四条の三を第二十四条の四とし、同条の次に次の一条を加える。
第二十四条の二の次に次の一条を加える。

（追加された第二十四条の三の規定は、後掲の条文の通り。）

（登録簿）

第二十四条の三　総務大臣は、前条第一項の登録を受けた者（以下「登録点検事業者」という。）について、登録点検事業者登録簿を備え、次に掲げる事項を登録しなければならない。

一　登録の年月日及び登録番号

二　前条第二項第一号及び第二号に掲げる事項

［注釈］改正前の第二十四条の三が改正後の第二十四条の四となり、新たに第二十四条の三が置かれた。

【九十一次改正】

放送法等の一部を改正する法律（平成二十二年十二月三日法律第六十五号）第四条

第二十四条の三中「前条第一項」を「第二十四条の二第一項」に、「「登録点検事業者」」を「「登録検査等事業者」」に、「登録点検事業者登録簿」を「登録検査等事業者登録簿」に改め、同条第一号中「の年月日及び」を「及びその更新の年月日並びに」に改め、同条第二号中「前条第二項第一号及び第二号」を「第二十四条の二第二項第一号、第二号及び第四号」に改める。

（登録簿）

第二十四条の三　総務大臣は、第二十四条の二第一項の登録を受けた者（以下「登録検査等事業者」という。）について、登録検査等事業者登録簿を備え、次に掲げる事項を登録しなければならない。

一　登録及びその更新の年月日並びに登録番号

二　第二十四条の二第二項第一号、第二号及び第四号に掲げる事項

第二十四条の四

【五十四次改正】

電波法の一部を改正する法律（平成九年五月九日法律第四十七号）

第二十四条の次に次の七条を加える。

（追加された第二十四条の四の規定は、後掲の条文の通り。）

（認定の取消し）

第二十四条の四　郵政大臣は、認定点検事業者が次の各号のいずれかに該当するときは、その認定を取り消すことができる。

一　第二十四条の二第一項各号のいずれかに適合しなくなつたとき。

二　不正な手段により第二十四条の二第一項の認定を受けたとき。

【六十二次改正】

中央省庁等改革関係法施行法（平成十一年十二月二十二日法律第百六十号）第百九十三条

本則（第九十九条の十二第二項を除く。）中「郵政大臣」を「総務大臣」に、「郵政省令」を「総務省令」に、「通商産業大臣」を「経済産業大臣」に、「建設大臣」を「国土交通大臣」に、「地方電気通信監理局長」を「総合通信局長」に、「沖縄郵政管理事務所長」を「沖縄総合通信事務所長」に改める。

（認定の取消し）

第二十四条の四　総務大臣は、認定点検事業者が次の各号のいずれかに該当するときは、その認定を取り消すことができる。

一　第二十四条の二第一項各号のいずれかに適合しなくなつたとき。

二　不正な手段により第二十四条の二第一項の認定を受けたとき。

【七十三次改正】

電波法の一部を改正する法律（平成十五年六月六日法律第六十八号）

> 第二十四条の四を削る。
>
> 第二十四条の三の見出しを「（登録証）」に改め、同条第一項中「前条第一項の認定」を「第二十四条の二第一項の登録」に、「認定証」を「登録証」に改め、同条第二項中「前条第一項の認定を受けた者（以下「認定点検事業者」という。）は、認定証」を「登録点検事業者は、登録証」に改め、同項を同条第三項とし、同条第一項の次に次の一項を加える。
>
> （追加された第二項の規定は、後掲の条文の通り。）
>
> 第二十四条の三を第二十四条の四とし、同条の次に次の一条を加える。

（登録証）

第二十四条の四　総務大臣は、第二十四条の二第一項の登録をしたときは、登録証を交付する。

2　前項の登録証には、次に掲げる事項を記載しなければならない。

一　登録の年月日及び登録番号

二　氏名又は名称及び住所

3　登録点検事業者は、登録証をその事業所の見やすい場所に掲示しておかなければならない。

［注釈］改正前の第二十四条の四が削られ、改正前の第二十四条の三に改正が加えられて改正後の第二十四条の四となった。ついては、改正後の第二十四条の四の従前の改正経緯については第二十四条の三の項を参照されたい。

【九十一次改正】

放送法等の一部を改正する法律（平成二十二年十二月三日法律第六十五号）第四条

> 第二十四条の四第一項中「の登録」の下に「又はその更新」を加え、同条第二項第一号中「登録の」を「登録又はその更新の」に改め、同項に次の一号を加える。
>
> （追加された第二項第三号の規定は、後掲の条文の通り。）
>
> 第二十四条の四第三項中「登録点検事業者」を「登録検査等事業者」に改める。

（登録証）

第二十四条の四　総務大臣は、第二十四条の二第一項の登録又はその更新をしたときは、登録証を交付する。

2　前項の登録証には、次に掲げる事項を記載しなければならない。

一　登録又はその更新の年月日及び登録番号

二　氏名又は名称及び住所

三　無線設備等の点検の事業のみを行う者にあつては、その旨

3　登録検査等事業者は、登録証をその事業所の見やすい場所に掲示しておかなければならない。

第二十四条の五

【五十四次改正】

電波法の一部を改正する法律（平成九年五月九日法律第四十七号）

> 第二十四条の次に次の七条を加える。
> （追加された第二十四条の五の規定は、後掲の条文の通り。）

（承継）

第二十四条の五　認定点検事業者がその認定に係る事業の全部を譲渡し、又は認定点検事業者について相続若しくは合併があつたときは、その事業の全部を譲り受けた者又は相続人若しくは合併後存続する法人若しくは合併により設立した法人は、その認定点検事業者の地位を承継する。

2　前項の規定により認定点検事業者の地位を承継した者は、遅滞なく、その事実を証する書面を添えてその旨を郵政大臣に届け出なければならない。

【六十二次改正】

中央省庁等改革関係法施行法（平成十一年十二月二十二日法律第百六十号）第百九十三条

> 本則（第九十九条の十二第二項を除く。）中「郵政大臣」を「総務大臣」に、「郵政省令」を「総務省令」に、「通商産業大臣」を「経済産業大臣」に、「建設大臣」を「国土交通大臣」に、「地方電気通信監理局長」を「総合通信局長」に、「沖縄郵政管理事務所長」を「沖縄総合通信事務所長」に改める。

（承継）

第二十四条の五　認定点検事業者がその認定に係る事業の全部を譲渡し、又は認定点検事業者について相続若しくは合併があつたときは、その事業の全部を譲り受けた者又は相続人若しくは合併後存続する法人若しくは合併により設立した法人は、その認定点検事業者の地位を承継する。

2　前項の規定により認定点検事業者の地位を承継した者は、遅滞なく、その事実を証する書面を添えてその旨を総務大臣に届け出なければならない。

【六十六次改正】

商法等の一部を改正する法律の施行に伴う関係法律の整備に関する法律（平成十二年五月三十一日法律第九十一号）第二十八条

> 第二十四条の五第一項中「相続若しくは合併」を「相続、合併若しくは分割（認定に係る事業の全部を承継させるものに限る。）」に、「その事業」を「認定に係る事業」に、「若しくは合併後」を「、合併後」に改め、「設立した法人」の下に「若しくは分割により認定に係る事業の全部を承継した法人」を加える。

（承継）

第二十四条の五　認定点検事業者がその認定に係る事業の全部を譲渡し、又は認定点検事業者について相続、合併若しくは分割（認定に係る事業の全部を承継させるものに限る。）があつたときは、認定に係る事業の全部を譲り受けた者又は相続人、合併後存続する法人若しくは合併により設立した法人若しくは分割により認定に係る事業の全部を承継した法人は、その認定点検事業者の地位を承継する。

2　前項の規定により認定点検事業者の地位を承継した者は、遅滞なく、その事実を証する書面を添えてその旨を総務大臣に届け出なければならない。

【七十三次改正】

電波法の一部を改正する法律（平成十五年六月六日法律第六十八号）

第二十四条の五第一項中「認定点検事業者」を「登録点検事業者」に、「認定に」を「登録に」に改め、同条第二項中「認定点検事業者」を「登録点検事業者」に改め、同条を第二十四条の六とする。

第二十四条の三を第二十四条の四とし、同条の次に次の一条を加える。

（追加された第二十四条の五の規定は、後掲の条文の通り。）

（変更の届出）

第二十四条の五　登録点検事業者は、第二十四条の二第二項第一号又は第二号に掲げる事項に変更があつたときは、遅滞なく、その旨を総務大臣に届け出なければならない。

2　前項の場合において、登録証に記載された事項に変更があつた登録点検事業者は、同項の規定による届出にその登録証を添えて提出し、その訂正を受けなければならない。

［注釈］改正前の第二十四条の五に改正が加えられて改正後の第二十四条の六となり、新たに第二十四条の五が置かれた。

【九十一次改正】

放送法等の一部を改正する法律（平成二十二年十二月三日法律第六十五号）第四条

第二十四条の五及び第二十四条の六中「登録点検事業者」を「登録検査等事業者」に改める。

（変更の届出）

第二十四条の五　登録検査等事業者は、第二十四条の二第二項第一号又は第二号に掲げる事項に変更があつたときは、遅滞なく、その旨を総務大臣に届け出なければならない。

2　前項の場合において、登録証に記載された事項に変更があつた登録検査等事業者は、同項の規定による届出にその登録証を添えて提出し、その訂正を受けなければならない。

第二十四条の六

【五十四次改正】

電波法の一部を改正する法律（平成九年五月九日法律第四十七号）

第二十四条の次に次の七条を加える。

（追加された第二十四条の六の規定は、後掲の条文の通り。）

（廃止の届出）

第二十四条の六　認定点検事業者は、その認定に係る事業を廃止したときは、遅滞なく、その旨を郵政大臣に届け出なければならない。

2　前項の規定による届出があつたときは、認定は、その効力を失う。

【六十二次改正】

中央省庁等改革関係法施行法（平成十一年十二月二十二日法律第百六十号）第百九十三条

本則（第九十九条の十二第二項を除く。）中「郵政大臣」を「総務大臣」に、「郵政省令」を「総務省令」に、「通商産業大臣」を「経済産業大臣」に、「建設大臣」

を「国土交通大臣」に、「地方電気通信監理局長」を「総合通信局長」に、「沖縄郵政管理事務所長」を「沖縄総合通信事務所長」に改める。

（廃止の届出）

第二十四条の六　認定点検事業者は、その認定に係る事業を廃止したときは、遅滞なく、その旨を総務大臣に届け出なければならない。

2　前項の規定による届出があつたときは、認定は、その効力を失う。

【七十三次改正】

電波法の一部を改正する法律（平成十五年六月六日法律第六十八号）

第二十四条の六を削る。

第二十四条の五第一項中「認定点検事業者」を「登録点検事業者」に、「認定に」を「登録に」に改め、同条第二項中「認定点検事業者」を「登録点検事業者」に改め、同条を第二十四条の六とする。

（承継）

第二十四条の六　登録点検事業者がその登録に係る事業の全部を譲渡し、又は登録点検事業者について相続、合併若しくは分割（登録に係る事業の全部を承継させるものに限る。）があつたときは、登録に係る事業の全部を譲り受けた者又は相続人、合併後存続する法人若しくは合併により設立した法人若しくは分割により登録に係る事業の全部を承継した法人は、その登録点検事業者の地位を承継する。

2　前項の規定により登録点検事業者の地位を承継した者は、遅滞なく、その事実を証する書面を添えてその旨を総務大臣に届け出なければならない。

［注釈］改正前の第二十四条の六が削られ、改正前の第二十四条の五に改正が加えられて改正後の第二十四条の六となった。ついては、改正後の第二十四条の六の従前の改正経緯については第二十四条の五の項を参照されたい。

【九十一次改正】

放送法等の一部を改正する法律（平成二十二年十二月三日法律第六十五号）第四条

第二十四条の五及び第二十四条の六中「登録点検事業者」を「登録検査等事業者」に改める。

（承継）

第二十四条の六　登録検査等事業者がその登録に係る事業の全部を譲渡し、又は登録検査等事業者について相続、合併若しくは分割（登録に係る事業の全部を承継させるものに限る。）があつたときは、登録に係る事業の全部を譲り受けた者又は相続人、合併後存続する法人若しくは合併により設立した法人若しくは分割により登録に係る事業の全部を承継した法人は、その登録検査等事業者の地位を承継する。

2　前項の規定により登録検査等事業者の地位を承継した者は、遅滞なく、その事実を証する書面を添えてその旨を総務大臣に届け出なければならない。

第二十四条の七

【五十四次改正】

電波法の一部を改正する法律（平成九年五月九日法律第四十七号）

第二十四条の次に次の七条を加える。

（追加された第二十四条の七の規定は、後掲の条文の通り。）

（認定証の返納）

第二十四条の七　認定がその効力を失つたときは、認定点検事業者であつた者は、一箇月以内にその認定証を返納しなければならない。

【七十三次改正】

電波法の一部を改正する法律（平成十五年六月六日法律第六十八号）

第二十四条の七を次のように改める。
（改正後の規定は、後掲の条文の通り。）

（適合命令）

第二十四条の七　総務大臣は、登録点検事業者が第二十四条の二第四項各号のいずれかに適合しなくなつたと認めるときは、当該登録点検事業者に対し、これらの規定に適合するために必要な措置をとるべきことを命ずることができる。

【九十一次改正】

放送法等の一部を改正する法律（平成二十二年十二月三日法律第六十五号）第四条

第二十四条の七の見出しを「（適合命令等）」に改め、同条中「登録点検事業者」を「登録検査等事業者」に改め、「第二十四条の二第四項各号」の下に「（無線設備等の点検の事業のみを行う者にあつては、第一号、第二号又は第四号）」を加え、同条に次の一項を加える。
（追加された第二項の規定は、後掲の条文の通り。）

（適合命令等）

第二十四条の七　総務大臣は、登録検査等事業者が第二十四条の二第四項各号（無線設備等の点検の事業のみを行う者にあつては、第一号、第二号又は第四号）のいずれかに適合しなくなつたと認めるときは、当該登録検査等事業者に対し、これらの規定に適合するために必要な措置をとるべきことを命ずることができる。

2　総務大臣は、登録検査等事業者がその登録に係る業務の実施の方法によらないでその登録に係る検査又は点検の業務を行つていると認めるときは、当該登録検査等事業者に対し、無線設備等の検査又は点検の実施の方法その他の業務の方法の改善に関し必要な措置をとるべきことを命ずることができる。

第二十四条の八

【五十四次改正】

電波法の一部を改正する法律（平成九年五月九日法律第四十七号）

第二十四条の次に次の七条を加える。
（追加された第二十四条の八の規定は、後掲の条文の通り。）

（報告及び立入検査）

第二十四条の八　郵政大臣は、この法律を施行するため必要があると認めるときは、認定点検事業者に対しその認定に係る業務の状況に関し報告させ、又はその職員に、認定点検事業者の事業所に立ち入り、その認定に係る業務の状況若しくは設備、帳簿、書類その他の物件を検査させることができる。

2　前項の規定により立入検査をする職員は、その身分を示す証明書を携帯し、かつ、関係者の請求があるときは、これを提示しなければならない。

３　第一項の規定による立入検査の権限は、犯罪捜査のために認められたものと解釈してはならない。

【 六十二次改正 】

中央省庁等改革関係法施行法（平成十一年十二月二十二日法律第百六十号）第百九十三条

本則（第九十九条の十二第二項を除く。）中「郵政大臣」を「総務大臣」に、「郵政省令」を「総務省令」に、「通商産業大臣」を「経済産業大臣」に、「建設大臣」を「国土交通大臣」に、「地方電気通信監理局長」を「総合通信局長」に、「沖縄郵政管理事務所長」を「沖縄総合通信事務所長」に改める。

（報告及び立入検査）

第二十四条の八　総務大臣は、この法律を施行するため必要があると認めるときは、認定点検事業者に対しその認定に係る業務の状況に関し報告させ、又はその職員に、認定点検事業者の事業所に立ち入り、その認定に係る業務の状況若しくは設備、帳簿、書類その他の物件を検査させることができる。

２　前項の規定により立入検査をする職員は、その身分を示す証明書を携帯し、かつ、関係者の請求があるときは、これを提示しなければならない。

３　第一項の規定による立入検査の権限は、犯罪捜査のために認められたものと解釈してはならない。

【 七十三次改正 】

電波法の一部を改正する法律（平成十五年六月六日法律第六十八号）

第二十四条の八第一項中「認定点検事業者に対し」を「登録点検事業者に対し、」に、「認定に」を「登録に」に、「認定点検事業者の」を「登録点検事業者の」に改め、同条の次に次の四条を加える。

（報告及び立入検査）

第二十四条の八　総務大臣は、この法律を施行するため必要があると認めるときは、登録点検事業者に対し、その登録に係る業務の状況に関し報告させ、又はその職員に、登録点検事業者の事業所に立ち入り、その登録に係る業務の状況若しくは設備、帳簿、書類その他の物件を検査させることができる。

２　前項の規定により立入検査をする職員は、その身分を示す証明書を携帯し、かつ、関係者の請求があるときは、これを提示しなければならない。

３　第一項の規定による立入検査の権限は、犯罪捜査のために認められたものと解釈してはならない。

【 九十一次改正 】

放送法等の一部を改正する法律（平成二十二年十二月三日法律第六十五号）第四条

第二十四条の八第一項及び第二十四条の九第一項中「登録点検事業者」を「登録検査等事業者」に改める。

（報告及び立入検査）

第二十四条の八　総務大臣は、この法律を施行するため必要があると認めるときは、登録検査等事業者に対し、その登録に係る業務の状況に関し報告させ、又はその職員に、登録検査等事業者の事業所に立ち入り、その登録に係る業務の状況若しくは設備、帳簿、書類その他の物件を検査させることができる。

２　前項の規定により立入検査をする職員は、その身分を示す証明書を携帯し、かつ、関係者の請求があるときは、これを提示しなければならない。

３　第一項の規定による立入検査の権限は、犯罪捜査のために認められたものと解釈してはならない。

釈してはならない。

第二十四条の九

【五十五次改正】

電気通信分野における規制の合理化のための関係法律の整備等に関する法律（平成十年五月八日法律第五十八号）第三条

> 第二十四条の八の次に次の一条を加える。
> （追加された第二十四条の九の規定は、後掲の条文の通り。）

（外国事業者の点検能力の認定等）

第二十四条の九　外国において無線設備等の点検の事業を行う者は、第二十四条の二第一項の郵政省令で定める区分ごとに、郵政大臣に申請して、その事業が同項各号に適合している旨の認定を受けることができる。

2　第二十四条の三第一項の規定は前項の認定について、同条第二項及び第二十四条の五から前条までの規定は前項の認定を受けた者（以下「認定外国点検事業者」という。）について準用する。

3　郵政大臣は、認定外国点検事業者が次の各号のいずれかに該当するときは、その認定を取り消すことができる。

一　第二十四条の二第一項各号のいずれかに適合しなくなつたとき。

二　不正な手段により第一項の認定を受けたとき。

三　前項において準用する第二十四条の五第二項の規定による届出をしなかつたとき。

四　郵政大臣が前項において準用する前条第一項の規定により認定外国点検事業者に対し報告をさせようとした場合において、その報告がされず、又は虚偽の報告がされたとき。

五　郵政大臣が前項において準用する前条第一項の規定によりその職員に認定外国点検事業者の事業所において検査をさせようとした場合において、その検査が拒まれ、妨げられ、又は忌避されたとき。

4　前三項に規定するもののほか、第一項の認定及びその取消しに関し必要な事項は、郵政省令で定める。

【六十二次改正】

中央省庁等改革関係法施行法（平成十一年十二月二十二日法律第百六十号）第百九十三条

> 本則（第九十九条の十二第二項を除く。）中「郵政大臣」を「総務大臣」に、「郵政省令」を「総務省令」に、「通商産業大臣」を「経済産業大臣」に、「建設大臣」を「国土交通大臣」に、「地方電気通信監理局長」を「総合通信局長」に、「沖縄郵政管理事務所長」を「沖縄総合通信事務所長」に改める。

（外国事業者の点検能力の認定等）

第二十四条の九　外国において無線設備等の点検の事業を行う者は、第二十四条の二第一項の総務省令で定める区分ごとに、総務大臣に申請して、その事業が同項各号に適合している旨の認定を受けることができる。

2　第二十四条の三第一項の規定は前項の認定について、同条第二項及び第二十四条の五から前条までの規定は前項の認定を受けた者（以下「認定外国点検事業者」という。）について準用する。

3　総務大臣は、認定外国点検事業者が次の各号のいずれかに該当するときは、その認定を取り消すことができる。

一　第二十四条の二第一項各号のいずれかに適合しなくなつたとき。

二　不正な手段により第一項の認定を受けたとき。

三　前項において準用する第二十四条の五第二項の規定による届出をしなかつたとき。

四　総務大臣が前項において準用する前条第一項の規定により認定外国点検事業者に対し報告をさせようとした場合において、その報告がされず、又は虚偽の報告がされたとき。

五　総務大臣が前項において準用する前条第一項の規定によりその職員に認定外国点検事業者の事業所において検査をさせようとした場合において、その検査が拒まれ、妨げられ、又は忌避されたとき。

4　前三項に規定するもののほか、第一項の認定及びその取消しに関し必要な事項は、総務省令で定める。

【七十三次改正】

電波法の一部を改正する法律（平成十五年六月六日法律第六十八号）

第二十四条の九第四項中「認定及びその取消し」を「登録」に改め、同条を第二十四条の十三とする。

第二十四条の八第一項中「認定点検事業者に対し」を「登録点検事業者に対し、」に、「認定に」を「登録に」に、「認定点検事業者の」を「登録点検事業者の」に改め、同条の次に次の四条を加える。

（追加された第二十四条の九の規定は、後掲の条文の通り。）

（廃止の届出）

第二十四条の九　登録点検事業者は、その登録に係る事業を廃止したときは、遅滞なく、その旨を総務大臣に届け出なければならない。

2　前項の規定による届出があつたときは、第二十四条の二第一項の登録は、その効力を失う。

［注釈］改正前の第二十四条の九は、文言の改正が加えられた後に第二十四条の十三となり、新たに第二十四条の九が置かれた。

【九十一次改正】

放送法等の一部を改正する法律（平成二十二年十二月三日法律第六十五号）第四条

第二十四条の八第一項及び第二十四条の九第一項中「登録点検事業者」を「登録検査等事業者」に改める。

（廃止の届出）

第二十四条の九　登録検査等事業者は、その登録に係る事業を廃止したときは、遅滞なく、その旨を総務大臣に届け出なければならない。

2　前項の規定による届出があつたときは、第二十四条の二第一項の登録は、その効力を失う。

第二十四条の十

【七十三次改正】

電波法の一部を改正する法律（平成十五年六月六日法律第六十八号）

第二十四条の八第一項中「認定点検事業者に対し」を「登録点検事業者に対し、」

に、「認定に」を「登録に」に、「認定点検事業者の」を「登録点検事業者の」に改め、同条の次に次の四条を加える。
（追加された第二十四条の十の規定は、後掲の条文の通り。）

（登録の取消し）
第二十四条の十　総務大臣は、登録点検事業者が次の各号のいずれかに該当するときは、その登録を取り消すことができる。
一　第二十四条の二第五項各号（第二号を除く。）のいずれかに該当するに至つたとき。
二　第二十四条の五第一項又は第二十四条の六第二項の規定に違反したとき。
三　第二十四条の七の規定による命令に違反したとき。
四　第十条第一項、第十八条第一項又は第七十三条第一項の検査を受けた者に対し、その登録に係る点検の結果を偽つて通知したことが判明したとき。
五　その登録に係る業務の実施の方法によらないでその登録に係る点検の業務を行つたとき。
六　不正な手段により第二十四条の二第一項の登録を受けたとき。

【九十一次改正】
放送法等の一部を改正する法律（平成二十二年十二月三日法律第六十五号）第四条
第二十四条の十の見出しを「（登録の取消し等）」に改め、同条中「登録点検事業者」を「登録検査等事業者」に、「取り消す」を「取り消し、又は期間を定めてその登録に係る検査又は点検の業務の全部若しくは一部の停止を命ずる」に改め、同条第三号中「第二十四条の七」を「第二十四条の七第一項又は第二項」に改め、同条第四号中「又は」を「若しくは」に改め、「通知したこと」の下に「又は同条第三項に規定する証明書に虚偽の記載をしたこと」を加え、同条第五号中「点検」を「検査又は点検」に改め、同条第六号中「登録」の下に「又はその更新」を加える。

（登録の取消し等）
第二十四条の十　総務大臣は、登録検査等事業者が次の各号のいずれかに該当するときは、その登録を取り消し、又は期間を定めてその登録に係る検査又は点検の業務の全部若しくは一部の停止を命ずることができる。
一　第二十四条の二第五項各号（第二号を除く。）のいずれかに該当するに至つたとき。
二　第二十四条の五第一項又は第二十四条の六第二項の規定に違反したとき。
三　第二十四条の七第一項又は第二項の規定による命令に違反したとき。
四　第十条第一項、第十八条第一項若しくは第七十三条第一項の検査を受けた者に対し、その登録に係る点検の結果を偽つて通知したこと又は同条第三項に規定する証明書に虚偽の記載をしたことが判明したとき。
五　その登録に係る業務の実施の方法によらないでその登録に係る検査又は点検の業務を行つたとき。
六　不正な手段により第二十四条の二第一項の登録又はその更新を受けたとき。

第二十四条の十一

【七十三次改正】
電波法の一部を改正する法律（平成十五年六月六日法律第六十八号）
第二十四条の八第一項中「認定点検事業者に対し」を「登録点検事業者に対し、」

に、「認定に」を「登録に」に、「認定点検事業者の」を「登録点検事業者の」に改め、同条の次に次の四条を加える。
（追加された第二十四条の十一の規定は、後掲の条文の通り。）

（登録の抹消）

第二十四条の十一　総務大臣は、第二十四条の九第二項の規定により登録がその効力を失つたとき、又は前条の規定により登録を取り消したときは、当該登録点検事業者の登録を抹消しなければならない。

【九十一次改正】

放送法等の一部を改正する法律（平成二十二年十二月三日法律第六十五号）第四条

第二十四条の十一中「総務大臣は、」の下に「第二十四条の二の二第一項若しくは」を加え、「登録点検事業者」を「登録検査等事業者」に改める。

（登録の抹消）

第二十四条の十一　総務大臣は、第二十四条の二の二第一項若しくは第二十四条の九第二項の規定により登録がその効力を失つたとき、又は前条の規定により登録を取り消したときは、当該登録検査等事業者の登録を抹消しなければならない。

第二十四条の十二

【七十三次改正】

電波法の一部を改正する法律（平成十五年六月六日法律第六十八号）

第二十四条の八第一項中「認定点検事業者に対し」を「登録点検事業者に対し、」に、「認定に」を「登録に」に、「認定点検事業者の」を「登録点検事業者の」に改め、同条の次に次の四条を加える。
（追加された第二十四条の十二の規定は、後掲の条文の通り。）

（登録証の返納）

第二十四条の十二　第二十四条の九第二項の規定により登録がその効力を失つたとき、又は第二十四条の十の規定により登録を取り消されたときは、登録点検事業者であつた者は、一箇月以内にその登録証を返納しなければならない。

【九十一次改正】

放送法等の一部を改正する法律（平成二十二年十二月三日法律第六十五号）第四条

第二十四条の十二中「第二十四条の九第二項」を「第二十四条の二の二第一項若しくは第二十四条の九第二項」に、「登録点検事業者」を「登録検査等事業者」に改める。

（登録証の返納）

第二十四条の十二　第二十四条の二の二第一項若しくは第二十四条の九第二項の規定により登録がその効力を失つたとき、又は第二十四条の十の規定により登録を取り消されたときは、登録検査等事業者であつた者は、一箇月以内にその登録証を返納しなければならない。

第二十四条の十三

【七十三次改正】

電波法の一部を改正する法律（平成十五年六月六日法律第六十八号）

第二十四条の九の見出しを「（外国点検事業者の登録等）」に改め、同条第一項中「第二十四条の二第一項の総務省令で定める区分ごとに、総務大臣に申請して、その事業が同項各号に適合している旨の認定」を「総務大臣の登録」に改め、同条第二項を次のように改める。

（改正後の第二項の規定は、後掲の条文の通り。）

第二十四条の九第三項各号列記以外の部分中「認定外国点検事業者」を「登録外国点検事業者」に、「認定を」を「登録を」に改め、同項第一号を次のように改める。

（改正後の第三項第一号の規定は、後掲の条文の通り。）

第二十四条の九第三項第五号中「前条第一項」を「第二十四条の八第一項」に、「認定外国点検事業者」を「登録外国点検事業者」に改め、同号を同項第八号とし、同項第四号中「前条第一項」を「第二十四条の八第一項」に、「認定外国点検事業者」を「登録外国点検事業者」に改め、同号を同項第七号とし、同項第三号を削り、同項第二号中「認定」を「登録」に改め、同号を同項第六号とし、同項第一号の次に次の四号を加える。

（追加された第三項第二号から第五号までの規定は、後掲の条文の通り。）

第二十四条の九第四項中「認定及びその取消し」を「登録」に改め、同条を第二十四条の十三とする。

（外国点検事業者の登録等）

第二十四条の十三　外国において無線設備等の点検の事業を行う者は、総務大臣の登録を受けることができる。

2　第二十四条の二第二項から第五項まで、第二十四条の三、第二十四条の四第一項及び第二項、第二十四条の九第二項並びに第二十四条の十一の規定は前項の登録について、第二十四条の四第三項、第二十四条の五から第二十四条の八まで、第二十四条の九第一項及び前条の規定は前項の登録を受けた者（以下「登録外国点検事業者」という。）について準用する。この場合において、第二十四条の三中「受けた者（以下「登録点検事業者」という。）」とあるのは「受けた者」と、「登録点検事業者登録簿」とあるのは「登録外国点検事業者登録簿」と、第二十四条の七中「命ずる」とあるのは「請求する」と、第二十四条の十一中「前条」とあるのは「第二十四条の十三第三項」と、前条中「第二十四条の十」とあるのは「次条第三項」と読み替えるものとする。

3　総務大臣は、登録外国点検事業者が次の各号のいずれかに該当するときは、その登録を取り消すことができる。

一　前項において準用する第二十四条の二第五項各号（第二号を除く。）のいずれかに該当するに至つたとき。

二　前項において準用する第二十四条の五第一項又は第二十四条の六第二項の規定に違反したとき。

三　前項において準用する第二十四条の七の規定による請求に応じなかつたとき。

四　第十条第一項、第十八条第一項又は第七十三条第一項の検査を受けた者に対し、その登録に係る点検の結果を偽つて通知したことが判明したとき。

五　その登録に係る業務の実施の方法によらないでその登録に係る点検の業務を行つたとき。

六　不正な手段により第一項の登録を受けたとき。

七　総務大臣が前項において準用する第二十四条の八第一項の規定により登録外国点検事業者に対し報告をさせようとした場合において、その報告がされず、又は虚偽の報告がされたとき。

八　総務大臣が前項において準用する第二十四条の八第一項の規定によりその職員に登録外国点検事業者の事業所において検査をさせようとした場合において、その検査が拒まれ、妨げられ、又は忌避されたとき。

4　前三項に規定するもののほか、第一項の登録に関し必要な事項は、総務省令で定める。

［注釈］改正前の第二十四条の九に改正が加えられて改正後の第二十四条の十三となった。改正後の第二十四条の十三の従前の改正経緯については第二十四条の九の項を参照されたい。

【九十一次改正】

放送法等の一部を改正する法律（平成二十二年十二月三日法律第六十五号）第四条

第二十四条の十三第二項中「第二十四条の二第二項から第五項まで」を「第二十四条の二第二項（第四号を除く。）、第三項、第四項（第三号を除く。）及び第五項」に改め、「及び第二項」の下に「（第三号を除く。）」を、「において」の下に「、第二十四条の二第四項中「次の各号（無線設備等の点検の事業のみを行う者にあつては、第一号、第二号及び第四号）」とあるのは「第一号、第二号及び第四号」と、「検査又は点検」とあるのは「点検」と、「方法（無線設備等の点検の事業のみを行う者にあつては、無線設備等の点検を適正に行うのに必要な業務の実施の方法に限る。）」とあるのは「方法」と」を加え、「「登録点検事業者」」を「「登録検査等事業者」」に、「「登録点検事業者登録簿」」を「「登録検査等事業者登録簿」」に改め、「「登録外国点検事業者登録簿」と」の下に「、「及びその更新の年月日並びに」とあるのは「の年月日及び」と、「第二十四条の二第二項第一号、第二号及び第四号」とあるのは「第二十四条の二第二項第一号及び第二号」と、第二十四条の四第一項中「又はその更新をしたとき」とあるのは「をしたとき」と、同条第二項第一号中「又はその更新の年月日」とあるのは「の年月日」と」を、「請求する」と」の下に「、同条第一項中「第二十四条の二第四項各号（無線設備等の点検の事業のみを行う者にあつては、第一号、第二号又は第四号）」とあるのは「第二十四条の二第四項第一号、第二号又は第四号」と、同条第二項中「検査又は点検」とあるのは「点検」と」を、「第二十四条の十一中」の下に「「第二十四条の二の二第一項若しくは第二十四条の九第二項」と、」を、「前条中」の下に「「第二十四条の九第二項」とあるのは「第二十四条の二の二第一項若しくは第二十四条の九第二項」と、」を加え、同条第三項第三号中「第二十四条の七」を「第二十四条の七第一項又は第二項」に改める。

（外国点検事業者の登録等）

第二十四条の十三　外国において無線設備等の点検の事業を行う者は、総務大臣の登録を受けることができる。

2　第二十四条の二第二項（第四号を除く。）、第三項、第四項（第三号を除く。）及び第五項、第二十四条の三、第二十四条の四第一項及び第二項（第三号を除く。）、第二十四条の九第二項並びに第二十四条の十一の規定は前項の登録について、第二十四条の四第三項、第二十四条の五から第二十四条の八まで、第二十四条の九第一項及び前条の規定は前項の登録を受けた者（以下「登録外国点検事業者」という。）について準用する。この場合において、第二十四条の二第四項中「次の各号（無線設備等の点検の事業のみを行う者にあつては、第一号、第二号及び第四号）」とあるのは「第一号、第二号及び第四号」と、「検査又は点検」とあるのは「点検」と、「方法（無線設備等の点検の事業のみを行う者にあつては、無線設備等の点検を適正に行うのに必要な業務の実施の方法に限る。）」とあるのは「方法」と、第二十四条の三中「受けた者（以下「登録検査等事業者」という。）」

とあるのは「受けた者」と、「登録検査等事業者登録簿」とあるのは「登録外国点検事業者登録簿」と、「及びその更新の年月日並びに」とあるのは「の年月日及び」と、「第二十四条の二第二項第一号、第二号及び第四号」とあるのは「第二十四条の二第二項第一号及び第二号」と、第二十四条の四第一項中「又はその更新をしたとき」とあるのは「をしたとき」と、同条第二項第一号中「又はその更新の年月日」とあるのは「の年月日」と、第二十四条の七中「命ずる」とあるのは「請求する」と、同条第一項中「第二十四条の二第四項各号（無線設備等の点検の事業のみを行う者にあつては、第一号、第二号又は第四号）」とあるのは「第二十四条の二第四項第一号、第二号又は第四号」と、同条第二項中「検査又は点検」とあるのは「点検」と、第二十四条の十一中「第二十四条の二の二第一項若しくは第二十四条の九第二項」とあるのは「第二十四条の九第二項」と、「前条」とあるのは「第二十四条の十三第三項」と、前条中「第二十四条の二の二第一項若しくは第二十四条の九第二項」とあるのは「第二十四条の九第二項」と、「第二十四条の十」とあるのは「次条第三項」と読み替えるものとする。

3　総務大臣は、登録外国点検事業者が次の各号のいずれかに該当するときは、その登録を取り消すことができる。

一　前項において準用する第二十四条の二第五項各号（第二号を除く。）のいずれかに該当するに至つたとき。

二　前項において準用する第二十四条の五第一項又は第二十四条の六第二項の規定に違反したとき。

三　前項において準用する第二十四条の七第一項又は第二項の規定による請求に応じなかつたとき。

四　第十条第一項、第十八条第一項又は第七十三条第一項の検査を受けた者に対し、その登録に係る点検の結果を偽つて通知したことが判明したとき。

五　その登録に係る業務の実施の方法によらないでその登録に係る点検の業務を行つたとき。

六　不正な手段により第一項の登録を受けたとき。

七　総務大臣が前項において準用する第二十四条の八第一項の規定により登録外国点検事業者に対し報告をさせようとした場合において、その報告がされず、又は虚偽の報告がされたとき。

八　総務大臣が前項において準用する第二十四条の八第一項の規定によりその職員に登録外国点検事業者の事業所において検査をさせようとした場合において、その検査が拒まれ、妨げられ、又は忌避されたとき。

4　前三項に規定するもののほか、第一項の登録に関し必要な事項は、総務省令で定める。

第二十五条

【制定】

電波法（昭和二十五年五月二日法律第百三十一号）

（無線局の公示）

第二十五条　電波監理委員会は、免許をしたときは、その無線局について、電波監理委員会規則で定める事項を公示する。

【三次改正】

郵政省設置法の一部改正に伴う関係法令の整理に関する法律（昭和二十七年七月三十一日法律第二百八十号）第二条

「電波監理委員会規則」を「郵政省令」に改める。
第七章を除き、「電波監理委員会」を「郵政大臣」に改める。

（無線局の公示）
第二十五条　郵政大臣は、免許をしたときは、その無線局について、郵政省令で定める事項を公示する。

【　七次改正　】

電波法の一部を改正する法律（昭和三十三年五月六日法律第百四十号）

第二十五条中「免許をしたときは、」の下に「通信省令で定める無線局を除き、」を加える。

（無線局の公示）
第二十五条　郵政大臣は、免許をしたときは、通信省令で定める無線局を除き、その無線局について、郵政省令で定める事項を公示する。
［注釈］改正後の規定中の「通信省令」は、この七次改正法附則第三項により、「郵政省の省名が通信省に改められるまでの間は」、「郵政省令」と読み替えるものとされている。

【　二十三次改正　】

電波法の一部を改正する法律（昭和五十四年十二月十八日法律第六十七号）

第二十五条中「通信省令」を「郵政省令」に改める。

（無線局の公示）
第二十五条　郵政大臣は、免許をしたときは、郵政省令で定める無線局を除き、その無線局について、郵政省令で定める事項を公示する。
［注釈］今次改正法附則第四項により、「通信省令」を「郵政省令」と、「通信大臣」を「郵政大臣」と読み替えるための七次改正法附則第三項は、削られた。

【　六十二次改正　】

中央省庁等改革関係法施行法（平成十一年十二月二十二日法律第百六十号）第百九十三条

本則（第九十九条の十二第二項を除く。）中「郵政大臣」を「総務大臣」に、「郵政省令」を「総務省令」に、「通商産業大臣」を「経済産業大臣」に、「建設大臣」を「国土交通大臣」に、「地方電気通信監理局長」を「総合通信局長」に、「沖縄郵政管理事務所長」を「沖縄総合通信事務所長」に改める。

（無線局の公示）
第二十五条　総務大臣は、免許をしたときは、総務省令で定める無線局を除き、その無線局について、総務省令で定める事項を公示する。

【　七十二次改正　】

電波法の一部を改正する法律（平成十四年五月十日法律第三十八号）

第二十五条の見出し中「の公示」を「に関する情報の公表等」に改め、同条中「について、」を「の免許状に記載された事項のうち」に、「事項を公示」を「ものをインターネットの利用その他の方法により公表」に改め、同条に次の二項を加える。
（追加された第二項及び第三項の規定は、後掲の条文の通り。）

（無線局に関する情報の公表等）

第二十五条　総務大臣は、免許をしたときは、総務省令で定める無線局を除き、その無線局の免許状に記載された事項のうち総務省令で定めるものをインターネットの利用その他の方法により公表する。

2　前項の規定により公表する事項のほか、総務大臣は、自己の無線局の開設又は周波数の変更をする場合その他総務省令で定める場合に必要とされる混信に関する調査を行おうとする者の求めに応じ、当該調査を行うために必要な限度において、当該者に対し、無線局の無線設備の工事設計その他の無線局に関する事項に係る情報であつて総務省令で定めるものを提供することができる。

3　前項の規定に基づき情報の提供を受けた者は、当該情報を同項の調査の用に供する目的以外の目的のために利用し、又は提供してはならない。

【八十次改正】

電波法及び有線電気通信法の一部を改正する法律（平成十六年五月十九日法律第四十七号）第二条

第二十五条第一項中「免許を」を「無線局の免許又は第二十七条の十八第一項の登録（以下「免許等」という。）を」に改め、「免許状」の下に「又は第二十七条の二十二第一項の登録状（以下「免許状等」という。）」を加え、同条第二項中「混信」の下に「又はふくそう」を加える。

（無線局に関する情報の公表等）

第二十五条　総務大臣は、無線局の免許又は第二十七条の十八第一項の登録（以下「免許等」という。）をしたときは、総務省令で定める無線局を除き、その無線局の免許状又は第二十七条の二十二第一項の登録状（以下「免許状等」という。）に記載された事項のうち総務省令で定めるものをインターネットの利用その他の方法により公表する。

2　前項の規定により公表する事項のほか、総務大臣は、自己の無線局の開設又は周波数の変更をする場合その他総務省令で定める場合に必要とされる混信又はふくそうに関する調査を行おうとする者の求めに応じ、当該調査を行うために必要な限度において、当該者に対し、無線局の無線設備の工事設計その他の無線局に関する事項に係る情報であつて総務省令で定めるものを提供することができる。

3　前項の規定に基づき情報の提供を受けた者は、当該情報を同項の調査の用に供する目的以外の目的のために利用し、又は提供してはならない。

【九十二次改正】

電波法の一部を改正する法律（平成二十三年六月一日法律第六十号）第一条

第二十五条第二項中「混信又は」を「混信若しくは」に改め、「関する調査」の下に「又は第二十七条の十二第二項第五号に規定する終了促進措置」を、「当該調査」の下に「又は当該終了促進措置」を加え、同条第三項中「調査」の下に「又は終了促進措置」を加える。

（無線局に関する情報の公表等）

第二十五条　総務大臣は、無線局の免許又は第二十七条の十八第一項の登録（以下「免許等」という。）をしたときは、総務省令で定める無線局を除き、その無線局の免許状又は第二十七条の二十二第一項の登録状（以下「免許状等」という。）に記載された事項のうち総務省令で定めるものをインターネットの利用その他の方法により公表する。

2　前項の規定により公表する事項のほか、総務大臣は、自己の無線局の開設又は周波数の変更をする場合その他総務省令で定める場合に必要とされる混信若しくはふくそうに関する調査又は第二十七条の十二第二項第五号に規定する終了促進措置を行おうとする者の求めに応じ、当該調査又は当該終了促進措置を行うために必要な限度において、当該者に対し、無線局の無線設備の工事設計その他の無線局に関する事項に係る情報であつて総務省令で定めるものを提供することができる。

3　前項の規定に基づき情報の提供を受けた者は、当該情報を同項の調査又は終了促進措置の用に供する目的以外の目的のために利用し、又は提供してはならない。

【　九十七次改正　】

電波法の一部を改正する法律（平成二十六年四月二十三日法律第二十六号）

第二十五条第一項中「の免許状」の下に「に記載された事項若しくは第二十七条の六第三項の規定により届け出られた事項（第十四条第二項各号に掲げる事項に相当する事項に限る。）」を加え、「（以下「免許状等」という。）」を削り、「事項」の下に「若しくは第二十七条の三十一の規定により届け出られた事項（第二十七条の二十二第二項に規定する事項に相当する事項に限る。）」を加える。

（無線局に関する情報の公表等）

第二十五条　総務大臣は、無線局の免許又は第二十七条の十八第一項の登録（以下「免許等」という。）をしたときは、総務省令で定める無線局を除き、その無線局の免許状に記載された事項若しくは第二十七条の六第三項の規定により届け出られた事項（第十四条第二項各号に掲げる事項に相当する事項に限る。）又は第二十七条の二十二第一項の登録状に記載された事項若しくは第二十七条の三十一の規定により届け出られた事項（第二十七条の二十二第二項に規定する事項に相当する事項に限る。）のうち総務省令で定めるものをインターネットの利用その他の方法により公表する。

2　前項の規定により公表する事項のほか、総務大臣は、自己の無線局の開設又は周波数の変更をする場合その他総務省令で定める場合に必要とされる混信若しくはふくそうに関する調査又は第二十七条の十二第二項第五号に規定する終了促進措置を行おうとする者の求めに応じ、当該調査又は当該終了促進措置を行うために必要な限度において、当該者に対し、無線局の無線設備の工事設計その他の無線局に関する事項に係る情報であつて総務省令で定めるものを提供することができる。

3　前項の規定に基づき情報の提供を受けた者は、当該情報を同項の調査又は終了促進措置の用に供する目的以外の目的のために利用し、又は提供してはならない。

第二十六条

【　制定　】

電波法（昭和二十五年五月二日法律第百三十一号）

（周波数の公開）

第二十六条　電波監理委員会は、免許の申請等に資するため、割り当てることが可能である周波数及び割り当てた周波数の現状を示す表を作成し、公衆の閲覧に供しなければならない。

【　三次改正　】

郵政省設置法の一部改正に伴う関係法令の整理に関する法律（昭和二十七年七月三

十一日法律第二百八十号）第二条

第七章を除き、「電波監理委員会」を「郵政大臣」に改める。

（周波数の公開）

第二十六条　郵政大臣は、免許の申請等に資するため、割り当てることが可能である周波数及び割り当てた周波数の現状を示す表を作成し、公衆の閲覧に供しなければならない。

【六十次改正】

電波法の一部を改正する法律（平成十二年六月二日法律第百九号）

第二十六条中「及び」を「の表（以下「周波数割当計画」という。）及び」に、「供しなければ」を「供するとともに、周波数割当計画については、これを公示しなければ」に改め、同条に次の一項を加える。

（追加された第二項の規定は、後掲の条文の通り。）

（周波数の公開）

第二十六条　郵政大臣は、免許の申請等に資するため、割り当てることが可能である周波数の表（以下「周波数割当計画」という。）及び割り当てた周波数の現状を示す表を作成し、公衆の閲覧に供するとともに、周波数割当計画については、これを公示しなければならない。

2　周波数割当計画には、割当てを受けることができる無線局の範囲を明らかにするため、割り当てることが可能である周波数ごとに、次に掲げる事項（放送をする無線局に係る周波数にあつては、第一号に掲げる事項）を記載するものとする。

一　無線局の行う無線通信の態様

二　無線局の目的

三　周波数の使用に関する条件

四　第二十七条の十三第四項の規定により指定された周波数であるときは、その旨

【六十二次改正】

中央省庁等改革関係法施行法（平成十一年十二月二十二日法律第百六十号）第百九十三条

本則（第九十九条の十二第二項を除く。）中「郵政大臣」を「総務大臣」に、「郵政省令」を「総務省令」に、「通商産業大臣」を「経済産業大臣」に、「建設大臣」を「国土交通大臣」に、「地方電気通信監理局長」を「総合通信局長」に、「沖縄郵政管理事務所長」を「沖縄総合通信事務所長」に改める。

（周波数の公開）

第二十六条　総務大臣は、免許の申請等に資するため、割り当てることが可能である周波数の表（以下「周波数割当計画」という。）及び割り当てた周波数の現状を示す表を作成し、公衆の閲覧に供するとともに、周波数割当計画については、これを公示しなければならない。

2　周波数割当計画には、割当てを受けることができる無線局の範囲を明らかにするため、割り当てることが可能である周波数ごとに、次に掲げる事項（放送をする無線局に係る周波数にあつては、第一号に掲げる事項）を記載するものとする。

一　無線局の行う無線通信の態様

二　無線局の目的

三　周波数の使用に関する条件

四　第二十七条の十三第四項の規定により指定された周波数であるときは、その旨

【 六十九次改正 】

電気通信役務利用放送法（平成十三年六月二十九日法律第八十五号）附則第五条

第二十六条第二項及び第五十二条中「放送をする無線局」の下に「（電気通信業務を行うことを目的とするものを除く。）」を加える。

（周波数の公開）

第二十六条　総務大臣は、免許の申請等に資するため、割り当てることが可能である周波数の表（以下「周波数割当計画」という。）及び割り当てた周波数の現状を示す表を作成し、公衆の閲覧に供するとともに、周波数割当計画については、これを公示しなければならない。

2　周波数割当計画には、割当てを受けることができる無線局の範囲を明らかにするため、割り当てることが可能である周波数ごとに、次に掲げる事項（放送をする無線局（電気通信業務を行うことを目的とするものを除く。）に係る周波数にあつては、第一号に掲げる事項）を記載するものとする。

一　無線局の行う無線通信の態様

二　無線局の目的

三　周波数の使用に関する条件

四　第二十七条の十三第四項の規定により指定された周波数であるときは、その旨

【 七十次改正 】

電波法の一部を改正する法律（平成十四年五月十日法律第三十八号）

第二十六条の見出しを「（周波数割当計画）」に改め、同条第一項中「及び割り当てた周波数の現状を示す表」及び「、周波数割当計画については」を削り、同条の次に次の一条を加える。

（周波数割当計画）

第二十六条　総務大臣は、免許の申請等に資するため、割り当てることが可能である周波数の表（以下「周波数割当計画」という。）を作成し、公衆の閲覧に供するとともに、これを公示しなければならない。

2　周波数割当計画には、割当てを受けることができる無線局の範囲を明らかにするため、割り当てることが可能である周波数ごとに、次に掲げる事項（放送をする無線局（電気通信業務を行うことを目的とするものを除く。）に係る周波数にあつては、第一号に掲げる事項）を記載するものとする。

一　無線局の行う無線通信の態様

二　無線局の目的

三　周波数の使用に関する条件

四　第二十七条の十三第四項の規定により指定された周波数であるときは、その旨

【 七十三次改正 】

電波法の一部を改正する法律（平成十五年六月六日法律第六十八号）

第二十六条第一項中「公衆」を「これを公衆」に、「これを公示」を「公示」に改め、同項に後段として次のように加える。
（追加された第一項後段の規定は、後掲の条文の通り。）

（周波数割当計画）

第二十六条　総務大臣は、免許の申請等に資するため、割り当てることが可能である周波数の表（以下「周波数割当計画」という。）を作成し、これを公衆の閲覧

に供するとともに、公示しなければならない。これを変更したときも、同様とする。

２　周波数割当計画には、割当てを受けることができる無線局の範囲を明らかにするため、割り当てることが可能である周波数ごとに、次に掲げる事項（放送をする無線局（電気通信業務を行うことを目的とするものを除く。）に係る周波数にあつては、第一号に掲げる事項）を記載するものとする。

一　無線局の行う無線通信の態様

二　無線局の目的

三　周波数の使用に関する条件

四　第二十七条の十三第四項の規定により指定された周波数であるときは、その旨

【七十六次改正】

電波法及び有線電気通信法の一部を改正する法律（平成十六年五月十九日法律第四十七号）第一条

第二十六条第二項第三号中「周波数」を「周波数の使用の期限その他の周波数」に改める。

（周波数割当計画）

第二十六条　総務大臣は、免許の申請等に資するため、割り当てることが可能である周波数の表（以下「周波数割当計画」という。）を作成し、これを公衆の閲覧に供するとともに、公示しなければならない。これを変更したときも、同様とする。

２　周波数割当計画には、割当てを受けることができる無線局の範囲を明らかにするため、割り当てることが可能である周波数ごとに、次に掲げる事項（放送をする無線局（電気通信業務を行うことを目的とするものを除く。）に係る周波数にあつては、第一号に掲げる事項）を記載するものとする。

一　無線局の行う無線通信の態様

二　無線局の目的

三　周波数の使用の期限その他の周波数の使用に関する条件

四　第二十七条の十三第四項の規定により指定された周波数であるときは、その旨

【八十八次改正】

電波法及び放送法の一部を改正する法律（平成二十一年四月二十四日法律第二十二号）第一条

第二十六条第二項中「第一号」の下に「及び第四号」を加える。

（周波数割当計画）

第二十六条　総務大臣は、免許の申請等に資するため、割り当てることが可能である周波数の表（以下「周波数割当計画」という。）を作成し、これを公衆の閲覧に供するとともに、公示しなければならない。これを変更したときも、同様とする。

２　周波数割当計画には、割当てを受けることができる無線局の範囲を明らかにするため、割り当てることが可能である周波数ごとに、次に掲げる事項（放送をする無線局（電気通信業務を行うことを目的とするものを除く。）に係る周波数にあつては、第一号及び第四号に掲げる事項）を記載するものとする。

一　無線局の行う無線通信の態様

二　無線局の目的

三　周波数の使用の期限その他の周波数の使用に関する条件

四　第二十七条の十三第四項の規定により指定された周波数であるときは、その旨

【九十一次改正】

放送法等の一部を改正する法律（平成二十二年十二月三日法律第六十五号）第四条

第二十六条第二項中「（放送をする無線局（電気通信業務を行うことを目的とするものを除く。）に係る周波数にあつては、第一号及び第四号に掲げる事項）」を削り、同項に次の一号を加える。

（追加された第二項第五号の規定は、後掲の条文の通り。）

（周波数割当計画）
第二十六条　総務大臣は、免許の申請等に資するため、割り当てることが可能である周波数の表（以下「周波数割当計画」という。）を作成し、これを公衆の閲覧に供するとともに、公示しなければならない。これを変更したときも、同様とする。
2　周波数割当計画には、割当てを受けることができる無線局の範囲を明らかにするため、割り当てることが可能である周波数ごとに、次に掲げる事項を記載するものとする。
一　無線局の行う無線通信の態様
二　無線局の目的
三　周波数の使用の期限その他の周波数の使用に関する条件
四　第二十七条の十三第四項の規定により指定された周波数であるときは、その旨
五　放送をする無線局に係る周波数にあつては、次に掲げる周波数の区分の別
イ　放送をする無線局に専ら又は優先的に割り当てる周波数
ロ　イに掲げる周波数以外のもの

第二十六条の二

【七十次改正】

電波法の一部を改正する法律（平成十四年五月十日法律第三十八号）

第二十六条の見出しを「（周波数割当計画）」に改め、同条第一項中「及び割り当てた周波数の現状を示す表」及び「、周波数割当計画については」を削り、同条の次に次の一条を加える。

（追加された第二十六条の二の規定は、後掲の条文の通り。）

（電波の利用状況の調査等）
第二十六条の二　総務大臣は、周波数割当計画の作成又は変更その他電波の有効利用に資する施策を総合的かつ計画的に推進するため、おおむね三年ごとに、総務省令で定めるところにより、無線局の数、無線局の行う無線通信の通信量、無線局の無線設備の使用の態様その他の電波の利用状況を把握するために必要な事項として総務省令で定める事項の調査（以下この条において「利用状況調査」という。）を行うものとする。
2　総務大臣は、必要があると認めるときは、前項の期間の中間において、対象を限定して臨時の利用状況調査を行うことができる。
3　総務大臣は、利用状況調査の結果に基づき、電波に関する技術の発達及び需要の動向、周波数割当てに関する国際的動向その他の事情を勘案して、電波の有効利用の程度を評価するものとする。

4　総務大臣は、利用状況調査を行つたとき及び前項の規定により評価したときは、総務省令で定めるところにより、その結果の概要を公表するものとする。

5　総務大臣は、第三項の評価の結果に基づき、周波数割当計画を作成し、又は変更しようとする場合において必要があると認めるときは、総務省令で定めるところにより、当該周波数割当計画の作成又は変更が免許人に及ぼす技術的及び経済的な影響を調査することができる。

6　総務大臣は、利用状況調査及び前項に規定する調査を行うため必要な限度において、免許人に対し、必要な事項について報告を求めることができる。

【八十次改正】

電波法及び有線電気通信法の一部を改正する法律（平成十六年五月十九日法律第四十七号）第二条

第二十六条の二第五項中「免許人」の下に「又は第二十七条の二十三第一項の登録人（以下「免許人等」という。）」を加え、同条第六項中「免許人」を「免許人等」に改める。

（電波の利用状況の調査等）

第二十六条の二　総務大臣は、周波数割当計画の作成又は変更その他電波の有効利用に資する施策を総合的かつ計画的に推進するため、おおむね三年ごとに、総務省令で定めるところにより、無線局の数、無線局の行う無線通信の通信量、無線局の無線設備の使用の態様その他の電波の利用状況を把握するために必要な事項として総務省令で定める事項の調査（以下この条において「利用状況調査」という。）を行うものとする。

2　総務大臣は、必要があると認めるときは、前項の期間の中間において、対象を限定して臨時の利用状況調査を行うことができる。

3　総務大臣は、利用状況調査の結果に基づき、電波に関する技術の発達及び需要の動向、周波数割当てに関する国際的動向その他の事情を勘案して、電波の有効利用の程度を評価するものとする。

4　総務大臣は、利用状況調査を行つたとき及び前項の規定により評価したときは、総務省令で定めるところにより、その結果の概要を公表するものとする。

5　総務大臣は、第三項の評価の結果に基づき、周波数割当計画を作成し、又は変更しようとする場合において必要があると認めるときは、総務省令で定めるところにより、当該周波数割当計画の作成又は変更が免許人又は第二十七条の二十三第一項の登録人（以下「免許人等」という。）に及ぼす技術的及び経済的な影響を調査することができる。

6　総務大臣は、利用状況調査及び前項に規定する調査を行うため必要な限度において、免許人等に対し、必要な事項について報告を求めることができる。

【八十四次改正】

放送法等の一部を改正する法律（平成十九年十二月二十八日法律第百三十六号）第二条

第二十六条の二第五項中「免許人又は第二十七条の二十三第一項の登録人（以下「免許人 等」という。）」を「免許人等」に改める。

（電波の利用状況の調査等）

第二十六条の二　総務大臣は、周波数割当計画の作成又は変更その他電波の有効利用に資する施策を総合的かつ計画的に推進するため、おおむね三年ごとに、総務省令で定めるところにより、無線局の数、無線局の行う無線通信の通信量、無線局の無線設備の使用の態様その他の電波の利用状況を把握するために必要な事項として総務省令で定める事項の調査（以下この条において「利用状況調査」という。）を行うものとする。

2　総務大臣は、必要があると認めるときは、前項の期間の中間において、対象を限定して臨時の利用状況調査を行うことができる。

3　総務大臣は、利用状況調査の結果に基づき、電波に関する技術の発達及び需要の動向、周波数割当てに関する国際的動向その他の事情を勘案して、電波の有効利用の程度を評価するものとする。

4　総務大臣は、利用状況調査を行つたとき及び前項の規定により評価したときは、総務省令で定めるところにより、その結果の概要を公表するものとする。

5　総務大臣は、第三項の評価の結果に基づき、周波数割当計画を作成し、又は変更しようとする場合において必要があると認めるときは、総務省令で定めるところにより、当該周波数割当計画の作成又は変更が免許人等に及ぼす技術的及び経済的な影響を調査することができる。

6　総務大臣は、利用状況調査及び前項に規定する調査を行うため必要な限度において、免許人等に対し、必要な事項について報告を求めることができる。

【百四次改正】

電波法及び電気通信事業法等の一部を改正する法律（平成二十九年五月十二日法律第二十七号）第一条

第二十六条の二第一項中「、おおむね三年ごとに」を削り、同条中第二項を削り、第三項を第二項とし、同条第四項中「及び」を「、及び」に改め、同項を同条第三項とし、同条第五項中「第三項」を「第二項」に、「必要」を「、必要」に改め、同項を同条第四項とし、同条第六項を同条第五項とする。

（電波の利用状況の調査等）

第二十六条の二　総務大臣は、周波数割当計画の作成又は変更その他電波の有効利用に資する施策を総合的かつ計画的に推進するため、総務省令で定めるところにより、無線局の数、無線局の行う無線通信の通信量、無線局の無線設備の使用の態様その他の電波の利用状況を把握するために必要な事項として総務省令で定める事項の調査（以下この条において「利用状況調査」という。）を行うものとする。

2　総務大臣は、利用状況調査の結果に基づき、電波に関する技術の発達及び需要の動向、周波数割当てに関する国際的動向その他の事情を勘案して、電波の有効利用の程度を評価するものとする。

3　総務大臣は、利用状況調査を行つたとき、及び前項の規定により評価したときは、総務省令で定めるところにより、その結果の概要を公表するものとする。

4　総務大臣は、第二項の評価の結果に基づき、周波数割当計画を作成し、又は変更しようとする場合において、必要があると認めるときは、総務省令で定めるところにより、当該周波数割当計画の作成又は変更が免許人等に及ぼす技術的及び経済的な影響を調査することができる。

5　総務大臣は、利用状況調査及び前項に規定する調査を行うため必要な限度において、免許人等に対し、必要な事項について報告を求めることができる。

［注釈］この改正は、本書収録の基準日である平成二十九年六月十八日において未施行である。

第二十七条

【制定】

電波法（昭和二十五年五月二日法律第百三十一号）

（免許の特例）

第二十七条　外国において取得した船舶の無線局については、電波監理委員会は、第六条から第十四条まで及び第二十五条の規定によらないで免許を与えることができる。

2　前項の規定による免許は、その船舶が日本国内の目的港に到着した時に、その効力を失う。

【一次改正】

電波法の一部を改正する法律（昭和二十七年七月三十一日法律第二百四十九号）

第二十七条第一項中「船舶」を「船舶又は航空機」に改め、同条第二項中「船舶」を「船舶又は航空機」に、「目的港」を「目的地」に改める。

（免許の特例）

第二十七条　外国において取得した船舶又は航空機の無線局については、電波監理委員会は、第六条から第十四条まで及び第二十五条の規定によらないで免許を与えることができる。

2　前項の規定による免許は、その船舶又は航空機が日本国内の目的地に到着した時に、その効力を失う。

【三次改正】

郵政省設置法の一部改正に伴う関係法令の整理に関する法律（昭和二十七年七月三十一日法律第二百八十号）第二条

第七章を除き、「電波監理委員会」を「郵政大臣」に改める。

（免許の特例）

第二十七条　外国において取得した船舶又は航空機の無線局については、郵政大臣は、第六条から第十四条まで及び第二十五条の規定によらないで免許を与えることができる。

2　前項の規定による免許は、その船舶又は航空機が日本国内の目的地に到着した時に、その効力を失う。

【七次改正】

電波法の一部を改正する法律（昭和三十三年五月六日法律第百四十号）

第二十七条第一項中「及び第二十五条」を削る。

（免許の特例）

第二十七条　外国において取得した船舶又は航空機の無線局については、郵政大臣は、第六条から第十四条までの規定によらないで免許を与えることができる。

2　前項の規定による免許は、その船舶又は航空機が日本国内の目的地に到着した時に、その効力を失う。

【五十二次改正】

電波法の一部を改正する法律（平成九年五月九日法律第四十七号）

第二十七条の見出しを「（外国において取得した船舶又は航空機の無線局の免許の特例）」に改め、第二章中同条の次に次の十条を加える。

（外国において取得した船舶又は航空機の無線局の免許の特例）

第二十七条　外国において取得した船舶又は航空機の無線局については、郵政大臣は、第六条から第十四条までの規定によらないで免許を与えることができる。
2　前項の規定による免許は、その船舶又は航空機が日本国内の目的地に到着した時に、その効力を失う。

【 五十九次改正 】

電波法の一部を改正する法律（平成十一年五月二十一日法律第四十七号）

> 第二十七条第一項中「外国」を「船舶の無線局又は航空機の無線局であつて、外国」に、「の無線局」を「に開設するもの」に改める。

（外国において取得した船舶又は航空機の無線局の免許の特例）
第二十七条　船舶の無線局又は航空機の無線局であつて、外国において取得した船舶又は航空機に開設するものについては、郵政大臣は、第六条から第十四条までの規定によらないで免許を与えることができる。
2　前項の規定による免許は、その船舶又は航空機が日本国内の目的地に到着した時に、その効力を失う。

【 六十二次改正 】

中央省庁等改革関係法施行法（平成十一年十二月二十二日法律第百六十号）第百九十三条

> 本則（第九十九条の十二第二項を除く。）中「郵政大臣」を「総務大臣」に、「郵政省令」を「総務省令」に、「通商産業大臣」を「経済産業大臣」に、「建設大臣」を「国土交通大臣」に、「地方電気通信監理局長」を「総合通信局長」に、「沖縄郵政管理事務所長」を「沖縄総合通信事務所長」に改める。

（外国において取得した船舶又は航空機の無線局の免許の特例）
第二十七条　船舶の無線局又は航空機の無線局であつて、外国において取得した船舶又は航空機に開設するものについては、総務大臣は、第六条から第十四条までの規定によらないで免許を与えることができる。
2　前項の規定による免許は、その船舶又は航空機が日本国内の目的地に到着した時に、その効力を失う。

第二十七条の二

【 五十二次改正 】

電波法の一部を改正する法律（平成九年五月九日法律第四十七号）

> 第二十七条の見出しを「（外国において取得した船舶又は航空機の無線局の免許の特例）」に改め、第二章中同条の次に次の十条を加える。
> （追加された第二十七条の二の規定は、後掲の条文の通り。）

（特定無線局の免許の特例）
第二十七条の二　通信の相手方である無線局からの電波を受けることによつて自動的に選択される周波数の電波のみを発射する無線局のうち郵政省令で定めるものであつて、第三十八条の二第一項の技術基準適合証明を受けた無線設備のみを使用するもの（以下「特定無線局」という。）を二以上開設しようとする者は、その特定無線局が目的、通信の相手方、電波の型式及び周波数並びに無線設備の規格（郵政省令で定めるものに限る。）を同じくするものである限りにおいて、次条から第二十七条の十一までに規定するところにより、これらの特定無線局を包括して対象とする免許を申請することができる。

【 六十二次改正 】

中央省庁等改革関係法施行法（平成十一年十二月二十二日法律第百六十号）第百九十三条

本則（第九十九条の十二第二項を除く。）中「郵政大臣」を「総務大臣」に、「郵政省令」を「総務省令」に、「通商産業大臣」を「経済産業大臣」に、「建設大臣」を「国土交通大臣」に、「地方電気通信監理局長」を「総合通信局長」に、「沖縄郵政管理事務所長」を「沖縄総合通信事務所長」に改める。

（特定無線局の免許の特例）

第二十七条の二　通信の相手方である無線局からの電波を受けることによつて自動的に選択される周波数の電波のみを発射する無線局のうち総務省令で定めるものであつて、第三十八条の二第一項の技術基準適合証明を受けた無線設備のみを使用するもの（以下「特定無線局」という。）を二以上開設しようとする者は、その特定無線局が目的、通信の相手方、電波の型式及び周波数並びに無線設備の規格（総務省令で定めるものに限る。）を同じくするものである限りにおいて、次条から第二十七条の十一までに規定するところにより、これらの特定無線局を包括して対象とする免許を申請することができる。

【 七十三次改正 】

電波法の一部を改正する法律（平成十五年六月六日法律第六十八号）

第二十七条の二中「第三十八条の二第一項の技術基準適合証明を受けた無線設備」を「適合表示無線設備」に改める。

（特定無線局の免許の特例）

第二十七条の二　通信の相手方である無線局からの電波を受けることによつて自動的に選択される周波数の電波のみを発射する無線局のうち総務省令で定めるものであつて、適合表示無線設備のみを使用するもの（以下「特定無線局」という。）を二以上開設しようとする者は、その特定無線局が目的、通信の相手方、電波の型式及び周波数並びに無線設備の規格（総務省令で定めるものに限る。）を同じくするものである限りにおいて、次条から第二十七条の十一までに規定するところにより、これらの特定無線局を包括して対象とする免許を申請することができる。

【 八十九次改正 】

放送法等の一部を改正する法律（平成二十二年十二月三日法律第六十五号）第三条

第二十七条の二中「通信の相手方である無線局からの電波を受けることによつて自動的に選択される周波数の電波のみを発射する無線局のうち総務省令で定めるもの」を「次の各号のいずれかに掲げる無線局」に改め、同条に次の各号を加える。

（追加された第一号及び第二号の規定は、後掲の条文の通り。）

（特定無線局の免許の特例）

第二十七条の二　次の各号のいずれかに掲げる無線局であつて、適合表示無線設備のみを使用するもの（以下「特定無線局」という。）を二以上開設しようとする者は、その特定無線局が目的、通信の相手方、電波の型式及び周波数並びに無線設備の規格（総務省令で定めるものに限る。）を同じくするものである限りにおいて、次条から第二十七条の十一までに規定するところにより、これらの特定無線局を包括して対象とする免許を申請することができる。

一　移動する無線局であつて、通信の相手方である無線局からの電波を受けるこ

とによつて自動的に選択される周波数の電波のみを発射するもののうち、総務省令で定める無線局

二　電気通信業務を行うことを目的として陸上に開設する移動しない無線局であつて、移動する無線局を通信の相手方とするもののうち、無線設備の設置場所、空中線電力等を勘案して総務省令で定める無線局

第二十七条の三

【五十二次改正】

電波法の一部を改正する法律（平成九年五月九日法律第四十七号）

第二十七条の見出しを「（外国において取得した船舶又は航空機の無線局の免許の特例）」に改め、第二章中同条の次に次の十条を加える。
（追加された第二十七条の三の規定は、後掲の条文の通り。）

（特定無線局の免許の申請）

第二十七条の三　前条の免許を受けようとする者は、申請書に、次に掲げる事項を記載した書類を添えて、郵政大臣に提出しなければならない。

一　目的

二　開設を必要とする理由

三　通信の相手方

四　電波の型式並びに希望する周波数の範囲及び空中線電力

五　無線設備の工事設計

六　最大運用数（免許の有効期間中において同時に開設されていることとなる特定無線局の数の最大のものをいう。）

七　運用開始の予定期日（それぞれの特定無線局の運用が開始される日のうち最も早い日の予定期日をいう。）

2　前条の免許を受けようとする者は、通信の相手方が外国の人工衛星局である場合にあつては、前項の書類に、同項に掲げる事項のほか、その人工衛星の軌道又は位置及び当該人工衛星の位置、姿勢等を制御することを目的として陸上に開設する無線局に関する事項その他郵政省令で定める事項を併せて記載しなければならない。

【六十二次改正】

中央省庁等改革関係法施行法（平成十一年十二月二十二日法律第百六十号）第百九十三条

本則（第九十九条の十二第二項を除く。）中「郵政大臣」を「総務大臣」に、「郵政省令」を「総務省令」に、「通商産業大臣」を「経済産業大臣」に、「建設大臣」を「国土交通大臣」に、「地方電気通信監理局長」を「総合通信局長」に、「沖縄郵政管理事務所長」を「沖縄総合通信事務所長」に改める。

（特定無線局の免許の申請）

第二十七条の三　前条の免許を受けようとする者は、申請書に、次に掲げる事項を記載した書類を添えて、総務大臣に提出しなければならない。

一　目的

二　開設を必要とする理由

三　通信の相手方

四　電波の型式並びに希望する周波数の範囲及び空中線電力

五　無線設備の工事設計

六　最大運用数（免許の有効期間中において同時に開設されていることとなる特定無線局の数の最大のものをいう。）

七　運用開始の予定期日（それぞれの特定無線局の運用が開始される日のうち最も早い日の予定期日をいう。）

２　前条の免許を受けようとする者は、通信の相手方が外国の人工衛星局である場合にあつては、前項の書類に、同項に掲げる事項のほか、その人工衛星の軌道又は位置及び当該人工衛星の位置、姿勢等を制御することを目的として陸上に開設する無線局に関する事項その他総務省令で定める事項を併せて記載しなければならない。

【八十四次改正】

放送法等の一部を改正する法律（平成十九年十二月二十八日法律第百三十六号）第二条

> 第二十七条の三第一項に次の一号を加える。
> （追加された第一項第八号の規定は、後掲の条文の通り。）

（特定無線局の免許の申請）

第二十七条の三　前条の免許を受けようとする者は、申請書に、次に掲げる事項を記載した書類を添えて、総務大臣に提出しなければならない。

一　目的

二　開設を必要とする理由

三　通信の相手方

四　電波の型式並びに希望する周波数の範囲及び空中線電力

五　無線設備の工事設計

六　最大運用数（免許の有効期間中において同時に開設されていることとなる特定無線局の数の最大のものをいう。）

七　運用開始の予定期日（それぞれの特定無線局の運用が開始される日のうち最も早い日の予定期日をいう。）

八　他の無線局の免許人等との間で混信その他の妨害を防止するために必要な措置に関する契約を締結しているときは、その契約の内容

２　前条の免許を受けようとする者は、通信の相手方が外国の人工衛星局である場合にあつては、前項の書類に、同項に掲げる事項のほか、その人工衛星の軌道又は位置及び当該人工衛星の位置、姿勢等を制御することを目的として陸上に開設する無線局に関する事項その他総務省令で定める事項を併せて記載しなければならない。

【八十九次改正】

放送法等の一部を改正する法律（平成二十二年十二月三日法律第六十五号）第三条

> 第二十七条の三第一項中「事項」の下に「（特定無線局（同条第二号に掲げる無線局に係るものに限る。）を包括して対象とする免許の申請にあつては、次に掲げる事項（第六号に掲げる事項を除く。）及び無線設備を設置しようとする区域）」を加える。

（特定無線局の免許の申請）

第二十七条の三　前条の免許を受けようとする者は、申請書に、次に掲げる事項（特定無線局（同条第二号に掲げる無線局に係るものに限る。）を包括して対象とする免許の申請にあつては、次に掲げる事項（第六号に掲げる事項を除く。）及び無線設備を設置しようとする区域）を記載した書類を添えて、総務大臣に提出しなければならない。

一　目的

二　開設を必要とする理由

三　通信の相手方

四　電波の型式並びに希望する周波数の範囲及び空中線電力

五　無線設備の工事設計

六　最大運用数（免許の有効期間中において同時に開設されていることとなる特定無線局の数の最大のものをいう。）

七　運用開始の予定期日（それぞれの特定無線局の運用が開始される日のうち最も早い日の予定期日をいう。）

八　他の無線局の免許人等との間で混信その他の妨害を防止するために必要な措置に関する　契約を締結しているときは、その契約の内容

2　前条の免許を受けようとする者は、通信の相手方が外国の人工衛星局である場合にあつては、前項の書類に、同項に掲げる事項のほか、その人工衛星の軌道又は位置及び当該人工衛星の位置、姿勢等を制御することを目的として陸上に開設する無線局に関する事項その他総務省令で定める事項を併せて記載しなければならない。

【九十一次改正】

放送法等の一部を改正する法律（平成二十二年十二月三日法律第六十五号）第四条

第二十七条の三第一項第一号中「目的」の下に「（二以上の目的を有する特定無線局であつて、その目的に主たるものと従たるものの区別がある場合にあつては、その主従の区別を含む。）」を加える。

（特定無線局の免許の申請）

第二十七条の三　前条の免許を受けようとする者は、申請書に、次に掲げる事項（特定無線局（同条第二号に掲げる無線局に係るものに限る。）を包括して対象とする免許の申請にあつては、次に掲げる事項（第六号に掲げる事項を除く。）及び無線設備を設置しようとする区域）を記載した書類を添えて、総務大臣に提出しなければならない。

一　目的（二以上の目的を有する特定無線局であつて、その目的に主たるものと従たるものの区別がある場合にあつては、その主従の区別を含む。）

二　開設を必要とする理由

三　通信の相手方

四　電波の型式並びに希望する周波数の範囲及び空中線電力

五　無線設備の工事設計

六　最大運用数（免許の有効期間中において同時に開設されていることとなる特定無線局の数の最大のものをいう。）

七　運用開始の予定期日（それぞれの特定無線局の運用が開始される日のうち最も早い日の予定期日をいう。）

八　他の無線局の免許人等との間で混信その他の妨害を防止するために必要な措置に関する　契約を締結しているときは、その契約の内容

2　前条の免許を受けようとする者は、通信の相手方が外国の人工衛星局である場合にあつては、前項の書類に、同項に掲げる事項のほか、その人工衛星の軌道又は位置及び当該人工衛星の位置、姿勢等を制御することを目的として陸上に開設する無線局に関する事項その他総務省令で定める事項を併せて記載しなければならない。

第二十七条の四

【五十二次改正】

電波法の一部を改正する法律（平成九年五月九日法律第四十七号）

第二十七条の見出しを「（外国において取得した船舶又は航空機の無線局の免許の特例）」に改め、第二章中同条の次に次の十条を加える。

（追加された第二十七条の四の規定は、後掲の条文の通り。）

（申請の審査）

第二十七条の四　郵政大臣は、前条第一項の申請書を受理したときは、遅滞なくその申請が次の各号に適合しているかどうかを審査しなければならない。

一　周波数の割当てが可能であること。

二　前号に掲げるもののほか、郵政省令で定める特定無線局の開設の根本的基準に合致すること。

【六十二次改正】

中央省庁等改革関係法施行法（平成十一年十二月二十二日法律第百六十号）第百九十三条

本則（第九十九条の十二第二項を除く。）中「郵政大臣」を「総務大臣」に、「郵政省令」を「総務省令」に、「通商産業大臣」を「経済産業大臣」に、「建設大臣」を「国土交通大臣」に、「地方電気通信監理局長」を「総合通信局長」に、「沖縄郵政管理事務所長」を「沖縄総合通信事務所長」に改める。

（申請の審査）

第二十七条の四　総務大臣は、前条第一項の申請書を受理したときは、遅滞なくその申請が次の各号に適合しているかどうかを審査しなければならない。

一　周波数の割当てが可能であること。

二　前号に掲げるもののほか、総務省令で定める特定無線局の開設の根本的基準に合致すること。

【九十一次改正】

放送法等の一部を改正する法律（平成二十二年十二月三日法律第六十五号）第四条

第二十七条の四第二号中「前号」を「前二号」に改め、同号を同条第三号とし、同条第一号の次に次の一号を加える。

（追加された第二号の規定は、後掲の条文の通り。）

（申請の審査）

第二十七条の四　総務大臣は、前条第一項の申請書を受理したときは、遅滞なくその申請が次の各号に適合しているかどうかを審査しなければならない。

一　周波数の割当てが可能であること。

二　主たる目的及び従たる目的を有する特定無線局にあつては、その従たる目的の遂行がその主たる目的の遂行に支障を及ぼすおそれがないこと。

三　前二号に掲げるもののほか、総務省令で定める特定無線局の開設の根本的基準に合致すること。

第二十七条の五

【五十二次改正】

電波法の一部を改正する法律（平成九年五月九日法律第四十七号）

第二十七条の見出しを「（外国において取得した船舶又は航空機の無線局の免

許の特例)」に改め、第二章中同条の次に次の十条を加える。
(追加された第二十七条の五の規定は、後掲の条文の通り。)

(包括免許の付与)

第二十七条の五　郵政大臣は、前条の規定により審査した結果、その申請が同条各号に適合していると認めるときは、申請者に対し、次に掲げる事項を指定して、免許を与えなければならない。

一　電波の型式及び周波数
二　空中線電力
三　指定無線局数(同時に開設されている特定無線局の数の上限をいう。以下同じ。)
四　運用開始の期限(一以上の特定無線局の運用を最初に開始する期限をいう。)

2　郵政大臣は、前項の免許(以下「包括免許」という。)を与えたときは、次に掲げる事項及び同項の規定により指定した事項を記載した免許状を交付する。

一　包括免許の年月日及び包括免許の番号
二　包括免許人(包括免許を受けた者をいう。以下同じ。)の氏名又は名称及び住所
三　特定無線局の種別
四　特定無線局の目的
五　通信の相手方
六　包括免許の有効期間

3　包括免許の有効期間は、包括免許の日から起算して五年を超えない範囲内において郵政省令で定める。ただし、再免許を妨げない。

【六十二次改正】

中央省庁等改革関係法施行法(平成十一年十二月二十二日法律第百六十号)第百九十三条

本則(第九十九条の十二第二項を除く。)中「郵政大臣」を「総務大臣」に、「郵政省令」を「総務省令」に、「通商産業大臣」を「経済産業大臣」に、「建設大臣」を「国土交通大臣」に、「地方電気通信監理局長」を「総合通信局長」に、「沖縄郵政管理事務所長」を「沖縄総合通信事務所長」に改める。

(包括免許の付与)

第二十七条の五　総務大臣は、前条の規定により審査した結果、その申請が同条各号に適合していると認めるときは、申請者に対し、次に掲げる事項を指定して、免許を与えなければならない。

一　電波の型式及び周波数
二　空中線電力
三　指定無線局数(同時に開設されている特定無線局の数の上限をいう。以下同じ。)
四　運用開始の期限(一以上の特定無線局の運用を最初に開始する期限をいう。)

2　総務大臣は、前項の免許(以下「包括免許」という。)を与えたときは、次に掲げる事項及び同項の規定により指定した事項を記載した免許状を交付する。

一　包括免許の年月日及び包括免許の番号
二　包括免許人(包括免許を受けた者をいう。以下同じ。)の氏名又は名称及び住所
三　特定無線局の種別
四　特定無線局の目的
五　通信の相手方
六　包括免許の有効期間

3　包括免許の有効期間は、包括免許の日から起算して五年を超えない範囲内において総務省令で定める。ただし、再免許を妨げない。

【八十九次改正】

放送法等の一部を改正する法律（平成二十二年十二月三日法律第六十五号）第三条

> 第二十七条の五第一項中「事項」の下に「（特定無線局（第二十七条の二第二号に掲げる無線局に係るものに限る。）を包括して対象とする免許にあつては、次に掲げる事項（第三号に掲げる事項を除く。）及び無線設備の設置場所とすることができる区域）」を加える。

（包括免許の付与）

第二十七条の五　総務大臣は、前条の規定により審査した結果、その申請が同条各号に適合していると認めるときは、申請者に対し、次に掲げる事項（特定無線局（第二十七条の二第二号に掲げる無線局に係るものに限る。）を包括して対象とする免許にあつては、次に掲げる事項（第三号に掲げる事項を除く。）及び無線設備の設置場所とすることができる区域）を指定して、免許を与えなければならない。

一　電波の型式及び周波数

二　空中線電力

三　指定無線局数（同時に開設されている特定無線局の数の上限をいう。以下同じ。）

四　運用開始の期限（一以上の特定無線局の運用を最初に開始する期限をいう。）

2　総務大臣は、前項の免許（以下「包括免許」という。）を与えたときは、次に掲げる事項及び同項の規定により指定した事項を記載した免許状を交付する。

一　包括免許の年月日及び包括免許の番号

二　包括免許人（包括免許を受けた者をいう。以下同じ。）の氏名又は名称及び住所

三　特定無線局の種別

四　特定無線局の目的

五　通信の相手方

六　包括免許の有効期間

3　包括免許の有効期間は、包括免許の日から起算して五年を超えない範囲内において総務省令で定める。ただし、再免許を妨げない。

【九十一次改正】

放送法等の一部を改正する法律（平成二十二年十二月三日法律第六十五号）第四条

> 第二十七条の五第二項第四号中「目的」の下に「（主たる目的及び従たる目的を有する特定無線局にあつては、その主従の区別を含む。）」を加える。

（包括免許の付与）

第二十七条の五　総務大臣は、前条の規定により審査した結果、その申請が同条各号に適合していると認めるときは、申請者に対し、次に掲げる事項（特定無線局（第二十七条の二第二号に掲げる無線局に係るものに限る。）を包括して対象とする免許にあつては、次に掲げる事項（第三号に掲げる事項を除く。）及び無線設備の設置場所とすることができる区域）を指定して、免許を与えなければならない。

一　電波の型式及び周波数

二　空中線電力

三　指定無線局数（同時に開設されている特定無線局の数の上限をいう。以下同じ。）

四　運用開始の期限（一以上の特定無線局の運用を最初に開始する期限をいう。）

2　総務大臣は、前項の免許（以下「包括免許」という。）を与えたときは、次に掲げる事項及び同項の規定により指定した事項を記載した免許状を交付する。

一　包括免許の年月日及び包括免許の番号

二　包括免許人（包括免許を受けた者をいう。以下同じ。）の氏名又は名称及び住所

三　特定無線局の種別

四　特定無線局の目的（主たる目的及び従たる目的を有する特定無線局にあつては、その主従の区別を含む。）

五　通信の相手方

六　包括免許の有効期間

3　包括免許の有効期間は、包括免許の日から起算して五年を超えない範囲内において総務省令で定める。ただし、再免許を妨げない。

第二十七条の六

【五十二次改正】

電波法の一部を改正する法律（平成九年五月九日法律第四十七号）

第二十七条の見出しを「（外国において取得した船舶又は航空機の無線局の免許の特例）」に改め、第二章中同条の次に次の十条を加える。
（追加された第二十七条の六の規定は、後掲の条文の通り。）

（特定無線局の運用の開始）

第二十七条の六　郵政大臣は、包括免許人から申請があつた場合において、相当と認めるときは、前条第一項第四号の期限を延長することができる。

2　包括免許人は、当該包括免許に係る一以上の特定無線局の運用を最初に開始したときは、遅滞なく、その旨を郵政大臣に届け出なければならない。ただし、郵政省令で定める場合は、この限りでない。

【六十二次改正】

中央省庁等改革関係法施行法（平成十一年十二月二十二日法律第百六十号）第百九十三条

本則（第九十九条の十二第二項を除く。）中「郵政大臣」を「総務大臣」に、「郵政省令」を「総務省令」に、「通商産業大臣」を「経済産業大臣」に、「建設大臣」を「国土交通大臣」に、「地方電気通信監理局長」を「総合通信局長」に、「沖縄郵政管理事務所長」を「沖縄総合通信事務所長」に改める。

（特定無線局の運用の開始）

第二十七条の六　総務大臣は、包括免許人から申請があつた場合において、相当と認めるときは、前条第一項第四号の期限を延長することができる。

2　包括免許人は、当該包括免許に係る一以上の特定無線局の運用を最初に開始したときは、遅滞なく、その旨を総務大臣に届け出なければならない。ただし、総務省令で定める場合は、この限りでない。

【八十九次改正】

放送法等の一部を改正する法律（平成二十二年十二月三日法律第六十五号）第三条

第二十七条の六の見出しを「（特定無線局の運用の開始等）」に改め、同条第二項中「包括免許人」を「特定無線局（第二十七条の二第一号に掲げる無線局に係

るものに限る。）の包括免許人（以下「第一号包括免許人」という。）」に改め、同条に次の一項を加える。
（追加された第三項の規定は、後掲の条文の通り。）

（特定無線局の運用の開始等）
第二十七条の六　総務大臣は、包括免許人から申請があつた場合において、相当と認めるときは、前条第一項第四号の期限を延長することができる。
2　特定無線局（第二十七条の二第一号に掲げる無線局に係るものに限る。）の包括免許人（以下「第一号包括免許人」という。）は、当該包括免許に係る一以上の特定無線局の運用を最初に開始したときは、遅滞なく、その旨を総務大臣に届け出なければならない。ただし、総務省令で定める場合は、この限りでない。
3　特定無線局（第二十七条の二第二号に掲げる無線局に係るものに限る。）の包括免許人（以下「第二号包括免許人」という。）は、当該包括免許に係る特定無線局を開設したとき（再免許を受けて当該特定無線局を引き続き開設するときを除く。）は、当該特定無線局ごとに、十五日以内で総務省令で定める期間内に、当該特定無線局に係る運用開始の期日及び無線設備の設置場所その他の総務省令で定める事項を総務大臣に届け出なければならない。これらの事項を変更したとき又は当該特定無線局を廃止したときも、同様とする。

第二十七条の七

【五十二次改正】

電波法の一部を改正する法律（平成九年五月九日法律第四十七号）

第二十七条の見出しを「（外国において取得した船舶又は航空機の無線局の免許の特例）」に改め、第二章中同条の次に次の十条を加える。
（追加された第二十七条の七の規定は、後掲の条文の通り。）

（指定無線局数を超える数の特定無線局の開設の禁止）
第二十七条の七　包括免許人は、免許状に記載された指定無線局数を超えて特定無線局を開設してはならない。

【八十九次改正】

放送法等の一部を改正する法律（平成二十二年十二月三日法律第六十五号）第三条

第二十七条の七中「包括免許人」を「第一号包括免許人」に改める。

（指定無線局数を超える数の特定無線局の開設の禁止）
第二十七条の七　第一号包括免許人は、免許状に記載された指定無線局数を超えて特定無線局を開設してはならない。

第二十七条の八

【五十二次改正】

電波法の一部を改正する法律（平成九年五月九日法律第四十七号）

第二十七条の見出しを「（外国において取得した船舶又は航空機の無線局の免許の特例）」に改め、第二章中同条の次に次の十条を加える。
（追加された第二十七条の八の規定は、後掲の条文の通り。）

（変更等の許可）

第二十七条の八　包括免許人は、通信の相手方を変更しようとするとき又は第二十七条の三第一項の規定により提出した無線設備の工事設計と異なる無線設備の工事設計に基づく無線設備を無線通信の用に供しようとするときは、あらかじめ郵政大臣の許可を受けなければならない。

【六十二次改正】

中央省庁等改革関係法施行法（平成十一年十二月二十二日法律第百六十号）第百九十三条

本則（第九十九条の十二第二項を除く。）中「郵政大臣」を「総務大臣」に、「郵政省令」を「総務省令」に、「通商産業大臣」を「経済産業大臣」に、「建設大臣」を「国土交通大臣」に、「地方電気通信監理局長」を「総合通信局長」に、「沖縄郵政管理事務所長」を「沖縄総合通信事務所長」に改める。

（変更等の許可）

第二十七条の八　包括免許人は、通信の相手方を変更しようとするとき又は第二十七条の三第一項の規定により提出した無線設備の工事設計と異なる無線設備の工事設計に基づく無線設備を無線通信の用に供しようとするときは、あらかじめ総務大臣の許可を受けなければならない。

【九十一次改正】

放送法等の一部を改正する法律（平成二十二年十二月三日法律第六十五号）第四条

第二十七条の八中「包括免許人は、」の下に「特定無線局の目的若しくは」を加え、同条に次のただし書を加える。

（追加された改正後の第一項ただし書の規定は、後掲の条文の通り。）

第二十七条の八に次の一項を加える。

（追加された改正後の第二項の規定は、後掲の条文の通り。）

（変更等の許可）

第二十七条の八　包括免許人は、特定無線局の目的若しくは通信の相手方を変更しようとするとき又は第二十七条の三第一項の規定により提出した無線設備の工事設計と異なる無線設備の工事設計に基づく無線設備を無線通信の用に供しようとするときは、あらかじめ総務大臣の許可を受けなければならない。ただし、特定無線局の目的の変更のうち、基幹放送をすることとすることを内容とするものは、これを行うことができない。

2　第五条第一項から第三項までの規定は、特定無線局の目的の変更に係る前項の許可に準用する。

第二十七条の九

【五十二次改正】

電波法の一部を改正する法律（平成九年五月九日法律第四十七号）

第二十七条の見出しを「（外国において取得した船舶又は航空機の無線局の免許の特例）」に改め、第二章中同条の次に次の十条を加える。

（追加された第二十七条の九の規定は、後掲の条文の通り。）

（申請による周波数、指定無線局数等の変更）

第二十七条の九　郵政大臣は、包括免許人が電波の型式、周波数、空中線電力又は指定無線局数の指定の変更を申請した場合において、電波の能率的な利用の確保、混信の除去その他特に必要があると認めるときは、その指定を変更することができる。

【　六十二次改正　】

中央省庁等改革関係法施行法（平成十一年十二月二十二日法律第百六十号）第百九十三条

本則（第九十九条の十二第二項を除く。）中「郵政大臣」を「総務大臣」に、「郵政省令」を「総務省令」に、「通商産業大臣」を「経済産業大臣」に、「建設大臣」を「国土交通大臣」に、「地方電気通信監理局長」を「総合通信局長」に、「沖縄郵政管理事務所長」を「沖縄総合通信事務所長」に改める。

（申請による周波数、指定無線局数等の変更）

第二十七条の九　総務大臣は、包括免許人が電波の型式、周波数、空中線電力又は指定無線局数の指定の変更を申請した場合において、電波の能率的な利用の確保、混信の除去その他特に必要があると認めるときは、その指定を変更することができる。

【　八十九次改正　】

放送法等の一部を改正する法律（平成二十二年十二月三日法律第六十五号）第三条

第二十七条の九中「又は指定無線局数」を「、指定無線局数又は無線設備の設置場所とすることができる区域」に改める。

（申請による周波数、指定無線局数等の変更）

第二十七条の九　総務大臣は、包括免許人が電波の型式、周波数、空中線電力、指定無線局数又は無線設備の設置場所とすることができる区域の指定の変更を申請した場合において、電波の能率的な利用の確保、混信の除去その他特に必要があると認めるときは、その指定を変更することができる。

第二十七条の十

【　五十二次改正　】

電波法の一部を改正する法律（平成九年五月九日法律第四十七号）

第二十七条の見出しを「（外国において取得した船舶又は航空機の無線局の免許の特例）」に改め、第二章中同条の次に次の十条を加える。

（追加された第二十七条の十の規定は、後掲の条文の通り。）

（特定無線局の廃止）

第二十七条の十　包括免許人は、その包括免許に係るすべての特定無線局を廃止するときは、その旨を郵政大臣に届け出なければならない。

2　包括免許人がその包括免許に係るすべての特定無線局を廃止したときは、包括免許は、その効力を失う。

【　六十二次改正　】

中央省庁等改革関係法施行法（平成十一年十二月二十二日法律第百六十号）第百九十三条

本則（第九十九条の十二第二項を除く。）中「郵政大臣」を「総務大臣」に、「郵政省令」を「総務省令」に、「通商産業大臣」を「経済産業大臣」に、「建設大臣」を「国土交通大臣」に、「地方電気通信監理局長」を「総合通信局長」に、「沖縄郵政管理事務所長」を「沖縄総合通信事務所長」に改める。

（特定無線局の廃止）
第二十七条の十　包括免許人は、その包括免許に係るすべての特定無線局を廃止するときは、その旨を総務大臣に届け出なければならない。
2　包括免許人がその包括免許に係るすべての特定無線局を廃止したときは、包括免許は、その効力を失う。

【八十九次改正】

放送法等の一部を改正する法律（平成二十二年十二月三日法律第六十五号）第三条

第二十七条の十第一項中「包括免許人」を「第一号包括免許人」に改める。

（特定無線局の廃止）
第二十七条の十　第一号包括免許人は、その包括免許に係るすべての特定無線局を廃止するときは、その旨を総務大臣に届け出なければならない。
2　包括免許人がその包括免許に係るすべての特定無線局を廃止したときは、包括免許は、その効力を失う。

第二十七条の十一

【五十二次改正】

電波法の一部を改正する法律（平成九年五月九日法律第四十七号）

第二十七条の見出しを「（外国において取得した船舶又は航空機の無線局の免許の特例）」に改め、第二章中同条の次に次の十条を加える。
（追加された第二十七条の十一の規定は、後掲の条文の通り。）

（特定無線局及び包括免許人に関する適用除外等）
第二十七条の十一　第二十七条の五第一項の規定による免許を受けた特定無線局については第十五条及び第二十五条の規定、包括免許人については第十六条、第十七条、第十九条、第二十二条及び第二十三条の規定は、適用しない。
2　包括免許人の地位の承継に関する第二十条第三項の規定の適用については、同項中「第七条」とあるのは、「第二十七条の四」とする。

【六十次改正】

電波法の一部を改正する法律（平成十二年六月二日法律第百九号）

第二十七条の十一第二項中「第二十条第三項」を「第二十条第四項」に改め、第二章中同条の次に次の六条を加える。

（特定無線局及び包括免許人に関する適用除外等）
第二十七条の十一　第二十七条の五第一項の規定による免許を受けた特定無線局については第十五条及び第二十五条の規定、包括免許人については第十六条、第十七条、第十九条、第二十二条及び第二十三条の規定は、適用しない。
2　包括免許人の地位の承継に関する第二十条第四項の規定の適用については、同項中「第七条」とあるのは、「第二十七条の四」とする。

【七十二次改正】

電波法の一部を改正する法律（平成十四年五月十日法律第三十八号）

> 第二十七条の十一第一項中「及び第二十五条」を削る。

（特定無線局及び包括免許人に関する適用除外等）

第二十七条の十一　第二十七条の五第一項の規定による免許を受けた特定無線局については第十五条の規定、包括免許人については第十六条、第十七条、第十九条、第二十二条及び第二十三条の規定は、適用しない。

2　包括免許人の地位の承継に関する第二十条第四項の規定の適用については、同項中「第七条」とあるのは、「第二十七条の四」とする。

【九十一次改正】

放送法等の一部を改正する法律（平成二十二年十二月三日法律第六十五号）第四条

> 第二十七条の十一第二項中「第二十条第四項」を「第二十条第六項」に改める。

（特定無線局及び包括免許人に関する適用除外等）

第二十七条の十一　第二十七条の五第一項の規定による免許を受けた特定無線局については第十五条の規定、包括免許人については第十六条、第十七条、第十九条、第二十二条及び第二十三条の規定は、適用しない。

2　包括免許人の地位の承継に関する第二十条第六項の規定の適用については、同項中「第七条」とあるのは、「第二十七条の四」とする。

第二十七条の十二

【六十次改正】

電波法の一部を改正する法律（平成十二年六月二日法律第百九号）

> 第二十七条の十一第二項中「第二十条第三項」を「第二十条第四項」に改め、第二章中同条の次に次の六条を加える。
> （追加された第二十七条の十二の規定は、後掲の条文の通り。）

（特定基地局の開設指針）

第二十七条の十二　郵政大臣は、陸上に開設する移動しない無線局であつて、電気通信業務を行うことを目的として陸上に開設する移動する無線局（一又は二以上の都道府県の区域の全部を含む区域をその移動範囲とするものに限る。）の移動範囲における当該電気通信業務のための無線通信を確保するために、同一の者により相当数開設されることが必要であるもののうち、電波の公平かつ能率的な利用を確保するためその円滑な開設を図ることが必要であると認められるもの（以下「特定基地局」という。）について、特定基地局の開設に関する指針（以下「開設指針」という。）を定めることができる。

2　開設指針には、次に掲げる事項を定めるものとする。

一　開設指針の対象とする特定基地局の範囲に関する事項

二　周波数割当計画に示される割り当てることが可能である周波数のうち当該特定基地局に使用させることとする周波数及びその周波数の使用に関する事項

三　当該特定基地局の配置及び開設時期に関する事項

四　当該特定基地局の無線設備に係る電波の能率的な利用を確保するための技術の導入に関する事項

五　当該特定基地局の円滑な開設の推進に関する事項その他必要な事項

3　郵政大臣は、開設指針を定め、又はこれを変更したときは、遅滞なく、これを公示しなければならない。

【六十二次改正】

中央省庁等改革関係法施行法（平成十一年十二月二十二日法律第百六十号）第百九十三条

> 本則（第九十九条の十二第二項を除く。）中「郵政大臣」を「総務大臣」に、「郵政省令」を「総務省令」に、「通商産業大臣」を「経済産業大臣」に、「建設大臣」を「国土交通大臣」に、「地方電気通信監理局長」を「総合通信局長」に、「沖縄郵政管理事務所長」を「沖縄総合通信事務所長」に改める。

（特定基地局の開設指針）

第二十七条の十二　総務大臣は、陸上に開設する移動しない無線局であつて、電気通信業務を行うことを目的として陸上に開設する移動する無線局（一又は二以上の都道府県の区域の全部を含む区域をその移動範囲とするものに限る。）の移動範囲における当該電気通信業務のための無線通信を確保するために、同一の者により相当数開設されることが必要であるもののうち、電波の公平かつ能率的な利用を確保するためその円滑な開設を図ることが必要であると認められるもの（以下「特定基地局」という。）について、特定基地局の開設に関する指針（以下「開設指針」という。）を定めることができる。

2　開設指針には、次に掲げる事項を定めるものとする。

一　開設指針の対象とする特定基地局の範囲に関する事項

二　周波数割当計画に示される割り当てることが可能である周波数のうち当該特定基地局に使用させることとする周波数及びその周波数の使用に関する事項

三　当該特定基地局の配置及び開設時期に関する事項

四　当該特定基地局の無線設備に係る電波の能率的な利用を確保するための技術の導入に関する事項

五　当該特定基地局の円滑な開設の推進に関する事項その他必要な事項

3　総務大臣は、開設指針を定め、又はこれを変更したときは、遅滞なく、これを公示しなければならない。

【八十八次改正】

電波法及び放送法の一部を改正する法律（平成二十一年四月二十四日法律第二十二号）第一条

> 第二十七条の十二第一項中「電気通信業務を行うことを目的として陸上に開設する移動する無線局（一又は二以上の都道府県の区域の全部を含む区域をその移動範囲とするものに限る。）の移動範囲における当該電気通信業務のための無線通信」を「次の各号のいずれかに掲げる事項」に改め、同項に次の各号を加える。
> （追加された第一項第一号及び第二号の規定は、後掲の条文の通り。）

（特定基地局の開設指針）

第二十七条の十二　総務大臣は、陸上に開設する移動しない無線局であつて、次の各号のいずれかに掲げる事項を確保するために、同一の者により相当数開設されることが必要であるもののうち、電波の公平かつ能率的な利用を確保するためその円滑な開設を図ることが必要であると認められるもの（以下「特定基地局」という。）について、特定基地局の開設に関する指針（以下「開設指針」という。）を定めることができる。

一　電気通信業務を行うことを目的として陸上に開設する移動する無線局（一又は二以上の都道府県の区域の全部を含む区域をその移動範囲とするものに限る。）の移動範囲における当該電気通信業務のための無線通信

二　移動受信用地上放送に係る放送対象地域（放送法第二条の二第二項第二号に規定する放送対象地域をいう。次条第二項第三号において同じ。）における当該移動受信用地上放送の受信

2　開設指針には、次に掲げる事項を定めるものとする。

一　開設指針の対象とする特定基地局の範囲に関する事項

二　周波数割当計画に示される割り当てることが可能である周波数のうち当該特定基地局に使用させることとする周波数及びその周波数の使用に関する事項

三　当該特定基地局の配置及び開設時期に関する事項

四　当該特定基地局の無線設備に係る電波の能率的な利用を確保するための技術の導入に関する事項

五　当該特定基地局の円滑な開設の推進に関する事項その他必要な事項

3　総務大臣は、開設指針を定め、又はこれを変更したときは、遅滞なく、これを公示しなければならない。

【九十一次改正】

放送法等の一部を改正する法律（平成二十二年十二月三日法律第六十五号）第四条

第二十七条の十二第一項第二号中「移動受信用地上放送」を「移動受信用地上基幹放送」に、「第二条の二第二項第二号」を「第九十一条第二項第二号」に改める。

（特定基地局の開設指針）

第二十七条の十二　総務大臣は、陸上に開設する移動しない無線局であつて、次の各号のいずれかに掲げる事項を確保するために、同一の者により相当数開設されることが必要であるもののうち、電波の公平かつ能率的な利用を確保するためその円滑な開設を図ることが必要であると認められるもの（以下「特定基地局」という。）について、特定基地局の開設に関する指針（以下「開設指針」という。）を定めることができる。

一　電気通信業務を行うことを目的として陸上に開設する移動する無線局（一又は二以上の都道府県の区域の全部を含む区域をその移動範囲とするものに限る。）の移動範囲における当該電気通信業務のための無線通信

二　移動受信用地上基幹放送に係る放送対象地域（放送法第九十一条第二項第二号に規定する放送対象地域をいう。次条第二項第三号において同じ。）における当該移動受信用地上基幹放送の受信

2　開設指針には、次に掲げる事項を定めるものとする。

一　開設指針の対象とする特定基地局の範囲に関する事項

二　周波数割当計画に示される割り当てることが可能である周波数のうち当該特定基地局に使用させることとする周波数及びその周波数の使用に関する事項

三　当該特定基地局の配置及び開設時期に関する事項

四　当該特定基地局の無線設備に係る電波の能率的な利用を確保するための技術の導入に関する事項

五　当該特定基地局の円滑な開設の推進に関する事項その他必要な事項

3　総務大臣は、開設指針を定め、又はこれを変更したときは、遅滞なく、これを公示しなければならない。

【九十二次改正】

電波法の一部を改正する法律（平成二十三年六月一日法律第六十号）第一条

第二十七条の十二第二項第二号中「事項」の下に「（現にその周波数の全部又は一部を当該特定基地局以外の無線局が使用している場合であつて、その周波数

について周波数割当計画において使用の期限が定められているときは、その周波数及びその期限の満了の日を含む。）」を加え、同項第五号中「当該特定基地局」を「前各号に掲げるもののほか、当該特定基地局」に改め、同号を同項第六号とし、同項第四号の次に次の一号を加える。
（追加された第二項第五号の規定は、後掲の条文の通り。）

（特定基地局の開設指針）
第二十七条の十二　総務大臣は、陸上に開設する移動しない無線局であつて、次の各号のいずれかに掲げる事項を確保するために、同一の者により相当数開設されることが必要であるもののうち、電波の公平かつ能率的な利用を確保するためその円滑な開設を図ることが必要であると認められるもの（以下「特定基地局」という。）について、特定基地局の開設に関する指針（以下「開設指針」という。）を定めることができる。
一　電気通信業務を行うことを目的として陸上に開設する移動する無線局（一又は二以上の都道府県の区域の全部を含む区域をその移動範囲とするものに限る。）の移動範囲における当該電気通信業務のための無線通信
二　移動受信用地上基幹放送に係る放送対象地域（放送法第九十一条第二項第二号に規定する放送対象地域をいう。次条第二項第三号において同じ。）における当該移動受信用地上基幹放送の受信
2　開設指針には、次に掲げる事項を定めるものとする。
一　開設指針の対象とする特定基地局の範囲に関する事項
二　周波数割当計画に示される割り当てることが可能である周波数のうち当該特定基地局に使用させることとする周波数及びその周波数の使用に関する事項（現にその周波数の全部又は一部を当該特定基地局以外の無線局が使用している場合であつて、その周波数について周波数割当計画において使用の期限が定められているときは、その周波数及びその期限の満了の日を含む。）
三　当該特定基地局の配置及び開設時期に関する事項
四　当該特定基地局の無線設備に係る電波の能率的な利用を確保するための技術の導入に関する事項
五　第二号括弧書に規定する場合において、同号括弧書に規定する日以前に当該特定基地局の開設を図ることが電波の有効利用に資すると認められるときは、当該周波数を現に使用している無線局による当該周波数の使用を同日前に終了させるために当該特定基地局を開設しようとする者が行う費用の負担その他の措置（次条第二項第九号及び第百十六条第八号において「終了促進措置」という。）に関する事項
六　前各号に掲げるもののほか、当該特定基地局の円滑な開設の推進に関する事項その他必要な事項
3　総務大臣は、開設指針を定め、又はこれを変更したときは、遅滞なく、これを公示しなければならない。

【百三次改正】

電気通信事業法等の一部を改正する法律（平成二十七年五月二十二日法律第二十六号）第二条

第二十七条の十二第二項第五号中「次条第二項第九号」を「次条第二項第十号」に改める。

（特定基地局の開設指針）
第二十七条の十二　総務大臣は、陸上に開設する移動しない無線局であつて、次の各号のいずれかに掲げる事項を確保するために、同一の者により相当数開設されることが必要であるもののうち、電波の公平かつ能率的な利用を確保するためそ

の円滑な開設を図ることが必要であると認められるもの（以下「特定基地局」という。）について、特定基地局の開設に関する指針（以下「開設指針」という。）を定めることができる。

一　電気通信業務を行うことを目的として陸上に開設する移動する無線局（一又は二以上の都道府県の区域の全部を含む区域をその移動範囲とするものに限る。）の移動範囲における当該電気通信業務のための無線通信

二　移動受信用地上基幹放送に係る放送対象地域（放送法第九十一条第二項第二号に規定する放送対象地域をいう。次条第二項第三号において同じ。）における当該移動受信用地上基幹放送の受信

2　開設指針には、次に掲げる事項を定めるものとする。

一　開設指針の対象とする特定基地局の範囲に関する事項

二　周波数割当計画に示される割り当てることが可能である周波数のうち当該特定基地局に使用させることとする周波数及びその周波数の使用に関する事項（現にその周波数の全部又は一部を当該特定基地局以外の無線局が使用している場合であつて、その周波数について周波数割当計画において使用の期限が定められているときは、その周波数及びその期限の満了の日を含む。）

三　当該特定基地局の配置及び開設時期に関する事項

四　当該特定基地局の無線設備に係る電波の能率的な利用を確保するための技術の導入に関する事項

五　第二号括弧書に規定する場合において、同号括弧書に規定する日以前に当該特定基地局の開設を図ることが電波の有効利用に資すると認められるときは、当該周波数を現に使用している無線局による当該周波数の使用を同日前に終了させるために当該特定基地局を開設しようとする者が行う費用の負担その他の措置（次条第二項第十号及び第百十六条第八号において「終了促進措置」という。）に関する事項

六　前各号に掲げるもののほか、当該特定基地局の円滑な開設の推進に関する事項その他必要な事項

3　総務大臣は、開設指針を定め、又はこれを変更したときは、遅滞なく、これを公示しなければならない。

第二十七条の十三

【六十次改正】

電波法の一部を改正する法律（平成十二年六月二日法律第百九号）

第二十七条の十一第二項中「第二十条第三項」を「第二十条第四項」に改め、第二章中同条の次に次の六条を加える。
（追加された第二十七条の十三の規定は、後掲の条文の通り。）

（開設計画の認定）

第二十七条の十三　特定基地局を開設しようとする者は、通信系（通信の相手方を同じくする同一の者によつて開設される特定基地局の総体をいう。次項第四号及び第四項第三号において同じ。）ごとに、特定基地局の開設に関する計画（以下「開設計画」という。）を作成し、これを郵政大臣に提出して、その開設計画が適当である旨の認定を受けることができる。

2　開設計画には、次に掲げる事項を記載しなければならない。

一　特定基地局の開設を必要とする理由

二　特定基地局の通信の相手方である移動する無線局の移動範囲

三　希望する周波数の範囲

四　当該通信系に含まれる特定基地局の総数並びにそれぞれの特定基地局の無線設備の設置場所及び開設時期
五　電波の能率的な利用を確保するための技術であつて、特定基地局の無線設備に用いる予定のもの
六　その他郵政省令で定める事項
3　第一項の認定の申請は、郵政大臣が公示する一月を下らない期間内に行わなければならない。
4　郵政大臣は、第一項の認定の申請があつた場合において、その申請が次の各号のいずれにも適合していると認めるときは、周波数を指定して、同項の認定をするものとする。
一　その開設計画が開設指針に照らし適切なものであること。
二　その開設計画が確実に実施される見込みがあること。
三　開設計画に係る通信系に含まれるすべての特定基地局について、周波数の割当てが可能であること。
5　郵政大臣は、前項の規定にかかわらず、第五条第三項各号のいずれかに該当する者に対しては、第一項の認定をしてはならない。
6　第一項の認定の有効期間は、当該認定の日から起算して五年を超えない範囲内において郵政省令で定める。
7　郵政大臣は、第一項の認定をしたときは、当該認定をした日及び認定の有効期間、第四項の規定により指定した周波数その他郵政省令で定める事項を公示するものとする。

【　六十二次改正　】

中央省庁等改革関係法施行法（平成十一年十二月二十二日法律第百六十号）第百九十三条

本則（第九十九条の十二第二項を除く。）中「郵政大臣」を「総務大臣」に、「郵政省令」を「総務省令」に、「通商産業大臣」を「経済産業大臣」に、「建設大臣」を「国土交通大臣」に、「地方電気通信監理局長」を「総合通信局長」に、「沖縄郵政管理事務所長」を「沖縄総合通信事務所長」に改める。

（開設計画の認定）
第二十七条の十三　特定基地局を開設しようとする者は、通信系（通信の相手方を同じくする同一の者によつて開設される特定基地局の総体をいう。次項第四号及び第四項第三号において同じ。）ごとに、特定基地局の開設に関する計画（以下「開設計画」という。）を作成し、これを総務大臣に提出して、その開設計画が適当である旨の認定を受けることができる。
2　開設計画には、次に掲げる事項を記載しなければならない。
一　特定基地局の開設を必要とする理由
二　特定基地局の通信の相手方である移動する無線局の移動範囲
三　希望する周波数の範囲
四　当該通信系に含まれる特定基地局の総数並びにそれぞれの特定基地局の無線設備の設置場所及び開設時期
五　電波の能率的な利用を確保するための技術であつて、特定基地局の無線設備に用いる予定のもの
六　その他総務省令で定める事項
3　第一項の認定の申請は、総務大臣が公示する一月を下らない期間内に行わなければならない。
4　総務大臣は、第一項の認定の申請があつた場合において、その申請が次の各号のいずれにも適合していると認めるときは、周波数を指定して、同項の認定をするものとする。

一　その開設計画が開設指針に照らし適切なものであること。
二　その開設計画が確実に実施される見込みがあること。
三　開設計画に係る通信系に含まれるすべての特定基地局について、周波数の割当てが可能であること。

5　総務大臣は、前項の規定にかかわらず、第五条第三項各号のいずれかに該当する者に対しては、第一項の認定をしてはならない。

6　第一項の認定の有効期間は、当該認定の日から起算して五年を超えない範囲内において総務省令で定める。

7　総務大臣は、第一項の認定をしたときは、当該認定をした日及び認定の有効期間、第四項の規定により指定した周波数その他総務省令で定める事項を公示するものとする。

【八十八次改正】

電波法及び放送法の一部を改正する法律（平成二十一年四月二十四日法律第二十二号）第一条

第二十七条の十三第一項中「次項第四号」を「次項第五号」に改め、「同じ。）」の下に「又は放送系（放送法第二条の二第二項第三号に規定する放送系をいう。次項第五号及び第七号並びに第四項第三号において同じ。）」を加え、同条第二項中「次に掲げる事項」の下に「（移動受信用地上放送をする特定基地局（電気通信業務を行うことを目的とするものを除く。以下同じ。）以外の特定基地局に係る開設計画にあつては、第七号から第九号までに掲げる事項を除く。）」を加え、第六号を第十号とし、第五号を第六号とし、同号の次に次の三号を加える。

（追加された第二項第七号から第九号までの規定は、後掲の条文の通り。）

第二十七条の十三第二項第四号中「通信系」の下に「又は当該放送系」を加え、同号を同項第五号とし、同項第三号を同項第四号とし、同項第二号中「移動範囲」の下に「又は特定基地局により行われる移動受信用地上放送に係る放送対象地域」を加え、同号を同項第三号とし、同項第一号を同項第二号とし、同項に第一号として次の一号を加える。

（追加された第二項第一号の規定は、後掲の条文の通り。）

第二十七条の十三第四項第三号中「通信系」の下に「又は放送系」を加え、同条第五項中「第五条第三項各号」を「第一項の認定を受けようとする者が、次の各号に掲げる場合の区分に応じ、当該各号に定める規定」に、「者に対して」を「とき」に、「第一項」を「同項」に改め、同項に次の各号を加える。

（追加された第五項第一号から第三号までの規定は、後掲の条文の通り。）

（開設計画の認定）

第二十七条の十三　特定基地局を開設しようとする者は、通信系（通信の相手方を同じくする同一の者によつて開設される特定基地局の総体をいう。次項第五号及び第四項第三号において同じ。）又は放送系（放送法第二条の二第二項第三号に規定する放送系をいう。次項第五号及び第七号並びに第四項第三号において同じ。）ごとに、特定基地局の開設に関する計画（以下「開設計画」という。）を作成し、これを総務大臣に提出して、その開設計画が適当である旨の認定を受けることができる。

2　開設計画には、次に掲げる事項（移動受信用地上放送をする特定基地局（電気通信業務を行うことを目的とするものを除く。以下同じ。）以外の特定基地局に係る開設計画にあつては、第七号から第九号までに掲げる事項を除く。）を記載しなければならない。

一　特定基地局の目的
二　特定基地局の開設を必要とする理由
三　特定基地局の通信の相手方である移動する無線局の移動範囲又は特定基地

局により行われる移動受信用地上放送に係る放送対象地域
四　希望する周波数の範囲
五　当該通信系又は当該放送系に含まれる特定基地局の総数並びにそれぞれの特定基地局の無線設備の設置場所及び開設時期
六　電波の能率的な利用を確保するための技術であつて、特定基地局の無線設備に用いる予定のもの
七　当該放送系に含まれるすべての特定基地局に係る無線設備の工事費及び無線局の運用費の支弁方法
八　事業計画及び事業収支見積
九　放送事項
十　その他総務省令で定める事項

3　第一項の認定の申請は、総務大臣が公示する一月を下らない期間内に行わなければならない。

4　総務大臣は、第一項の認定の申請があつた場合において、その申請が次の各号のいずれにも適合していると認めるときは、周波数を指定して、同項の認定をするものとする。
一　その開設計画が開設指針に照らし適切なものであること。
二　その開設計画が確実に実施される見込みがあること。
三　開設計画に係る通信系又は放送系に含まれるすべての特定基地局について、周波数の割当てが可能であること。

5　総務大臣は、前項の規定にかかわらず、第一項の認定を受けようとする者が、次の各号に掲げる場合の区分に応じ、当該各号に定める規定のいずれかに該当するときは、同項の認定をしてはならない。
一　認定を受けようとする開設計画が移動受信用地上放送をする特定基地局（他人の委託により、その放送番組をそのまま送信する放送をするものに限る。）に係るものである場合　第五条第一項各号又は第三項各号
二　認定を受けようとする開設計画が移動受信用地上放送をする特定基地局（他人の委託により、その放送番組をそのまま送信する放送をするものを除く。）に係るものである場合　第五条第四項第一号、第二号又は第四号
三　前二号に掲げる場合以外の場合　第五条第三項各号

6　第一項の認定の有効期間は、当該認定の日から起算して五年を超えない範囲内において総務省令で定める。

7　総務大臣は、第一項の認定をしたときは、当該認定をした日及び認定の有効期間、第四項の規定により指定した周波数その他総務省令で定める事項を公示するものとする。

【九十一次改正】

放送法等の一部を改正する法律（平成二十二年十二月三日法律第六十五号）第四条

第二十七条の十三第一項中「第二条の二第二項第三号」を「第九十一条第二項第三号」に改め、同条第二項中「移動受信用地上放送を」を「移動受信用地上基幹放送を」に改め、「（電気通信業務を行うことを目的とするものを除く。以下同じ。）」を削り、「から第九号まで」を「及び第八号」に改め、同項第一号中「の目的」を「が前条第一項第一号又は第二号に掲げる事項のいずれを確保するためのものであるかの別」に改め、同項第三号中「移動受信用地上放送」を「移動受信用地上基幹放送」に改め、同項第九号を削り、同項第十号を同項第九号とし、同条第五項中「、次の各号に掲げる場合の区分に応じ、当該各号に定める規定」を「第五条第三項各号（移動受信用地上基幹放送をする特定基地局に係る開設計画の認定を受けようとする者にあつては、同条第一項各号又は第三項各号）」に、「同項」を「第一項」に改め、各号を削る。

（開設計画の認定）

第二十七条の十三　特定基地局を開設しようとする者は、通信系（通信の相手方を同じくする同一の者によつて開設される特定基地局の総体をいう。次項第五号及び第四項第三号において同じ。）又は放送系（放送法第九十一条第二項第三号に規定する放送系をいう。次項第五号及び第七号並びに第四項第三号において同じ。）ごとに、特定基地局の開設に関する計画（以下「開設計画」という。）を作成し、これを総務大臣に提出して、その開設計画が適当である旨の認定を受けることができる。

2　開設計画には、次に掲げる事項（移動受信用地上基幹放送をする特定基地局以外の特定基地局に係る開設計画にあつては、第七号及び第八号に掲げる事項を除く。）を記載しなければならない。

一　特定基地局が前条第一項第一号又は第二号に掲げる事項のいずれを確保するためのものであるかの別

二　特定基地局の開設を必要とする理由

三　特定基地局の通信の相手方である移動する無線局の移動範囲又は特定基地局により行われる移動受信用地上基幹放送に係る放送対象地域

四　希望する周波数の範囲

五　当該通信系又は当該放送系に含まれる特定基地局の総数並びにそれぞれの特定基地局の無線設備の設置場所及び開設時期

六　電波の能率的な利用を確保するための技術であつて、特定基地局の無線設備に用いる予定のもの

七　当該放送系に含まれるすべての特定基地局に係る無線設備の工事費及び無線局の運用費の支弁方法

八　事業計画及び事業収支見積

九　その他総務省令で定める事項

3　第一項の認定の申請は、総務大臣が公示する一月を下らない期間内に行わなければならない。

4　総務大臣は、第一項の認定の申請があつた場合において、その申請が次の各号のいずれにも適合していると認めるときは、周波数を指定して、同項の認定をするものとする。

一　その開設計画が開設指針に照らし適切なものであること。

二　その開設計画が確実に実施される見込みがあること。

三　開設計画に係る通信系又は放送系に含まれるすべての特定基地局について、周波数の割当てが可能であること。

5　総務大臣は、前項の規定にかかわらず、第一項の認定を受けようとする者が第五条第三項各号（移動受信用地上基幹放送をする特定基地局に係る開設計画の認定を受けようとする者にあつては、同条第一項各号又は第三項各号）のいずれかに該当するときは、第一項の認定をしてはならない。

6　第一項の認定の有効期間は、当該認定の日から起算して五年を超えない範囲内において総務省令で定める。

7　総務大臣は、第一項の認定をしたときは、当該認定をした日及び認定の有効期間、第四項の規定により指定した周波数その他総務省令で定める事項を公示するものとする。

【　九十二次改正　】

電波法の一部を改正する法律（平成二十三年六月一日法律第六十号）第一条

第二十七条の十三第二項第九号を同項第十号とし、同項第八号の次に次の一号を加える。

（追加された第二項第九号の規定は、後掲の条文の通り。）

第二十七条の十三第四項第三号中「すべて」を「全て」に、「可能である」を

「現に可能であり、又は早期に可能となることが確実であると認められる」に改め、同条第六項中「五年」の下に「（前条第二項第二号括弧書に規定する周波数を使用する特定基地局の開設計画の認定にあつては、十年）」を加える。

（開設計画の認定）

第二十七条の十三　特定基地局を開設しようとする者は、通信系（通信の相手方を同じくする同一の者によつて開設される特定基地局の総体をいう。次項第五号及び第四項第三号において同じ。）又は放送系（放送法第九十一条第二項第三号に規定する放送系をいう。次項第五号及び第七号並びに第四項第三号において同じ。）ごとに、特定基地局の開設に関する計画（以下「開設計画」という。）を作成し、これを総務大臣に提出して、その開設計画が適当である旨の認定を受けることができる。

2　開設計画には、次に掲げる事項（移動受信用地上基幹放送をする特定基地局以外の特定基地局に係る開設計画にあつては、第七号及び第八号に掲げる事項を除く。）を記載しなければならない。

一　特定基地局が前条第一項第一号又は第二号に掲げる事項のいずれを確保するためのものであるかの別

二　特定基地局の開設を必要とする理由

三　特定基地局の通信の相手方である移動する無線局の移動範囲又は特定基地局により行われる移動受信用地上基幹放送に係る放送対象地域

四　希望する周波数の範囲

五　当該通信系又は当該放送系に含まれる特定基地局の総数並びにそれぞれの特定基地局の無線設備の設置場所及び開設時期

六　電波の能率的な利用を確保するための技術であつて、特定基地局の無線設備に用いる予定のもの

七　当該放送系に含まれるすべての特定基地局に係る無線設備の工事費及び無線局の運用費の支弁方法

八　事業計画及び事業収支見積

九　終了促進措置を行う場合にあつては、当該終了促進措置の内容及び当該終了促進措置に要する費用の支弁方法

十　その他総務省令で定める事項

3　第一項の認定の申請は、総務大臣が公示する一月を下らない期間内に行わなければならない。

4　総務大臣は、第一項の認定の申請があつた場合において、その申請が次の各号のいずれにも適合していると認めるときは、周波数を指定して、同項の認定をするものとする。

一　その開設計画が開設指針に照らし適切なものであること。

二　その開設計画が確実に実施される見込みがあること。

三　開設計画に係る通信系又は放送系に含まれる全ての特定基地局について、周波数の割当てが現に可能であり、又は早期に可能となることが確実であると認められること。

5　総務大臣は、前項の規定にかかわらず、第一項の認定を受けようとする者が第五条第三項各号（移動受信用地上基幹放送をする特定基地局に係る開設計画の認定を受けようとする者にあつては、同条第一項各号又は第三項各号）のいずれかに該当するときは、第一項の認定をしてはならない。

6　第一項の認定の有効期間は、当該認定の日から起算して五年（前条第二項第二号括弧書に規定する周波数を使用する特定基地局の開設計画の認定にあつては、十年）を超えない範囲内において総務省令で定める。

7　総務大臣は、第一項の認定をしたときは、当該認定をした日及び認定の有効期間、第四項の規定により指定した周波数その他総務省令で定める事項を公示する

ものとする。

【 百三次改正 】

電気通信事業法等の一部を改正する法律（平成二十七年五月二十二日法律第二十六号）第二条

第二十七条の十三第一項中「第七号」を「第八号」に改め、同条第二項中「事項（」の下に「電気通信業務を行うことを目的とする特定基地局以外の特定基地局に係る開設計画にあつては第七号に掲げる事項、」を加え、「、第七号及び第八号」を「第八号及び第九号」に改め、同項中第十号を第十一号とし、第九号を第十号とし、第八号を第九号とし、同項第七号中「すべて」を「全て」に改め、同号を同項第八号とし、同項第六号の次に次の一号を加える。

（追加された第二項第七号の規定は、後掲の条文の通り。）

第二十七条の十三第四項中「各号」の下に「（電気通信業務を行うことを目的とする特定基地局以外の特定基地局に係る開設計画にあつては、第四号を除く。）」を加え、同項に次の一号を加える。

（追加された第四項第四号の規定は、後掲の条文の通り。）

（開設計画の認定）

第二十七条の十三　特定基地局を開設しようとする者は、通信系（通信の相手方を同じくする同一の者によつて開設される特定基地局の総体をいう。次項第五号及び第四項第三号において同じ。）又は放送系（放送法第九十一条第二項第三号に規定する放送系をいう。次項第五号及び第八号並びに第四項第三号において同じ。）ごとに、特定基地局の開設に関する計画（以下「開設計画」という。）を作成し、これを総務大臣に提出して、その開設計画が適当である旨の認定を受けることができる。

2　開設計画には、次に掲げる事項（電気通信業務を行うことを目的とする特定基地局以外の特定基地局に係る開設計画にあつては第七号に掲げる事項、移動受信用地上基幹放送をする特定基地局以外の特定基地局に係る開設計画にあつては第八号及び第九号に掲げる事項を除く。）を記載しなければならない。

一　特定基地局が前条第一項第一号又は第二号に掲げる事項のいずれを確保するためのものであるかの別

二　特定基地局の開設を必要とする理由

三　特定基地局の通信の相手方である移動する無線局の移動範囲又は特定基地局により行われる移動受信用地上基幹放送に係る放送対象地域

四　希望する周波数の範囲

五　当該通信系又は当該放送系に含まれる特定基地局の総数並びにそれぞれの特定基地局の無線設備の設置場所及び開設時期

六　電波の能率的な利用を確保するための技術であつて、特定基地局の無線設備に用いる予定のもの

七　特定基地局を開設しようとする者が、電気通信事業法第九条の登録を受けている場合にあつては当該登録の年月日及び登録番号（同法第十二条の二第一項の登録の更新を受けている場合にあつては、当該登録及びその更新の年月日並びに登録番号）、同法第九条の登録を受けていない場合にあつては同条の登録の申請に関する事項

八　当該放送系に含まれる全ての特定基地局に係る無線設備の工事費及び無線局の運用費の支弁方法

九　事業計画及び事業収支見積

十　終了促進措置を行う場合にあつては、当該終了促進措置の内容及び当該終了促進措置に要する費用の支弁方法

十一　その他総務省令で定める事項

3　第一項の認定の申請は、総務大臣が公示する一月を下らない期間内に行わなければならない。

4　総務大臣は、第一項の認定の申請があつた場合において、その申請が次の各号（電気通信業務を行うことを目的とする特定基地局以外の特定基地局に係る開設計画にあつては、第四号を除く。）のいずれにも適合していると認めるときは、周波数を指定して、同項の認定をするものとする。

一　その開設計画が開設指針に照らし適切なものであること。

二　その開設計画が確実に実施される見込みがあること。

三　開設計画に係る通信系又は放送系に含まれる全ての特定基地局について、周波数の割当てが現に可能であり、又は早期に可能となることが確実であると認められること。

四　その開設計画に係る特定基地局を開設しようとする者が電気通信事業法第九条の登録を受けていること又は受ける見込みが十分であること。

5　総務大臣は、前項の規定にかかわらず、第一項の認定を受けようとする者が第五条第三項各号（移動受信用地上基幹放送をする特定基地局に係る開設計画の認定を受けようとする者にあつては、同条第一項各号又は第三項各号）のいずれかに該当するときは、第一項の認定をしてはならない。

6　第一項の認定の有効期間は、当該認定の日から起算して五年（前条第二項第二号括弧書に規定する周波数を使用する特定基地局の開設計画の認定にあつては、十年）を超えない範囲内において総務省令で定める。

7　総務大臣は、第一項の認定をしたときは、当該認定をした日及び認定の有効期間、第四項の規定により指定した周波数その他総務省令で定める事項を公示するものとする。

第二十七条の十四

【六十次改正】

電波法の一部を改正する法律（平成十二年六月二日法律第百九号）

第二十七条の十一第二項中「第二十条第三項」を「第二十条第四項」に改め、第二章中同条の次に次の六条を加える。
（追加された第二十七条の十四の規定は、後掲の条文の通り。）

（開設計画の変更等）

第二十七条の十四　前条第一項の認定を受けた者は、当該認定に係る開設計画（同条第二項第三号に掲げる事項を除く。）を変更しようとするときは、郵政大臣の認定を受けなければならない。

2　前条第四項の規定は、前項の認定に準用する。この場合において、同条第四項中「ときは、周波数を指定して」とあるのは、「ときは」と読み替えるものとする。

3　郵政大臣は、前条第一項の認定を受けた開設計画（第一項の規定による変更の認定があつたときは、その変更後のもの。以下「認定計画」という。）に係る特定基地局を開設する者（以下「認定開設者」という。）が周波数の指定の変更を申請した場合において、混信の除去その他特に必要があると認めるときは、その指定を変更することができる。

4　郵政大臣は、認定開設者が認定の有効期間の延長を申請した場合において、特に必要があると認めるときは、前条第一項の認定を受けた日から起算して六年を超えない範囲内において、その期間を延長することができる。

5　郵政大臣は、第一項の認定（前条第七項の郵政省令で定める事項についての変更に係るものに限る。）をしたとき、第三項の規定により周波数の指定を変更したとき又は前項の規定により認定の有効期間を延長したときは、その旨を公示するものとする。

【六十二次改正】

中央省庁等改革関係法施行法（平成十一年十二月二十二日法律第百六十号）第百九十三条

本則（第九十九条の十二第二項を除く。）中「郵政大臣」を「総務大臣」に、「郵政省令」を「総務省令」に、「通商産業大臣」を「経済産業大臣」に、「建設大臣」を「国土交通大臣」に、「地方電気通信監理局長」を「総合通信局長」に、「沖縄郵政管理事務所長」を「沖縄総合通信事務所長」に改める。

（開設計画の変更等）

第二十七条の十四　前条第一項の認定を受けた者は、当該認定に係る開設計画（同条第二項第三号に掲げる事項を除く。）を変更しようとするときは、総務大臣の認定を受けなければならない。

2　前条第四項の規定は、前項の認定に準用する。この場合において、同条第四項中「ときは、周波数を指定して」とあるのは、「ときは」と読み替えるものとする。

3　総務大臣は、前条第一項の認定を受けた開設計画（第一項の規定による変更の認定があつたときは、その変更後のもの。以下「認定計画」という。）に係る特定基地局を開設する者（以下「認定開設者」という。）が周波数の指定の変更を申請した場合において、混信の除去その他特に必要があると認めるときは、その指定を変更することができる。

4　総務大臣は、認定開設者が認定の有効期間の延長を申請した場合において、特に必要があると認めるときは、前条第一項の認定を受けた日から起算して六年を超えない範囲内において、その期間を延長することができる。

5　総務大臣は、第一項の認定（前条第七項の総務省令で定める事項についての変更に係るものに限る。）をしたとき、第三項の規定により周波数の指定を変更したとき又は前項の規定により認定の有効期間を延長したときは、その旨を公示するものとする。

【八十八次改正】

電波法及び放送法の一部を改正する法律（平成二十一年四月二十四日法律第二十二号）第一条

第二十七条の十四第一項中「同条第二項第三号」を「同条第二項第一号及び第四号」に改める。

（開設計画の変更等）

第二十七条の十四　前条第一項の認定を受けた者は、当該認定に係る開設計画（同条第二項第一号及び第四号に掲げる事項を除く。）を変更しようとするときは、総務大臣の認定を受けなければならない。

2　前条第四項の規定は、前項の認定に準用する。この場合において、同条第四項中「ときは、周波数を指定して」とあるのは、「ときは」と読み替えるものとする。

3　総務大臣は、前条第一項の認定を受けた開設計画（第一項の規定による変更の認定があつたときは、その変更後のもの。以下「認定計画」という。）に係る特定基地局を開設する者（以下「認定開設者」という。）が周波数の指定の変更を申請した場合において、混信の除去その他特に必要があると認めるときは、その指定を変更することができる。

4　総務大臣は、認定開設者が認定の有効期間の延長を申請した場合において、特に必要があると認めるときは、前条第一項の認定を受けた日から起算して六年を超えない範囲内において、その期間を延長することができる。

5　総務大臣は、第一項の認定（前条第七項の総務省令で定める事項についての変更に係るものに限る。）をしたとき、第三項の規定により周波数の指定を変更したとき又は前項の規定により認定の有効期間を延長したときは、その旨を公示するものとする。

【九十二次改正】

電波法の一部を改正する法律（平成二十三年六月一日法律第六十号）第一条

第二十七条の十四第四項中「前条第一項の認定を受けた日から起算して六年」を「一年」に改める。

（開設計画の変更等）

第二十七条の十四　前条第一項の認定を受けた者は、当該認定に係る開設計画（同条第二項第一号及び第四号に掲げる事項を除く。）を変更しようとするときは、総務大臣の認定を受けなければならない。

2　前条第四項の規定は、前項の認定に準用する。この場合において、同条第四項中「ときは、周波数を指定して」とあるのは、「ときは」と読み替えるものとする。

3　総務大臣は、前条第一項の認定を受けた開設計画（第一項の規定による変更の認定があつたときは、その変更後のもの。以下「認定計画」という。）に係る特定基地局を開設する者（以下「認定開設者」という。）が周波数の指定の変更を申請した場合において、混信の除去その他特に必要があると認めるときは、その指定を変更することができる。

4　総務大臣は、認定開設者が認定の有効期間の延長を申請した場合において、特に必要があると認めるときは、一年を超えない範囲内において、その期間を延長することができる。

5　総務大臣は、第一項の認定（前条第七項の総務省令で定める事項についての変更に係るものに限る。）をしたとき、第三項の規定により周波数の指定を変更したとき又は前項の規定により認定の有効期間を延長したときは、その旨を公示するものとする。

第二十七条の十五

【六十次改正】

電波法の一部を改正する法律（平成十二年六月二日法律第百九号）

第二十七条の十一第二項中「第二十条第三項」を「第二十条第四項」に改め、第二章中同条の次に次の六条を加える。
（追加された第二十七条の十五までの規定は、後掲の条文の通り。）

（認定の取消し等）

第二十七条の十五　郵政大臣は、認定開設者が次の各号のいずれかに該当するときは、その認定を取り消すことができる。

一　正当な理由がないのに、認定計画に係る特定基地局を当該認定計画に従つて開設していないと認めるとき。

二　不正な手段により第二十七条の十三第一項若しくは前条第一項の認定を受け、又は同条第三項の規定による指定の変更を行わせたとき。

三　認定開設者が第五条第三項第一号に該当するに至つたとき。
2　郵政大臣は、前項（第三号を除く。）の規定により認定の取消しをしたときは、当該認定開設者であつた者が受けている他の開設計画の第二十七条の十三第一項の認定又は無線局の免許を取り消すことができる。
3　郵政大臣は、前二項の規定による処分をしたときは、理由を記載した文書をその認定開設者に送付しなければならない。

【六十二次改正】

中央省庁等改革関係法施行法（平成十一年十二月二十二日法律第百六十号）第百九十三条

本則（第九十九条の十二第二項を除く。）中「郵政大臣」を「総務大臣」に、「郵政省令」を「総務省令」に、「通商産業大臣」を「経済産業大臣」に、「建設大臣」を「国土交通大臣」に、「地方電気通信監理局長」を「総合通信局長」に、「沖縄郵政管理事務所長」を「沖縄総合通信事務所長」に改める。

（認定の取消し等）
第二十七条の十五　総務大臣は、認定開設者が次の各号のいずれかに該当するときは、その認定を取り消すことができる。
一　正当な理由がないのに、認定計画に係る特定基地局を当該認定計画に従つて開設していないと認めるとき。
二　不正な手段により第二十七条の十三第一項若しくは前条第一項の認定を受け、又は同条第三項の規定による指定の変更を行わせたとき。
三　認定開設者が第五条第三項第一号に該当するに至つたとき。
2　総務大臣は、前項（第三号を除く。）の規定により認定の取消しをしたときは、当該認定開設者であつた者が受けている他の開設計画の第二十七条の十三第一項の認定又は無線局の免許を取り消すことができる。
3　総務大臣は、前二項の規定による処分をしたときは、理由を記載した文書をその認定開設者に送付しなければならない。

【八十次改正】

電波法及び有線電気通信法の一部を改正する法律（平成十六年五月十九日法律第四十七号）第二条

第二十七条の十五第二項中「免許」を「免許等」に改める。

（認定の取消し等）
第二十七条の十五　総務大臣は、認定開設者が次の各号のいずれかに該当するときは、その認定を取り消すことができる。
一　正当な理由がないのに、認定計画に係る特定基地局を当該認定計画に従つて開設していないと認めるとき。
二　不正な手段により第二十七条の十三第一項若しくは前条第一項の認定を受け、又は同条第三項の規定による指定の変更を行わせたとき。
三　認定開設者が第五条第三項第一号に該当するに至つたとき。
2　総務大臣は、前項（第三号を除く。）の規定により認定の取消しをしたときは、当該認定開設者であつた者が受けている他の開設計画の第二十七条の十三第一項の認定又は無線局の免許等を取り消すことができる。
3　総務大臣は、前二項の規定による処分をしたときは、理由を記載した文書をその認定開設者に送付しなければならない。

【八十八次改正】

電波法及び放送法の一部を改正する法律（平成二十一年四月二十四日法律第二十二

号）第一条

第二十七条の十五第三項中「前二項」を「前三項」に改め、同項を同条第四項とし、同条第二項を同条第三項とし、同条第一項を同条第二項とし、同条に第一項として次の一項を加える。
（追加された第一項の規定は、後掲の条文の通り。）

（認定の取消し等）
第二十七条の十五　総務大臣は、次の各号に掲げる認定開設者が当該各号に定める規定のいずれかに該当するに至つたときは、その認定を取り消さなければならない。
一　移動受信用地上放送をする特定基地局（他人の委託により、その放送番組をそのまま送信する放送をするものに限る。）に係る認定開設者　第五条第一項各号
二　移動受信用地上放送をする特定基地局（他人の委託により、その放送番組をそのまま送信する放送をするものを除く。）に係る認定開設者　第五条第四項第一号、第二号又は第四号
2　総務大臣は、認定開設者が次の各号のいずれかに該当するときは、その認定を取り消すことができる。
一　正当な理由がないのに、認定計画に係る特定基地局を当該認定計画に従つて開設していないと認めるとき。
二　不正な手段により第二十七条の十三第一項若しくは前条第一項の認定を受け、又は同条第三項の規定による指定の変更を行わせたとき。
三　認定開設者が第五条第三項第一号に該当するに至つたとき。
3　総務大臣は、前項（第三号を除く。）の規定により認定の取消しをしたときは、当該認定開設者であつた者が受けている他の開設計画の第二十七条の十三第一項の認定又は無線局の免許等を取り消すことができる。
4　総務大臣は、前三項の規定による処分をしたときは、理由を記載した文書をその認定開設者に送付しなければならない。

【九十一次改正】

放送法等の一部を改正する法律（平成二十二年十二月三日法律第六十五号）第四条

第二十七条の十五第一項中「次の各号に掲げる認定開設者が当該各号に定める規定」を「移動受信用地上基幹放送をする特定基地局に係る認定開設者が第五条第一項各号」に改め、各号を削る。

（認定の取消し等）
第二十七条の十五　総務大臣は、移動受信用地上基幹放送をする特定基地局に係る認定開設者が第五条第一項各号のいずれかに該当するに至つたときは、その認定を取り消さなければならない。
2　総務大臣は、認定開設者が次の各号のいずれかに該当するときは、その認定を取り消すことができる。
一　正当な理由がないのに、認定計画に係る特定基地局を当該認定計画に従つて開設していないと認めるとき。
二　不正な手段により第二十七条の十三第一項若しくは前条第一項の認定を受け、又は同条第三項の規定による指定の変更を行わせたとき。
三　認定開設者が第五条第三項第一号に該当するに至つたとき。
3　総務大臣は、前項（第三号を除く。）の規定により認定の取消しをしたときは、当該認定開設者であつた者が受けている他の開設計画の第二十七条の十三第一項の認定又は無線局の免許等を取り消すことができる。
4　総務大臣は、前三項の規定による処分をしたときは、理由を記載した文書をそ

の認定開設者に送付しなければならない。

【百三次改正】

電気通信事業法等の一部を改正する法律（平成二十七年五月二十二日法律第二十六号）第二条

> 第二十七条の十五第一項中「移動受信用地上基幹放送をする特定基地局に係る認定開設者が第五条第一項各号」を「認定開設者が次の各号」に改め、「に至つた」を削り、同項に次の各号を加える。
> （追加された第一項各号の規定は、後掲の条文の通り。）
> 第二十七条の十五第二項に次の一号を加える。
> （追加された第二項第四号の規定は、後掲の条文の通り。）
> 第二十七条の十五第三項中「第三号」の下に「及び第四号」を加える。

（認定の取消し等）

第二十七条の十五　総務大臣は、認定開設者が次の各号のいずれかに該当するときは、その認定を取り消さなければならない。

一　電気通信業務を行うことを目的とする特定基地局に係る認定開設者が電気通信事業法第十四条第一項の規定により同法第九条の登録を取り消されたとき。

二　移動受信用地上基幹放送をする特定基地局に係る認定開設者が第五条第一項各号のいずれかに該当するに至つたとき。

2　総務大臣は、認定開設者が次の各号のいずれかに該当するときは、その認定を取り消すことができる。

一　正当な理由がないのに、認定計画に係る特定基地局を当該認定計画に従つて開設していないと認めるとき。

二　不正な手段により第二十七条の十三第一項若しくは前条第一項の認定を受け、又は同条第三項の規定による指定の変更を行わせたとき。

三　認定開設者が第五条第三項第一号に該当するに至つたとき。

四　電気通信業務を行うことを目的とする特定基地局に係る認定開設者が次のいずれかに該当するとき。

イ　電気通信事業法第十二条第一項の規定により同法第九条の登録を拒否されたとき。

ロ　電気通信事業法第十二条の二第一項の規定により同法第九条の登録がその効力を失つたとき。

ハ　電気通信事業法第十三条第三項において準用する同法第十二条第一項の規定により同法第十三条第一項の変更登録を拒否されたとき（当該変更登録が認定計画に係る特定基地局に関する事項の変更に係るものである場合に限る。）。

ニ　電気通信事業法第十八条第一項又は第二項の規定によりその電気通信事業の全部の廃止又は解散の届出があつたとき。

3　総務大臣は、前項（第三号及び第四号を除く。）の規定により認定の取消しをしたときは、当該認定開設者であつた者が受けている他の開設計画の第二十七条の十三第一項の認定又は無線局の免許等を取り消すことができる。

4　総務大臣は、前三項の規定による処分をしたときは、理由を記載した文書をその認定開設者に送付しなければならない。

第二十七条の十六

【六十次改正】
電波法の一部を改正する法律（平成十二年六月二日法律第百九号）

第二十七条の十一第二項中「第二十条第三項」を「第二十条第四項」に改め、第二章中同条の次に次の六条を加える。
（追加された第二十七条の十六の規定は、後掲の条文の通り。）

（合併等に関する規定の準用）
第二十七条の十六　第二十条第一項から第四項まで及び第七項の規定は、認定開設者について準用する。この場合において、同条第四項中「第五条及び第七条」とあるのは「第二十七条の十三第四項及び第五項」と、同条第七項中「第一項及び前二項」とあるのは「第二十七条の十六において準用する第一項」と読み替えるものとする。

【九十一次改正】
放送法等の一部を改正する法律（平成二十二年十二月三日法律第六十五号）第四条

第二十七条の十六中「第四項まで及び第七項」を「第三項まで、第六項及び第九項」に、「同条第四項」を「同条第六項」に、「同条第七項」を「「第二項から前項まで」とあるのは「第二項及び第三項」と、同条第九項」に改める。

（合併等に関する規定の準用）
第二十七条の十六　第二十条第一項から第三項まで、第六項及び第九項の規定は、認定開設者について準用する。この場合において、同条第六項中「第五条及び第七条」とあるのは「第二十七条の十三第四項及び第五項」と、「第二項から前項まで」とあるのは「第二項及び第三項」と、同条第九項中「第一項及び前二項」とあるのは「第二十七条の十六において準用する第一項」と読み替えるものとする。

第二十七条の十七

【六十次改正】
電波法の一部を改正する法律（平成十二年六月二日法律第百九号）

第二十七条の十一第二項中「第二十条第三項」を「第二十条第四項」に改め、第二章中同条の次に次の六条を加える。
（追加された第二十七条の十七の規定は、後掲の条文の通り。）

（認定計画に係る特定基地局の免許申請期間の特例）
第二十七条の十七　認定開設者が認定計画に従つて開設する特定基地局の免許の申請については、第六条第七項の規定は、適用しない。

【百四次改正】
電波法及び電気通信事業法等の一部を改正する法律（平成二十九年五月十二日法律第二十七号）第一条

第二十七条の十七中「第六条第七項」を「第六条第八項」に改める。

（認定計画に係る特定基地局の免許申請期間の特例）
第二十七条の十七　認定開設者が認定計画に従つて開設する特定基地局の免許の申請については、第六条第八項の規定は、適用しない。

［注釈］この改正は、本書収録の基準日である平成二十九年六月十八日において未施行である。

第二節　無線局の登録

【八十次改正】

電波法及び有線電気通信法の一部を改正する法律（平成十六年五月十九日法律第四十七号）第二条

> 第二章中第二十七条の十七の次に次の一節を加える。
> （追加された第二章第二節の節名は前掲の通り、また同節中の第二十七条の十八の規定は、後掲の条文の通り。）

第二十七条の十八

（登録）

第二十七条の十八　電波を発射しようとする場合において当該電波と周波数を同じくする電波を受信することにより一定の時間自己の電波を発射しないことを確保する機能を有する無線局その他無線設備の規格（総務省令で定めるものに限る。以下同じ。）を同じくする他の無線局の運用を阻害するような混信その他の妨害を与えないように運用することのできる無線局のうち総務省令で定めるものであつて、適合表示無線設備のみを使用するものを総務省令で定める区域内に

開設しようとする者は、総務大臣の登録を受けなければならない。

2　前項の登録を受けようとする者は、総務省令で定めるところにより、次に掲げる事項を記載した申請書を総務大臣に提出しなければならない。

一　氏名又は名称及び住所並びに法人にあつては、その代表者の氏名

二　開設しようとする無線局の無線設備の規格

三　無線設備の設置場所

四　周波数及び空中線電力

3　前項の申請書には、開設の目的その他総務省令で定める事項を記載した書類を添付しなければならない。

【八十四次改正】

放送法等の一部を改正する法律（平成十九年十二月二十八日法律第百三十六号）第二条

> 第二十七条の十八第三項中「事項」の下に「（他の無線局の免許人等との間で混信その他の妨害を防止するために必要な措置に関する契約を締結しているときは、その契約の内容を含む。第二十七条の二十九第三項において同じ。）」を加える。

（登録）

第二十七条の十八　電波を発射しようとする場合において当該電波と周波数を同じくする電波を受信することにより一定の時間自己の電波を発射しないことを確保する機能を有する無線局その他無線設備の規格（総務省令で定めるものに限る。以下同じ。）を同じくする他の無線局の運用を阻害するような混信その他の妨害を与えないように運用することのできる無線局のうち総務省令で定めるものであつて、適合表示無線設備のみを使用するものを総務省令で定める区域内に

開設しようとする者は、総務大臣の登録を受けなければならない。

2　前項の登録を受けようとする者は、総務省令で定めるところにより、次に掲げる事項を記載した申請書を総務大臣に提出しなければならない。

一　氏名又は名称及び住所並びに法人にあつては、その代表者の氏名

二　開設しようとする無線局の無線設備の規格

三　無線設備の設置場所

四　周波数及び空中線電力

3　前項の申請書には、開設の目的その他総務省令で定める事項（他の無線局の免許人等との間で混信その他の妨害を防止するために必要な措置に関する契約を締結しているときは、その契約の内容を含む。第二十七条の二十九第三項において同じ。）を記載した書類を添付しなければならない。

第二十七条の十九

【八十次改正】

電波法及び有線電気通信法の一部を改正する法律（平成十六年五月十九日法律第四十七号）第二条

第二章中第二十七条の十七の次に次の一節を加える。
（追加された第二章第二節中の第二十七条の十九の規定は、後掲の条文の通り。）

（登録の実施）

第二十七条の十九　総務大臣は、前条第一項の登録の申請があつたときは、次条の規定により登録を拒否する場合を除き、次に掲げる事項を第百三条の二第二項第二号に規定する総合無線局管理ファイルに登録しなければならない。

一　前条第二項各号に掲げる事項

二　登録の年月日及び登録の番号

【八十一次改正】

電波法及び放送法の一部を改正する法律（平成十七年十一月二日法律第百七号）第一条

第二十七条の十九中「第百三条の二第二項第二号」を「第百三条の二第四項第二号」に改める。

（登録の実施）

第二十七条の十九　総務大臣は、前条第一項の登録の申請があつたときは、次条の規定により登録を拒否する場合を除き、次に掲げる事項を第百三条の二第四項第二号に規定する総合無線局管理ファイルに登録しなければならない。

一　前条第二項各号に掲げる事項

二　登録の年月日及び登録の番号

第二十七条の二十～第二十七条の二十六

【八十次改正】

電波法及び有線電気通信法の一部を改正する法律（平成十六年五月十九日法律第四十七号）第二条

第二章中第二十七条の十七の次に次の一節を加える。

（追加された第二章第二節中の第二十七条の二十から第二十七条の二十六までの規定は、後掲の条文の通り。）

（登録の拒否）

第二十七条の二十　総務大臣は、第二十七条の十八第一項の登録の申請が次の各号のいずれかに該当する場合には、その登録を拒否しなければならない。

一　申請に係る無線設備の設置場所が第二十七条の十八第一項の総務省令で定める区域以外であるとき。

二　申請書又はその添付書類のうちに重要な事項について虚偽の記載があり、又は重要な事実の記載が欠けているとき。

2　総務大臣は、第二十七条の十八第一項の登録の申請が次の各号のいずれかに該当する場合には、その登録を拒否することができる。

一　申請者が第五条第三項各号のいずれかに該当するとき。

二　申請に係る無線局と使用する周波数を同じくするものについて第七十六条の二の二の規定により登録に係る無線局を開設することが禁止され、又は登録局の運用が制限されているとき。

三　前二号に掲げるもののほか、申請に係る無線局の開設が周波数割当計画に適合しないときその他電波の適正な利用を阻害するおそれがあると認められるとき。

（登録の有効期間）

第二十七条の二十一　第二十七条の十八第一項の登録の有効期間は、登録の日から起算して五年を超えない範囲内において総務省令で定める。ただし、再登録を妨げない。

（登録状）

第二十七条の二十二　総務大臣は、第二十七条の十八第一項の登録をしたときは、登録状を交付する。

2　前項の登録状には、第二十七条の十九各号に掲げる事項を記載しなければならない。

（変更登録等）

第二十七条の二十三　登録人（第二十七条の十八第一項の登録を受けた者をいう。以下同じ。）は、同条第二項第三号又は第四号に掲げる事項を変更しようとするときは、総務大臣の変更登録を受けなければならない。ただし、総務省令で定める軽微な変更については、この限りでない。

2　前項の変更登録を受けようとする者は、総務省令で定めるところにより、変更に係る事項を記載した申請書を総務大臣に提出しなければならない。

3　第二十七条の十九及び第二十七条の二十第一項の規定は、第一項の変更登録について準用する。この場合において、第二十七条の十九中「次条」とあるのは「次条第一項」と、「次に掲げる事項」とあるのは「変更に係る事項」と、第二十七条の二十第一項中「申請書又はその添付書類」とあるのは「申請書」と読み替えるものとする。

4　登録人は、第二十七条の十八第二項第一号に掲げる事項に変更があつたとき、又は第一項ただし書の総務省令で定める軽微な変更をしたときは、遅滞なく、その旨を総務大臣に届け出なければならない。その届出があつた場合には、総務大臣は、遅滞なく、当該登録を変更するものとする。

（承継）

第二十七条の二十四　登録人が登録局をその用に供する事業の全部を譲渡し、又は登録人について相続、合併若しくは分割（登録局をその用に供する事業の全部を承継させるものに限る。）があつたときは、登録局をその用に供する事業の全部を譲り受けた者又は相続人、合併後存続する法人若しくは合併により設立した法人若しくは分割により登録局をその用に供する事業の全部を承継した法人は、その登録人の地位を承継する。ただし、当該事業の全部を譲り受けた者又は相続人、合併後存続する法人若しくは合併により設立した法人若しくは分割により当該事業の全部を承継した法人が第二十七条の二十第二項各号（第二号を除く。）のいずれかに該当するときは、この限りでない。

2　前項の規定により登録人の地位を承継した者は、遅滞なく、その事実を証する書面を添えてその旨を総務大臣に届け出なければならない。

（登録状の訂正）

第二十七条の二十五　登録人は、登録状に記載した事項に変更を生じたときは、その登録状を総務大臣に提出し、訂正を受けなければならない。

（廃止の届出）

第二十七条の二十六　登録人は、登録局を廃止したときは、遅滞なく、その旨を総務大臣に届け出なければならない。

2　前項の規定による届出があつたときは、第二十七条の十八第一項の登録は、その効力を失う。

第二十七条の二十七

【八十次改正】

電波法及び有線電気通信法の一部を改正する法律（平成十六年五月十九日法律第四十七号）第二条

第二章中第二十七条の十七の次に次の一節を加える。

（追加された第二章第二節中の第二十七条の二十七の規定は、後掲の条文の通り。）

（登録の抹消）

第二十七条の二十七　総務大臣は、第二十七条の十五第二項、第七十六条第五項若しくは第六項若しくは第七十六条の三第一項の規定により登録を取り消したとき、第二十七条の十八第一項の登録の有効期間が満了したとき、又は前条第二項の規定により第二十七条の十八第一項の登録がその効力を失つたときは、当該登録を抹消しなければならない。

【八十八次改正】

電波法及び放送法の一部を改正する法律（平成二十一年四月二十四日法律第二十二号）第一条

第二十七条の二十七及び第二十七条の二十八中「第二十七条の十五第二項」を「第二十七条の十五第三項」に改める。

（登録の抹消）

第二十七条の二十七　総務大臣は、第二十七条の十五第三項、第七十六条第五項若しくは第六項若しくは第七十六条の三第一項の規定により登録を取り消したとき、第二十七条の十八第一項の登録の有効期間が満了したとき、又は前条第二項の規定により第二十七条の十八第一項の登録がその効力を失つたときは、当該登録を抹消しなければならない。

【八十九次改正】

放送法等の一部を改正する法律（平成二十二年十二月三日法律第六十五号）第三条

第二十七条の二十七及び第二十七条の二十八中「第七十六条第五項若しくは第六項」を「第七十六条第六項若しくは第七項」に改める。

（登録の抹消）

第二十七条の二十七　総務大臣は、第二十七条の十五第三項、第七十六条第六項若しくは第七項若しくは第七十六条の三第一項の規定により登録を取り消したとき、第二十七条の十八第一項の登録の有効期間が満了したとき、又は前条第二項の規定により第二十七条の十八第一項の登録がその効力を失つたときは、当該登録を抹消しなければならない。

【百三次改正】

電気通信事業法等の一部を改正する法律（平成二十七年五月二十二日法律第二十六号）第二条

第二十七条の二十七及び第二十七条の二十八中「若しくは第七項」を「から第八項まで」に改める。

（登録の抹消）

第二十七条の二十七　総務大臣は、第二十七条の十五第三項、第七十六条第六項から第八項まで若しくは第七十六条の三第一項の規定により登録を取り消したとき、第二十七条の十八第一項の登録の有効期間が満了したとき、又は前条第二項の規定により第二十七条の十八第一項の登録がその効力を失つたときは、当該登録を抹消しなければならない。

第二十七条の二十八

【八十次改正】

電波法及び有線電気通信法の一部を改正する法律（平成十六年五月十九日法律第四十七号）第二条

第二章中第二十七条の十七の次に次の一節を加える。
（追加された第二章第二節中の第二十七条の二十八の規定は、後掲の条文の通り。）

（登録状の返納）

第二十七条の二十八　第二十七条の十五第二項、第七十六条第五項若しくは第六項若しくは第七十六条の三第一項の規定により登録を取り消されたとき、第二十七条の十八第一項の登録の有効期間が満了したとき、又は第二十七条の二十六第二項の規定により第二十七条の十八第一項の登録がその効力を失つたときは、登録人であつた者は、一箇月以内にその登録状を返納しなければならない。

【八十八次改正】

電波法及び放送法の一部を改正する法律（平成二十一年四月二十四日法律第二十二号）第一条

第二十七条の二十七及び第二十七条の二十八中「第二十七条の十五第二項」を「第二十七条の十五第三項」に改める。

（登録状の返納）

第二十七条の二十八　第二十七条の十五第三項、第七十六条第五項若しくは第六項若しくは第七十六条の三第一項の規定により登録を取り消されたとき、第二十七条の十八第一項の登録の有効期間が満了したとき、又は第二十七条の二十六第二項の規定により第二十七条の十八第一項の登録がその効力を失つたときは、登録人であつた者は、一箇月以内にその登録状を返納しなければならない。

【　八十九次改正　】

放送法等の一部を改正する法律（平成二十二年十二月三日法律第六十五号）第三条

第二十七条の二十七及び第二十七条の二十八中「第七十六条第五項若しくは第六項」を「第七十六条第六項若しくは第七項」に改める。

（登録状の返納）

第二十七条の二十八　第二十七条の十五第三項、第七十六条第六項若しくは第七項若しくは第七十六条の三第一項の規定により登録を取り消されたとき、第二十七条の十八第一項の登録の有効期間が満了したとき、又は第二十七条の二十六第二項の規定により第二十七条の十八第一項の登録がその効力を失つたときは、登録人であつた者は、一箇月以内にその登録状を返納しなければならない。

【　百三次改正　】

電気通信事業法等の一部を改正する法律（平成二十七年五月二十二日法律第二十六号）第二条

第二十七条の二十七及び第二十七条の二十八中「若しくは第七項」を「から第八項まで」に改める。

（登録状の返納）

第二十七条の二十八　第二十七条の十五第三項、第七十六条第六項から第八項まで若しくは第七十六条の三第一項の規定により登録を取り消されたとき、第二十七条の十八第一項の登録の有効期間が満了したとき、又は第二十七条の二十六第二項の規定により第二十七条の十八第一項の登録がその効力を失つたときは、登録人であつた者は、一箇月以内にその登録状を返納しなければならない。

第二十七条の二十九～第二十七条の三十四

【　八十次改正　】

電波法及び有線電気通信法の一部を改正する法律（平成十六年五月十九日法律第四十七号）第二条

第二章中第二十七条の十七の次に次の一節を加える。

（追加された第二章第二節中の第二十七条の二十九から第二十七条の三十四までの規定は、後掲の条文の通り。）

（登録の特例）

第二十七条の二十九　第二十七条の十八第一項の登録を受けなければならない無線局を同項の総務省令で定める区域内に二以上開設しようとする者は、その無線局が周波数及び無線設備の規格を同じくするものである限りにおいて、この条から第二十七条の三十四までに規定するところにより、これらの無線局を包括して対象とする同項の登録を受けることができる。

2　前項の規定による登録を受けようとする者は、総務省令で定めるところにより、次に掲げる事項を記載した申請書を総務大臣に提出しなければならない。

一　氏名又は名称及び住所並びに法人にあつては、その代表者の氏名

二　開設しようとする無線局の無線設備の規格

三　無線設備を設置しようとする区域（移動する無線局にあつては、移動範囲）

四　周波数及び空中線電力

3　前項の申請書には、開設の目的その他総務省令で定める事項を記載した書類を添付しなければならない。

（包括登録人に関する変更登録等）

第二十七条の三十　前条第一項の規定による登録を受けた者（以下「包括登録人」という。）は、同条第二項第三号又は第四号に掲げる事項を変更しようとするときは、総務大臣の変更登録を受けなければならない。ただし、総務省令で定める軽微な変更については、この限りでない。

2　前項の変更登録を受けようとする者は、総務省令で定めるところにより、変更に係る事項を記載した申請書を総務大臣に提出しなければならない。

3　第二十七条の十九及び第二十七条の二十第一項の規定は、第一項の変更登録について準用する。この場合において、第二十七条の十九中「次条」とあるのは「次条第一項」と、「次に掲げる事項」とあるのは「変更に係る事項」と、第二十七条の二十第一項中「の設置場所」とあるのは「を設置しようとする区域（移動する無線局にあつては、移動範囲）」と、「申請書又はその添付書類」とあるのは「申請書」と読み替えるものとする。

4　包括登録人は、前条第二項第一号に掲げる事項に変更があつたとき、又は第一項ただし書の総務省令で定める軽微な変更をしたときは、遅滞なく、その旨を総務大臣に届け出なければならない。その届出があつた場合には、総務大臣は、遅滞なく、当該登録を変更するものとする。

（無線局の開設の届出）

第二十七条の三十一　包括登録人は、その登録に係る無線局を開設したとき（再登録を受けて当該無線局を引き続き開設するときを除く。）は、当該無線局ごとに、十五日以内で総務省令で定める期間内に、当該無線局に係る運用開始の期日及び無線設備の設置場所その他の総務省令で定める事項を総務大臣に届け出なければならない。

（変更の届出）

第二十七条の三十二　包括登録人は、前条の規定により届け出た事項に変更があつたときは、遅滞なく、その旨を総務大臣に届け出なければならない。

（登録の失効）

第二十七条の三十三　包括登録人がその登録に係るすべての無線局を廃止したときは、当該登録は、その効力を失う。

（包括登録人に関する適用除外等）

第二十七条の三十四　包括登録人については、第二十七条の二十三及び第二十七条の二十六第二項の規定は、適用しない。

2　第二十七条の二十九第一項の規定による登録に関する第二十七条の十九、第二十七条の二十、第二十七条の二十二第二項、第二十七条の二十四、第二十七条の二十七及び第二十七条の二十八の規定の適用については、第二十七条の十九中「前条第一項の」とあるのは「第二十七条の二十九第一項の規定による」と、「次条」とあるのは「第二十七条の三十四第二項において読み替えて適用する次条」

と、「前条第二項各号」とあるのは「第二十七条の二十九第二項各号」と、第二十七条の二十中「第二十七条の十八第一項の登録」とあるのは「第二十七条の二十九第一項の規定による登録」と、同条第一項第一号中「の設置場所」とあるのは「を設置しようとする区域（移動する無線局にあつては、移動範囲）」と、「である」とあるのは「の区域を含む」と、第二十七条の二十二第二項中「第二十七条の十九各号」とあるのは「第二十七条の三十四第二項において読み替えて適用する第二十七条の十九各号」と、第二十七条の二十四第一項中「第二十七条の二十第二項各号」とあるのは「第二十七条の三十四第二項において読み替えて適用する第二十七条の二十第二項各号」と、同条第二項中「前項」とあるのは「第二十七条の三十四第二項において読み替えて適用する前項」と、第二十七条の二十七中「前条第二項」とあり、及び第二十七条の二十八中「第二十七条の二十六第二項」とあるのは「第二十七条の三十三」とする。

第三節　無線局の開設に関するあっせん等

【八十四次改正】

放送法等の一部を改正する法律（平成十九年十二月二十八日法律第百三十六号）第二条

第二章第二節の次に次の一節を加える。

（追加された第二章第三節の節名は前掲の通り、また同節中の第二十七条の三十五の規定は、後掲の条文の通り。）

第二十七条の三十五

（電気通信事業紛争処理委員会によるあっせん及び仲裁）

第二十七条の三十五　免許等を受けて無線局（電気通信業務その他の総務省令で定める業務を行うことを目的とするものに限る。以下この条において同じ。）を開設し、又は免許等を受けた無線局に関する周波数その他の総務省令で定める事項を変更しようとする者が、当該無線局の開設又は無線局に関する事項の変更により混信その他の妨害を与えるおそれがある他の無線局の免許人等に対し、妨害を防止するために必要な措置に関する契約の締結について協議を申し入れたにもかかわらず、当該他の無線局の免許人等が協議に応じず、又は協議が調わないときは、当事者は、電気通信事業紛争処理委員会（電気通信事業法第百四十四条第一項に規定する電気通信事業紛争処理委員会をいう。第三項及び第五項において「委員会」という。）に対し、あつせんを申請することができる。

2　電気通信事業法第百五十四条第二項から第六項までの規定は、前項のあつせんについて準用する。この場合において、同条第六項中「第三十五条第一項若しくは第二項の申立て、同条第三項の規定による裁定の申請又は次条第一項」とあるのは、「電波法第二十七条の三十五第三項」と読み替えるものとする。

3　第一項の規定による協議が調わないときは、当事者の双方は、委員会に対し、仲裁を申請することができる。

4　電気通信事業法第百五十五条第二項から第四項までの規定は、前項の仲裁について準用する。

5　第一項又は第三項の規定により委員会に対してするあつせん又は仲裁の申請は、総務大臣を経由してしなければならない。

【九十一次改正】

放送法等の一部を改正する法律（平成二十二年十二月三日法律第六十五号）第四条

> 第二十七条の三十五の見出し中「電気通信事業紛争処理委員会」を「電気通信紛争処理委員会」に改め、同条第一項中「電気通信事業紛争処理委員会（電気通信事業法第百四十四条第一項に規定する電気通信事業紛争処理委員会をいう。」を「電気通信紛争処理委員会（」に改め、同項に次のただし書を加える。
> （追加された第一項ただし書の規定は、後掲の条文の通り。）

（電気通信紛争処理委員会によるあっせん及び仲裁）

第二十七条の三十五　免許等を受けて無線局（電気通信業務その他の総務省令で定める業務を行うことを目的とするものに限る。以下この条において同じ。）を開設し、又は免許等を受けた無線局に関する周波数その他の総務省令で定める事項を変更しようとする者が、当該無線局の開設又は無線局に関する事項の変更により混信その他の妨害を与えるおそれがある他の無線局の免許人等に対し、妨害を防止するために必要な措置に関する契約の締結について協議を申し入れたにもかかわらず、当該他の無線局の免許人等が協議に応じず、又は協議が調わないときは、当事者は、電気通信紛争処理委員会（第三項及び第五項において「委員会」という。）に対し、あっせんを申請することができる。ただし、当事者が第三項の規定による仲裁の申請をした後は、この限りでない。

2　電気通信事業法第百五十四条第二項から第六項までの規定は、前項のあっせんについて準用する。この場合において、同条第六項中「第三十五条第一項若しくは第二項の申立て、同条第三項の規定による裁定の申請又は次条第一項」とあるのは、「電波法第二十七条の三十五第三項」と読み替えるものとする。

3　第一項の規定による協議が調わないときは、当事者の双方は、委員会に対し、仲裁を申請することができる。

4　電気通信事業法第百五十五条第二項から第四項までの規定は、前項の仲裁について準用する。

5　第一項又は第三項の規定により委員会に対してするあっせん又は仲裁の申請は、総務大臣を経由してしなければならない。

第二十七条の三十六

【八十四次改正】

放送法等の一部を改正する法律（平成十九年十二月二十八日法律第百三十六号）第二条

> 第二章第二節の次に次の一節を加える。
> （追加された第二章第三節中の第二十七条の三十六の規定は、後掲の条文の通り。）

（政令への委任）

第二十七条の三十六　前条に規定するもののほか、あっせん及び仲裁の手続に関し必要な事項は、政令で定める。

第二編　電波法の変遷

第二部　一次改正から百五次改正までの逐条改正経緯

第三章　無線設備

第二十八条

【制定】

電波法（昭和二十五年五月二日法律第百三十一号）

（電波の質）

第二十八条　送信設備に使用する電波の周波数の偏差及び幅、高調波の強度等電波の質は、電波監理委員会規則で定めるところに適合するものでなければならない。

【三次改正】

郵政省設置法の一部改正に伴う関係法令の整理に関する法律（昭和二十七年七月三十一日法律第二百八十号）第二条

> 「電波監理委員会規則」を「郵政省令」に改める。

（電波の質）

第二十八条　送信設備に使用する電波の周波数の偏差及び幅、高調波の強度等電波の質は、郵政省令で定めるところに適合するものでなければならない。

【六十二次改正】

中央省庁等改革関係法施行法（平成十一年十二月二十二日法律第百六十号）第百九十三条

> 本則（第九十九条の十二第二項を除く。）中「郵政大臣」を「総務大臣」に、「郵政省令」を「総務省令」に、「通商産業大臣」を「経済産業大臣」に、「建設大臣」を「国土交通大臣」に、「地方電気通信監理局長」を「総合通信局長」に、「沖縄郵政管理事務所長」を「沖縄総合通信事務所長」に改める。

（電波の質）

第二十八条　送信設備に使用する電波の周波数の偏差及び幅、高調波の強度等電波の質は、総務省令で定めるところに適合するものでなければならない。

第二十九条

【制定】

電波法（昭和二十五年五月二日法律第百三十一号）

（受信設備の条件）

第二十九条　受信設備は、その副次的に発する電波又は高周波電流が、電波監理委員会規則で定める限度をこえて他の無線設備の機能に支障を与えるものであってはならない。

【三次改正】

郵政省設置法の一部改正に伴う関係法令の整理に関する法律（昭和二十七年七月三十一日法律第二百八十号）第二条

> 「電波監理委員会規則」を「郵政省令」に改める。

（受信設備の条件）

第二十九条　受信設備は、その副次的に発する電波又は高周波電流が、郵政省令で定める限度をこえて他の無線設備の機能に支障を与えるものであつてはならない。

【六十二次改正】

中央省庁等改革関係法施行法（平成十一年十二月二十二日法律第百六十号）第百九十三条

本則（第九十九条の十二第二項を除く。）中「郵政大臣」を「総務大臣」に、「郵政省令」を「総務省令」に、「通商産業大臣」を「経済産業大臣」に、「建設大臣」を「国土交通大臣」に、「地方電気通信監理局長」を「総合通信局長」に、「沖縄郵政管理事務所長」を「沖縄総合通信事務所長」に改める。

（受信設備の条件）

第二十九条　受信設備は、その副次的に発する電波又は高周波電流が、総務省令で定める限度をこえて他の無線設備の機能に支障を与えるものであつてはならない。

第三十条

【制定】

電波法（昭和二十五年五月二日法律第百三十一号）

（安全施設）

第三十条　無線設備には、人体に危害を及ぼし、又は物件に損傷を与えることがないように、電波監理委員会規則で定める施設をしなければならない。

【三次改正】

郵政省設置法の一部改正に伴う関係法令の整理に関する法律（昭和二十七年七月三十一日法律第二百八十号）第二条

「電波監理委員会規則」を「郵政省令」に改める。

（安全施設）

第三十条　無線設備には、人体に危害を及ぼし、又は物件に損傷を与えることがないように、郵政省令で定める施設をしなければならない。

【六十二次改正】

中央省庁等改革関係法施行法（平成十一年十二月二十二日法律第百六十号）第百九十三条

本則（第九十九条の十二第二項を除く。）中「郵政大臣」を「総務大臣」に、「郵政省令」を「総務省令」に、「通商産業大臣」を「経済産業大臣」に、「建設大臣」を「国土交通大臣」に、「地方電気通信監理局長」を「総合通信局長」に、「沖縄郵政管理事務所長」を「沖縄総合通信事務所長」に改める。

（安全施設）

第三十条　無線設備には、人体に危害を及ぼし、又は物件に損傷を与えることがないように、総務省令で定める施設をしなければならない。

第三十一条

【制定】

電波法（昭和二十五年五月二日法律第百三十一号）

（周波数測定装置の備えつけ）

第三十一条　電波監理委員会規則で定める送信設備には、その誤差が使用周波数の許容偏差の二分の一以下である周波数測定装置を備えつけなければならない。

【三次改正】

郵政省設置法の一部改正に伴う関係法令の整理に関する法律（昭和二十七年七月三十一日法律第二百八十号）第二条

「電波監理委員会規則」を「郵政省令」に改める。

（周波数測定装置の備えつけ）

第三十一条　郵政省令で定める送信設備には、その誤差が使用周波数の許容偏差の二分の一以下である周波数測定装置を備えつけなければならない。

【六十二次改正】

中央省庁等改革関係法施行法（平成十一年十二月二十二日法律第百六十号）第百九十三条

本則（第九十九条の十二第二項を除く。）中「郵政大臣」を「総務大臣」に、「郵政省令」を「総務省令」に、「通商産業大臣」を「経済産業大臣」に、「建設大臣」を「国土交通大臣」に、「地方電気通信監理局長」を「総合通信局長」に、「沖縄郵政管理事務所長」を「沖縄総合通信事務所長」に改める。

（周波数測定装置の備えつけ）

第三十一条　総務省令で定める送信設備には、その誤差が使用周波数の許容偏差の二分の一以下である周波数測定装置を備えつけなければならない。

第三十二条

【制定】

電波法（昭和二十五年五月二日法律第百三十一号）

（計器及び予備品の備えつけ）

第三十二条　船舶局の無線設備には、その操作のために必要な計器及び予備品であつて、電波監理委員会規則で定めるものを備えつけなければならない。

【三次改正】

郵政省設置法の一部改正に伴う関係法令の整理に関する法律（昭和二十七年七月三十一日法律第二百八十号）第二条

「電波監理委員会規則」を「郵政省令」に改める。

（計器及び予備品の備えつけ）

第三十二条　船舶局の無線設備には、その操作のために必要な計器及び予備品であつて、郵政省令で定めるものを備えつけなければならない。

【六十二次改正】

中央省庁等改革関係法施行法（平成十一年十二月二十二日法律第百六十号）第百九十三条

本則（第九十九条の十二第二項を除く。）中「郵政大臣」を「総務大臣」に、「郵政省令」を「総務省令」に、「通商産業大臣」を「経済産業大臣」に、「建設大臣」を「国土交通大臣」に、「地方電気通信監理局長」を「総合通信局長」に、「沖縄郵政管理事務所長」を「沖縄総合通信事務所長」に改める。

（計器及び予備品の備えつけ）

第三十二条　船舶局の無線設備には、その操作のために必要な計器及び予備品であつて、総務省令で定めるものを備えつけなければならない。

第三十三条

【制定】

電波法（昭和二十五年五月二日法律第百三十一号）

（非常灯、送話管等の備えつけ）

第三十三条　船舶局の通信室には、非常灯を備えつけなければならない。

2　船舶局の通信室が航海船橋以外の場所にあるときは、航海船橋との間に送話管若しくは電話又はこれらに代わる連絡設備を備えつけなければならない。

【五次改正】

電波法の一部を改正する法律（昭和二十七年七月三十一日法律第二百四十九号）

第三十三条に次の一項を加える。

（追加された第三項の規定は、後掲の条文の通り。）

（非常灯、送話管等の備えつけ）

第三十三条　船舶局の通信室には、非常灯を備えつけなければならない。

2　船舶局の通信室が航海船橋以外の場所にあるときは、航海船橋との間に送話管若しくは電話又はこれらに代わる連絡設備を備えつけなければならない。

3　船舶局が義務船舶局であつて、船舶無線電信局（船舶局であつて、無線電信により無線通信を行うものをいう。以下同じ。）であるときは、前項の規定により備えつけなければならない連絡設備は、船舶内の主たる連絡設備から独立し、且つ、同時に音声を送り、及び受けることができるものでなければならない。但し、船舶安全法第四条第一項第三号（同法第十四条の規定に基く政令において準用する場合を含む。以下同じ。）の船舶の船舶無線電信局であつて、郵政省令で定めるものについては、この限りでない。

【十一次改正】

電波法の一部を改正する法律（昭和三十九年七月四日法律第百四十九号）

第三十三条第三項ただし書中「船舶安全法第四条第一項第三号（同法第十四条の規定に基く政令において準用する場合を含む。以下同じ。）」を「船舶安全法第四条第一項第三号及び第四号（以上の各規定を同法第十四条の規定に基づく政令において準用する場合を含む。）」に改める。

（非常灯、送話管等の備えつけ）

第三十三条　船舶局の通信室には、非常灯を備えつけなければならない。

２　船舶局の通信室が航海船橋以外の場所にあるときは、航海船橋との間に送話管若しくは電話又はこれらに代わる連絡設備を備えつけなければならない。

３　船舶局が義務船舶局であつて、船舶無線電信局（船舶局であつて、無線電信により無線通信を行うものをいう。以下同じ。）であるときは、前項の規定により備えつけなければならない連絡設備は、船舶内の主たる連絡設備から独立し、且つ、同時に音声を送り、及び受けることができるものでなければならない。但し、船舶安全法第四条第一項第三号及び第四号（以上の各規定を同法第十四条の規定に基づく政令において準用する場合を含む。）の船舶の船舶無線電信局であつて、郵政省令で定めるものについては、この限りでない。

【十四次改正】

船舶安全法の一部を改正する法律（昭和四十三年五月十日法律第四十四号）附則第三条

第三十三条第三項ただし書を次のように改める。
（改正後の第三項ただし書の規定は、後掲の条文の通り。）

（非常灯、送話管等の備えつけ）

第三十三条　船舶局の通信室には、非常灯を備えつけなければならない。

２　船舶局の通信室が航海船橋以外の場所にあるときは、航海船橋との間に送話管若しくは電話又はこれらに代わる連絡設備を備えつけなければならない。

３　船舶局が義務船舶局であつて、船舶無線電信局（船舶局であつて、無線電信により無線通信を行うものをいう。以下同じ。）であるときは、前項の規定により備えつけなければならない連絡設備は、船舶内の主たる連絡設備から独立し、且つ、同時に音声を送り、及び受けることができるものでなければならない。ただし、郵政省令で定める船舶無線電信局については、この限りでない。

【四十四次改正】

電波法の一部を改正する法律（平成三年五月二日法律第六十七号）

第三十三条を次のように改める。
（改正後の規定は、後掲の条文の通り。）

（義務船舶局の無線設備の機器）

第三十三条　義務船舶局の無線設備には、郵政省令で定める船舶及び航行区域の区分に応じて、送信設備及び受信設備の機器、遭難自動通報設備の機器、船舶の航行の安全に関する情報を受信するための機器その他の郵政省令で定める機器を備えなければならない。

【六十二次改正】

中央省庁等改革関係法施行法（平成十一年十二月二十二日法律第百六十号）第百九十三条

本則（第九十九条の十二第二項を除く。）中「郵政大臣」を「総務大臣」に、「郵政省令」を「総務省令」に、「通商産業大臣」を「経済産業大臣」に、「建設大臣」を「国土交通大臣」に、「地方電気通信監理局長」を「総合通信局長」に、「沖縄郵政管理事務所長」を「沖縄総合通信事務所長」に改める。

（義務船舶局の無線設備の機器）

第三十三条　義務船舶局の無線設備には、総務省令で定める船舶及び航行区域の区分に応じて、送信設備及び受信設備の機器、遭難自動通報設備の機器、船舶の航行の安全に関する情報を受信するための機器その他の総務省令で定める機器を備えなければならない。

第三十三条の二

【五次改正】

電波法の一部を改正する法律（昭和二十七年七月三十一日法律第二百四十九号）

第三十三条の次に次の一条を加える。
（追加された第三十三条の二の規定は、後掲の条文の通り。）

（義務船舶局の条件）

第三十三条の二　義務船舶局の無線電信は、受信に際し外部の機械的雑音その他の雑音による妨害を受けない場所であつて、できる限り安全を確保することができるような高い場所に設けなければならない。但し、船舶安全法第四条第一項第三号の船舶に施設する無線電信であつて、郵政省令で定めるものについては、この限りでない。

2　義務船舶局の無線電話であつて、船舶安全法第四条第二項（同法第十四条の規定に基く政令において準用する場合を含む。以下同じ。）の規定により無線電信に代えたものは、船舶の上部に設けなければならない。

【十一次改正】

電波法の一部を改正する法律（昭和三十九年七月四日法律第百四十九号）

第三十三条の二の前の見出し及び同条を次のように改める。
（改正後の第三十三条の二の前の見出し及び同条の規定は、後掲の条文の通り。）

（義務船舶局の無線設備の条件）

第三十三条の二　義務船舶局の無線設備は、次の各号に掲げる要件に適合する場所に設けなければならない。ただし、船舶安全法第四条第一項第三号（同法第十四条の規定に基づく政令において準用する場合を含む。）の船舶に施設する無線設備であつて、郵政省令で定めるものについては、この限りでない。

一　受信に際し外部の機械的雑音その他の雑音により妨害を受けることがない場所であること。

二　当該無線設備につきできるだけ安全を確保することができるように、その場所が当該船舶において可能な範囲で高い位置にあること。

三　当該無線設備の機能に障害を及ぼすおそれのある水又は温度の影響を受けない場所であること。

【十四次改正】

船舶安全法の一部を改正する法律（昭和四十三年五月十日法律第四十四号）附則第三条

第三十三条の二ただし書を次のように改める。
（改正後のただし書の規定は、後掲の条文の通り。）

（義務船舶局の無線設備の条件）

第三十三条の二　義務船舶局の無線設備は、次の各号に掲げる要件に適合する場所に設けなければならない。ただし、郵政省令で定める無線設備については、この限りでない。

一　受信に際し外部の機械的雑音その他の雑音により妨害を受けることがない場所であること。

二　当該無線設備につきできるだけ安全を確保することができるように、その場所が当該船舶において可能な範囲で高い位置にあること。
三　当該無線設備の機能に障害を及ぼすおそれのある水又は温度の影響を受けない場所であること。

【四十四次改正】

電波法の一部を改正する法律（平成三年五月二日法律第六十七号）

第三十四条を削り、第三十三条の二の前の見出しを削り、同条中「義務船舶局」の下に「及び義務船舶局のある船舶に開設する郵政省令で定める船舶地球局（以下「義務船舶局等」という。）」を加え、同条第一号中「受信に際し外部の機械的雑音その他の雑音により」を「当該無線設備の操作に際し、機械的原因、電気的原因その他の原因による」に改め、同条第三号中「又は温度」を「、温度その他の環境」に改め、同条を第三十四条とし、同条の前に見出しとして「（義務船舶局等の無線設備の条件）」を付する。

［注釈］第三十三条の二が繰り下げられて第三十四条となったので、改正後の第三十三条の二の規定は、同条の項を参照されたい。

第三十四条

【制定】

電波法（昭和二十五年五月二日法律第百三十一号）

（船舶の義務無線電信の条件）
第三十四条　船舶安全法第四条の船舶に施設する無線電信（以下「義務無線電信」という。）の主送信装置は、五百キロサイクルの周波数において昼間百九十キロメートル以上の有効通達距離をもつものでなければならない。
2　電波監理委員会は、船舶安全法第四条第一項第三号（同法第十四条の規定に基く政令において準用する場合を含む。以下同じ。）の船舶に施設する無線電信については、前項の有効通達距離の特例を定めることができる。

【三次改正】

郵政省設置法の一部改正に伴う関係法令の整理に関する法律（昭和二十七年七月三十一日法律第二百八十号）第二条

「電波監理委員会」を「郵政大臣」に改める。

（船舶の義務無線電信の条件）
第三十四条　船舶安全法第四条の船舶に施設する無線電信（以下「義務無線電信」という。）の主送信装置は、五百キロサイクルの周波数において昼間百九十キロメートル以上の有効通達距離をもつものでなければならない。
2　郵政大臣は、船舶安全法第四条第一項第三号（同法第十四条の規定に基く政令において準用する場合を含む。以下同じ。）の船舶に施設する無線電信については、前項の有効通達距離の特例を定めることができる。

【五次改正】

電波法の一部を改正する法律（昭和二十七年七月三十一日法律第二百四十九号）

第三十四条の前の見出しを削り、同条を次のように改める。
（改正後の第三十四条の規定は、後掲の条文の通り。）

〔義務船舶局の条件〕・・第三十三条の二との共通見出しとなった。

第三十四条　義務船舶局の無線電信の主送信設備は、郵政省令で定める有効通達距離をもつものでなければならない。

【 三十一次改正 】

電波法の一部を改正する法律（昭和五十九年五月二十九日法律第四十八号）

第三十四条中「無線電信の主送信設備」を「送信設備」に改める。

〔義務船舶局の条件〕・・第三十三条の二との共通見出しである。

第三十四条　義務船舶局の送信設備は、郵政省令で定める有効通達距離をもつものでなければならない。

【 四十四次改正 】

電波法の一部を改正する法律（平成三年五月二日法律第六十七号）

第三十四条を削り、第三十三条の二の前の見出しを削り、同条中「義務船舶局」の下に「及び義務船舶局のある船舶に開設する郵政省令で定める船舶地球局（以下「義務船舶局等」という。）」を加え、同条第一号中「受信に際し外部の機械的雑音その他の雑音により」を「当該無線設備の操作に際し、機械的原因、電気的原因その他の原因による」に改め、同条第三号中「又は温度」を「、温度その他の環境」に改め、同条を第三十四条とし、同条の前に見出しとして「（義務船舶局等の無線設備の条件）」を付する。

（義務船舶局等の無線設備の条件）

第三十四条　義務船舶局及び義務船舶局のある船舶に開設する郵政省令で定める船舶地球局（以下「義務船舶局等」という。）の無線設備は、次の各号に掲げる要件に適合する場所に設けなければならない。ただし、郵政省令で定める無線設備については、この限りでない。

一　当該無線設備の操作に際し、機械的原因、電気的原因その他の原因による妨害を受けることがない場所であること。

二　当該無線設備につきできるだけ安全を確保することができるように、その場所が当該船舶において可能な範囲で高い位置にあること。

三　当該無線設備の機能に障害を及ぼすおそれのある水、温度その他の環境の影響を受けない場所であること。

〔注釈〕第三十四条が削られ、第三十三条の二が繰り下げられて第三十四条となったので、改正前の規定は、第三十三条の二の項を参照されたい。

【 六十二次改正 】

中央省庁等改革関係法施行法（平成十一年十二月二十二日法律第百六十号）第百九十三条

本則（第九十九条の十二第二項を除く。）中「郵政大臣」を「総務大臣」に、「郵政省令」を「総務省令」に、「通商産業大臣」を「経済産業大臣」に、「建設大臣」を「国土交通大臣」に、「地方電気通信監理局長」を「総合通信局長」に、「郵政管理事務所長」を「沖縄総合通信事務所長」に改める。

（義務船舶局等の無線設備の条件）

第三十四条　義務船舶局及び義務船舶局のある船舶に開設する総務省令で定める船舶地球局（以下「義務船舶局等」という。）の無線設備は、次の各号に掲げる要件に適合する場所に設けなければならない。ただし、総務省令で定める無線設備については、この限りでない。
一　当該無線設備の操作に際し、機械的原因、電気的原因その他の原因による妨害を受けることがない場所であること。
二　当該無線設備につきできるだけ安全を確保することができるように、その場所が当該船舶において可能な範囲で高い位置にあること。
三　当該無線設備の機能に障害を及ぼすおそれのある水、温度その他の環境の影響を受けない場所であること。

第三十五条

【制定】

電波法（昭和二十五年五月二日法律第百三十一号）

［船舶の義務無線電信の条件］・・第三十四条との共通見出しである。

第三十五条　義務無線電信には、左に掲げる条件に適合する補助装置を備えなければならない。但し、船舶安全法第四条第一項第三号の船舶に施設する無線電信であつて、電波監理委員会規則で定めるものについては、この限りでない。
一　独立の電源をもつこと。
二　連続して六時間以上使用できること。
三　送信装置は、五百キロサイクルの周波数において昼間九十五キロメートル（第五十条の第一種局については百五十キロメートル）以上の有効通達距離をもつこと。
四　受信装置は、五百キロサイクルの周波数を受信することができ、且つ、鉱石検波の方式によつても受信できること。
五　直ちに完全に操作できること。
2　前項の補助装置は、船舶の最高満載きつ水線上のなるべく高い安全な位置に装置することを要する。
3　送信又は受信の主装置が前二項の条件を具備するときは、その補助装置を備えることを要しない。

【三次改正】

郵政省設置法の一部改正に伴う関係法令の整理に関する法律（昭和二十七年七月三十一日法律第二百八十号）第二条

「電波監理委員会規則」を「郵政省令」に改める。

［船舶の義務無線電信の条件］・・第三十四条との共通見出しである。

第三十五条　義務無線電信には、左に掲げる条件に適合する補助装置を備えなければならない。但し、船舶安全法第四条第一項第三号の船舶に施設する無線電信であつて、郵政省令で定めるものについては、この限りでない。
一　独立の電源をもつこと。
二　連続して六時間以上使用できること。
三　送信装置は、五百キロサイクルの周波数において昼間九十五キロメートル（第五十条の第一種局については百五十キロメートル）以上の有効通達距離をもつこと。
四　受信装置は、五百キロサイクルの周波数を受信することができ、且つ、鉱石検波の方式によつても受信できること。
五　直ちに完全に操作できること。
2　前項の補助装置は、船舶の最高満載きつ水線上のなるべく高い安全な位置に装置することを要する。

3　送信又は受信の主装置が前二項の条件を具備するときは、その補助装置を備えることを要しない。

【 五次改正 】

電波法の一部を改正する法律（昭和二十七年七月三十一日法律第二百四十九号）

第三十五条を次のように改める。
（改正後の第三十五条の規定は、後掲の条文の通り。）

［義務船舶局の条件］・・第三十三条の二との共通見出しとなった。

第三十五条　義務船舶局の無線電信には、郵政省令で定める条件に適合する補助設備を備えなければならない。但し、船舶安全法第四条第一項第三号の船舶に施設する無線電信であつて、郵政省令で定めるものについては、この限りでない。

【 十一次改正 】

電波法の一部を改正する法律（昭和三十九年七月四日法律第百四十九号）

第三十五条ただし書中「船舶安全法第四条第一項第三号」の下に「及び第四号（以上の各規定を同法第十四条の規定に基づく政令において準用する場合を含む。）」を加える。

［義務船舶局の条件］・・第三十三条の二との共通見出しである。

第三十五条　義務船舶局の無線電信には、郵政省令で定める条件に適合する補助設備を備えなければならない。但し、船舶安全法第四条第一項第三号及び第四号（以上の各規定を同法第十四条の規定に基づく政令において準用する場合を含む。）の船舶に施設する無線電信であつて、郵政省令で定めるものについては、この限りでない。

【 十四次改正 】

船舶安全法の一部を改正する法律（昭和四十三年五月十日法律第四十四号）附則第三条

第三十五条中「義務船舶局の無線電信」の下に「（郵政省令で定めるものを除く。）」を加え、同条ただし書を削る。

［義務船舶局の条件］・・第三十三条の二との共通見出しである。

第三十五条　義務船舶局の無線電信（郵政省令で定めるものを除く。）には、郵政省令で定める条件に適合する補助設備を備えなければならない。

【 四十四次改正 】

電波法の一部を改正する法律（平成三年五月二日法律第六十七号）

第三十五条を次のように改める。
（改正後の規定は、後掲の条文の通り。）

［義務船舶局の条件］・・第三十四条との共通見出しとなった。

第三十五条　義務船舶局等の無線設備については、郵政省令で定めるところにより、次に掲げる措置のうち一又は二の措置をとらなければならない。ただし、郵政省令で定める無線設備については、この限りでない。

一　予備設備を備えること。

二　その船舶の入港中に定期に点検を行い、並びに停泊港に整備のために必要な計器及び予備品を備えること。

三　その船舶の航行中に行う整備のために必要な計器及び予備品を備え付ける

こと。

［注釈］第三十四条が削られ、第三十三条の二が繰り下げられて第三十四条となり、第三十五条の見出しは、第三十四条との共通見出しとなった。

【　六十二次改正　】

中央省庁等改革関係法施行法（平成十一年十二月二十二日法律第百六十号）第百九十三条

本則（第九十九条の十二第二項を除く。）中「郵政大臣」を「総務大臣」に、「郵政省令」を「総務省令」に、「通商産業大臣」を「経済産業大臣」に、「建設大臣」を「国土交通大臣」に、「地方電気通信監理局長」を「総合通信局長」に、「沖縄郵政管理事務所長」を「沖縄総合通信事務所長」に改める。

［義務船舶局の条件］・・第三十四条との共通見出しである。

第三十五条　義務船舶局等の無線設備については、総務省令で定めるところにより、次に掲げる措置のうち一又は二の措置をとらなければならない。ただし、総務省令で定める無線設備については、この限りでない。

一　予備設備を備えること。

二　その船舶の入港中に定期に点検を行い、並びに停泊港に整備のために必要な計器及び予備品を備えること。

三　その船舶の航行中に行う整備のために必要な計器及び予備品を備え付けること。

第三十五条の二

【　五次改正　】

電波法の一部を改正する法律（昭和二十七年七月三十一日法律第二百四十九号）

第三十五条の次に次の一条を加える。

（追加された第三十五条の二の規定は、後掲の条文の通り。）

［義務船舶局の条件］・・第三十三条の二との共通見出しである。

第三十五条の二　義務船舶局の無線電話であつて、船舶安全法第四条第二項の規定により無線電信に代えたものの送信設備は、郵政省令で定める有効通達距離をもつものでなければならない。

【　十一次改正　】

電波法の一部を改正する法律（昭和三十九年七月四日法律第百四十九号）

第三十五条の二中「船舶安全法第四条第二項」の下に「（同法第十四条の規定に基づく政令において準用する場合を含む。）」を加える。

［義務船舶局の条件］・・第三十三条の二との共通見出しである。

第三十五条の二　義務船舶局の無線電話であつて、船舶安全法第四条第二項（同法第十四条の規定に基づく政令において準用する場合を含む。）の規定により無線電信に代えたものの送信設備は、郵政省令で定める有効通達距離をもつものでなければならない。

【　十九次改正　】

船舶安全法の一部を改正する法律（昭和四十八年九月十四日法律第八十号）附則第五条

第五条第二項第二号、第十三条第二項、第三十五条の二、第三十六条及び第六十三条第三項並びに第六十五条第一項の表中「第十四条」を「第二十九条ノ七」に改める。

［義務船舶局の条件］・・第三十三条の二との共通見出しである。

第三十五条の二　義務船舶局の無線電話であつて、船舶安全法第四条第二項（同法第二十九条ノ七の規定に基づく政令において準用する場合を含む。）の規定により無線電信に代えたものの送信設備は、郵政省令で定める有効通達距離をもつものでなければならない。

【二十三次改正】

電波法の一部を改正する法律（昭和五十四年十二月十八日法律第六十七号）

第三十五条の二中「含む。」の下に「以下同じ。」を加える。

［義務船舶局の条件］・・第三十三条の二との共通見出しである。

第三十五条の二　義務船舶局の無線電話であつて、船舶安全法第四条第二項（同法第二十九条ノ七の規定に基づく政令において準用する場合を含む。以下同じ。）の規定により無線電信に代えたものの送信設備は、郵政省令で定める有効通達距離をもつものでなければならない。

【三十一次改正】

電波法の一部を改正する法律（昭和五十九年五月二十九日法律第四十八号）

第三十五条の二及び第三十六条を削り、第三十六条の二を第三十六条とし、第三十六条の三を第三十六条の二とする。

［注釈］第三十五条の二の規定は、削られた。

第三十六条

【制定】

電波法（昭和二十五年五月二日法律第百三十一号）

（救命艇の無線電信の条件）

第三十六条　船舶安全法第二条（同法第十四条の規定に基く政令において準用する場合を含む。）の規定に基く命令により船舶に備える救命艇に装置しなければならない無線電信は、左に掲げる条件に適合したものでなければならない。

一　五百キロサイクルの周波数により送り、及び受けることができること。

二　連続して三時間以上使用できること。

三　送信装置は、五百キロサイクルの周波数において昼間五十キロメートル以上の有効通達距離をもつこと。

四　受信装置は、鉱石検波の方式によつても受信できること。

五　機器は、救命艇の機関による振動に耐えること。

六　有効な防水装置があること。

【五次改正】

電波法の一部を改正する法律（昭和二十七年七月三十一日法律第二百四十九号）

第三十六条を次のように改める。
（改正後の第三十六条の規定は、後掲の条文の通り。）

（救命艇の無線電信の条件）
第三十六条　船舶安全法第二条（同法第十四条の規定に基く政令において準用する場合を含む。以下同じ。）の規定に基く命令により船舶に備える発動機附救命艇に装置しなければならない無線電信の送信設備は、郵政省令で定める有効通達距離をもつものでなければならない。

【十九次改正】

船舶安全法の一部を改正する法律（昭和四十八年九月十四日法律第八十号）附則第五条

第五条第二項第二号、第十三条第二項、第三十五条の二、第三十六条及び第六十三条第三項並びに第六十五条第一項の表中「第十四条」を「第二十九条ノ七」に改める。

（救命艇の無線電信の条件）
第三十六条　船舶安全法第二条（同法第二十九条ノ七の規定に基く政令において準用する場合を含む。以下同じ。）の規定に基く命令により船舶に備える発動機附救命艇に装置しなければならない無線電信の送信設備は、郵政省令で定める有効通達距離をもつものでなければならない。

【三十一次改正】

電波法の一部を改正する法律（昭和五十九年五月二十九日法律第四十八号）

第三十五条の二及び第三十六条を削り、第三十六条の二を第三十六条とし、第三十六条の三を第三十六条の二とする。

（義務航空機局の条件）
第三十六条　義務航空機局の送信設備は、郵政省令で定める有効通達距離をもつものでなければならない。

[注釈]第三十六条が削られ、改正前の第三十六条の二が一条繰り上がって第三十六条となった。

【六十二次改正】

中央省庁等改革関係法施行法（平成十一年十二月二十二日法律第百六十号）第百九十三条

本則（第九十九条の十二第二項を除く。）中「郵政大臣」を「総務大臣」に、「郵政省令」を「総務省令」に、「通商産業大臣」を「経済産業大臣」に、「建設大臣」を「国土交通大臣」に、「地方電気通信監理局長」を「総合通信局長」に、「沖縄郵政管理事務所長」を「沖縄総合通信事務所長」に改める。

（義務航空機局の条件）
第三十六条　義務航空機局の送信設備は、総務省令で定める有効通達距離をもつものでなければならない。

第三十六条の二

【 一次改正 】

電波法の一部を改正する法律（昭和二十七年七月三十一日法律第二百四十九号）

> 第三十六条の次に次の一条を加える。
> （追加された第三十六条の二の規定は、後掲の条文の通り。）

（義務航空機局の条件）
第三十六条の二　義務航空機局の送信設備は、電波監理委員会規則で定める有効通達距離をもつものでなければならない。

【 三次改正 】

郵政省設置法の一部改正に伴う関係法令の整理に関する法律（昭和二十七年七月三十一日法律第二百八十号）第二条

> 「電波監理委員会規則」を「郵政省令」に改める。

（義務航空機局の条件）
第三十六条の二　義務航空機局の送信設備は、郵政省令で定める有効通達距離をもつものでなければならない。

【 三十一次改正 】

電波法の一部を改正する法律（昭和五十九年五月二十九日法律第四十八号）

> 第三十五条の二及び第三十六条を削り、第三十六条の二を第三十六条とし、第三十六条の三を第三十六条の二とする。

（人工衛星局の条件）
第三十六条の二　人工衛星局の無線設備は、遠隔操作により電波の発射を直ちに停止することのできるものでなければならない。
2　人工衛星局は、その無線設備の設置場所を遠隔操作により変更することができるものでなければならない。ただし、郵政省令で定める人工衛星局については、この限りでない。

［注釈］改正前の第三十六条の二が第三十六条に繰り上がった後に、改正前の第三十六条の三が一条繰り上がって第三十六条の二となった。

【 六十二次改正 】

中央省庁等改革関係法施行法（平成十一年十二月二十二日法律第百六十号）第百九十三条

> 本則（第九十九条の十二第二項を除く。）中「郵政大臣」を「総務大臣」に、「郵政省令」を「総務省令」に、「通商産業大臣」を「経済産業大臣」に、「建設大臣」を「国土交通大臣」に、「地方電気通信監理局長」を「総合通信局長」に、「沖縄郵政管理事務所長」を「沖縄総合通信事務所長」に改める。

（人工衛星局の条件）
第三十六条の二　人工衛星局の無線設備は、遠隔操作により電波の発射を直ちに停止することのできるものでなければならない。
2　人工衛星局は、その無線設備の設置場所を遠隔操作により変更することができるものでなければならない。ただし、総務省令で定める人工衛星局については、この限りでない。

第三十六条の三

【　二十三次改正　】

電波法の一部を改正する法律（昭和五十四年十二月十八日法律第六十七号）

第三十六条の二の次に次の一条を加える。
（追加された第三十六条の三の規定は、後掲の条文の通り。）

（人工衛星局の条件）

第三十六条の三　人工衛星局の無線設備は、遠隔操作により電波の発射を直ちに停止することのできるものでなければならない。

2　人工衛星局は、その無線設備の設置場所を遠隔操作により変更することができるものでなければならない。ただし、郵政省令で定める人工衛星局については、この限りでない。

【　三十一次改正　】

電波法の一部を改正する法律（昭和五十九年五月二十九日法律第四十八号）

第三十五条の二及び第三十六条を削り、第三十六条の二を第三十六条とし、第三十六条の三を第三十六条の二とする。

［注釈］改正前の第三十六条の三が一条繰り上がって第三十六条の二となり、第三十六条の三の規定は、なくなった。

第三十七条

【　制定　】

電波法（昭和二十五年五月二日法律第百三十一号）

（無線設備の機器の検定）

第三十七条　第三十一条の規定により備えつけなければならない周波数測定装置、船舶に施設する警急自動受信機及び電波監理委員会規則で定める無線方位測定機は、その型式について、電波監理委員会の行う検定に合格したものでなければ、施設してはならない。

【　一次改正　】

電波法の一部を改正する法律（昭和二十七年七月三十一日法律第二百四十九号）

第三十七条中「警急自動受信機」の下に「、船舶安全法第二条の規定に基く命令により船舶に備えなければならない救命艇用携帯無線電信、電波監理委員会規則で定める航空機に施設する無線設備の機器」を加える。

（無線設備の機器の検定）

第三十七条　第三十一条の規定により備えつけなければならない周波数測定装置、船舶に施設する警急自動受信機、電波監理委員会規則で定める航空機に施設する無線設備の機器及び電波監理委員会規則で定める無線方位測定機は、その型式について、電波監理委員会の行う検定に合格したものでなければ、施設してはならない。

［注釈］第三十七条の改正規定中「船舶安全法第二条の規定に基く命令により船舶に備えなければならない救命艇用携帯無線電信」に係る部分は、昭和二十七年十一月十九日に施行されたので、五次改正として掲げている。

【三次改正】

郵政省設置法の一部改正に伴う関係法令の整理に関する法律（昭和二十七年七月三十一日法律第二百八十号）第二条

「電波監理委員会規則」を「郵政省令」に改める。
「電波監理委員会」を「郵政大臣」に改める。

（無線設備の機器の検定）
第三十七条　第三十一条の規定により備えつけなければならない周波数測定装置、船舶に施設する警急自動受信機、郵政省令で定める航空機に施設する無線設備の機器及び郵政省令で定める無線方位測定機は、その型式について、郵政大臣の行う検定に合格したものでなければ、施設してはならない。

【五次改正】

電波法の一部を改正する法律（昭和二十七年七月三十一日法律第二百四十九号）

第三十七条中「警急自動受信機」の下に「、船舶安全法第二条の規定に基く命令により船舶に備えなければならない救命艇用携帯無線電信、電波監理委員会規則で定める航空機に施設する無線設備の機器」を加える。

（無線設備の機器の検定）
第三十七条　第三十一条の規定により備えつけなければならない周波数測定装置、船舶に施設する警急自動受信機、船舶安全法第二条の規定に基く命令により船舶に備えなければならない救命艇用携帯無線電信、郵政省令で定める航空機に施設する無線設備の機器及び郵政省令で定める無線方位測定機は、その型式について、電波監理委員会の行う検定に合格したものでなければ、施設してはならない。

［注釈］一次改正の注釈の通り、五次改正において施行された改正は、「船舶安全法第二条の規定に基く命令により船舶に備えなければならない救命艇用携帯無線電信」に係る部分のみである。

【二十三次改正】

電波法の一部を改正する法律（昭和五十四年十二月十八日法律第六十七号）

第三十七条中「備えつけ」を「備え付け」に、「基く」を「基づく」に改め、「救命艇用携帯無線電信」の下に「及びレーダー（郵政省令で定めるものを除く。）」を加え、「機器及び」を「機器並びに」に改める。

（無線設備の機器の検定）
第三十七条　第三十一条の規定により備え付けなければならない周波数測定装置、船舶に施設する警急自動受信機、船舶安全法第二条の規定に基づく命令により船舶に備えなければならない救命艇用携帯無線電信及びレーダー（郵政省令で定めるものを除く。）、郵政省令で定める航空機に施設する無線設備の機器並びに郵政省令で定める無線方位測定機は、その型式について、電波監理委員会の行う検定に合格したものでなければ、施設してはならない。

【三十一次改正】

電波法の一部を改正する法律（昭和五十九年五月二十九日法律第四十八号）

第三十七条中「第二条」の下に「（同法第二十九条ノ七の規定に基づく政令にお

いて準用する場合を含む。）」を加える。

（無線設備の機器の検定）

第三十七条　第三十一条の規定により備え付けなければならない周波数測定装置、船舶に施設する警急自動受信機、船舶安全法第二条（同法第二十九条ノ七の規定に基づく政令において準用する場合を含む。）の規定に基づく命令により船舶に備えなければならない救命艇用携帯無線電信及びレーダー（郵政省令で定めるものを除く。）、郵政省令で定める航空機に施設する無線設備の機器並びに郵政省令で定める無線方位測定機は、その型式について、電波監理委員会の行う検定に合格したものでなければ、施設してはならない。

【三十三次改正】

許可、認可等民間活動に係る規制の整理及び合理化に関する法律（昭和六十年十二月二十四日法律第百二号）第二十一条

第三十七条を次のように改める。
（改正後の規定は、後掲の条文の通り。）

（無線設備の機器の検定）

第三十七条　次に掲げる無線設備の機器は、その型式について、郵政大臣の行う検定に合格したものでなければ、施設してはならない。ただし、郵政大臣が行う検定に相当する型式検定に合格している機器その他の機器であつて郵政省令で定めるものを施設する場合は、この限りでない。

一　第三十一条の規定により備え付けなければならない周波数測定装置
二　船舶に施設する警急自動受信機
三　船舶安全法第二条（同法第二十九条ノ七の規定に基づく政令において準用する場合を含む。）の規定に基づく命令により船舶に備えなければならない救命艇用携帯無線電信及びレーダー
四　航空機に施設する無線設備の機器であつて郵政省令で定めるもの
五　郵政省令で定める無線方位測定機

【三十四次改正】

電波法の一部を改正する法律（昭和六十一年五月二十二日法律第三十五号）

第三十七条第三号中「救命艇用携帯無線電信及び」を削り、同条中第五号を第六号とし、第四号を第五号とし、第三号の次に次の一号を加える。
（追加された第四号の規定は、後掲の条文の通り。）

（無線設備の機器の検定）

第三十七条　次に掲げる無線設備の機器は、その型式について、郵政大臣の行う検定に合格したものでなければ、施設してはならない。ただし、郵政大臣が行う検定に相当する型式検定に合格している機器その他の機器であつて郵政省令で定めるものを施設する場合は、この限りでない。

一　第三十一条の規定により備え付けなければならない周波数測定装置
二　船舶に施設する警急自動受信機
三　船舶安全法第二条（同法第二十九条ノ七の規定に基づく政令において準用する場合を含む。）の規定に基づく命令により船舶に備えなければならないレーダー
四　船舶に施設する救命用の無線設備の機器であつて郵政省令で定めるもの
五　航空機に施設する無線設備の機器であつて郵政省令で定めるもの
六　郵政省令で定める無線方位測定機

【 四十四次改正 】

電波法の一部を改正する法律（平成三年五月二日法律第六十七号）

第三十七条中第六号を第八号とし、第五号を第七号とし、第四号の次に次の二号を加える。

（追加された第五号及び第六号の規定は、後掲の条文の通り。）

（無線設備の機器の検定）

第三十七条　次に掲げる無線設備の機器は、その型式について、郵政大臣の行う検定に合格したものでなければ、施設してはならない。ただし、郵政大臣が行う検定に相当する型式検定に合格している機器その他の機器であつて郵政省令で定めるものを施設する場合は、この限りでない。

一　第三十一条の規定により備え付けなければならない周波数測定装置

二　船舶に施設する警急自動受信機

三　船舶安全法第二条（同法第二十九条ノ七の規定に基づく政令において準用する場合を含む。）の規定に基づく命令により船舶に備えなければならないレーダー

四　船舶に施設する救命用の無線設備の機器であつて郵政省令で定めるもの

五　第三十三条の規定により備えなければならない無線設備の機器（第二号及び前号に掲げるものを除く。）

六　第三十四条本文に規定する船舶地球局の無線設備の機器

七　航空機に施設する無線設備の機器であつて郵政省令で定めるもの

八　郵政省令で定める無線方位測定機

【 五十七次改正 】

電波法の一部を改正する法律（平成十一年五月二十一日法律第四十七号）

第三十七条中第二号を削り、第三号を第二号とし、第四号を第三号とし、同条第五号中「第二号及び」を削り、同号を同条第四号とし、同条中第六号を第五号とし、第七号を第六号とし、第八号を第七号とする。

（無線設備の機器の検定）

第三十七条　次に掲げる無線設備の機器は、その型式について、郵政大臣の行う検定に合格したものでなければ、施設してはならない。ただし、郵政大臣が行う検定に相当する型式検定に合格している機器その他の機器であつて郵政省令で定めるものを施設する場合は、この限りでない。

一　第三十一条の規定により備え付けなければならない周波数測定装置

二　船舶安全法第二条（同法第二十九条ノ七の規定に基づく政令において準用する場合を含む。）の規定に基づく命令により船舶に備えなければならないレーダー

三　船舶に施設する救命用の無線設備の機器であつて郵政省令で定めるもの

四　第三十三条の規定により備えなければならない無線設備の機器（前号に掲げるものを除く。）

五　第三十四条本文に規定する船舶地球局の無線設備の機器

六　航空機に施設する無線設備の機器であつて郵政省令で定めるもの

七　郵政省令で定める無線方位測定機

【 六十二次改正 】

中央省庁等改革関係法施行法（平成十一年十二月二十二日法律第百六十号）第百九十三条

本則（第九十九条の十二第二項を除く。）中「郵政大臣」を「総務大臣」に、「郵政省令」を「総務省令」に、「通商産業大臣」を「経済産業大臣」に、「建設大臣」

を「国土交通大臣」に、「地方電気通信監理局長」を「総合通信局長」に、「沖縄郵政管理事務所長」を「沖縄総合通信事務所長」に改める。

（無線設備の機器の検定）

第三十七条　次に掲げる無線設備の機器は、その型式について、総務大臣の行う検定に合格したものでなければ、施設してはならない。ただし、総務大臣が行う検定に相当する型式検定に合格している機器その他の機器であつて総務省令で定めるものを施設する場合は、この限りでない。

一　第三十一条の規定により備え付けなければならない周波数測定装置

二　船舶安全法第二条（同法第二十九条ノ七の規定に基づく政令において準用する場合を含む。）の規定に基づく命令により船舶に備えなければならないレーダー

三　船舶に施設する救命用の無線設備の機器であつて総務省令で定めるもの

四　第三十三条の規定により備えなければならない無線設備の機器（前号に掲げるものを除く。）

五　第三十四条本文に規定する船舶地球局の無線設備の機器

六　航空機に施設する無線設備の機器であつて総務省令で定めるもの

七　総務省令で定める無線方位測定機

【七十次改正】

電波法の一部を改正する法律（平成十四年五月十日法律第三十八号）

第三十七条第七号を削る。

（無線設備の機器の検定）

第三十七条　次に掲げる無線設備の機器は、その型式について、総務大臣の行う検定に合格したものでなければ、施設してはならない。ただし、総務大臣が行う検定に相当する型式検定に合格している機器その他の機器であつて総務省令で定めるものを施設する場合は、この限りでない。

一　第三十一条の規定により備え付けなければならない周波数測定装置

二　船舶安全法第二条（同法第二十九条ノ七の規定に基づく政令において準用する場合を含む。）の規定に基づく命令により船舶に備えなければならないレーダー

三　船舶に施設する救命用の無線設備の機器であつて総務省令で定めるもの

四　第三十三条の規定により備えなければならない無線設備の機器（前号に掲げるものを除く。）

五　第三十四条本文に規定する船舶地球局の無線設備の機器

六　航空機に施設する無線設備の機器であつて総務省令で定めるもの

［注釈］第七号は、削られた。

第三十八条

【制定】

電波法（昭和二十五年五月二日法律第百三十一号）

（その他の技術基準）

第三十八条　無線設備（放送の受信のみを目的とするものを除く。）は、この章に定めるものの外、電波監理委員会規則で定める技術基準に適合するものでなけれ

ばならない。

【三次改正】

郵政省設置法の一部改正に伴う関係法令の整理に関する法律（昭和二十七年七月三十一日法律第二百八十号）第二条

「電波監理委員会規則」を「郵政省令」に改める。

（その他の技術基準）

第三十八条　無線設備（放送の受信のみを目的とするものを除く。）は、この章に定めるものの外、郵政省令で定める技術基準に適合するものでなければならない。

【六十二次改正】

中央省庁等改革関係法施行法（平成十一年十二月二十二日法律第百六十号）第百九十三条

本則（第九十九条の十二第二項を除く。）中「郵政大臣」を「総務大臣」に、「郵政省令」を「総務省令」に、「通商産業大臣」を「経済産業大臣」に、「建設大臣」を「国土交通大臣」に、「地方電気通信監理局長」を「総合通信局長」に、「沖縄郵政管理事務所長」を「沖縄総合通信事務所長」に改める。

（その他の技術基準）

第三十八条　無線設備（放送の受信のみを目的とするものを除く。）は、この章に定めるものの外、総務省令で定める技術基準に適合するものでなければならない。

第三十八条の二

【八十九次改正】

放送法等の一部を改正する法律（平成二十二年十二月三日法律第六十五号）第三条

第三章中第三十八条の次に次の一条を加える。

（追加された第三十八条の二の規定は、後掲の条文の通り。）

（無線設備の技術基準の策定等の申出）

第三十八条の二　利害関係人は、総務省令で定めるところにより、第二十八条から第三十二条まで又は前条の規定により総務省令で定めるべき無線設備の技術基準について、原案を示して、これを策定し、又は変更すべきことを総務大臣に申し出ることができる。

2　総務大臣は、前項の規定による申出を受けた場合において、その申出に係る技術基準を策定し、又は変更する必要がないと認めるときは、理由を付してその旨を申出人に通知しなければならない。

［注釈］改正前の第三十八条の二は、第三章の二に属していたが、この改正により同章中で第三十八条の二の二に繰り下げられた。次いで、新たに第三章中に第三十八条の二が設けられた。

第二編　電波法の変遷

第二部　一次改正から百五次改正までの逐条改正経緯

第三章の二　特定無線設備の技術基準適合証明等

（七十三次改正前まで）第三章の二　特定無線設備の技術基準適合証明

第三章の二　特定無線設備の技術基準適合証明

【二十五次改正】

電波法の一部を改正する法律（昭和五十六年五月二十三日法律第四十九号）

第三章の次に次の一章を加える。
（追加された第三章の二の章名は、前掲の「特定無線設備の技術基準適合証明」である。）

【七十三次改正】

電波法の一部を改正する法律（平成十五年六月六日法律第六十八号）

「第三章の二　特定無線設備の技術基準適合証明」を「第三章の二　特定無線設備の技術基準適合証明等」に改める。
（改正された第三章の二の章名は、後掲の「特定無線設備の技術基準適合証明等」である。）

第三章の二　特定無線設備の技術基準適合証明等

【七十三次改正】

電波法の一部を改正する法律（平成十五年六月六日法律第六十八号）

第三章の二中第三十八条の二の前に次の節名を付する。
（新たに付された第一節の節名は、後掲の「特定無線設備の技術基準適合証明及び工事設計認証」である。）

第一節　特定無線設備の技術基準適合証明及び工事設計認証

第三十八条の二

【二十五次改正】

電波法の一部を改正する法律（昭和五十六年五月二十三日法律第四十九号）

第三章の次に次の一章を加える。
（追加された第三章の二中の第三十八条の二の規定は、後掲の条文の通り。）

（技術基準適合証明）
第三十八条の二　郵政大臣は、小規模な無線局に使用するための無線設備であつて郵政省令で定めるもの（以下「特定無線設備」という。）について、第三章に定める技術基準に適合していることの証明（以下「技術基準適合証明」という。）を行い、又はその指定する者（以下「指定証明機関」という。）にこれを行わせることができる。

2　指定証明機関の指定は、郵政省令で定める区分ごとに、技術基準適合証明を行おうとする者の申請により行う。

3　郵政大臣は、指定証明機関の指定をしたときは、当該指定に係る区分の技術基準適合証明を行わないものとする。

4　郵政大臣又は指定証明機関は、技術基準適合証明を受けようとする者から申請があつた場合には、郵政省令で定めるところにより審査を行い、当該申請に係る特定無線設備が第三章に定める技術基準に適合していると認めるときに限り、技術基準適合証明を行うものとする。

5　郵政大臣又は指定証明機関は、技術基準適合証明をしたときは、郵政省令で定めるところにより、その特定無線設備に技術基準適合証明をした旨の表示を付するものとする。

6　技術基準適合証明を受けた特定無線設備以外の無線設備には、前項の表示又はこれと紛らわしい表示を付してはならない。

7　郵政大臣は、第一項の郵政省令を制定し、又は改廃しようとするときは、通商産業大臣の意見を聴かなければならない。

8　郵政大臣は、第四項の郵政省令を制定し、又は改廃しようとするときは、通商産業大臣に協議しなければならない。

【　四十六次改正　】

電波法の一部を改正する法律（平成五年六月十六日法律第七十一号）

第三十八条の二中第八項を第九項とし、第七項を第八項とし、第六項の次に次の一項を加える。

（追加された第七項の規定は、後掲の条文の通り。）

（技術基準適合証明）

第三十八条の二　郵政大臣は、小規模な無線局に使用するための無線設備であつて郵政省令で定めるもの（以下「特定無線設備」という。）について、第三章に定める技術基準に適合していることの証明（以下「技術基準適合証明」という。）を行い、又はその指定する者（以下「指定証明機関」という。）にこれを行わせることができる。

2　指定証明機関の指定は、郵政省令で定める区分ごとに、技術基準適合証明を行おうとする者の申請により行う。

3　郵政大臣は、指定証明機関の指定をしたときは、当該指定に係る区分の技術基準適合証明を行わないものとする。

4　郵政大臣又は指定証明機関は、技術基準適合証明を受けようとする者から申請があつた場合には、郵政省令で定めるところにより審査を行い、当該申請に係る特定無線設備が第三章に定める技術基準に適合していると認めるときに限り、技術基準適合証明を行うものとする。

5　郵政大臣又は指定証明機関は、技術基準適合証明をしたときは、郵政省令で定めるところにより、その特定無線設備に技術基準適合証明をした旨の表示を付するものとする。

6　技術基準適合証明を受けた特定無線設備以外の無線設備には、前項の表示又はこれと紛らわしい表示を付してはならない。

7　第五項の規定により表示が付されている特定無線設備の変更の工事をした者は、郵政省令で定める方法により、その表示を除去しなければならない。

8　郵政大臣は、第一項の郵政省令を制定し、又は改廃しようとするときは、通商産業大臣の意見を聴かなければならない。

9　郵政大臣は、第四項の郵政省令を制定し、又は改廃しようとするときは、通商産業大臣に協議しなければならない。

【五十五次改正】

電気通信分野における規制の合理化のための関係法律の整備等に関する法律（平成十年五月八日法律第五十八号）第三条

第三十八条の二中第九項を第十項とし、第八項を第九項とし、同条第七項中「第五項」を「第六項（第三十八条の十七第五項において準用する場合を含む。）又は第三十八条の十六第五項（第三十八条の十七第八項において準用する場合を含む。）」に改め、同項を同条第八項とし、同条第六項中「技術基準適合証明を受けた特定無線設備以外の無線設備には、前項」を「何人も、前項（第三十八条の十七第五項において準用する場合を含む。）又は第三十八条の十六第五項（第三十八条の十七第八項において準用する場合を含む。）の規定により表示を付する場合を除くほか、国内において無線設備にこれら」に、「これ」を「これら」に改め、同項を同条第七項とし、同条第五項を同条第六項とし、同条第四項の次に次の一項を加える。

（追加された第五項の規定は、後掲の条文の通り。）

（技術基準適合証明）

第三十八条の二　郵政大臣は、小規模な無線局に使用するための無線設備であつて郵政省令で定めるもの（以下「特定無線設備」という。）について、第三章に定める技術基準に適合していることの証明（以下「技術基準適合証明」という。）を行い、又はその指定する者（以下「指定証明機関」という。）にこれを行わせることができる。

2　指定証明機関の指定は、郵政省令で定める区分ごとに、技術基準適合証明を行おうとする者の申請により行う。

3　郵政大臣は、指定証明機関の指定をしたときは、当該指定に係る区分の技術基準適合証明を行わないものとする。

4　郵政大臣又は指定証明機関は、技術基準適合証明を受けようとする者から申請があつた場合には、郵政省令で定めるところにより審査を行い、当該申請に係る特定無線設備が第三章に定める技術基準に適合していると認めるときに限り、技術基準適合証明を行うものとする。

5　前項の審査は、同項の申請が、当該申請に係る特定無線設備について第二十四条の二第一項又は第二十四条の九第一項の認定を受けた者が郵政省令で定めるところにより行つた当該認定に係る点検の結果を記載した書類を添えてなされたものであるときは、その一部を省略することができる。

6　郵政大臣又は指定証明機関は、技術基準適合証明をしたときは、郵政省令で定めるところにより、その特定無線設備に技術基準適合証明をした旨の表示を付するものとする。

7　何人も、前項（第三十八条の十七第五項において準用する場合を含む。）又は第三十八条の十六第五項（第三十八条の十七第八項において準用する場合を含む。）の規定により表示を付する場合を除くほか、国内において無線設備にこれらの表示又はこれらと紛らわしい表示を付してはならない。

8　第六項（第三十八条の十七第五項において準用する場合を含む。）又は第三十八条の十六第五項（第三十八条の十七第八項において準用する場合を含む。）の規定により表示が付されている特定無線設備の変更の工事をした者は、郵政省令で定める方法により、その表示を除去しなければならない。

9　郵政大臣は、第一項の郵政省令を制定し、又は改廃しようとするときは、通商産業大臣の意見を聴かなければならない。

10　郵政大臣は、第四項の郵政省令を制定し、又は改廃しようとするときは、通商産業大臣に協議しなければならない。

【六十二次改正】

中央省庁等改革関係法施行法（平成十一年十二月二十二日法律第百六十号）第百九十三条

本則（第九十九条の十二第二項を除く。）中「郵政大臣」を「総務大臣」に、「郵政省令」を「総務省令」に、「通商産業大臣」を「経済産業大臣」に、「建設大臣」を「国土交通大臣」に、「地方電気通信監理局長」を「総合通信局長」に、「沖縄郵政管理事務所長」を「沖縄総合通信事務所長」に改める。

（技術基準適合証明）

第三十八条の二　総務大臣は、小規模な無線局に使用するための無線設備であつて総務省令で定めるもの（以下「特定無線設備」という。）について、第三章に定める技術基準に適合していることの証明（以下「技術基準適合証明」という。）を行い、又はその指定する者（以下「指定証明機関」という。）にこれを行わせることができる。

2　指定証明機関の指定は、総務省令で定める区分ごとに、技術基準適合証明を行おうとする者の申請により行う。

3　総務大臣は、指定証明機関の指定をしたときは、当該指定に係る区分の技術基準適合証明を行わないものとする。

4　総務大臣又は指定証明機関は、技術基準適合証明を受けようとする者から申請があつた場合には、総務省令で定めるところにより審査を行い、当該申請に係る特定無線設備が第三章に定める技術基準に適合していると認めるときに限り、技術基準適合証明を行うものとする。

5　前項の審査は、同項の申請が、当該申請に係る特定無線設備について第二十四条の二第一項又は第二十四条の九第一項の認定を受けた者が総務省令で定めるところにより行つた当該認定に係る点検の結果を記載した書類を添えてなされたものであるときは、その一部を省略することができる。

6　総務大臣又は指定証明機関は、技術基準適合証明をしたときは、総務省令で定めるところにより、その特定無線設備に技術基準適合証明をした旨の表示を付するものとする。

7　何人も、前項（第三十八条の十七第五項において準用する場合を含む。）又は第三十八条の十六第五項（第三十八条の十七第八項において準用する場合を含む。）の規定により表示を付する場合を除くほか、国内において無線設備にこれらの表示又はこれらと紛らわしい表示を付してはならない。

8　第六項（第三十八条の十七第五項において準用する場合を含む。）又は第三十八条の十六第五項（第三十八条の十七第八項において準用する場合を含む。）の規定により表示が付されている特定無線設備の変更の工事をした者は、総務省令で定める方法により、その表示を除去しなければならない。

9　総務大臣は、第一項の総務省令を制定し、又は改廃しようとするときは、通商産業大臣の意見を聴かなければならない。

10　総務大臣は、第四項の総務省令を制定し、又は改廃しようとするときは、通商産業大臣に協議しなければならない。

【　七十三次改正　】

電波法の一部を改正する法律（平成十五年六月六日法律第六十八号）

第三十八条の二の見出しを「（登録証明機関の登録）」に改め、同条第一項中「総務大臣は、」を削り、「第三章」を「前章」に、「を行い、又はその指定する者（以下「指定証明機関」という。）にこれを行わせ」を「の事業を行う者は、次に掲げる事業の区分（次項、第三十八条の五第一項、第三十八条の十、第三十八条の三十一第一項及び別表第三において単に「事業の区分」という。）ごとに、総務大臣の登録を受け」に改め、同項に次の各号を加える。

（追加された第一項第一号から第三号までの規定は、後掲の通り。）

第三十八条の二第二項及び第三項を次のように改める。
（改正後の第二項及び第三項の規定は、後掲の通り。）
第三十八条の二第四項から第八項までを削り、同条第九項を同条第四項とし、同条第十項を削る。

（登録証明機関の登録）

第三十八条の二　小規模な無線局に使用するための無線設備であつて総務省令で定めるもの（以下「特定無線設備」という。）について、前章に定める技術基準に適合していることの証明（以下「技術基準適合証明」という。）の事業を行う者は、次に掲げる事業の区分（次項、第三十八条の五第一項、第三十八条の十、第三十八条の三十一第一項及び別表第三において単に「事業の区分」という。）ごとに、総務大臣の登録を受けることができる。

一　第四条第二号又は第三号に規定する無線局に係る特定無線設備について技術基準適合証明を行う事業

二　包括免許に係る特定無線設備について技術基準適合証明を行う事業

三　前二号に掲げる特定無線設備以外の特定無線設備について技術基準適合証明を行う事業

2　前項の登録を受けようとする者は、総務省令で定めるところにより、次に掲げる事項を記載した申請書を総務大臣に提出しなければならない。

一　氏名又は名称及び住所並びに法人にあつては、その代表者の氏名

二　事業の区分

三　事務所の名称及び所在地

四　技術基準適合証明の審査に用いる測定器その他の設備の概要

五　第三十八条の八第二項の証明員の選任に関する事項

六　業務開始の予定期日

3　前項の申請書には、技術基準適合証明の業務の実施に関する計画を記載した書類その他総務省令で定める書類を添付しなければならない。

4　総務大臣は、第一項の総務省令を制定し、又は改廃しようとするときは、通商産業大臣の意見を聴かなければならない。

［注釈］第四項から第八項までが削られ、第九項が第四項となり、末項の第十項が削られた。

【八十九次改正】

放送法等の一部を改正する法律（平成二十二年十二月三日法律第六十五号）第三条

第三十八条の二第一項第二号中「包括免許」を「特定無線局（第二十七条の二第一号に掲げる無線局に係るものに限る。）」に改め、同条を第三十八条の二の二とする。

［注釈］この改正前の第三十八条の二は、第三十八条の二の二となった。ついては、改正後の条文については、同条の項を参照されたい。また、この改正において、新たに第三章中に第三十八条の二が設けられた。

第三十八条の二の二

【八十九次改正】

放送法等の一部を改正する法律（平成二十二年十二月三日法律第六十五号）第三条

第三十八条の二第一項第二号中「包括免許」を「特定無線局（第二十七条の二

第一号に掲げる無線局に係るものに限る。）」に改め、同条を第三十八条の二の二とする。

（登録証明機関の登録）

第三十八条の二の二　小規模な無線局に使用するための無線設備であつて総務省令で定めるもの（以下「特定無線設備」という。）について、前章に定める技術基準に適合していることの証明（以下「技術基準適合証明」という。）の事業を行う者は、次に掲げる事業の区分（次項、第三十八条の五第一項、第三十八条の十、第三十八条の三十一第一項及び別表第三において単に「事業の区分」という。）ごとに、総務大臣の登録を受けることができる。

一　第四条第二号又は第三号に規定する無線局に係る特定無線設備について技術基準適合証明を行う事業

二　特定無線局（第二十七条の二第一号に掲げる無線局に係るものに限る。）に係る特定無線設備について技術基準適合証明を行う事業

三　前二号に掲げる特定無線設備以外の特定無線設備について技術基準適合証明を行う事業

2　前項の登録を受けようとする者は、総務省令で定めるところにより、次に掲げる事項を記載した申請書を総務大臣に提出しなければならない。

一　氏名又は名称及び住所並びに法人にあつては、その代表者の氏名

二　事業の区分

三　事務所の名称及び所在地

四　技術基準適合証明の審査に用いる測定器その他の設備の概要

五　第三十八条の八第二項の証明員の選任に関する事項

六　業務開始の予定期日

3　前項の申請書には、技術基準適合証明の業務の実施に関する計画を記載した書類その他総務省令で定める書類を添付しなければならない。

4　総務大臣は、第一項の総務省令を制定し、又は改廃しようとするときは、通商産業大臣の意見を聴かなければならない。

［注釈］この改正により、第三十八条の二が第三十八条の二の二となった。ついては、この改正前の条文については、第三十八条の二の項を参照されたい。

【　百三次改正　】

電気通信事業法等の一部を改正する法律（平成二十七年五月二十二日法律第二十六号）第二条

第三十八条の二の二第一項第一号中「第四条第二号」を「第四条第一項第二号」に改める。

（登録証明機関の登録）

第三十八条の二の二　小規模な無線局に使用するための無線設備であつて総務省令で定めるもの（以下「特定無線設備」という。）について、前章に定める技術基準に適合していることの証明（以下「技術基準適合証明」という。）の事業を行う者は、次に掲げる事業の区分（次項、第三十八条の五第一項、第三十八条の十、第三十八条の三十一第一項及び別表第三において単に「事業の区分」という。）ごとに、総務大臣の登録を受けることができる。

一　第四条第一項第二号又は第三号に規定する無線局に係る特定無線設備について技術基準適合証明を行う事業

二　特定無線局（第二十七条の二第一号に掲げる無線局に係るものに限る。）に係る特定無線設備について技術基準適合証明を行う事業

三　前二号に掲げる特定無線設備以外の特定無線設備について技術基準適合証

明を行う事業

2　前項の登録を受けようとする者は、総務省令で定めるところにより、次に掲げる事項を記載した申請書を総務大臣に提出しなければならない。

一　氏名又は名称及び住所並びに法人にあつては、その代表者の氏名

二　事業の区分

三　事務所の名称及び所在地

四　技術基準適合証明の審査に用いる測定器その他の設備の概要

五　第三十八条の八第二項の証明員の選任に関する事項

六　業務開始の予定期日

3　前項の申請書には、技術基準適合証明の業務の実施に関する計画を記載した書類その他総務省令で定める書類を添付しなければならない。

4　総務大臣は、第一項の総務省令を制定し、又は改廃しようとするときは、通商産業大臣の意見を聴かなければならない。

第三十八条の三

【二十五次改正】

電波法の一部を改正する法律（昭和五十六年五月二十三日法律第四十九号）

第三章の次に次の一章を加える。

（追加された第三章の二中の第三十八条の三の規定は、後掲の条文の通り。）

（指定証明機関の指定の基準）

第三十八条の三　郵政大臣は、前条第二項の申請が次の各号に適合していると認めるときでなければ、指定証明機関の指定をしてはならない。

一　職員、設備、技術基準適合証明の業務の実施の方法その他の事項についての技術基準適合証明の業務の実施に関する計画が技術基準適合証明の業務の適正かつ確実な実施に適合したものであること。

二　前号の技術基準適合証明の業務の実施に関する計画を適正かつ確実に実施するに足りる財政的基礎を有するものであること。

三　技術基準適合証明の業務以外の業務を行つている場合には、その業務を行うことによつて技術基準適合証明が不公正になるおそれがないこと。

四　その指定をすることによつて申請に係る区分の技術基準適合証明の業務の適正かつ確実な実施を阻害することとならないこと。

2　郵政大臣は、前条第二項の申請をした者が、次の各号の一に該当するときは、指定証明機関の指定をしてはならない。

一　民法（明治二十九年法律第八十九号）第三十四条の規定により設立された法人以外の者であること。

二　この法律に規定する罪を犯して刑に処せられ、その執行を終わり、又はその執行を受けることがなくなつた日から二年を経過しない者であること。

三　第三十八条の十四第一項又は第二項の規定により指定を取り消され、その取消しの日から二年を経過しない者であること。

四　その役員のうちに、次のいずれかに該当する者があること。

イ　第二号に該当する者

ロ　第三十八条の六第三項の規定による命令により解任され、その解任の日から二年を経過しない者

【六十二次改正】

中央省庁等改革関係法施行法（平成十一年十二月二十二日法律第百六十号）第百九

十三条

本則（第九十九条の十二第二項を除く。）中「郵政大臣」を「総務大臣」に、「郵政省令」を「総務省令」に、「通商産業大臣」を「経済産業大臣」に、「建設大臣」を「国土交通大臣」に、「地方電気通信監理局長」を「総合通信局長」に、「沖縄郵政管理事務所長」を「沖縄総合通信事務所長」に改める。

（指定証明機関の指定の基準）

第三十八条の三　総務大臣は、前条第二項の申請が次の各号に適合していると認めるときでなければ、指定証明機関の指定をしてはならない。

一　職員、設備、技術基準適合証明の業務の実施の方法その他の事項についての技術基準適合証明の業務の実施に関する計画が技術基準適合証明の業務の適正かつ確実な実施に適合したものであること。

二　前号の技術基準適合証明の業務の実施に関する計画を適正かつ確実に実施するに足りる財政的基礎を有するものであること。

三　技術基準適合証明の業務以外の業務を行つている場合には、その業務を行うことによつて技術基準適合証明が不公正になるおそれがないこと。

四　その指定をすることによつて申請に係る区分の技術基準適合証明の業務の適正かつ確実な実施を阻害することとならないこと。

2　総務大臣は、前条第二項の申請をした者が、次の各号の一に該当するときは、指定証明機関の指定をしてはならない。

一　民法（明治二十九年法律第八十九号）第三十四条の規定により設立された法人以外の者であること。

二　この法律に規定する罪を犯して刑に処せられ、その執行を終わり、又はその執行を受けることがなくなつた日から二年を経過しない者であること。

三　第三十八条の十四第一項又は第二項の規定により指定を取り消され、その取消しの日から二年を経過しない者であること。

四　その役員のうちに、次のいずれかに該当する者があること。

イ　第二号に該当する者

ロ　第三十八条の六第三項の規定による命令により解任され、その解任の日から二年を経過しない者

【六十八次改正】

電波法の一部を改正する法律（平成十三年六月十五日法律第四十八号）

第三十八条の三第一項中「各号に」を「各号のいずれにも」に改め、同項第三号を次のように改める。

（改正後の第一項第三号の規定は、後掲の条文の通り。）

第三十八条の三第一項第四号を同項第五号とし、同項第三号の次に次の一号を加える。

（追加された第一項第四号の規定は、後掲の条文の通り。）

第三十八条の三第二項中「一に」を「いずれかに」に改め、第一号を削り、第二号を第一号とし、第三号を第二号とし、同号の次に次の一号を加える。

（追加された第二項第三号の規定は、後掲の条文の通り。）

第三十八条の三第二項第四号を削り、同条の次に次の一条を加える。

（指定証明機関の指定の基準）

第三十八条の三　総務大臣は、前条第二項の申請が次の各号のいずれにも適合していると認めるときでなければ、指定証明機関の指定をしてはならない。

一　職員、設備、技術基準適合証明の業務の実施の方法その他の事項についての技術基準適合証明の業務の実施に関する計画が技術基準適合証明の業務の適正かつ確実な実施に適合したものであること。

二　前号の技術基準適合証明の業務の実施に関する計画を適正かつ確実に実施するに足りる財政的基礎を有するものであること。

三　法人にあつては、その役員又は法人の種類に応じて総務省令で定める構成員の構成が技術基準適合証明の公正な実施に支障を及ぼすおそれがないものであること。

四　前号に定めるもののほか、技術基準適合証明が不公正になるおそれがないものとして、総務省令で定める基準に適合するものであること。

五　その指定をすることによつて申請に係る区分の技術基準適合証明の業務の適正かつ確実な実施を阻害することとならないこと。

2　総務大臣は、前条第二項の申請をした者が、次の各号のいずれかに該当するときは、指定証明機関の指定をしてはならない。

一　この法律に規定する罪を犯して刑に処せられ、その執行を終わり、又はその執行を受けることがなくなつた日から二年を経過しない者であること。

二　第三十八条の十四第一項又は第二項の規定により指定を取り消され、その取消しの日から二年を経過しない者であること。

三　法人であつて、その役員のうちに前二号のいずれかに該当する者があること。

［注釈］第二項第四号は削られた。

【　七十三次改正　】

電波法の一部を改正する法律（平成十五年六月六日法律第六十八号）

第三十八条の三を次のように改める。

（改正後の第三十八条の三の規定は、後掲の通り。）

（登録の基準）

第三十八条の三　総務大臣は、前条第一項の登録を申請した者（以下この項において「登録申請者」という。）が次の各号のいずれにも適合しているときは、その登録をしなければならない。

一　別表第四に掲げる条件のいずれかに適合する知識経験を有する者が技術基準適合証明を行うものであること。

二　別表第三の上欄に掲げる事業の区分に応じ、それぞれ同表の下欄に掲げる測定器その他の設備であつて、第二十四条の二第四項第二号イからニまでのいずれかに掲げる較正等を受けたもの（その較正等を受けた日の属する月の翌月の一日から起算して一年以内のものに限る。）を使用して技術基準適合証明を行うものであること。

三　登録申請者が、特定無線設備の製造業者、輸入業者又は販売業者（以下この号において「特定製造業者等」という。）に支配されているものとして次のいずれかに該当するものでないこと。

イ　登録申請者が株式会社又は有限会社である場合にあつては、特定製造業者等がその親会社（商法（明治三十二年法律第四十八号）第二百十一条ノ二第一項の親会社をいう。）であること。

ロ　登録申請者の役員（合名会社又は合資会社にあつては、業務執行権を有する社員）に占める特定製造業者等の役員又は職員（過去二年間に当該特定製造業者等の役員又は職員であつた者を含む。）の割合が二分の一を超えていること。

ハ　登録申請者（法人にあつては、その代表権を有する役員）が、特定製造業者等の役員又は職員（過去二年間に当該特定製造業者等の役員又は職員であつた者を含む。）であること。

2　第二十四条の二第五項及び第六項の規定は、前条第一項の登録について準用する。この場合において、第二十四条の二第五項第二号中「第二十四条の十又は第二十四条の十三第三項」とあるのは「第三十八条の十七第一項又は第二項（第三十八条の二十四第三項において準用する場合を含む。）」と、同条第六項中「前各項」とあるのは「前項、第三十八条の二第一項から第三項まで及び第三十八条の三第一項」と読み替えるものとする。

【 七十六次改正 】

電波法及び有線電気通信法の一部を改正する法律（平成十六年五月十九日法律第四十七号）第一条

第三十八条の三第一項第三号イ中「親会社をいう」の下に「。第七十一条の三の二第四項第四号イにおいて同じ」を加える。

（登録の基準）

第三十八条の三　総務大臣は、前条第一項の登録を申請した者（以下この項において「登録申請者」という。）が次の各号のいずれにも適合しているときは、その登録をしなければならない。

一　別表第四に掲げる条件のいずれかに適合する知識経験を有する者が技術基準適合証明を行うものであること。

二　別表第三の上欄に掲げる事業の区分に応じ、それぞれ同表の下欄に掲げる測定器その他の設備であつて、第二十四条の二第四項第二号イからニまでのいずれかに掲げる較正等を受けたもの（その較正等を受けた日の属する月の翌月の一日から起算して一年以内のものに限る。）を使用して技術基準適合証明を行うものであること。

三　登録申請者が、特定無線設備の製造業者、輸入業者又は販売業者（以下この号において「特定製造業者等」という。）に支配されているものとして次のいずれかに該当するものでないこと。

イ　登録申請者が株式会社又は有限会社である場合にあつては、特定製造業者等がその親会社（商法（明治三十二年法律第四十八号）第二百十一条ノ二第一項の親会社をいう。第七十一条の三の二第四項第四号イにおいて同じ。）であること。

ロ　登録申請者の役員（合名会社又は合資会社にあつては、業務執行権を有する社員）に占める特定製造業者等の役員又は職員（過去二年間に当該特定製造業者等の役員又は職員であつた者を含む。）の割合が二分の一を超えていること。

ハ　登録申請者（法人にあつては、その代表権を有する役員）が、特定製造業者等の役員又は職員（過去二年間に当該特定製造業者等の役員又は職員であつた者を含む。）であること。

2　第二十四条の二第五項及び第六項の規定は、前条第一項の登録について準用する。この場合において、第二十四条の二第五項第二号中「第二十四条の十又は第二十四条の十三第三項」とあるのは「第三十八条の十七第一項又は第二項（第三十八条の二十四第三項において準用する場合を含む。）」と、同条第六項中「前各項」とあるのは「前項、第三十八条の二第一項から第三項まで及び第三十八条の三第一項」と読み替えるものとする。

【 八十二次改正 】

会社法の施行に伴う関係法律の整備等に関する法律（平成十七年七月二十六日法律第八十七号）第二百五十四条

第三十八条の三第一項第三号イ中「又は有限会社」を削り、「親会社（商法（明治三十二年法律第四十八号）第二百十一条ノ二第一項の親会社」を「親法人（会社法（平成十七年法律第八十六号）第八百七十九条第一項に規定する親法人」に改め、同号ロ中「合名会社又は合資会社」を「持分会社（会社法第五百七十五条第一項に規定する持分会社をいう。第七十一条の三の二第四項第四号ロにおいて同じ。）」に、「業務執行権を有する」を「業務を執行する」に改める。

（登録の基準）

第三十八条の三　総務大臣は、前条第一項の登録を申請した者（以下この項において「登録申請者」という。）が次の各号のいずれにも適合しているときは、その登録をしなければならない。

一　別表第四に掲げる条件のいずれかに適合する知識経験を有する者が技術基準適合証明を行うものであること。

二　別表第三の上欄に掲げる事業の区分に応じ、それぞれ同表の下欄に掲げる測定器その他の設備であつて、第二十四条の二第四項第二号イからニまでのいずれかに掲げる較正等を受けたもの（その較正等を受けた日の属する月の翌月の一日から起算して一年以内のものに限る。）を使用して技術基準適合証明を行うものであること。

三　登録申請者が、特定無線設備の製造業者、輸入業者又は販売業者（以下この号において「特定製造業者等」という。）に支配されているものとして次のいずれかに該当するものでないこと。

イ　登録申請者が株式会社である場合にあつては、特定製造業者等がその親法人（会社法（平成十七年法律第八十六号）第八百七十九条第一項に規定する親法人をいう。第七十一条の三の二第四項第四号イにおいて同じ。）であること。

ロ　登録申請者の役員（持分会社（会社法第五百七十五条第一項に規定する持分会社をいう。第七十一条の三の二第四項第四号ロにおいて同じ。）にあつては、業務を執行する社員）に占める特定製造業者等の役員又は職員（過去二年間に当該特定製造業者等の役員又は職員であつた者を含む。）の割合が二分の一を超えていること。

ハ　登録申請者（法人にあつては、その代表権を有する役員）が、特定製造業者等の役員又は職員（過去二年間に当該特定製造業者等の役員又は職員であつた者を含む。）であること。

2　第二十四条の二第五項及び第六項の規定は、前条第一項の登録について準用する。この場合において、第二十四条の二第五項第二号中「第二十四条の十又は第二十四条の十三第三項」とあるのは「第三十八条の十七第一項又は第二項（第三十八条の二十四第三項において準用する場合を含む。）」と、同条第六項中「前各項」とあるのは「前項、第三十八条の二第一項から第三項まで及び第三十八条の三第一項」と読み替えるものとする。

【八十九次改正】

放送法等の一部を改正する法律（平成二十二年十二月三日法律第六十五号）第三条

第三十八条の三第二項中「第三十八条の二第一項」を「第三十八条の二の二第一項」に改める。

（登録の基準）

第三十八条の三　総務大臣は、前条第一項の登録を申請した者（以下この項において「登録申請者」という。）が次の各号のいずれにも適合しているときは、その登録をしなければならない。

一　別表第四に掲げる条件のいずれかに適合する知識経験を有する者が技術基準適合証明を行うものであること。

二　別表第三の上欄に掲げる事業の区分に応じ、それぞれ同表の下欄に掲げる測定器その他の設備であつて、第二十四条の二第四項第二号イからニまでのいずれかに掲げる較正等を受けたもの（その較正等を受けた日の属する月の翌月の一日から起算して一年以内のものに限る。）を使用して技術基準適合証明を行うものであること。

三　登録申請者が、特定無線設備の製造業者、輸入業者又は販売業者（以下この号において「特定製造業者等」という。）に支配されているものとして次のいずれかに該当するものでないこと。

イ　登録申請者が株式会社である場合にあつては、特定製造業者等がその親法人（会社法（平成十七年法律第八十六号）第八百七十九条第一項に規定する親法人をいう。第七十一条の三の二第四項第四号イにおいて同じ。）であること。

ロ　登録申請者の役員（持分会社（会社法第五百七十五条第一項に規定する持分会社をいう。第七十一条の三の二第四項第四号ロにおいて同じ。）にあつては、業務を執行する社員）に占める特定製造業者等の役員又は職員（過去二年間に当該特定製造業者等の役員又は職員であつた者を含む。）の割合が二分の一を超えていること。

ハ　登録申請者（法人にあつては、その代表権を有する役員）が、特定製造業者等の役員又は職員（過去二年間に当該特定製造業者等の役員又は職員であつた者を含む。）であること。

2　第二十四条の二第五項及び第六項の規定は、前条第一項の登録について準用する。この場合において、第二十四条の二第五項第二号中「第二十四条の十又は第二十四条の十三第三項」とあるのは「第三十八条の十七第一項又は第二項（第三十八条の二十四第三項において準用する場合を含む。）」と、同条第六項中「前各項」とあるのは「前項、第三十八条の二の二第一項から第三項まで及び第三十八条の三第一項」と読み替えるものとする。

【百四次改正】

電波法及び電気通信事業法等の一部を改正する法律（平成二十九年五月十二日法律第二十七号）第一条

第三十八条の三第一項第二号中「一年」の下に「（技術基準適合証明を行うのに優れた性能を有する測定器その他の設備として総務省令で定める測定器その他の設備に該当するものにあつては、当該測定器その他の設備の区分に応じ、一年を超え三年を超えない範囲内で総務省令で定める期間）」を加え、同項第三号イ中「にあつては」を「には」に改める。

（登録の基準）

第三十八条の三　総務大臣は、前条第一項の登録を申請した者（以下この項において「登録申請者」という。）が次の各号のいずれにも適合しているときは、その登録をしなければならない。

一　別表第四に掲げる条件のいずれかに適合する知識経験を有する者が技術基準適合証明を行うものであること。

二　別表第三の上欄に掲げる事業の区分に応じ、それぞれ同表の下欄に掲げる測定器その他の設備であつて、第二十四条の二第四項第二号イからニまでのいずれかに掲げる較正等を受けたもの（その較正等を受けた日の属する月の翌月の一日から起算して一年（技術基準適合証明を行うのに優れた性能を有する測定器その他の設備として総務省令で定める測定器その他の設備に該当するものにあつては、当該測定器その他の設備の区分に応じ、一年を超え三年を超えない範囲内で総務省令で定める期間）以内のものに限る。）を使用して技術基準適合証明を行うものであること。

三　登録申請者が、特定無線設備の製造業者、輸入業者又は販売業者（以下この号において「特定製造業者等」という。）に支配されているものとして次のいずれかに該当するものでないこと。

イ　登録申請者が株式会社である場合には、特定製造業者等がその親法人（会社法（平成十七年法律第八十六号）第八百七十九条第一項に規定する親法人をいう。第七十一条の三の二第四項第四号イにおいて同じ。）であること。

ロ　登録申請者の役員（持分会社（会社法第五百七十五条第一項に規定する持分会社をいう。第七十一条の三の二第四項第四号ロにおいて同じ。）にあつては、業務を執行する社員）に占める特定製造業者等の役員又は職員（過去二年間に当該特定製造業者等の役員又は職員であつた者を含む。）の割合が二分の一を超えていること。

ハ　登録申請者（法人にあつては、その代表権を有する役員）が、特定製造業者等の役員又は職員（過去二年間に当該特定製造業者等の役員又は職員であつた者を含む。）であること。

2　第二十四条の二第五項及び第六項の規定は、前条第一項の登録について準用する。この場合において、第二十四条の二第五項第二号中「第二十四条の十又は第二十四条の十三第三項」とあるのは「第三十八条の十七第一項又は第二項（第三十八条の二十四第三項において準用する場合を含む。）」と、同条第六項中「前各項」とあるのは「前項、第三十八条の二の二第一項から第三項まで及び第三十八条の三第一項」と読み替えるものとする。

［注釈］この改正は、本書収録の基準日である平成二十九年六月十八日において未施行である。

第三十八条の三の二

【　六十八次改正　】

電波法の一部を改正する法律（平成十三年六月十五日法律第四十八号）

第三十八条の三第二項第四号を削り、同条の次に次の一条を加える。
（追加された第三十八条の三の二の規定は、後掲の条文の通り。）

（指定の更新）

第三十八条の三の二　指定証明機関の指定は、五年以上十年以内において政令で定める期間ごとにその更新を受けなければ、その期間の経過によつて、その効力を失う。

2　第三十八条の二第二項及び前条の規定は、前項の指定の更新に準用する。

【　七十三次改正　】

電波法の一部を改正する法律（平成十五年六月六日法律第六十八号）

第三十八条の三の二を第三十八条の四とする。

［注釈］第三十八条の四に繰り下げられたことにより、第三十八条の三の二は、無くなった。

第三十八条の四

【　二十五次改正　】

電波法の一部を改正する法律（昭和五十六年五月二十三日法律第四十九号）

第三章の次に次の一章を加える。

（追加された第三章の二中の第三十八条の四の規定は、後掲の条文の通り。）

（指定の公示等）

第三十八条の四　郵政大臣は、指定証明機関の指定をしたときは、指定証明機関の名称及び住所、指定に係る区分、技術基準適合証明の業務を行う事務所の所在地並びに技術基準適合証明の業務の開始の日を公示しなければならない。

2　指定証明機関は、その名称若しくは住所又は技術基準適合証明の業務を行う事務所の所在地を変更しようとするときは、変更しようとする日の二週間前までに、その旨を郵政大臣に届け出なければならない。

3　郵政大臣は、前項の規定による届出があつたときは、その旨を公示しなければならない。

【　六十二次改正　】

中央省庁等改革関係法施行法（平成十一年十二月二十二日法律第百六十号）第百九十三条

本則（第九十九条の十二第二項を除く。）中「郵政大臣」を「総務大臣」に、「郵政省令」を「総務省令」に、「通商産業大臣」を「経済産業大臣」に、「建設大臣」を「国土交通大臣」に、「地方電気通信監理局長」を「総合通信局長」に、「沖縄郵政管理事務所長」を「沖縄総合通信事務所長」に改める。

（指定の公示等）

第三十八条の四　総務大臣は、指定証明機関の指定をしたときは、指定証明機関の名称及び住所、指定に係る区分、技術基準適合証明の業務を行う事務所の所在地並びに技術基準適合証明の業務の開始の日を公示しなければならない。

2　指定証明機関は、その名称若しくは住所又は技術基準適合証明の業務を行う事務所の所在地を変更しようとするときは、変更しようとする日の二週間前までに、その旨を総務大臣に届け出なければならない。

3　総務大臣は、前項の規定による届出があつたときは、その旨を公示しなければならない。

【　七十三次改正　】

電波法の一部を改正する法律（平成十五年六月六日法律第六十八号）

第三十八条の四の見出し中「指定」を「登録」に改め、同条第一項中「指定証明機関の指定」を「第三十八条の二第一項の登録」に、「指定証明機関の名称」を「同項の登録を受けた者（以下「登録証明機関」という。）の氏名又は名称」に、「、指定に係る」を「並びに登録に係る事業の」に、「並びに」を「及び」に改め、同条第二項中「指定証明機関は、その名称若しくは住所又は技術基準適合証明の業務を行う事務所の所在地」を「登録証明機関は、第三十八条の二第二項第一号又は第三号に掲げる事項」に改め、同条を第三十八条の五とし、同条の次に次の二条を加える。

第三十八条の三の二の見出し中「指定」を「登録」に改め、同条第一項中「指定証明機関の指定」を「第三十八条の二第一項の登録」に改め、同条第二項中「第三十八条の二第二項及び前条」を「第二十四条の二第五項及び第六項、第三十八条の二第二項及び第三項並びに前条第一項」に、「指定」を「登録」に、「準用」を「ついて準用」に改め、同項に後段として次のように加える。

（追加された第二項後段の規定は、後掲の条文の通り。）

第三十八条の三の二を第三十八条の四とする。

（登録の更新）

第三十八条の四　第三十八条の二第一項の登録は、五年以上十年以内において政令で定める期間ごとにその更新を受けなければ、その期間の経過によって、その効力を失う。

2　第二十四条の二第五項及び第六項、第三十八条の二第二項及び第三項並びに前条第一項の規定は、前項の登録の更新について準用する。この場合において、第二十四条の二第五項第二号中「第二十四条の十又は第二十四条の十三第三項」とあるのは「第三十八条の十七第一項又は第二項（第三十八条の二十四第三項において準用する場合を含む。）」と、同条第六項中「前各項」とあるのは「前項、第三十八条の二第一項から第三項まで及び第三十八条の三第一項」と読み替えるものとする。

［注釈］改正前の第三十八条の四は、一部が改正されて第三十八条の五に繰り下げられたので、改正後の規定及び以降の改正経緯に関しては同条の項を参照されたい。前掲の条文は、この改正において、第三十八条の三の二が一部改正されて第三十八条の四に繰り下げられた規定である。

【八十九次改正】

放送法等の一部を改正する法律（平成二十二年十二月三日法律第六十五号）第三条

第三十八条の四第一項中「第三十八条の二第一項」を「第三十八条の二の二第一項」に改め、同条第二項中「第三十八条の二第二項」を「第三十八条の二の二第二項」に、「第三十八条の二第一項」を「第三十八条の二の二第一項」に改める。

（登録の更新）

第三十八条の四　第三十八条の二の二第一項の登録は、五年以上十年以内において政令で定める期間ごとにその更新を受けなければ、その期間の経過によって、その効力を失う。

2　第二十四条の二第五項及び第六項、第三十八条の二の二第二項及び第三項並びに前条第一項の規定は、前項の登録の更新について準用する。この場合において、第二十四条の二第五項第二号中「第二十四条の十又は第二十四条の十三第三項」とあるのは「第三十八条の十七第一項又は第二項（第三十八条の二十四第三項において準用する場合を含む。）」と、同条第六項中「前各項」とあるのは「前項、第三十八条の二の二第一項から第三項まで及び第三十八条の三第一項」と読み替えるものとする。

第三十八条の五

【二十五次改正】

電波法の一部を改正する法律（昭和五十六年五月二十三日法律第四十九号）

第三章の次に次の一章を加える。

（追加された第三章の二中の第三十八条の五の規定は、後掲の条文の通り。）

（技術基準適合証明の義務等）

第三十八条の五　指定証明機関は、技術基準適合証明を行うべきことを求められたときは、正当な理由がある場合を除き、遅滞なく技術基準適合証明のための審査を行わなければならない。

2　指定証明機関は、技術基準適合証明を行うときは、郵政省令で定める測定器その他の設備を使用し、かつ、郵政省令で定める要件を備える者（以下「証明員」という。）にその審査を行わせなければならない。

【六十二次改正】

中央省庁等改革関係法施行法（平成十一年十二月二十二日法律第百六十号）第百九十三条

本則（第九十九条の十二第二項を除く。）中「郵政大臣」を「総務大臣」に、「郵政省令」を「総務省令」に、「通商産業大臣」を「経済産業大臣」に、「建設大臣」を「国土交通大臣」に、「地方電気通信監理局長」を「総合通信局長」に、「沖縄郵政管理事務所長」を「沖縄総合通信事務所長」に改める。

（技術基準適合証明の義務等）

第三十八条の五　指定証明機関は、技術基準適合証明を行うべきことを求められたときは、正当な理由がある場合を除き、遅滞なく技術基準適合証明のための審査を行わなければならない。

2　指定証明機関は、技術基準適合証明を行うときは、総務省令で定める測定器その他の設備を使用し、かつ、総務省令で定める要件を備える者（以下「証明員」という。）にその審査を行わせなければならない。

【七十三次改正】

電波法の一部を改正する法律（平成十五年六月六日法律第六十八号）

第三十八条の五第一項中「指定証明機関は、」を「登録証明機関は、その登録に係る」に改め、同条第二項中「指定証明機関は、技術基準適合証明」を「登録証明機関は、前項の審査」に、「は、総務省令で定める」を「は、別表第三の下欄に掲げる」に、「設備」を「設備であつて、第二十四条の二第四項第二号イからニまでのいずれかに掲げる較正等を受けたもの（その較正等を受けた日の属する月の翌月の一日から起算して一年以内のものに限る。）」に、「総務省令で定める要件を備える」を「別表第四に掲げる条件に適合する知識経験を有する」に改め、「その審査を」を削り、同条を第三十八条の八とする。

第三十八条の四の見出し中「指定」を「登録」に改め、同条第一項中「指定証明機関の指定」を「第三十八条の二第一項の登録」に、「指定証明機関の名称」を「同項の登録を受けた者（以下「登録証明機関」という。）の氏名又は名称」に、「、指定に係る」を「並びに登録に係る事業の」に、「並びに」を「及び」に改め、同条第二項中「指定証明機関は、その名称若しくは住所又は技術基準適合証明の業務を行う事務所の所在地」を「登録証明機関は、第三十八条の二第二項第一号又は第三号に掲げる事項」に改め、同条を第三十八条の五とし、同条の次に次の二条を加える。

（登録の公示等）

第三十八条の五　総務大臣は、第三十八条の二第一項の登録をしたときは、同項の登録を受けた者（以下「登録証明機関」という。）の氏名又は名称及び住所並びに登録に係る事業の区分、技術基準適合証明の業務を行う事務所の所在地及び技術基準適合証明の業務の開始の日を公示しなければならない。

2　登録証明機関は、第三十八条の二第二項第一号又は第三号に掲げる事項を変更しようとするときは、変更しようとする日の二週間前までに、その旨を総務大臣に届け出なければならない。

3　総務大臣は、前項の規定による届出があつたときは、その旨を公示しなければならない。

[注釈]改正前の第三十八条の五は、一部が改正されて第三十八条の八に繰り下げられたので、改正後の規定及び以降の改正経緯に関しては同条の項を参照されたい。前掲の条文は、この改正において、第三十八条の四が一部改正されて第三十八条の五に繰り下げられた規定である。

【八十九次改正】

放送法等の一部を改正する法律（平成二十二年十二月三日法律第六十五号）第三条

第三十八条の五第一項中「第三十八条の二第一項」を「第三十八条の二の二第一項」に改め、同条第二項中「第三十八条の二第二項第一号」を「第三十八条の二の二第二項第一号」に改める。

（登録の公示等）

第三十八条の五　総務大臣は、第三十八条の二の二第一項の登録をしたときは、同項の登録を受けた者（以下「登録証明機関」という。）の氏名又は名称及び住所並びに登録に係る事業の区分、技術基準適合証明の業務を行う事務所の所在地及び技術基準適合証明の業務の開始の日を公示しなければならない。

2　登録証明機関は、第三十八条の二の二第二項第一号又は第三号に掲げる事項を変更しようとするときは、変更しようとする日の二週間前までに、その旨を総務大臣に届け出なければならない。

3　総務大臣は、前項の規定による届出があつたときは、その旨を公示しなければならない。

【九十七次改正】

電波法の一部を改正する法律（平成二十六年四月二十三日法律第二十六号）

第三十八条の五第三項中「届出」の下に「（登録を受けた者の氏名若しくは名称若しくは住所又は技術基準適合証明の業務を行う事務所の所在地の変更に係るものに限る。）」を加える。

（登録の公示等）

第三十八条の五　総務大臣は、第三十八条の二の二第一項の登録をしたときは、同項の登録を受けた者（以下「登録証明機関」という。）の氏名又は名称及び住所並びに登録に係る事業の区分、技術基準適合証明の業務を行う事務所の所在地及び技術基準適合証明の業務の開始の日を公示しなければならない。

2　登録証明機関は、第三十八条の二の二第二項第一号又は第三号に掲げる事項を変更しようとするときは、変更しようとする日の二週間前までに、その旨を総務大臣に届け出なければならない。

3　総務大臣は、前項の規定による届出（登録を受けた者の氏名若しくは名称若しくは住所又は技術基準適合証明の業務を行う事務所の所在地の変更に係るものに限る。）があつたときは、その旨を公示しなければならない。

第三十八条の六

【二十五次改正】

電波法の一部を改正する法律（昭和五十六年五月二十三日法律第四十九号）

第三章の次に次の一章を加える。

（追加された第三章の二中の第三十八条の六の規定は、後掲の条文の通り。）

（役員等の選任及び解任）

第三十八条の六　指定証明機関の役員の選任及び解任は、郵政大臣の認可を受けなければ、その効力を生じない。

2　指定証明機関は、証明員を選任し、又は解任したときは、遅滞なくその旨を郵政大臣に届け出なければならない。

3　郵政大臣は、指定証明機関の役員又は証明員が、この法律、この法律に基づく命令若しくはこれらに基づく処分又は第三十八条の八第一項の業務規程に違反したときは、その指定証明機関に対し、その役員又は証明員を解任すべきことを命ずることができる。

【　六十二次改正　】

中央省庁等改革関係法施行法（平成十一年十二月二十二日法律第百六十号）第百九十三条

本則（第九十九条の十二第二項を除く。）中「郵政大臣」を「総務大臣」に、「郵政省令」を「総務省令」に、「通商産業大臣」を「経済産業大臣」に、「建設大臣」を「国土交通大臣」に、「地方電気通信監理局長」を「総合通信局長」に、「沖縄郵政管理事務所長」を「沖縄総合通信事務所長」に改める。

（役員等の選任及び解任）

第三十八条の六　指定証明機関の役員の選任及び解任は、総務大臣の認可を受けなければ、その効力を生じない。

2　指定証明機関は、証明員を選任し、又は解任したときは、遅滞なくその旨を総務大臣に届け出なければならない。

3　総務大臣は、指定証明機関の役員又は証明員が、この法律、この法律に基づく命令若しくはこれらに基づく処分又は第三十八条の八第一項の業務規程に違反したときは、その指定証明機関に対し、その役員又は証明員を解任すべきことを命ずることができる。

【　六十八次改正　】

電波法の一部を改正する法律（平成十三年六月十五日法律第四十八号）

第三十八条の六第一項を削り、同条第二項中「証明員」を「役員又は証明員」に改め、同項を同条第一項とし、同条第三項中「役員又は」を削り、同項を同条第二項とする。

（役員等の選任及び解任）

第三十八条の六　指定証明機関は、役員又は証明員を選任し、又は解任したときは、遅滞なくその旨を総務大臣に届け出なければならない。

2　総務大臣は、指定証明機関の証明員が、この法律、この法律に基づく命令若しくはこれらに基づく処分又は第三十八条の八第一項の業務規程に違反したときは、その指定証明機関に対し、その証明員を解任すべきことを命ずることができる。

［注釈］第一項が削られ、第二項及び第三項が一項ずつ繰り上げられた。

【　七十三次改正　】

電波法の一部を改正する法律（平成十五年六月六日法律第六十八号）

第三十八条の六第一項中「指定証明機関」を「登録証明機関」に改め、同条第二項を削り、同条を第三十八条の九とする。

第三十八条の四の見出し中「指定」を「登録」に改め、同条第一項中「指定証明機関の指定」を「第三十八条の二第一項の登録」に、「指定証明機関の名称」を「同項の登録を受けた者（以下「登録証明機関」という。）の氏名又は名称」に、「、指定に係る」を「並びに登録に係る事業の」に、「並びに」を「及び」に改め、同条第二項中「指定証明機関は、その名称若しくは住所又は技術基準適合証明の業務を行う事務所の所在地」を「登録証明機関は、第三十八条の二第二項第一号又は第三号に掲げる事項」に改め、同条を第三十八条の五とし、同条の次に次の二条を加える。

（追加された第三十八条の六の規定は、後掲の条文の通り。）

（技術基準適合証明等）

第三十八条の六　登録証明機関は、その登録に係る技術基準適合証明を受けようとする者から求めがあつた場合には、総務省令で定めるところにより審査を行い、当該求めに係る特定無線設備が前章に定める技術基準に適合していると認めるときに限り、技術基準適合証明を行うものとする。

2　登録証明機関は、その登録に係る技術基準適合証明をしたときは、技術基準適合証明を受けた特定無線設備の種別その他総務省令で定める事項を総務大臣に報告しなければならない。

3　総務大臣は、前項の報告を受けたときは、総務省令で定めるところにより、その旨を公示しなければならない。

4　総務大臣は、第一項の総務省令を制定し、又は改廃しようとするときは、経済産業大臣に協議しなければならない。

[注釈]改正前の第三十八条の六は、一部が改正されて第三十八条の八に繰り下げられたので、改正後の規定及び以降の改正経緯に関しては同条の項を参照されたい。

前掲の条文は、この繰り下げの後に、新たに置かれた第三十八条の六の規定である。

【八十九次改正】

放送法等の一部を改正する法律（平成二十二年十二月三日法律第六十五号）第三条

第三十八条の六第二項中「技術基準適合証明を受けた特定無線設備の種別その他総務省令で定める」を「総務省令で定めるところにより、次に掲げる」に改め、同項に次の各号を加える。

（追加された第二項各号の規定は、後掲の条文の通り。）

第三十八条の六第四項を同条第五項とし、同条第三項中「前項の」を「第二項の規定による」に改め、同項に後段として次のように加える。

（追加された第三項（改正後の第四項）後段の規定は、後掲の条文の通り。）

第三十八条の六中第三項を第四項とし、第二項の次に次の一項を加える。

（追加された第三項の規定は、後掲の条文の通り。）

（技術基準適合証明等）

第三十八条の六　登録証明機関は、その登録に係る技術基準適合証明を受けようとする者から求めがあつた場合には、総務省令で定めるところにより審査を行い、当該求めに係る特定無線設備が前章に定める技術基準に適合していると認めるときに限り、技術基準適合証明を行うものとする。

2　登録証明機関は、その登録に係る技術基準適合証明をしたときは、総務省令で定めるところにより、次に掲げる事項を総務大臣に報告しなければならない。

一　技術基準適合証明を受けた者の氏名又は名称及び住所並びに法人にあつては、その代表者の氏名

二　技術基準適合証明を受けた特定無線設備の種別

三　その他総務省令で定める事項

3　技術基準適合証明を受けた者は、前項第一号に掲げる事項に変更があつたときは、総務省令で定めるところにより、遅滞なく、その旨を総務大臣に届け出なければならない。

4　総務大臣は、第二項の規定による報告を受けたときは、総務省令で定めるところにより、その旨を公示しなければならない。前項の規定による届出があつた場合において、その公示した事項に変更があつたときも、同様とする。

5　総務大臣は、第一項の総務省令を制定し、又は改廃しようとするときは、経済

産業大臣に協議しなければならない。

第三十八条の七

【二十五次改正】

電波法の一部を改正する法律（昭和五十六年五月二十三日法律第四十九号）

第三章の次に次の一章を加える。

（追加された第三章の二中の第三十八条の七の規定は、後掲の条文の通り。）

（秘密保持義務等）

第三十八条の七　指定証明機関の役員若しくは職員（証明員を含む。）又はこれらの職にあつた者は、技術基準適合証明の業務に関して知り得た秘密を漏らしてはならない。

2　技術基準適合証明の業務に従事する指定証明機関の役員及び職員（証明員を含む。）は、刑法（明治四十年法律第四十五号）その他の罰則の適用については、法令により公務に従事する職員とみなす。

【六十八次改正】

電波法の一部を改正する法律（平成十三年六月十五日法律第四十八号）

第三十八条の七第一項中「役員」の下に「（法人でない指定証明機関にあつては、指定証明機関の指定を受けた者。次項並びに第百十条の二及び第百十三条の二において同じ。）」を加える。

（秘密保持義務等）

第三十八条の七　指定証明機関の役員（法人でない指定証明機関にあつては、指定証明機関の指定を受けた者。次項並びに第百十条の二及び第百十三条の二において同じ。）若しくは職員（証明員を含む。）又はこれらの職にあつた者は、技術基準適合証明の業務に関して知り得た秘密を漏らしてはならない。

2　技術基準適合証明の業務に従事する指定証明機関の役員及び職員（証明員を含む。）は、刑法（明治四十年法律第四十五号）その他の罰則の適用については、法令により公務に従事する職員とみなす。

【七十三次改正】

電波法の一部を改正する法律（平成十五年六月六日法律第六十八号）

第三十八条の七を削る。

第三十八条の四の見出し中「指定」を「登録」に改め、同条第一項中「指定証明機関の指定」を「第三十八条の二第一項の登録」に、「指定証明機関の名称」を「同項の登録を受けた者（以下「登録証明機関」という。）の氏名又は名称」に、「、指定に係る」を「並びに登録に係る事業の」に、「並びに」を「及び」に改め、同条第二項中「指定証明機関は、その名称若しくは住所又は技術基準適合証明の業務を行う事務所の所在地」を「登録証明機関は、第三十八条の二第二項第一号又は第三号に掲げる事項」に改め、同条を第三十八条の五とし、同条の次に次の二条を加える。

（追加された第三十八条の七の規定は、後掲の条文の通り。）

（表示）

第三十八条の七　登録証明機関は、その登録に係る技術基準適合証明をしたときは、総務省令で定めるところにより、その特定無線設備に技術基準適合証明をした旨の表示を付さなければならない。

2　何人も、前項（第三十八条の三十一第四項において準用する場合を含む。）、第三十八条の二十六（第三十八条の三十一第六項において準用する場合を含む。）又は第三十八条の三十五の規定により表示を付する場合を除くほか、国内において無線設備にこれらの表示又はこれらと紛らわしい表示を付してはならない。

3　第一項（第三十八条の三十一第四項において準用する場合を含む。）、第三十八条の二十六（第三十八条の三十一第六項において準用する場合を含む。）又は第三十八条の三十五の規定により表示が付されている特定無線設備の変更の工事をした者は、総務省令で定める方法により、その表示を除去しなければならない。

［注釈］前掲の条文は、改正前の第三十八条の七が削られた後に、新たに置かれた第三十八条の七の規定である。

【　九十七次改正　】

電波法の一部を改正する法律（平成二十六年四月二十三日法律第二十六号）

第三十八条の七第三項中「又は第三十八条の三十五」を「若しくは第三十八条の三十五又は第三十八条の四十四第三項」に改め、「その表示」の下に「（第二項の規定により適合表示無線設備を組み込んだ製品に付された表示を含む。）」を加え、同項を同条第四項とし、同条第二項中「前項（第三十八条の三十一第四項において準用する場合を含む。）、第三十八条の二十六（第三十八条の三十一第六項において準用する場合を含む。）又は第三十八条の三十五」を「第一項（第三十八条の三十一第四項において準用する場合を含む。）、第三十八条の二十六（第三十八条の三十一第六項において準用する場合を含む。）、前項、第三十八条の三十五又は第三十八条の四十四第三項」に改め、「無線設備」の下に「又は無線設備を組み込んだ製品」を加え、同項を同条第三項とし、同条第一項の次に次の一項を加える。

（追加された第二項の規定は、後掲の条文の通り。）

（表示）

第三十八条の七　登録証明機関は、その登録に係る技術基準適合証明をしたときは、総務省令で定めるところにより、その特定無線設備に技術基準適合証明をした旨の表示を付さなければならない。

2　適合表示無線設備を組み込んだ製品を取り扱うことを業とする者は、総務省令で定めるところにより、製品に組み込まれた適合表示無線設備に付されている表示と同一の表示を当該製品に付することができる。

3　何人も、第一項（第三十八条の三十一第四項において準用する場合を含む。）、前項、第三十八条の二十六（第三十八条の三十一第六項において準用する場合を含む。）、第三十八条の三十五又は第三十八条の四十四第三項の規定により表示を付する場合を除くほか、国内において無線設備又は無線設備を組み込んだ製品にこれらの表示又はこれらと紛らわしい表示を付してはならない。

4　第一項（第三十八条の三十一第四項において準用する場合を含む。）、第三十八条の二十六（第三十八条の三十一第六項において準用する場合を含む。）若しくは第三十八条の三十五又は第三十八条の四十四第三項の規定により表示が付されている特定無線設備の変更の工事をした者は、総務省令で定める方法により、その表示（第二項の規定により適合表示無線設備を組み込んだ製品に付された表示を含む。）を除去しなければならない。

［注釈］前掲の改正文中、傍線を付していない部分は平成二十六年九月一日から施行され（改正法附則第一条第二号）、傍線を付した部分は平成二十七年四月一日から

施行された（改正法附則第一条第三号）。よって、平成二十六年九月一日における改正後の条文は、次のとおりである。改正文中「第三十八条の七第三項中「又は第三十八条の三十五」を「若しくは第三十八条の三十五又は第三十八条の四十四第三項」に改め」とあるが、この改正規定が施行される段階では、第四項の改正となっている。

（表示）

第三十八条の七　登録証明機関は、その登録に係る技術基準適合証明をしたときは、総務省令で定めるところにより、その特定無線設備に技術基準適合証明をした旨の表示を付さなければならない。

2　適合表示無線設備を組み込んだ製品を取り扱うことを業とする者は、総務省令で定めるところにより、製品に組み込まれた適合表示無線設備に付されている表示と同一の表示を当該製品に付することができる。

3　何人も、第一項（第三十八条の三十一第四項において準用する場合を含む。）、前項、第三十八条の二十六（第三十八条の三十一第六項において準用する場合を含む。）、第三十八条の三十五又は第三十八条の四十四第三項の規定により表示を付する場合を除くほか、国内において無線設備又は無線設備を組み込んだ製品にこれらの表示又はこれらと紛らわしい表示を付してはならない。

4　第一項（第三十八条の三十一第四項において準用する場合を含む。）、第三十八条の二十六（第三十八条の三十一第六項において準用する場合を含む。）又は第三十八条の三十五の規定により表示が付されている特定無線設備の変更の工事をした者は、総務省令で定める方法により、その表示（第二項の規定により適合表示無線設備を組み込んだ製品に付された表示を含む。）を除去しなければならない。

第三十八条の八

【二十五次改正】

電波法の一部を改正する法律（昭和五十六年五月二十三日法律第四十九号）

第三章の次に次の一章を加える。
（追加された第三章の二中の第三十八条の八の規定は、後掲の条文の通り。）

（業務規程）

第三十八条の八　指定証明機関は、郵政省令で定める技術基準適合証明の業務の実施に関する事項について業務規程を定め、郵政大臣の認可を受けなければならない。これを変更しようとするときも、同様とする。

2　郵政大臣は、前項の認可をした業務規程が技術基準適合証明の業務の適正かつ確実な実施上不適当となつたと認めるときは、指定証明機関に対し、これを変更すべきことを命ずることができる。

【六十二次改正】

中央省庁等改革関係法施行法（平成十一年十二月二十二日法律第百六十号）第百九十三条

本則（第九十九条の十二第二項を除く。）中「郵政大臣」を「総務大臣」に、「郵政省令」を「総務省令」に、「通商産業大臣」を「経済産業大臣」に、「建設大臣」を「国土交通大臣」に、「地方電気通信監理局長」を「総合通信局長」に、「沖縄郵政管理事務所長」を「沖縄総合通信事務所長」に改める。

（業務規程）

第三十八条の八　指定証明機関は、総務省令で定める技術基準適合証明の業務の実施に関する事項について業務規程を定め、総務大臣の認可を受けなければならない。これを変更しようとするときも、同様とする。

2　総務大臣は、前項の認可をした業務規程が技術基準適合証明の業務の適正かつ確実な実施上不適当となつたと認めるときは、指定証明機関に対し、これを変更すべきことを命ずることができる。

【七十三次改正】

電波法の一部を改正する法律（平成十五年六月六日法律第六十八号）

第三十八条の八第一項中「指定証明機関は、総務省令で定める」を「登録証明機関は、その登録に係る事業の区分、」に、「に関する」を「の方法その他の総務省令で定める」に、「総務大臣の許可を受け」を「当該業務の開始前に、総務大臣に届け出」に改め、同条第二項を削り、同条を第三十八条の十とし、同条の次に次の一条を加える。

第三十八条の五第一項中「指定証明機関は、」を「登録証明機関は、その登録に係る」に改め、同条第二項中「指定証明機関は、技術基準適合証明」を「登録証明機関は、前項の審査」に、「は、総務省令で定める」を「は、別表第三の下欄に掲げる」に、「設備」を「設備であつて、第二十四条の二第四項第二号イからニまでのいずれかに掲げる較正等を受けたもの（その較正等を受けた日の属する月の翌月の一日から起算して一年以内のものに限る。）」に、「総務省令で定める要件を備える」を「別表第四に掲げる条件に適合する知識経験を有する」に改め、「その審査を」を削り、同条を第三十八条の八とする。

（技術基準適合証明の義務等）

第三十八条の八　登録証明機関は、その登録に係る技術基準適合証明を行うべきことを求められたときは、正当な理由がある場合を除き、遅滞なく技術基準適合証明のための審査を行わなければならない。

2　登録証明機関は、前項の審査を行うときは、別表第三の下欄に掲げる測定器その他の設備であつて、第二十四条の二第四項第二号イからニまでのいずれかに掲げる較正等を受けたもの（その較正等を受けた日の属する月の翌月の一日から起算して一年以内のものに限る。）を使用し、かつ、別表第四に掲げる条件に適合する知識経験を有する者（以下「証明員」という。）に行わせなければならない。

［注釈］改正前の第三十八条の八は、一部が改正されて第三十八条の十に繰り下げられたので、改正後の規定及び以降の改正経緯に関しては同条の項を参照されたい。前掲の条文は、この改正において、第三十八条の五が一部改正されて第三十八条の八に繰り下げられた規定である。

【百四次改正】

電波法及び電気通信事業法等の一部を改正する法律（平成二十九年五月十二日法律第二十七号）第一条

第三十八条の八第二項中「一年」の下に「（第三十八条の三第一項第二号の総務省令で定める測定器その他の設備に該当するものにあつては、同号の総務省令で定める期間）」を加える。

（技術基準適合証明の義務等）

第三十八条の八　登録証明機関は、その登録に係る技術基準適合証明を行うべきことを求められたときは、正当な理由がある場合を除き、遅滞なく技術基準適合証明のための審査を行わなければならない。

2　登録証明機関は、前項の審査を行うときは、別表第三の下欄に掲げる測定器その他の設備であつて、第二十四条の二第四項第二号イからニまでのいずれかに掲げる較正等を受けたもの（その較正等を受けた日の属する月の翌月の一日から起算して一年（第三十八条の三第一項第二号の総務省令で定める測定器その他の設備に該当するものにあつては、同号の総務省令で定める期間）以内のものに限る。）を使用し、かつ、別表第四に掲げる条件に適合する知識経験を有する者（以下「証明員」という。）に行わせなければならない。

［注釈］この改正は、本書収録の基準日である平成二十九年六月十八日において未施行である。

第三十八条の九

【二十五次改正】

電波法の一部を改正する法律（昭和五十六年五月二十三日法律第四十九号）

第三章の次に次の一章を加える。
（追加された第三章の二中の第三十八条の九の規定は、後掲の条文の通り。）

（事業計画等）

第三十八条の九　指定証明機関は、毎事業年度、事業計画及び収支予算を作成し、当該事業年度の開始前に（指定を受けた日の属する事業年度にあつては、その指定を受けた後遅滞なく）、郵政大臣の認可を受けなければならない。これを変更しようとするときも、同様とする。

2　指定証明機関は、毎事業年度、事業報告書及び収支決算書を作成し、当該事業年度の終了後三月以内に郵政大臣に提出しなければならない。

【六十二次改正】

中央省庁等改革関係法施行法（平成十一年十二月二十二日法律第百六十号）第百九十三条

本則（第九十九条の十二第二項を除く。）中「郵政大臣」を「総務大臣」に、「郵政省令」を「総務省令」に、「通商産業大臣」を「経済産業大臣」に、「建設大臣」を「国土交通大臣」に、「地方電気通信監理局長」を「総合通信局長」に、「沖縄郵政管理事務所長」を「沖縄総合通信事務所長」に改める。

（事業計画等）

第三十八条の九　指定証明機関は、毎事業年度、事業計画及び収支予算を作成し、当該事業年度の開始前に（指定を受けた日の属する事業年度にあつては、その指定を受けた後遅滞なく）、総務大臣の認可を受けなければならない。これを変更しようとするときも、同様とする。

2　指定証明機関は、毎事業年度、事業報告書及び収支決算書を作成し、当該事業年度の終了後三月以内に総務大臣に提出しなければならない。

【六十八次改正】

電波法の一部を改正する法律（平成十三年六月十五日法律第四十八号）

第三十八条の九第一項中「の認可を受け」を「に提出し」に改める。

（事業計画等）

第三十八条の九　指定証明機関は、毎事業年度、事業計画及び収支予算を作成し、当該事業年度の開始前に（指定を受けた日の属する事業年度にあつては、その指定を受けた後遅滞なく）、総務大臣に提出しなければならない。これを変更しようとするときも、同様とする。

2　指定証明機関は、毎事業年度、事業報告書及び収支決算書を作成し、当該事業年度の終了後三月以内に総務大臣に提出しなければならない。

【七十三次改正】

電波法の一部を改正する法律（平成十五年六月六日法律第六十八号）

第三十八条の九を削る。

第三十八条の六第一項中「指定証明機関」を「登録証明機関」に改め、同条第二項を削り、同条を第三十八条の九とする。

（役員等の選任及び解任）

第三十八条の九　登録証明機関は、役員又は証明員を選任し、又は解任したときは、遅滞なくその旨を総務大臣に届け出なければならない。

［注釈］前掲の条文は、改正前の第三十八条の九が削られた後に、第三十八条の六の規定が一部改正されて、第三十八条の九に繰り下げられた規定である。また、この改正において第二項が削られた。

第三十八条の十

【二十五次改正】

電波法の一部を改正する法律（昭和五十六年五月二十三日法律第四十九号）

第三章の次に次の一章を加える。

（追加された第三章の二中の第三十八条の十の規定は、後掲の条文の通り。）

（帳簿の備付け等）

第三十八条の十　指定証明機関は、郵政省令で定めるところにより、技術基準適合証明に関する事項で郵政省令で定めるものを記載した帳簿を備え付け、これを保存しなければならない。

【六十二次改正】

中央省庁等改革関係法施行法（平成十一年十二月二十二日法律第百六十号）第百九十三条

本則（第九十九条の十二第二項を除く。）中「郵政大臣」を「総務大臣」に、「郵政省令」を「総務省令」に、「通商産業大臣」を「経済産業大臣」に、「建設大臣」を「国土交通大臣」に、「地方電気通信監理局長」を「総合通信局長」に、「沖縄郵政管理事務所長」を「沖縄総合通信事務所長」に改める。

（帳簿の備付け等）

第三十八条の十　指定証明機関は、総務省令で定めるところにより、技術基準適合証明に関する事項で総務省令で定めるものを記載した帳簿を備え付け、これを保存しなければならない。

【七十三次改正】

電波法の一部を改正する法律（平成十五年六月六日法律第六十八号）

第三十八条の十中「指定証明機関」を「登録証明機関」に改め、同条を第三十八条の十二とし、同条の次に次の二条を加える。

第三十八条の八第一項中「指定証明機関は、総務省令で定める」を「登録証明機関は、その登録に係る事業の区分、」に、「に関する」を「の方法その他の総務省令で定める」に、「総務大臣の許可を受け」を「当該業務の開始前に、総務大臣に届け出」に改め、同条第二項を削り、同条を第三十八条の十とし、同条の次に次の一条を加える。

（業務規程）

第三十八条の十　登録証明機関は、その登録に係る事業の区分、技術基準適合証明の業務の実施の方法その他の総務省令で定める事項について業務規程を定め、総務大臣の認可を受けなければならない。これを変更しようとするときも、同様とする。

［注釈一］改正文中傍線部分の「総務大臣の許可を受け」は、「総務大臣の認可を受け」の誤りであり、改正に該当する箇所がないため、無効（いわゆる「空振り」）とされたと解される。前掲の条文は、この改正において、第三十八条の八が一部改正されて第三十八条の十に繰り下げられた規定であり、改正前の第三十八条の八の規定は、次に掲げるとおりである。

（業務規程）

第三十八条の八　指定証明機関は、総務省令で定める技術基準適合証明の業務の実施に関する事項について業務規程を定め、総務大臣の認可を受けなければならない。これを変更しようとするときも、同様とする。

2　総務大臣は、前項の認可をした業務規程が技術基準適合証明の業務の適正かつ確実な実施上不適当となつたと認めるときは、指定証明機関に対し、これを変更すべきことを命ずることができる。

［注釈二］改正前の第三十八条の十は、一部が改正されて第三十八条の十二に繰り下げられたので、改正後の規定及び以降の改正経緯に関しては同条の項を参照されたい。

【七十六次改正】

電波法及び有線電気通信法の一部を改正する法律（平成十六年五月十九日法律第四十七号）第一条

第三十八条の十中「総務大臣の認可を受けなければ」を「当該業務の開始前に、総務大臣に届け出なければ」に改める。

（業務規程）

第三十八条の十　登録証明機関は、その登録に係る事業の区分、技術基準適合証明の業務の実施の方法その他の総務省令で定める事項について業務規程を定め、当該業務の開始前に、総務大臣に届け出なければならない。これを変更しようとするときも、同様とする。

［注釈］七十三次改正における改正誤りを治癒したものと解される。

第三十八条の十一

【二十五次改正】

電波法の一部を改正する法律（昭和五十六年五月二十三日法律第四十九号）

第三章の次に次の一章を加える。

（追加された第三章の二中の第三十八条の十一の規定は、後掲の条文の通り。）

（監督命令）

第三十八条の十一　郵政大臣は、この法律を施行するため必要があると認めるときは、指定証明機関に対し、技術基準適合証明の業務に関し監督上必要な命令をすることができる。

【六十二次改正】

中央省庁等改革関係法施行法（平成十一年十二月二十二日法律第百六十号）第百九十三条

本則（第九十九条の十二第二項を除く。）中「郵政大臣」を「総務大臣」に、「郵政省令」を「総務省令」に、「通商産業大臣」を「経済産業大臣」に、「建設大臣」を「国土交通大臣」に、「地方電気通信監理局長」を「総合通信局長」に、「沖縄郵政管理事務所長」を「沖縄総合通信事務所長」に改める。

（監督命令）

第三十八条の十一　総務大臣は、この法律を施行するため必要があると認めるときは、指定証明機関に対し、技術基準適合証明の業務に関し監督上必要な命令をすることができる。

【七十三次改正】

電波法の一部を改正する法律（平成十五年六月六日法律第六十八号）

第三十八条の十一を削る。

第三十八条の八第一項中「指定証明機関は、総務省令で定める」を「登録証明機関は、その登録に係る事業の区分、」に、「に関する」を「の方法その他の総務省令で定める」に、「総務大臣の許可を受け」を「当該業務の開始前に、総務大臣に届け出」に改め、同条第二項を削り、同条を第三十八条の十とし、同条の次に次の一条を加える。

（追加された第三十八条の十一の規定は、後掲の条文の通り。）

（財務諸表等の備付け及び閲覧等）

第三十八条の十一　登録証明機関は、毎事業年度経過後三月以内に、その事業年度の財産目録、貸借対照表及び損益計算書又は収支計算書並びに営業報告書又は事業報告書（その作成に代えて電磁的記録（電子的方式、磁気的方式その他の人の知覚によつては認識することができない方式で作られる記録であつて、電子計算機による情報処理の用に供されるものをいう。以下この条において同じ。）の作成がされている場合における当該電磁的記録を含む。次項及び第百十六条第十一号において「財務諸表等」という。）を作成し、五年間事務所に備えて置かなければならない。

2　特定無線設備を取り扱うことを業とする者その他の利害関係人は、登録証明機関の営業時間内は、いつでも、次に掲げる請求をすることができる。ただし、第二号又は第四号の請求をするには、登録証明機関の定めた費用を支払わなければならない。

一　財務諸表等が書面をもつて作成されているときは、当該書面の閲覧又は謄写の請求

二　前号の書面の謄本又は抄本の請求

三　財務諸表等が電磁的記録をもつて作成されているときは、当該電磁的記録に記録された事項を総務省令で定める方法により表示したものの閲覧又は謄写の請求

四　前号の電磁的記録に記録された事項を電磁的方法であつて総務省令で定め

るものにより提供することの請求又は当該事項を記載した書面の交付の請求

［注釈］前掲の条文は、改正前の第三十八条の十一が削られた後に、新たに置かれた第三十八条の十一の規定である。

【　八十次改正　】

電波法及び有線電気通信法の一部を改正する法律（平成十六年五月十九日法律第四十七号）第二条

> 第三十八条の十一第一項中「第百十六条第十一号」を「第百十六条第十六号」に改める。

（財務諸表等の備付け及び閲覧等）

第三十八条の十一　登録証明機関は、毎事業年度経過後三月以内に、その事業年度の財産目録、貸借対照表及び損益計算書又は収支計算書並びに営業報告書又は事業報告書（その作成に代えて電磁的記録（電子的方式、磁気的方式その他の人の知覚によつては認識することができない方式で作られる記録であつて、電子計算機による情報処理の用に供されるものをいう。以下この条において同じ。）の作成がされている場合における当該電磁的記録を含む。次項及び第百十六条第十六号において「財務諸表等」という。）を作成し、五年間事務所に備えて置かなければならない。

2　特定無線設備を取り扱うことを業とする者その他の利害関係人は、登録証明機関の営業時間内は、いつでも、次に掲げる請求をすることができる。ただし、第二号又は第四号の請求をするには、登録証明機関の定めた費用を支払わなければならない。

一　財務諸表等が書面をもつて作成されているときは、当該書面の閲覧又は謄写の請求

二　前号の書面の謄本又は抄本の請求

三　財務諸表等が電磁的記録をもつて作成されているときは、当該電磁的記録に記録された事項を総務省令で定める方法により表示したものの閲覧又は謄写の請求

四　前号の電磁的記録に記録された事項を電磁的方法であつて総務省令で定めるものにより提供することの請求又は当該事項を記載した書面の交付の請求

【　八十二次改正　】

会社法の施行に伴う関係法律の整備等に関する法律（平成十七年七月二十六日法律第八十七号）第二百五十四条

> 第三十八条の十一第一項中「営業報告書又は」を削る。

（財務諸表等の備付け及び閲覧等）

第三十八条の十一　登録証明機関は、毎事業年度経過後三月以内に、その事業年度の財産目録、貸借対照表及び損益計算書又は収支計算書並びに事業報告書（その作成に代えて電磁的記録（電子的方式、磁気的方式その他の人の知覚によつては認識することができない方式で作られる記録であつて、電子計算機による情報処理の用に供されるものをいう。以下この条において同じ。）の作成がされている場合における当該電磁的記録を含む。次項及び第百十六条第十六号において「財務諸表等」という。）を作成し、五年間事務所に備えて置かなければならない。

2　特定無線設備を取り扱うことを業とする者その他の利害関係人は、登録証明機関の営業時間内は、いつでも、次に掲げる請求をすることができる。ただし、第二号又は第四号の請求をするには、登録証明機関の定めた費用を支払わなければならない。

一　財務諸表等が書面をもつて作成されているときは、当該書面の閲覧又は謄写の請求

二　前号の書面の謄本又は抄本の請求

三　財務諸表等が電磁的記録をもつて作成されているときは、当該電磁的記録に記録された事項を総務省令で定める方法により表示したものの閲覧又は謄写の請求

四　前号の電磁的記録に記録された事項を電磁的方法であつて総務省令で定めるものにより提供することの請求又は当該事項を記載した書面の交付の請求

【八十七次改正】

電波法の一部を改正する法律（平成二十年五月三十日法律第五十号）

第三十八条の十一第一項中「この条」の下に「及び第百三条の二第三十四項」を加える。

（財務諸表等の備付け及び閲覧等）

第三十八条の十一　登録証明機関は、毎事業年度経過後三月以内に、その事業年度の財産目録、貸借対照表及び損益計算書又は収支計算書並びに事業報告書（その作成に代えて電磁的記録（電子的方式、磁気的方式その他の人の知覚によつては認識することができない方式で作られる記録であつて、電子計算機による情報処理の用に供されるものをいう。以下この条及び第百三条の二第三十四項において同じ。）の作成がされている場合における当該電磁的記録を含む。次項及び第百十六条第十六号において「財務諸表等」という。）を作成し、五年間事務所に備えて置かなければならない。

２　特定無線設備を取り扱うことを業とする者その他の利害関係人は、登録証明機関の営業時間内は、いつでも、次に掲げる請求をすることができる。ただし、第二号又は第四号の請求をするには、登録証明機関の定めた費用を支払わなければならない。

一　財務諸表等が書面をもつて作成されているときは、当該書面の閲覧又は謄写の請求

二　前号の書面の謄本又は抄本の請求

三　財務諸表等が電磁的記録をもつて作成されているときは、当該電磁的記録に記録された事項を総務省令で定める方法により表示したものの閲覧又は謄写の請求

四　前号の電磁的記録に記録された事項を電磁的方法であつて総務省令で定めるものにより提供することの請求又は当該事項を記載した書面の交付の請求

【八十九次改正】

放送法等の一部を改正する法律（平成二十二年十二月三日法律第六十五号）第三条

第三十八条の十一第一項中「第百十六条第十六号」を「第百十六条第十八号」に改める。

（財務諸表等の備付け及び閲覧等）

第三十八条の十一　登録証明機関は、毎事業年度経過後三月以内に、その事業年度の財産目録、貸借対照表及び損益計算書又は収支計算書並びに事業報告書（その作成に代えて電磁的記録（電子的方式、磁気的方式その他の人の知覚によつては認識することができない方式で作られる記録であつて、電子計算機による情報処理の用に供されるものをいう。以下この条及び第百三条の二第三十四項において同じ。）の作成がされている場合における当該電磁的記録を含む。次項及び第百十六条第十八号において「財務諸表等」という。）を作成し、五年間事務所に備えて置かなければならない。

2　特定無線設備を取り扱うことを業とする者その他の利害関係人は、登録証明機関の営業時間内は、いつでも、次に掲げる請求をすることができる。ただし、第二号又は第四号の請求をするには、登録証明機関の定めた費用を支払わなければならない。

一　財務諸表等が書面をもつて作成されているときは、当該書面の閲覧又は謄写の請求

二　前号の書面の謄本又は抄本の請求

三　財務諸表等が電磁的記録をもつて作成されているときは、当該電磁的記録に記録された事項を総務省令で定める方法により表示したものの閲覧又は謄写の請求

四　前号の電磁的記録に記録された事項を電磁的方法であつて総務省令で定めるものにより提供することの請求又は当該事項を記載した書面の交付の請求

【　九十七次改正　】

電波法の一部を改正する法律（平成二十六年四月二十三日法律第二十六号）

第三十八条の十一第一項中「第百三条の二第三十四項」を「第百三条の二第三十七項」に改める。

（財務諸表等の備付け及び閲覧等）

第三十八条の十一　登録証明機関は、毎事業年度経過後三月以内に、その事業年度の財産目録、貸借対照表及び損益計算書又は収支計算書並びに事業報告書（その作成に代えて電磁的記録（電子的方式、磁気的方式その他の人の知覚によつては認識することができない方式で作られる記録であつて、電子計算機による情報処理の用に供されるものをいう。以下この条及び第百三条の二第三十七項において同じ。）の作成がされている場合における当該電磁的記録を含む。次項及び第百十六条第十八号において「財務諸表等」という。）を作成し、五年間事務所に備えて置かなければならない。

2　特定無線設備を取り扱うことを業とする者その他の利害関係人は、登録証明機関の営業時間内は、いつでも、次に掲げる請求をすることができる。ただし、第二号又は第四号の請求をするには、登録証明機関の定めた費用を支払わなければならない。

一　財務諸表等が書面をもつて作成されているときは、当該書面の閲覧又は謄写の請求

二　前号の書面の謄本又は抄本の請求

三　財務諸表等が電磁的記録をもつて作成されているときは、当該電磁的記録に記録された事項を総務省令で定める方法により表示したものの閲覧又は謄写の請求

四　前号の電磁的記録に記録された事項を電磁的方法であつて総務省令で定めるものにより提供することの請求又は当該事項を記載した書面の交付の請求

第三十八条の十二

【　二十五次改正　】

電波法の一部を改正する法律（昭和五十六年五月二十三日法律第四十九号）

第三章の次に次の一章を加える。
（追加された第三章の二中の第三十八条の十二の規定は、後掲の条文の通り。）

（報告及び立入検査）

第三十八条の十二　郵政大臣は、この法律を施行するため必要があると認めるときは、指定証明機関に対し、技術基準適合証明の業務の状況に関し報告させ、又はその職員に、指定証明機関の事業所に立ち入り、技術基準適合証明の業務の状況若しくは設備、帳簿、書類その他の物件を検査させることができる。

2　前項の規定により立入検査をする職員は、その身分を示す証明書を携帯し、かつ、関係者の請求があるときは、これを提示しなければならない。

3　第一項の規定による立入検査の権限は、犯罪捜査のために認められたものと解釈してはならない。

【六十二次改正】

中央省庁等改革関係法施行法（平成十一年十二月二十二日法律第百六十号）第百九十三条

本則（第九十九条の十二第二項を除く。）中「郵政大臣」を「総務大臣」に、「郵政省令」を「総務省令」に、「通商産業大臣」を「経済産業大臣」に、「建設大臣」を「国土交通大臣」に、「地方電気通信監理局長」を「総合通信局長」に、「沖縄郵政管理事務所長」を「沖縄総合通信事務所長」に改める。

（報告及び立入検査）

第三十八条の十二　総務大臣は、この法律を施行するため必要があると認めるときは、指定証明機関に対し、技術基準適合証明の業務の状況に関し報告させ、又はその職員に、指定証明機関の事業所に立ち入り、技術基準適合証明の業務の状況若しくは設備、帳簿、書類その他の物件を検査させることができる。

2　前項の規定により立入検査をする職員は、その身分を示す証明書を携帯し、かつ、関係者の請求があるときは、これを提示しなければならない。

3　第一項の規定による立入検査の権限は、犯罪捜査のために認められたものと解釈してはならない。

【七十三次改正】

電波法の一部を改正する法律（平成十五年六月六日法律第六十八号）

第三十八条の十二第三項を削り、同条を第三十八条の十五とする。

第三十八条の十中「指定証明機関」を「登録証明機関」に改め、同条を第三十八条の十二とし、同条の次に次の二条を加える。

（帳簿の備付け等）

第三十八条の十二　登録証明機関は、総務省令で定めるところにより、技術基準適合証明に関する事項で総務省令で定めるものを記載した帳簿を備え付け、これを保存しなければならない。

［注釈］改正前の第三十八条の十二は、一部が改正されて第三十八条の十五に繰り下げられたので、改正後の規定及び以降の改正経緯に関しては同条の項を参照されたい。前掲の条文は、この改正において、第三十八条の十が一部改正されて第三十八条の十二に繰り下げられた規定である。

第三十八条の十三

【二十五次改正】

電波法の一部を改正する法律（昭和五十六年五月二十三日法律第四十九号）

第三章の次に次の一章を加える。

（追加された第三章の二中の第三十八条の十三の規定は、後掲の条文の通り。）

（業務の休廃止）

第三十八条の十三　指定証明機関は、郵政大臣の許可を受けなければ、技術基準適合証明の業務の全部又は一部を休止し、又は廃止してはならない。

2　郵政大臣は、前項の許可をしたときは、その旨を公示しなければならない。

【六十二次改正】

中央省庁等改革関係法施行法（平成十一年十二月二十二日法律第百六十号）第百九十三条

本則（第九十九条の十二第二項を除く。）中「郵政大臣」を「総務大臣」に、「郵政省令」を「総務省令」に、「通商産業大臣」を「経済産業大臣」に、「建設大臣」を「国土交通大臣」に、「地方電気通信監理局長」を「総合通信局長」に、「沖縄郵政管理事務所長」を「沖縄総合通信事務所長」に改める。

（業務の休廃止）

第三十八条の十三　指定証明機関は、総務大臣の許可を受けなければ、技術基準適合証明の業務の全部又は一部を休止し、又は廃止してはならない。

2　総務大臣は、前項の許可をしたときは、その旨を公示しなければならない。

【七十三次改正】

電波法の一部を改正する法律（平成十五年六月六日法律第六十八号）

第三十八条の十三を第三十八条の十六とする。

第三十八条の十中「指定証明機関」を「登録証明機関」に改め、同条を第三十八条の十二とし、同条の次に次の二条を加える。

（追加された第三十八条の十三の規定は、後掲の条文の通り。）

（登録証明機関に対する改善命令等）

第三十八条の十三　総務大臣は、登録証明機関が第三十八条の三第一項各号のいずれかに適合しなくなつたと認めるときは、当該登録証明機関に対し、これらの規定に適合するため必要な措置をとるべきことを命ずることができる。

2　総務大臣は、登録証明機関が第三十八条の六第一項又は第三十八条の八の規定に違反していると認めるときは、当該登録証明機関に対し、技術基準適合証明のための審査を行うべきこと又は技術基準適合証明のための審査の方法その他の業務の方法の改善に関し必要な措置をとるべきことを命ずることができる。

［注釈］改正前の第三十八条の十三は、一部が改正されて第三十八条の十六に繰り下げられたので、改正後の規定及び以降の改正経緯に関しては同条の項を参照されたい。前掲の条文は、この改正において新たに置かれた第三十八条の十三の規定である。

第三十八条の十四

【二十五次改正】

電波法の一部を改正する法律（昭和五十六年五月二十三日法律第四十九号）

第三章の次に次の一章を加える。

（追加された第三章の二中の第三十八条の十四の規定は、後掲の条文の通り。）

（指定の取消し等）

第三十八条の十四　郵政大臣は、指定証明機関が第三十八条の三第二項各号（第三号を除く。）の一に該当するに至つたときは、その指定を取り消さなければならない。

2　郵政大臣は、指定証明機関が次の各号の一に該当するときは、その指定を取り消し、又は期間を定めて技術基準適合証明の業務の全部若しくは一部の停止を命ずることができる。

一　この章の規定に違反したとき。

二　第三十八条の三第一項各号（第四号を除く。）の一に適合しなくなつたと認められるとき。

三　第三十八条の六第三項、第三十八条の八第二項又は第三十八条の十一の規定による命令に違反したとき。

四　第三十八条の八第一項の規定により認可を受けた業務規程によらないで技術基準適合証明の業務を行つたとき。

五　不正な手段により指定を受けたとき。

3　郵政大臣は、第一項若しくは前項の規定により指定を取り消し、又は同項の規定により技術基準適合証明の業務の全部若しくは一部の停止を命じたときは、その旨を公示しなければならない。

【六十二次改正】

中央省庁等改革関係法施行法（平成十一年十二月二十二日法律第百六十号）第百九十三条

本則（第九十九条の十二第二項を除く。）中「郵政大臣」を「総務大臣」に、「郵政省令」を「総務省令」に、「通商産業大臣」を「経済産業大臣」に、「建設大臣」を「国土交通大臣」に、「地方電気通信監理局長」を「総合通信局長」に、「沖縄郵政管理事務所長」を「沖縄総合通信事務所長」に改める。

（指定の取消し等）

第三十八条の十四　総務大臣は、指定証明機関が第三十八条の三第二項各号（第三号を除く。）の一に該当するに至つたときは、その指定を取り消さなければならない。

2　総務大臣は、指定証明機関が次の各号の一に該当するときは、その指定を取り消し、又は期間を定めて技術基準適合証明の業務の全部若しくは一部の停止を命ずることができる。

一　この章の規定に違反したとき。

二　第三十八条の三第一項各号（第四号を除く。）の一に適合しなくなつたと認められるとき。

三　第三十八条の六第三項、第三十八条の八第二項又は第三十八条の十一の規定による命令に違反したとき。

四　第三十八条の八第一項の規定により認可を受けた業務規程によらないで技術基準適合証明の業務を行つたとき。

五　不正な手段により指定を受けたとき。

3　総務大臣は、第一項若しくは前項の規定により指定を取り消し、又は同項の規定により技術基準適合証明の業務の全部若しくは一部の停止を命じたときは、その旨を公示しなければならない。

【六十八次改正】

電波法の一部を改正する法律（平成十三年六月十五日法律第四十八号）

第三十八条の十四第一項中「第三号」を「第二号」に、「一に」を「いずれかに」に改め、同条第二項中「一に該当」を「いずれかに該当」に改め、同項第二号中

「第四号」を「第五号」に、「一に」を「いずれかに」に改め、同項第三号中「第三十八条の六第三項」を「第三十八条の六第二項」に改める。

（指定の取消し等）

第三十八条の十四　総務大臣は、指定証明機関が第三十八条の三第二項各号（第二号を除く。）のいずれかに該当するに至つたときは、その指定を取り消さなければならない。

2　総務大臣は、指定証明機関が次の各号のいずれかに該当するときは、その指定を取り消し、又は期間を定めて技術基準適合証明の業務の全部若しくは一部の停止を命ずることができる。

一　この章の規定に違反したとき。

二　第三十八条の三第一項各号（第五号を除く。）のいずれかに適合しなくなつたと認められるとき。

三　第三十八条の六第二項、第三十八条の八第二項又は第三十八条の十一の規定による命令に違反したとき。

四　第三十八条の八第一項の規定により認可を受けた業務規程によらないで技術基準適合証明の業務を行つたとき。

五　不正な手段により指定を受けたとき。

3　総務大臣は、第一項若しくは前項の規定により指定を取り消し、又は同項の規定により技術基準適合証明の業務の全部若しくは一部の停止を命じたときは、その旨を公示しなければならない。

【　七十三次改正　】

電波法の一部を改正する法律（平成十五年六月六日法律第六十八号）

第三十八条の十四の見出し中「指定」を「登録」に改め、同条第一項中「指定証明機関が第三十八条の三第二項各号」を「登録証明機関が第三十八条の三第二項において準用する第二十四条の二第五項各号」に、「指定を」を「登録を」に改め、同条第二項中「指定証明機関」を「登録証明機関」に、「その指定」を「その登録」に、「定めて」を「定めてその登録に係る」に改め、同項第一号中「この章」を「この節」に改め、同項第二号を削り、同項第三号中「第三十八条の六第二項、第三十八条の八第二項又は第三十八条の十一」を「第三十八条の十三第一項又は第二項」に改め、同号を同項第二号とし、同項第四号を削り、同項第五号中「指定」を「第三十八条の二第一項の登録又はその更新」に改め、同号を同項第三号とし、同条第三項中「指定」を「登録」に改め、同条を第三十八条の十七とする。

第三十八条の十中「指定証明機関」を「登録証明機関」に改め、同条を第三十八条の十二とし、同条の次に次の二条を加える。

（追加された第三十八条の十四の規定は、後掲の条文の通り。）

（技術基準適合証明についての申請及び総務大臣の命令）

第三十八条の十四　第三十八条の六第一項の規定により技術基準適合証明を求めた者は、その求めに係る特定無線設備について、登録証明機関が技術基準適合証明のための審査を行わない場合又は登録証明機関の技術基準適合証明の結果に異議のある場合は、総務大臣に対し、登録証明機関が技術基準適合証明のための審査を行うこと又は改めて技術基準適合証明のための審査を行うことを命ずべきことを申請することができる。

2　総務大臣は、前項の申請があつた場合において、当該申請に係る登録証明機関が第三十八条の六第一項又は第三十八条の八の規定に違反していると認めるときは、当該申請に係る登録証明機関に対し、前条第二項の規定による命令をしなければならない。

3　総務大臣は、前項の場合において、前条第二項の規定による命令をし、又は命令をしないことの決定をしたときは、遅滞なく、当該申請をした者に通知しなければならない。

［注釈］改正前の第三十八条の十四は、一部が改正されて第三十八条の十七に繰り下げられたので、改正後の規定及び以降の改正経緯に関しては同条の項を参照されたい。前掲の条文は、この改正において新たに置かれた第三十八条の十四の規定である。

第三十八条の十五

【二十五次改正】

電波法の一部を改正する法律（昭和五十六年五月二十三日法律第四十九号）

第三章の次に次の一章を加える。 （追加された第三章の二中の第三十八条の十五の規定は、後掲の条文の通り。）

（郵政大臣による技術基準適合証明の実施）

第三十八条の十五　郵政大臣は、指定証明機関が第三十八条の十三第一項の規定により技術基準適合証明の業務の全部若しくは一部を休止したとき、前条第二項の規定により指定証明機関に対し技術基準適合証明の業務の全部若しくは一部の停止を命じたとき、又は指定証明機関が天災その他の事由により技術基準適合証明の業務の全部若しくは一部を実施することが困難となつた場合において必要があると認めるときは、第三十八条の二第三項の規定にかかわらず、技術基準適合証明の業務の全部又は一部を自ら行うものとする。

2　郵政大臣は、前項の規定により技術基準適合証明の業務を行うこととし、又は同項の規定により行つている技術基準適合証明の業務を行わないこととするときは、あらかじめその旨を公示しなければならない。

3　郵政大臣が、第一項の規定により技術基準適合証明の業務を行うこととし、第三十八条の十三第一項の規定により技術基準適合証明の業務の廃止を許可し、又は前条第一項若しくは第二項の規定により指定を取り消した場合における技術基準適合証明の業務の引継ぎその他の必要な事項は、郵政省令で定める。

【六十二次改正】

中央省庁等改革関係法施行法（平成十一年十二月二十二日法律第百六十号）第百九十三条

本則（第九十九条の十二第二項を除く。）中「郵政大臣」を「総務大臣」に、「郵政省令」を「総務省令」に、「通商産業大臣」を「経済産業大臣」に、「建設大臣」を「国土交通大臣」に、「地方電気通信監理局長」を「総合通信局長」に、「沖縄郵政管理事務所長」を「沖縄総合通信事務所長」に改める。

（総務大臣による技術基準適合証明の実施）

第三十八条の十五　総務大臣は、指定証明機関が第三十八条の十三第一項の規定により技術基準適合証明の業務の全部若しくは一部を休止したとき、前条第二項の規定により指定証明機関に対し技術基準適合証明の業務の全部若しくは一部の停止を命じたとき、又は指定証明機関が天災その他の事由により技術基準適合証明の業務の全部若しくは一部を実施することが困難となつた場合において必要があると認めるときは、第三十八条の二第三項の規定にかかわらず、技術基準適合証明の業務の全部又は一部を自ら行うものとする。

2　総務大臣は、前項の規定により技術基準適合証明の業務を行うこととし、又は同項の規定により行つている技術基準適合証明の業務を行わないこととするときは、あらかじめその旨を公示しなければならない。

3　総務大臣が、第一項の規定により技術基準適合証明の業務を行うこととし、第三十八条の十三第一項の規定により技術基準適合証明の業務の廃止を許可し、又は前条第一項若しくは第二項の規定により指定を取り消した場合における技術基準適合証明の業務の引継ぎその他の必要な事項は、総務省令で定める。

【七十三次改正】

電波法の一部を改正する法律（平成十五年六月六日法律第六十八号）

第三十八条の十五第一項中「総務大臣は」の下に「、第三十八条の二第一項の登録を受ける者がいないとき」を加え、「指定証明機関」を「登録証明機関」に、「第三十八条の十三第一項」を「第三十八条の十六第一項」に、「の全部若しくは一部を休止」を「を休止し、若しくは廃止」に、「前条第二項」を「前条第一項若しくは第二項の規定により登録を取り消したとき、同項」に改め、「事由により」の下に「その登録に係る」を加え、「、第三十八条の二第三項の規定にかかわらず」を削り、同条第三項中「、第三十八条の十三第一項の規定により技術基準適合証明の業務の廃止を許可し、又は前条第一項若しくは第二項の規定により指定を取り消し」を削り、同条を第三十八条の十八とし、同条の次に次の五条を加える。

第三十八条の十二の見出しを「（登録証明機関に対する立入検査等）」に改め、同条第一項中「指定証明機関」を「登録証明機関」に、「技術基準適合証明」を「その登録に係る技術基準適合証明」に改め、同条第二項を次のように改める。

（改正された第二項の規定は、後掲の条文の通り。）

第三十八条の十二第三項を削り、同条を第三十八条の十五とする。

（登録証明機関に対する立入検査等）

第三十八条の十五　総務大臣は、この法律を施行するため必要があると認めるときは、登録証明機関に対し、その登録に係る技術基準適合証明の業務の状況に関し報告させ、又はその職員に、登録証明機関の事業所に立ち入り、その登録に係る技術基準適合証明の業務の状況若しくは設備、帳簿、書類その他の物件を検査させることができる。

2　第二十四条の八第二項及び第三項の規定は、前項の規定による立入検査について準用する。

［注釈］改正前の第三十八条の十五が第三十八条の十八に繰り下げられた後に、第三十八条の十二が一部改正されて、第三十八条の十五に繰り下げられた。ついては、同条の従前の改正経緯に関しては、第三十八条の十二の項を参照されたい。

第三十八条の十六

【五十五次改正】

電気通信分野における規制の合理化のための関係法律の整備等に関する法律（平成十年五月八日法律第五十八号）第三条

第三章の二中第三十八条の十五の次に次の三条を加える。

（追加された第三章の二中の第三十八条の十六の規定は、後掲の条文の通り。）

（特定無線設備の工事設計についての認証）

第三十八条の十六　郵政大臣又は指定証明機関は、申請により、特定無線設備を、前章に定める技術基準に適合するものとして、その工事設計（当該工事設計に合致することの確認の方法を含む。第五項及び次条第六項において同じ。）について認証する。

2　前項の認証の申請は、外国において本邦内で使用されることとなる特定無線設備を取り扱うことを業とする者（以下「外国取扱業者」という。）も行うことができる。

3　郵政大臣又は指定証明機関は、第一項の申請があつた場合には、郵政省令で定めるところにより審査を行い、当該申請に係る工事設計が前章に定める技術基準に適合するものであり、かつ、当該工事設計に基づく特定無線設備のいずれもが当該工事設計に合致するものとなることを確保することができると認めるときに限り、同項の認証を行うものとする。

4　前項の審査は、第一項の申請が、当該申請に係る工事設計に基づく特定無線設備について第二十四条の二第一項又は第二十四条の九第一項の認定を受けた者が郵政省令で定めるところにより行つた当該認定に係る点検の結果を記載した書類を添えてなされたものであるときは、その一部を省略することができる。

5　第一項の認証に係る工事設計に基づく特定無線設備であつて、当該認証を受けた者により郵政省令で定める表示が付されているものは、技術基準適合証明を受けた特定無線設備とみなす。

6　郵政大臣は、この法律を施行するため必要があると認めるときは、第一項の認証を受けた者に対し、当該認証に係る特定無線設備に関し報告をさせ、又はその職員に、その者の事業所に立ち入り、当該特定無線設備その他の物件を検査させることができる。

7　郵政大臣は、第一項の認証に係る工事設計が前章に定める技術基準に適合しなくなり、又は当該工事設計に基づく特定無線設備のいずれもが当該工事設計に合致するものとなることを確保することができなくなつたと認めるときは、その認証を取り消すことができる。

8　前項の規定によるほか、郵政大臣は、第一項の認証を受けた外国取扱業者が次の各号のいずれかに該当するときは、その認証を取り消すことができる。

一　郵政大臣が第六項の規定により当該外国取扱業者に対し報告をさせようとした場合において、その報告がされず、又は虚偽の報告がされたとき。

二　郵政大臣が第六項の規定によりその職員に当該外国取扱業者の事業所において検査をさせようとした場合において、その検査が拒まれ、妨げられ、又は忌避されたとき。

9　指定証明機関が第一項の認証の業務を行う場合における第三十八条の二第三項、第三十八条の五、第三十八条の七、第三十八条の八、第三十八条の十、第三十八条の十一、第三十八条の十二第一項、第三十八条の十三第一項、第三十八条の十四第二項及び第三項並びに第三十八条の十五の規定の適用については、第三十八条の二第三項中「技術基準適合証明」とあるのは「技術基準適合証明及び第三十八条の十六第一項の認証」と、第三十八条の五及び第三十八条の十中「技術基準適合証明」とあるのは「技術基準適合証明又は第三十八条の十六第一項の認証」と、第三十八条の七、第三十八条の八、第三十八条の十一、第三十八条の十二、第三十八条の十三第一項並びに第三十八条の十四第二項及び第三項中「技術基準適合証明の業務」とあるのは「技術基準適合証明の業務及び第三十八条の十六第一項の認証の業務」と、第三十八条の十五中「技術基準適合証明の業務」とあるのは「技術基準適合証明の業務及び次条第一項の認証の業務」とする。

10　第三十八条の十二第二項及び第三項の規定は、第六項の規定による立入検査に準用する。

【六十二次改正】

中央省庁等改革関係法施行法（平成十一年十二月二十二日法律第百六十号）第百九十三条

本則（第九十九条の十二第二項を除く。）中「郵政大臣」を「総務大臣」に、「郵政省令」を「総務省令」に、「通商産業大臣」を「経済産業大臣」に、「建設大臣」を「国土交通大臣」に、「地方電気通信監理局長」を「総合通信局長」に、「沖縄郵政管理事務所長」を「沖縄総合通信事務所長」に改める。

（特定無線設備の工事設計についての認証）

第三十八条の十六　総務大臣又は指定証明機関は、申請により、特定無線設備を、前章に定める技術基準に適合するものとして、その工事設計（当該工事設計に合致することの確認の方法を含む。第五項及び次条第六項において同じ。）について認証する。

2　前項の認証の申請は、外国において本邦内で使用されることとなる特定無線設備を取り扱うことを業とする者（以下「外国取扱業者」という。）も行うことができる。

3　総務大臣又は指定証明機関は、第一項の申請があつた場合には、総務省令で定めるところにより審査を行い、当該申請に係る工事設計が前章に定める技術基準に適合するものであり、かつ、当該工事設計に基づく特定無線設備のいずれもが当該工事設計に合致するものとなることを確保することができると認めるときに限り、同項の認証を行うものとする。

4　前項の審査は、第一項の申請が、当該申請に係る工事設計に基づく特定無線設備について第二十四条の二第一項又は第二十四条の九第一項の認定を受けた者が総務省令で定めるところにより行つた当該認定に係る点検の結果を記載した書類を添えてなされたものであるときは、その一部を省略することができる。

5　第一項の認証に係る工事設計に基づく特定無線設備であつて、当該認証を受けた者により総務省令で定める表示が付されているものは、技術基準適合証明を受けた特定無線設備とみなす。

6　総務大臣は、この法律を施行するため必要があると認めるときは、第一項の認証を受けた者に対し、当該認証に係る特定無線設備に関し報告をさせ、又はその職員に、その者の事業所に立ち入り、当該特定無線設備その他の物件を検査させることができる。

7　総務大臣は、第一項の認証に係る工事設計が前章に定める技術基準に適合しなくなり、又は当該工事設計に基づく特定無線設備のいずれもが当該工事設計に合致するものとなることを確保することができなくなつたと認めるときは、その認証を取り消すことができる。

8　前項の規定によるほか、総務大臣は、第一項の認証を受けた外国取扱業者が次の各号のいずれかに該当するときは、その認証を取り消すことができる。

一　総務大臣が第六項の規定により当該外国取扱業者に対し報告をさせようとした場合において、その報告がされず、又は虚偽の報告がされたとき。

二　総務大臣が第六項の規定によりその職員に当該外国取扱業者の事業所において検査をさせようとした場合において、その検査が拒まれ、妨げられ、又は忌避されたとき。

9　指定証明機関が第一項の認証の業務を行う場合における第三十八条の二第三項、第三十八条の五、第三十八条の七、第三十八条の八、第三十八条の十、第三十八条の十一、第三十八条の十二第一項、第三十八条の十三第一項、第三十八条の十四第二項及び第三項並びに第三十八条の十五の規定の適用については、第三十八条の二第三項中「技術基準適合証明」とあるのは「技術基準適合証明及び第三十八条の十六第一項の認証」と、第三十八条の五及び第三十八条の十中「技術基準適合証明」とあるのは「技術基準適合証明又は第三十八条の十六第一項の認証」と、第三十八条の七、第三十八条の八、第三十八条の十一、第三十八条の十

二、第三十八条の十三第一項並びに第三十八条の十四第二項及び第三項中「技術基準適合証明の業務」とあるのは「技術基準適合証明の業務及び第三十八条の十六第一項の認証の業務」と、第三十八条の十五中「技術基準適合証明の業務」とあるのは「技術基準適合証明の業務及び次条第一項の認証の業務」とする。

10　第三十八条の十二第二項及び第三項の規定は、第六項の規定による立入検査に準用する。

【七十三次改正】

電波法の一部を改正する法律（平成十五年六月六日法律第六十八号）

第三十八条の十六第四項から第十項までを削り、同条を第三十八条の二十四とし、同条の次に次の六条を加える。

第三十八条の十三第一項中「指定証明機関」を「登録証明機関」に、「総務大臣の許可を受けなければ、」を「その登録に係る」に改め、「の全部又は一部」を削り、「してはならない」を「しようとするときは、総務省令で定めるところにより、あらかじめ、その旨を総務大臣に届け出なければならない」に改め、同条第二項中「前項の許可をした」を「第一項の規定による届出があつた」に改め、同項を同条第三項とし、同条第一項の次に次の一項を加える。

（追加された第二項の規定は、後掲の条文の通り。）

第三十八条の十三を第三十八条の十六とする。

（業務の休廃止）

第三十八条の十六　登録証明機関は、その登録に係る技術基準適合証明の業務を休止し、又は廃止しようとするときは、総務省令で定めるところにより、あらかじめ、その旨を総務大臣に届け出なければならない。

2　登録証明機関が技術基準適合証明の業務の全部を廃止したときは、当該登録証明機関の登録は、その効力を失う。

3　総務大臣は、第一項の規定による届出があつたときは、その旨を公示しなければならない。

［注釈］改正前の第三十八条の十三が一部改正されて、第三十八条の十六が第三十八条の二十四に繰り下げられた後に、第三十八条の十六に繰り下げられた。ついては、同条の従前の改正経緯に関しては、第三十八条の十三の項を参照されたい。

第三十八条の十七

【五十五次改正】

電気通信分野における規制の合理化のための関係法律の整備等に関する法律（平成十年五月八日法律第五十八号）第三条

第三章の二中第三十八条の十五の次に次の三条を加える。

（追加された第三章の二中の第三十八条の十七の規定は、後掲の条文の通り。）

（承認証明機関）

第三十八条の十七　郵政大臣は、外国の法令に基づく無線局の検査に関する制度で技術基準適合証明の制度に類するものに基づいて無線設備の検査、試験等を行う者であつて、当該外国において、外国取扱業者が取り扱う本邦内で使用されることとなる特定無線設備について前章に定める技術基準に適合していることの証明を行おうとするものから申請があつたときは、第三十八条の二第二項の郵政省令で定める区分ごとに、これを承認することができる。

2　前項の規定による承認を受けた者（以下「承認証明機関」という。）が行った同項の証明を受けた特定無線設備は、技術基準適合証明を受けた特定無線設備とみなす。

3　承認証明機関は、第一項の証明の業務の全部又は一部を休止し、又は廃止したときは、遅滞なく、その旨を郵政大臣に届け出なければならない。

4　郵政大臣は、前項の規定による届出があつたときは、その旨を公示しなければならない。

5　第三十八条の二第四項から第六項までの規定は承認証明機関が行う第一項の証明に、第三十八条の三（第一項第四号並びに第二項第一号及び第四号ロを除く。）及び第三十八条の四第一項の規定は郵政大臣が行う第一項の規定による承認に、同条第二項及び第三項、第三十八条の五、第三十八条の八並びに第三十八条の十から第三十八条の十二までの規定は承認証明機関に準用する。この場合において、第三十八条の二第四項及び第六項中「郵政大臣又は指定証明機関」とあるのは「承認証明機関」と、第三十八条の三中「前条第二項」とあるのは「第三十八条の十七第一項」と、「第三十八条の十四第一項又は第二項」とあるのは「第三十八条の十八第一項又は第二項」と、同条及び第三十八条の四第一項中「指定証明機関」とあるのは「承認証明機関」と、第三十八条の三第一項、第三十八条の四第一項及び第二項、第三十八条の五、第三十八条の八、第三十八条の十、第三十八条の十一並びに第三十八条の十二第一項中「技術基準適合証明」とあるのは「第三十八条の十七第一項の証明」と、第三十八条の五第二項中「備える者（以下「証明員」という。）」とあるのは「備える者」と、第三十八条の八第二項中「命ずる」とあるのは「請求する」と、第三十八条の十一中「監督上必要な命令」とあるのは「必要な請求」と読み替えるものとする。

6　承認証明機関は、外国取扱業者の申請により、本邦内で使用されることとなる特定無線設備を、前章に定める技術基準に適合するものとして、その工事設計について認証することができる。

7　承認証明機関が前項の認証の業務を行う場合における第三項及び第五項の規定の適用については、第三項中「証明の」とあるのは「証明の業務及び第六項の認証の」と、第五項中「、第三十八条の四第一項及び第二項」とあるのは「並びに第三十八条の四第一項及び第二項中「技術基準適合証明」とあるのは「第三十八条の十七第一項の証明」と」と、「、第三十八条の八、第三十八条の十、第三十八条の十一並びに第三十八条の十二第一項」とあるのは「及び第三十八条の十」と、「の証明」」とあるのは「の証明又は同条第六項の認証」」と、「第三十八条の八第二項」とあるのは「第三十八条の八、第三十八条の十一及び第三十八条の十二第一項中「技術基準適合証明」とあるのは「第三十八条の十七第一項の証明の業務及び同条第六項の認証」と、第三十八条の八第二項」とする。

8　前条第三項から第五項までの規定は承認証明機関が行う第六項の認証に、同条第六項の規定は郵政大臣が行う第六項の認証に係る特定無線設備に関する報告の徴収及び立入検査に、同条第七項及び第八項の規定は郵政大臣が行う第六項の認証の取消しに準用する。この場合において、同条第三項中「郵政大臣又は指定証明機関は、第一項」とあるのは「承認証明機関は、次条第六項」と、同条第四項中「第一項の申請」とあるのは「次条第六項の申請」と読み替えるものとする。

【六十二次改正】

中央省庁等改革関係法施行法（平成十一年十二月二十二日法律第百六十号）第百九十三条

本則（第九十九条の十二第二項を除く。）中「郵政大臣」を「総務大臣」に、「郵政省令」を「総務省令」に、「通商産業大臣」を「経済産業大臣」に、「建設大臣」を「国土交通大臣」に、「地方電気通信監理局長」を「総合通信局長」に、「沖縄郵政管理事務所長」を「沖縄総合通信事務所長」に改める。

（承認証明機関）

第三十八条の十七　総務大臣は、外国の法令に基づく無線局の検査に関する制度で技術基準適合証明の制度に類するものに基づいて無線設備の検査、試験等を行う者であつて、当該外国において、外国取扱業者が取り扱う本邦内で使用されることとなる特定無線設備について前章に定める技術基準に適合していることの証明を行おうとするものから申請があつたときは、第三十八条の二第二項の総務省令で定める区分ごとに、これを承認することができる。

2　前項の規定による承認を受けた者（以下「承認証明機関」という。）が行つた同項の証明を受けた特定無線設備は、技術基準適合証明を受けた特定無線設備とみなす。

3　承認証明機関は、第一項の証明の業務の全部又は一部を休止し、又は廃止したときは、遅滞なく、その旨を総務大臣に届け出なければならない。

4　総務大臣は、前項の規定による届出があつたときは、その旨を公示しなければならない。

5　第三十八条の二第四項から第六項までの規定は承認証明機関が行う第一項の証明に、第三十八条の三（第一項第四号並びに第二項第一号及び第四号ロを除く。）及び第三十八条の四第一項の規定は総務大臣が行う第一項の規定による承認に、同条第二項及び第三項、第三十八条の五、第三十八条の八並びに第三十八条の十から第三十八条の十二までの規定は承認証明機関に準用する。この場合において、第三十八条の二第四項及び第六項中「総務大臣又は指定証明機関」とあるのは「承認証明機関」と、第三十八条の三中「前条第二項」とあるのは「第三十八条の十七第一項」と、「第三十八条の十四第一項又は第二項」とあるのは「第三十八条の十八第一項又は第二項」と、同条及び第三十八条の四第一項中「指定証明機関」とあるのは「承認証明機関」と、第三十八条の三第一項、第三十八条の四第一項及び第二項、第三十八条の五、第三十八条の八、第三十八条の十、第三十八条の十一並びに第三十八条の十二第一項中「技術基準適合証明」とあるのは「第三十八条の十七第一項の証明」と、第三十八条の五第二項中「備える者（以下「証明員」という。）」とあるのは「備える者」と、第三十八条の八第二項中「命ずる」とあるのは「請求する」と、第三十八条の十一中「監督上必要な命令」とあるのは「必要な請求」と読み替えるものとする。

6　承認証明機関は、外国取扱業者の申請により、本邦内で使用されることとなる特定無線設備を、前章に定める技術基準に適合するものとして、その工事設計について認証することができる。

7　承認証明機関が前項の認証の業務を行う場合における第三項及び第五項の規定の適用については、第三項中「証明の」とあるのは「証明の業務及び第六項の認証の」と、第五項中「、第三十八条の四第一項及び第二項」とあるのは「並びに第三十八条の四第一項及び第二項中「技術基準適合証明」とあるのは「第三十八条の十七第一項の証明」と」と、「、第三十八条の八、第三十八条の十、第三十八条の十一並びに第三十八条の十二第一項」とあるのは「及び第三十八条の十」と、「の証明」」とあるのは「の証明又は同条第六項の認証」」と、「第三十八条の八第二項」とあるのは「第三十八条の八、第三十八条の十一及び第三十八条の十二第一項中「技術基準適合証明」とあるのは「第三十八条の十七第一項の証明の業務及び同条第六項の認証」と、第三十八条の八第二項」とする。

8　前条第三項から第五項までの規定は承認証明機関が行う第六項の認証に、同条第六項の規定は総務大臣が行う第六項の認証に係る特定無線設備に関する報告の徴収及び立入検査に、同条第七項及び第八項の規定は総務大臣が行う第六項の認証の取消しに準用する。この場合において、同条第三項中「総務大臣又は指定証明機関は、第一項」とあるのは「承認証明機関は、次条第六項」と、同条第四項中「第一項の申請」とあるのは「次条第六項の申請」と読み替えるものとする。

【 六十八次改正 】

電波法の一部を改正する法律（平成十三年六月十五日法律第四十八号）

> 第三十八条の十七第五項中「第一項第四号並びに第二項第一号及び第四号ロ」を「第一項第五号」に改める。

（承認証明機関）

第三十八条の十七　総務大臣は、外国の法令に基づく無線局の検査に関する制度で技術基準適合証明の制度に類するものに基づいて無線設備の検査、試験等を行う者であつて、当該外国において、外国取扱業者が取り扱う本邦内で使用されることとなる特定無線設備について前章に定める技術基準に適合していることの証明を行おうとするものから申請があつたときは、第三十八条の二第二項の総務省令で定める区分ごとに、これを承認することができる。

2　前項の規定による承認を受けた者（以下「承認証明機関」という。）が行つた同項の証明を受けた特定無線設備は、技術基準適合証明を受けた特定無線設備とみなす。

3　承認証明機関は、第一項の証明の業務の全部又は一部を休止し、又は廃止したときは、遅滞なく、その旨を総務大臣に届け出なければならない。

4　総務大臣は、前項の規定による届出があつたときは、その旨を公示しなければならない。

5　第三十八条の二第四項から第六項までの規定は承認証明機関が行う第一項の証明に、第三十八条の三（第一項第五号を除く。）及び第三十八条の四第一項の規定は総務大臣が行う第一項の規定による承認に、同条第二項及び第三項、第三十八条の五、第三十八条の八並びに第三十八条の十から第三十八条の十二までの規定は承認証明機関に準用する。この場合において、第三十八条の二第四項及び第六項中「総務大臣又は指定証明機関」とあるのは「承認証明機関」と、第三十八条の三中「前条第二項」とあるのは「第三十八条の十七第一項」と、「第三十八条の十四第一項又は第二項」とあるのは「第三十八条の十八第一項又は第二項」と、同条及び第三十八条の四第一項中「指定証明機関」とあるのは「承認証明機関」と、第三十八条の三第一項、第三十八条の四第一項及び第二項、第三十八条の五、第三十八条の八、第三十八条の十、第三十八条の十一並びに第三十八条の十二第一項中「技術基準適合証明」とあるのは「第三十八条の十七第一項の証明」と、第三十八条の五第二項中「備える者（以下「証明員」という。）」とあるのは「備える者」と、第三十八条の八第二項中「命ずる」とあるのは「請求する」と、第三十八条の十一中「監督上必要な命令」とあるのは「必要な請求」と読み替えるものとする。

6　承認証明機関は、外国取扱業者の申請により、本邦内で使用されることとなる特定無線設備を、前章に定める技術基準に適合するものとして、その工事設計について認証することができる。

7　承認証明機関が前項の認証の業務を行う場合における第三項及び第五項の規定の適用については、第三項中「証明の」とあるのは「証明の業務及び第六項の認証の」と、第五項中「、第三十八条の四第一項及び第二項」とあるのは「並びに第三十八条の四第一項及び第二項中「技術基準適合証明」とあるのは「第三十八条の十七第一項の証明」と」と、「、第三十八条の八、第三十八条の十、第三十八条の十一並びに第三十八条の十二第一項」とあるのは「及び第三十八条の十」と、「の証明」」とあるのは「の証明又は同条第六項の認証」」と、「第三十八条の八第二項」とあるのは「第三十八条の八、第三十八条の十一及び第三十八条の十二第一項中「技術基準適合証明」とあるのは「第三十八条の十七第一項の証明の業務及び同条第六項の認証」と、第三十八条の八第二項」とする。

8　前条第三項から第五項までの規定は承認証明機関が行う第六項の認証に、同条第六項の規定は総務大臣が行う第六項の認証に係る特定無線設備に関する報告の徴収及び立入検査に、同条第七項及び第八項の規定は総務大臣が行う第六項の認証の取消しに準用する。この場合において、同条第三項中「総務大臣又は指定証明機関は、第一項」とあるのは「承認証明機関は、次条第六項」と、同条第四項中「第一項の申請」とあるのは「次条第六項の申請」と読み替えるものとする。

【七十三次改正】

電波法の一部を改正する法律（平成十五年六月六日法律第六十八号）

第三十八条の十七第七項及び第八項を削り、同条を第三十八条の三十一とする。

第三十八条の十四の見出し中「指定」を「登録」に改め、同条第一項中「指定証明機関が第三十八条の三第二項各号」を「登録証明機関が第三十八条の三第二項において準用する第二十四条の二第五項各号」に、「指定を」を「登録を」に改め、同条第二項中「指定証明機関」を「登録証明機関」に、「その指定」を「その登録」に、「定めて」を「定めてその登録に係る」に改め、同項第一号中「この章」を「この節」に改め、同項第二号を削り、同項第三号中「第三十八条の六第二項、第三十八条の八第二項又は第三十八条の十一」を「第三十八条の十三第一項又は第二項」に改め、同号を同項第二号とし、同項第四号を削り、同項第五号中「指定」を「第三十八条の二第一項の登録又はその更新」に改め、同号を同項第三号とし、同条第三項中「指定」を「登録」に改め、同条を第三十八条の十七とする。

（登録の取消し等）

第三十八条の十七　総務大臣は、登録証明機関が第三十八条の三第二項において準用する第二十四条の二第五項各号（第二号を除く。）のいずれかに該当するに至つたときは、その登録を取り消さなければならない。

2　総務大臣は、登録証明機関が次の各号のいずれかに該当するときは、その登録を取り消し、又は期間を定めてその登録に係る技術基準適合証明の業務の全部若しくは一部の停止を命ずることができる。

一　この節の規定に違反したとき。

二　第三十八条の十三第一項又は第二項の規定による命令に違反したとき。

三　不正な手段により第三十八条の二第一項の登録又はその更新を受けたとき。

3　総務大臣は、第一項若しくは前項の規定により登録を取り消し、又は同項の規定により技術基準適合証明の業務の全部若しくは一部の停止を命じたときは、その旨を公示しなければならない。

[注釈一]改正前の第三十八条の十四が改正されて、第三十八条の十七となった。ついては、同条の従前の改正経緯に関しては第三十八条の十四の項を参照されたい。

[注釈二]改正前の第三十八条の十七が第三十八条の三十一に繰り下げられた後に、第三十八条の十四が一部改正されて、第三十八条の十七に繰り下げられた。ついては、同条の従前の改正経緯に関しては、第三十八条の十四の項を参照されたい。

【八十九次改正】

放送法等の一部を改正する法律（平成二十二年十二月三日法律第六十五号）第三条

第三十八条の十七第二項第三号及び第三十八条の十八第一項中「第三十八条の二第一項」を「第三十八条の二の二第一項」に改める。

（登録の取消し等）

第三十八条の十七　総務大臣は、登録証明機関が第三十八条の三第二項において準用する第二十四条の二第五項各号（第二号を除く。）のいずれかに該当するに至つたときは、その登録を取り消さなければならない。

2　総務大臣は、登録証明機関が次の各号のいずれかに該当するときは、その登録を取り消し、又は期間を定めてその登録に係る技術基準適合証明の業務の全部若しくは一部の停止を命ずることができる。

一　この節の規定に違反したとき。

二　第三十八条の十三第一項又は第二項の規定による命令に違反したとき。

三　不正な手段により第三十八条の二の二第一項の登録又はその更新を受けたとき。

3　総務大臣は、第一項若しくは前項の規定により登録を取り消し、又は同項の規定により技術基準適合証明の業務の全部若しくは一部の停止を命じたときは、その旨を公示しなければならない。

第三十八条の十八

【五十五次改正】

電気通信分野における規制の合理化のための関係法律の整備等に関する法律（平成十年五月八日法律第五十八号）第三条

第三章の二中第三十八条の十五の次に次の三条を加える。

（追加された第三章の二中の第三十八条の十八の規定は、後掲の条文の通り。）

（承認の取消し）

第三十八条の十八　郵政大臣は、承認証明機関が前条第一項に規定する外国における資格を失つたとき又は同条第五項において準用する第三十八条の三第二項第二号若しくは第四号（ロを除く。）に該当するに至つたときは、その承認を取り消さなければならない。

2　郵政大臣は、承認証明機関が次の各号のいずれかに該当するときは、その承認を取り消すことができる。

一　前条第三項の規定又は同条第五項において準用する第三十八条の四第二項、第三十八条の五、第三十八条の八第一項若しくは第三十八条の十の規定に違反したとき。

二　前条第五項において準用する第三十八条の三第一項各号（第四号を除く。）のいずれかに適合しなくなつたと認められるとき。

三　前条第五項において準用する第三十八条の八第一項の規定により認可を受けた業務規程によらないで業務を行つたとき。

四　前条第五項において準用する第三十八条の八第二項又は第三十八条の十一の規定による請求に応じなかつたとき。

五　不正な手段により承認を受けたとき。

六　郵政大臣が前条第五項において準用する第三十八条の十二第一項の規定により承認証明機関に対し報告をさせようとした場合において、その報告がされず、又は虚偽の報告がされたとき。

七　郵政大臣が前条第五項において準用する第三十八条の十二第一項の規定によりその職員に承認証明機関の事業所において検査をさせようとした場合において、その検査が拒まれ、妨げられ、又は忌避されたとき。

3　郵政大臣は、前二項の規定により承認を取り消したときは、その旨を公示しなければならない。

【六十二次改正】

中央省庁等改革関係法施行法（平成十一年十二月二十二日法律第百六十号）第百九

十三条

本則（第九十九条の十二第二項を除く。）中「郵政大臣」を「総務大臣」に、「郵政省令」を「総務省令」に、「通商産業大臣」を「経済産業大臣」に、「建設大臣」を「国土交通大臣」に、「地方電気通信監理局長」を「総合通信局長」に、「沖縄郵政管理事務所長」を「沖縄総合通信事務所長」に改める。

（承認の取消し）

第三十八条の十八　総務大臣は、承認証明機関が前条第一項に規定する外国における資格を失つたとき又は同条第五項において準用する第三十八条の三第二項第二号若しくは第四号（ロを除く。）に該当するに至つたときは、その承認を取り消さなければならない。

2　総務大臣は、承認証明機関が次の各号のいずれかに該当するときは、その承認を取り消すことができる。

一　前条第三項の規定又は同条第五項において準用する第三十八条の四第二項、第三十八条の五、第三十八条の八第一項若しくは第三十八条の十の規定に違反したとき。

二　前条第五項において準用する第三十八条の三第一項各号（第四号を除く。）のいずれかに適合しなくなつたと認められるとき。

三　前条第五項において準用する第三十八条の八第一項の規定により認可を受けた業務規程によらないで業務を行つたとき。

四　前条第五項において準用する第三十八条の八第二項又は第三十八条の十一の規定による請求に応じなかつたとき。

五　不正な手段により承認を受けたとき。

六　総務大臣が前条第五項において準用する第三十八条の十二第一項の規定により承認証明機関に対し報告をさせようとした場合において、その報告がされず、又は虚偽の報告がされたとき。

七　総務大臣が前条第五項において準用する第三十八条の十二第一項の規定によりその職員に承認証明機関の事業所において検査をさせようとした場合において、その検査が拒まれ、妨げられ、又は忌避されたとき。

3　総務大臣は、前二項の規定により承認を取り消したときは、その旨を公示しなければならない。

【　六十八次改正　】

電波法の一部を改正する法律（平成十三年六月十五日法律第四十八号）

第三十八条の十八第一項中「第三十八条の三第二項第二号若しくは第四号（ロを除く。）」を「第三十八条の三第二項第一号若しくは第三号」に改め、同条第二項第二号中「第四号」を「第五号」に改める。

（承認の取消し）

第三十八条の十八　総務大臣は、承認証明機関が前条第一項に規定する外国における資格を失つたとき又は同条第五項において準用する第三十八条の三第二項第一号若しくは第三号に該当するに至つたときは、その承認を取り消さなければならない。

2　総務大臣は、承認証明機関が次の各号のいずれかに該当するときは、その承認を取り消すことができる。

一　前条第三項の規定又は同条第五項において準用する第三十八条の四第二項、第三十八条の五、第三十八条の八第一項若しくは第三十八条の十の規定に違反したとき。

二　前条第五項において準用する第三十八条の三第一項各号（第五号を除く。）のいずれかに適合しなくなつたと認められるとき。

三　前条第五項において準用する第三十八条の八第一項の規定により認可を受けた業務規程によらないで業務を行つたとき。

四　前条第五項において準用する第三十八条の八第二項又は第三十八条の十一の規定による請求に応じなかつたとき。

五　不正な手段により承認を受けたとき。

六　総務大臣が前条第五項において準用する第三十八条の十二第一項の規定により承認証明機関に対し報告をさせようとした場合において、その報告がされず、又は虚偽の報告がされたとき。

七　総務大臣が前条第五項において準用する第三十八条の十二第一項の規定によりその職員に承認証明機関の事業所において検査をさせようとした場合において、その検査が拒まれ、妨げられ、又は忌避されたとき。

3　総務大臣は、前二項の規定により承認を取り消したときは、その旨を公示しなければならない。

【七十三次改正】

電波法の一部を改正する法律（平成十五年六月六日法律第六十八号）

第三十八条の十八第一項中「同条第五項」を「同条第四項」に、「第三十八条の三第二項第一号若しくは第三号」を「第二十四条の二第五項各号（第二号を除く。）のいずれか」に改め、同条第二項第一号中「前条第三項」を「前条第二項（同条第六項において準用する場合を含む。）の規定、同条第四項において準用する第三十八条の五第二項、第三十八条の六第二項、第三十八条の八、第三十八条の十若しくは第三十八条の十二」に、「同条第五項」を「前条第六項」に、「第三十八条の四第二項、第三十八条の五、第三十八条の八第一項若しくは第三十八条の十」を「第三十八条の六第二項、第三十八条の八、第三十八条の十若しくは第三十八条の十二」に改め、同項第二号及び第三号を削り、同項第四号中「前条第五項」を「前条第四項」に、「第三十八条の八第二項又は第三十八条の十一」を「第三十八条の十三第一項若しくは第二項の規定又は前条第六項において準用する第三十八条の十三第二項」に改め、同号を同項第二号とし、同項第五号を同項第三号とし、同項第六号中「前条第五項」を「前条第四項又は第六項」に、「第三十八条の十二第一項」を「第三十八条の十五第一項」に改め、同号を同項第四号とし、同項第七号中「前条第五項」を「前条第四項又は第六項」に、「第三十八条の十二第一項」を「第三十八条の十五第一項」に改め、同号を同項第五号とし、同条を第三十八条の三十二とする。

第三十八条の十五第一項中「総務大臣は」の下に「、第三十八条の二第一項の登録を受ける者がいないとき」を加え、「指定証明機関」を「登録証明機関」に、「第三十八条の十三第一項」を「第三十八条の十六第一項」に、「の全部若しくは一部を休止」を「を休止し、若しくは廃止」に、「前条第二項」を「前条第一項若しくは第二項の規定により登録を取り消したとき、同項」に改め、「事由により」の下に「その登録に係る」を加え、「、第三十八条の二第三項の規定にかかわらず」を削り、同条第三項中「、第三十八条の十三第一項の規定により技術基準適合証明の業務の廃止を許可し、又は前条第一項若しくは第二項の規定により指定を取り消し」を削り、同条を第三十八条の十八とし、同条の次に次の五条を加える。

（総務大臣による技術基準適合証明の実施）

第三十八条の十八　総務大臣は、第三十八条の二第一項の登録を受ける者がいないとき、登録証明機関が第三十八条の十六第一項の規定により技術基準適合証明の業務を休止し、若しくは廃止したとき、前条第一項若しくは第二項の規定により登録を取り消したとき、同項の規定により登録証明機関に対し技術基準適合証明の業務の全部若しくは一部の停止を命じたとき、又は登録証明機関が天災その他の事由によりその登録に係る技術基準適合証明の業務の全部若しくは一部を実施することが困難となつた場合において必要があると認めるときは、技術基準適合証明の業務の全部又は一部を自ら行うものとする。

2　総務大臣は、前項の規定により技術基準適合証明の業務を行うこととし、又は同項の規定により行つている技術基準適合証明の業務を行わないこととするときは、あらかじめその旨を公示しなければならない。

3　総務大臣が、第一項の規定により技術基準適合証明の業務を行うこととした場合における技術基準適合証明の業務の引継ぎその他の必要な事項は、総務省令で定める。

[注釈]改正前の第三十八条の十八が第三十八条の三十二に繰り下げられた後に、第三十八条の十五が一部改正されて、第三十八条の十八に繰り下げられた。ついては、同条の従前の改正経緯に関しては、第三十八条の十五の項を参照されたい。

【　七十六次改正　】

電波法及び有線電気通信法の一部を改正する法律（平成十六年五月十九日法律第四十七号）第一条

> 第三十八条の十八第一項中「いないとき、」の下に「又は」を加え、「廃止したとき」を「廃止した場合」に、「取り消したとき」を「取り消した場合」に、「とき、又は」を「場合若しくは」に改める。

（総務大臣による技術基準適合証明の実施）

第三十八条の十八　総務大臣は、第三十八条の二第一項の登録を受ける者がいないとき、又は登録証明機関が第三十八条の十六第一項の規定により技術基準適合証明の業務を休止し、若しくは廃止した場合、前条第一項若しくは第二項の規定により登録を取り消した場合、同項の規定により登録証明機関に対し技術基準適合証明の業務の全部若しくは一部の停止を命じた場合若しくは登録証明機関が天災その他の事由によりその登録に係る技術基準適合証明の業務の全部若しくは一部を実施することが困難となつた場合において必要があると認めるときは、技術基準適合証明の業務の全部又は一部を自ら行うものとする。

2　総務大臣は、前項の規定により技術基準適合証明の業務を行うこととし、又は同項の規定により行つている技術基準適合証明の業務を行わないこととするときは、あらかじめその旨を公示しなければならない。

3　総務大臣が、第一項の規定により技術基準適合証明の業務を行うこととした場合における技術基準適合証明の業務の引継ぎその他の必要な事項は、総務省令で定める。

【　八十九次改正　】

放送法等の一部を改正する法律（平成二十二年十二月三日法律第六十五号）第三条

> 第三十八条の十七第二項第三号及び第三十八条の十八第一項中「第三十八条の二第一項」を「第三十八条の二の二第一項」に改める。

（総務大臣による技術基準適合証明の実施）

第三十八条の十八　総務大臣は、第三十八条の二の二第一項の登録を受ける者がいないとき、又は登録証明機関が第三十八条の十六第一項の規定により技術基準適合証明の業務を休止し、若しくは廃止した場合、前条第一項若しくは第二項の規定により登録を取り消した場合、同項の規定により登録証明機関に対し技術基準適合証明の業務の全部若しくは一部の停止を命じた場合若しくは登録証明機関が天災その他の事由によりその登録に係る技術基準適合証明の業務の全部若しくは一部を実施することが困難となつた場合において必要があると認めるときは、技術基準適合証明の業務の全部又は一部を自ら行うものとする。

2　総務大臣は、前項の規定により技術基準適合証明の業務を行うこととし、又は同項の規定により行っている技術基準適合証明の業務を行わないこととするときは、あらかじめその旨を公示しなければならない。

3　総務大臣が、第一項の規定により技術基準適合証明の業務を行うこととした場合における技術基準適合証明の業務の引継ぎその他の必要な事項は、総務省令で定める。

第三十八条の十九

【七十三次改正】

電波法の一部を改正する法律（平成十五年六月六日法律第六十八号）

第三十八条の十五第一項中「総務大臣は」の下に「、第三十八条の二第一項の登録を受ける者がいないとき」を加え、「指定証明機関」を「登録証明機関」に、「第三十八条の十三第一項」を「第三十八条の十六第一項」に、「の全部若しくは一部を休止」を「を休止し、若しくは廃止」に、「前条第二項」を「前条第一項若しくは第二項の規定により登録を取り消したとき、同項」に改め、「事由により」の下に「その登録に係る」を加え、「、第三十八条の二第三項の規定にかかわらず」を削り、同条第三項中「、第三十八条の十三第一項の規定により技術基準適合証明の業務の廃止を許可し、又は前条第一項若しくは第二項の規定により指定を取り消し」を削り、同条を第三十八条の十八とし、同条の次に次の五条を加える。

（追加された第三十八条の十九の規定は、後掲の条文の通り。）

（準用）

第三十八条の十九　第二十四条の三及び第二十四条の十一の規定は、登録証明機関の登録について準用する。この場合において、第二十四条の三中「受けた者（以下「登録点検事業者」という。）」とあるのは「受けた者」と、「登録点検事業者登録簿」とあるのは「登録証明機関登録簿」と、「の年月日及び」とあるのは「及びその更新の年月日並びに」と、「前条第二項第一号及び第二号」とあるのは「第三十八条の二第二項第一号から第三号まで」と、第二十四条の十一中「第二十四条の九第二項」とあるのは「第三十八条の四第一項若しくは第三十八条の十六第二項」と、「前条」とあるのは「第三十八条の十七第一項若しくは第二項」と読み替えるものとする。

【八十九次改正】

放送法等の一部を改正する法律（平成二十二年十二月三日法律第六十五号）第三条

第三十八条の十九中「第三十八条の二第二項第一号」を「第三十八条の二の二第二項第一号」に改める。

（準用）

第三十八条の十九　第二十四条の三及び第二十四条の十一の規定は、登録証明機関の登録について準用する。この場合において、第二十四条の三中「受けた者（以下「登録点検事業者」という。）」とあるのは「受けた者」と、「登録点検事業者登録簿」とあるのは「登録証明機関登録簿」と、「の年月日及び」とあるのは「及びその更新の年月日並びに」と、「前条第二項第一号及び第二号」とあるのは「第三十八条の二の二第二項第一号から第三号まで」と、第二十四条の十一中「第二十四条の九第二項」とあるのは「第三十八条の四第一項若しくは第三十八条の十六第二項」と、「前条」とあるのは「第三十八条の十七第一項若しくは第二項」と読み替えるものとする。

【九十一次改正】
放送法等の一部を改正する法律（平成二十二年十二月三日法律第六十五号）第四条

第三十八条の十九中「「登録点検事業者」」を「「登録検査等事業者」」に、「登録点検事業者登録簿」を「登録検査等事業者登録簿」に改め、「、「の年月日及び」とあるのは「及びその更新の年月日並びに」と」を削り、「前条第二項第一号及び第二号」を「第二十四条の二第二項第一号、第二号及び第四号」に、「第二十四条の九第二項」を「第二十四条の二の二第一項若しくは第二十四条の九第二項」に改める。

（準用）
第三十八条の十九　第二十四条の三及び第二十四条の十一の規定は、登録証明機関の登録について準用する。この場合において、第二十四条の三中「受けた者（以下「登録検査等事業者」という。）」とあるのは「受けた者」と、「登録検査等事業者登録簿」とあるのは「登録証明機関登録簿」と、「第二十四条の二第二項第一号、第二号及び第四号」とあるのは「第三十八条の二の二第二項第一号から第三号まで」と、第二十四条の十一中「第二十四条の二の二第一項若しくは第二十四条の九第二項」とあるのは「第三十八条の四第一項若しくは第三十八条の十六第二項」と、「前条」とあるのは「第三十八条の十七第一項若しくは第二項」と読み替えるものとする。

第三十八条の二十・第三十八条の二十一

【七十三次改正】
電波法の一部を改正する法律（平成十五年六月六日法律第六十八号）

第三十八条の十五第一項中「総務大臣は」の下に「、第三十八条の二第一項の登録を受ける者がいないとき」を加え、「指定証明機関」を「登録証明機関」に、「第三十八条の十三第一項」を「第三十八条の十六第一項」に、「の全部若しくは一部を休止」を「を休止し、若しくは廃止」に、「前条第二項」を「前条第一項若しくは第二項の規定により登録を取り消したとき、同項」に改め、「事由により」の下に「その登録に係る」を加え、「、第三十八条の二第三項の規定にかかわらず」を削り、同条第三項中「、第三十八条の十三第一項の規定により技術基準適合証明の業務の廃止を許可し、又は前条第一項若しくは第二項の規定により指定を取り消し」を削り、同条を第三十八条の十八とし、同条の次に次の五条を加える。
（追加された第三十八条の二十及び第三十八条の二十一の規定は、後掲の条文の通り。）

（技術基準適合証明を受けた者に対する立入検査等）
第三十八条の二十　総務大臣は、この法律を施行するため必要があると認めるときは、登録証明機関による技術基準適合証明を受けた者に対し、当該技術基準適合証明に係る特定無線設備に関し報告させ、又はその職員に、当該技術基準適合証明を受けた者の事業所に立ち入り、当該特定無線設備その他の物件を検査させることができる。
2　第二十四条の八第二項及び第三項の規定は、前項の規定による立入検査について準用する。

（特定無線設備等の提出）

第三十八条の二十一　総務大臣は、前条第一項の規定によりその職員に立入検査をさせた場合において、その所在の場所において検査をさせることが著しく困難であると認められる特定無線設備又は当該特定無線設備の検査を行うために特に必要な物件があつたときは、登録証明機関による技術基準適合証明を受けた者に対し、期限を定めて、当該特定無線設備又は当該物件を提出すべきことを命ずることができる。

2　国は、前項の規定による命令によつて生じた損失を当該技術基準適合証明を受けた者に対し補償しなければならない。

3　前項の規定により補償すべき損失は、第一項の命令により通常生ずべき損失とする。

第三十八条の二十二

【 七十三次改正 】

電波法の一部を改正する法律（平成十五年六月六日法律第六十八号）

第三十八条の十五第一項中「総務大臣は」の下に「、第三十八条の二第一項の登録を受ける者がいないとき」を加え、「指定証明機関」を「登録証明機関」に、「第三十八条の十三第一項」を「第三十八条の十六第一項」に、「の全部若しくは一部を休止」を「を休止し、若しくは廃止」に、「前条第二項」を「前条第一項若しくは第二項の規定により登録を取り消したとき、同項」に改め、「事由により」の下に「その登録に係る」を加え、「、第三十八条の二第三項の規定にかかわらず」を削り、同条第三項中「、第三十八条の十三第一項の規定により技術基準適合証明の業務の廃止を許可し、又は前条第一項若しくは第二項の規定により指定を取り消し」を削り、同条を第三十八条の十八とし、同条の次に次の五条を加える。

（追加された第三十八条の二十二の規定は、後掲の条文の通り。）

（妨害等防止命令）

第三十八条の二十二　総務大臣は、登録証明機関による技術基準適合証明を受けた特定無線設備であつて第三十八条の七第一項の表示が付されているものが、前章に定める技術基準に適合しておらず、かつ、当該特定無線設備の使用により他の無線局の運用を阻害するような混信その他の妨害又は人体への危害を与えるおそれがあると認める場合において、当該妨害又は危害の拡大を防止するために特に必要があると認めるときは、当該技術基準適合証明を受けた者に対し、当該特定無線設備による妨害又は危害の拡大を防止するために必要な措置を講ずべきことを命ずることができる。

2　総務大臣は、前項の規定による命令をしようとするときは、経済産業大臣に協議しなければならない。

【 九十七次改正 】

電波法の一部を改正する法律（平成二十六年四月二十三日法律第二十六号）

第三十八条の二十二第一項中「第三十八条の七第一項」の下に「又は第三十八条の四十四第三項」を加える。

（妨害等防止命令）

第三十八条の二十二　総務大臣は、登録証明機関による技術基準適合証明を受けた特定無線設備であつて第三十八条の七第一項又は第三十八条の四十四第三項の表示が付されているものが、前章に定める技術基準に適合しておらず、かつ、当該特定無線設備の使用により他の無線局の運用を阻害するような混信その他の妨害又は人体への危害を与えるおそれがあると認める場合において、当該妨害又は危害の拡大を防止するために特に必要があると認めるときは、当該技術基準適合証明を受けた者に対し、当該特定無線設備による妨害又は危害の拡大を防止するために必要な措置を講ずべきことを命ずることができる。

2　総務大臣は、前項の規定による命令をしようとするときは、経済産業大臣に協議しなければならない。

第三十八条の二十三

【七十三次改正】

電波法の一部を改正する法律（平成十五年六月六日法律第六十八号）

第三十八条の十五第一項中「総務大臣は」の下に「、第三十八条の二第一項の登録を受ける者がいないとき」を加え、「指定証明機関」を「登録証明機関」に、「第三十八条の十三第一項」を「第三十八条の十六第一項」に、「の全部若しくは一部を休止」を「を休止し、若しくは廃止」に、「前条第二項」を「前条第一項若しくは第二項の規定により登録を取り消したとき、同項」に改め、「事由により」の下に「その登録に係る」を加え、「、第三十八条の二第三項の規定にかかわらず」を削り、同条第三項中「、第三十八条の十三第一項の規定により技術基準適合証明の業務の廃止を許可し、又は前条第一項若しくは第二項の規定により指定を取り消し」を削り、同条を第三十八条の十八とし、同条の次に次の五条を加える。

（追加された第三十八条の二十三の規定は、後掲の条文の通り。）

（表示が付されていないものとみなす場合）

第三十八条の二十三　登録証明機関による技術基準適合証明を受けた特定無線設備であつて第三十八条の七第一項の規定により表示が付されているものが前章に定める技術基準に適合していない場合において、総務大臣が他の無線局の運用を阻害するような混信その他の妨害又は人体への危害の発生を防止するため特に必要があると認めるときは、当該特定無線設備は、同項の規定による表示が付されていないものとみなす。

2　総務大臣は、前項の規定により特定無線設備について表示が付されていないものとみなされたときは、その旨を公示しなければならない。

【九十七次改正】

電波法の一部を改正する法律（平成二十六年四月二十三日法律第二十六号）

第三十八条の二十三第一項中「第三十八条の七第一項」の下に「又は第三十八条の四十四第三項」を加え、「同項」を「第三十八条の七第一項又は第三十八条の四十四第三項」に改める。

（表示が付されていないものとみなす場合）

第三十八条の二十三　登録証明機関による技術基準適合証明を受けた特定無線設備であつて第三十八条の七第一項又は第三十八条の四十四第三項の規定により表示が付されているものが前章に定める技術基準に適合していない場合において、総務大臣が他の無線局の運用を阻害するような混信その他の妨害又は人体への危害の発生を防止するため特に必要があると認めるときは、当該特定無線設備は、第三十八条の七第一項又は第三十八条の四十四第三項の規定による表示が付されていないものとみなす。

2　総務大臣は、前項の規定により特定無線設備について表示が付されていないものとみなされたときは、その旨を公示しなければならない。

第三十八条の二十四

【七十三次改正】

電波法の一部を改正する法律（平成十五年六月六日法律第六十八号）

第三十八条の十六第一項中「総務大臣又は指定証明機関は、申請により、」を「登録証明機関は、特定無線設備を取り扱うことを業とする者から求めがあつた場合には、その」に改め、「。第五項及び次条第六項において同じ」を削り、「認証」の下に「（以下「工事設計認証」という。）」を加え、同条第二項を削り、同条第三項中「総務大臣又は指定証明機関は、第一項の申請」を「登録証明機関は、その登録に係る工事設計認証の求め」に、「申請に」を「求めに」に、「同項の認証」を「工事設計認証」に改め、同項を同条第二項とし、同項の次に次の一項を加える。

（追加された第三項の規定は、後掲の条文の通り。）

第三十八条の十六第四項から第十項までを削り、同条を第三十八条の二十四とし、同条の次に次の六条を加える。

（特定無線設備の工事設計についての認証）

第三十八条の二十四　登録証明機関は、特定無線設備を取り扱うことを業とする者から求めがあつた場合には、その特定無線設備を、前章に定める技術基準に適合するものとして、その工事設計（当該工事設計に合致することの確認の方法を含む。）について認証（以下「工事設計認証」という。）する。

2　登録証明機関は、その登録に係る工事設計認証の求めがあつた場合には、総務省令で定めるところにより審査を行い、当該求めに係る工事設計が前章に定める技術基準に適合するものであり、かつ、当該工事設計に基づく特定無線設備のいずれもが当該工事設計に合致するものとなることを確保することができると認めるときに限り、工事設計認証を行うものとする。

3　第三十八条の六第二項及び第三項、第三十八条の八、第三十八条の九、第三十八条の十二、第三十八条の十三第二項並びに第三十八条の十四の規定は登録証明機関が工事設計認証を行う場合について、第三十八条の十、第三十八条の十五、第三十八条の十六、第三十八条の十七第二項及び第三項並びに第三十八条の十八の規定は登録証明機関が技術基準適合証明の業務及び工事設計認証の業務を行う場合について準用する。この場合において、第三十八条の六第二項中「を受けた」とあるのは「に係る工事設計に基づく」と、第三十八条の十中「当該業務」とあるのは「これらの業務」と、第三十八条の十三第二項中「第三十八条の六第一項又は第三十八条の八」とあるのは「第三十八条の八又は第三十八条の二十四第二項」と、第三十八条の十四第一項中「第三十八条の六第一項」とあるのは「第三十八条の二十四第二項」と、「特定無線設備」とあるのは「工事設計（当該工事設計に合致することの確認の方法を含む。）」と、同条第二項中「第三十八条の六第一項又は第三十八条の八」とあるのは「第三十八条の八又は第三十八条の二十四第二項」と読み替えるものとする。

［注釈］第三十八条の十六が一部改正されて、第三十八条の二十四に繰り下げられた。

ついては、同条の従前の改正経緯に関しては、第三十八条の十六の項を参照されたい。また、改正前の第三十八条の十六第四項から第十項までは、削られた。

【八十九次改正】
放送法等の一部を改正する法律（平成二十二年十二月三日法律第六十五号）第三条
第三十八条の二十四第三項中「第三十八条の六第二項及び第三項」を「第三十八条の六第二項及び第四項」に、「第三十八条の六第二項中」を「第三十八条の六第二項第二号中」に改め、「基づく」と」の下に「、同条第四項中「前項」とあるのは「第三十八条の二十九において準用する前項」と」を加える。

（特定無線設備の工事設計についての認証）
第三十八条の二十四　登録証明機関は、特定無線設備を取り扱うことを業とする者から求めがあつた場合には、その特定無線設備を、前章に定める技術基準に適合するものとして、その工事設計（当該工事設計に合致することの確認の方法を含む。）について認証（以下「工事設計認証」という。）する。
2　登録証明機関は、その登録に係る工事設計認証の求めがあつた場合には、総務省令で定めるところにより審査を行い、当該求めに係る工事設計が前章に定める技術基準に適合するものであり、かつ、当該工事設計に基づく特定無線設備のいずれもが当該工事設計に合致するものとなることを確保することができると認めるときに限り、工事設計認証を行うものとする。
3　第三十八条の六第二項及び第四項、第三十八条の八、第三十八条の九、第三十八条の十二、第三十八条の十三第二項並びに第三十八条の十四の規定は登録証明機関が工事設計認証を行う場合について、第三十八条の十、第三十八条の十五、第三十八条の十六、第三十八条の十七第二項及び第三項並びに第三十八条の十八の規定は登録証明機関が技術基準適合証明の業務及び工事設計認証の業務を行う場合について準用する。この場合において、第三十八条の六第二項第二号中「を受けた」とあるのは「に係る工事設計に基づく」と、同条第四項中「前項」とあるのは「第三十八条の二十九において準用する前項」と、第三十八条の十中「当該業務」とあるのは「これらの業務」と、第三十八条の十三第二項中「第三十八条の六第一項又は第三十八条の八」とあるのは「第三十八条の八又は第三十八条の二十四第二項」と、第三十八条の十四第一項中「第三十八条の六第一項」とあるのは「第三十八条の二十四第二項」と、「特定無線設備」とあるのは「工事設計（当該工事設計に合致することの確認の方法を含む。）」と、同条第二項中「第三十八条の六第一項又は第三十八条の八」とあるのは「第三十八条の二十四第二項」と読み替えるものとする。

第三十八条の二十五～第三十八条の二十八

【七十三次改正】
電波法の一部を改正する法律（平成十五年六月六日法律第六十八号）
第三十八条の十六第四項から第十項までを削り、同条を第三十八条の二十四とし、同条の次に次の六条を加える。
（追加された第三十八条の二十五から三十八条の二十八までの規定は、後掲の条文の通り。）

（工事設計合致義務等）
第三十八条の二十五　登録証明機関による工事設計認証を受けた者（以下「認証取扱業者」という。）は、当該工事設計認証に係る工事設計（以下「認証工事設計」

という。）に基づく特定無線設備を取り扱う場合においては、当該特定無線設備を当該認証工事設計に合致するようにしなければならない。

2　認証取扱業者は、工事設計認証に係る確認の方法に従い、その取扱いに係る前項の特定無線設備について検査を行い、総務省令で定めるところにより、その検査記録を作成し、これを保存しなければならない。

（認証工事設計に基づく特定無線設備の表示）

第三十八条の二十六　認証取扱業者は、認証工事設計に基づく特定無線設備について、前条第二項の規定による義務を履行したときは、当該特定無線設備に総務省令で定める表示を付することができる。

（認証取扱業者に対する措置命令）

第三十八条の二十七　総務大臣は、認証取扱業者が第三十八条の二十五第一項の規定に違反していると認める場合には、当該認証取扱業者に対し、工事設計認証に係る確認の方法を改善するために必要な措置をとるべきことを命ずることができる。

（表示の禁止）

第三十八条の二十八　総務大臣は、次の各号に掲げる場合には、認証取扱業者に対し、二年以内の期間を定めて、当該各号に定める認証工事設計又は工事設計に基づく特定無線設備に第三十八条の二十六の表示を付することを禁止することができる。

一　認証工事設計に基づく特定無線設備が前章に定める技術基準に適合していない場合において、他の無線局の運用を阻害するような混信その他の妨害又は人体への危害の発生を防止するため特に必要があると認めるとき（第六号に掲げる場合を除く。）。　当該特定無線設備の認証工事設計

二　認証取扱業者が第三十八条の二十五第二項の規定に違反したとき。　当該違反に係る特定無線設備の認証工事設計

三　認証取扱業者が前条の規定による命令に違反したとき。　当該違反に係る特定無線設備の認証工事設計

四　認証取扱業者が不正な手段により登録証明機関による工事設計認証を受けたとき。　当該工事設計認証に係る工事設計

五　登録証明機関が第三十八条の二十四第二項の規定又は同条第三項において準用する第三十八条の八第二項の規定に違反して工事設計認証をしたとき。　当該工事設計認証に係る工事設計

六　前章に定める技術基準が変更された場合において、当該変更前に工事設計認証を受けた工事設計が当該変更後の技術基準に適合しないと認めるとき。　当該工事設計

2　総務大臣は、前項の規定により表示を付することを禁止したときは、その旨を公示しなければならない。

第三十八条の二十九

【七十三次改正】

電波法の一部を改正する法律（平成十五年六月六日法律第六十八号）

> 第三十八条の十六第四項から第十項までを削り、同条を第三十八条の二十四とし、同条の次に次の六条を加える。
> （追加された第三十八条の二十九の規定は、後掲の条文の通り。）

（準用）

第三十八条の二十九　第三十八条の二十から第三十八条の二十二までの規定は認証取扱業者について、第三十八条の二十三の規定は認証工事設計に基づく特定無線設備について準用する。この場合において、第三十八条の二十第一項中「技術基準適合証明に」とあるのは「認証取扱業者が受けた工事設計認証に」と、第三十八条の二十二第一項中「登録証明機関による技術基準適合証明を受けた」とあるのは「認証工事設計に基づく」と、第三十八条の二十二第一項及び第三十八条の二十三第一項中「第三十八条の七第一項」とあるのは「第三十八条の二十六」と、第三十八条の二十二第一項中「は、当該」とあるのは「は、当該認証工事設計に係る」と、第三十八条の二十三第一項中「同項」とあるのは「同条」と読み替えるものとする。

【八十九次改正】

放送法等の一部を改正する法律（平成二十二年十二月三日法律第六十五号）第三条

第三十八条の二十九中「第三十八条の二十から」を「第三十八条の六第三項及び第三十八条の二十から」に改め、「この場合において」の下に「、第三十八条の六第三項中「前項第一号」とあるのは「第三十八条の二十四第三項において準用する前項第一号又は第三号」と」を加え、「第三十八条の二十二第一項及び」を「同項及び」に改める。

（準用）

第三十八条の二十九　第三十八条の六第三項及び第三十八条の二十から第三十八条の二十二までの規定は認証取扱業者について、第三十八条の二十三の規定は認証工事設計に基づく特定無線設備について準用する。この場合において、第三十八条の六第三項中「前項第一号」とあるのは「第三十八条の二十四第三項において準用する前項第一号又は第三号」と、第三十八条の二十第一項中「技術基準適合証明に」とあるのは「認証取扱業者が受けた工事設計認証に」と、第三十八条の二十二第一項中「登録証明機関による技術基準適合証明を受けた」とあるのは「認証工事設計に基づく」と、同項及び第三十八条の二十三第一項中「第三十八条の七第一項」とあるのは「第三十八条の二十六」と、第三十八条の二十二第一項中「は、当該」とあるのは「は、当該認証工事設計に係る」と、第三十八条の二十三第一項中「同項」とあるのは「同条」と読み替えるものとする。

【九十七次改正】

電波法の一部を改正する法律（平成二十六年四月二十三日法律第二十六号）

第三十八条の二十九、第三十八条の三十一第六項及び第三十八条の三十八中「、第三十八条の二十三第一項中「同項」とあるのは「同条」と」を削る。

（準用）

第三十八条の二十九　第三十八条の六第三項及び第三十八条の二十から第三十八条の二十二までの規定は認証取扱業者について、第三十八条の二十三の規定は認証工事設計に基づく特定無線設備について準用する。この場合において、第三十八条の六第三項中「前項第一号」とあるのは「第三十八条の二十四第三項において準用する前項第一号又は第三号」と、第三十八条の二十第一項中「技術基準適合証明に」とあるのは「認証取扱業者が受けた工事設計認証に」と、第三十八条の二十二第一項中「登録証明機関による技術基準適合証明を受けた」とあるのは「認証工事設計に基づく」と、同項及び第三十八条の二十三第一項中「第三十八条の七第一項」とあるのは「第三十八条の二十六」と、第三十八条の二十二第一項中「は、当該」とあるのは「は、当該認証工事設計に係る」と読み替えるものとする。

第三十八条の三十

【七十三次改正】

電波法の一部を改正する法律（平成十五年六月六日法律第六十八号）

第三十八条の十六第四項から第十項までを削り、同条を第三十八条の二十四とし、同条の次に次の六条を加える。
（追加された第三十八条の三十の規定は、後掲の条文の通り。）

（外国取扱業者）

第三十八条の三十　登録証明機関による技術基準適合証明を受けた者が外国取扱業者（外国において本邦内で使用されることとなる特定無線設備を取り扱うことを業とする者をいう。以下同じ。）である場合における当該外国取扱業者に対する第三十八条の二十一及び第三十八条の二十二の規定の適用については、第三十八条の二十一第一項及び第三十八条の二十二第一項中「命ずる」とあるのは「請求する」と、第三十八条の二十一第二項及び第三項並びに第三十八条の二十二第二項中「命令」とあるのは「請求」とする。

2　認証取扱業者が外国取扱業者である場合における当該外国取扱業者に対する第三十八条の二十七及び第三十八条の二十八第一項第三号の規定並びに前条において準用する第三十八条の二十一及び第三十八条の二十二の規定の適用については、第三十八条の二十七並びに前条において準用する第三十八条の二十一第一項及び第三十八条の二十二第一項中「命ずる」とあるのは「請求する」と、第三十八条の二十八第一項第三号中「命令に違反した」とあるのは「請求に応じなかった」と、「当該違反」とあるのは「当該請求」と、前条において準用する第三十八条の二十一第二項及び第三項並びに第三十八条の二十二第二項中「命令」とあるのは「請求」とする。

3　第三十八条の二十八第一項の規定によるほか、総務大臣は、次の各号に掲げる場合には、登録証明機関による工事設計認証を受けた外国取扱業者に対し、二年以内の期間を定めて、当該各号に定める認証工事設計に基づく特定無線設備に第三十八条の二十六の表示を付することを禁止することができる。

一　総務大臣が前条において準用する第三十八条の二十第一項の規定により当該外国取扱業者に対し報告をさせようとした場合において、その報告がされず、又は虚偽の報告がされたとき。　当該報告に係る特定無線設備の認証工事設計

二　総務大臣が前条において準用する第三十八条の二十第一項の規定によりその職員に当該外国取扱業者の事業所において検査をさせようとした場合において、その検査が拒まれ、妨げられ、又は忌避されたとき。　当該検査に係る特定無線設備の認証工事設計

三　当該外国取扱業者が前項において読み替えて適用する前条において準用する第三十八条の二十一第一項の規定による請求に応じなかったとき。　当該請求に係る特定無線設備の認証工事設計

4　総務大臣は、前項の規定により表示を付することを禁止したときは、その旨を公示しなければならない。

【八十九次改正】

放送法等の一部を改正する法律（平成二十二年十二月三日法律第六十五号）第三条

第三十八条の三十第三項第三号中「とき。当該」を「とき　当該」に改め、同号を同項第四号とし、同項第二号中「とき。当該」を「とき　当該」に改め、同号を同項第三号とし、同項第一号中「とき。当該」を「とき　当該」に改め、

同号を同項第二号とし、同項に第一号として次の一号を加える。
（追加された第三項第一号の規定は、後掲の条文の通り。）

（外国取扱業者）

第三十八条の三十　登録証明機関による技術基準適合証明を受けた者が外国取扱業者（外国において本邦内で使用されることとなる特定無線設備を取り扱うことを業とする者をいう。以下同じ。）である場合における当該外国取扱業者に対する第三十八条の二十一及び第三十八条の二十二の規定の適用については、第三十八条の二十一第一項及び第三十八条の二十二第一項中「命ずる」とあるのは「請求する」と、第三十八条の二十一第二項及び第三項並びに第三十八条の二十二第二項中「命令」とあるのは「請求」とする。

2　認証取扱業者が外国取扱業者である場合における当該外国取扱業者に対する第三十八条の二十七及び第三十八条の二十八第一項第三号の規定並びに前条において準用する第三十八条の二十一及び第三十八条の二十二の規定の適用については、第三十八条の二十七並びに前条において準用する第三十八条の二十一第一項及び第三十八条の二十二第一項中「命ずる」とあるのは「請求する」と、第三十八条の二十八第一項第三号中「命令に違反した」とあるのは「請求に応じなかつた」と、「当該違反」とあるのは「当該請求」と、前条において準用する第三十八条の二十一第二項及び第三項並びに第三十八条の二十二第二項中「命令」とあるのは「請求」とする。

3　第三十八条の二十八第一項の規定によるほか、総務大臣は、次の各号に掲げる場合には、登録証明機関による工事設計認証を受けた外国取扱業者に対し、二年以内の期間を定めて、当該各号に定める認証工事設計に基づく特定無線設備に第三十八条の二十六の表示を付することを禁止することができる。

一　当該外国取扱業者が前条において準用する第三十八条の六第三項の規定に違反して、届出をせず、又は虚偽の届出をしたとき　当該届出に係る特定無線設備の認証工事設計

二　総務大臣が前条において準用する第三十八条の二十第一項の規定により当該外国取扱業者に対し報告をさせようとした場合において、その報告がされず、又は虚偽の報告がされたとき　当該報告に係る特定無線設備の認証工事設計

三　総務大臣が前条において準用する第三十八条の二十第一項の規定によりその職員に当該外国取扱業者の事業所において検査をさせようとした場合において、その検査が拒まれ、妨げられ、又は忌避されたとき　当該検査に係る特定無線設備の認証工事設計

四　当該外国取扱業者が前項において読み替えて適用する前条において準用する第三十八条の二十一第一項の規定による請求に応じなかつたとき　当該請求に係る特定無線設備の認証工事設計

4　総務大臣は、前項の規定により表示を付することを禁止したときは、その旨を公示しなければならない。

第三十八条の三十一

【七十三次改正】

電波法の一部を改正する法律（平成十五年六月六日法律第六十八号）

第三十八条の十七第一項中「前章に定める技術基準に適合していることの証明」を「技術基準適合証明」に、「第三十八条の二第二項の総務省令で定める」を「事業の」に改め、同条第二項を削り、同条第三項中「承認証明機関は、第一項の証明」を「前項の規定による承認を受けた者（以下「承認証明機関」という。）は、

その承認に係る技術基準適合証明」に改め、「の全部又は一部」を削り、同項を同条第二項とし、同条第四項を同条第三項とし、同項の次に次の一項を加える。

（追加された第四項の規定は、後掲の条文の通り。）

第三十八条の十七第五項を削り、同条第六項中「申請」を「求め」に、「を、前章に定める技術基準に適合するものとして、その工事設計について認証する」を「について、工事設計認証を行う」に改め、同項を同条第五項とし、同項の次に次の一項を加える。

（追加された第六項の規定は、後掲の条文の通り。）

第三十八条の十七第七項及び第八項を削り、同条を第三十八条の三十一とする。

（承認証明機関）

第三十八条の三十一　総務大臣は、外国の法令に基づく無線局の検査に関する制度で技術基準適合証明の制度に類するものに基づいて無線設備の検査、試験等を行う者であつて、当該外国において、外国取扱業者が取り扱う本邦内で使用されることとなる特定無線設備について技術基準適合証明を行おうとするものから申請があつたときは、事業の区分ごとに、これを承認することができる。

2　前項の規定による承認を受けた者（以下「承認証明機関」という。）は、その承認に係る技術基準適合証明の業務を休止し、又は廃止したときは、遅滞なく、その旨を総務大臣に届け出なければならない。

3　総務大臣は、前項の規定による届出があつたときは、その旨を公示しなければならない。

4　第二十四条の二第五項及び第六項、第三十八条の二第二項及び第三項、第三十八条の三第一項並びに第三十八条の五第一項の規定は総務大臣が行う第一項の規定による承認について、同条第二項及び第三項、第三十八条の六第一項から第三項まで、第三十八条の七第一項、第三十八条の八、第三十八条の十、第三十八条の十二から第三十八条の十五まで並びに第三十八条の二十三の規定は承認証明機関について、第三十八条の二十から第三十八条の二十二までの規定は承認証明機関による技術基準適合証明を受けた者について準用する。この場合において、第二十四条の二第五項第二号中「第二十四条の十又は第二十四条の十三第三項」とあるのは「第三十八条の三十二第一項又は第二項」と、同条第六項中「前各項」とあるのは「前項、第三十八条の二第二項及び第三項、第三十八条の三第一項並びに第三十八条の三十一第一項」と、第三十八条の三第一項中「登録申請者」とあるのは「承認申請者」と、「適合しているときは」とあるのは「適合しているときでなければ」と、「しなければならない」とあるのは「してはならない」と、同項第三号イ中「商法」とあるのは「外国における商法」と、「親会社を」とあるのは「親会社に相当するものを」と、第三十八条の五第一項中「同項の登録を受けた者（以下「登録証明機関」という。）」とあり、及び第三十八条の二十二第一項中「登録証明機関」とあるのは「承認証明機関」と、第三十八条の六第一項及び第二項、第三十八条の七第一項、第三十八条の八第一項、第三十八条の十並びに第三十八条の十五第一項中「登録」とあるのは「承認」と、第三十八条の十三、第三十八条の二十一第一項及び第三十八条の二十二第一項中「命ずる」とあるのは「請求する」と、第三十八条の十四第一項中「命ずべき」とあるのは「請求すべき」と、同条第二項及び第三項、第三十八条の二十一第二項及び第三項並びに第三十八条の二十二第二項中「命令」とあるのは「請求」と読み替えるものとする。

5　承認証明機関は、外国取扱業者の求めにより、本邦内で使用されることとなる特定無線設備について、工事設計認証を行うことができる。

6　第三十八条の六第二項及び第三項、第三十八条の八、第三十八条の十二、第三十八条の十三第二項、第三十八条の十四、第三十八条の二十三並びに第三十八条の二十四第二項の規定は承認証明機関が工事設計認証を行う場合について、第三十八条の十、第三十八条の十五並びに第二項及び第三項の規定は承認証明機関が技術基準適合証明の業務及び工事設計認証の業務を行う場合について、第三十八条の二十から第三十八条の二十二まで、第三十八条の二十五から第三十八条の二十八まで並びに前条第三項及び第四項の規定は承認証明機関による工事設計認証を受けた者について準用する。この場合において、第三十八条の六第二項、第三十八条の八第一項、第三十八条の十、第三十八条の十五第一項及び第三十八条の二十四第二項中「登録」とあるのは「承認」と、第三十八条の六第二項及び第三十八条の二十三第一項中「を受けた」とあるのは「に係る工事設計に基づく」と、第三十八条の十中「当該業務」とあるのは「これらの業務」と、第三十八条の十三第二項及び第三十八条の十四第二項中「第三十八条の六第一項又は第三十八条の八」とあるのは「第三十八条の八又は第三十八条の二十四第二項」と、第三十八条の十三第二項、第三十八条の二十一第一項、第三十八条の二十二第一項及び第三十八条の二十七中「命ずる」とあるのは「請求する」と、第三十八条の十四第一項中「第三十八条の六第一項」とあるのは「第三十八条の二十四第二項」と、「特定無線設備」とあるのは「工事設計（当該工事設計に合致することの確認の方法を含む。）」と、「命ずべき」とあるのは「請求すべき」と、同条第二項及び第三項、第三十八条の二十一第二項及び第三項並びに第三十八条の二十二第二項中「命令」とあるのは「請求」と、第三十八条の二十第一項中「技術基準適合証明に」とあるのは「工事設計認証に」と、第三十八条の二十二第一項中「登録証明機関による技術基準適合証明を受けた」とあるのは「認証工事設計に基づく」と、同条及び第三十八条の二十三第一項中「第三十八条の七第一項」とあるのは「第三十八条の二十六」と、第三十八条の二十二第一項中「は、当該」とあるのは「は、当該認証工事設計に係る」と、第三十八条の二十三第一項中「同項」とあるのは「同条」と、第三十八条の二十八第一項第三号中「命令に違反した」とあるのは「請求に応じなかつた」と、「違反に」とあるのは「請求に」と、同項第四号中「登録証明機関」とあるのは「承認証明機関」と、同項第五号中「登録証明機関が第三十八条の二十四第二項の規定又は同条第三項において準用する第三十八条の八第二項」とあるのは「承認証明機関が第三十八条の八第二項又は第三十八条の二十四第二項」と、前条第三項第一号及び第二号中「前条」とあり、並びに同項第三号中「前項において読み替えて適用する前条」とあるのは「次条第六項」と読み替えるものとする。

［注釈］第三十八条の十七が一部改正されて、第三十八条の三十一に繰り下げられた。ついては、同条の従前の改正経緯に関しては、第三十八条の十八の項を参照されたい。

【八十二次改正】

会社法の施行に伴う関係法律の整備等に関する法律（平成十七年七月二十六日法律第八十七号）第二百五十四条

第三十八条の三十一第四項中「商法」を「会社法」に、「親会社」を「親法人」に改める。

（承認証明機関）

第三十八条の三十一　総務大臣は、外国の法令に基づく無線局の検査に関する制度で技術基準適合証明の制度に類するものに基づいて無線設備の検査、試験等を行う者であつて、当該外国において、外国取扱業者が取り扱う本邦内で使用されることとなる特定無線設備について技術基準適合証明を行おうとするものから申請があつたときは、事業の区分ごとに、これを承認することができる。

2　前項の規定による承認を受けた者（以下「承認証明機関」という。）は、その承認に係る技術基準適合証明の業務を休止し、又は廃止したときは、遅滞なく、その旨を総務大臣に届け出なければならない。

3　総務大臣は、前項の規定による届出があつたときは、その旨を公示しなければならない。

4　第二十四条の二第五項及び第六項、第三十八条の二第二項及び第三項、第三十八条の三第一項並びに第三十八条の五第一項の規定は総務大臣が行う第一項の規定による承認について、同条第二項及び第三項、第三十八条の六第一項から第三項まで、第三十八条の七第一項、第三十八条の八、第三十八条の十、第三十八条の十二から第三十八条の十五まで並びに第三十八条の二十三の規定は承認証明機関について、第三十八条の二十から第三十八条の二十二までの規定は承認証明機関による技術基準適合証明を受けた者について準用する。この場合において、第二十四条の二第五項第二号中「第二十四条の十又は第二十四条の十三第三項」とあるのは「第三十八条の三十二第一項又は第二項」と、同条第六項中「前各項」とあるのは「前項、第三十八条の二第二項及び第三項、第三十八条の三第一項並びに第三十八条の三十一第一項」と、第三十八条の三第一項中「登録申請者」とあるのは「承認申請者」と、「適合しているときは」とあるのは「適合しているときでなければ」と、「しなければならない」とあるのは「してはならない」と、同項第三号イ中「会社法」とあるのは「外国における会社法」と、「親法人を」とあるのは「親法人に相当するものを」と、第三十八条の五第一項中「同項の登録を受けた者（以下「登録証明機関」という。）」とあり、及び第三十八条の二十二第一項中「登録証明機関」とあるのは「承認証明機関」と、第三十八条の六第一項及び第二項、第三十八条の七第一項、第三十八条の八第一項、第三十八条の十並びに第三十八条の十五第一項中「登録」とあるのは「承認」と、第三十八条の十三、第三十八条の二十一第一項及び第三十八条の二十二第一項中「命ずる」とあるのは「請求する」と、第三十八条の十四第一項中「命ずべき」とあるのは「請求すべき」と、同条第二項及び第三項、第三十八条の二十一第二項及び第三項並びに第三十八条の二十二第二項中「命令」とあるのは「請求」と読み替えるものとする。

5　承認証明機関は、外国取扱業者の求めにより、本邦内で使用されることとなる特定無線設備について、工事設計認証を行うことができる。

6　第三十八条の六第二項及び第三項、第三十八条の八、第三十八条の十二、第三十八条の十三第二項、第三十八条の十四、第三十八条の二十三並びに第三十八条の二十四第二項の規定は承認証明機関が工事設計認証を行う場合について、第三十八条の十、第三十八条の十五並びに第二項及び第三項の規定は承認証明機関が技術基準適合証明の業務及び工事設計認証の業務を行う場合について、第三十八条の二十から第三十八条の二十二まで、第三十八条の二十五から第三十八条の二十八まで並びに前条第三項及び第四項の規定は承認証明機関による工事設計認証を受けた者について準用する。この場合において、第三十八条の六第二項、第三十八条の八第一項、第三十八条の十、第三十八条の十五第一項及び第三十八条の二十四第二項中「登録」とあるのは「承認」と、第三十八条の六第二項及び第三十八条の二十三第一項中「を受けた」とあるのは「に係る工事設計に基づく」と、第三十八条の十中「当該業務」とあるのは「これらの業務」と、第三十八条の十三第二項及び第三十八条の十四第二項中「第三十八条の六第一項又は第三十八条の八」とあるのは「第三十八条の八又は第三十八条の二十四第二項」と、第三十八条の十三第二項、第三十八条の二十一第一項、第三十八条の二十二第一項及び第三十八条の二十七中「命ずる」とあるのは「請求する」と、第三十八条の十四第一項中「第三十八条の六第一項」とあるのは「第三十八条の二十四第二項」と、「特定無線設備」とあるのは「工事設計（当該工事設計に合致することの確認の方法を含む。）」と、「命ずべき」とあるのは「請求すべき」と、同条第二項及び第三項、第三十八条の二十一第二項及び第三項並びに第三十八条の二十二第二項中「命令」とあるのは「請求」と、第三十八条の二十第一項中「技術基準適合証明に」とあるのは「工事設計認証に」と、第三十八条の二十二第一項中「登録証明機関による技術基準適合証明を受けた」とあるのは「認証工事設計に基づく」と、同条及び第三十八条の二十三第一項中「第三十八条の七第一項」とあるのは「第三十八条の二十六」と、第三十八条の二十二第一項中「は、当該」とあるのは「は、当該認証工事設計に係る」と、第三十八条の二十三第一項中「同項」とあるのは「同条」と、第三十八条の二十八第一項第三号中「命令に違反した」とあるのは「請求に応じなかつた」と、「違反に」とあるのは「請求に」と、同項第四号中「登録証明機関」とあるのは「承認証明機関」と、同項第五号中「登録証明機関が第三十八条の二十四第二項の規定又は同条第三項において準用する第三十八条の八第二項」とあるのは「承認証明機関が第三十八条の八第二項又は第三十八条の二十四第二項」と、前条第三項第一号及び第二号中「前条」とあり、並びに同項第三号中「前項において読み替えて適用する前条」とあるのは「次条第六項」と読み替えるものとする。

【　八十九次改正　】

放送法等の一部を改正する法律（平成二十二年十二月三日法律第六十五号）第三条

第三十八条の三十一第四項中「第三十八条の二第二項」を「第三十八条の二の二第二項」に、「から第三項まで」を「、第二項及び第四項前段」に改め、「承認証明機関について、」の下に「第三十八条の六第三項及び第四項後段並びに」を加え、同条第六項中「第三十八条の六第二項及び第三項」を「第三十八条の六第二項及び第四項」に改め、「業務を行う場合について」の下に「、第三十八条の六第三項」を加え、「と、第三十八条の六第二項」を「と、第三十八条の六第二項第二号」に改め、「係る工事設計に基づく」と」の下に「、第三十八条の六第三項中「前項第一号」とあるのは「前項第一号又は第三号」と」を加え、「及び第二号」を「から第三号までの規定」に、「並びに同項第三号」を「及び同項第四号」に改める。

（承認証明機関）

第三十八条の三十一　総務大臣は、外国の法令に基づく無線局の検査に関する制度で技術基準適合証明の制度に類するものに基づいて無線設備の検査、試験等を行う者であつて、当該外国において、外国取扱業者が取り扱う本邦内で使用されることとなる特定無線設備について技術基準適合証明を行おうとするものから申請があつたときは、事業の区分ごとに、これを承認することができる。

2　前項の規定による承認を受けた者（以下「承認証明機関」という。）は、その承認に係る技術基準適合証明の業務を休止し、又は廃止したときは、遅滞なく、その旨を総務大臣に届け出なければならない。

3　総務大臣は、前項の規定による届出があつたときは、その旨を公示しなければならない。

4　第二十四条の二第五項及び第六項、第三十八条の二の二第二項及び第三項、第三十八条の三第一項並びに第三十八条の五第一項の規定は総務大臣が行う第一項の規定による承認について、同条第二項及び第三項、第三十八条の六第一項、第二項及び第四項前段、第三十八条の七第一項、第三十八条の八、第三十八条の十、第三十八条の十二から第三十八条の十五まで並びに第三十八条の二十三の規定は承認証明機関について、第三十八条の六第三項及び第四項後段並びに第三十八条の二十から第三十八条の二十二までの規定は承認証明機関による技術基準適合証明を受けた者について準用する。この場合において、第二十四条の二第五項第二号中「第二十四条の十又は第二十四条の十三第三項」とあるのは「第三十八条の三十二第一項又は第二項」と、同条第六項中「前各項」とあるのは「前項、第三十八条の二の二第二項及び第三項、第三十八条の三第一項並びに第三十八条の三十一第一項」と、第三十八条の三第一項中「登録申請者」とあるのは「承認申請者」と、「適合しているときは」とあるのは「適合しているときでなければ」

と、「しなければならない」とあるのは「してはならない」と、同項第三号イ中「会社法」とあるのは「外国における会社法」と、「親法人を」とあるのは「親法人に相当するものを」と、第三十八条の五第一項中「同項の登録を受けた者（以下「登録証明機関」という。）」とあり、及び第三十八条の二十二第一項中「登録証明機関」とあるのは「承認証明機関」と、第三十八条の六第一項及び第二項、第三十八条の七第一項、第三十八条の八第一項、第三十八条の十並びに第三十八条の十五第一項中「登録」とあるのは「承認」と、第三十八条の十三、第三十八条の二十一第一項及び第三十八条の二十二第一項中「命ずる」とあるのは「請求する」と、第三十八条の十四第一項中「命ずべき」とあるのは「請求すべき」と、同条第二項及び第三項、第三十八条の二十一第二項及び第三項並びに第三十八条の二十二第二項中「命令」とあるのは「請求」と読み替えるものとする。

5　承認証明機関は、外国取扱業者の求めにより、本邦内で使用されることとなる特定無線設備について、工事設計認証を行うことができる。

6　第三十八条の六第二項及び第四項、第三十八条の八、第三十八条の十二、第三十八条の十三第二項、第三十八条の十四、第三十八条の二十三並びに第三十八条の二十四第二項の規定は承認証明機関が工事設計認証を行う場合について、第三十八条の十、第三十八条の十五並びに第二項及び第三項の規定は承認証明機関が技術基準適合証明の業務及び工事設計認証の業務を行う場合について、第三十八条の六第三項、第三十八条の二十から第三十八条の二十二まで、第三十八条の二十五から第三十八条の二十八まで並びに前条第三項及び第四項の規定は承認証明機関による工事設計認証を受けた者について準用する。この場合において、第三十八条の六第二項、第三十八条の八第一項、第三十八条の十、第三十八条の十五第一項及び第三十八条の二十四第二項中「登録」とあるのは「承認」と、第三十八条の六第二項第二号及び第三十八条の二十三第一項中「を受けた」とあるのは「に係る工事設計に基づく」と、第三十八条の六第三項中「前項第一号」とあるのは「前項第一号又は第三号」と、第三十八条の十中「当該業務」とあるのは「これらの業務」と、第三十八条の十三第二項及び第三十八条の十四第二項中「第三十八条の六第一項又は第三十八条の八」とあるのは「第三十八条の八又は第三十八条の二十四第二項」と、第三十八条の十三第二項、第三十八条の二十一第一項、第三十八条の二十二第一項及び第三十八条の二十七中「命ずる」とあるのは「請求する」と、第三十八条の十四第一項中「第三十八条の六第一項」とあるのは「第三十八条の二十四第二項」と、「特定無線設備」とあるのは「工事設計（当該工事設計に合致することの確認の方法を含む。）」と、「命ずべき」とあるのは「請求すべき」と、同条第二項及び第三項、第三十八条の二十一第二項及び第三項並びに第三十八条の二十二第二項中「命令」とあるのは「請求」と、第三十八条の二十第一項中「技術基準適合証明に」とあるのは「工事設計認証に」と、第三十八条の二十二第一項中「登録証明機関による技術基準適合証明を受けた」とあるのは「認証工事設計に基づく」と、同条及び第三十八条の二十三第一項中「第三十八条の七第一項」とあるのは「第三十八条の二十六」と、第三十八条の二十二第一項中「は、当該」とあるのは「は、当該認証工事設計に係る」と、第三十八条の二十三第一項中「同項」とあるのは「同条」と、第三十八条の二十八第一項第三号中「命令に違反した」とあるのは「請求に応じなかった」と、「違反に」とあるのは「請求に」と、同項第四号中「登録証明機関」とあるのは「承認証明機関」と、同項第五号中「登録証明機関が第三十八条の二十四第二項の規定又は同条第三項において準用する第三十八条の八第二項」とあるのは「承認証明機関が第三十八条の八第二項又は第三十八条の二十四第二項」と、前条第三項第一号から第三号までの規定中「前条」とあり、及び同項第四号中「前項において読み替えて適用する前条」とあるのは「次条第六項」と読み替えるものとする。

【　九十七次改正　】

電波法の一部を改正する法律（平成二十六年四月二十三日法律第二十六号）

第三十八条の二十九、第三十八条の三十一第六項及び第三十八条の三十八中「、第三十八条の二十三第一項中「同項」とあるのは「同条」と」を削る。

（承認証明機関）

第三十八条の三十一　総務大臣は、外国の法令に基づく無線局の検査に関する制度で技術基準適合証明の制度に類するものに基づいて無線設備の検査、試験等を行う者であつて、当該外国において、外国取扱業者が取り扱う本邦内で使用されることとなる特定無線設備について技術基準適合証明を行おうとするものから申請があつたときは、事業の区分ごとに、これを承認することができる。

2　前項の規定による承認を受けた者（以下「承認証明機関」という。）は、その承認に係る技術基準適合証明の業務を休止し、又は廃止したときは、遅滞なく、その旨を総務大臣に届け出なければならない。

3　総務大臣は、前項の規定による届出があつたときは、その旨を公示しなければならない。

4　第二十四条の二第五項及び第六項、第三十八条の二の二第二項及び第三項、第三十八条の三第一項並びに第三十八条の五第一項の規定は総務大臣が行う第一項の規定による承認について、同条第二項及び第三項、第三十八条の六第一項、第二項及び第四項前段、第三十八条の七第一項、第三十八条の八、第三十八条の十、第三十八条の十二から第三十八条の十五まで並びに第三十八条の二十三の規定は承認証明機関について、第三十八条の六第三項及び第四項後段並びに第三十八条の二十から第三十八条の二十二までの規定は承認証明機関による技術基準適合証明を受けた者について準用する。この場合において、第二十四条の二第五項第二号中「第二十四条の十又は第二十四条の十三第三項」とあるのは「第三十八条の三十二第一項又は第二項」と、同条第六項中「前各項」とあるのは「前項、第三十八条の二の二第二項及び第三項、第三十八条の三第一項並びに第三十八条の三十一第一項」と、第三十八条の三第一項中「登録申請者」とあるのは「承認申請者」と、「適合しているときは」とあるのは「適合しているときでなければ」と、「しなければならない」とあるのは「してはならない」と、同項第三号イ中「会社法」とあるのは「外国における会社法」と、「親法人を」とあるのは「親法人に相当するものを」と、第三十八条の五第一項中「同項の登録を受けた者（以下「登録証明機関」という。）」とあり、及び第三十八条の二十二第一項中「登録証明機関」とあるのは「承認証明機関」と、第三十八条の六第一項及び第二項、第三十八条の七第一項、第三十八条の八第一項、第三十八条の十並びに第三十八条の十五第一項中「登録」とあるのは「承認」と、第三十八条の十三、第三十八条の二十一第一項及び第三十八条の二十二第一項中「命ずる」とあるのは「請求する」と、第三十八条の十四第一項中「命ずべき」とあるのは「請求すべき」と、同条第二項及び第三項、第三十八条の二十一第二項及び第三項並びに第三十八条の二十二第二項中「命令」とあるのは「請求」と読み替えるものとする。

5　承認証明機関は、外国取扱業者の求めにより、本邦内で使用されることとなる特定無線設備について、工事設計認証を行うことができる。

6　第三十八条の六第二項及び第四項、第三十八条の八、第三十八条の十二、第三十八条の十三第二項、第三十八条の十四、第三十八条の二十三並びに第三十八条の二十四第二項の規定は承認証明機関が工事設計認証を行う場合について、第三十八条の十、第三十八条の十五並びに第二項及び第三項の規定は承認証明機関が技術基準適合証明の業務及び工事設計認証の業務を行う場合について、第三十八条の六第三項、第三十八条の二十から第三十八条の二十二まで、第三十八条の二十五から第三十八条の二十八まで並びに前条第三項及び第四項の規定は承認証明機関による工事設計認証を受けた者について準用する。この場合において、第三十八条の六第二項、第三十八条の八第一項、第三十八条の十、第三十八条の十五第一項及び第三十八条の二十四第二項中「登録」とあるのは「承認」と、第三十八条の六第二項第二号及び第三十八条の二十三第一項中「を受けた」とあるのは「に係る工事設計に基づく」と、第三十八条の六第三項中「前項第一号」とあるのは「前項第一号又は第三号」と、第三十八条の十中「当該業務」とあるのは「これらの業務」と、第三十八条の十三第二項及び第三十八条の十四第二項中「第三十八条の六第一項又は第三十八条の八」とあるのは「第三十八条の八又は第三十八条の二十四第二項」と、第三十八条の十三第二項、第三十八条の二十一第一項、第三十八条の二十二第一項及び第三十八条の二十七中「命ずる」とあるのは「請求する」と、第三十八条の十四第一項中「第三十八条の六第一項」とあるのは「第三十八条の二十四第二項」と、「特定無線設備」とあるのは「工事設計（当該工事設計に合致することの確認の方法を含む。）」と、「命ずべき」とあるのは「請求すべき」と、同条第二項及び第三項、第三十八条の二十一第二項及び第三項並びに第三十八条の二十二第二項中「命令」とあるのは「請求」と、第三十八条の二十第一項中「技術基準適合証明に」とあるのは「工事設計認証に」と、第三十八条の二十二第一項中「登録証明機関による技術基準適合証明を受けた」とあるのは「認証工事設計に基づく」と、同条及び第三十八条の二十三第一項中「第三十八条の七第一項」とあるのは「第三十八条の二十六」と、第三十八条の二十二第一項中「は、当該」とあるのは「は、当該認証工事設計に係る」と、第三十八条の二十八第一項第三号中「命令に違反した」とあるのは「請求に応じなかつた」と、「違反に」とあるのは「請求に」と、同項第四号中「登録証明機関」とあるのは「承認証明機関」と、同項第五号中「登録証明機関が第三十八条の二十四第二項の規定又は同条第三項において準用する第三十八条の八第二項」とあるのは「承認証明機関が第三十八条の八第二項又は第三十八条の二十四第二項」と、前条第三項第一号から第三号までの規定中「前条」とあり、及び同項第四号中「前項において読み替えて適用する前条」とあるのは「次条第六項」と読み替えるものとする。

第三十八条の三十二

【七十三次改正】

電波法の一部を改正する法律（平成十五年六月六日法律第六十八号）

第三十八条の十八第一項中「同条第五項」を「同条第四項」に、「第三十八条の三第二項第一号若しくは第三号」を「第二十四条の二第五項各号（第二号を除く。）のいずれか」に改め、同条第二項第一号中「前条第三項」を「前条第二項（同条第六項において準用する場合を含む。）の規定、同条第四項において準用する第三十八条の五第二項、第三十八条の六第二項、第三十八条の八、第三十八条の十若しくは第三十八条の十二」に、「同条第五項」を「前条第六項」に、「第三十八条の四第二項、第三十八条の五、第三十八条の八第一項若しくは第三十八条の十」を「第三十八条の六第二項、第三十八条の八、第三十八条の十若しくは第三十八条の十二」に改め、同項第二号及び第三号を削り、同項第四号中「前条第五項」を「前条第四項」に、「第三十八条の八第二項又は第三十八条の十一」を「第三十八条の十三第一項若しくは第二項の規定又は前条第六項において準用する第三十八条の十三第二項」に改め、同号を同項第二号とし、同項第五号を同項第三号とし、同項第六号中「前条第五項」を「前条第四項又は第六項」に、「第三十八条の十二第一項」を「第三十八条の十五第一項」に改め、同号を同項第四号とし、同項第七号中「前条第五項」を「前条第四項又は第六項」に、「第三十八条の十二第一項」を「第三十八条の十五第一項」に改め、同号を同項第五号とし、同条を第三十八条の三十二とする。

（承認の取消し）

第三十八条の三十二　総務大臣は、承認証明機関が前条第一項に規定する外国における資格を失つたとき又は同条第四項において準用する第二十四条の二第五項各号（第二号を除く。）のいずれかに該当するに至つたときは、その承認を取り消さなければならない。

2　総務大臣は、承認証明機関が次の各号のいずれかに該当するときは、その承認を取り消すことができる。

一　前条第二項（同条第六項において準用する場合を含む。）の規定、同条第四項において準用する第三十八条の五第二項、第三十八条の六第二項、第三十八条の八、第三十八条の十若しくは第三十八条の十二の規定又は前条第六項において準用する第三十八条の六第二項、第三十八条の八、第三十八条の十若しくは第三十八条の十二の規定に違反したとき。

二　前条第四項において準用する第三十八条の十三第一項若しくは第二項の規定又は前条第六項において準用する第三十八条の十三第二項の規定による請求に応じなかつたとき。

三　不正な手段により承認を受けたとき。

四　総務大臣が前条第四項又は第六項において準用する第三十八条の十五第一項の規定により承認証明機関に対し報告をさせようとした場合において、その報告がされず、又は虚偽の報告がされたとき。

五　総務大臣が前条第四項又は第六項において準用する第三十八条の十五第一項の規定によりその職員に承認証明機関の事業所において検査をさせようとした場合において、その検査が拒まれ、妨げられ、又は忌避されたとき。

3　総務大臣は、前二項の規定により承認を取り消したときは、その旨を公示しなければならない。

［注釈］第三十八条の十八が一部改正されて、第三十八条の三十二に繰り下げられた。ついては、同条の従前の改正経緯に関しては第三十八条の十八の項を参照されたい。

第二節　特別特定無線設備の技術基準適合自己確認

【七十三次改正】

電波法の一部を改正する法律（平成十五年六月六日法律第六十八号）

第三章の二中第三十八条の三十二の次に次の一節を加える。
（追加された第三章の二第一節の節名は前掲の通り。）

第三十八条の三十三

【七十三次改正】

電波法の一部を改正する法律（平成十五年六月六日法律第六十八号）

第三章の二中第三十八条の三十二の次に次の一節を加える。
（追加された第三章の二第一節中の第三十八条の三十三の規定は、後掲の通り。）

（技術基準適合自己確認等）

第三十八条の三十三　特定無線設備のうち、無線設備の技術基準、使用の態様等を勘案して、他の無線局の運用を著しく阻害するような混信その他の妨害を与えるおそれが少ないものとして総務省令で定めるもの（以下「特別特定無線設備」という。）の製造業者又は輸入業者は、その特別特定無線設備を、前章に定める技術基準に適合するものとして、その工事設計（当該工事設計に合致することの確認の方法を含む。）について自ら確認することができる。

2　製造業者又は輸入業者は、総務省令で定めるところにより検証を行い、その特別特定無線設備の工事設計が前章に定める技術基準に適合するものであり、かつ、当該工事設計に基づく特別特定無線設備のいずれもが当該工事設計に合致するものとなることを確保することができると認めるときに限り、前項の規定による確認（以下「技術基準適合自己確認」という。次項において同じ。）を行うものとする。

3　製造業者又は輸入業者は、技術基準適合自己確認をしたときは、総務省令で定めるところにより、次に掲げる事項を総務大臣に届け出ることができる。

一　氏名又は名称及び住所並びに法人にあつては、その代表者の氏名

二　技術基準適合自己確認を行つた特別特定無線設備の種別及び工事設計

三　前項の検証の結果の概要

四　第二号の工事設計に基づく特別特定無線設備のいずれもが当該工事設計に合致することの確認の方法

五　その他技術基準適合自己確認の方法等に関する事項で総務省令で定めるもの

4　前項の規定による届出をした者（以下「届出業者」という。）は、総務省令で定めるところにより、第二項の検証に係る記録を作成し、これを保存しなければならない。

5　届出業者は、第三項各号（第二号及び第三号を除く。）に掲げる事項に変更があつたときは、総務省令で定めるところにより、遅滞なく、その旨を総務大臣に届け出なければならない。

6　総務大臣は、第三項の規定による届出があつたときは、総務省令で定めるところにより、その旨を公示しなければならない。前項の規定による届出があつた場合において、その公示した事項に変更があつたときも、同様とする。

7　総務大臣は、第一項の総務省令を制定し、又は改廃しようとするときは、経済産業大臣の意見を聴かなければならない。

【　七十六次改正　】

電波法及び有線電気通信法の一部を改正する法律（平成十六年五月十九日法律第四十七号）第一条

第三十八条の三十三第二項中「以下」を「次項において」に改め、「次項において同じ。」を削る。

（技術基準適合自己確認等）

第三十八条の三十三　特定無線設備のうち、無線設備の技術基準、使用の態様等を勘案して、他の無線局の運用を著しく阻害するような混信その他の妨害を与えるおそれが少ないものとして総務省令で定めるもの（以下「特別特定無線設備」という。）の製造業者又は輸入業者は、その特別特定無線設備を、前章に定める技術基準に適合するものとして、その工事設計（当該工事設計に合致することの確認の方法を含む。）について自ら確認することができる。

2　製造業者又は輸入業者は、総務省令で定めるところにより検証を行い、その特別特定無線設備の工事設計が前章に定める技術基準に適合するものであり、かつ、当該工事設計に基づく特別特定無線設備のいずれもが当該工事設計に合致するものとなることを確保することができると認めるときに限り、前項の規定による

確認（次項において「技術基準適合自己確認」という。）を行うものとする。
3　製造業者又は輸入業者は、技術基準適合自己確認をしたときは、総務省令で定めるところにより、次に掲げる事項を総務大臣に届け出ることができる。
一　氏名又は名称及び住所並びに法人にあつては、その代表者の氏名
二　技術基準適合自己確認を行つた特別特定無線設備の種別及び工事設計
三　前項の検証の結果の概要
四　第二号の工事設計に基づく特別特定無線設備のいずれもが当該工事設計に合致することの確認の方法
五　その他技術基準適合自己確認の方法等に関する事項で総務省令で定めるもの
4　前項の規定による届出をした者（以下「届出業者」という。）は、総務省令で定めるところにより、第二項の検証に係る記録を作成し、これを保存しなければならない。
5　届出業者は、第三項各号（第二号及び第三号を除く。）に掲げる事項に変更があつたときは、総務省令で定めるところにより、遅滞なく、その旨を総務大臣に届け出なければならない。
6　総務大臣は、第三項の規定による届出があつたときは、総務省令で定めるところにより、その旨を公示しなければならない。前項の規定による届出があつた場合において、その公示した事項に変更があつたときも、同様とする。
7　総務大臣は、第一項の総務省令を制定し、又は改廃しようとするときは、経済産業大臣の意見を聴かなければならない。

［注釈］七十三次改正における条文を補正したものと思われる。

第三十八条の三十四～第三十八条の三十七

【　七十三次改正　】

電波法の一部を改正する法律（平成十五年六月六日法律第六十八号）

第三章の二中第三十八条の三十三の次に次の一節を加える。
（追加された第三章の二中の第三十八条の三十四から第三十八条の三十七までの規定は、後掲の通り。）

（工事設計合致義務等）
第三十八条の三十四　届出業者は、前条第三項の規定による届出に係る工事設計（以下単に「届出工事設計」という。）に基づく特別特定無線設備を製造し、又は輸入する場合においては、当該特別特定無線設備を当該届出工事設計に合致するようにしなければならない。
2　届出業者は、前条第三項の規定による届出に係る確認の方法に従い、その製造又は輸入に係る前項の特別特定無線設備について検査を行い、総務省令で定めるところにより、その検査記録を作成し、これを保存しなければならない。

（表示）
第三十八条の三十五　届出業者は、届出工事設計に基づく特別特定無線設備について、前条第二項の規定による義務を履行したときは、当該特別特定無線設備に総務省令で定める表示を付することができる。

（表示の禁止）
第三十八条の三十六　総務大臣は、次の各号に掲げる場合には、届出業者に対し、

二年以内の期間を定めて、当該各号に定める届出工事設計又は工事設計に基づく特別特定無線設備に前条の表示を付することを禁止することができる。

一　届出工事設計に基づく特別特定無線設備が前章に定める技術基準に適合していない場合において、他の無線局の運用を阻害するような混信その他の妨害又は人体への危害の発生を防止するため特に必要があると認めるとき（第五号に掲げる場合を除く。）。　当該特別特定無線設備の届出工事設計

二　届出業者が第三十八条の三十三第三項の規定による届出をする場合において虚偽の届出をしたとき。　当該虚偽の届出に係る工事設計

三　届出業者が第三十八条の三十三第四項又は第三十八条の三十四第二項の規定に違反したとき。　当該違反に係る特別特定無線設備の届出工事設計

四　届出業者が第三十八条の三十八において準用する第三十八条の二十七の規定による命令に違反したとき。　当該違反に係る特別特定無線設備の届出工事設計

五　前章に定める技術基準が変更された場合において、当該変更前に第三十八条の三十三第三項の規定により届け出た工事設計が当該変更後の技術基準に適合しないと認めるとき。　当該工事設計

2　総務大臣は、前項の規定により表示を付することを禁止したときは、その旨を公示しなければならない。

第三十八条の三十七　総務大臣は、届出業者が前条第一項第二号から第四号までのいずれかに該当した場合において、再び同項第二号から第四号までのいずれかに該当するおそれがあると認めるときは、当該届出業者に対し、二年以内の期間を定めて、特別特定無線設備に第三十八条の三十五の表示を付することを禁止することができる。

2　総務大臣は、前項の規定により表示を付することを禁止したときは、その旨を公示しなければならない。

第三十八条の三十八

【七十三次改正】

電波法の一部を改正する法律（平成十五年六月六日法律第六十八号）

第三章の二中第三十八条の三十二の次に次の一節を加える。
（追加された第三章の二中の第三十八条の三十八の規定は、後掲の通り。）

（準用）

第三十八条の三十八　第三十八条の二十から第三十八条の二十二まで及び第三十八条の二十七の規定は届出業者及び特別特定無線設備について、第三十八条の二十三の規定は届出工事設計に基づく特別特定無線設備について準用する。この場合において、第三十八条の二十第一項中「当該技術基準適合証明に」とあるのは「その届出に」と、第三十八条の二十二第一項中「登録証明機関による技術基準適合証明を受けた」とあるのは「届出工事設計に基づく」と、同条及び第三十八条の二十三第一項中「第三十八条の七第一項」とあるのは「第三十八条の三十五」と、第三十八条の二十二第一項中「は、当該」とあるのは「は、当該届出工事設計に係る」と、第三十八条の二十三第一項中「同項」とあるのは「同条」と、第三十八条の二十七中「第三十八条の二十五第一項」とあるのは「第三十八条の三十四第一項」と、「工事設計認証」とあるのは「第三十八条の三十三第三項の規定による届出」と読み替えるものとする。

【九十七次改正】

電波法の一部を改正する法律（平成二十六年四月二十三日法律第二十六号）

第三十八条の二十九、第三十八条の三十一第六項及び第三十八条の三十八中「、第三十八条の二十三第一項中「同項」とあるのは「同条」と」を削る。

（準用）

第三十八条の三十八　第三十八条の二十から第三十八条の二十二まで及び第三十八条の二十七の規定は届出業者及び特別特定無線設備について、第三十八条の二十三の規定は届出工事設計に基づく特別特定無線設備について準用する。この場合において、第三十八条の二十第一項中「当該技術基準適合証明に」とあるのは「その届出に」と、第三十八条の二十二第一項中「登録証明機関による技術基準適合証明を受けた」とあるのは「届出工事設計に基づく」と、同条及び第三十八条の二十三第一項中「第三十八条の七第一項」とあるのは「第三十八条の三十五」と、第三十八条の二十二第一項中「は、当該」とあるのは「は、当該届出工事設計に係る」と、第三十八条の二十七中「第三十八条の二十五第一項」とあるのは「第三十八条の三十四第一項」と、「工事設計認証」とあるのは「第三十八条の三十三第三項の規定による届出」と読み替えるものとする。

第三節　登録修理業者

第三十八条の三十九～第三十八条の四十八

【九十七次改正】

電波法の一部を改正する法律（平成二十六年四月二十三日法律第二十六号）

第三章の二第二節の次に次の一節を加える。

（追加された第三章の二第三節の節名は前掲の通りであり、同節中の第三十八条の三十九から第三十八条の四十八までの規定は後掲の条文の通りである。）

（修理業者の登録）

第三十八条の三十九　特別特定無線設備（適合表示無線設備に限る。以下この節において同じ。）の修理の事業を行う者は、総務大臣の登録を受けることができる。

2　前項の登録を受けようとする者は、総務省令で定めるところにより、次に掲げる事項を記載した申請書を総務大臣に提出しなければならない。

一　氏名又は名称及び住所並びに法人にあつては、その代表者の氏名

二　事務所の名称及び所在地

三　修理する特別特定無線設備の範囲

四　特別特定無線設備の修理の方法の概要

五　修理された特別特定無線設備が前章に定める技術基準に適合することの確認（以下この節において「修理の確認」という。）の方法の概要

3　前項の申請書には、総務省令で定めるところにより、特別特定無線設備の修理の方法及び修理の確認の方法を記載した修理方法書その他総務省令で定める書類を添付しなければならない。

（登録の基準）

第三十八条の四十　総務大臣は、前条第一項の登録を申請した者が次の各号のいずれにも適合しているときは、その登録をしなければならない。

一　特別特定無線設備の修理の方法が、修理された特別特定無線設備の使用により他の無線局の運用を著しく阻害するような混信その他の妨害を与えるおそれが少ないものとして総務省令で定める基準に適合するものであること。

二　修理の確認の方法が、修理された特別特定無線設備が前章に定める技術基準に適合することを確認できるものであること。

2　第二十四条の二第五項（第一号を除く。）及び第六項の規定は、前条第一項の登録について準用する。この場合において、第二十四条の二第五項第二号中「第二十四条の十又は第二十四条の十三第三項」とあるのは「第三十八条の四十七」と、同項第三号中「前二号のいずれか」とあるのは「前号」と、同条第六項中「前各項」とあるのは「前項、第三十八条の三十九及び第三十八条の四十第一項」と読み替えるものとする。

（登録簿）

第三十八条の四十一　総務大臣は、第三十八条の三十九第一項の登録を受けた者（以下「登録修理業者」という。）について、登録修理業者登録簿を備え、次に掲げる事項を登録しなければならない。

一　登録の年月日及び登録番号

二　第三十八条の三十九第二項各号に掲げる事項

（変更登録等）

第三十八条の四十二　登録修理業者は、第三十八条の三十九第二項第三号から第五号までに掲げる事項を変更しようとするときは、総務大臣の変更登録を受けなければならない。ただし、総務省令で定める軽微な変更については、この限りでない。

2　前項の変更登録を受けようとする者は、総務省令で定めるところにより、変更に係る事項を記載した申請書を総務大臣に提出しなければならない。

3　第二十四条の二第五項（第一号を除く。）及び第六項、第三十八条の三十九第三項並びに第三十八条の四十第一項の規定は、第一項の変更登録について準用する。この場合において、第二十四条の二第五項第二号中「第二十四条の十又は第二十四条の十三第三項」とあるのは「第三十八条の四十七」と、同項第三号中「前二号のいずれか」とあるのは「前号」と、同条第六項中「前各項」とあるのは「前項、第三十八条の三十九及び第三十八条の四十第一項」と読み替えるものとする。

4　登録修理業者は、第三十八条の三十九第二項第一号若しくは第二号に掲げる事項に変更があつたとき、修理方法書を変更したとき（第一項の変更登録を受けたときを除く。）又は第一項ただし書の総務省令で定める軽微な変更をしたときは、遅滞なく、その旨を総務大臣に届け出なければならない。

（登録修理業者の義務）

第三十八条の四十三　登録修理業者は、その登録に係る特別特定無線設備を修理する場合には、修理方法書に従い、修理及び修理の確認をしなければならない。

2　登録修理業者は、その登録に係る特別特定無線設備を修理する場合には、総務省令で定めるところにより、修理及び修理の確認の記録を作成し、これを保存しなければならない。

（表示）

第三十八条の四十四　登録修理業者は、その登録に係る特別特定無線設備を修理したときは、総務省令で定めるところにより、当該特別特定無線設備に修理をした旨の表示を付さなければならない。

2　何人も、前項の規定により表示を付する場合を除くほか、国内において無線設備に同項の表示又はこれと紛らわしい表示を付してはならない。

3　登録修理業者は、修理方法書に従い、その登録に係る特別特定無線設備の修理及び修理の確認をしたときは、総務省令で定めるところにより、当該特別特定無線設備に、第三十八条の七第一項（第三十八条の三十一第四項において準用する場合を含む。）、第三十八条の二十六（第三十八条の三十一第六項において準用する場合を含む。）、第三十八条の三十五又はこの項の規定により当該特別特定無線設備に付されている表示と同一の表示を付することができる。

（登録修理業者に対する改善命令等）

第三十八条の四十五　総務大臣は、登録修理業者が第三十八条の四十第一項各号のいずれかに適合しなくなつたと認めるときは、当該登録修理業者に対し、これらの規定に適合するために必要な措置をとるべきことを命ずることができる。

2　総務大臣は、登録修理業者が第三十八条の四十三の規定に違反していると認めるときは、当該登録修理業者に対し、修理の方法又は修理の確認の方法の改善その他の措置をとるべきことを命ずることができる。

3　総務大臣は、登録修理業者が修理したその登録に係る特別特定無線設備が、前章に定める技術基準に適合しておらず、かつ、当該特別特定無線設備の使用により他の無線局の運用を阻害するような混信その他の妨害又は人体への危害を与えるおそれがあると認める場合において、当該妨害又は危害の拡大を防止するために特に必要があると認めるときは、当該登録修理業者に対し、当該特別特定無線設備による妨害又は危害の拡大を防止するために必要な措置を講ずべきことを命ずることができる。

（廃止の届出）

第三十八条の四十六　登録修理業者は、その登録に係る事業を廃止したときは、遅滞なく、その旨を総務大臣に届け出なければならない。

2　前項の規定による届出があつたときは、第三十八条の三十九第一項の登録は、その効力を失う。

（登録の取消し）

第三十八条の四十七　総務大臣は、登録修理業者が第三十八条の四十第二項において準用する第二十四条の二第五項第三号に該当するに至つたときは、その登録を取り消さなければならない。

2　総務大臣は、登録修理業者が次の各号のいずれかに該当するときは、その登録を取り消すことができる。

一　この節の規定に違反したとき。

二　第三十八条の四十五第一項から第三項までの規定による命令に違反したとき。

三　不正な手段により第三十八条の三十九第一項の登録又は第三十八条の四十二第一項の変更登録を受けたとき。

（準用）

第三十八条の四十八　第二十四条の十一の規定は登録修理業者の登録について、第三十八条の二十及び第三十八条の二十一の規定は登録修理業者及び特別特定無線設備について準用する。この場合において、第二十四条の十一中「第二十四条の二の二第一項若しくは第二十四条の九第二項」とあるのは「第三十八条の四十六第二項」と、「前条」とあるのは「第三十八条の四十七」と、第三十八条の二十第一項中「当該技術基準適合証明に」とあるのは「当該登録修理業者が修理したその登録に」と読み替えるものとする。

第二編　電波法の変遷

第二部　一次改正から百五次改正までの逐条改正経緯

第四章　無線従事者

第三十九条

【制定】

電波法（昭和二十五年五月二日法律第百三十一号）

（無線設備の操作）

第三十九条　無線局の無線設備の操作は、次条の定めるところにより、無線従事者でなければ、行つてはならない。但し、船舶が航行中であるため無線従事者を補充することができないとき、その他電波監理委員会規則で定める場合は、この限りでない。

【一次改正】

電波法の一部を改正する法律（昭和二十七年七月三十一日法律第二百四十九号）

第三十九条但書中「船舶」を「船舶又は航空機」に改める。

（無線設備の操作）

第三十九条　無線局の無線設備の操作は、次条の定めるところにより、無線従事者でなければ、行つてはならない。但し、船舶又は航空機が航行中であるため無線従事者を補充することができないとき、その他電波監理委員会規則で定める場合は、この限りでない。

【三次改正】

郵政省設置法の一部改正に伴う関係法令の整理に関する法律（昭和二十七年七月三十一日法律第二百八十号）第二条

「電波監理委員会規則」を「郵政省令」に改める。

（無線設備の操作）

第三十九条　無線局の無線設備の操作は、次条の定めるところにより、無線従事者でなければ、行つてはならない。但し、船舶又は航空機が航行中であるため無線従事者を補充することができないとき、その他郵政省令で定める場合は、この限りでない。

【二十八次改正】

電波法の一部を改正する法律（昭和五十七年六月一日法律第五十九号）

第三十九条中「、無線従事者」の下に「（船舶局の無線設備であつて郵政省令で定めるものの操作については、第四十八条の二第一項の船舶局無線従事者証明を受けている無線従事者。以下この条において同じ。）」を加え、「但し」を「ただし」に改める。

（無線設備の操作）

第三十九条　無線局の無線設備の操作は、次条の定めるところにより、無線従事者（船舶局の無線設備であつて郵政省令で定めるものの操作については、第四十八条の二第一項の船舶局無線従事者証明を受けている無線従事者。以下この条において同じ。）でなければ、行つてはならない。ただし、船舶又は航空機が航行中であるため無線従事者を補充することができないとき、その他郵政省令で定める場合は、この限りでない。

【四十一次改正】

電波法の一部を改正する法律（平成元年十一月七日法律第六十七号）

第三十九条を次のように改める。
（改正後の第三十九条の規定は、後掲の条文の通り。）

（無線設備の操作）

第三十九条　第四十条の定めるところにより無線設備の操作を行うことができる無線従事者（船舶局の無線設備であつて郵政省令で定めるものの操作については、第四十八条の二第一項の船舶局無線従事者証明を受けている無線従事者。以下この条において同じ。）以外の者は、無線局（アマチュア無線局を除く。以下この条において同じ。）の無線設備の操作の監督を行う者（以下「主任無線従事者」という。）として選任された者であつて第四項の規定によりその選任の届出がされたものにより監督を受けなければ、無線局の無線設備の操作（簡易な操作であつて郵政省令で定めるものを除く。）を行つてはならない。ただし、船舶又は航空機が航行中であるため無線従事者を補充することができないとき、その他郵政省令で定める場合は、この限りでない。

2　モールス符号を送り、又は受ける無線電信の操作その他郵政省令で定める無線設備の操作は、前項本文の規定にかかわらず、第四十条の定めるところにより、無線従事者でなければ行つてはならない。

3　主任無線従事者は、第四十条の定めるところにより無線設備の操作の監督を行うことができる無線従事者であつて、郵政省令で定める事由に該当しないものでなければならない。

4　無線局の免許人は、主任無線従事者を選任したときは、遅滞なく、その旨を郵政大臣に届け出なければならない。これを解任したときも、同様とする。

5　前項の規定によりその選任の届出がされた主任無線従事者は、無線設備の操作の監督に関し郵政省令で定める職務を誠実に行わなければならない。

6　第四項の規定によりその選任の届出がされた主任無線従事者の監督の下に無線設備の操作に従事する者は、当該主任無線従事者が前項の職務を行うため必要であると認めてする指示に従わなければならない。

7　無線局（郵政省令で定めるものを除く。）の免許人は、第四項の規定によりその選任の届出をした主任無線従事者に、郵政省令で定める期間ごとに、無線設備の操作の監督に関し郵政大臣の行う講習を受けさせなければならない。

【四十四次改正】

電波法の一部を改正する法律（平成三年五月二日法律第六十七号）

第三十九条第一項、第四十八条の二第一項及び第二項第一号並びに第四十八条の三第一号中「船舶局の」を「義務船舶局等の」に改める。

（無線設備の操作）

第三十九条　第四十条の定めるところにより無線設備の操作を行うことができる無線従事者（義務船舶局等の無線設備であつて郵政省令で定めるものの操作については、第四十八条の二第一項の船舶局無線従事者証明を受けている無線従事者。以下この条において同じ。）以外の者は、無線局（アマチュア無線局を除く。以下この条において同じ。）の無線設備の操作の監督を行う者（以下「主任無線従事者」という。）として選任された者であつて第四項の規定によりその選任の届出がされたものにより監督を受けなければ、無線局の無線設備の操作（簡易な操作であつて郵政省令で定めるものを除く。）を行つてはならない。ただし、船舶又は航空機が航行中であるため無線従事者を補充することができないとき、その他郵政省令で定める場合は、この限りでない。

2　モールス符号を送り、又は受ける無線電信の操作その他郵政省令で定める無線設備の操作は、前項本文の規定にかかわらず、第四十条の定めるところにより、無線従事者でなければ行つてはならない。

3　主任無線従事者は、第四十条の定めるところにより無線設備の操作の監督を行うことができる無線従事者であつて、郵政省令で定める事由に該当しないものでなければならない。

4　無線局の免許人は、主任無線従事者を選任したときは、遅滞なく、その旨を郵政大臣に届け出なければならない。これを解任したときも、同様とする。

5　前項の規定によりその選任の届出がされた主任無線従事者は、無線設備の操作の監督に関し郵政省令で定める職務を誠実に行わなければならない。

6　第四項の規定によりその選任の届出がされた主任無線従事者の監督の下に無線設備の操作に従事する者は、当該主任無線従事者が前項の職務を行うため必要であると認めてする指示に従わなければならない。

7　無線局（郵政省令で定めるものを除く。）の免許人は、第四項の規定によりその選任の届出をした主任無線従事者に、郵政省令で定める期間ごとに、無線設備の操作の監督に関し郵政大臣の行う講習を受けさせなければならない。

【六十二次改正】

中央省庁等改革関係法施行法（平成十一年十二月二十二日法律第百六十号）第百九十三条

本則（第九十九条の十二第二項を除く。）中「郵政大臣」を「総務大臣」に、「郵政省令」を「総務省令」に、「通商産業大臣」を「経済産業大臣」に、「建設大臣」を「国土交通大臣」に、「地方電気通信監理局長」を「総合通信局長」に、「沖縄郵政管理事務所長」を「沖縄総合通信事務所長」に改める。

（無線設備の操作）

第三十九条　第四十条の定めるところにより無線設備の操作を行うことができる無線従事者（義務船舶局等の無線設備であつて総務省令で定めるものの操作については、第四十八条の二第一項の船舶局無線従事者証明を受けている無線従事者。以下この条において同じ。）以外の者は、無線局（アマチュア無線局を除く。以下この条において同じ。）の無線設備の操作の監督を行う者（以下「主任無線従事者」という。）として選任された者であつて第四項の規定によりその選任の届出がされたものにより監督を受けなければ、無線局の無線設備の操作（簡易な操作であつて総務省令で定めるものを除く。）を行つてはならない。ただし、船舶又は航空機が航行中であるため無線従事者を補充することができないとき、その他総務省令で定める場合は、この限りでない。

2　モールス符号を送り、又は受ける無線電信の操作その他総務省令で定める無線設備の操作は、前項本文の規定にかかわらず、第四十条の定めるところにより、無線従事者でなければ行つてはならない。

3　主任無線従事者は、第四十条の定めるところにより無線設備の操作の監督を行うことができる無線従事者であつて、総務省令で定める事由に該当しないものでなければならない。

4　無線局の免許人は、主任無線従事者を選任したときは、遅滞なく、その旨を総務大臣に届け出なければならない。これを解任したときも、同様とする。

5　前項の規定によりその選任の届出がされた主任無線従事者は、無線設備の操作の監督に関し総務省令で定める職務を誠実に行わなければならない。

6　第四項の規定によりその選任の届出がされた主任無線従事者の監督の下に無線設備の操作に従事する者は、当該主任無線従事者が前項の職務を行うため必要であると認めてする指示に従わなければならない。

7　無線局（総務省令で定めるものを除く。）の免許人は、第四項の規定によりその選任の届出をした主任無線従事者に、総務省令で定める期間ごとに、無線設備の操作の監督に関し総務大臣の行う講習を受けさせなければならない。

【 八十次改正 】

電波法及び有線電気通信法の一部を改正する法律（平成十六年五月十九日法律第四十七号）第二条

第三十九条第四項及び第七項中「免許人」を「免許人等」に改める。

（無線設備の操作）

第三十九条　第四十条の定めるところにより無線設備の操作を行うことができる無線従事者（義務船舶局等の無線設備であつて総務省令で定めるものの操作については、第四十八条の二第一項の船舶局無線従事者証明を受けている無線従事者。以下この条において同じ。）以外の者は、無線局（アマチュア無線局を除く。以下この条において同じ。）の無線設備の操作の監督を行う者（以下「主任無線従事者」という。）として選任された者であつて第四項の規定によりその選任の届出がされたものにより監督を受けなければ、無線局の無線設備の操作（簡易な操作であつて総務省令で定めるものを除く。）を行つてはならない。ただし、船舶又は航空機が航行中であるため無線従事者を補充することができないとき、その他総務省令で定める場合は、この限りでない。

2　モールス符号を送り、又は受ける無線電信の操作その他総務省令で定める無線設備の操作は、前項本文の規定にかかわらず、第四十条の定めるところにより、無線従事者でなければ行つてはならない。

3　主任無線従事者は、第四十条の定めるところにより無線設備の操作の監督を行うことができる無線従事者であつて、総務省令で定める事由に該当しないものでなければならない。

4　無線局の免許人等は、主任無線従事者を選任したときは、遅滞なく、その旨を総務大臣に届け出なければならない。これを解任したときも、同様とする。

5　前項の規定によりその選任の届出がされた主任無線従事者は、無線設備の操作の監督に関し総務省令で定める職務を誠実に行わなければならない。

6　第四項の規定によりその選任の届出がされた主任無線従事者の監督の下に無線設備の操作に従事する者は、当該主任無線従事者が前項の職務を行うため必要であると認めてする指示に従わなければならない。

7　無線局（総務省令で定めるものを除く。）の免許人等は、第四項の規定によりその選任の届出をした主任無線従事者に、総務省令で定める期間ごとに、無線設備の操作の監督に関し総務大臣の行う講習を受けさせなければならない。

第三十九条の二

【 四十一次改正 】

電波法の一部を改正する法律（平成元年十一月七日法律第六十七号）

第三十九条の次に次の二条を加える。
（追加された第三十九条の二の規定は、後掲の条文の通り。）

（指定講習機関）

第三十九条の二　郵政大臣は、その指定する者（以下「指定講習機関」という。）に、前条第七項の講習（以下単に「講習」という。）を行わせることができる。

2　指定講習機関の指定は、郵政省令で定める区分ごとに、講習を行おうとする者の申請により行う。

3　郵政大臣は、指定講習機関の指定をしたときは、当該指定に係る区分の講習を行わないものとする。

4　指定講習機関は、毎事業年度、事業計画及び収支予算を作成し、当該事業年度の開始前に（第一項の規定による指定を受けた日の属する事業年度にあつては、その指定を受けた後遅滞なく）、郵政大臣に提出しなければならない。これを変更しようとするときも、同様とする。

5　第三十八条の三、第三十八条の四、第三十八条の七第二項、第三十八条の八、第三十八条の九第二項及び第三十八条の十から第三十八条の十五までの規定は、指定講習機関に準用する。この場合において、第三十八条の三第一項中「前条第二項」とあるのは「第三十九条の二第二項」と、同項、第三十八条の四第一項及び第二項、第三十八条の七第二項、第三十八条の八、第三十八条の十、第三十八条の十一、第三十八条の十二第一項、第三十八条の十三第一項、第三十八条の十四第二項及び第三項並びに第三十八条の十五中「技術基準適合証明」とあるのは「講習」と、第三十八条の七第二項中「職員（証明員を含む。）」とあるのは「職員」と、第三十八条の十四第二項第一号中「この章」とあるのは「第三十九条の二第五項において準用するこの章」と、第三十八条の十五第一項中「第三十八条の二第三項」とあるのは「第三十九条の二第三項」と読み替えるものとする。

【　六十二次改正　】

中央省庁等改革関係法施行法（平成十一年十二月二十二日法律第百六十号）第百九十三条

本則（第九十九条の十二第二項を除く。）中「郵政大臣」を「総務大臣」に、「郵政省令」を「総務省令」に、「通商産業大臣」を「経済産業大臣」に、「建設大臣」を「国土交通大臣」に、「地方電気通信監理局長」を「総合通信局長」に、「沖縄郵政管理事務所長」を「沖縄総合通信事務所長」に改める。

（指定講習機関）

第三十九条の二　総務大臣は、その指定する者（以下「指定講習機関」という。）に、前条第七項の講習（以下単に「講習」という。）を行わせることができる。

2　指定講習機関の指定は、総務省令で定める区分ごとに、講習を行おうとする者の申請により行う。

3　総務大臣は、指定講習機関の指定をしたときは、当該指定に係る区分の講習を行わないものとする。

4　指定講習機関は、毎事業年度、事業計画及び収支予算を作成し、当該事業年度の開始前に（第一項の規定による指定を受けた日の属する事業年度にあつては、その指定を受けた後遅滞なく）、総務大臣に提出しなければならない。これを変更しようとするときも、同様とする。

5　第三十八条の三、第三十八条の四、第三十八条の七第二項、第三十八条の八、第三十八条の九第二項及び第三十八条の十から第三十八条の十五までの規定は、指定講習機関に準用する。この場合において、第三十八条の三第一項中「前条第二項」とあるのは「第三十九条の二第二項」と、同項、第三十八条の四第一項及び第二項、第三十八条の七第二項、第三十八条の八、第三十八条の十、第三十八条の十一、第三十八条の十二第一項、第三十八条の十三第一項、第三十八条の十四第二項及び第三項並びに第三十八条の十五中「技術基準適合証明」とあるのは「講習」と、第三十八条の七第二項中「職員（証明員を含む。）」とあるのは「職員」と、第三十八条の十四第二項第一号中「この章」とあるのは「第三十九条の二第五項において準用するこの章」と、第三十八条の十五第一項中「第三十八条の二第三項」とあるのは「第三十九条の二第三項」と読み替えるものとする。

【　六十八次改正　】

電波法の一部を改正する法律（平成十三年六月十五日法律第四十八号）

第三十九条の二第四項を次のように改める。

（改正後の第四項の規定は、後掲の条文の通り。）

第三十九条の二第五項中「第三十八条の三、」を削り、「、第三十八条の八、第三十八条の九第二項及び第三十八条の十」を「及び第三十八条の八」に改め、「、第三十八条の三第一項中「前条第二項」とあるのは「第三十九条の二第二項」と、同項」を削り、「第三十八条の十四第二項第一号中「この章」とあるのは「第三十九条の二第五項において準用するこの章」」を「第三十八条の十四第一項中「第三十八条の三第二項各号（第二号」とあるのは「第三十九条の二第五項各号（第三号」と、同条第二項第一号中「この章」とあるのは「第三十九条の二第六項において準用するこの章」と、同項第二号中「第三十八条の三第一項各号（第五号」とあるのは「第三十九条の二第四項各号（第四号」と、同項第三号中「第三十八条の六第二項、第三十八条の八第二項」とあるのは「第三十八条の八第二項」」に改め、同項を同条第六項とし、同条第四項の次に次の一項を加える。

（追加された第五項の規定は、後掲の条文の通り。）

（指定講習機関）

第三十九条の二　総務大臣は、その指定する者（以下「指定講習機関」という。）に、前条第七項の講習（以下単に「講習」という。）を行わせることができる。

2　指定講習機関の指定は、総務省令で定める区分ごとに、講習を行おうとする者の申請により行う。

3　総務大臣は、指定講習機関の指定をしたときは、当該指定に係る区分の講習を行わないものとする。

4　総務大臣は、第二項の申請が次の各号のいずれにも適合していると認めるときでなければ、指定講習機関の指定をしてはならない。

一　職員、設備、講習の業務の実施の方法その他の事項についての講習の業務の実施に関する計画が講習の業務の適正かつ確実な実施に適合したものであること。

二　前号の講習の業務の実施に関する計画を適正かつ確実に実施するに足りる財政的基礎を有するものであること。

三　講習の業務以外の業務を行つている場合には、その業務を行うことによつて講習が不公正になるおそれがないこと。

四　その指定をすることによつて申請に係る区分の講習の業務の適正かつ確実な実施を阻害することとならないこと。

5　総務大臣は、第二項の申請をした者が、次の各号のいずれかに該当するときは、指定講習機関の指定をしてはならない。

一　民法（明治二十九年法律第八十九号）第三十四条の規定により設立された法人以外の者であること。

二　この法律に規定する罪を犯して刑に処せられ、その執行を終わり、又はその執行を受けることがなくなつた日から二年を経過しない者であること。

三　次項において準用する第三十八条の十四第一項又は第二項の規定により指定を取り消され、その取消しの日から二年を経過しない者であること。

四　その役員のうちに、第二号に該当する者があること。

6　第三十八条の四、第三十八条の七第二項及び第三十八条の八から第三十八条の十五までの規定は、指定講習機関に準用する。この場合において、第三十八条の四第一項及び第二項、第三十八条の七第二項、第三十八条の八、第三十八条の十、第三十八条の十一、第三十八条の十二第一項、第三十八条の十三第一項、第三十八条の十四第二項及び第三項並びに第三十八条の十五中「技術基準適合証明」とあるのは「講習」と、第三十八条の七第二項中「職員（証明員を含む。）」とあるのは「職員」と、第三十八条の十四第一項中「第三十八条の三第二項各号（第二号」とあるのは「第三十九条の二第五項各号（第三号」と、同条第二項第一号中「この章」とあるのは「第三十九条の二第六項において準用するこの章」と、同項第二号中「第三十八条の三第一項各号（第五号）」とあるのは「第三十九条の二第四項各号（第四号）」と、同項第三号中「第三十八条の六第二項、第三十八条の八第二項」とあるのは「第三十八条の八第二項」と、第三十八条の十五第一項中「第三十八条の二第三項」とあるのは「第三十九条の二第三項」と読み替えるものとする。

【　七十三次改正　】

電波法の一部を改正する法律（平成十五年六月六日法律第六十八号）

第三十九条の二の見出しを「（指定講習機関の指定）」に改め、同条第五項第三号中「次項において準用する第三十八条の十四第一項」を「第三十九条の十一第一項」に改め、同条第六項を削る。

（指定講習機関の指定）

第三十九条の二　総務大臣は、その指定する者（以下「指定講習機関」という。）に、前条第七項の講習（以下単に「講習」という。）を行わせることができる。

2　指定講習機関の指定は、総務省令で定める区分ごとに、講習を行おうとする者の申請により行う。

3　総務大臣は、指定講習機関の指定をしたときは、当該指定に係る区分の講習を行わないものとする。

4　総務大臣は、第二項の申請が次の各号のいずれにも適合していると認めるときでなければ、指定講習機関の指定をしてはならない。

一　職員、設備、講習の業務の実施の方法その他の事項についての講習の業務の実施に関する計画が講習の業務の適正かつ確実な実施に適合したものであること。

二　前号の講習の業務の実施に関する計画を適正かつ確実に実施するに足りる財政的基礎を有するものであること。

三　講習の業務以外の業務を行つている場合には、その業務を行うことによつて講習が不公正になるおそれがないこと。

四　その指定をすることによつて申請に係る区分の講習の業務の適正かつ確実な実施を阻害することとならないこと。

5　総務大臣は、第二項の申請をした者が、次の各号のいずれかに該当するときは、指定講習機関の指定をしてはならない。

一　民法（明治二十九年法律第八十九号）第三十四条の規定により設立された法人以外の者であること。

二　この法律に規定する罪を犯して刑に処せられ、その執行を終わり、又はその執行を受けることがなくなつた日から二年を経過しない者であること。

三　第三十九条の十一第一項又は第二項の規定により指定を取り消され、その取消しの日から二年を経過しない者であること。

四　その役員のうちに、第二号に該当する者があること。

[注釈]第六項は、削られた。

【　八十六次改正　】

一般社団法人及び一般財団法人に関する法律及び公益社団法人及び公益財団法人の認定等に関する法律の施行に伴う関係法律の整備等に関する法律（平成十八年六月二日法律第五十号）第二百四条

第三十九条の二第五項第一号中「民法（明治二十九年法律第八十九号）第三十四条の規定により設立された法人」を「一般社団法人又は一般財団法人」に改める。

（指定講習機関の指定）
第三十九条の二　総務大臣は、その指定する者（以下「指定講習機関」という。）に、前条第七項の講習（以下単に「講習」という。）を行わせることができる。
2　指定講習機関の指定は、総務省令で定める区分ごとに、講習を行おうとする者の申請により行う。
3　総務大臣は、指定講習機関の指定をしたときは、当該指定に係る区分の講習を行わないものとする。
4　総務大臣は、第二項の申請が次の各号のいずれにも適合していると認めるときでなければ、指定講習機関の指定をしてはならない。
一　職員、設備、講習の業務の実施の方法その他の事項についての講習の業務の実施に関する計画が講習の業務の適正かつ確実な実施に適合したものであること。
二　前号の講習の業務の実施に関する計画を適正かつ確実に実施するに足りる財政的基礎を有するものであること。
三　講習の業務以外の業務を行っている場合には、その業務を行うことによって講習が不公正になるおそれがないこと。
四　その指定をすることによって申請に係る区分の講習の業務の適正かつ確実な実施を阻害することとならないこと。
5　総務大臣は、第二項の申請をした者が、次の各号のいずれかに該当するときは、指定講習機関の指定をしてはならない。
一　一般社団法人又は一般財団法人以外の者であること。
二　この法律に規定する罪を犯して刑に処せられ、その執行を終わり、又はその執行を受けることがなくなつた日から二年を経過しない者であること。
三　第三十九条の十一第一項又は第二項の規定により指定を取り消され、その取消しの日から二年を経過しない者であること。
四　その役員のうちに、第二号に該当する者があること。

第三十九条の三

【四十一次改正】

電波法の一部を改正する法律（平成元年十一月七日法律第六十七号）

第三十九条の次に次の二条を加える。
（追加された第三十九条の三の規定は、後掲の条文の通り。）

（アマチュア無線局の無線設備の操作）
第三十九条の三　アマチュア無線局の無線設備の操作は、次条の定めるところにより、無線従事者でなければ行つてはならない。ただし、第五条第二項第四号に掲げるアマチュア無線局を開設した者が当該無線局の無線設備の操作を行うとき、その他郵政省令で定める場合は、この限りでない。

【四十六次改正】

電波法の一部を改正する法律（平成五年六月十六日法律第七十一号）

第三十九条の三ただし書中「第五条第二項第四号に掲げるアマチュア無線局を開設した者が当該無線局」を「外国において同条第一項第五号に掲げる資格に相当する資格として郵政省令で定めるものを有する者が郵政省令で定めるところによりアマチュア無線局」に改める。

（アマチュア無線局の無線設備の操作）

第三十九条の三　アマチュア無線局の無線設備の操作は、次条の定めるところにより、無線従事者でなければ行つてはならない。ただし、外国において同条第一項第五号に掲げる資格に相当する資格として郵政省令で定めるものを有する者が郵政省令で定めるところによりアマチュア無線局の無線設備の操作を行うとき、その他郵政省令で定める場合は、この限りでない。

【六十二次改正】

中央省庁等改革関係法施行法（平成十一年十二月二十二日法律第百六十号）第百九十三条

本則（第九十九条の十二第二項を除く。）中「郵政大臣」を「総務大臣」に、「郵政省令」を「総務省令」に、「通商産業大臣」を「経済産業大臣」に、「建設大臣」を「国土交通大臣」に、「地方電気通信監理局長」を「総合通信局長」に、「沖縄郵政管理事務所長」を「沖縄総合通信事務所長」に改める。

（アマチュア無線局の無線設備の操作）

第三十九条の三　アマチュア無線局の無線設備の操作は、次条の定めるところにより、無線従事者でなければ行つてはならない。ただし、外国において同条第一項第五号に掲げる資格に相当する資格として総務省令で定めるものを有する者が総務省令で定めるところによりアマチュア無線局の無線設備の操作を行うとき、その他総務省令で定める場合は、この限りでない。

【七十三次改正】

電波法の一部を改正する法律（平成十五年六月六日法律第六十八号）

第三十九条の三を第三十九条の十三とし、第三十九条の二の次に次の十条を加える。

（追加された第三十九条の三の規定は、後掲の条文の通り。）

（指定の公示等）

第三十九条の三　総務大臣は、指定講習機関の指定をしたときは、指定講習機関の名称及び住所、指定に係る区分、講習の業務を行う事務所の所在地並びに講習の業務の開始の日を公示しなければならない。

2　指定講習機関は、その名称若しくは住所又は講習の業務を行う事務所の所在地を変更しようとするときは、変更しようとする日の二週間前までに、その旨を総務大臣に届け出なければならない。

3　総務大臣は、前項の規定による届出があつたときは、その旨を公示しなければならない。

［注釈］改正前の第三十九条の三は、第三十九条の十三に繰り下げられたので、改正後の規定及び以降の改正経緯に関しては同条の項を参照されたい。前掲の条文は、この繰り下げの後に、新たに置かれた第三十九条の三の規定である。

第三十九条の四～第三十九条の十二

【七十三次改正】

電波法の一部を改正する法律（平成十五年六月六日法律第六十八号）

第三十九条の三を第三十九条の十三とし、第三十九条の二の次に次の十条を加える。

（追加された第三十九条の四から第三十九条の十二までの規定は、後掲の条文の通り。）

（役員及び職員の公務員たる性質）

第三十九条の四　講習の業務に従事する指定講習機関の役員及び職員は、刑法（明治四十年法律第四十五号）その他の罰則の適用については、法令により公務に従事する職員とみなす。

（業務規程）

第三十九条の五　指定講習機関は、総務省令で定める講習の業務の実施に関する事項について業務規程を定め、総務大臣の認可を受けなければならない。これを変更しようとするときも、同様とする。

2　総務大臣は、前項の認可をした業務規程が講習の業務の適正かつ確実な実施をする上で不適当なものとなつたと認めるときは、指定講習機関に対し、これを変更すべきことを命ずることができる。

（指定講習機関の事業計画等）

第三十九条の六　指定講習機関は、毎事業年度、事業計画及び収支予算を作成し、当該事業年度の開始前に（指定を受けた日の属する事業年度にあつては、その指定を受けた後遅滞なく）、総務大臣に提出しなければならない。これを変更しようとするときも、同様とする。

2　指定講習機関は、毎事業年度、事業報告書及び収支決算書を作成し、当該事業年度の終了後三月以内に総務大臣に提出しなければならない。

（帳簿の備付け等）

第三十九条の七　指定講習機関は、総務省令で定めるところにより、講習に関する事項で総務省令で定めるものを記載した帳簿を備え付け、これを保存しなければならない。

（監督命令）

第三十九条の八　総務大臣は、この法律を施行するため必要があると認めるときは、指定講習機関に対し、講習の業務に関し監督上必要な命令をすることができる。

（報告及び立入検査）

第三十九条の九　総務大臣は、この法律を施行するため必要があると認めるときは、指定講習機関に対し、講習の業務の状況に関し報告させ、又はその職員に、指定講習機関の事業所に立ち入り、講習の業務の状況若しくは設備、帳簿、書類その他の物件を検査させることができる。

2　前項の規定により立入検査をする職員は、その身分を示す証明書を携帯し、かつ、関係者の請求があるときは、これを提示しなければならない。

3　第一項の規定による立入検査の権限は、犯罪捜査のために認められたものと解釈してはならない。

（業務の休廃止）

第三十九条の十　指定講習機関は、総務大臣の許可を受けなければ、講習の業務の全部又は一部を休止し、又は廃止してはならない。

2　総務大臣は、前項の許可をしたときは、その旨を公示しなければならない。

（指定の取消し等）

第三十九条の十一　総務大臣は、指定講習機関が第三十九条の二第五項各号（第三号を除く。）のいずれかに該当するに至つたときは、その指定を取り消さなければばならない。

2　総務大臣は、指定講習機関が次の各号のいずれかに該当するときは、その指定を取り消し、又は期間を定めて講習の業務の全部若しくは一部の停止を命ずることができる。

一　第三十九条の三第二項、第三十九条の五第一項、第三十九条の六、第三十九条の七又は前条第一項の規定に違反したとき。

二　第三十九条の二第四項各号（第四号を除く。）のいずれかに適合しなくなつたと認められるとき。

三　第三十九条の五第二項又は第三十九条の八の規定による命令に違反したとき。

四　第三十九条の五第一項の規定により認可を受けた業務規程によらないで講習の業務を行つたとき。

五　不正な手段により指定を受けたとき。

3　総務大臣は、第一項若しくは前項の規定により指定を取り消し、又は同項の規定により講習の業務の全部若しくは一部の停止を命じたときは、その旨を公示しなければならない。

（総務大臣による講習の実施）

第三十九条の十二　総務大臣は、指定講習機関が第三十九条の十第一項の規定により講習の業務の全部若しくは一部を休止したとき、前条第二項の規定により指定講習機関に対し講習の業務の全部若しくは一部の停止を命じたとき、又は指定講習機関が天災その他の事由により講習の業務の全部若しくは一部を実施することが困難となつた場合において必要があると認めるときは、第三十九条の二第三項の規定にかかわらず、講習の業務の全部又は一部を自ら行うものとする。

2　総務大臣は、前項の規定により講習の業務を行うこととし、又は同項の規定により行つている講習の業務を行わないこととするときは、あらかじめその旨を公示しなければならない。

3　総務大臣が、第一項の規定により講習の業務を行うこととし、第三十九条の十第一項の規定により講習の業務の廃止を許可し、又は前条第一項若しくは第二項の規定により指定を取り消した場合における講習の業務の引継ぎその他の必要な事項は、総務省令で定める。

第三十九条の十三

【七十三次改正】

電波法の一部を改正する法律（平成十五年六月六日法律第六十八号）

第三十九条の三を第三十九条の十三とし、第三十九条の二の次に次の十条を加える。

（アマチュア無線局の無線設備の操作）

第三十九条の十三　アマチュア無線局の無線設備の操作は、次条の定めるところにより、無線従事者でなければ行つてはならない。ただし、外国において同条第一項第五号に掲げる資格に相当する資格として総務省令で定めるものを有する者が総務省令で定めるところによりアマチュア無線局の無線設備の操作を行うとき、その他総務省令で定める場合は、この限りでない。

[注釈]この改正において、第三十九条の三が第三十九条の十三に繰り下げられた。ついては、改正前のこの規定の従前の改正経緯に関しては第三十九条の三の項を参

照されたい。

第四十条

【制定】

電波法（昭和二十五年五月二日法律第百三十一号）

（無線従事者の従事範囲）

第四十条　無線従事者の資格は、左の表の上欄に掲げるとおりとし、それぞれ下欄に掲げる無線局の無線設備の操作を行うことができるものとする。

無線従事者の資格	行うことができる無線設備の操作
第一級無線通信士	無線設備の通信操作 船舶に施設する無線設備の技術操作 陸上に施設する空中線電力二キロワツト以下の無線電信及び五百ワツト以下の無線電話の技術操作
第二級無線通信士	国内通信のための無線設備の通信操作 第一級無線通信士の指揮の下に行う国際通信のための無線設備の通信操作 船舶に施設する空中線電力五百ワツト以下の無線電信及び百五十ワツト以下の無線電話の技術操作 漁業用の海岸局（船舶局と通信を行うため陸上に開設した無線局をいう。以下同じ。）の空中線電力二百五十ワツト以下の無線電信及び七十五ワツト以下の無線電話の技術操作 空中線電力五十ワツト以下の可搬型の無線電信及び無線電話の技術操作
第三級無線通信士	第一級無線通信士又は第二級無線通信士の指揮の下に行う国内通信のための無線設備の通信操作 漁船に施設する空中線電力二百五十ワツト以下の無線電信及び百ワツト以下の無線電話の通信操作及び技術操作 漁業用の海岸局の空中線電力百二十五ワツト以下の無線電信及び五十ワツト以下の無線電話の通信操作及び技術操作
電話級無線通信士	船舶に施設する空中線電力百ワツト以下の無線電話の通信操作及び技術操作 漁業用の海岸局の空中線電力五十ワツト以下の無線電話の通信操作及び技術操作
聴守員級無線通信士	船舶に施設する無線電信の通信操作（遭難信号、緊急信号及び安全信号の聴守に限る。）
第一級無線技術士	無線設備の技術操作
第二級無線技術士	第一級無線技術士の指揮の下に行う無線設備の技術操作 空中線電力二キロワツト以下の無線電信及び五百ワツト以下の無線電話の技術操作
第一級アマチユア無線技士	アマチユア無線局（個人的な興味によつて無線通信を行うために開設する無線局をいう。以下同じ。）の無線設備の通信操作及び技術操作
第二級アマチユア無線技士	空中線電力百ワツト以下で五十メガサイクル以上又は八メガサイクル以下の周波数を使用するアマチユア無線局の無線電話の通信操作及び技術操作

特殊無線技士	電波監理委員会規則で定める無線設備の操作

【一次改正】

電波法の一部を改正する法律（昭和二十七年七月三十一日法律第二百四十九号）

第四十条の表中第一級無線通信士の項の下欄を次のように改める。
（改正後の第一級無線通信士の項の下欄は、後掲の条文の通り。）

第四十条の表中第二級無線通信士の項の下欄を次のように改める。
（改正後の第二級無線通信士の項の下欄は、後掲の条文の通り。）

第四十条の表第三級無線通信士の項中「国内通信」の下に「（航空移動通信（航空機局と航空機局又は航空局との間の無線通信をいう。以下同じ。）を除く。）」を、「海岸局」の下に「（船舶局と通信を行うため陸上に開設する無線局をいう。以下同じ。）」を加える。

第四十条の表中第三級無線通信士の項の次に次のように加える。
（追加された航空級無線通信士の項は、後掲の条文の通り。）

第四十条の表中聴守員級無線通信士の項を削る。

第四十条の表中第二級無線技術士の項の下欄を次のように改める。
（改正後の第二級無線技術士の項の下欄は、後掲の条文の通り。）

（無線従事者の従事範囲）

第四十条　無線従事者の資格は、左の表の上欄に掲げるとおりとし、それぞれ下欄に掲げる無線局の無線設備の操作を行うことができるものとする。

無線従事者の資格	行うことができる無線設備の操作
第一級無線通信士	無線設備の通信操作 船舶又は航空機に施設する無線設備の技術操作 陸上に施設する空中線電力二キロワット以下の無線電信及び五百ワット以下の無線電話の技術操作 陸上に開設する無線航行局（電波を利用して、航行中の船舶若しくは航空機の位置若しくは方向を決定し、又は船舶若しくは航空機の航行の障害物を探知するために開設する無線局をいう。以下同じ。）の無線設備の技術操作
第二級無線通信士	国内通信のための無線設備の通信操作 東は東経百七十五度、西は東経百十三度、南は北緯二十一度、北は北緯六十三度の線によつて囲まれた区域内における国際通信のための船舶局の無線設備の通信操作 航空局（航空機局と通信を行うため陸上に開設する無線局をいう。以下同じ。）及び航空機局の国際通信（公衆通信を除く。）のための無線設備の通信操作 第一級無線通信士の指揮の下に行う国際通信のための無線設備の通信操作 船舶に施設する空中線電力五百ワット以下の無線電信及び百五十ワット以下の無線電話の技術操作 航空機に施設する無線設備の技術操作 陸上に施設する空中線電力二百五十ワット以下の無線電信及び七十五ワット以下の無線電話（放送をする無線局の無線電話を除く。）の陸上に施設する空中線電力二百五十ワット以下の無線電信及び七十五ワット以下の無線電話（放送をする無線局の無線電話を除く。）の技術操作 陸上及び船舶に開設する無線航行局の無線設備であつて、三万キロサイクルをこえる周波数を使用するものの技術操作

第三級無線通信士	第一級無線通信士又は第二級無線通信士の指揮の下に行う国内通信（航空移動通信（航空機局と航空機局又は航空局との間の無線通信をいう。以下同じ。）を除く。）のための無線設備の通信操作 漁船に施設する空中線電力二百五十ワット以下の無線電信及び百ワット以下の無線電話の通信操作及び技術操作 漁業用の海岸局（船舶局と通信を行うため陸上に開設する無線局をいう。以下同じ。）の空中線電力百二十五ワット以下の無線電信及び五十ワット以下の無線電話の通信操作及び技術操作
航空級無線通信士	航空移動通信（国際通信たる公衆通信を除く。以下同じ。）のための無線電話の通信操作 空中線電力百ワット以下の航空移動通信のための無線電話の技術操作 航空機の航行のための無線航行局の無線設備であつて、三万キロサイクルをこえる周波数を使用するものの技術操作
電話級無線通信士	船舶に施設する空中線電力百ワット以下の無線電話の通信操作及び技術操作 漁業用の海岸局の空中線電力五十ワット以下の無線電話の通信操作及び技術操作
第一級無線技術士	無線設備の技術操作
第二級無線技術士	第一級無線技術士の指揮の下に行う無線設備の技術操作 空中線電力二キロワット以下の無線電信及び五百ワット以下の無線電話の技術操作 無線航行局の無線設備の技術操作
第一級アマチュア無線技士	アマチュア無線局（個人的な興味によつて無線通信を行うために開設する無線局をいう。以下同じ。）の無線設備の通信操作及び技術操作
第二級アマチュア無線技士	空中線電力百ワット以下で五十メガサイクル以上又は八メガサイクル以下の周波数を使用するアマチュア無線局の無線電話の通信操作及び技術操作
特殊無線技士	電波監理委員会規則で定める無線設備の操作

［注釈］航空級無線通信士の項が追加され、聴守員級無線通信士の項が削られた。

【 三次改正 】

郵政省設置法の一部改正に伴う関係法令の整理に関する法律（昭和二十七年七月三十一日法律第二百八十号）第二条

「電波監理委員会規則」を「郵政省令」に改める。

（無線従事者の従事範囲）

第四十条　無線従事者の資格は、左の表の上欄に掲げるとおりとし、それぞれ下欄に掲げる無線局の無線設備の操作を行うことができるものとする。

無線従事者の資格	行うことができる無線設備の操作
第一級無線通信士	無線設備の通信操作 船舶又は航空機に施設する無線設備の技術操作 陸上に施設する空中線電力二キロワット以下の無線電信及び五百ワット以下の無線電話の技術操作 陸上に開設する無線航行局（電波を利用して、航行中の船舶

資格	操作の範囲
	若しくは航空機の位置若しくは方向を決定し、又は船舶若しくは航空機の航行の障害物を探知するために開設する無線局をいう。以下同じ。）の無線設備の技術操作
第二級無線通信士	国内通信のための無線設備の通信操作 東は東経百七十五度、西は東経百十三度、南は北緯二十一度、北は北緯六十三度の線によつて囲まれた区域内における国際通信のための船舶局の無線設備の通信操作 航空局（航空機局と通信を行うため陸上に開設する無線局をいう。以下同じ。）及び航空機局の国際通信（公衆通信を除く。）のための無線設備の通信操作 第一級無線通信士の指揮の下に行う国際通信のための無線設備の通信操作 船舶に施設する空中線電力五百ワット以下の無線電信及び百五十ワット以下の無線電話の技術操作 航空機に施設する無線設備の技術操作 陸上に施設する空中線電力二百五十ワット以下の無線電信及び七十五ワット以下の無線電話（放送をする無線局の無線電話を除く。）の陸上に施設する空中線電力二百五十ワット以下の無線電信及び七十五ワット以下の無線電話（放送をする無線局の無線電話を除く。）の技術操作 陸上及び船舶に開設する無線航行局の無線設備であつて、三万キロサイクルをこえる周波数を使用するものの技術操作
第三級無線通信士	第一級無線通信士又は第二級無線通信士の指揮の下に行う国内通信（航空移動通信（航空機局と航空機局又は航空局との間の無線通信をいう。以下同じ。）を除く。）のための無線設備の通信操作 漁船に施設する空中線電力二百五十ワット以下の無線電信及び百ワット以下の無線電話の通信操作及び技術操作 漁業用の海岸局（船舶局と通信を行うため陸上に開設する無線局をいう。以下同じ。）の空中線電力百二十五ワット以下の無線電信及び五十ワット以下の無線電話の通信操作及び技術操作
航空級無線通信士	航空移動通信（国際通信たる公衆通信を除く。以下同じ。）のための無線電話の通信操作 空中線電力百ワット以下の航空移動通信のための無線電話の技術操作 航空機の航行のための無線航行局の無線設備であつて、三万キロサイクルをこえる周波数を使用するものの技術操作
電話級無線通信士	船舶に施設する空中線電力百ワット以下の無線電話の通信操作及び技術操作 漁業用の海岸局の空中線電力五十ワット以下の無線電話の通信操作及び技術操作
第一級無線技術士	無線設備の技術操作
第二級無線技術士	第一級無線技術士の指揮の下に行う無線設備の技術操作 空中線電力二キロワット以下の無線電信及び五百ワット以下の無線電話の技術操作 無線航行局の無線設備の技術操作
第一級アマチュア無線技士	アマチュア無線局（個人的な興味によつて無線通信を行うために開設する無線局をいう。以下同じ。）の無線設備の通信操作及び技術操作

第二級アマチュア無線技士	空中線電力百ワット以下で五十メガサイクル以上又は八メガサイクル以下の周波数を使用するアマチュア無線局の無線電話の通信操作及び技術操作
特殊無線技士	郵政省令で定める無線設備の操作

【 七次改正 】

電波法の一部を改正する法律（昭和三十三年五月六日法律第百四十号）

第四十条を次のように改める。
（改正後の第四十条の規定は、後掲の条文の通り。）

（無線従事者の資格）

第四十条　無線従事者の資格は、第一級無線通信士、第二級無線通信士、第三級無線通信士、航空級無線通信士、電話級無線通信士、第一級無線技術士、第二級無線技術士、特殊無線技士、第一級アマチュア無線技士、第二級アマチュア無線技士、電信級アマチュア無線技士及び電話級アマチュア無線技士とする。

2　前項の資格を有する者の行うことができる無線設備の操作の範囲は、資格別に政令で定める。

【 四十一次改正 】

電波法の一部を改正する法律（平成元年十一月七日法律第六十七号）

第四十条を次のように改める。
（改正後の第四十条の規定は、後掲の条文の通り。）

（無線従事者の資格）

第四十条　無線従事者の資格は、次の各号に掲げる区分に応じ、それぞれ当該各号に掲げる資格とする。

一　無線従事者（総合）　次の資格
イ　第一級総合無線通信士
ロ　第二級総合無線通信士
ハ　第三級総合無線通信士

二　無線従事者（海上）　次の資格
イ　第一級海上無線通信士
ロ　第二級海上無線通信士
ハ　第三級海上無線通信士
ニ　第四級海上無線通信士
ホ　政令で定める海上特殊無線技士

三　無線従事者（航空）　次の資格
イ　航空無線通信士
ロ　政令で定める航空特殊無線技士

四　無線従事者（陸上）　次の資格
イ　第一級陸上無線技術士
ロ　第二級陸上無線技術士
ハ　政令で定める陸上特殊無線技士

五　無線従事者（アマチュア）　次の資格
イ　第一級アマチュア無線技士
ロ　第二級アマチュア無線技士
ハ　第三級アマチュア無線技士
ニ　第四級アマチュア無線技士

2　前項第一号から第四号までに掲げる資格を有する者の行い、又はその監督を行うことができる無線設備の操作の範囲及び同項第五号に掲げる資格を有する者の行うことができる無線設備の操作の範囲は、資格別に政令で定める。

第四十一条

【制定】

電波法（昭和二十五年五月二日法律第百三十一号）

（免許）

第四十一条　無線従事者になろうとする者は、前条の資格別に行う無線従事者国家試験に合格し、合格の日から三箇月以内に電波監理委員会の免許を受けなければならない。

【三次改正】

郵政省設置法の一部改正に伴う関係法令の整理に関する法律（昭和二十七年七月三十一日法律第二百八十号）第二条

「電波監理委員会」を「郵政大臣」に改める。

（免許）

第四十一条　無線従事者になろうとする者は、前条の資格別に行う無線従事者国家試験に合格し、合格の日から三箇月以内に郵政大臣の免許を受けなければならない。

【十二次改正】

電波法の一部を改正する法律（昭和四十年六月二日法律第百十四号）

第四十一条を次のように改める。

（改正後の第四十一条の規定は、後掲の条文の通り。）

（免許）

第四十一条　無線従事者になろうとする者は、郵政大臣の免許を受けなければならない。

2　無線従事者の免許は、前条第一項の資格別に行なう無線従事者国家試験に合格した者でなければ、受けることができない。ただし、特殊無線技士、電信級アマチュア無線技士又は電話級アマチュア無線技士の資格の無線従事者の養成課程で郵政大臣が郵政省令で定める基準に適合するものであることの認定をしたものを修了した者（第四十八条後段の規定により期間を定めて試験を受けさせないこととした者で、当該期間を経過しないものを除く。）が郵政省令で定めるところにより当該養成課程に係る資格の免許を受ける場合は、この限りでない。

3　無線従事者の免許の申請は、無線従事者国家試験に合格した日又は前項に規定する養成課程を修了した日から三箇月以内に行なわなければならない。

【二十五次改正】

電波法の一部を改正する法律（昭和五十六年五月二十三日法律第四十九号）

第四十一条第二項中「行なう」を「行う」に、「第四十八条後段」を「第四十八条第一項後段」に改める。

（免許）

第四十一条　無線従事者になろうとする者は、郵政大臣の免許を受けなければならない。

2　無線従事者の免許は、前条第一項の資格別に行う無線従事者国家試験に合格した者でなければ、受けることができない。ただし、特殊無線技士、電信級アマチュア無線技士又は電話級アマチュア無線技士の資格の無線従事者の養成課程で郵政大臣が郵政省令で定める基準に適合するものであることの認定をしたものを修了した者（第四十八条第一項後段の規定により期間を定めて試験を受けさせないこととした者で、当該期間を経過しないものを除く。）が郵政省令で定めるところにより当該養成課程に係る資格の免許を受ける場合は、この限りでない。

3　無線従事者の免許の申請は、無線従事者国家試験に合格した日又は前項に規定する養成課程を修了した日から三箇月以内に行なわなければならない。

【四十一次改正】

電波法の一部を改正する法律（平成元年十一月七日法律第六十七号）

第四十一条第二項を次のように改める。 （改正後の第二項の規定は、後掲の条文の通り。）
第四十一条第三項中「又は前項」を「、前項第二号」に改め、「修了した日」の下に「又は同項第三号の規定による認定を受けた日」を加え、「行なわなければ」を「行わなければ」に改める。

（免許）

第四十一条　無線従事者になろうとする者は、郵政大臣の免許を受けなければならない。

2　無線従事者の免許は、次の各号の一に該当する者（第二号又は第三号に該当する者にあつては、第四十八条第一項後段の規定により期間を定めて試験を受けさせないこととした者で、当該期間を経過しないものを除く。）でなければ、受けることができない。

一　前条第一項の資格別に行う無線従事者国家試験に合格した者

二　前条第一項の資格（郵政省令で定めるものに限る。）の無線従事者の養成課程で、郵政大臣が郵政省令で定める基準に適合するものであることの認定をしたものを修了した者

三　前条第一項の資格（郵政省令で定めるものに限る。）ごとに郵政省令で定める当該資格以外の同項の資格及び業務経歴を有する者であつて、郵政省令で定めるところにより、前二号に掲げる者と同等以上の知識及び技能を有すると郵政大臣が認定したもの

3　無線従事者の免許の申請は、無線従事者国家試験に合格した日、前項第二号に規定する養成課程を修了した日又は同項第三号の規定による認定を受けた日から三箇月以内に行わなければならない。

【五十次改正】

電波法の一部を改正する法律（平成七年五月八日法律第八十三号）

第四十一条第二項中「一に」を「いずれかに」に、「又は第三号」を「から第四号まで」に改め、同項第三号を次のように改める。 （改正後の第三号の規定は、後掲の条文の通り。）
第四十一条第二項に次の一号を加える。 （追加された第二項第四号の規定は、後掲の条文の通り。）
第四十一条第三項を次のように改める。 （改正後の第三項の規定は、後掲の条文の通り。）

（免許）

第四十一条　無線従事者になろうとする者は、郵政大臣の免許を受けなければならない。

2　無線従事者の免許は、次の各号のいずれかに該当する者（第二号から第四号までに該当する者にあつては、第四十八条第一項後段の規定により期間を定めて試験を受けさせないこととした者で、当該期間を経過しないものを除く。）でなければ、受けることができない。

一　前条第一項の資格別に行う無線従事者国家試験に合格した者

二　前条第一項の資格（郵政省令で定めるものに限る。）の無線従事者の養成課程で、郵政大臣が郵政省令で定める基準に適合するものであることの認定をしたものを修了した者

三　前条第一項の資格（郵政省令で定めるものに限る。）ごとに次に掲げる学校教育法（昭和二十二年法律第二十六号）に基づく学校の区分に応じ郵政省令で定める無線通信に関する科目を修めて卒業した者

イ　大学（短期大学を除く。）

ロ　短期大学又は高等専門学校

ハ　高等学校

四　前条第一項の資格（郵政省令で定めるものに限る。）ごとに前三号に掲げる者と同等以上の知識及び技能を有する者として郵政省令で定める同項の資格及び業務経歴その他の要件を備える者

3　前項第一号若しくは第二号に該当する者又は同項第四号に該当する者であつて郵政省令で定めるものが行う無線従事者の免許の申請は、それぞれこれらの規定に該当するに至つた日から三箇月以内に行わなければならない。

【五十六次改正】

学校教育法等の一部を改正する法律（平成十六月十二日法律第百一号）附則第五十条

第四十一条第二項第三号ハ中「高等学校」の下に「又は中等教育学校」を加える。

（免許）

第四十一条　無線従事者になろうとする者は、郵政大臣の免許を受けなければならない。

2　無線従事者の免許は、次の各号のいずれかに該当する者（第二号から第四号までに該当する者にあつては、第四十八条第一項後段の規定により期間を定めて試験を受けさせないこととした者で、当該期間を経過しないものを除く。）でなければ、受けることができない。

一　前条第一項の資格別に行う無線従事者国家試験に合格した者

二　前条第一項の資格（郵政省令で定めるものに限る。）の無線従事者の養成課程で、郵政大臣が郵政省令で定める基準に適合するものであることの認定をしたものを修了した者

三　前条第一項の資格（郵政省令で定めるものに限る。）ごとに次に掲げる学校教育法（昭和二十二年法律第二十六号）に基づく学校の区分に応じ郵政省令で定める無線通信に関する科目を修めて卒業した者

イ　大学（短期大学を除く。）

ロ　短期大学又は高等専門学校

ハ　高等学校又は中等教育学校

四　前条第一項の資格（郵政省令で定めるものに限る。）ごとに前三号に掲げる者と同等以上の知識及び技能を有する者として郵政省令で定める同項の資格及び業務経歴その他の要件を備える者

3　前項第一号若しくは第二号に該当する者又は同項第四号に該当する者であつて郵政省令で定めるものが行う無線従事者の免許の申請は、それぞれこれらの規定に該当するに至つた日から三箇月以内に行わなければならない。

【 六十次改正 】

電波法の一部を改正する法律（平成十二年六月二日法律第百九号）

第四十一条第三項を削る。

（免許）

第四十一条　無線従事者になろうとする者は、郵政大臣の免許を受けなければならない。

２　無線従事者の免許は、次の各号のいずれかに該当する者（第二号から第四号までに該当する者にあつては、第四十八条第一項後段の規定により期間を定めて試験を受けさせないこととした者で、当該期間を経過しないものを除く。）でなければ、受けることができない。

一　前条第一項の資格別に行う無線従事者国家試験に合格した者

二　前条第一項の資格（郵政省令で定めるものに限る。）の無線従事者の養成課程で、郵政大臣が郵政省令で定める基準に適合するものであることの認定をしたものを修了した者

三　前条第一項の資格（郵政省令で定めるものに限る。）ごとに次に掲げる学校教育法（昭和二十二年法律第二十六号）に基づく学校の区分に応じ郵政省令で定める無線通信に関する科目を修めて卒業した者

イ　大学（短期大学を除く。）

ロ　短期大学又は高等専門学校

ハ　高等学校又は中等教育学校

四　前条第一項の資格（郵政省令で定めるものに限る。）ごとに前三号に掲げる者と同等以上の知識及び技能を有する者として郵政省令で定める同項の資格及び業務経歴その他の要件を備える者

［注釈］第三項は、削られた。

【 六十二次改正 】

中央省庁等改革関係法施行法（平成十一年十二月二十二日法律第百六十号）第百九十三条

本則（第九十九条の十二第二項を除く。）中「郵政大臣」を「総務大臣」に、「郵政省令」を「総務省令」に、「通商産業大臣」を「経済産業大臣」に、「建設大臣」を「国土交通大臣」に、「地方電気通信監理局長」を「総合通信局長」に、「沖縄郵政管理事務所長」を「沖縄総合通信事務所長」に改める。

（免許）

第四十一条　無線従事者になろうとする者は、総務大臣の免許を受けなければならない。

２　無線従事者の免許は、次の各号のいずれかに該当する者（第二号から第四号までに該当する者にあつては、第四十八条第一項後段の規定により期間を定めて試験を受けさせないこととした者で、当該期間を経過しないものを除く。）でなければ、受けることができない。

一　前条第一項の資格別に行う無線従事者国家試験に合格した者

二　前条第一項の資格（総務省令で定めるものに限る。）の無線従事者の養成課程で、総務大臣が総務省令で定める基準に適合するものであることの認定をしたものを修了した者

三　前条第一項の資格（総務省令で定めるものに限る。）ごとに次に掲げる学校教育法（昭和二十二年法律第二十六号）に基づく学校の区分に応じ総務省令で定める無線通信に関する科目を修めて卒業した者

イ　大学（短期大学を除く。）

ロ　短期大学又は高等専門学校

ハ　高等学校又は中等教育学校

四　前条第一項の資格（総務省令で定めるものに限る。）ごとに前三号に掲げる者と同等以上の知識及び技能を有する者として総務省令で定める同項の資格及び業務経歴その他の要件を備える者

【　百五次改正　】

学校教育法の一部を改正する法律（平成二十九年五月三十一日法律第四十一号）附則第十五条

> 第四十一条第二項第三号中「前条第一項の資格（総務省令で定めるものに限る。）ごとに」を削り、「基づく」を「よる学校において次に掲げる当該」に改め、「応じ」の下に「前条第一項の資格（総務省令で定めるものに限る。）ごとに」を、「卒業した者」の下に「（同法による専門職大学の前期課程にあつては、修了した者）」を加え、同号ロ中「短期大学」の下に「（学校教育法による専門職大学の前期課程を含む。）」を加える。

（免許）

第四十一条　無線従事者になろうとする者は、総務大臣の免許を受けなければならない。

2　無線従事者の免許は、次の各号のいずれかに該当する者（第二号から第四号までに該当する者にあつては、第四十八条第一項後段の規定により期間を定めて試験を受けさせないこととした者で、当該期間を経過しないものを除く。）でなければ、受けることができない。

一　前条第一項の資格別に行う無線従事者国家試験に合格した者

二　前条第一項の資格（総務省令で定めるものに限る。）の無線従事者の養成課程で、総務大臣が総務省令で定める基準に適合するものであることの認定をしたものを修了した者

三　次に掲げる学校教育法（昭和二十二年法律第二十六号）による学校において次に掲げる当該学校の区分に応じ前条第一項の資格（総務省令で定めるものに限る。）ごとに総務省令で定める無線通信に関する科目を修めて卒業した者（同法による専門職大学の前期課程にあつては、修了した者）

イ　大学（短期大学を除く。）

ロ　短期大学（学校教育法による専門職大学の前期課程を含む。）又は高等専門学校

ハ　高等学校又は中等教育学校

四　前条第一項の資格（総務省令で定めるものに限る。）ごとに前三号に掲げる者と同等以上の知識及び技能を有する者として総務省令で定める同項の資格及び業務経歴その他の要件を備える者

[注釈]この改正は、本書収録の基準日である平成二十九年六月十八日において未施行である。

第四十二条

【　制定　】

電波法（昭和二十五年五月二日法律第百三十一号）

（免許を与えない場合）

第四十二条　左の各号の一に該当する者に対しては、無線従事者の免許を与えないことができる。

一　第九章の罪を犯し罰金以上の刑に処せられ、その執行を終り、又はその執行を受けることがなくなつた日から二年を経過しない者

二　無線従事者の免許を取り消され、取消の日から二年を経過しない者

三　著しく心身に欠陥があつて無線従事者たるに適しない者

【六十次改正】

電波法の一部を改正する法律（平成十二年六月二日法律第百九号）

第四十二条中「左の各号の一」を「次の各号のいずれか」に改め、同条第一号中「終り」を「終わり」に改め、同条第二号中「無線従事者」を「第七十九条第一項第一号又は第二号の規定により無線従事者」に、「取消」を「取消し」に改める。

（免許を与えない場合）

第四十二条　次の各号のいずれかに該当する者に対しては、無線従事者の免許を与えないことができる。

一　第九章の罪を犯し罰金以上の刑に処せられ、その執行を終わり、又はその執行を受けることがなくなつた日から二年を経過しない者

二　第七十九条第一項第一号又は第二号の規定により無線従事者の免許を取り消され、取消しの日から二年を経過しない者

三　著しく心身に欠陥があつて無線従事者たるに適しない者

第四十三条

【制定】

電波法（昭和二十五年五月二日法律第百三十一号）

（無線従事者原簿）

第四十三条　電波監理委員会は、無線従事者原簿を備えつけ、免許に関する事項を記載する。

【三次改正】

郵政省設置法の一部改正に伴う関係法令の整理に関する法律（昭和二十七年七月三十一日法律第二百八十号）第二条

「電波監理委員会」を「郵政大臣」に改める。

（無線従事者原簿）

第四十三条　郵政大臣は、無線従事者原簿を備えつけ、免許に関する事項を記載する。

【六十二次改正】

中央省庁等改革関係法施行法（平成十一年十二月二十二日法律第百六十号）第百九十三条

本則（第九十九条の十二第二項を除く。）中「郵政大臣」を「総務大臣」に、「郵政省令」を「総務省令」に、「通商産業大臣」を「経済産業大臣」に、「建設大臣」を「国土交通大臣」に、「地方電気通信監理局長」を「総合通信局長」に、「沖縄

「郵政管理事務所長」を「沖縄総合通信事務所長」に改める。

（無線従事者原簿）

第四十三条　総務大臣は、無線従事者原簿を備えつけ、免許に関する事項を記載する。

第四十四条

【制定】

電波法（昭和二十五年五月二日法律第百三十一号）

（免許の有効期間）

第四十四条　無線従事者の免許の有効期間は、免許の日から起算して五年とする。

【七次改正】

電波法の一部を改正する法律（昭和三十三年五月六日法律第百四十号）

第四十四条及び第四十五条を次のように改める。

（改正後の第四十四条の規定は、後掲の条文の通り。）

第四十四条及び第四十五条　削除

【二十五次改正】

電波法の一部を改正する法律（昭和五十六年五月二十三日法律第四十九号）

第四十四条から第四十七条までを次のように改める。

（改正後の第四十四条の規定は、後掲の条文の通り。）

（無線従事者国家試験）

第四十四条　無線従事者国家試験は、無線設備の操作に必要な知識及び技能について行う。

第四十五条

【制定】

電波法（昭和二十五年五月二日法律第百三十一号）

（免許の更新）

第四十五条　無線従事者は、同一の資格について免許の更新を申請することができる。

2　前項の申請をした者が、左の各号の一に該当するときは、電波監理委員会は、無線従事者国家試験を行わないでその免許の更新をしなければならない。

一　免許の有効期間中通算して二年六箇月以上当該免許に係る業務に従事し、この法律若しくはこの法律に基く命令又はこれらに基く処分に違反しなかつた者

二　免許の有効期間中通算して一年六箇月以上及び申請前一年以内に六箇月以上当該免許に係る業務に従事し、この法律若しくはこの法律に基く命令又はこれらに基く処分に違反しなかつた者

3　第一項の申請をした者が前項各号に該当しない場合であつても、電波監理委員会は、申請者の無線設備の操作に関する業務の経歴及び成績によつて、無線従事者国家試験の全部又は一部を免除することができる。

4　免許の更新については、第四十二条及び第四十四条の規定を準用する。

【三次改正】

郵政省設置法の一部改正に伴う関係法令の整理に関する法律（昭和二十七年七月三十一日法律第二百八十号）第二条

> 「電波監理委員会」を「郵政大臣」に改める。

（免許の更新）

第四十五条　無線従事者は、同一の資格について免許の更新を申請することができる。

2　前項の申請をした者が、左の各号の一に該当するときは、郵政大臣は、無線従事者国家試験を行わないでその免許の更新をしなければならない。

一　免許の有効期間中通算して二年六箇月以上当該免許に係る業務に従事し、この法律若しくはこの法律に基く命令又はこれらに基く処分に違反しなかつた者

二　免許の有効期間中通算して一年六箇月以上及び申請前一年以内に六箇月以上当該免許に係る業務に従事し、この法律若しくはこの法律に基く命令又はこれらに基く処分に違反しなかつた者

3　第一項の申請をした者が前項各号に該当しない場合であつても、郵政大臣は、申請者の無線設備の操作に関する業務の経歴及び成績によつて、無線従事者国家試験の全部又は一部を免除することができる。

4　免許の更新については、第四十二条及び第四十四条の規定を準用する。

【七次改正】

電波法の一部を改正する法律（昭和三十三年五月六日法律第百四十号）

> 第四十四条及び第四十五条を次のように改める。
> （改正後の第四十五条の規定は、後掲の条文の通り。）

第四十四条及び第四十五条　削除

【二十五次改正】

電波法の一部を改正する法律（昭和五十六年五月二十三日法律第四十九号）

> 第四十四条から第四十七条までを次のように改める。
> （改正後の第四十五条の規定は、後掲の条文の通り。）

［無線従事者国家試験］・・・第四十四条との共通見出しである。

第四十五条　無線従事者国家試験は、第四十条の資格別に、毎年少なくとも一回郵政大臣が行う。

【六十二次改正】

中央省庁等改革関係法施行法（平成十一年十二月二十二日法律第百六十号）第百九十三条

> 本則（第九十九条の十二第二項を除く。）中「郵政大臣」を「総務大臣」に、「郵政省令」を「総務省令」に、「通商産業大臣」を「経済産業大臣」に、「建設大臣」を「国土交通大臣」に、「地方電気通信監理局長」を「総合通信局長」に、「沖縄郵政管理事務所長」を「沖縄総合通信事務所長」に改める。

［無線従事者国家試験］・・・第四十四条との共通見出しである。

第四十五条　無線従事者国家試験は、第四十条の資格別に、毎年少なくとも一回総務大臣が行う。

第四十六条

【　制定　】

電波法（昭和二十五年五月二日法律第百三十一号）

（無線従事者国家試験）

第四十六条　無線従事者国家試験は、無線設備の操作に必要な知識及び技能について行う。

【　二十五次改正　】

電波法の一部を改正する法律（昭和五十六年五月二十三日法律第四十九号）

> 第四十四条から第四十七条までを次のように改める。
> （改正後の第四十六条の規定は、後掲の条文の通り。）

（指定試験機関の指定）

第四十六条　郵政大臣は、その指定する者（以下「指定試験機関」という。）に、特殊無線技士、電信級アマチュア無線技士又は電話級アマチュア無線技士の資格の無線従事者国家試験の実施に関する事務（以下「特定試験事務」という。）を行わせることができる。

2　指定試験機関の指定は、前項の資格ごとに一を限り、特定試験事務を行おうとする者の申請により行う。

3　郵政大臣は、指定試験機関の指定をしたときは、当該指定に係る資格の特定試験事務を行わないものとする。

【　四十一次改正　】

電波法の一部を改正する法律（平成元年十一月七日法律第六十七号）

> 第四十六条第一項中「特殊無線技士、電信級アマチュア無線技士又は電話級アマチュア無線技士の資格の」を削り、「特定試験事務」という。）」を「試験事務」という。）の全部又は一部」に改め、同条第二項中「前項の資格」を「郵政省令で定める区分」に、「特定試験事務」を「試験事務」に改め、同条第三項中「資格の特定試験事務」を「区分の試験事務」に改める。

（指定試験機関の指定）

第四十六条　郵政大臣は、その指定する者（以下「指定試験機関」という。）に、無線従事者国家試験の実施に関する事務（以下「試験事務」という。）の全部又は一部を行わせることができる。

2　指定試験機関の指定は、郵政省令で定める区分ごとに一を限り、試験事務を行おうとする者の申請により行う。

3　郵政大臣は、指定試験機関の指定をしたときは、当該指定に係る区分の試験事務を行わないものとする。

【　六十二次改正　】

中央省庁等改革関係法施行法（平成十一年十二月二十二日法律第百六十号）第百九十三条

本則（第九十九条の十二第二項を除く。）中「郵政大臣」を「総務大臣」に、「郵政省令」を「総務省令」に、「通商産業大臣」を「経済産業大臣」に、「建設大臣」を「国土交通大臣」に、「地方電気通信監理局長」を「総合通信局長」に、「沖縄郵政管理事務所長」を「沖縄総合通信事務所長」に改める。

（指定試験機関の指定）

第四十六条　総務大臣は、その指定する者（以下「指定試験機関」という。）に、無線従事者国家試験の実施に関する事務（以下「試験事務」という。）の全部又は一部を行わせることができる。

2　指定試験機関の指定は、総務省令で定める区分ごとに一を限り、試験事務を行おうとする者の申請により行う。

3　総務大臣は、指定試験機関の指定をしたときは、当該指定に係る区分の試験事務を行わないものとする。

【六十八次改正】

電波法の一部を改正する法律（平成十三年六月十五日法律第四十八号）

第四十六条に次の一項を加える。
（追加された第四項の規定は、後掲の条文の通り。）

（指定試験機関の指定）

第四十六条　総務大臣は、その指定する者（以下「指定試験機関」という。）に、無線従事者国家試験の実施に関する事務（以下「試験事務」という。）の全部又は一部を行わせることができる。

2　指定試験機関の指定は、総務省令で定める区分ごとに一を限り、試験事務を行おうとする者の申請により行う。

3　総務大臣は、指定試験機関の指定をしたときは、当該指定に係る区分の試験事務を行わないものとする。

4　総務大臣は、第二項の申請をした者が、次の各号のいずれかに該当するときは、指定試験機関の指定をしてはならない。

一　民法第三十四条の規定により設立された法人以外の者であること。

二　この法律に規定する罪を犯して刑に処せられ、その執行を終わり、又はその執行を受けることがなくなつた日から二年を経過しない者であること。

三　第四十七条の四において準用する第三十八条の十四第一項又は第二項の規定により指定を取り消され、その取消しの日から二年を経過しない者であること。

四　その役員のうちに、次のいずれかに該当する者があること。

イ　第二号に該当する者

ロ　第四十七条の二第三項の規定による命令により解任され、その解任の日から二年を経過しない者

【七十三次改正】

電波法の一部を改正する法律（平成十五年六月六日法律第六十八号）

第四十六条第四項第三号中「第四十七条の四」を「第四十七条の五」に、「第三十八条の十四第一項」を「第三十九条の十一第一項」に改める。

（指定試験機関の指定）

第四十六条　総務大臣は、その指定する者（以下「指定試験機関」という。）に、無線従事者国家試験の実施に関する事務（以下「試験事務」という。）の全部又は一部を行わせることができる。

2　指定試験機関の指定は、総務省令で定める区分ごとに一を限り、試験事務を行

おうとする者の申請により行う。
3　総務大臣は、指定試験機関の指定をしたときは、当該指定に係る区分の試験事務を行わないものとする。
4　総務大臣は、第二項の申請をした者が、次の各号のいずれかに該当するときは、指定試験機関の指定をしてはならない。
一　民法第三十四条の規定により設立された法人以外の者であること。
二　この法律に規定する罪を犯して刑に処せられ、その執行を終わり、又はその執行を受けることがなくなつた日から二年を経過しない者であること。
三　第四十七条の五において準用する第三十九条の十一第一項又は第二項の規定により指定を取り消され、その取消しの日から二年を経過しない者であること。
四　その役員のうちに、次のいずれかに該当する者があること。
イ　第二号に該当する者
ロ　第四十七条の二第三項の規定による命令により解任され、その解任の日から二年を経過しない者

【八十六次改正】

一般社団法人及び一般財団法人に関する法律及び公益社団法人及び公益財団法人の認定等に関する法律の施行に伴う関係法律の整備等に関する法律（平成十八年六月二日法律第五十号）第二百四条

> 第四十六条第四項第一号中「民法第三十四条の規定により設立された法人」を「一般社団法人又は一般財団法人」に改める。

（指定試験機関の指定）
第四十六条　総務大臣は、その指定する者（以下「指定試験機関」という。）に、無線従事者国家試験の実施に関する事務（以下「試験事務」という。）の全部又は一部を行わせることができる。
2　指定試験機関の指定は、総務省令で定める区分ごとに一を限り、試験事務を行おうとする者の申請により行う。
3　総務大臣は、指定試験機関の指定をしたときは、当該指定に係る区分の試験事務を行わないものとする。
4　総務大臣は、第二項の申請をした者が、次の各号のいずれかに該当するときは、指定試験機関の指定をしてはならない。
一　一般社団法人又は一般財団法人以外の者であること。
二　この法律に規定する罪を犯して刑に処せられ、その執行を終わり、又はその執行を受けることがなくなつた日から二年を経過しない者であること。
三　第四十七条の五において準用する第三十九条の十一第一項又は第二項の規定により指定を取り消され、その取消しの日から二年を経過しない者であること。
四　その役員のうちに、次のいずれかに該当する者があること。
イ　第二号に該当する者
ロ　第四十七条の二第三項の規定による命令により解任され、その解任の日から二年を経過しない者

第四十七条

【制定】

電波法（昭和二十五年五月二日法律第百三十一号）

［無線従事者国家試験］・・・第四十六条との共通見出しである。

第四十七条　無線従事者国家試験は、第四十条の資格別に、毎年少くとも一回電波監理委員会が行う。

【　三次改正　】

郵政省設置法の一部改正に伴う関係法令の整理に関する法律（昭和二十七年七月三十一日法律第二百八十号）第二条

「電波監理委員会」を「郵政大臣」に改める。

［無線従事者国家試験］・・・第四十六条との共通見出しである。

第四十七条　無線従事者国家試験は、第四十条の資格別に、毎年少くとも一回郵政大臣が行う。

【　二十五次改正　】

電波法の一部を改正する法律（昭和五十六年五月二十三日法律第四十九号）

第四十四条から第四十七条までを次のように改める。
（改正後の第四十七条の規定は、後掲の条文の通り。）

（試験員）

第四十七条　指定試験機関は、特定試験事務を行う場合において、無線従事者として必要な知識及び技能を有するかどうかの判定に関する事務については、郵政省令で定める要件を備える者（以下「試験員」という。）に行わせなければならない。

【　四十一次改正　】

電波法の一部を改正する法律（平成元年十一月七日法律第六十七号）

第四十七条中「特定試験事務」を「試験事務」に改める。

（試験員）

第四十七条　指定試験機関は、試験事務を行う場合において、無線従事者として必要な知識及び技能を有するかどうかの判定に関する事務については、郵政省令で定める要件を備える者（以下「試験員」という。）に行わせなければならない。

【　六十二次改正　】

中央省庁等改革関係法施行法（平成十一年十二月二十二日法律第百六十号）第百九十三条

本則（第九十九条の十二第二項を除く。）中「郵政大臣」を「総務大臣」に、「郵政省令」を「総務省令」に、「通商産業大臣」を「経済産業大臣」に、「建設大臣」を「国土交通大臣」に、「地方電気通信監理局長」を「総合通信局長」に、「沖縄郵政管理事務所長」を「沖縄総合通信事務所長」に改める。

（試験員）

第四十七条　指定試験機関は、試験事務を行う場合において、無線従事者として必要な知識及び技能を有するかどうかの判定に関する事務については、総務省令で定める要件を備える者（以下「試験員」という。）に行わせなければならない。

【　六十八次改正　】

電波法の一部を改正する法律（平成十三年六月十五日法律第四十八号）

第四十七条の見出しを「（試験事務の実施）」に改める。

（試験事務の実施）

第四十七条　指定試験機関は、試験事務を行う場合において、無線従事者として必要な知識及び技能を有するかどうかの判定に関する事務については、総務省令で定める要件を備える者（以下「試験員」という。）に行わせなければならない。

第四十七条の二

【二十五次改正】

電波法の一部を改正する法律（昭和五十六年五月二十三日法律第四十九号）

第四十七条の次に次の一条を加える。
（追加された第四十七条の二の規定は、後掲の条文の通り。）

（準用）

第四十七条の二　第三十八条の三（第一項第四号を除く。）、第三十八条の四及び第三十八条の六から第三十八条の十五までの規定は、指定試験機関に準用する。この場合において、第三十八条の三中「前条第二項」とあるのは「第四十六条第二項」と、同条第一項、第三十八条の四第一項及び第二項、第三十八条の七、第三十八条の八、第三十八条の十一、第三十八条の十二第一項、第三十八条の十三第一項、第三十八条の十四第二項及び第三項並びに第三十八条の十五中「技術基準適合証明の業務」とあり、並びに第三十八条の三第一項第三号及び第三十八条の十中「技術基準適合証明」とあるのは「第四十六条第一項の特定試験事務」と、第三十八条の四第一項中「区分」とあるのは「資格」と、第三十八条の六第二項及び第三項並びに第三十八条の七中「証明員」とあるのは「第四十七条の試験員」と、第三十八条の十四第二項第一号中「この章」とあるのは「第四十七条の規定又は第四十七条の二において準用するこの章」と、第三十八条の十五第一項中「第三十八条の二第三項」とあるのは「第四十六条第三項」と読み替えるものとする。

【四十一次改正】

電波法の一部を改正する法律（平成元年十一月七日法律第六十七号）

第四十七条の二中「特定試験事務」を「試験事務」に改め、「、第三十八条の四第一項中「区分」とあるのは「資格」と」を削る。

（準用）

第四十七条の二　第三十八条の三（第一項第四号を除く。）、第三十八条の四及び第三十八条の六から第三十八条の十五までの規定は、指定試験機関に準用する。この場合において、第三十八条の三中「前条第二項」とあるのは「第四十六条第二項」と、同条第一項、第三十八条の四第一項及び第二項、第三十八条の七、第三十八条の八、第三十八条の十一、第三十八条の十二第一項、第三十八条の十三第一項、第三十八条の十四第二項及び第三項並びに第三十八条の十五中「技術基準適合証明の業務」とあり、並びに第三十八条の三第一項第三号及び第三十八条の十中「技術基準適合証明」とあるのは「第四十六条第一項の試験事務」と、第三十八条の六第二項及び第三項並びに第三十八条の七中「証明員」とあるのは「第四十七条の試験員」と、第三十八条の十四第二項第一号中「この章」とあるのは「第四十七条の規定又は第四十七条の二において準用するこの章」と、第三十八条の十五第一項中「第三十八条の二第三項」とあるのは「第四十六条第三項」と読み替えるものとする。

【六十八次改正】

電波法の一部を改正する法律（平成十三年六月十五日法律第四十八号）

第四十七条の二中「第三十八条の三（第一項第四号を除く。）、」を削り、「及び第三十八条の六から第三十八条の十五まで」を「、第三十八条の七、第三十八条の八、第三十八条の九第二項、第三十八条の十から第三十八条の十五まで及び第三十九条の二第四項（第四号を除く。）」に改め、「、第三十八条の三中「前条第二項」とあるのは「第四十六条第二項」と、同条第一項」を削り、「並びに第三十八条の三第一項第三号及び第三十八条の十中「技術基準適合証明」を「第三十八条の十中「技術基準適合証明」とあり、並びに第三十九条の二第四項中「講習の業務」」に改め、「第三十八条の六第二項及び第三項並びに」を削り、「第三十八条の十四第二項第一号」を「同条第一項中「役員（法人でない指定証明機関にあつては、指定証明機関の指定を受けた者。次項並びに第百十条の二及び第百十三条の二において同じ。）」とあるのは「役員」と、第三十八条の十四第一項中「第三十八条の三第二項各号（第二号）」とあるのは「第四十六条第四項各号（第三号）」と、同条第二項第一号」に、「の規定又は第四十七条の二において準用するこの章」を「から第四十七条の三までの規定又は第四十七条の四において準用するこの章」と、同項第二号中「第三十八条の三第一項各号（第五号）」とあるのは「第三十九条の二第四項各号（第四号）」と、同項第三号中「第三十八条の六第二項、第三十八条の八第二項又は第三十八条の十一」とあるのは「第三十八条の八第二項、第三十八条の十一又は第四十七条の二第三項」」に改め、「第四十六条第三項」との下に「、第三十九条の二第四項中「第二項」とあるのは「第四十六条第二項」と、同項第三号中「講習が」とあるのは「第四十六条第一項の試験事務が」と」を加え、同条を第四十七条の四とし、第四十七条の次に次の二条を加える。

（追加された第四十七条の二の規定は、後掲の条文の通り。）

（役員等の選任及び解任）

第四十七条の二　指定試験機関の役員の選任及び解任は、総務大臣の認可を受けなければ、その効力を生じない。

2　指定試験機関は、試験員を選任し、又は解任したときは、遅滞なくその旨を総務大臣に届け出なければならない。

3　総務大臣は、指定試験機関の役員又は試験員が、この法律、この法律に基づく命令若しくはこれらに基づく処分又は第四十七条の四において準用する第三十八条の八第一項の業務規程に違反したときは、その指定試験機関に対し、その役員又は試験員を解任すべきことを命ずることができる。

[注釈]改正前の第四十七条の二は、第四十七条の四に繰り下げられた。

【七十三次改正】

電波法の一部を改正する法律（平成十五年六月六日法律第六十八号）

第四十七条の二第三項中「第四十七条の四」を「第四十七条の五」に、「第三十八条の八第一項」を「第三十九条の五第一項」に改める。

（役員等の選任及び解任）

第四十七条の二　指定試験機関の役員の選任及び解任は、総務大臣の認可を受けなければ、その効力を生じない。

2　指定試験機関は、試験員を選任し、又は解任したときは、遅滞なくその旨を総務大臣に届け出なければならない。

3　総務大臣は、指定試験機関の役員又は試験員が、この法律、この法律に基づく命令若しくはこれらに基づく処分又は第四十七条の五において準用する第三十九条の五第一項の業務規程に違反したときは、その指定試験機関に対し、その役員又は試験員を解任すべきことを命ずることができる。

第四十七条の三

【六十八次改正】

電波法の一部を改正する法律（平成十三年六月十五日法律第四十八号）

第四十七条の二中「第三十八条の三（第一項第四号を除く。）、」を削り、「及び第三十八条の六から第三十八条の十五まで」を「、第三十八条の七、第三十八条の八、第三十八条の九第二項、第三十八条の十から第三十八条の十五まで及び第三十九条の二第四項（第四号を除く。）」に改め、「、第三十八条の三中「前条第二項」とあるのは「第四十六条第二項」と、同条第一項」を削り、「並びに第三十八条の三第一項第三号及び第三十八条の十中「技術基準適合証明」を「第三十八条の十中「技術基準適合証明」とあり、並びに第三十九条の二第四項中「講習の業務」」に改め、「第三十八条の六第二項及び第三項並びに」を削り、「第三十八条の十四第二項第一号」を「同条第一項中「役員（法人でない指定証明機関にあつては、指定証明機関の指定を受けた者。次項並びに第百十条の二及び第百十三条の二において同じ。）」とあるのは「役員」と、第三十八条の十四第一項中「第三十八条の三第二項各号（第二号」とあるのは「第四十六条第四項各号（第三号」と、同条第二項第一号」に、「の規定又は第四十七条の二において準用するこの章」を「から第四十七条の三までの規定又は第四十七条の四において準用するこの章」と、同項第二号中「第三十八条の三第一項各号（第五号」とあるのは「第三十九条の二第四項各号（第四号」と、同項第三号中「第三十八条の六第二項、第三十八条の八第二項又は第三十八条の十一」とあるのは「第三十八条の八第二項、第三十八条の十一又は第四十七条の二第三項」に改め、「第四十六条第三項」との下に「、第三十九条の二第四項中「第二項」とあるのは「第四十六条第二項」と、同項第三号中「講習が」とあるのは「第四十六条第一項の試験事務が」と」を加え、同条を第四十七条の四とし、第四十七条の次に次の二条を加える。

（追加された第四十七条の三の規定は、後掲の条文の通り。）

（事業計画等）

第四十七条の三　指定試験機関は、毎事業年度、事業計画及び収支予算を作成し、当該事業年度の開始前に（指定を受けた日の属する年度にあつては、その指定を受けた後遅滞なく）、総務大臣の認可を受けなければならない。これを変更しようとするときも、同様とする。

【七十三次改正】

電波法の一部を改正する法律（平成十五年六月六日法律第六十八号）

第四十七条の三の見出しを「（指定試験機関の事業計画等）」に改め、同条を第四十七条の四とし、同条の次に次の一条を加える。

第四十七条の二の次に次の一条を加える。

（追加された第四十七条の三の規定は、後掲の条文の通り。）

（秘密保持義務等）

第四十七条の三　指定試験機関の役員若しくは職員（試験員を含む。次項において同じ。）又はこれらの職にあつた者は、試験事務に関して知り得た秘密を漏らしてはならない。

2　試験事務に従事する指定試験機関の役員及び職員は、刑法その他の罰則の適用については、法令により公務に従事する職員とみなす。

［注釈］第四十七条の三が第四十七条の四に繰り下げられ、前掲の条文が新たな第四十七条の三として置かれた。

第四十七条の四

【六十八次改正】

電波法の一部を改正する法律（平成十三年六月十五日法律第四十八号）

第四十七条の二中「第三十八条の三（第一項第四号を除く。）、」を削り、「及び第三十八条の六から第三十八条の十五まで」を「、第三十八条の七、第三十八条の八、第三十八条の九第二項、第三十八条の十から第三十八条の十五まで及び第三十九条の二第四項（第四号を除く。）」に改め、「、第三十八条の三中「前条第二項」とあるのは「第四十六条第二項」と、同条第一項」を削り、「並びに第三十八条の三第一項第三号及び第三十八条の十中「技術基準適合証明」」を「第三十八条の十中「技術基準適合証明」とあり、並びに第三十九条の二第四項中「講習の業務」」に改め、「第三十八条の六第二項及び第三項並びに」を削り、「第三十八条の十四第二項第一号」を「同条第一項中「役員（法人でない指定証明機関にあつては、指定証明機関の指定を受けた者。次項並びに第百十条の二及び第百十三条の二において同じ。）」とあるのは「役員」と、第三十八条の十四第一項中「第三十八条の三第二項各号（第二号）」とあるのは「第四十六条第四項各号（第三号）」と、同条第二項第一号」に、「の規定又は第四十七条の二において準用するこの章」を「から第四十七条の三までの規定又は第四十七条の四において準用するこの章」と、同項第二号中「第三十八条の三第一項各号（第五号）」とあるのは「第三十九条の二第四項各号（第四号）」と、同項第三号中「第三十八条の六第二項、第三十八条の八第二項又は第三十八条の十一」とあるのは「第三十八条の八第二項、第三十八条の十一又は第四十七条の二第三項」」に改め、「第四十六条第三項」との下に「、第三十九条の二第四項中「第二項」とあるのは「第四十六条第二項」と、同項第三号中「講習が」とあるのは「第四十六条第一項の試験事務が」」とを加え、同条を第四十七条の四とし、第四十七条の次に次の二条を加える。

（準用）

第四十七条の四　第三十八条の四、第三十八条の七、第三十八条の八、第三十八条の九第二項、第三十八条の十から第三十八条の十五まで及び第三十九条の二第四項（第四号を除く。）の規定は、指定試験機関に準用する。この場合において、第三十八条の四第一項及び第二項、第三十八条の七、第三十八条の八、第三十八条の十一、第三十八条の十二第一項、第三十八条の十三第一項、第三十八条の十四第二項及び第三項並びに第三十八条の十五中「技術基準適合証明の業務」とあり、第三十八条の十中「技術基準適合証明」とあり、並びに第三十九条の二第四項中「講習の業務」とあるのは「第四十六条第一項の試験事務」と、第三十八条の七中「証明員」とあるのは「第四十七条の試験員」と、同条第一項中「役員（法人でない指定証明機関にあつては、指定証明機関の指定を受けた者。次項並びに第百十条の二及び第百十三条の二において同じ。）」とあるのは「役員」と、第三十八条の十四第一項中「第三十八条の三第二項各号（第二号）」とあるのは「第四十六条第四項各号（第三号）」と、同条第二項第一号中「この章」とあるのは「第四十七条から第四十七条の三までの規定又は第四十七条の四において準用するこの章」と、同項第二号中「第三十八条の三第一項各号（第五号）」とあるのは「第三十九条の二第四項各号（第四号）」と、同項第三号中「第三十八条の六第二項、第三十八条の八第二項又は第三十八条の十一」とあるのは「第三十八条の八第二項、第三十八条の十一又は第四十七条の二第三項」と、第三十八条の十五第一項中「第三十八条の二第三項」とあるのは「第四十六条第三項」と、第三十九条の二第四項中「第二項」とあるのは「第四十六条第二項」と、同項第三号中「講習が」とあるのは「第四十六条第一項の試験事務が」と読み替えるものとする。

［注釈］第四十七条の四に繰り下げられる前の第四十七条の二の規定については、同条の項を参照されたい。

【七十三次改正】

電波法の一部を改正する法律（平成十五年六月六日法律第六十八号）

第四十七条の四を削る。

第四十七条の三の見出しを「（指定試験機関の事業計画等）」に改め、同条を第四十七条の四とし、同条の次に次の一条を加える。

（指定試験機関の事業計画等）

第四十七条の四　指定試験機関は、毎事業年度、事業計画及び収支予算を作成し、当該事業年度の開始前に（指定を受けた日の属する年度にあつては、その指定を受けた後遅滞なく）、総務大臣の認可を受けなければならない。これを変更しようとするときも、同様とする。

［注釈］この改正において、第四十七条の四が削られた後に、第四十七条の三が一部改正されて第四十七条の四に繰り下げられた。ついては、改正前の第四十七条の三の規定の従前の改正経緯は、同条の項を参照されたい。

第四十七条の五

【七十三次改正】

電波法の一部を改正する法律（平成十五年六月六日法律第六十八号）

第四十七条の三の見出しを「（指定試験機関の事業計画等）」に改め、同条を第四十七条の四とし、同条の次に次の一条を加える。

（追加された第四十七条の五の規定は、後掲の条文の通り。）

（準用）

第四十七条の五　第三十九条の二第四項（第四号を除く。）、第三十九条の三、第三十九条の五、第三十九条の六第二項及び第三十九条の七から第三十九条の十二までの規定は、指定試験機関について準用する。この場合において、第三十九条の二第四項中「第二項」とあるのは「第四十六条第二項」と、同項、第三十九条の三第一項及び第二項、第三十九条の五、第三十九条の八、第三十九条の九第一項、第三十九条の十第一項、第三十九条の十一第二項及び第三項並びに第三十九条の十二中「講習の業務」とあり、並びに第三十九条の七中「講習」とあるのは「第四十六条第一項の試験事務」と、第三十九条の二第四項第三号中「講習が」とあるのは「第四十六条第一項の試験事務が」と、第三十九条の十一第一項中「第三十九条の二第五項」とあるのは「第四十六条第四項」と、同条第二項第一号中「第三十九条の六、第三十九条の七又は前条第一項」とあるのは「第三十九条の六第二項、第三十九条の七、前条第一項又は第四十七条から第四十七条の四まで」と、同項第三号中「又は第三十九条の八」とあるのは「、第三十九条の八又は第四十七条の二第三項」と、第三十九条の十二第一項中「第三十九条の二第三項」とあるのは「第四十六条第三項」と読み替えるものとする。

第四十八条

【制定】

電波法（昭和二十五年五月二日法律第百三十一号）

［無線従事者国家試験］・・・第四十六条から第四十八条までの共通見出しである。

第四十八条　無線従事者国家試験に関して不正の行為があつたときは、電波監理委員会は、当該不正行為に関係のある者について、その受験を停止し、又はその試験を無効とすることができる。この場合においては、なお、その者について、期間を定めて試験を受けさせないことができる。

【三次改正】

郵政省設置法の一部改正に伴う関係法令の整理に関する法律（昭和二十七年七月三十一日法律第二百八十号）第二条

「電波監理委員会」を「郵政大臣」に改める。

［無線従事者国家試験］・・・第四十六条から第四十八条までの共通見出しである。

第四十八条　無線従事者国家試験に関して不正の行為があつたときは、郵政大臣は、当該不正行為に関係のある者について、その受験を停止し、又はその試験を無効とすることができる。この場合においては、なお、その者について、期間を定めて試験を受けさせないことができる。

【二十五次改正】

電波法の一部を改正する法律（昭和五十六年五月二十三日法律第四十九号）

第四十八条に見出しとして「（受験の停止等）」を付し、同条に次の一項を加える。

（追加された第二項の規定は、後掲の条文の通り。）

（受験の停止等）

第四十八条　無線従事者国家試験に関して不正の行為があつたときは、郵政大臣は、当該不正行為に関係のある者について、その受験を停止し、又はその試験を無効とすることができる。この場合においては、なお、その者について、期間を定めて試験を受けさせないことができる。

2　指定試験機関は、特定試験事務の実施に関し前項前段に規定する郵政大臣の職権を行うことができる。

【四十一次改正】

電波法の一部を改正する法律（平成元年十一月七日法律第六十七号）

第四十八条第二項中「特定試験事務」を「試験事務」に改める。

（受験の停止等）

第四十八条　無線従事者国家試験に関して不正の行為があつたときは、郵政大臣は、当該不正行為に関係のある者について、その受験を停止し、又はその試験を無効とすることができる。この場合においては、なお、その者について、期間を定めて試験を受けさせないことができる。

2　指定試験機関は、試験事務の実施に関し前項前段に規定する郵政大臣の職権を行うことができる。

【六十二次改正】

中央省庁等改革関係法施行法（平成十一年十二月二十二日法律第百六十号）第百九十三条

本則（第九十九条の十二第二項を除く。）中「郵政大臣」を「総務大臣」に、「郵政省令」を「総務省令」に、「通商産業大臣」を「経済産業大臣」に、「建設大臣」を「国土交通大臣」に、「地方電気通信監理局長」を「総合通信局長」に、「沖縄郵政管理事務所長」を「沖縄総合通信事務所長」に改める。

（受験の停止等）

第四十八条　無線従事者国家試験に関して不正の行為があつたときは、総務大臣は、当該不正行為に関係のある者について、その受験を停止し、又はその試験を無効とすることができる。この場合においては、なお、その者について、期間を定めて試験を受けさせないことができる。

2　指定試験機関は、試験事務の実施に関し前項前段に規定する総務大臣の職権を行うことができる。

第四十八条の二

【二十八次改正】

電波法の一部を改正する法律（昭和五十七年六月一日法律第五十九号）

第四十八条の次に次の二条を加える。
（追加された第四十八条の二の規定は、後掲の条文の通り。）

（船舶局無線従事者証明）

第四十八条の二　第三十九条本文の郵政省令で定める船舶局の無線設備の操作を行おうとする者は、郵政大臣に申請して、船舶局無線従事者証明を受けることができる。

2　郵政大臣は、船舶局無線従事者証明を申請した者が、郵政省令で定める無線従事者の資格を有し、かつ、次の各号の一に該当するときは、船舶局無線従事者証明を行わなければならない。

一　郵政大臣が当該申請者に対して行う船舶局の無線設備の操作に関する訓練の課程を修了したとき。

二　郵政大臣が前号の訓練の課程と同等の内容を有するものであると認定した訓練の課程を修了しており、その修了した日から五年を経過していないとき。

3　第四十二条（第三号を除く。）の規定は、船舶局無線従事者証明に準用する。

【四十一次改正】

電波法の一部を改正する法律（平成元年十一月七日法律第六十七号）

第四十八条の二第一項中「第三十九条本文」を「第三十九条第一項本文」に改め、「操作」の下に「又はその監督」を加え、同条第二項第一号中「操作」の下に「又はその監督」を加える。

（船舶局無線従事者証明）

第四十八条の二　第三十九条第一項本文の郵政省令で定める船舶局の無線設備の操作又はその監督を行おうとする者は、郵政大臣に申請して、船舶局無線従事者証明を受けることができる。

2　郵政大臣は、船舶局無線従事者証明を申請した者が、郵政省令で定める無線従事者の資格を有し、かつ、次の各号の一に該当するときは、船舶局無線従事者証明を行わなければならない。

一　郵政大臣が当該申請者に対して行う船舶局の無線設備の操作又はその監督に関する訓練の課程を修了したとき。

二　郵政大臣が前号の訓練の課程と同等の内容を有するものであると認定した訓練の課程を修了しており、その修了した日から五年を経過していないとき。

3　第四十二条（第三号を除く。）の規定は、船舶局無線従事者証明に準用する。

【　四十四次改正　】

電波法の一部を改正する法律（平成三年五月二日法律第六十七号）

第三十九条第一項、第四十八条の二第一項及び第二項第一号並びに第四十八条の三第一号中「船舶局の」を「義務船舶局等の」に改める。

（船舶局無線従事者証明）

第四十八条の二　第三十九条第一項本文の郵政省令で定める義務船舶局等の無線設備の操作又はその監督を行おうとする者は、郵政大臣に申請して、船舶局無線従事者証明を受けることができる。

2　郵政大臣は、船舶局無線従事者証明を申請した者が、郵政省令で定める無線従事者の資格を有し、かつ、次の各号の一に該当するときは、船舶局無線従事者証明を行わなければならない。

一　郵政大臣が当該申請者に対して行う義務船舶局等の無線設備の操作又はその監督に関する訓練の課程を修了したとき。

二　郵政大臣が前号の訓練の課程と同等の内容を有するものであると認定した訓練の課程を修了しており、その修了した日から五年を経過していないとき。

3　第四十二条（第三号を除く。）の規定は、船舶局無線従事者証明に準用する。

【　六十次改正　】

電波法の一部を改正する法律（平成十二年六月二日法律第百九号）

第四十八条の二第三項に後段として次のように加える。
（追加された第三項後段の規定は、後掲の条文の通り。）

（船舶局無線従事者証明）

第四十八条の二　第三十九条第一項本文の郵政省令で定める義務船舶局等の無線設備の操作又はその監督を行おうとする者は、郵政大臣に申請して、船舶局無線従事者証明を受けることができる。

2　郵政大臣は、船舶局無線従事者証明を申請した者が、郵政省令で定める無線従事者の資格を有し、かつ、次の各号の一に該当するときは、船舶局無線従事者証明を行わなければならない。

一　郵政大臣が当該申請者に対して行う義務船舶局等の無線設備の操作又はその監督に関する訓練の課程を修了したとき。

二　郵政大臣が前号の訓練の課程と同等の内容を有するものであると認定した訓練の課程を修了しており、その修了した日から五年を経過していないとき。

3　第四十二条（第三号を除く。）の規定は、船舶局無線従事者証明に準用する。この場合において、同条第二号中「第七十九条第一項第一号」とあるのは、「第七十九条第二項において準用する同条第一項第一号」と読み替えるものとする。

【　六十二次改正　】

中央省庁等改革関係法施行法（平成十一年十二月二十二日法律第百六十号）第百九

十三条

本則（第九十九条の十二第二項を除く。）中「郵政大臣」を「総務大臣」に、「郵政省令」を「総務省令」に、「通商産業大臣」を「経済産業大臣」に、「建設大臣」を「国土交通大臣」に、「地方電気通信監理局長」を「総合通信局長」に、「沖縄郵政管理事務所長」を「沖縄総合通信事務所長」に改める。

（船舶局無線従事者証明）

第四十八条の二　第三十九条第一項本文の総務省令で定める義務船舶局等の無線設備の操作又はその監督を行おうとする者は、総務大臣に申請して、船舶局無線従事者証明を受けることができる。

2　総務大臣は、船舶局無線従事者証明を申請した者が、総務省令で定める無線従事者の資格を有し、かつ、次の各号の一に該当するときは、船舶局無線従事者証明を行わなければならない。

一　総務大臣が当該申請者に対して行う義務船舶局等の無線設備の操作又はその監督に関する訓練の課程を修了したとき。

二　総務大臣が前号の訓練の課程と同等の内容を有するものであると認定した訓練の課程を修了しており、その修了した日から五年を経過していないとき。

3　第四十二条（第三号を除く。）の規定は、船舶局無線従事者証明に準用する。この場合において、同条第二号中「第七十九条第一項第一号」とあるのは、「第七十九条第二項において準用する同条第一項第一号」と読み替えるものとする。

第四十八条の三

【二十八次改正】

電波法の一部を改正する法律（昭和五十七年六月一日法律第五十九号）

第四十八条の次に次の二条を加える。

（追加された第四十八条の三の規定は、後掲の条文の通り。）

（船舶局無線従事者証明の失効）

第四十八条の三　船舶局無線従事者証明は、当該船舶局無線従事者証明を受けた者がこれを受けた日以降において次の各号の一に該当するときは、その効力を失う。

一　当該船舶局無線従事者証明に係る訓練の課程を修了した日から起算して五年を経過する日までの間第三十九条本文の郵政省令で定める船舶局の無線設備その他郵政省令で定める無線局の無線設備の操作の業務に従事せず、かつ、当該期間内に郵政大臣が船舶局の無線設備の操作に関して行う船舶局無線従事者証明を受けている者に対する訓練の課程又は郵政大臣がこれと同等の内容を有するものであると認定した訓練の課程を修了しなかつたとき。

二　引き続き五年間前号の業務に従事せず、かつ、当該期間内に同号の訓練の課程を修了しなかつたとき。

三　前条第二項の無線従事者の資格を有する者でなくなつたとき。

四　第七十九条の二第一項の規定により船舶局無線従事者証明の効力を停止され、その停止の期間が五年を超えたとき。

【四十一次改正】

電波法の一部を改正する法律（平成元年十一月七日法律第六十七号）

第四十八条の三第一号中「第三十九条本文」を「第三十九条第一項本文」に改め、「操作」の下に「又はその監督」を加える。

（船舶局無線従事者証明の失効）

第四十八条の三　船舶局無線従事者証明は、当該船舶局無線従事者証明を受けた者がこれを受けた日以降において次の各号の一に該当するときは、その効力を失う。

一　当該船舶局無線従事者証明に係る訓練の課程を修了した日から起算して五年を経過する日までの間第三十九条第一項本文の郵政省令で定める船舶局の無線設備その他郵政省令で定める無線局の無線設備の操作又はその監督の業務に従事せず、かつ、当該期間内に郵政大臣が船舶局の無線設備の操作又はその監督に関して行う船舶局無線従事者証明を受けている者に対する訓練の課程又は郵政大臣がこれと同等の内容を有するものであると認定した訓練の課程を修了しなかつたとき。

二　引き続き五年間前号の業務に従事せず、かつ、当該期間内に同号の訓練の課程を修了しなかつたとき。

三　前条第二項の無線従事者の資格を有する者でなくなつたとき。

四　第七十九条の二第一項の規定により船舶局無線従事者証明の効力を停止され、その停止の期間が五年を超えたとき。

【四十四次改正】

電波法の一部を改正する法律（平成三年五月二日法律第六十七号）

第三十九条第一項、第四十八条の二第一項及び第二項第一号並びに第四十八条の三第一号中「船舶局の」を「義務船舶局等の」に改める。

（船舶局無線従事者証明の失効）

第四十八条の三　船舶局無線従事者証明は、当該船舶局無線従事者証明を受けた者がこれを受けた日以降において次の各号の一に該当するときは、その効力を失う。

一　当該船舶局無線従事者証明に係る訓練の課程を修了した日から起算して五年を経過する日までの間第三十九条第一項本文の郵政省令で定める義務船舶局等の無線設備その他郵政省令で定める無線局の無線設備の操作又はその監督の業務に従事せず、かつ、当該期間内に郵政大臣が義務船舶局等の無線設備の操作又はその監督に関して行う船舶局無線従事者証明を受けている者に対する訓練の課程又は郵政大臣がこれと同等の内容を有するものであると認定した訓練の課程を修了しなかつたとき。

二　引き続き五年間前号の業務に従事せず、かつ、当該期間内に同号の訓練の課程を修了しなかつたとき。

三　前条第二項の無線従事者の資格を有する者でなくなつたとき。

四　第七十九条の二第一項の規定により船舶局無線従事者証明の効力を停止され、その停止の期間が五年を超えたとき。

【六十二次改正】

中央省庁等改革関係法施行法（平成十一年十二月二十二日法律第百六十号）第百九十三条

本則（第九十九条の十二第二項を除く。）中「郵政大臣」を「総務大臣」に、「郵政省令」を「総務省令」に、「通商産業大臣」を「経済産業大臣」に、「建設大臣」を「国土交通大臣」に、「地方電気通信監理局長」を「総合通信局長」に、「沖縄郵政管理事務所長」を「沖縄総合通信事務所長」に改める。

（船舶局無線従事者証明の失効）

第四十八条の三　船舶局無線従事者証明は、当該船舶局無線従事者証明を受けた者がこれを受けた日以降において次の各号の一に該当するときは、その効力を失う。

一　当該船舶局無線従事者証明に係る訓練の課程を修了した日から起算して五年を経過する日までの間第三十九条第一項本文の総務省令で定める義務船舶

局等の無線設備その他総務省令で定める無線局の無線設備の操作又はその監督の業務に従事せず、かつ、当該期間内に総務大臣が義務船舶局等の無線設備の操作又はその監督に関して行う船舶局無線従事者証明を受けている者に対する訓練の課程又は総務大臣がこれと同等の内容を有するものであると認定した訓練の課程を修了しなかつたとき。

二　引き続き五年間前号の業務に従事せず、かつ、当該期間内に同号の訓練の課程を修了しなかつたとき。

三　前条第二項の無線従事者の資格を有する者でなくなつたとき。

四　第七十九条の二第一項の規定により船舶局無線従事者証明の効力を停止され、その停止の期間が五年を超えたとき。

第四十九条

【　制定　】

電波法（昭和二十五年五月二日法律第百三十一号）

（命令への委任）

第四十九条　第四十一条から前条までに規定するものの外、免許の申請、免許証の交付、再交付及び返納その他無線従事者の免許に関する手続的事項並びに試験科目、受験手続その他無線従事者国家試験の実施細目は、電波監理委員会規則で定める。

【　三次改正　】

郵政省設置法の一部改正に伴う関係法令の整理に関する法律（昭和二十七年七月三十一日法律第二百八十号）第二条

「電波監理委員会規則」を「郵政省令」に改める。

（命令への委任）

第四十九条　第四十一条から前条までに規定するものの外、免許の申請、免許証の交付、再交付及び返納その他無線従事者の免許に関する手続的事項並びに試験科目、受験手続その他無線従事者国家試験の実施細目は、郵政省令で定める。

【　十二次改正　】

電波法の一部を改正する法律（昭和四十年六月二日法律第百十四号）

第四十九条中「手続的事項」の下に「、第四十一条第二項ただし書の認定に関する事項」を加える。

（命令への委任）

第四十九条　第四十一条から前条までに規定するものの外、免許の申請、免許証の交付、再交付及び返納その他無線従事者の免許に関する手続的事項、第四十一条第二項ただし書の認定に関する事項並びに試験科目、受験手続その他無線従事者国家試験の実施細目は、郵政省令で定める。

【　二十八次改正　】

電波法の一部を改正する法律（昭和五十七年六月一日法律第五十九号）

第四十九条中「ものの外」を「もののほか」に改め、「実施細目」の下に「並びに船舶局無線従事者証明の申請、船舶局無線従事者証明書の交付、再交付及び返納、第四十八条の二第二項第一号及び前条第一号の郵政大臣が行う訓練の課程、

第四十八条の二第二項第二号及び前条第一号の認定その他船舶局無線従事者証明の実施に関する事項」を加える。

（命令への委任）

第四十九条　第四十一条から前条までに規定するもののほか、免許の申請、免許証の交付、再交付及び返納その他無線従事者の免許に関する手続的事項、第四十一条第二項ただし書の認定に関する事項並びに試験科目、受験手続その他無線従事者国家試験の実施細目並びに船舶局無線従事者証明の申請、船舶局無線従事者証明書の交付、再交付及び返納、第四十八条の二第二項第一号及び前条第一号の郵政大臣が行う訓練の課程、第四十八条の二第二項第二号及び前条第一号の認定その他船舶局無線従事者証明の実施に関する事項は、郵政省令で定める。

【　四十一次改正　】

電波法の一部を改正する法律（平成元年十一月七日法律第六十七号）

第四十九条中「第四十一条から」を「第三十九条及び第四十一条から」に改め、「もののほか」の下に「、講習の科目その他講習の実施に関する事項」を加え、「第四十一条第二項ただし書」を「第四十一条第二項第二号」に改める。

（命令への委任）

第四十九条　第三十九条及び第四十一条から前条までに規定するもののほか、講習の科目その他講習の実施に関する事項、免許の申請、免許証の交付、再交付及び返納その他無線従事者の免許に関する手続的事項、第四十一条第二項第二号の認定に関する事項並びに試験科目、受験手続その他無線従事者国家試験の実施細目並びに船舶局無線従事者証明の申請、船舶局無線従事者証明書の交付、再交付及び返納、第四十八条の二第二項第一号及び前条第一号の郵政大臣が行う訓練の課程、第四十八条の二第二項第二号及び前条第一号の認定その他船舶局無線従事者証明の実施に関する事項は、郵政省令で定める。

【　六十二次改正　】

中央省庁等改革関係法施行法（平成十一年十二月二十二日法律第百六十号）第百九十三条

本則（第九十九条の十二第二項を除く。）中「郵政大臣」を「総務大臣」に、「郵政省令」を「総務省令」に、「通商産業大臣」を「経済産業大臣」に、「建設大臣」を「国土交通大臣」に、「地方電気通信監理局長」を「総合通信局長」に、「沖縄郵政管理事務所長」を「沖縄総合通信事務所長」に改める。

第四十九条の見出し及び第九十六条の見出しを「（総務省令への委任）」に改める。

（総務省令への委任）

第四十九条　第三十九条及び第四十一条から前条までに規定するもののほか、講習の科目その他講習の実施に関する事項、免許の申請、免許証の交付、再交付及び返納その他無線従事者の免許に関する手続的事項、第四十一条第二項第二号の認定に関する事項並びに試験科目、受験手続その他無線従事者国家試験の実施細目並びに船舶局無線従事者証明の申請、船舶局無線従事者証明書の交付、再交付及び返納、第四十八条の二第二項第一号及び前条第一号の総務大臣が行う訓練の課程、第四十八条の二第二項第二号及び前条第一号の認定その他船舶局無線従事者証明の実施に関する事項は、総務省令で定める。

第五十条

【制定】

電波法（昭和二十五年五月二日法律第百三十一号）

（通信長の配置等）

第五十条　左の表の上欄に掲げる船舶無線電信局には、通信長（船舶通信士の長をいう。）としてそれぞれ下欄に掲げる無線通信士を配置しなければならない。

船舶無線電信局	無線通信士
第一種局（総トン数三千トン以上の旅客船及び総トン数五千五百トンをこえる旅客船以外の船舶の船舶無線電信局をいう。以下同じ。）	通信長となる前十五年以内に船舶無線電信局において第一級無線通信士として四年以上業務に従事し、且つ、現に第一級無線通信士の免許を受けている者
第二種局甲（船舶安全法第四条の船舶であつて総トン数三千トン未満五百トン以上の旅客船又は総トン数五千五百トン以下千六百トン以上の旅客船以外の船舶の船舶無線電信局をいう。以下同じ。）	通信長となる前十五年以内に船舶無線電信局において第一級無線通信士として二年以上業務に従事し、且つ、現に第一級無線通信士の免許を受けている者
第二種局乙（旅客船以外の船舶の船舶無線電信局（第一種局及び第二種局甲に該当するものを除く。）であつて公衆通信業務を取り扱うもの又は旅客船の船舶無線電信局（第一種局及び第二種局甲に該当するものを除く。）をいう。以下同じ。）	第一級無線通信士の免許を受けている者又は通信長となる前十五年以内に船舶無線電信局若しくは海岸局において第二級無線通信士として一年以上業務に従事し、且つ、現に第二級無線通信士の免許を受けている者

2　電波監理委員会は、前項に規定するものの外、必要があると認めるときは、電波監理委員会規則により、無線局に配置すべき無線従事者の資格別員数を定めることができる。

【一次改正】

電波法の一部を改正する法律（昭和二十七年七月三十一日法律第二百四十九号）

第五十条第二項中「前項」を「前二項」に改め、同項を同条第三項とし、同条中第一項の次に次の一項を加える。

（追加された第二項の規定は、後掲の条文の通り。）

（通信長の配置等）

第五十条　左の表の上欄に掲げる船舶無線電信局には、通信長（船舶通信士の長をいう。）としてそれぞれ下欄に掲げる無線通信士を配置しなければならない。

船舶無線電信局	無線通信士
第一種局（総トン数三千トン以上の旅客船及び総トン数五千五百トンをこえる旅客船以外の船舶の船舶無線電信局をいう。以下同じ。）	通信長となる前十五年以内に船舶無線電信局において第一級無線通信士として四年以上業務に従事し、且つ、現に第一級無線通信士の免許を受けている者
第二種局甲（船舶安全法第四条の船舶であつて総トン数三千トン未満五百トン以上の旅客船又は総トン数五千五百	通信長となる前十五年以内に船舶無線電信局において第一級無線通信士として二年以上業務に従事し、且つ、現に

トン以下千六百トン以上の旅客船以外の船舶の船舶無線電信局をいう。以下同じ。）	第一級無線通信士の免許を受けている者
第二種局乙（旅客船以外の船舶の船舶無線電信局（第一種局及び第二種局甲に該当するものを除く。）であつて公衆通信業務を取り扱うもの又は旅客船の船舶無線電信局（第一種局及び第二種局甲に該当するものを除く。）をいう。以下同じ。）	第一級無線通信士の免許を受けている者又は通信長となる前十五年以内に船舶無線電信局若しくは海岸局において第二級無線通信士として一年以上業務に従事し、且つ、現に第二級無線通信士の免許を受けている者

2　国際航空に従事する航空機の航空機局であつて、無線電信により無線通信を行うものには、航空機通信長（航空機通信士の長をいう。）として、無線通信士の資格を得て五十時間以上航空機の無線通信の業務に従事し、且つ、現に第一級無線通信士の免許を受けている者を配置しなければならない。

3　電波監理委員会は、前二項に規定するものの外、必要があると認めるときは、電波監理委員会規則により、無線局に配置すべき無線従事者の資格別員数を定めることができる。

【三次改正】

郵政省設置法の一部改正に伴う関係法令の整理に関する法律（昭和二十七年七月三十一日法律第二百八十号）第二条

「電波監理委員会規則」を「郵政省令」に改める。
「電波監理委員会」を「郵政大臣」に改める。

（通信長の配置等）

第五十条　左の表の上欄に掲げる船舶無線電信局には、通信長（船舶通信士の長をいう。）としてそれぞれ下欄に掲げる無線通信士を配置しなければならない。

船舶無線電信局	無線通信士
第一種局（総トン数三千トン以上の旅客船及び総トン数五千五百トンをこえる旅客船以外の船舶の船舶無線電信局をいう。以下同じ。）	通信長となる前十五年以内に船舶無線電信局において第一級無線通信士として四年以上業務に従事し、且つ、現に第一級無線通信士の免許を受けている者
第二種局甲（船舶安全法第四条の船舶であつて総トン数三千トン未満五百トン以上の旅客船又は総トン数五千五百トン以下千六百トン以上の旅客船以外の船舶の船舶無線電信局をいう。以下同じ。）	通信長となる前十五年以内に船舶無線電信局において第一級無線通信士として二年以上業務に従事し、且つ、現に第一級無線通信士の免許を受けている者
第二種局乙（旅客船以外の船舶の船舶無線電信局（第一種局及び第二種局甲に該当するものを除く。）であつて公衆通信業務を取り扱うもの又は旅客船の船舶無線電信局（第一種局及び第二種局甲に該当するものを除く。）をいう。以下同じ。）	第一級無線通信士の免許を受けている者又は通信長となる前十五年以内に船舶無線電信局若しくは海岸局において第二級無線通信士として一年以上業務に従事し、且つ、現に第二級無線通信士の免許を受けている者

2　国際航空に従事する航空機の航空機局であつて、無線電信により無線通信を行うものには、航空機通信長（航空機通信士の長をいう。）として、無線通信士の資格を得て五十時間以上航空機の無線通信の業務に従事し、且つ、現に第一級無線通信士の免許を受けている者を配置しなければならない。

3　郵政大臣は、前二項に規定するものの外、必要があると認めるときは、郵政省令により、無線局に配置すべき無線従事者の資格別員数を定めることができる。

【　七次改正　】

電波法の一部を改正する法律（昭和三十三年五月六日法律第百四十号）

第五十条第一項の表の下欄中「海岸局」の下に「（船舶局と通信を行うため陸上に開設する無線局をいう。以下同じ。）」を加える。

（通信長の配置等）

第五十条　左の表の上欄に掲げる船舶無線電信局には、通信長（船舶通信士の長をいう。）としてそれぞれ下欄に掲げる無線通信士を配置しなければならない。

船舶無線電信局	無線通信士
第一種局（総トン数三千トン以上の旅客船及び総トン数五千五百トンをこえる旅客船以外の船舶の船舶無線電信局をいう。以下同じ。）	通信長となる前十五年以内に船舶無線電信局において第一級無線通信士として四年以上業務に従事し、且つ、現に第一級無線通信士の免許を受けている者
第二種局甲（船舶安全法第四条の船舶であつて総トン数三千トン未満五百トン以上の旅客船又は総トン数五千五百トン以下千六百トン以上の旅客船以外の船舶の船舶無線電信局をいう。以下同じ。）	通信長となる前十五年以内に船舶無線電信局において第一級無線通信士として二年以上業務に従事し、且つ、現に第一級無線通信士の免許を受けている者
第二種局乙（旅客船以外の船舶の船舶無線電信局（第一種局及び第二種局甲に該当するものを除く。）であつて公衆通信業務を取り扱うもの又は旅客船の船舶無線電信局（第一種局及び第二種局甲に該当するものを除く。）をいう。以下同じ。）	第一級無線通信士の免許を受けている者又は通信長となる前十五年以内に船舶無線電信局若しくは海岸局（船舶局と通信を行うため陸上に開設する無線局をいう。以下同じ。）において第二級無線通信士として一年以上業務に従事し、且つ、現に第二級無線通信士の免許を受けている者

2　国際航空に従事する航空機の航空機局であつて、無線電信により無線通信を行うものには、航空機通信長（航空機通信士の長をいう。）として、無線通信士の資格を得て五十時間以上航空機の無線通信の業務に従事し、且つ、現に第一級無線通信士の免許を受けている者を配置しなければならない。

3　郵政大臣は、前二項に規定するものの外、必要があると認めるときは、郵政省令により、無線局に配置すべき無線従事者の資格別員数を定めることができる。

【　十次改正　】

電波法の一部を改正する法律（昭和三十八年四月四日法律第八十二号）

第五十条第一項の表を次のように改める。
（改正後の第一項の表は、後掲の通り。）

（通信長の配置等）

第五十条　左の表の上欄に掲げる船舶無線電信局には、通信長（船舶通信士の長をいう。）としてそれぞれ下欄に掲げる無線通信士を配置しなければならない。

船舶無線電信局	無線通信士
第一種局（国際航海に従事する旅客船で二百五十人をこえる旅客定員を有するものの船舶無線電信局をいう。以下	通信長となる前十五年以内に船舶無線電信局において第一級無線通信士として四年以上業務に従事し、かつ、現に

同じ。）	第一級無線通信士の免許を受けている者
第二種局甲（船舶安全法第四条の船舶のうち総トン数五百トン以上の旅客船の船舶無線電信局であつて、第一種局に該当するもの以外のものをいう。以下同じ。）	通信長となる前十五年以内に船舶無線電信局において第一級無線通信士として二年以上業務に従事し、かつ、現に第一級無線通信士の免許を受けている者
第二種局乙（次に掲げる船舶無線電信局であつて、次欄の第三種局甲に該当するもの以外のものをいう。以下同じ。） 一　旅客船の船舶無線電信局（第一種局及び第二種局甲に該当するものを除く。） 二　総トン数千六百トン以上の船舶安全法第四条の船舶（旅客船を除く。）の船舶無線電信局 三　旅客船以外の船舶の船舶無線電信局であつて、公衆通信業務を取り扱うもの（二に該当するものを除く。）	通信長となる前十五年以内に船舶無線電信局若しくは海岸局（船舶局と通信を行なうため陸上に開設する無線局をいう。以下同じ。）において第一級無線通信士若しくは第二級無線通信士として一年以上業務に従事し、かつ、現に第一級無線通信士の免許を受けている者又は通信長となる前十五年以内に船舶無線電信局において第二級無線通信士として一年以上業務に従事し、かつ、現に第二級無線通信士の免許を受けている者
第三種局甲（遠洋区域を航行区域とする船舶以外の船舶（旅客船を除く。）で政令で定めるものの船舶無線電信局であつて、次に掲げるものをいう。以下同じ。） 一　総トン数千六百トン以上の船舶安全法第四条の船舶のもの 二　一に該当するもの以外のものであつて、公衆通信業務を取り扱うもの	

2　国際航空に従事する航空機の航空機局であつて、無線電信により無線通信を行うものには、航空機通信長（航空機通信士の長をいう。）として、無線通信士の資格を得て五十時間以上航空機の無線通信の業務に従事し、且つ、現に第一級無線通信士の免許を受けている者を配置しなければならない。

3　郵政大臣は、前二項に規定するものの外、必要があると認めるときは、郵政省令により、無線局に配置すべき無線従事者の資格別員数を定めることができる。

[注釈]第一項の適用については、公布の日から起算して四年間（昭和四十二年七月三十一日までの間）は、同項の表に代えて、次に掲げる一部改正法別表によるとする経過措置が採られている。

別表

船舶無線電信局	無線通信士
第一種局（国際航海に従事する旅客船で二百五十人をこえる旅客定員を有するものの船舶無線電信局をいう。以下同じ。）	通信長となる前十五年以内に船舶無線電信局において第一級無線通信士として四年以上業務に従事し、かつ、現に第一級無線通信士の免許を受けている者
第二種局甲（次に掲げる船舶無線電信局をいう。以下同じ。）	通信長となる前十五年以内に船舶無線電信局において第一級無線通信士

一　船舶安全法第四条の船舶のうち総トン数五百トン以上の旅客船の船舶無線通信局（第一種局に該当するものを除く。） 二　総トン数三千トン以上の旅客船の船舶無線電信局（第一種局及び一に該当するものを除く。） 三　総トン数五千五百トンをこえる船舶（旅客船を除く。）の船舶無線電信局	として二年以上業務に従事し、かつ、現に第一級無線通信士の免許を受けている者
第二種局乙（次に掲げる船舶無線電信局をいう。以下同じ。） 一　旅客船の船舶無線電信局（第一種局及び第二種局甲に該当するものを除く。） 二　総トン数五千五百トン以下千六百トン以上の船舶安全法第四条の船舶（旅客船を除く。）の船舶無線電信局 三　総トン数五千五百トン以下の船舶（旅客船を除く。）の船舶無線電信局であつて、公衆通信業務を取り扱うもの（二に該当するものを除く。）	通信長となる前十五年以内に船舶無線電信局若しくは海岸局（船舶局と通信を行なうため陸上に開設する無線局をいう。以下同じ。）において第一級無線通信士若しくは第二級無線通信士として一年以上業務に従事し、かつ、現に第一級無線通信士の免許を受けている者又は通信長となる前十五年以内に船舶無線電信局において第二級無線通信士として一年以上業務に従事し、かつ、現に第二級無線通信士の免許を受けている者

【十四次改正】

船舶安全法の一部を改正する法律（昭和四十三年五月十日法律第四十四号）附則第三条

> 第五十条第一項中「左の」を「次の」に改め、同項の表の船舶無線電信局の欄中「五百トン以上の旅客船」の下に「（沿海区域を航行区域とする国際航海に従事しないものを除く。）」を、「（旅客船を除く。）の船舶無線電信局」の下に「（沿海区域を航行区域とする国際航海に従事しない船舶のものを除く。）」を加え、「第四条の船舶のもの」を「第四条の船舶（沿海区域を航行区域とする国際航海に従事しないものを除く。）のもの」に改める。

（通信長の配置等）

第五十条　次の表の上欄に掲げる船舶無線電信局には、通信長（船舶通信士の長をいう。）としてそれぞれ下欄に掲げる無線通信士を配置しなければならない。

船舶無線電信局	無線通信士
第一種局（国際航海に従事する旅客船で二百五十人をこえる旅客定員を有するものの船舶無線電信局をいう。以下同じ。）	通信長となる前十五年以内に船舶無線電信局において第一級無線通信士として四年以上業務に従事し、かつ、現に第一級無線通信士の免許を受けている者
第二種局甲（船舶安全法第四条の船舶のうち総トン数五百トン以上の旅客船（沿海区域を航行区域とする国際航海に従事しないものを除く。）の船舶無線電信局であつて、第一種局に該当するもの以外のものをいう。以下同じ。）	通信長となる前十五年以内に船舶無線電信局において第一級無線通信士として二年以上業務に従事し、かつ、現に第一級無線通信士の免許を受けている者

第二種局乙（次に掲げる船舶無線電信局であつて、次欄の第三種局甲に該当するもの以外のものをいう。以下同じ。） 一　旅客船の船舶無線電信局（第一種局及び第二種局甲に該当するものを除く。） 二　総トン数千六百トン以上の船舶安全法第四条の船舶（旅客船を除く。）の船舶無線電信局（沿海区域を航行区域とする国際航海に従事しない船舶のものを除く。） 三　旅客船以外の船舶の船舶無線電信局であつて、公衆通信業務を取り扱うもの（二に該当するものを除く。）	通信長となる前十五年以内に船舶無線電信局若しくは海岸局（船舶局と通信を行なうため陸上に開設する無線局をいう。以下同じ。）において第一級無線通信士若しくは第二級無線通信士として一年以上業務に従事し、かつ、現に第一級無線通信士の免許を受けている者又は通信長となる前十五年以内に船舶無線電信局において第二級無線通信士として一年以上業務に従事し、かつ、現に第二級無線通信士の免許を受けている者
第三種局甲（遠洋区域を航行区域とする船舶以外の船舶（旅客船を除く。）で政令で定めるものの船舶無線電信局であつて、次に掲げるものをいう。以下同じ。） 一　総トン数千六百トン以上の船舶安全法第四条の船舶（沿海区域を航行区域とする国際航海に従事しないものを除く。）のもの 二　一に該当するもの以外のものであつて、公衆通信業務を取り扱うもの	

2　国際航空に従事する航空機の航空機局であつて、無線電信により無線通信を行うものには、航空機通信長（航空機通信士の長をいう。）として、無線通信士の資格を得て五十時間以上航空機の無線通信の業務に従事し、且つ、現に第一級無線通信士の免許を受けている者を配置しなければならない。

3　郵政大臣は、前二項に規定するものの外、必要があると認めるときは、郵政省令により、無線局に配置すべき無線従事者の資格別員数を定めることができる。

【二十八次改正】

電波法の一部を改正する法律（昭和五十七年六月一日法律第五十九号）

第五十条第一項中「それぞれ」を「、それぞれ」に改め、「掲げる無線通信士」の下に「であつて、船舶局無線従事者証明を受けているもの」を加え、同項の表中「こえる」を「超える」に、「行なう」を「行う」に改め、同条第三項中「ものの外」を「もののほか」に、「資格別員数」を「資格（船舶局無線従事者証明に係るものを含む。）ごとの員数」に改める。

（通信長の配置等）

第五十条　次の表の上欄に掲げる船舶無線電信局には、通信長（船舶通信士の長をいう。）として、それぞれ下欄に掲げる無線通信士であつて、船舶局無線従事者証明を受けているものを配置しなければならない。

船舶無線電信局	無線通信士
第一種局（国際航海に従事する旅客船で二百五十人を超える旅客定員を有す	通信長となる前十五年以内に船舶無線電信局において第一級無線通信士とし

るものの船舶無線電信局をいう。以下同じ。）	て四年以上業務に従事し、かつ、現に第一級無線通信士の免許を受けている者
第二種局甲（船舶安全法第四条の船舶のうち総トン数五百トン以上の旅客船（沿海区域を航行区域とする国際航海に従事しないものを除く。）の船舶無線電信局であつて、第一種局に該当するもの以外のものをいう。以下同じ。）	通信長となる前十五年以内に船舶無線電信局において第一級無線通信士として二年以上業務に従事し、かつ、現に第一級無線通信士の免許を受けている者
第二種局乙（次に掲げる船舶無線電信局であつて、次欄の第三種局甲に該当するもの以外のものをいう。以下同じ。） 一　旅客船の船舶無線電信局（第一種局及び第二種局甲に該当するものを除く。） 二　総トン数千六百トン以上の船舶安全法第四条の船舶（旅客船を除く。）の船舶無線電信局（沿海区域を航行区域とする国際航海に従事しない船舶のものを除く。） 三　旅客船以外の船舶の船舶無線電信局であつて、公衆通信業務を取り扱うもの（二に該当するものを除く。）	通信長となる前十五年以内に船舶無線電信局若しくは海岸局（船舶局と通信を行うため陸上に開設する無線局をいう。以下同じ。）において第一級無線通信士若しくは第二級無線通信士として一年以上業務に従事し、かつ、現に第一級無線通信士の免許を受けている者又は通信長となる前十五年以内に船舶無線電信局において第二級無線通信士として一年以上業務に従事し、かつ、現に第二級無線通信士の免許を受けている者
第三種局甲（遠洋区域を航行区域とする船舶以外の船舶（旅客船を除く。）で政令で定めるものの船舶無線電信局であつて、次に掲げるものをいう。以下同じ。） 一　総トン数千六百トン以上の船舶安全法第四条の船舶（沿海区域を航行区域とする国際航海に従事しないものを除く。）のもの 二　一に該当するもの以外のものであつて、公衆通信業務を取り扱うもの	

2　国際航空に従事する航空機の航空機局であつて、無線電信により無線通信を行うものには、航空機通信長（航空機通信士の長をいう。）として、無線通信士の資格を得て五十時間以上航空機の無線通信の業務に従事し、且つ、現に第一級無線通信士の免許を受けている者を配置しなければならない。

3　郵政大臣は、前二項に規定するもののほか、必要があると認めるときは、郵政省令により、無線局に配置すべき無線従事者の資格（船舶局無線従事者証明に係るものを含む。）ごとの員数を定めることができる。

【三十二次改正】

日本電信電話株式会社法及び電気通信事業法の施行に伴う関係法律の整備等に関する法律（昭和五十九年十二月二十五日法律第八十七号）第四十七項

第五十条第一項の表中「公衆通信業務」を「電気通信業務」に改める。

（通信長の配置等）

第五十条　次の表の上欄に掲げる船舶無線電信局には、通信長（船舶通信士の長をいう。）として、それぞれ下欄に掲げる無線通信士であつて、船舶局無線従事者証明を受けているものを配置しなければならない。

船舶無線電信局	無線通信士
第一種局（国際航海に従事する旅客船で二百五十人を超える旅客定員を有するものの船舶無線電信局をいう。以下同じ。）	通信長となる前十五年以内に船舶無線電信局において第一級無線通信士として四年以上業務に従事し、かつ、現に第一級無線通信士の免許を受けている者
第二種局甲（船舶安全法第四条の船舶のうち総トン数五百トン以上の旅客船（沿海区域を航行区域とする国際航海に従事しないものを除く。）の船舶無線電信局であつて、第一種局に該当するもの以外のものをいう。以下同じ。）	通信長となる前十五年以内に船舶無線電信局において第一級無線通信士として二年以上業務に従事し、かつ、現に第一級無線通信士の免許を受けている者
第二種局乙（次に掲げる船舶無線電信局であつて、次欄の第三種局甲に該当するもの以外のものをいう。以下同じ。） 一　旅客船の船舶無線電信局（第一種局及び第二種局甲に該当するものを除く。） 二　総トン数千六百トン以上の船舶安全法第四条の船舶（旅客船を除く。）の船舶無線電信局（沿海区域を航行区域とする国際航海に従事しない船舶のものを除く。） 三　旅客船以外の船舶の船舶無線電信局であつて、電気通信業務を取り扱うもの（二に該当するものを除く。）	通信長となる前十五年以内に船舶無線電信局若しくは海岸局（船舶局と通信を行うため陸上に開設する無線局をいう。以下同じ。）において第一級無線通信士若しくは第二級無線通信士として一年以上業務に従事し、かつ、現に第一級無線通信士の免許を受けている者又は通信長となる前十五年以内に船舶無線電信局において第二級無線通信士として一年以上業務に従事し、かつ、現に第二級無線通信士の免許を受けている者
第三種局甲（遠洋区域を航行区域とする船舶以外の船舶（旅客船を除く。）で政令で定めるものの船舶無線電信局であつて、次に掲げるものをいう。以下同じ。） 一　総トン数千六百トン以上の船舶安全法第四条の船舶（沿海区域を航行区域とする国際航海に従事しないものを除く。）のもの 二　一に該当するもの以外のものであつて、電気通信業務を取り扱うもの	

2　国際航空に従事する航空機の航空機局であつて、無線電信により無線通信を行うものには、航空機通信長（航空機通信士の長をいう。）として、無線通信士の資格を得て五十時間以上航空機の無線通信の業務に従事し、且つ、現に第一級無線通信士の免許を受けている者を配置しなければならない。

3　郵政大臣は、前二項に規定するもののほか、必要があると認めるときは、郵政省令により、無線局に配置すべき無線従事者の資格（船舶局無線従事者証明に係るものを含む。）ごとの員数を定めることができる。

【　四十一次改正　】

電波法の一部を改正する法律（平成元年十一月七日法律第六十七号）

第五十条第一項の表無線通信士の欄中「第一級無線通信士」を「第一級総合無線通信士」に、「第二級無線通信士」を「第二級総合無線通信士」に改め、同条第二項を削り、同条第三項中「前二項」を「前項」に、「船舶局無線従事者証明」を「主任無線従事者及び船舶局無線従事者証明」に改め、同項を同条第二項とする。

（通信長の配置等）

第五十条　次の表の上欄に掲げる船舶無線電信局には、通信長（船舶通信士の長をいう。）として、それぞれ下欄に掲げる無線通信士であつて、船舶局無線従事者証明を受けているものを配置しなければならない。

船舶無線電信局	無線通信士
第一種局（国際航海に従事する旅客船で二百五十人を超える旅客定員を有するものの船舶無線電信局をいう。以下同じ。）	通信長となる前十五年以内に船舶無線電信局において第一級総合無線通信士として四年以上業務に従事し、かつ、現に第一級総合無線通信士の免許を受けている者
第二種局甲（船舶安全法第四条の船舶のうち総トン数五百トン以上の旅客船（沿海区域を航行区域とする国際航海に従事しないものを除く。）の船舶無線電信局であつて、第一種局に該当するもの以外のものをいう。以下同じ。）	通信長となる前十五年以内に船舶無線電信局において第一級総合無線通信士として二年以上業務に従事し、かつ、現に第一級総合無線通信士の免許を受けている者
第二種局乙（次に掲げる船舶無線電信局であつて、次欄の第三種局甲に該当するもの以外のものをいう。以下同じ。） 一　旅客船の船舶無線電信局（第一種局及び第二種局甲に該当するものを除く。） 二　総トン数千六百トン以上の船舶安全法第四条の船舶（旅客船を除く。）の船舶無線電信局（沿海区域を航行区域とする国際航海に従事しない船舶のものを除く。） 三　旅客船以外の船舶の船舶無線電信局であつて、電気通信業務を取り扱うもの（二に該当するものを除く。）	通信長となる前十五年以内に船舶無線電信局若しくは海岸局（船舶局と通信を行うため陸上に開設する無線局をいう。以下同じ。）において第一級総合無線通信士若しくは第二級総合無線通信士として一年以上業務に従事し、かつ、現に第一級総合無線通信士の免許を受けている者又は通信長となる前十五年以内に船舶無線電信局において第二級総合無線通信士として一年以上業務に従事し、かつ、現に第二級総合無線通信士の免許を受けている者
第三種局甲（遠洋区域を航行区域とする船舶以外の船舶（旅客船を除く。）で政令で定めるものの船舶無線電信局であつて、次に掲げるものをいう。以下同じ。） 一　総トン数千六百トン以上の船舶安全法第四条の船舶（沿海区域を航行区域とする国際航海に従事し	

ないものを除く。）のもの
二　一に該当するもの以外のものであつて、電気通信業務を取り扱うもの

2　郵政大臣は、前項に規定するもののほか、必要があると認めるときは、郵政省令により、無線局に配置すべき無線従事者の資格（主任無線従事者及び船舶局無線従事者証明に係るものを含む。）ごとの員数を定めることができる。

［注釈］第三項に係る改正規定の施行期日について、一部改正法附則第一条（施行期日等）第一号において「第五十条第二項を削る改正規定、同条第三項の改正規定（「前二項」を「前項」に改める部分に限る。）、同項を同条第二項とする改正規定」の施行期日を公布の日（平成元年十一月七日）と定め、それ以外の部分（「船舶局無線従事者証明」を「主任無線従事者及び船舶局無線従事者証明」に改める部分）は同条本文により公布の日から起算して一年を超えない範囲内において政令で定める日（平成二年五月一日）を施行期日とすると定められている。したがって、平成元年十一月七日（公布日）の施行期日時点での第二項の条文は、次のとおりである。

2　郵政大臣は、前項に規定するもののほか、必要があると認めるときは、郵政省令により、無線局に配置すべき無線従事者の資格（船舶局無線従事者証明に係るものを含む。）ごとの員数を定めることができる。

【四十四次改正】

電波法の一部を改正する法律（平成三年五月二日法律第六十七号）

第五十条の見出しを「（遭難通信責任者の配置等）」に改め、同条第一項を次のように改める。

（改正後の第一項の規定は、後掲の条文の通り。）

（遭難通信責任者の配置等）
第五十条　旅客船又は総トン数三百トン以上の船舶であつて、国際航海に従事するものの義務船舶局には、遭難通信責任者（その船舶における第五十二条第一号から第三号までに掲げる通信に関する事項を統括管理する者をいう。）として、郵政省令で定める無線従事者であつて、船舶局無線従事者証明を受けているものを配置しなければならない。

2　郵政大臣は、前項に規定するもののほか、必要があると認めるときは、郵政省令により、無線局に配置すべき無線従事者の資格（主任無線従事者及び船舶局無線従事者証明に係るものを含む。）ごとの員数を定めることができる。

【六十二次改正】

中央省庁等改革関係法施行法（平成十一年十二月二十二日法律第百六十号）第百九十三条

本則（第九十九条の十二第二項を除く。）中「郵政大臣」を「総務大臣」に、「郵政省令」を「総務省令」に、「通商産業大臣」を「経済産業大臣」に、「建設大臣」を「国土交通大臣」に、「地方電気通信監理局長」を「総合通信局長」に、「沖縄郵政管理事務所長」を「沖縄総合通信事務所長」に改める。

（遭難通信責任者の配置等）
第五十条　旅客船又は総トン数三百トン以上の船舶であつて、国際航海に従事するものの義務船舶局には、遭難通信責任者（その船舶における第五十二条第一号から第三号までに掲げる通信に関する事項を統括管理する者をいう。）として、総務省令で定める無線従事者であつて、船舶局無線従事者証明を受けているものを

配置しなければならない。

2　総務大臣は、前項に規定するもののほか、必要があると認めるときは、総務省令により、無線局に配置すべき無線従事者の資格（主任無線従事者及び船舶局無線従事者証明に係るものを含む。）ごとの員数を定めることができる。

第五十一条

【制定】

電波法（昭和二十五年五月二日法律第百三十一号）

（選解任届）

第五十一条　無線局の免許人は、無線従事者を選任又は解任したときは、遅滞なくその旨を電波監理委員会に届け出なければならない。

【三次改正】

郵政省設置法の一部改正に伴う関係法令の整理に関する法律（昭和二十七年七月三十一日法律第二百八十号）第二条

「電波監理委員会」を「郵政大臣」に改める。

（選解任届）

第五十一条　無線局の免許人は、無線従事者を選任又は解任したときは、遅滞なくその旨を郵政大臣に届け出なければならない。

【四十一次改正】

電波法の一部を改正する法律（平成元年十一月七日法律第六十七号）

第五十一条を次のように改める。
（改正後の規定は、後掲の条文の通り。）

（選解任届）

第五十一条　第三十九条第四項の規定は、主任無線従事者以外の無線従事者の選任又は解任に準用する。

第二編　電波法の変遷

第二部　一次改正から百五次改正までの逐条改正経緯

第五章　運用

第一節　通則

第五十二条

【制定】

電波法（昭和二十五年五月二日法律第百三十一号）

（目的外使用の禁止等）

第五十二条　無線局は、免許状に記載された目的又は通信の相手方若しくは通信事項（放送をする無線局については放送事項）の範囲をこえて運用してはならない。但し、左に掲げる通信については、この限りでない。

一　遭難通信（船舶が重大且つ急迫の危険に陥つた場合に遭難信号を前置して行う無線通信をいう。以下同じ。）

二　緊急通信（船舶が重大且つ急迫の危険に陥るおそれがある場合その他緊急の事態が発生した場合に緊急信号を前置して行う無線通信をいう。以下同じ。）

三　安全通信（船舶の航行に対する重大な危険を予防するために安全信号を前置して行う無線通信をいう。以下同じ。）

四　非常通信（地震、台風、洪水、津波、雪害、火災、暴動その他非常の事態が発生し、又は発生するおそれがある場合において、有線通信を利用することができないか又はこれを利用することが著しく困難であるときに人命の救助、災害の救援、交通通信の確保又は秩序の維持のために行われる無線通信をいう。以下同じ。）

五　放送の受信

六　その他電波監理委員会規則で定める通信

【一次改正】

電波法の一部を改正する法律（昭和二十七年七月三十一日法律第二百四十九号）

第五十二条第一号から第三号までの規定中「船舶」を「船舶又は航空機」に改める。

（目的外使用の禁止等）

第五十二条　無線局は、免許状に記載された目的又は通信の相手方若しくは通信事項（放送をする無線局については放送事項）の範囲をこえて運用してはならない。但し、左に掲げる通信については、この限りでない。

一　遭難通信（船舶又は航空機が重大且つ急迫の危険に陥つた場合に遭難信号を前置して行う無線通信をいう。以下同じ。）

二　緊急通信（船舶又は航空機が重大且つ急迫の危険に陥るおそれがある場合その他緊急の事態が発生した場合に緊急信号を前置して行う無線通信をいう。以下同じ。）

三　安全通信（船舶又は航空機の航行に対する重大な危険を予防するために安全信号を前置して行う無線通信をいう。以下同じ。）

四　非常通信（地震、台風、洪水、津波、雪害、火災、暴動その他非常の事態が発生し、又は発生するおそれがある場合において、有線通信を利用することができないか又はこれを利用することが著しく困難であるときに人命の救助、災害の救援、交通通信の確保又は秩序の維持のために行われる無線通信をいう。以下同じ。）

五　放送の受信

六　その他電波監理委員会規則で定める通信

【三次改正】

郵政省設置法の一部改正に伴う関係法令の整理に関する法律（昭和二十七年七月三十一日法律第二百八十号）第二条

「電波監理委員会規則」を「郵政省令」に改める。

（目的外使用の禁止等）

第五十二条　無線局は、免許状に記載された目的又は通信の相手方若しくは通信事項（放送をする無線局については放送事項）の範囲をこえて運用してはならない。但し、左に掲げる通信については、この限りでない。

一　遭難通信（船舶又は航空機が重大且つ急迫の危険に陥つた場合に遭難信号を前置して行う無線通信をいう。以下同じ。）

二　緊急通信（船舶又は航空機が重大且つ急迫の危険に陥るおそれがある場合その他緊急の事態が発生した場合に緊急信号を前置して行う無線通信をいう。以下同じ。）

三　安全通信（船舶又は航空機の航行に対する重大な危険を予防するために安全信号を前置して行う無線通信をいう。以下同じ。）

四　非常通信（地震、台風、洪水、津波、雪害、火災、暴動その他非常の事態が発生し、又は発生するおそれがある場合において、有線通信を利用することができないか又はこれを利用することが著しく困難であるときに人命の救助、災害の救援、交通通信の確保又は秩序の維持のために行われる無線通信をいう。以下同じ。）

五　放送の受信

六　その他郵政省令で定める通信

【四十三次改正】

電波法の一部を改正する法律（平成元年十一月七日法律第六十七号）

第五十二条中「こえて」を「超えて」に、「但し、左に」を「ただし、次に」に改め、同条第一号及び第二号中「且つ」を「かつ」に、「前置して」を「前置する方法その他郵政省令で定める方法により」に改め、同条第三号中「前置して」を「前置する方法その他郵政省令で定める方法により」に改める。

（目的外使用の禁止等）

第五十二条　無線局は、免許状に記載された目的又は通信の相手方若しくは通信事項（放送をする無線局については放送事項）の範囲を超えて運用してはならない。ただし、次に掲げる通信については、この限りでない。

一　遭難通信（船舶又は航空機が重大かつ急迫の危険に陥つた場合に遭難信号を前置する方法その他郵政省令で定める方法により行う無線通信をいう。以下同じ。）

二　緊急通信（船舶又は航空機が重大かつ急迫の危険に陥るおそれがある場合その他緊急の事態が発生した場合に緊急信号を前置する方法その他郵政省令で定める方法により行う無線通信をいう。以下同じ。）

三　安全通信（船舶又は航空機の航行に対する重大な危険を予防するために安全信号を前置する方法その他郵政省令で定める方法により行う無線通信をいう。以下同じ。）

四　非常通信（地震、台風、洪水、津波、雪害、火災、暴動その他非常の事態が発生し、又は発生するおそれがある場合において、有線通信を利用することができないか又はこれを利用することが著しく困難であるときに人命の救助、災害の救援、交通通信の確保又は秩序の維持のために行われる無線通信をいう。以下同じ。）

五　放送の受信

六　その他郵政省令で定める通信

【六十二次改正】

中央省庁等改革関係法施行法（平成十一年十二月二十二日法律第百六十号）第百九十三条

本則（第九十九条の十二第二項を除く。）中「郵政大臣」を「総務大臣」に、「郵政省令」を「総務省令」に、「通商産業大臣」を「経済産業大臣」に、「建設大臣」を「国土交通大臣」に、「地方電気通信監理局長」を「総合通信局長」に、「沖縄郵政管理事務所長」を「沖縄総合通信事務所長」に改める。

（目的外使用の禁止等）

第五十二条　無線局は、免許状に記載された目的又は通信の相手方若しくは通信事項（放送をする無線局については放送事項）の範囲を超えて運用してはならない。ただし、次に掲げる通信については、この限りでない。

一　遭難通信（船舶又は航空機が重大かつ急迫の危険に陥つた場合に遭難信号を前置する方法その他総務省令で定める方法により行う無線通信をいう。以下同じ。）

二　緊急通信（船舶又は航空機が重大かつ急迫の危険に陥るおそれがある場合その他緊急の事態が発生した場合に緊急信号を前置する方法その他総務省令で定める方法により行う無線通信をいう。以下同じ。）

三　安全通信（船舶又は航空機の航行に対する重大な危険を予防するために安全信号を前置する方法その他総務省令で定める方法により行う無線通信をいう。以下同じ。）

四　非常通信（地震、台風、洪水、津波、雪害、火災、暴動その他非常の事態が発生し、又は発生するおそれがある場合において、有線通信を利用することができないか又はこれを利用することが著しく困難であるときに人命の救助、災害の救援、交通通信の確保又は秩序の維持のために行われる無線通信をいう。以下同じ。）

五　放送の受信

六　その他総務省令で定める通信

【六十九次改正】

電気通信役務利用放送法（平成十三年六月二十九日法律第八十五号）附則第五条

第二十六条第二項及び第五十二条中「放送をする無線局」の下に「（電気通信業務を行うことを目的とするものを除く。）」を加える。

（目的外使用の禁止等）

第五十二条　無線局は、免許状に記載された目的又は通信の相手方若しくは通信事項（放送をする無線局（電気通信業務を行うことを目的とするものを除く。）については放送事項）の範囲を超えて運用してはならない。ただし、次に掲げる通信については、この限りでない。

一　遭難通信（船舶又は航空機が重大かつ急迫の危険に陥つた場合に遭難信号を前置する方法その他総務省令で定める方法により行う無線通信をいう。以下同じ。）

二　緊急通信（船舶又は航空機が重大かつ急迫の危険に陥るおそれがある場合その他緊急の事態が発生した場合に緊急信号を前置する方法その他総務省令で定める方法により行う無線通信をいう。以下同じ。）

三　安全通信（船舶又は航空機の航行に対する重大な危険を予防するために安全信号を前置する方法その他総務省令で定める方法により行う無線通信をいう。

以下同じ。）
四　非常通信（地震、台風、洪水、津波、雪害、火災、暴動その他非常の事態が発生し、又は発生するおそれがある場合において、有線通信を利用することができないか又はこれを利用することが著しく困難であるときに人命の救助、災害の救援、交通通信の確保又は秩序の維持のために行われる無線通信をいう。以下同じ。）
五　放送の受信
六　その他総務省令で定める通信

【九十一次改正】

放送法等の一部を改正する法律（平成二十二年十二月三日法律第六十五号）第四条

> 第五十二条中「放送をする無線局（電気通信業務を行うことを目的とするものを除く。）」を「特定地上基幹放送局」に改める。

（目的外使用の禁止等）
第五十二条　無線局は、免許状に記載された目的又は通信の相手方若しくは通信事項（特定地上基幹放送局については放送事項）の範囲を超えて運用してはならない。ただし、次に掲げる通信については、この限りでない。
一　遭難通信（船舶又は航空機が重大かつ急迫の危険に陥つた場合に遭難信号を前置する方法その他総務省令で定める方法により行う無線通信をいう。以下同じ。）
二　緊急通信（船舶又は航空機が重大かつ急迫の危険に陥るおそれがある場合その他緊急の事態が発生した場合に緊急信号を前置する方法その他総務省令で定める方法により行う無線通信をいう。以下同じ。）
三　安全通信（船舶又は航空機の航行に対する重大な危険を予防するために安全信号を前置する方法その他総務省令で定める方法により行う無線通信をいう。以下同じ。）
四　非常通信（地震、台風、洪水、津波、雪害、火災、暴動その他非常の事態が発生し、又は発生するおそれがある場合において、有線通信を利用することができないか又はこれを利用することが著しく困難であるときに人命の救助、災害の救援、交通通信の確保又は秩序の維持のために行われる無線通信をいう。以下同じ。）
五　放送の受信
六　その他総務省令で定める通信

第五十三条

【制定】

電波法（昭和二十五年五月二日法律第百三十一号）

［目的外使用の禁止等］・・第五十二条から第五十五条までの共通見出しである。
第五十三条　無線局を運用する場合においては、呼出符号又は呼出名称、電波の型式、周波数、発振及び変調の方式並びに空中線の型式及び構成は、免許状に記載されたところによらなければならない。但し、遭難通信については、この限りでない。

【七次改正】

電波法の一部を改正する法律（昭和三十三年五月六日法律第百四十号）

> 第五十三条中「呼出符号」を「無線設備の設置場所、呼出符号」に改める。

〔目的外使用の禁止等〕・・第五十二条から第五十五条までの共通見出しである。

第五十三条　無線局を運用する場合においては、無線設備の設置場所、呼出符号又は呼出名称、電波の型式、周波数、発振及び変調の方式並びに空中線の型式及び構成は、免許状に記載されたところによらなければならない。但し、遭難通信については、この限りでない。

【十五次改正】

許可、認可等の整理に関する法律（昭和四十六年六月一日法律第九十六号）第二十九条

> 第五十三条中「、周波数、発振及び変調の方式並びに空中線の型式及び構成」を「及び周波数」に改める。

〔目的外使用の禁止等〕・・第五十二条から第五十五条までの共通見出しである。

第五十三条　無線局を運用する場合においては、無線設備の設置場所、呼出符号又は呼出名称、電波の型式及び周波数は、免許状に記載されたところによらなければならない。但し、遭難通信については、この限りでない。

【三十七次改正】

電波法の一部を改正する法律（昭和六十二年六月二日法律第五十五号）

> 第五十三条中「呼出符号又は呼出名称」を「識別信号」に、「但し」を「ただし」に改める。

〔目的外使用の禁止等〕・・第五十二条から第五十五条までの共通見出しである。

第五十三条　無線局を運用する場合においては、無線設備の設置場所、識別信号、電波の型式及び周波数は、免許状に記載されたところによらなければならない。ただし、遭難通信については、この限りでない。

【八十次改正】

電波法及び有線電気通信法の一部を改正する法律（平成十六年五月十九日法律第四十七号）第二条

> 第五十三条及び第五十四条第一号中「免許状」を「免許状等」に改める。

〔目的外使用の禁止等〕・・第五十二条から第五十五条までの共通見出しである。

第五十三条　無線局を運用する場合においては、無線設備の設置場所、識別信号、電波の型式及び周波数は、免許状等に記載されたところによらなければならない。ただし、遭難通信については、この限りでない。

【九十七次改正】

電波法の一部を改正する法律（平成二十六年四月二十三日法律第二十六号）

> 第五十三条中「免許状等」を「その無線局の免許状又は第二十七条の二十二第一項の登録状（次条第一号及び第百三条の二第四項第二号において「免許状等」という。）」に改める。

〔目的外使用の禁止等〕・・第五十二条から第五十五条までの共通見出しである。

第五十三条　無線局を運用する場合においては、無線設備の設置場所、識別信号、電波の型式及び周波数は、その無線局の免許状又は第二十七条の二十二第一項の登録状（次条第一号及び第百三条の二第四項第二号において「免許状等」という。）に記載されたところによらなければならない。ただし、遭難通信については、この限りでない。

第五十四条

【制定】

電波法（昭和二十五年五月二日法律第百三十一号）

［目的外使用の禁止等］・・第五十二条から第五十五条までの共通見出しである。

第五十四条　無線局を運用する場合においては、空中線電力は、免許状に記載されたものの範囲内で通信を行うため必要最小のものでなければならない。但し、遭難通信については、この限りでない。

【三十七次改正】

電波法の一部を改正する法律（昭和六十二年六月二日法律第五十五号）

> 第五十四条中「免許状に記載されたものの範囲内で通信を行うため必要最小のものでなければ」を「次の各号の定めるところによらなければ」に、「但し」を「ただし」に改め、同条に次の各号を加える。
> （追加された第一号及び第二号の規定は、後掲の条文の通り。）

［目的外使用の禁止等］・・第五十二条から第五十五条までの共通見出しである。

第五十四条　無線局を運用する場合においては、空中線電力は、次の各号の定めるところによらなければならない。ただし、遭難通信については、この限りでない。

一　免許状に記載されたものの範囲内であること。

二　通信を行うため必要最小のものであること。

【八十次改正】

電波法及び有線電気通信法の一部を改正する法律（平成十六年五月十九日法律第四十七号）第二条

> 第五十三条及び第五十四条第一号中「免許状」を「免許状等」に改める。

［目的外使用の禁止等］・・第五十二条から第五十五条までの共通見出しである。

第五十四条　無線局を運用する場合においては、空中線電力は、次の各号の定めるところによらなければならない。ただし、遭難通信については、この限りでない。

一　免許状等に記載されたものの範囲内であること。

二　通信を行うため必要最小のものであること。

第五十五条

【制定】

電波法（昭和二十五年五月二日法律第百三十一号）

［目的外使用の禁止等］・・第五十二条から第五十五条までの共通見出しである。

第五十五条　無線局は、第八条第一項の規定により指定する運用許容時間内でなければ、運用してはならない。但し、第五十二条各号に掲げる通信を行う場合及び電波監理委員会規則で定める場合は、この限りでない。

【三次改正】

郵政省設置法の一部改正に伴う関係法令の整理に関する法律（昭和二十七年七月三十一日法律第二百八十号）第二条

「電波監理委員会規則」を「郵政省令」に改める。

〔目的外使用の禁止等〕・・第五十二条から第五十五条までの共通見出しである。

第五十五条　無線局は、第八条第一項の規定により指定する運用許容時間内でなければ、運用してはならない。但し、第五十二条各号に掲げる通信を行う場合及び郵政省令で定める場合は、この限りでない。

【二十五次改正】

電波法の一部を改正する法律（昭和五十六年五月二十三日法律第四十九号）

第五十五条中「第八条第一項の規定により指定する」を「免許状に記載された」に、「但し」を「ただし」に改める。

〔目的外使用の禁止等〕・・第五十二条から第五十五条までの共通見出しである。

第五十五条　無線局は、免許状に記載された運用許容時間内でなければ、運用してはならない。ただし、第五十二条各号に掲げる通信を行う場合及び郵政省令で定める場合は、この限りでない。

【六十二次改正】

中央省庁等改革関係法施行法（平成十一年十二月二十二日法律第百六十号）第百九十三条

本則（第九十九条の十二第二項を除く。）中「郵政大臣」を「総務大臣」に、「郵政省令」を「総務省令」に、「通商産業大臣」を「経済産業大臣」に、「建設大臣」を「国土交通大臣」に、「地方電気通信監理局長」を「総合通信局長」に、「沖縄郵政管理事務所長」を「沖縄総合通信事務所長」に改める。

〔目的外使用の禁止等〕・・第五十二条から第五十五条までの共通見出しである。

第五十五条　無線局は、免許状に記載された運用許容時間内でなければ、運用してはならない。ただし、第五十二条各号に掲げる通信を行う場合及び総務省令で定める場合は、この限りでない。

第五十六条

【制定】

電波法（昭和二十五年五月二日法律第百三十一号）

（混信等の防止）

第五十六条　無線局は、他の無線局にその運用を阻害するような混信その他の妨害を与えないように運用しなければならない。但し、第五十二条第一号から第四号までに掲げる通信については、この限りでない。

【十二次改正】

電波法の一部を改正する法律（昭和四十年六月二日法律第百十四号）

第五十六条中「他の無線局」の下に「又は電波天文業務（宇宙から発する電波の受信を基礎とする天文学のための当該電波の受信の業務をいう。）の用に供する受信設備その他の郵政省令で定める受信設備（無線局のものを除く。）で郵政大臣が指定するもの」を加え、同条に次の三項を加える。
（追加された第二項から第四項までの規定は、後掲の条文の通り。）

（混信等の防止）

第五十六条　無線局は、他の無線局又は電波天文業務（宇宙から発する電波の受信を基礎とする天文学のための当該電波の受信の業務をいう。）の用に供する受信設備その他の郵政省令で定める受信設備（無線局のものを除く。）で郵政大臣が指定するものにその運用を阻害するような混信その他の妨害を与えないように運用しなければならない。但し、第五十二条第一号から第四号までに掲げる通信については、この限りでない。

2　前項に規定する指定は、当該指定に係る受信設備を設置している者の申請により行なう。

3　郵政大臣は、第一項に規定する指定をしたときは、当該指定に係る受信設備について、郵政省令で定める事項を公示しなければならない。

4　前二項に規定するもののほか、指定の申請の手続、指定の基準、指定の取消しその他の第一項に規定する指定に関し必要な事項は、郵政省令で定める。

【　六十二次改正　】

中央省庁等改革関係法施行法（平成十一年十二月二十二日法律第百六十号）第百九十三条

本則（第九十九条の十二第二項を除く。）中「郵政大臣」を「総務大臣」に、「郵政省令」を「総務省令」に、「通商産業大臣」を「経済産業大臣」に、「建設大臣」を「国土交通大臣」に、「地方電気通信監理局長」を「総合通信局長」に、「沖縄郵政管理事務所長」を「沖縄総合通信事務所長」に改める。

（混信等の防止）

第五十六条　無線局は、他の無線局又は電波天文業務（宇宙から発する電波の受信を基礎とする天文学のための当該電波の受信の業務をいう。）の用に供する受信設備その他の総務省令で定める受信設備（無線局のものを除く。）で総務大臣が指定するものにその運用を阻害するような混信その他の妨害を与えないように運用しなければならない。但し、第五十二条第一号から第四号までに掲げる通信については、この限りでない。

2　前項に規定する指定は、当該指定に係る受信設備を設置している者の申請により行なう。

3　総務大臣は、第一項に規定する指定をしたときは、当該指定に係る受信設備について、総務省令で定める事項を公示しなければならない。

4　前二項に規定するもののほか、指定の申請の手続、指定の基準、指定の取消しその他の第一項に規定する指定に関し必要な事項は、総務省令で定める。

第五十七条

【　制定　】

電波法（昭和二十五年五月二日法律第百三十一号）

（擬似空中線回路の使用）

第五十七条　無線局は、左に掲げる場合には、なるべく擬似空中線回路を使用しなければならない。

一　無線設備の機器の試験又は調整を行うために運用するとき。
二　実験無線局を運用するとき。

【八十四次改正】

放送法等の一部を改正する法律（平成十九年十二月二十八日法律第百三十六号）第二条

> 第五十七条中「左に」を「次に」に改め、同条第二号中「実験無線局」を「実験等無線局」に改める。

（擬似空中線回路の使用）

第五十七条　無線局は、次に掲げる場合には、なるべく擬似空中線回路を使用しなければならない。
一　無線設備の機器の試験又は調整を行うために運用するとき。
二　実験等無線局を運用するとき。

第五十八条

【制定】

電波法（昭和二十五年五月二日法律第百三十一号）

（実験無線局等の通信）

第五十八条　実験無線局及びアマチュア無線局の行う通信には、暗語を使用してはならない。

【七次改正】

電波法の一部を改正する法律（昭和三十三年五月六日法律第百四十号）

> 第五十八条中「アマチュア無線局」の下に「（個人的な興味によつて無線通信を行うために開設する無線局をいう。）」を加える。

（実験無線局等の通信）

第五十八条　実験無線局及びアマチュア無線局（個人的な興味によつて無線通信を行うために開設する無線局をいう。）の行う通信には、暗語を使用してはならない。

【二十五次改正】

電波法の一部を改正する法律（昭和五十六年五月二十三日法律第四十九号）

> 第五十八条中「（個人的な興味によつて無線通信を行うために開設する無線局をいう。）」を削る。

（実験無線局等の通信）

第五十八条　実験無線局及びアマチュア無線局の行う通信には、暗語を使用してはならない。

【八十四次改正】

放送法等の一部を改正する法律（平成十九年十二月二十八日法律第百三十六号）第二条

> 第五十八条の見出し中「実験無線局」を「実験等無線局」に改め、同条中「実

験無線局及び アマチュア無線局」を「実験等無線局及びアマチュア無線局」に改める。

（実験等無線局等の通信）

第五十八条　実験等無線局及びアマチュア無線局の行う通信には、暗語を使用してはならない。

第五十九条

（秘密の保護）

第五十九条　何人も法律に別段の定がある場合を除く外、特定の相手方に対して行われる無線通信を傍受してその存在若しくは内容を漏らし、又はこれを窃用してはならない。

【六次改正】

有線電気通信法及び公衆電気通信法施行法（昭和二十八年七月三十一日法律第九十八号）第二十八条

第五十九条中「無線通信」の下に「（公衆電気通信法第五条第一項の通信たるものを除く。以下第百九条において同じ。）」を加える。

（秘密の保護）

第五十九条　何人も法律に別段の定がある場合を除く外、特定の相手方に対して行われる無線通信（公衆電気通信法第五条第一項の通信たるものを除く。以下第百九条において同じ。）を傍受してその存在若しくは内容を漏らし、又はこれを窃用してはならない。

【三十二次改正】

日本電信電話株式会社法及び電気通信事業法の施行に伴う関係法律の整備等に関する法律（昭和五十九年十二月二十五日法律第八十七号）第四十七条

第五十九条中「定が」を「定めが」に、「除く外」を「除くほか」に、「公衆電気通信法第五条第一項」を「電気通信事業法第四条第一項又は第九十条第二項」に改め、「以下」を削る。

（秘密の保護）

第五十九条　何人も法律に別段の定めがある場合を除くほか、特定の相手方に対して行われる無線通信（電気通信事業法第四条第一項又は第九十条第二項の通信たるものを除く。第百九条において同じ。）を傍受してその存在若しくは内容を漏らし、又はこれを窃用してはならない。

【七十五次改正】

電気通信事業法及び日本電信電話株式会社等に関する法律の一部を改正する法律（平成十五年七月二十四日法律第百二十五号）附則第二十二条

第五十九条中「第九十条第二項」を「第百六十四条第二項」に改める。

（秘密の保護）

第五十九条　何人も法律に別段の定めがある場合を除くほか、特定の相手方に対して行われる無線通信（電気通信事業法第四条第一項又は第百六十四条第二項の通信たるものを除く。第百九条において同じ。）を傍受してその存在若しくは内容を漏らし、又はこれを窃用してはならない。

【七十六次改正】
電波法及び有線電気通信法の一部を改正する法律（平成十六年五月十九日法律第四十七号）第一条

第五十九条中「通信たるもの」を「通信であるもの」に改め、「第百九条」の下に「並びに第百九条の二第二項及び第三項」を加える。

（秘密の保護）
第五十九条　何人も法律に別段の定めがある場合を除くほか、特定の相手方に対して行われる無線通信（電気通信事業法第四条第一項又は第百六十四条第二項の通信であるものを除く。第百九条並びに第百九条の二第二項及び第三項において同じ。）を傍受してその存在若しくは内容を漏らし、又はこれを窃用してはならない。

【百三次改正】
電気通信事業法等の一部を改正する法律（平成二十七年五月二十二日法律第二十六号）第二条

第五十九条中「第百六十四条第二項」を「第百六十四条第三項」に改める。

（秘密の保護）
第五十九条　何人も法律に別段の定めがある場合を除くほか、特定の相手方に対して行われる無線通信（電気通信事業法第四条第一項又は第百六十四条第三項の通信であるものを除く。第百九条並びに第百九条の二第二項及び第三項において同じ。）を傍受してその存在若しくは内容を漏らし、又はこれを窃用してはならない。

第六十条

【制定】
電波法（昭和二十五年五月二日法律第百三十一号）

（時計、業務書類等の備えつけ）
第六十条　無線局には、正確な時計及び無線検査簿、無線業務日誌その他電波監理委員会規則で定める書類を備えつけておかなければならない。

【三次改正】
郵政省設置法の一部改正に伴う関係法令の整理に関する法律（昭和二十七年七月三十一日法律第二百八十号）第二条

「電波監理委員会規則」を「郵政省令」に改める。

（時計、業務書類等の備えつけ）
第六十条　無線局には、正確な時計及び無線検査簿、無線業務日誌その他郵政省令で定める書類を備えつけておかなければならない。

【七次改正】
電波法の一部を改正する法律（昭和三十三年五月六日法律第百四十号）

第六十条に次のただし書を加える。

（追加されたただし書きの規定は、後掲の条文の通り。

（時計、業務書類等の備えつけ）

第六十条　無線局には、正確な時計及び無線検査簿、無線業務日誌その他郵政省令で定める書類を備えつけておかなければならない。但し、逓信省令で定める無線局については、これらの全部又は一部の備えつけを省略することができる。

［注釈］改正後の規定のただし書中の「逓信省令」は、この七次改正法附則第三項により、「郵政省の省名が逓信省に改められるまでの間は」、「郵政省令」と読み替えるものとされている。

【二十三次改正】

電波法の一部を改正する法律（昭和五十四年十二月十八日法律第六十七号）

第六十条の見出し中「備えつけ」を「備付け」に改め、同条中「備えつけて」を「備え付けて」に、「但し、逓信省令」を「ただし、郵政省令」に、「備えつけ」を「備付け」に改める。

（時計、業務書類等の備付け）

第六十条　無線局には、正確な時計及び無線検査簿、無線業務日誌その他郵政省令で定める書類を備え付けておかなければならない。ただし、郵政省令で定める無線局については、これらの全部又は一部の備付けを省略することができる。

［注釈］今次改正法附則第四項により、「逓信大臣」を「郵政大臣」と読み替えるための七次改正法附則第三項は、削られた。

【六十二次改正】

中央省庁等改革関係法施行法（平成十一年十二月二十二日法律第百六十号）第百九十三条

本則（第九十九条の十二第二項を除く。）中「郵政大臣」を「総務大臣」に、「郵政省令」を「総務省令」に、「通商産業大臣」を「経済産業大臣」に、「建設大臣」を「国土交通大臣」に、「地方電気通信監理局長」を「総合通信局長」に、「沖縄郵政管理事務所長」を「沖縄総合通信事務所長」に改める。

（時計、業務書類等の備付け）

第六十条　無線局には、正確な時計及び無線検査簿、無線業務日誌その他総務省令で定める書類を備え付けておかなければならない。ただし、総務省令で定める無線局については、これらの全部又は一部の備付けを省略することができる。

【八十九次改正】

放送法等の一部を改正する法律（平成二十二年十二月三日法律第六十五号）第三条

第六十条中「無線検査簿、」を削る。

（時計、業務書類等の備付け）

第六十条　無線局には、正確な時計及び無線業務日誌その他総務省令で定める書類を備え付けておかなければならない。ただし、総務省令で定める無線局については、これらの全部又は一部の備付けを省略することができる。

第六十一条

【 制定 】

電波法（昭和二十五年五月二日法律第百三十一号）

（通信方法等）

第六十一条　無線局の呼出又は応答の方法その他の通信方法、時刻の照合並びに補助設備、救命艇の無線設備、方位測定装置及び警急自動受信機の調整その他無線設備の機能を維持するために必要な事項の細目は、電波監理委員会規則で定める。

【 三次改正 】

郵政省設置法の一部改正に伴う関係法令の整理に関する法律（昭和二十七年七月三十一日法律第二百八十号）第二条

「電波監理委員会規則」を「郵政省令」に改める。

（通信方法等）

第六十一条　無線局の呼出又は応答の方法その他の通信方法、時刻の照合並びに補助設備、救命艇の無線設備、方位測定装置及び警急自動受信機の調整その他無線設備の機能を維持するために必要な事項の細目は、郵政省令で定める。

【 四十四次改正 】

電波法の一部を改正する法律（平成三年五月二日法律第六十七号）

第六十一条中「呼出」を「呼出し」に改め、「補助設備、」を削る。

（通信方法等）

第六十一条　無線局の呼出し又は応答の方法その他の通信方法、時刻の照合並びに救命艇の無線設備、方位測定装置及び警急自動受信機の調整その他無線設備の機能を維持するために必要な事項の細目は、郵政省令で定める。

【 五十七次改正 】

電波法の一部を改正する法律（平成十一年五月二十一日法律第四十七号）

第六十一条中「、方位測定装置及び警急自動受信機」を「及び方位測定装置」に改める。

（通信方法等）

第六十一条　無線局の呼出し又は応答の方法その他の通信方法、時刻の照合並びに救命艇の無線設備及び方位測定装置の調整その他無線設備の機能を維持するために必要な事項の細目は、郵政省令で定める。

【 六十二次改正 】

中央省庁等改革関係法施行法（平成十一年十二月二十二日法律第百六十号）第百九十三条

本則（第九十九条の十二第二項を除く。）中「郵政大臣」を「総務大臣」に、「郵政省令」を「総務省令」に、「通商産業大臣」を「経済産業大臣」に、「建設大臣」を「国土交通大臣」に、「地方電気通信監理局長」を「総合通信局長」に、「沖縄郵政管理事務所長」を「沖縄総合通信事務所長」に改める。

（通信方法等）

第六十一条　無線局の呼出し又は応答の方法その他の通信方法、時刻の照合並びに救命艇の無線設備及び方位測定装置の調整その他無線設備の機能を維持するために必要な事項の細目は、総務省令で定める。

第二節　海岸局及び船舶局の運用

【四十一次改正】

電波法の一部を改正する法律（平成元年十一月七日法律第六十七号）

「第二節　海岸局及び船舶局の運用」を「第二節　海岸局等の運用」に改める。

第二節　海岸局等の運用

第六十二条

【制定】

電波法（昭和二十五年五月二日法律第百三十一号）

（船舶局の運用）

第六十二条　船舶局の運用は、その船舶の航行中に限る。但し、受信装置のみを運用するとき、第五十二条各号に掲げる通信を行うとき、その他電波監理委員会規則で定める場合は、この限りでない。

2　海岸局は、船舶局から自局の運用に妨害を受けたときは、妨害している船舶局に対して、その妨害を除去するために必要な措置をとることを求めることができる。

3　船舶局は、海岸局と通信を行う場合において、通信の順序若しくは時刻又は使用電波の型式若しくは周波数について、海岸局から指示を受けたときは、その指示に従わなければならない。

【三次改正】

郵政省設置法の一部改正に伴う関係法令の整理に関する法律（昭和二十七年七月三十一日法律第二百八十号）第二条

「電波監理委員会規則」を「郵政省令」に改める。

（船舶局の運用）

第六十二条　船舶局の運用は、その船舶の航行中に限る。但し、受信装置のみを運用するとき、第五十二条各号に掲げる通信を行うとき、その他郵政省令で定める場合は、この限りでない。

2　海岸局は、船舶局から自局の運用に妨害を受けたときは、妨害している船舶局に対して、その妨害を除去するために必要な措置をとることを求めることができる。

3　船舶局は、海岸局と通信を行う場合において、通信の順序若しくは時刻又は使用電波の型式若しくは周波数について、海岸局から指示を受けたときは、その指示に従わなければならない。

【四十四次改正】

電波法の一部を改正する法律（平成三年五月二日法律第六十七号）

第六十二条第二項中「海岸局」の下に「（船舶局と通信を行うため陸上に開設する無線局をいう。以下同じ。）」を加える。

（船舶局の運用）

第六十二条　船舶局の運用は、その船舶の航行中に限る。但し、受信装置のみを運用するとき、第五十二条各号に掲げる通信を行うとき、その他郵政省令で定める場合は、この限りでない。

２　海岸局（船舶局と通信を行うため陸上に開設する無線局をいう。以下同じ。）は、船舶局から自局の運用に妨害を受けたときは、妨害している船舶局に対して、その妨害を除去するために必要な措置をとることを求めることができる。

３　船舶局は、海岸局と通信を行う場合において、通信の順序若しくは時刻又は使用電波の型式若しくは周波数について、海岸局から指示を受けたときは、その指示に従わなければならない。

【六十二次改正】

中央省庁等改革関係法施行法（平成十一年十二月二十二日法律第百六十号）第百九十三条

本則（第九十九条の十二第二項を除く。）中「郵政大臣」を「総務大臣」に、「郵政省令」を「総務省令」に、「通商産業大臣」を「経済産業大臣」に、「建設大臣」を「国土交通大臣」に、「地方電気通信監理局長」を「総合通信局長」に、「沖縄郵政管理事務所長」を「沖縄総合通信事務所長」に改める。

（船舶局の運用）

第六十二条　船舶局の運用は、その船舶の航行中に限る。但し、受信装置のみを運用するとき、第五十二条各号に掲げる通信を行うとき、その他総務省令で定める場合は、この限りでない。

２　海岸局（船舶局と通信を行うため陸上に開設する無線局をいう。以下同じ。）は、船舶局から自局の運用に妨害を受けたときは、妨害している船舶局に対して、その妨害を除去するために必要な措置をとることを求めることができる。

３　船舶局は、海岸局と通信を行う場合において、通信の順序若しくは時刻又は使用電波の型式若しくは周波数について、海岸局から指示を受けたときは、その指示に従わなければならない。

第六十三条

【制定】

電波法（昭和二十五年五月二日法律第百三十一号）

（運用しなければならない時間）

第六十三条　船舶無線電信局は、その船舶の航行中は、第一種局にあつては常時、第二種局にあつては電波監理委員会規則で定める時間割の時間運用しなければならない。但し、電波監理委員会規則で定める場合は、この限りでない。

２　前項の時間割の時間は、第二種局甲にあつては一日十六時間、第二種局乙にあつては一日八時間とする。

３　海岸局は、常時運用しなければならない。但し、電波監理委員会規則で定める海岸局については、この限りでない。

【三次改正】

郵政省設置法の一部改正に伴う関係法令の整理に関する法律（昭和二十七年七月三十一日法律第二百八十号）第二条

「電波監理委員会規則」を「郵政省令」に改める。

（運用しなければならない時間）

第六十三条　船舶無線電信局は、その船舶の航行中は、第一種局にあつては常時、第二種局にあつては郵政省令で定める時間割の時間運用しなければならない。但し、郵政省令で定める場合は、この限りでない。

2　前項の時間割の時間は、第二種局甲にあつては一日十六時間、第二種局乙にあつては一日八時間とする。

3　海岸局は、常時運用しなければならない。但し、郵政省令で定める海岸局については、この限りでない。

【五次改正】

電波法の一部を改正する法律（昭和二十七年七月三十一日法律第二百四十九号）

第六十三条第一項中「第二種局」の下に「及び第三種局甲（総トン数千六百トン未満五百トン以上の旅客船以外の船舶安全法第四条の船舶の船舶無線電信局であつて、公衆通信業務を取り扱わないものをいう。以下同じ。）」を加える。

第六十三条第二項中「一日八時間」の下に「、第三種局甲にあつては一日四時間」を加える。

第六十三条第三項を第五項とし、第二項の次に次の二項を加える。

（追加された第三項及び第四項の規定は、後掲の条文の通り。）

（運用しなければならない時間）

第六十三条　船舶無線電信局は、その船舶の航行中は、第一種局にあつては常時、第二種局及び第三種局甲（総トン数千六百トン未満五百トン以上の旅客船以外の船舶安全法第四条の船舶の船舶無線電信局であつて、公衆通信業務を取り扱わないものをいう。以下同じ。）にあつては郵政省令で定める時間割の時間運用しなければならない。但し、郵政省令で定める場合は、この限りでない。

2　前項の時間割の時間は、第二種局甲にあつては一日十六時間、第二種局乙にあつては一日八時間、第三種局甲にあつては一日四時間とする。

3　義務船舶局であつて、船舶安全法第四条第二項の規定により無線電話をもつて無線電信に代えたものは、その船舶の航行中は、郵政省令で定める時間割の時間運用しなければならない。

4　前項の時間割の時間は、一日四時間とする。

5　海岸局は、常時運用しなければならない。但し、郵政省令で定める海岸局については、この限りでない。

【十次改正】

電波法の一部を改正する法律（昭和三十八年四月四日法律第八十二号）

第六十三条第一項中「第二種局及び第三種局甲」を「第二種局、第三種局甲及び第三種局乙」に改め、同条第二項中「第二種局乙にあつては一日八時間、第三種局甲」を「第二種局乙及び第三種局甲にあつては一日八時間、第三種局乙」に改める。

（運用しなければならない時間）

第六十三条　船舶無線電信局は、その船舶の航行中は、第一種局にあつては常時、第二種局、第三種局甲及び第三種局乙（総トン数千六百トン未満五百トン以上の旅客船以外の船舶安全法第四条の船舶の船舶無線電信局であつて、公衆通信業務を取り扱わないものをいう。以下同じ。）にあつては郵政省令で定める時間割の時間運用しなければならない。但し、郵政省令で定める場合は、この限りでない。

2　前項の時間割の時間は、第二種局甲にあつては一日十六時間、第二種局乙及び第三種局甲にあつては一日八時間、第三種局乙にあつては一日四時間とする。
3　義務船舶局であつて、船舶安全法第四条第二項の規定により無線電話をもつて無線電信に代えたものは、その船舶の航行中は、郵政省令で定める時間割の時間運用しなければならない。
4　前項の時間割の時間は、一日四時間とする。
5　海岸局は、常時運用しなければならない。但し、郵政省令で定める海岸局については、この限りでない。

[注釈]改正後の第六十三条の規定は、十次改正に係る改正法附則第二項において、公布の日から起算して四年間（昭和四十二年七月三十一日までの間）は、次のとおり読み替える（傍線部）ものとする経過措置が採られている。

（運用しなければならない時間）
第六十三条　船舶無線電信局は、その船舶の航行中は、第一種局にあつては常時、第二種局、及び第三種局乙（総トン数千六百トン未満五百トン以上の旅客船以外の船舶安全法第四条の船舶の船舶無線電信局であつて、公衆通信業務を取り扱わないものをいう。以下同じ。）にあつては郵政省令で定める時間割の時間運用しなければならない。但し、郵政省令で定める場合は、この限りでない。
2　前項の時間割の時間は、第二種局甲にあつては一日十六時間、第二種局乙にあつては一日八時間、第三種局乙にあつては一日四時間とする。
3　義務船舶局であつて、船舶安全法第四条第二項の規定により無線電話をもつて無線電信に代えたものは、その船舶の航行中は、郵政省令で定める時間割の時間運用しなければならない。
4　前項の時間割の時間は、一日四時間とする。
5　海岸局は、常時運用しなければならない。但し、郵政省令で定める海岸局については、この限りでない。

【十一次改正】

電波法の一部を改正する法律（昭和三十九年七月四日法律第百四十九号）

第六十三条第一項中「五百トン以上」を「三百トン以上」に改め、同条第三項中「船舶安全法第四条第二項」の下に「（同法第十四条の規定に基づく政令において準用する場合を含む。）」を加える。

（運用しなければならない時間）
第六十三条　船舶無線電信局は、その船舶の航行中は、第一種局にあつては常時、第二種局、第三種局甲及び第三種局乙（総トン数千六百トン未満三百トン以上の旅客船以外の船舶安全法第四条の船舶の船舶無線電信局であつて、公衆通信業務を取り扱わないものをいう。以下同じ。）にあつては郵政省令で定める時間割の時間運用しなければならない。但し、郵政省令で定める場合は、この限りでない。
2　前項の時間割の時間は、第二種局甲にあつては一日十六時間、第二種局乙及び第三種局甲にあつては一日八時間、第三種局乙にあつては一日四時間とする。
3　義務船舶局であつて、船舶安全法第四条第二項（同法第十四条の規定に基づく政令において準用する場合を含む。）の規定により無線電話をもつて無線電信に代えたものは、その船舶の航行中は、郵政省令で定める時間割の時間運用しなければならない。
4　前項の時間割の時間は、一日四時間とする。
5　海岸局は、常時運用しなければならない。但し、郵政省令で定める海岸局については、この限りでない。

[注釈]十一改正に係る改正法附則第二項により十次改正に係る改正法附則第二項が改正された。これにより、十次改正における第六十三条の規定の読み替えについ

て、同条に係る十一次改正の施行期日である千九百六十年の海上における人命の安全のための国際条約の効力発生の日（昭和四十年五月二十六日）から昭和四十二年七月三十一日までの間は、十一次改正後の第六十三条を次のとおり読み替える（傍線部）こととなった。

（運用しなければならない時間）

第六十三条　船舶無線電信局は、その船舶の航行中は、第一種局にあつては常時、第二種局、及び第三種局乙（総トン数千六百トン未満三百トン以上の旅客船以外の船舶安全法第四条の船舶の船舶無線電信局であつて、公衆通信業務を取り扱わないものをいう。以下同じ。）にあつては郵政省令で定める時間割の時間運用しなければならない。但し、郵政省令で定める場合は、この限りでない。

2　前項の時間割の時間は、第二種局甲にあつては一日十六時間、第二種局乙にあつては一日八時間、第三種局乙にあつては一日四時間とする。

3　義務船舶局であつて、船舶安全法第四条第二項（同法第十四条の規定に基づく政令において準用する場合を含む。）の規定により無線電話をもつて無線電信に代えたものは、その船舶の航行中は、郵政省令で定める時間割の時間運用しなければならない。

4　前項の時間割の時間は、一日四時間とする。

5　海岸局は、常時運用しなければならない。但し、郵政省令で定める海岸局については、この限りでない。

【　十四次改正　】

船舶安全法の一部を改正する法律（昭和四十三年五月十日法律第四十四号）附則第三条

第六十三条第一項中「第四条の船舶」の下に「（遠洋区域、近海区域又は沿海区域を航行区域とする国際航海に従事しないものを除く。）」を加え、同条第三項中「代えたもの」の下に「（国際航海に従事する船舶のものに限る。）」を加える。

（運用しなければならない時間）

第六十三条　船舶無線電信局は、その船舶の航行中は、第一種局にあつては常時、第二種局、第三種局甲及び第三種局乙（総トン数千六百トン未満三百トン以上の旅客船以外の船舶安全法第四条の船舶（遠洋区域、近海区域又は沿海区域を航行区域とする国際航海に従事しないものを除く。）の船舶無線電信局であつて、公衆通信業務を取り扱わないものをいう。以下同じ。）にあつては郵政省令で定める時間割の時間運用しなければならない。但し、郵政省令で定める場合は、この限りでない。

2　前項の時間割の時間は、第二種局甲にあつては一日十六時間、第二種局乙及び第三種局甲にあつては一日八時間、第三種局乙にあつては一日四時間とする。

3　義務船舶局であつて、船舶安全法第四条第二項（同法第十四条の規定に基づく政令において準用する場合を含む。）の規定により無線電話をもつて無線電信に代えたもの（国際航海に従事する船舶のものに限る。）は、その船舶の航行中は、郵政省令で定める時間割の時間運用しなければならない。

4　前項の時間割の時間は、一日四時間とする。

5　海岸局は、常時運用しなければならない。但し、郵政省令で定める海岸局については、この限りでない。

【　十九次改正　】

船舶安全法の一部を改正する法律（昭和四十八年九月十四日法律第八十号）附則第五条

第五条第二項第二号、第十三条第二項、第三十五条の二、第三十六条及び第六

十三条第三項並びに第六十五条第一項の表中「第十四条」を「第二十九条ノ七」に改める。

（運用しなければならない時間）

第六十三条　船舶無線電信局は、その船舶の航行中は、第一種局にあつては常時、第二種局、第三種局甲及び第三種局乙（総トン数千六百トン未満三百トン以上の旅客船以外の船舶安全法第四条の船舶（遠洋区域、近海区域又は沿海区域を航行区域とする国際航海に従事しないものを除く。）の船舶無線電信局であつて、公衆通信業務を取り扱わないものをいう。以下同じ。）にあつては郵政省令で定める時間割の時間運用しなければならない。但し、郵政省令で定める場合は、この限りでない。

2　前項の時間割の時間は、第二種局甲にあつては一日十六時間、第二種局乙及び第三種局甲にあつては一日八時間、第三種局乙にあつては一日四時間とする。

3　義務船舶局であつて、船舶安全法第四条第二項（同法第二十九条ノ七の規定に基づく政令において準用する場合を含む。）の規定により無線電話をもつて無線電信に代えたもの（国際航海に従事する船舶のものに限る。）は、その船舶の航行中は、郵政省令で定める時間割の時間運用しなければならない。

4　前項の時間割の時間は、一日四時間とする。

5　海岸局は、常時運用しなければならない。但し、郵政省令で定める海岸局については、この限りでない。

【二十三次改正】

電波法の一部を改正する法律（昭和五十四年十二月十八日法律第六十七号）

第六十三条第三項中「（同法第二十九条ノ七の規定に基づく政令において準用する場合を含む。）」を削る。

（運用しなければならない時間）

第六十三条　船舶無線電信局は、その船舶の航行中は、第一種局にあつては常時、第二種局、第三種局甲及び第三種局乙（総トン数千六百トン未満三百トン以上の旅客船以外の船舶安全法第四条の船舶（遠洋区域、近海区域又は沿海区域を航行区域とする国際航海に従事しないものを除く。）の船舶無線電信局であつて、公衆通信業務を取り扱わないものをいう。以下同じ。）にあつては郵政省令で定める時間割の時間運用しなければならない。但し、郵政省令で定める場合は、この限りでない。

2　前項の時間割の時間は、第二種局甲にあつては一日十六時間、第二種局乙及び第三種局甲にあつては一日八時間、第三種局乙にあつては一日四時間とする。

3　義務船舶局であつて、船舶安全法第四条第二項の規定により無線電話をもつて無線電信に代えたもの（国際航海に従事する船舶のものに限る。）は、その船舶の航行中は、郵政省令で定める時間割の時間運用しなければならない。

4　前項の時間割の時間は、一日四時間とする。

5　海岸局は、常時運用しなければならない。但し、郵政省令で定める海岸局については、この限りでない。

【三十一次改正】

電波法の一部を改正する法律（昭和五十九年五月二十九日法律第四十八号）

第六十三条第三項中「第四条第二項」の下に「（同法第二十九条ノ七の規定に基づく政令において準用する場合を含む。以下同じ。）」を加える。

（運用しなければならない時間）

第六十三条　船舶無線電信局は、その船舶の航行中は、第一種局にあつては常時、第二種局、第三種局甲及び第三種局乙（総トン数千六百トン未満三百トン以上の旅客船以外の船舶安全法第四条の船舶（遠洋区域、近海区域又は沿海区域を航行区域とする国際航海に従事しないものを除く。）の船舶無線電信局であつて、公衆通信業務を取り扱わないものをいう。以下同じ。）にあつては郵政省令で定める時間割の時間運用しなければならない。但し、郵政省令で定める場合は、この限りでない。

2　前項の時間割の時間は、第二種局甲にあつては一日十六時間、第二種局乙及び第三種局甲にあつては一日八時間、第三種局乙にあつては一日四時間とする。

3　義務船舶局であつて、船舶安全法第四条第二項（同法第二十九条ノ七の規定に基づく政令において準用する場合を含む。以下同じ。）の規定により無線電話をもつて無線電信に代えたもの（国際航海に従事する船舶のものに限る。）は、その船舶の航行中は、郵政省令で定める時間割の時間運用しなければならない。

4　前項の時間割の時間は、一日四時間とする。

5　海岸局は、常時運用しなければならない。但し、郵政省令で定める海岸局については、この限りでない。

【三十二次改正】

日本電信電話株式会社法及び電気通信事業法の施行に伴う関係法律の整備等に関する法律（昭和五十九年十二月二十五日法律第八十七号）第四十七条

第六十三条第一項中「公衆通信業務」を「電気通信業務」に、「但し」を「ただし」に改める。

（運用しなければならない時間）

第六十三条　船舶無線電信局は、その船舶の航行中は、第一種局にあつては常時、第二種局、第三種局甲及び第三種局乙（総トン数千六百トン未満三百トン以上の旅客船以外の船舶安全法第四条の船舶（遠洋区域、近海区域又は沿海区域を航行区域とする国際航海に従事しないものを除く。）の船舶無線電信局であつて、電気通信業務を取り扱わないものをいう。以下同じ。）にあつては郵政省令で定める時間割の時間運用しなければならない。ただし、郵政省令で定める場合は、この限りでない。

2　前項の時間割の時間は、第二種局甲にあつては一日十六時間、第二種局乙及び第三種局甲にあつては一日八時間、第三種局乙にあつては一日四時間とする。

3　義務船舶局であつて、船舶安全法第四条第二項（同法第二十九条ノ七の規定に基づく政令において準用する場合を含む。以下同じ。）の規定により無線電話をもつて無線電信に代えたもの（国際航海に従事する船舶のものに限る。）は、その船舶の航行中は、郵政省令で定める時間割の時間運用しなければならない。

4　前項の時間割の時間は、一日四時間とする。

5　海岸局は、常時運用しなければならない。但し、郵政省令で定める海岸局については、この限りでない。

【四十一次改正】

電波法の一部を改正する法律（平成元年十一月七日法律第六十七号）

第六十三条第五項中「海岸局は」を「海岸局及び海岸地球局（電気通信業務を行うことを目的として陸上に開設する無線局であつて、人工衛星局の中継により船舶地球局と無線通信を行うものをいう。以下同じ。）は」に、「但し」を「ただし」に、「海岸局については」を「海岸局及び海岸地球局については」に改める。

（運用しなければならない時間）

第六十三条　船舶無線電信局は、その船舶の航行中は、第一種局にあつては常時、第二種局、第三種局甲及び第三種局乙（総トン数千六百トン未満三百トン以上の旅客船以外の船舶安全法第四条の船舶（遠洋区域、近海区域又は沿海区域を航行区域とする国際航海に従事しないものを除く。）の船舶無線電信局であつて、電気通信業務を取り扱わないものをいう。以下同じ。）にあつては郵政省令で定める時間割の時間運用しなければならない。ただし、郵政省令で定める場合は、この限りでない。

2　前項の時間割の時間は、第二種局甲にあつては一日十六時間、第二種局乙及び第三種局甲にあつては一日八時間、第三種局乙にあつては一日四時間とする。

3　義務船舶局であつて、船舶安全法第四条第二項（同法第二十九条ノ七の規定に基づく政令において準用する場合を含む。以下同じ。）の規定により無線電話をもつて無線電信に代えたもの（国際航海に従事する船舶のものに限る。）は、その船舶の航行中は、郵政省令で定める時間割の時間運用しなければならない。

4　前項の時間割の時間は、一日四時間とする。

5　海岸局及び海岸地球局（電気通信業務を行うことを目的として陸上に開設する無線局であつて、人工衛星局の中継により船舶地球局と無線通信を行うものをいう。以下同じ。）は、常時運用しなければならない。ただし、郵政省令で定める海岸局及び海岸地球局については、この限りでない。

【四十四次改正】

電波法の一部を改正する法律（平成三年五月二日法律第六十七号）

第六十三条の見出しを「（海岸局等の運用）」に改め、同条第一項から第四項までを削り、同条第五項を同条とする。

（海岸局等の運用）

第六十三条　海岸局及び海岸地球局（電気通信業務を行うことを目的として陸上に開設する無線局であつて、人工衛星局の中継により船舶地球局と無線通信を行うものをいう。以下同じ。）は、常時運用しなければならない。ただし、郵政省令で定める海岸局及び海岸地球局については、この限りでない。

［注釈］第一項から第四項までが削られ、第五項のみが残った。

【六十二次改正】

中央省庁等改革関係法施行法（平成十一年十二月二十二日法律第百六十号）第百九十三条

本則（第九十九条の十二第二項を除く。）中「郵政大臣」を「総務大臣」に、「郵政省令」を「総務省令」に、「通商産業大臣」を「経済産業大臣」に、「建設大臣」を「国土交通大臣」に、「地方電気通信監理局長」を「総合通信局長」に、「沖縄郵政管理事務所長」を「沖縄総合通信事務所長」に改める。

（海岸局等の運用）

第六十三条　海岸局及び海岸地球局（電気通信業務を行うことを目的として陸上に開設する無線局であつて、人工衛星局の中継により船舶地球局と無線通信を行うものをいう。以下同じ。）は、常時運用しなければならない。ただし、総務省令で定める海岸局及び海岸地球局については、この限りでない。

【百四次改正】

電波法及び電気通信事業法等の一部を改正する法律（平成二十九年五月十二日法律第二十七号）第一条

第六十三条中「電気通信業務を行うことを目的として」を削る。

（海岸局等の運用）

第六十三条　海岸局及び海岸地球局（陸上に開設する無線局であつて、人工衛星局の中継により船舶地球局と無線通信を行うものをいう。以下同じ。）は、常時運用しなければならない。ただし、総務省令で定める海岸局及び海岸地球局については、この限りでない。

［注釈］この改正は、本書収録の基準日である平成二十九年六月十八日において未施行である。

第六十四条

【制定】

電波法（昭和二十五年五月二日法律第百三十一号）

（沈黙時間）

第六十四条　海岸局及び船舶局は、中央標準時による毎時の十五分過ぎから十八分過ぎまで及び四十五分過ぎから四十八分過ぎまで（「第一沈黙時間」という。以下同じ。）は、四百八十五キロサイクルから五百十五キロサイクルまでの周波数の電波を発射してはならない。但し、遭難通信若しくは緊急通信を行う場合又は第一沈黙時間の最後の二十秒間に安全信号を送信する場合は、この限りでない。

2　海岸局及び船舶局は、毎時六分をこえない範囲内で電波監理委員会規則で定める時間（「第二沈黙時間」という。以下同じ。）は、前項の周波数以外の電波であつて電波監理委員会規則で定めるものを発射してはならない。

3　第一項但書の規定は、前項の場合に準用する。

【三次改正】

郵政省設置法の一部改正に伴う関係法令の整理に関する法律（昭和二十七年七月三十一日法律第二百八十号）第二条

「電波監理委員会規則」を「郵政省令」に改める。

（沈黙時間）

第六十四条　海岸局及び船舶局は、中央標準時による毎時の十五分過ぎから十八分過ぎまで及び四十五分過ぎから四十八分過ぎまで（「第一沈黙時間」という。以下同じ。）は、四百八十五キロサイクルから五百十五キロサイクルまでの周波数の電波を発射してはならない。但し、遭難通信若しくは緊急通信を行う場合又は第一沈黙時間の最後の二十秒間に安全信号を送信する場合は、この限りでない。

2　海岸局及び船舶局は、毎時六分をこえない範囲内で郵政省令で定める時間（「第二沈黙時間」という。以下同じ。）は、前項の周波数以外の電波であつて郵政省令で定めるものを発射してはならない。

3　第一項但書の規定は、前項の場合に準用する。

【十二次改正】

電波法の一部を改正する法律（昭和四十年六月二日法律第百十四号）

第六十四条第一項ただし書中「安全信号」を「安全通信（通報の部分を除く。）」に改める。

（沈黙時間）

第六十四条　海岸局及び船舶局は、中央標準時による毎時の十五分過ぎから十八分過ぎまで及び四十五分過ぎから四十八分過ぎまで（「第一沈黙時間」という。以下同じ。）は、四百八十五キロサイクルから五百十五キロサイクルまでの周波数の電波を発射してはならない。但し、遭難通信若しくは緊急通信を行う場合又は第一沈黙時間の最後の二十秒間に安全通信（通報の部分を除く。）を送信する場合は、この限りでない。

2　海岸局及び船舶局は、毎時六分をこえない範囲内で郵政省令で定める時間（「第二沈黙時間」という。以下同じ。）は、前項の周波数以外の電波であって郵政省令で定めるものを発射してはならない。

3　第一項但書の規定は、前項の場合に準用する。

【十七次改正】

許可、認可等の整理に関する法律（昭和四十七年七月一日法律第百十一号）第十三条

> 第六十四条第一項中「四百八十五キロサイクルから五百十五キロサイクルまで」を「四百八十五キロヘルツから五百十五キロヘルツまで」に改める。

（沈黙時間）

第六十四条　海岸局及び船舶局は、中央標準時による毎時の十五分過ぎから十八分過ぎまで及び四十五分過ぎから四十八分過ぎまで（「第一沈黙時間」という。以下同じ。）は、四百八十五キロヘルツから五百十五キロヘルツまでの周波数の電波を発射してはならない。但し、遭難通信若しくは緊急通信を行う場合又は第一沈黙時間の最後の二十秒間に安全通信（通報の部分を除く。）を送信する場合は、この限りでない。

2　海岸局及び船舶局は、毎時六分をこえない範囲内で郵政省令で定める時間（「第二沈黙時間」という。以下同じ。）は、前項の周波数以外の電波であって郵政省令で定めるものを発射してはならない。

3　第一項但書の規定は、前項の場合に準用する。

【四十三次改正】

電波法の一部を改正する法律（平成元年十一月七日法律第六十七号）

> 第六十四条第一項中「四百八十五キロヘルツ」を「四百九十キロヘルツ」に、「五百十五キロヘルツ」を「五百十キロヘルツ」に、「但し」を「ただし」に改める。

（沈黙時間）

第六十四条　海岸局及び船舶局は、中央標準時による毎時の十五分過ぎから十八分過ぎまで及び四十五分過ぎから四十八分過ぎまで（「第一沈黙時間」という。以下同じ。）は、四百九十キロヘルツから五百十キロヘルツまでの周波数の電波を発射してはならない。ただし、遭難通信若しくは緊急通信を行う場合又は第一沈黙時間の最後の二十秒間に安全通信（通報の部分を除く。）を送信する場合は、この限りでない。

2　海岸局及び船舶局は、毎時六分をこえない範囲内で郵政省令で定める時間（「第二沈黙時間」という。以下同じ。）は、前項の周波数以外の電波であって郵政省令で定めるものを発射してはならない。

3　第一項但書の規定は、前項の場合に準用する。

【五十七次改正】

電波法の一部を改正する法律（平成十一年五月二十一日法律第四十七号）

> 第六十四条を次のように改める。
> （改正後の規定は、後掲の条文の通り。）

第六十四条　削除

第六十五条

【制定】

電波法（昭和二十五年五月二日法律第百三十一号）

（聴守義務）

第六十五条　五百キロサイクルの周波数の指定を受けている海岸局及び船舶無線電信局は、その運用しなければならない時間（以下「運用義務時間」という。）中は、五百キロサイクルの周波数で聴守しなければならない。但し、第一沈黙時間中を除く外、現に通信を行つている場合は、この限りでない。

2　前条第二項の電波監理委員会規則で定める周波数の指定を受けている海岸局及び船舶局は、その運用義務時間中は、その周波数で聴守しなければならない。但し、電波監理委員会規則で定める第二沈黙時間中を除く外、現に通信を行つている場合は、この限りでない。

【三次改正】

郵政省設置法の一部改正に伴う関係法令の整理に関する法律（昭和二十七年七月三十一日法律第二百八十号）第二条

「電波監理委員会規則」を「郵政省令」に改める。

（聴守義務）

第六十五条　五百キロサイクルの周波数の指定を受けている海岸局及び船舶無線電信局は、その運用しなければならない時間（以下「運用義務時間」という。）中は、五百キロサイクルの周波数で聴守しなければならない。但し、第一沈黙時間中を除く外、現に通信を行つている場合は、この限りでない。

2　前条第二項の郵政省令で定める周波数の指定を受けている海岸局及び船舶局は、その運用義務時間中は、その周波数で聴守しなければならない。但し、郵政省令で定める第二沈黙時間中を除く外、現に通信を行つている場合は、この限りでない。

【五次改正】

電波法の一部を改正する法律（昭和二十七年七月三十一日法律第二百四十九号）

第六十五条第一項を次のように改める。
（改正後の第一項の規定は、後掲の条文の通り。）

第六十五条第二項を第五項とし、同条中第一項の次に次の三項を加える。
（追加された第二項から第四項までの規定は、後掲の条文の通り。）

第六十五条に次の一項を加える。
（追加された第六項の規定は、後掲の条文の通り。）

（聴守義務）

第六十五条　五百キロサイクルの周波数の指定を受けている第一種局、第二種局甲及び国際航海に従事する旅客船の第二種局乙は、五百キロサイクルの周波数で常時聴守しなければならない。

2　五百キロサイクルの周波数の指定を受けている海岸局、第二種局乙（国際航海に従事する旅客船のものを除く。）及び第三種局甲は、その運用しなければならない時間（以下「運用義務時間」という。）中は、五百キロサイクルの周波数で聴守しなければならない。

3　前二項の無線局は、運用義務時間中の第一沈黙時間を除く外、現に通信を行つている場合は、前二項の規定による聴守をすることを要しない。但し、警急自動受信機を施設している船舶無線電信局にあつては、この限りでない。

4　第一項及び第二項の無線局は、運用義務時間中は、警急自動受信機により聴守してはならない。但し、現に通信を行つている場合は、この限りでない。

5　前条第二項の郵政省令で定める周波数の指定を受けている海岸局及び船舶局は、その運用義務時間中は、その周波数で聴守しなければならない。但し、郵政省令で定める第二沈黙時間中を除く外、現に通信を行つている場合は、この限りでない。

6　第三種局乙（第一種局、第二種局及び第三種局甲に該当しない船舶無線電信局をいう。以下同じ。）は、二時間をこえない範囲において郵政省令で定める時間、郵政省令で定める周波数で聴守しなければならない。但し、現に通信を行つている場合は、この限りでない。

【十次改正】

電波法の一部を改正する法律（昭和三十八年四月四日法律第八十二号）

第六十五条第一項中「及び国際航海に従事する旅客船の第二種局乙」を「、国際航海に従事する旅客船の第二種局乙並びに国際航海に従事する総トン数千六百トン以上の船舶（旅客船を除く。）の第二種局乙及び第三種局甲」に改め、同条第二項中「第二種局乙（国際航海に従事する旅客船のものを除く。）及び第三種局甲」を「第二種局乙（前項に規定するものを除く。）、第三種局甲（同項に規定するものを除く。）及び第三種局乙」に改め、同条第六項中「第三種局乙」を「第三種局丙」に、「及び第三種局甲」を「、第三種局甲及び第三種局乙」に改める。

（聴守義務）

第六十五条　五百キロサイクルの周波数の指定を受けている第一種局、第二種局甲、国際航海に従事する旅客船の第二種局乙並びに国際航海に従事する総トン数千六百トン以上の船舶（旅客船を除く。）の第二種局乙及び第三種局甲は、五百キロサイクルの周波数で常時聴守しなければならない。

2　五百キロサイクルの周波数の指定を受けている海岸局、第二種局乙（前項に規定するものを除く。）、第三種局甲（同項に規定するものを除く。）及び第三種局乙は、その運用しなければならない時間（以下「運用義務時間」という。）中は、五百キロサイクルの周波数で聴守しなければならない。

3　前二項の無線局は、運用義務時間中の第一沈黙時間を除く外、現に通信を行つている場合は、前二項の規定による聴守をすることを要しない。但し、警急自動受信機を施設している船舶無線電信局にあつては、この限りでない。

4　第一項及び第二項の無線局は、運用義務時間中は、警急自動受信機により聴守してはならない。但し、現に通信を行つている場合は、この限りでない。

5　前条第二項の郵政省令で定める周波数の指定を受けている海岸局及び船舶局は、その運用義務時間中は、その周波数で聴守しなければならない。但し、郵政省令で定める第二沈黙時間中を除く外、現に通信を行つている場合は、この限りでない。

6　第三種局丙（第一種局、第二種局、第三種局甲及び第三種局乙に該当しない船舶無線電信局をいう。以下同じ。）は、二時間をこえない範囲において郵政省令で定める時間、郵政省令で定める周波数で聴守しなければならない。但し、現に通信を行つている場合は、この限りでない。

［注釈］改正後の第六十五条規定は、十次改正に係る改正法附則第二項において、公布の日から起算して四年間（昭和四十二年七月三十一日までの間）は、次のとおり読み替える（傍線部）ものとする経過措置が採られている。

（聴守義務）

第六十五条　五百キロサイクルの周波数の指定を受けている第一種局、第二種局甲、国際航海に従事する旅客船の第二種局乙及び国際航海に従事する総トン数千六百トン以上の船舶（旅客船を除く。）の第二種局乙は、五百キロサイクルの周波数で常時聴守しなければならない。

2　五百キロサイクルの周波数の指定を受けている海岸局、第二種局乙（前項に規定するものを除く。）及び第三種局乙は、その運用しなければならない時間（以下「運用義務時間」という。）中は、五百キロサイクルの周波数で聴守しなければならない。

3　前二項の無線局は、運用義務時間中の第一沈黙時間を除く外、現に通信を行つている場合は、前二項の規定による聴守をすることを要しない。但し、警急自動受信機を施設している船舶無線電信局にあつては、この限りでない。

4　第一項及び第二項の無線局は、運用義務時間中は、警急自動受信機により聴守してはならない。但し、現に通信を行つている場合は、この限りでない。

5　前条第二項の郵政省令で定める周波数の指定を受けている海岸局及び船舶局は、その運用義務時間中は、その周波数で聴守しなければならない。但し、郵政省令で定める第二沈黙時間中を除く外、現に通信を行つている場合は、この限りでない。

6　第三種局丙（第一種局、第二種局及び第三種局乙に該当しない船舶無線電信局をいう。以下同じ。）は、二時間をこえない範囲において郵政省令で定める時間、郵政省令で定める周波数で聴守しなければならない。但し、現に通信を行つている場合は、この限りでない。

【　十一次改正　】

電波法の一部を改正する法律（昭和三十九年七月四日法律第百四十九号）

第六十五条を次のように改める。
（改正後の第六十五条の規定は、後掲の条文の通り。）

（聴守義務）

第六十五条　次の表の上欄に掲げる無線局でそれぞれ同表の下欄に掲げる周波数の指定を受けているものは、同表の一の項に掲げる無線局にあつては常時、同表の二の項及び四の項に掲げる無線局にあつてはその運用義務時間（無線局を運用しなければならない時間をいう。以下同じ。）中、同表の三の項に掲げる無線局にあつては二時間をこえない範囲内において郵政省令で定める時間中、その無線局に係る同表の下欄に掲げる周波数（一の項、三の項及び四の項に掲げる無線局で五百キロサイクル及び当該各項の郵政省令で定める周波数の指定を受けているものにあつては、五百キロサイクルとする。）で聴守しなければならない。

無線局	周波数
一　国際航海に従事する船舶の義務船舶局（船舶安全法第四条第一項第三号（同法第十四条の規定に基づく政令において準用する場合を含む。）の船舶の義務船舶局で郵政省令で定めるものを除く。）	五百キロサイクル又は郵政省令で定める周波数
二　第二種局、第三種局甲及び第三種局乙（これらの船舶無線電信局のうち、一の項に掲げる無線局に該当するものを除く。）	五百キロサイクル
三　第三種局丙（第一種局、第二種局、第三種局	五百キロサイクル又は郵政

甲及び第三種局乙のいずれにも該当しない船舶無線電信局をいう。以下同じ。）	省令で定める周波数
四　海岸局	五百キロサイクル又は郵政省令で定める周波数

2　前項の無線局は、第一沈黙時間及び第二沈黙時間を除いて現に通信を行なつている場合その他郵政省令で定める場合には、同項の規定による聴守をすることを要しない。ただし、警急自動受信機を施設している船舶局にあつては、この限りでない。

3　第一項の無線局は、その運用義務時間（第三種局丙にあつては、同項の郵政省令で定める時間）中は、警急自動受信機により聴守してはならない。ただし、第一沈黙時間及び第二沈黙時間を除いて現に通信を行なつている場合その他郵政省令で定める場合は、この限りではない。

〔注釈〕十一次改正の注釈に掲げた経過措置に関し、十一次改正に係る改正法附則第二項において十次改正に係る改正法附則第二項が改正されており、十一次改正後の第六十五条規定は、同条に係る改正が施行される千九百六十年の海上における人命の安全のための国際条約の効力発生の日（昭和四十年五月二十六日）から昭和四十二年七月三十一日までの間は、次のとおり読み替えられる（傍線部）。

（聴守義務）

第六十五条　次の表の上欄に掲げる無線局でそれぞれ同表の下欄に掲げる周波数の指定を受けているものは、同表の一の項に掲げる無線局にあつては常時、同表の二の項及び四の項に掲げる無線局にあつてはその運用義務時間（無線局を運用しなければならない時間をいう。以下同じ。）中、同表の三の項に掲げる無線局にあつては二時間をこえない範囲内において郵政省令で定める時間中、その無線局に係る同表の下欄に掲げる周波数（一の項、三の項及び四の項に掲げる無線局で五百キロサイクル及び当該各項の郵政省令で定める周波数の指定を受けているものにあつては、五百キロサイクルとする。）で聴守しなければならない。

無線局	周波数
一　国際航海に従事する船舶の義務船舶局（船舶安全法第四条第一項第三号（同法第十四条の規定に基づく政令において準用する場合を含む。）の船舶の義務船舶局で郵政省令で定めるものを除く。）	五百キロサイクル又は郵政省令で定める周波数
二　第二種局及び第三種局乙（これらの船舶無線電信局のうち、一の項に掲げる無線局に該当するものを除く。）	五百キロサイクル
三　第三種局丙（第一種局、第二種局及び第三種局乙のいずれにも該当しない船舶無線電信局をいう。以下同じ。）	五百キロサイクル又は郵政省令で定める周波数
四　海岸局	五百キロサイクル又は郵政省令で定める周波数

2　前項の無線局は、第一沈黙時間及び第二沈黙時間を除いて現に通信を行なつている場合その他郵政省令で定める場合には、同項の規定による聴守をすることを要しない。ただし、警急自動受信機を施設している船舶局にあつては、この限りでない。

3　第一項の無線局は、その運用義務時間（第三種局丙にあつては、同項の郵政省令で定める時間）中は、警急自動受信機により聴守してはならない。ただし、第一沈黙時間及び第二沈黙時間を除いて現に通信を行なつている場合その他郵政省令で定める場合は、この限りではない。

【 十四次改正 】

船舶安全法の一部を改正する法律（昭和四十三年五月十日法律第四十四号）附則第三条

第六十五条第一項中「四の項」を「五の項」に改め、「同表の三の項」の下に「及び四の項」を加え、同項の表中「船舶安全法第四条第一項第三号（同法第十四条の規定に基づく政令において準用する場合を含む。）の船舶」を「漁船」に、

「

四　海岸局	五百キロサイクル又は郵政省令で定める周波数

」を

「

四　義務船舶局であつて、船舶安全法第四条第二項（同法第十四条の規定に基づく政令において準用する場合を含む。）の規定により無線電話をもつて無線電信に代えたもの（国際航海に従事する船舶のものを除く。）	郵政省令で定める周波数
五　海岸局	五百キロサイクル又は郵政省令で定める周波数

」に

改め、同条第三項中「第三種局丙」の下に「及び同項の表の四の項に掲げる無線局」を加える。

（聴守義務）

第六十五条　次の表の上欄に掲げる無線局でそれぞれ同表の下欄に掲げる周波数の指定を受けているものは、同表の一の項に掲げる無線局にあつては常時、同表の二の項及び五の項に掲げる無線局にあつてはその運用義務時間（無線局を運用しなければならない時間をいう。以下同じ。）中、同表の三の項及び四の項に掲げる無線局にあつては二時間をこえない範囲内において郵政省令で定める時間中、その無線局に係る同表の下欄に掲げる周波数（一の項、三の項及び五の項に掲げる無線局で五百キロサイクル及び当該各項の郵政省令で定める周波数の指定を受けているものにあつては、五百キロサイクルとする。）で聴守しなければならない。

無線局	周波数
一　国際航海に従事する船舶の義務船舶局（漁船の義務船舶局で郵政省令で定めるものを除く。）	五百キロサイクル又は郵政省令で定める周波数
二　第二種局、第三種局甲及び第三種局乙（これらの船舶無線電信局のうち、一の項に掲げる無線局に該当するものを除く。）	五百キロサイクル
三　第三種局丙（第一種局、第二種局、第三種局甲及び第三種局乙のいずれにも該当しない船舶無線電信局をいう。以下同じ。）	五百キロサイクル又は郵政省令で定める周波数
四　義務船舶局であつて、船舶安全法第四条第二項（同法第十四条の規定に基づく政令において準用する場合を含む。）の規定により無線電話をもつて無線電信に代えたもの（国際航海に従事する船舶のものを除く。）	郵政省令で定める周波数
五　海岸局	五百キロサイクル又は郵政省令で定める周波数

2　前項の無線局は、第一沈黙時間及び第二沈黙時間を除いて現に通信を行なつている場合その他郵政省令で定める場合には、同項の規定による聴守をすることを要しない。ただし、警急自動受信機を施設している船舶局にあつては、この限りでない。

3　第一項の無線局は、その運用義務時間（第三種局丙及び同項の表の四の項に掲げる無線局にあつては、同項の郵政省令で定める時間）中は、警急自動受信機により聴守してはならない。ただし、第一沈黙時間及び第二沈黙時間を除いて現に通信を行なつている場合その他郵政省令で定める場合は、この限りではない。

【十七次改正】

許可、認可等の整理に関する法律（昭和四十七年七月一日法律第百十一号）第十三条

第六十五条第一項中「五百キロサイクル」を「五百キロヘルツ」に改める。

（聴守義務）

第六十五条　次の表の上欄に掲げる無線局でそれぞれ同表の下欄に掲げる周波数の指定を受けているものは、同表の一の項に掲げる無線局にあつては常時、同表の二の項及び五の項に掲げる無線局にあつてはその運用義務時間（無線局を運用しなければならない時間をいう。以下同じ。）中、同表の三の項及び四の項に掲げる無線局にあつては二時間をこえない範囲内において郵政省令で定める時間中、その無線局に係る同表の下欄に掲げる周波数（一の項、三の項及び五の項に掲げる無線局で五百キロヘルツ及び当該各項の郵政省令で定める周波数の指定を受けているものにあつては、五百キロヘルツとする。）で聴守しなければならない。

無線局	周波数
一　国際航海に従事する船舶の義務船舶局（漁船の義務船舶局で郵政省令で定めるものを除く。）	五百キロサイクル又は郵政省令で定める周波数
二　第二種局、第三種局甲及び第三種局乙（これらの船舶無線電信局のうち、一の項に掲げる無線局に該当するものを除く。）	五百キロサイクル
三　第三種局丙（第一種局、第二種局、第三種局甲及び第三種局乙のいずれにも該当しない船舶無線電信局をいう。以下同じ。）	五百キロサイクル又は郵政省令で定める周波数
四　義務船舶局であつて、船舶安全法第四条第二項（同法第十四条の規定に基づく政令において準用する場合を含む。）の規定により無線電話をもつて無線電信に代えたもの（国際航海に従事する船舶のものを除く。）	郵政省令で定める周波数
五　海岸局	五百キロサイクル又は郵政省令で定める周波数

2　前項の無線局は、第一沈黙時間及び第二沈黙時間を除いて現に通信を行なつている場合その他郵政省令で定める場合には、同項の規定による聴守をすることを要しない。ただし、警急自動受信機を施設している船舶局にあつては、この限りでない。

3　第一項の無線局は、その運用義務時間（第三種局丙及び同項の表の四の項に掲げる無線局にあつては、同項の郵政省令で定める時間）中は、警急自動受信機により聴守してはならない。ただし、第一沈黙時間及び第二沈黙時間を除いて現に通信を行なつている場合その他郵政省令で定める場合は、この限りではない。

【 十九次改正 】

船舶安全法の一部を改正する法律（昭和四十八年九月十四日法律第八十号）附則第五条

第五条第二項第二号、第十三条第二項、第三十五条の二、第三十六条及び第六十三条第三項並びに第六十五条第一項の表中「第十四条」を「第二十九条ノ七」に改める。

（聴守義務）

第六十五条　次の表の上欄に掲げる無線局でそれぞれ同表の下欄に掲げる周波数の指定を受けているものは、同表の一の項に掲げる無線局にあつては常時、同表の二の項及び五の項に掲げる無線局にあつてはその運用義務時間（無線局を運用しなければならない時間をいう。以下同じ。）中、同表の三の項及び四の項に掲げる無線局にあつては二時間をこえない範囲内において郵政省令で定める時間中、その無線局に係る同表の下欄に掲げる周波数（一の項、三の項及び五の項に掲げる無線局で五百キロヘルツ及び当該各項の郵政省令で定める周波数の指定を受けているものにあつては、五百キロヘルツとする。）で聴守しなければならない。

無線局	周波数
一　国際航海に従事する船舶の義務船舶局（漁船の義務船舶局で郵政省令で定めるものを除く。）	五百キロサイクル又は郵政省令で定める周波数
二　第二種局、第三種局甲及び第三種局乙（これらの船舶無線電信局のうち、一の項に掲げる無線局に該当するものを除く。）	五百キロサイクル
三　第三種局丙（第一種局、第二種局、第三種局甲及び第三種局乙のいずれにも該当しない船舶無線電信局をいう。以下同じ。）	五百キロサイクル又は郵政省令で定める周波数
四　義務船舶局であつて、船舶安全法第四条第二項（同法第二十九条ノ七の規定に基づく政令において準用する場合を含む。）の規定により無線電話をもつて無線電信に代えたもの（国際航海に従事する船舶のものを除く。）	郵政省令で定める周波数
五　海岸局	五百キロサイクル又は郵政省令で定める周波数

2　前項の無線局は、第一沈黙時間及び第二沈黙時間を除いて現に通信を行なつている場合その他郵政省令で定める場合には、同項の規定による聴守をすることを要しない。ただし、警急自動受信機を施設している船舶局にあつては、この限りでない。

3　第一項の無線局は、その運用義務時間（第三種局丙及び同項の表の四の項に掲げる無線局にあつては、同項の郵政省令で定める時間）中は、警急自動受信機により聴守してはならない。ただし、第一沈黙時間及び第二沈黙時間を除いて現に通信を行なつている場合その他郵政省令で定める場合は、この限りではない。

【 二十三次改正 】

電波法の一部を改正する法律（昭和五十四年十二月十八日法律第六十七号）

第六十五条第一項中「それぞれ同表の下欄に掲げる周波数」の下に「（一の項に掲げる無線局にあつては五百キロヘルツ）」を加え、「同表の一の項」を「同表の一の項及び一の二の項」に、「こえない」を「超えない」に改め、「一の項、」を削り、同項の表の一の項中「定めるもの」の下に「及び一の二の項に掲げる無線局に該当するもの」を加え、「又は郵政省令で定める周波数」を「及び二千百八十二キロヘルツ」に改め、同項の次に次のように加える。
（追加された第一項の表一の二の項は、後掲の条文の通り。）

第六十五条第一項の表の四の項中「（同法第二十九条ノ七の規定に基づく政令において準用する場合を含む。）」を削り、同条第三項中「警急自動受信機」の下に「（同項の表の一の項に掲げる無線局にあつては、五百キロヘルツの周波数のもの）」を加え、「行なつている」を「行つている」に改める

（聴守義務）

第六十五条　次の表の上欄に掲げる無線局でそれぞれ同表の下欄に掲げる周波数（一の項に掲げる無線局にあつては五百キロヘルツ）の指定を受けているものは、同表の一の項及び一の二の項に掲げる無線局にあつては常時、同表の二の項及び五の項に掲げる無線局にあつてはその運用義務時間（無線局を運用しなければならない時間をいう。以下同じ。）中、同表の三の項及び四の項に掲げる無線局にあつては二時間を超えない範囲内において郵政省令で定める時間中、その無線局に係る同表の下欄に掲げる周波数（三の項及び五の項に掲げる無線局で五百キロヘルツ及び当該各項の郵政省令で定める周波数の指定を受けているものにあつては、五百キロヘルツとする。）で聴守しなければならない。

無線局	周波数
一　国際航海に従事する船舶の義務船舶局（漁船の義務船舶局で郵政省令で定めるもの及び一の二の項に掲げる無線局に該当するものを除く。）	五百キロサイクル及び二千百八十二キロヘルツ
一の二　国際航海に従事する船舶の義務船舶局であつて、船舶安全法第四条第二項の規定により無線電話をもつて無線電信に代えたもの	二千百八十二キロヘルツ
二　第二種局、第三種局甲及び第三種局乙（これらの船舶無線電信局のうち、一の項に掲げる無線局に該当するものを除く。）	五百キロサイクル
三　第三種局丙（第一種局、第二種局、第三種局甲及び第三種局乙のいずれにも該当しない船舶無線電信局をいう。以下同じ。）	五百キロサイクル又は郵政省令で定める周波数
四　義務船舶局であつて、船舶安全法第四条第二項の規定により無線電話をもつて無線電信に代えたもの（国際航海に従事する船舶のものを除く。）	郵政省令で定める周波数
五　海岸局	五百キロサイクル又は郵政省令で定める周波数

2　前項の無線局は、第一沈黙時間及び第二沈黙時間を除いて現に通信を行なつている場合その他郵政省令で定める場合には、同項の規定による聴守をすることを要しない。ただし、警急自動受信機を施設している船舶局にあつては、この限りでない。

3　第一項の無線局は、その運用義務時間（第三種局丙及び同項の表の四の項に掲げる無線局にあつては、同項の郵政省令で定める時間）中は、警急自動受信機（同項の表の一の項に掲げる無線局にあつては、五百キロヘルツの周波数のもの）により聴守してはならない。ただし、第一沈黙時間及び第二沈黙時間を除いて現に通信を行つている場合その他郵政省令で定める場合は、この限りではない。

【三十一次改正】

電波法の一部を改正する法律（昭和五十九年五月二十九日法律第四十八号）

第六十五条第一項中「(一の項に掲げる無線局にあつては五百キロヘルツ)」を削り、同項の表の一の項中「及び二千百八十二キロヘルツ」を「、二千百八十二キロヘルツ及び百五十六・八メガヘルツ」に改め、同表の一の二の項中「二千百八十二キロヘルツ」の下に「及び百五十六・八メガヘルツ」を加える。

（聴守義務）

第六十五条　次の表の上欄に掲げる無線局でそれぞれ同表の下欄に掲げる周波数の指定を受けているものは、同表の一の項及び一の二の項に掲げる無線局にあつては常時、同表の二の項及び五の項に掲げる無線局にあつてはその運用義務時間（無線局を運用しなければならない時間をいう。以下同じ。）中、同表の三の項及び四の項に掲げる無線局にあつては二時間を超えない範囲内において郵政省令で定める時間中、その無線局に係る同表の下欄に掲げる周波数（三の項及び五の項に掲げる無線局で五百キロヘルツ及び当該各項の郵政省令で定める周波数の指定を受けているものにあつては、五百キロヘルツとする。）で聴守しなければならない。

無線局	周波数
一　国際航海に従事する船舶の義務船舶局（漁船の義務船舶局で郵政省令で定めるもの及び一の二の項に掲げる無線局に該当するものを除く。）	五百キロサイクル、二千百八十二キロヘルツ及び百五十六・八メガヘルツ
一の二　国際航海に従事する船舶の義務船舶局であつて、船舶安全法第四条第二項の規定により無線電話をもつて無線電信に代えたもの	二千百八十二キロヘルツ及び百五十六・八メガヘルツ
二　第二種局、第三種局甲及び第三種局乙（これらの船舶無線電信局のうち、一の項に掲げる無線局に該当するものを除く。）	五百キロサイクル
三　第三種局丙（第一種局、第二種局、第三種局甲及び第三種局乙のいずれにも該当しない船舶無線電信局をいう。以下同じ。）	五百キロサイクル又は郵政省令で定める周波数
四　義務船舶局であつて、船舶安全法第四条第二項の規定により無線電話をもつて無線電信に代えたもの（国際航海に従事する船舶のものを除く。）	郵政省令で定める周波数
五　海岸局	五百キロサイクル又は郵政省令で定める周波数

2　前項の無線局は、第一沈黙時間及び第二沈黙時間を除いて現に通信を行なつている場合その他郵政省令で定める場合には、同項の規定による聴守をすることを要しない。ただし、警急自動受信機を施設している船舶局にあつては、この限りでない。

3　第一項の無線局は、その運用義務時間（第三種局丙及び同項の表の四の項に掲げる無線局にあつては、同項の郵政省令で定める時間）中は、警急自動受信機（同項の表の一の項に掲げる無線局にあつては、五百キロヘルツの周波数のもの）により聴守してはならない。ただし、第一沈黙時間及び第二沈黙時間を除いて現に通信を行つている場合その他郵政省令で定める場合は、この限りではない。

【　四十三次改正　】

電波法の一部を改正する法律（平成元年十一月七日法律第六十七号）

第六十五条に次の一項を加える。

（追加された第四項の規定は、後掲の条文の通り。）

（聴守義務）

第六十五条　次の表の上欄に掲げる無線局でそれぞれ同表の下欄に掲げる周波数の指定を受けているものは、同表の一の項及び一の二の項に掲げる無線局にあつては常時、同表の二の項及び五の項に掲げる無線局にあつてはその運用義務時間（無線局を運用しなければならない時間をいう。以下同じ。）中、同表の三の項及び四の項に掲げる無線局にあつては二時間を超えない範囲内において郵政省令で定める時間中、その無線局に係る同表の下欄に掲げる周波数（三の項及び五の項に掲げる無線局で五百キロヘルツ及び当該各項の郵政省令で定める周波数の指定を受けているものにあつては、五百キロヘルツとする。）で聴守しなければならない。

無線局	周波数
一　国際航海に従事する船舶の義務船舶局（漁船の義務船舶局で郵政省令で定めるもの及び一の二の項に掲げる無線局に該当するものを除く。）	五百キロサイクル、二千百八十二キロヘルツ及び百五十六・八メガヘルツ
一の二　国際航海に従事する船舶の義務船舶局であつて、船舶安全法第四条第二項の規定により無線電話をもつて無線電信に代えたもの	二千百八十二キロヘルツ及び百五十六・八メガヘルツ
二　第二種局、第三種局甲及び第三種局乙（これらの船舶無線電信局のうち、一の項に掲げる無線局に該当するものを除く。）	五百キロサイクル
三　第三種局丙（第一種局、第二種局、第三種局甲及び第三種局乙のいずれにも該当しない船舶無線電信局をいう。以下同じ。）	五百キロサイクル又は郵政省令で定める周波数
四　義務船舶局であつて、船舶安全法第四条第二項の規定により無線電話をもつて無線電信に代えたもの（国際航海に従事する船舶のものを除く。）	郵政省令で定める周波数
五　海岸局	五百キロサイクル又は郵政省令で定める周波数

2　前項の無線局は、第一沈黙時間及び第二沈黙時間を除いて現に通信を行なつている場合その他郵政省令で定める場合には、同項の規定による聴守をすることを要しない。ただし、警急自動受信機を施設している船舶局にあつては、この限りでない。

3　第一項の無線局は、その運用義務時間（第三種局丙及び同項の表の四の項に掲げる無線局にあつては、同項の郵政省令で定める時間）中は、警急自動受信機（同項の表の一の項に掲げる無線局にあつては、五百キロヘルツの周波数のもの）により聴守してはならない。ただし、第一沈黙時間及び第二沈黙時間を除いて現に通信を行つている場合その他郵政省令で定める場合は、この限りではない。

4　次の表の上欄に掲げる無線局で郵政省令で定める周波数（同表の三の項に掲げる無線局にあつては、同表の下欄に掲げる周波数とする。）の指定を受けているものは、同表の一の項及び二の項に掲げる無線局にあつては常時、同表の三の項に掲げる無線局にあつては郵政省令で定める時間中、その無線局に係る同表の下欄に掲げる周波数で聴守しなければならない。ただし、郵政省令で定める場合は、この限りでない。

無線局	周波数
一　デジタル選択呼出装置を施設している船舶局及び海岸局	指定を受けている周波数のうち郵政省令で定める周波数
二　船舶地球局及び海岸地球局	郵政省令で定める周波数
三　船舶局	百五十六・六五メガヘルツ

【四十四次改正】

電波法の一部を改正する法律（平成三年五月二日法律第六十七号）

第六十五条第一項から第三項までを削り、同条第四項中「周波数（同表の三の項に掲げる無線局にあつては、同表の下欄に掲げる周波数とする。）の指定を受けている」を削り、「時間中」の下に「、同表の四の項に掲げる無線局にあつてはその運用義務時間（無線局を運用しなければならない時間をいう。以下同じ。）中」を加え、「聴守しなければ」を「聴守（同表の四の項に掲げる無線局にあつては、警急自動受信機による聴守を除く。）をしなければ」に改め、同項の表の一の項中「指定を受けている周波数のうち」を削り、同表中

「

三　船舶局	百五十六・六五メガヘルツ

」を

「

三　船舶局	百五十六・六五メガヘルツ、百五十六・八メガヘルツ及び郵政省令で定める周波数
四　海岸局	五百キロヘルツ又は郵政省令で定める周波数

」に

改め、同項を同条とする。

（聴守義務）

第六十五条　次の表の上欄に掲げる無線局で郵政省令で定めるものは、同表の一の項及び二の項に掲げる無線局にあつては常時、同表の三の項に掲げる無線局にあつては郵政省令で定める時間中、同表の四の項に掲げる無線局にあつてはその運用義務時間（無線局を運用しなければならない時間をいう。以下同じ。）中、その無線局に係る同表の下欄に掲げる周波数で聴守（同表の四の項に掲げる無線局にあつては、警急自動受信機による聴守を除く。）をしなければならない。ただし、郵政省令で定める場合は、この限りでない。

無線局	周波数
一　デジタル選択呼出装置を施設している船舶局及び海岸局	郵政省令で定める周波数
二　船舶地球局及び海岸地球局	郵政省令で定める周波数
三　船舶局	百五十六・六五メガヘルツ、百五十六・八メガヘルツ及び郵政省令で定める周波数
四　海岸局	五百キロヘルツ又は郵政省令で定める周波数

[注釈]第一項から第三項までが削られ、第四項のみが残った。

【五十七次改正】

電波法の一部を改正する法律（平成十一年五月二十一日法律第四十七号）

第六十五条中「（同表の四の項に掲げる無線局にあつては、警急自動受信機による聴守を除く。）」を削り、同条の表四の項中「五百キロヘルツ又は」を削る。

（聴守義務）

第六十五条　次の表の上欄に掲げる無線局で郵政省令で定めるものは、同表の一の項及び二の項に掲げる無線局にあつては常時、同表の三の項に掲げる無線局にあ

つては郵政省令で定める時間中、同表の四の項に掲げる無線局にあつてはその運用義務時間（無線局を運用しなければならない時間をいう。以下同じ。）中、その無線局に係る同表の下欄に掲げる周波数で聴守をしなければならない。ただし、郵政省令で定める場合は、この限りでない。

無線局	周波数
一　デジタル選択呼出装置を施設している船舶局及び海岸局	郵政省令で定める周波数
二　船舶地球局及び海岸地球局	郵政省令で定める周波数
三　船舶局	百五十六・六五メガヘルツ、百五十六・八メガヘルツ及び郵政省令で定める周波数
四　海岸局	郵政省令で定める周波数

【六十二次改正】

中央省庁等改革関係法施行法（平成十一年十二月二十二日法律第百六十号）第百九十三条

本則（第九十九条の十二第二項を除く。）中「郵政大臣」を「総務大臣」に、「郵政省令」を「総務省令」に、「通商産業大臣」を「経済産業大臣」に、「建設大臣」を「国土交通大臣」に、「地方電気通信監理局長」を「総合通信局長」に、「沖縄郵政管理事務所長」を「沖縄総合通信事務所長」に改める。

（聴守義務）

第六十五条　次の表の上欄に掲げる無線局で総務省令で定めるものは、同表の一の項に掲げる無線局にあつては常時、同表の三の項に掲げる無線局にあつては総務省令で定める時間中、同表の四の項に掲げる無線局にあつてはその運用義務時間（無線局を運用しなければならない時間をいう。以下同じ。）中、その無線局に係る同表の下欄に掲げる周波数で聴守をしなければならない。ただし、総務省令で定める場合は、この限りでない。

無線局	周波数
一　デジタル選択呼出装置を施設している船舶局及び海岸局	総務省令で定める周波数
二　船舶地球局及び海岸地球局	総務省令で定める周波数
三　船舶局	百五十六・六五メガヘルツ、百五十六・八メガヘルツ及び総務省令で定める周波数
四　海岸局	総務省令で定める周波数

第六十六条

【制定】

電波法（昭和二十五年五月二日法律第百三十一号）

（遭難通信）

第六十六条　海岸局及び船舶局は、遭難通信を受信したときは、他の一切の無線通信に優先して、直ちにこれに応答し、且つ、遭難している船舶を救助するため最も便宜な位置にある無線局に対して通報する等救助の通信に関し最善の措置をとらなければならない。

2　無線局は、遭難信号を受信したときは、遭難通信を妨害するおそれのある電波の発射を直ちに中止しなければならない。

【一次改正】

電波法の一部を改正する法律（昭和二十七年七月三十一日法律第二百四十九号）

> 第六十六条第一項中「船舶」を「船舶又は航空機」に改める。

（遭難通信）

第六十六条　海岸局及び船舶局は、遭難通信を受信したときは、他の一切の無線通信に優先して、直ちにこれに応答し、且つ、遭難している船舶又は航空機を救助するため最も便宜な位置にある無線局に対して通報する等救助の通信に関し最善の措置をとらなければならない。

2　無線局は、遭難信号を受信したときは、遭難通信を妨害するおそれのある電波の発射を直ちに中止しなければならない。

【四十三次改正】

電波法の一部を改正する法律（平成元年十一月七日法律第六十七号）

> 第六十六条第一項中「及び船舶局」を「、海岸地球局、船舶局及び船舶地球局（次条及び第六十八条において「海岸局等」という。）」に、「且つ」を「かつ」に改め、「通報する等」の下に「郵政省令で定めるところにより」を加え、同条第二項中「遭難信号」の下に「又は第五十二条第一号の郵政省令で定める方法により行われる無線通信」を加える。

（遭難通信）

第六十六条　海岸局、海岸地球局、船舶局及び船舶地球局（次条及び第六十八条において「海岸局等」という。）は、遭難通信を受信したときは、他の一切の無線通信に優先して、直ちにこれに応答し、かつ、遭難している船舶又は航空機を救助するため最も便宜な位置にある無線局に対して通報する等郵政省令で定めるところにより救助の通信に関し最善の措置をとらなければならない。

2　無線局は、遭難信号又は第五十二条第一号の郵政省令で定める方法により行われる無線通信を受信したときは、遭難通信を妨害するおそれのある電波の発射を直ちに中止しなければならない。

【六十二次改正】

中央省庁等改革関係法施行法（平成十一年十二月二十二日法律第百六十号）第百九十三条

> 本則（第九十九条の十二第二項を除く。）中「郵政大臣」を「総務大臣」に、「郵政省令」を「総務省令」に、「通商産業大臣」を「経済産業大臣」に、「建設大臣」を「国土交通大臣」に、「地方電気通信監理局長」を「総合通信局長」に、「沖縄郵政管理事務所長」を「沖縄総合通信事務所長」に改める。

（遭難通信）

第六十六条　海岸局、海岸地球局、船舶局及び船舶地球局（次条及び第六十八条において「海岸局等」という。）は、遭難通信を受信したときは、他の一切の無線通信に優先して、直ちにこれに応答し、かつ、遭難している船舶又は航空機を救助するため最も便宜な位置にある無線局に対して通報する等総務省令で定めるところにより救助の通信に関し最善の措置をとらなければならない。

2　無線局は、遭難信号又は第五十二条第一号の総務省令で定める方法により行われる無線通信を受信したときは、遭難通信を妨害するおそれのある電波の発射を直ちに中止しなければならない。

第六十七条

【制定】

電波法（昭和二十五年五月二日法律第百三十一号）

（緊急通信）

第六十七条　海岸局及び船舶局は、遭難通信に次ぐ優先順位をもつて、緊急通信を取り扱わなければならない。

2　海岸局及び船舶局は、緊急信号を受信したときは、遭難通信を行う場合を除き、少くとも三分間継続してその緊急通信を受信しなければならない。

【四十三次改正】

電波法の一部を改正する法律（平成元年十一月七日法律第六十七号）

第六十七条第一項中「海岸局及び船舶局」を「海岸局等」に改め、同条第二項中「海岸局及び船舶局」を「海岸局等」に改め、「緊急信号」の下に「又は第五十二条第二号の郵政省令で定める方法により行われる無線通信」を加え、「少くとも三分間」を「その通信が自局に関係のないことを確認するまでの間（郵政省令で定める場合には、少なくとも三分間）」に改める。

（緊急通信）

第六十七条　海岸局等は、遭難通信に次ぐ優先順位をもつて、緊急通信を取り扱わなければならない。

2　海岸局等は、緊急信号又は第五十二条第二号の郵政省令で定める方法により行われる無線通信を受信したときは、遭難通信を行う場合を除き、その通信が自局に関係のないことを確認するまでの間（郵政省令で定める場合には、少なくとも三分間）継続してその緊急通信を受信しなければならない。

【六十二次改正】

中央省庁等改革関係法施行法（平成十一年十二月二十二日法律第百六十号）第百九十三条

本則（第九十九条の十二第二項を除く。）中「郵政大臣」を「総務大臣」に、「郵政省令」を「総務省令」に、「通商産業大臣」を「経済産業大臣」に、「建設大臣」を「国土交通大臣」に、「地方電気通信監理局長」を「総合通信局長」に、「沖縄郵政管理事務所長」を「沖縄総合通信事務所長」に改める。

（緊急通信）

第六十七条　海岸局等は、遭難通信に次ぐ優先順位をもつて、緊急通信を取り扱わなければならない。

2　海岸局等は、緊急信号又は第五十二条第二号の総務省令で定める方法により行われる無線通信を受信したときは、遭難通信を行う場合を除き、その通信が自局に関係のないことを確認するまでの間（総務省令で定める場合には、少なくとも三分間）継続してその緊急通信を受信しなければならない。

第六十八条

【制定】

電波法（昭和二十五年五月二日法律第百三十一号）

（安全通信）

第六十八条　海岸局及び船舶局は、すみやかに、且つ、確実に安全通信を取り扱わなければならない。

２　海岸局及び船舶局は、安全信号を受信したときは、その通信が自局に関係のないことを確認するまでその安全通信を受信しなければならない。

【四十三次改正】

電波法の一部を改正する法律（平成元年十一月七日法律第六十七号）

> 第六十八条第一項中「海岸局及び船舶局」を「海岸局等」に、「すみやかに、且つ」を「速やかに、かつ」に改め、同条第二項中「海岸局及び船舶局」を「海岸局等」に改め、「安全信号」の下に「又は第五十二条第三号の郵政省令で定める方法により行われる無線通信」を加える。

（安全通信）

第六十八条　海岸局等は、速やかに、かつ、確実に安全通信を取り扱わなければならない。

２　海岸局等は、安全信号又は第五十二条第三号の郵政省令で定める方法により行われる無線通信を受信したときは、その通信が自局に関係のないことを確認するまでその安全通信を受信しなければならない。

【六十二次改正】

中央省庁等改革関係法施行法（平成十一年十二月二十二日法律第百六十号）第百九十三条

> 本則（第九十九条の十二第二項を除く。）中「郵政大臣」を「総務大臣」に、「郵政省令」を「総務省令」に、「通商産業大臣」を「経済産業大臣」に、「建設大臣」を「国土交通大臣」に、「地方電気通信監理局長」を「総合通信局長」に、「沖縄郵政管理事務所長」を「沖縄総合通信事務所長」に改める。

（安全通信）

第六十八条　海岸局等は、速やかに、かつ、確実に安全通信を取り扱わなければならない。

２　海岸局等は、安全信号又は第五十二条第三号の総務省令で定める方法により行われる無線通信を受信したときは、その通信が自局に関係のないことを確認するまでその安全通信を受信しなければならない。

第六十九条

【制定】

電波法（昭和二十五年五月二日法律第百三十一号）

（船舶局の機器の調整のための通信）

第六十九条　海岸局又は船舶局は、他の船舶局から無線設備の機器の調整のための通信を求められたときは、支障のない限り、これに応じなければならない。

第七十条

【制定】

電波法（昭和二十五年五月二日法律第百三十一号）

（通信圏入出の通知）

第七十条　船舶無線電信局は、海岸局の通信圏に入つたとき、又はその通信圏を去ろうとするときは、その旨をその海岸局に通知しなければならない。但し、電波監理委員会規則で定める場合は、この限りでない。

2　前項の海岸局の通信圏は、電波監理委員会規則で定める。

【三次改正】

郵政省設置法の一部改正に伴う関係法令の整理に関する法律（昭和二十七年七月三十一日法律第二百八十号）第二条

「電波監理委員会規則」を「郵政省令」に改める。

（通信圏入出の通知）

第七十条　船舶無線電信局は、海岸局の通信圏に入つたとき、又はその通信圏を去ろうとするときは、その旨をその海岸局に通知しなければならない。但し、郵政省令で定める場合は、この限りでない。

2　前項の海岸局の通信圏は、郵政省令で定める。

【四十四次改正】

電波法の一部を改正する法律（平成三年五月二日法律第六十七号）

第七十条を次のように改める。
（改正後の規定は、後掲の条文の通り。）

第七十条　削除

第三節　航空局及び航空機局の運用

【一次改正】

電波法の一部を改正する法律（昭和二十七年七月三十一日法律第二百四十九号）

第五章中第七十条の次に次の一節を加える。
（追加された第五章第三節の節名は、前掲の通り。）

【四十一次改正】

電波法の一部を改正する法律（平成元年十一月七日法律第六十七号）

「第三節　航空局及び航空機局の運用」を「第三節　航空局等の運用」に改める。

第三節　航空局等の運用

第七十条の二

【一次改正】

電波法の一部を改正する法律（昭和二十七年七月三十一日法律第二百四十九号）

> 第五章中第七十条の次に次の一節を加える。
> （追加された第七十条の二の規定は、後掲の条文の通り。）

（航空機局の運用）

第七十条の二　航空機局の運用は、その航空機の航行中及び航行の準備中に限る。但し、受信装置のみを運用するとき、第五十二条各号に掲げる通信を行うとき、その他電波監理委員会規則で定める場合は、この限りでない。

2　航空局又は海岸局は、航空機局から自局の運用に妨害を受けたときは、妨害している航空機局に対して、その妨害を除去するために必要な措置をとることを求めることができる。

3　航空機局は、航空局と通信を行う場合において、通信の順序若しくは時刻又は使用電波の型式若しくは周波数について、航空局から指示を受けたときは、その指示に従わなければならない。

【三次改正】

郵政省設置法の一部改正に伴う関係法令の整理に関する法律（昭和二十七年七月三十一日法律第二百八十号）第二条

> 「電波監理委員会規則」を「郵政省令」に改める。

（航空機局の運用）

第七十条の二　航空機局の運用は、その航空機の航行中及び航行の準備中に限る。但し、受信装置のみを運用するとき、第五十二条各号に掲げる通信を行うとき、その他郵政省令で定める場合は、この限りでない。

2　航空局又は海岸局は、航空機局から自局の運用に妨害を受けたときは、妨害している航空機局に対して、その妨害を除去するために必要な措置をとることを求めることができる。

3　航空機局は、航空局と通信を行う場合において、通信の順序若しくは時刻又は使用電波の型式若しくは周波数について、航空局から指示を受けたときは、その指示に従わなければならない。

【七次改正】

電波法の一部を改正する法律（昭和三十三年五月六日法律第百四十号）

> 第七十条の二第二項中「航空局」の下に「（航空機局と通信を行うため陸上に開設する無線局をいう。以下同じ。）」を加える。

（航空機局の運用）

第七十条の二　航空機局の運用は、その航空機の航行中及び航行の準備中に限る。但し、受信装置のみを運用するとき、第五十二条各号に掲げる通信を行うとき、その他郵政省令で定める場合は、この限りでない。

2　航空局（航空機局と通信を行うため陸上に開設する無線局をいう。以下同じ。）又は海岸局は、航空機局から自局の運用に妨害を受けたときは、妨害している航空機局に対して、その妨害を除去するために必要な措置をとることを求めることができる。

3　航空機局は、航空局と通信を行う場合において、通信の順序若しくは時刻又は使用電波の型式若しくは周波数について、航空局から指示を受けたときは、その指示に従わなければならない。

【六十二次改正】

中央省庁等改革関係法施行法（平成十一年十二月二十二日法律第百六十号）第百九十三条

本則（第九十九条の十二第二項を除く。）中「郵政大臣」を「総務大臣」に、「郵政省令」を「総務省令」に、「通商産業大臣」を「経済産業大臣」に、「建設大臣」を「国土交通大臣」に、「地方電気通信監理局長」を「総合通信局長」に、「沖縄郵政管理事務所長」を「沖縄総合通信事務所長」に改める。

（航空機局の運用）

第七十条の二　航空機局の運用は、その航空機の航行中及び航行の準備中に限る。但し、受信装置のみを運用するとき、第五十二条各号に掲げる通信を行うとき、その他総務省令で定める場合は、この限りでない。

２　航空局（航空機局と通信を行うため陸上に開設する無線局をいう。以下同じ。）又は海岸局は、航空機局から自局の運用に妨害を受けたときは、妨害している航空機局に対して、その妨害を除去するために必要な措置をとることを求めることができる。

３　航空機局は、航空局と通信を行う場合において、通信の順序若しくは時刻又は使用電波の型式若しくは周波数について、航空局から指示を受けたときは、その指示に従わなければならない。

第七十条の三

【一次改正】

電波法の一部を改正する法律（昭和二十七年七月三十一日法律第二百四十九号）

第五章中第七十条の次に次の一節を加える。
（追加された第七十条の三の規定は、後掲の条文の通り。）

（運用義務時間）

第七十条の三　義務航空機局は、電波監理委員会規則で定める時間運用しなければならない。

２　航空局は、常時運用しなければならない。但し、電波監理委員会規則で定める場合は、この限りでない。

【三次改正】

郵政省設置法の一部改正に伴う関係法令の整理に関する法律（昭和二十七年七月三十一日法律第二百八十号）第二条

「電波監理委員会規則」を「郵政省令」に改める。

（運用義務時間）

第七十条の三　義務航空機局は、郵政省令で定める時間運用しなければならない。

２　航空局は、常時運用しなければならない。但し、郵政省令で定める場合は、この限りでない。

【四十一次改正】

電波法の一部を改正する法律（平成元年十一月七日法律第六十七号）

第七十条の三第一項中「義務航空機局」の下に「及び航空機地球局」を加え、同条第二項中「航空局」の下に「及び航空地球局（電気通信業務を行うことを目的として陸上に開設する無線局であつて、人工衛星局の中継により航空機地球局と無線通信を行うものをいう。次条において同じ。）」を加え、「但し」を「ただし」に改める。

（運用義務時間）

第七十条の三　義務航空機局及び航空機地球局は、郵政省令で定める時間運用しなければならない。

２　航空局及び航空地球局（電気通信業務を行うことを目的として陸上に開設する無線局であつて、人工衛星局の中継により航空機地球局と無線通信を行うものをいう。次条において同じ。）は、常時運用しなければならない。ただし、郵政省令で定める場合は、この限りでない。

【五十九次改正】

電波法の一部を改正する法律（平成十一年五月二十一日法律第四十七号）

第七十条の三第二項中「電気通信業務を行うことを目的として」を削る。

（運用義務時間）

第七十条の三　義務航空機局及び航空機地球局は、郵政省令で定める時間運用しなければならない。

２　航空局及び航空地球局（陸上に開設する無線局であつて、人工衛星局の中継により航空機地球局と無線通信を行うものをいう。次条において同じ。）は、常時運用しなければならない。ただし、郵政省令で定める場合は、この限りでない。

【六十二次改正】

中央省庁等改革関係法施行法（平成十一年十二月二十二日法律第百六十号）第百九十三条

本則（第九十九条の十二第二項を除く。）中「郵政大臣」を「総務大臣」に、「郵政省令」を「総務省令」に、「通商産業大臣」を「経済産業大臣」に、「建設大臣」を「国土交通大臣」に、「地方電気通信監理局長」を「総合通信局長」に、「沖縄郵政管理事務所長」を「沖縄総合通信事務所長」に改める。

（運用義務時間）

第七十条の三　義務航空機局及び航空機地球局は、総務省令で定める時間運用しなければならない。

２　航空局及び航空地球局（陸上に開設する無線局であつて、人工衛星局の中継により航空機地球局と無線通信を行うものをいう。次条において同じ。）は、常時運用しなければならない。ただし、総務省令で定める場合は、この限りでない。

第七十条の四

【一次改正】

電波法の一部を改正する法律（昭和二十七年七月三十一日法律第二百四十九号）

第五章中第七十条の次に次の一節を加える。
（追加された第七十条の四の規定は、後掲の条文の通り。）

（聴守義務）

第七十条の四　航空局及び航空機局は、その運用義務時間中は、電波監理委員会規則で定める周波数で聴守しなければならない。但し、電波監理委員会規則で定める場合は、この限りでない。

【三次改正】

郵政省設置法の一部改正に伴う関係法令の整理に関する法律（昭和二十七年七月三十一日法律第二百八十号）第二条

「電波監理委員会規則」を「郵政省令」に改める。

（聴守義務）

第七十条の四　航空局及び航空機局は、その運用義務時間中は、郵政省令で定める周波数で聴守しなければならない。但し、郵政省令で定める場合は、この限りでない。

【四十一次改正】

電波法の一部を改正する法律（平成元年十一月七日法律第六十七号）

第七十条の四中「及び航空機局」を「、航空地球局、航空機局及び航空機地球局（第七十条の六第二項において「航空局等」という。）」に、「但し」を「ただし」に改める。

（聴守義務）

第七十条の四　航空局、航空地球局、航空機局及び航空機地球局（第七十条の六第二項において「航空局等」という。）は、その運用義務時間中は、郵政省令で定める周波数で聴守しなければならない。ただし、郵政省令で定める場合は、この限りでない。

【六十二次改正】

中央省庁等改革関係法施行法（平成十一年十二月二十二日法律第百六十号）第百九十三条

本則（第九十九条の十二第二項を除く。）中「郵政大臣」を「総務大臣」に、「郵政省令」を「総務省令」に、「通商産業大臣」を「経済産業大臣」に、「建設大臣」を「国土交通大臣」に、「地方電気通信監理局長」を「総合通信局長」に、「沖縄郵政管理事務所長」を「沖縄総合通信事務所長」に改める。

（聴守義務）

第七十条の四　航空局、航空地球局、航空機局及び航空機地球局（第七十条の六第二項において「航空局等」という。）は、その運用義務時間中は、総務省令で定める周波数で聴守しなければならない。ただし、総務省令で定める場合は、この限りでない。

第七十条の五

【一次改正】

電波法の一部を改正する法律（昭和二十七年七月三十一日法律第二百四十九号）

第五章中第七十条の次に次の一節を加える。

（追加された第七十条の五の規定は、後掲の条文の通り。）

（航空機局の通信連絡）

第七十条の五　航空機局は、その航空機の航行中は、電波監理委員会規則で定める方法により、電波監理委員会規則で定める航空局と連絡しなければならない。

【三次改正】

郵政省設置法の一部改正に伴う関係法令の整理に関する法律（昭和二十七年七月三十一日法律第二百八十号）第二条

> 「電波監理委員会規則」を「郵政省令」に改める。

（航空機局の通信連絡）

第七十条の五　航空機局は、その航空機の航行中は、郵政省令で定める方法により、郵政省令で定める航空局と連絡しなければならない。

【六十二次改正】

中央省庁等改革関係法施行法（平成十一年十二月二十二日法律第百六十号）第百九十三条

> 本則（第九十九条の十二第二項を除く。）中「郵政大臣」を「総務大臣」に、「郵政省令」を「総務省令」に、「通商産業大臣」を「経済産業大臣」に、「建設大臣」を「国土交通大臣」に、「地方電気通信監理局長」を「総合通信局長」に、「沖縄郵政管理事務所長」を「沖縄総合通信事務所長」に改める。

（航空機局の通信連絡）

第七十条の五　航空機局は、その航空機の航行中は、総務省令で定める方法により、総務省令で定める航空局と連絡しなければならない。

第七十条の五の二

【百四次改正】

電波法及び電気通信事業法等の一部を改正する法律（平成二十九年五月十二日法律第二十七号）第一条

> 第七十条の五の次に次の一条を加える。
> （追加された第七十条の五の二の規定は、後掲の条文の通り。）

（無線設備等保守規程の認定等）

第七十条の五の二　航空機局等（航空機局又は航空機地球局（電気通信業務を行うことを目的とするものを除く。）をいう。以下この条において同じ。）の免許人は、総務省令で定めるところにより、当該航空機局等に係る無線局の基準適合性（無線局の無線設備がその工事設計に合致しており、かつ、その無線従事者の資格（第三十九条第三項に規定する主任無線従事者の要件に係るものを含む。）及び員数が第三十九条及び第四十条の規定に、その時計及び書類が第六十条の規定にそれぞれ違反していないことをいう。次項において同じ。）を確保するための無線設備等の点検その他の保守に関する規程（以下「無線設備等保守規程」という。）を作成し、これを総務大臣に提出して、その認定を受けることができる。

2　総務大臣は、前項の認定の申請があつた場合において、その申請に係る無線設備等保守規程が次の各号のいずれにも適合していると認めるときは、同項の認定をするものとする。

一　第七十三条第一項の総務省令で定める時期を勘案して総務省令で定める時期ごとに、その申請に係る航空機局等に係る無線局の基準適合性を確認するものであること。

二　その申請に係る航空機局等に係る無線局の基準適合性を確保するために十分なものであること。

3　第一項の認定を受けた免許人（以下この条において「認定免許人」という。）

は、当該認定を受けた無線設備等保守規程を変更しようとするときは、総務省令で定めるところにより、総務大臣の認定を受けなければならない。ただし、総務省令で定める軽微な変更については、この限りでない。

4　第二項の規定は、前項の変更の認定について準用する。

5　認定免許人は、第三項ただし書の総務省令で定める軽微な変更をしたときは、遅滞なく、その旨を総務大臣に届け出なければならない。

6　認定免許人は、毎年、総務省令で定めるところにより、第一項の認定を受けた無線設備等保守規程（第三項の変更の認定又は前項の変更の届出があつたときは、その変更後のもの。次項において同じ。）に従つて行う当該認定に係る航空機局等の無線設備等の点検その他の保守の実施状況について総務大臣に報告しなければならない。

7　総務大臣は、次の各号のいずれかに該当するときは、第一項の認定を取り消すことができる。

一　第一項の認定を受けた無線設備等保守規程が第二項各号のいずれかに適合しなくなつたと認めるとき。

二　認定免許人が第一項の認定を受けた無線設備等保守規程に従つて当該認定に係る航空機局等の無線設備等の点検その他の保守を行つていないと認めるとき。

三　認定免許人が不正な手段により第一項の認定又は第三項の変更の認定を受けたとき。

8　総務大臣は、前項（第一号を除く。）の規定により第一項の認定の取消しをしたときは、当該認定免許人であつた者が受けている他の無線設備等保守規程の同項の認定を取り消すことができる。

9　第二十条第一項、第七項及び第九項の規定は、認定免許人について準用する。この場合において、同条第七項中「船舶局若しくは船舶地球局（電気通信業務を行うことを目的とするものを除く。）のある船舶又は無線設備が遭難自動通報設備若しくはレーダーのみの無線局のある船舶」とあるのは「第七十条の五の二第一項の認定に係る同項に規定する航空機局等のある航空機」と、「船舶の」とあるのは「航空機の」と、「船舶を」とあるのは「航空機を」と、同条第九項中「前二項」とあるのは「第七項」と読み替えるものとする。

10　認定免許人が開設している第一項の認定に係る航空機局等については、第七十三条第一項の規定は、適用しない。

［注釈］この改正は、本書収録の基準日である平成二十九年六月十八日において未施行である。

第七十条の六

【一次改正】

電波法の一部を改正する法律（昭和二十七年七月三十一日法律第二百四十九号）

第五章中第七十条の次に次の一節を加える。

（追加された第七十条の六の規定は、後掲の条文の通り。）

（準用）

第七十条の六　第六十四条第一項（第一沈黙時間）及び第六十六条から第六十九条まで（遭難通信、緊急通信、安全通信及び船舶局の機器の調整のための通信）の規定は、航空局及び航空機局の運用について準用する。

【 十二次改正 】

電波法の一部を改正する法律（昭和四十年六月二日法律第百十四号）

第七十条の六中「第六十四条第一項（第一沈黙時間）」を「第六十四条（沈黙時間）」に改める。

（準用）

第七十条の六　第六十四条（沈黙時間）及び第六十六条から第六十九条まで（遭難通信、緊急通信、安全通信及び船舶局の機器の調整のための通信）の規定は、航空局及び航空機局の運用について準用する。

【 四十一次改正 】

電波法の一部を改正する法律（平成元年十一月七日法律第六十七号）

第七十条の六中「第六十六条から第六十九条まで（遭難通信、緊急通信、安全通信及び」を「第六十九条（」に改め、同条に次の一項を加える。
（追加された第二項の規定は、後掲の条文の通り。）

（準用）

第七十条の六　第六十四条（沈黙時間）及び第六十九条（船舶局の機器の調整のための通信）の規定は、航空局及び航空機局の運用について準用する。

2　第六十六条（遭難通信）及び第六十七条（緊急通信）の規定は、航空局等の運用について準用する。

【 五十七次改正 】

電波法の一部を改正する法律（平成十一年五月二十一日法律第四十七号）

第七十条の六第一項中「第六十四条（沈黙時間）及び」を削る。

（準用）

第七十条の六　第六十九条（船舶局の機器の調整のための通信）の規定は、航空局及び航空機局の運用について準用する。

2　第六十六条（遭難通信）及び第六十七条（緊急通信）の規定は、航空局等の運用について準用する。

第四節　無線局の運用の特例

【 八十四次改正 】

放送法等の一部を改正する法律（平成十九年十二月二十八日法律第百三十六号）第二条

第五章第三節の次に次の一節を加える。
（追加された第五章第四節の節名は前掲の通り。）

第七十条の七

【 八十四次改正 】

放送法等の一部を改正する法律（平成十九年十二月二十八日法律第百三十六号）第二条

第五章第三節の次に次の一節を加える。

（追加された第五章第四節中の第七十条の七の規定は、後掲の条文の通り。）

（非常時運用人による無線局の運用）

第七十条の七　無線局（その運用が、専ら第三十九条第一項本文の総務省令で定める簡易な操作によるものに限る。）の免許人等は、地震、台風、洪水、津波、雪害、火災、暴動その他非常の事態が発生し、又は発生するおそれがある場合において、人命の救助、災害の救援、交通通信の確保又は秩序の維持のために必要な通信を行うときは、当該無線局の免許等が効力を有する間、当該無線局を自己以外の者に運用させることができる。

２　前項の規定により無線局を自己以外の者に運用させた免許人等は、遅滞なく、当該無線局を運用する自己以外の者（以下この条において「非常時運用人」という。）の氏名又は名称、非常時運用人による運用の期間その他の総務省令で定める事項を総務大臣に届け出なければならない。

３　前項に規定する免許人等は、当該無線局の運用が適正に行われるよう、総務省令で定めるところにより、非常時運用人に対し、必要かつ適切な監督を行わなければならない。

４　第七十四条の二第二項、第七十六条第一項及び第二項、第七十六条の二の二並びに第八十一条の規定は、非常時運用人について準用する。この場合において、必要な技術的読替えは、政令で定める。

【八十五次改正】

電波法の一部を改正する法律（平成二十年五月三十日法律第五十号）

第七十条の七第一項中「操作」の下に「（次条第一項において単に「簡易な操作」という。）」を加える。

（非常時運用人による無線局の運用）

第七十条の七　無線局（その運用が、専ら第三十九条第一項本文の総務省令で定める簡易な操作（次条第一項において単に「簡易な操作」という。）によるものに限る。）の免許人等は、地震、台風、洪水、津波、雪害、火災、暴動その他非常の事態が発生し、又は発生するおそれがある場合において、人命の救助、災害の救援、交通通信の確保又は秩序の維持のために必要な通信を行うときは、当該無線局の免許等が効力を有する間、当該無線局を自己以外の者に運用させることができる。

２　前項の規定により無線局を自己以外の者に運用させた免許人等は、遅滞なく、当該無線局を運用する自己以外の者（以下この条において「非常時運用人」という。）の氏名又は名称、非常時運用人による運用の期間その他の総務省令で定める事項を総務大臣に届け出なければならない。

３　前項に規定する免許人等は、当該無線局の運用が適正に行われるよう、総務省令で定めるところにより、非常時運用人に対し、必要かつ適切な監督を行わなければならない。

４　第七十四条の二第二項、第七十六条第一項及び第二項、第七十六条の二の二並びに第八十一条の規定は、非常時運用人について準用する。この場合において、必要な技術的読替えは、政令で定める。

【八十九次改正】

放送法等の一部を改正する法律（平成二十二年十二月三日法律第六十五号）第三条

第七十条の七第四項及び第七十条の九第三項中「及び第二項」を「及び第三項」に改める。

（非常時運用人による無線局の運用）

第七十条の七　無線局（その運用が、専ら第三十九条第一項本文の総務省令で定める簡易な操作（次条第一項において単に「簡易な操作」という。）によるものに限る。）の免許人等は、地震、台風、洪水、津波、雪害、火災、暴動その他非常の事態が発生し、又は発生するおそれがある場合において、人命の救助、災害の救援、交通通信の確保又は秩序の維持のために必要な通信を行うときは、当該無線局の免許等が効力を有する間、当該無線局を自己以外の者に運用させることができる。

2　前項の規定により無線局を自己以外の者に運用させた免許人等は、遅滞なく、当該無線局を運用する自己以外の者（以下この条において「非常時運用人」という。）の氏名又は名称、非常時運用人による運用の期間その他の総務省令で定める事項を総務大臣に届け出なければならない。

3　前項に規定する免許人等は、当該無線局の運用が適正に行われるよう、総務省令で定めるところにより、非常時運用人に対し、必要かつ適切な監督を行わなければならない。

4　第七十四条の二第二項、第七十六条第一項及び第三項、第七十六条の二の二並びに第八十一条の規定は、非常時運用人について準用する。この場合において、必要な技術的読替えは、政令で定める。

第七十条の八

【八十四次改正】

放送法等の一部を改正する法律（平成十九年十二月二十八日法律第百三十六号）第二条

第五章第三節の次に次の一節を加える。
（追加された第五章第四節中の第七十条の八の規定は、後掲の条文の通り。）

（登録人以外の者による登録局の運用）

第七十条の八　登録局の登録人は、当該登録局の登録人以外の者による運用が電波の能率的な利用に資するものであり、かつ、他の無線局の運用に混信その他の妨害を与えるおそれがないと認める場合には、当該登録局の登録が効力を有する間、当該登録局を自己以外の者に運用させることができる。ただし、登録人以外の者が第二十七条の二十第二項各号（第二号を除く。）のいずれかに該当するときは、この限りでない。

2　前条第二項及び第三項の規定は、前項の規定により自己以外の者に登録局を運用させた登録人について準用する。

3　第三十九条第四項及び第七項、第五十一条、第七十四条の二第二項、第七十六条第一項及び第二項、第七十六条の二の二並びに第八十一条の規定は、第一項の規定により登録局を運用する当該登録局の登録人以外の者について準用する。

4　前二項の場合において、必要な技術的読替えは、政令で定める。

【八十五次改正】

電波法の一部を改正する法律（平成二十年五月三十日法律第五十号）

第七十条の八第二項中「前条第二項」を「第七十条の七第二項」に改め、第五章第四節中同条を第七十条の九とし、第七十条の七の次に次の一条を加える。
（追加された第七十条の八の規定は、後掲の条文の通り。）

（免許人以外の者による特定の無線局の簡易な操作による運用）

第七十条の八　電気通信業務を行うことを目的として開設する無線局（無線設備の

設置場所、空中線電力等を勘案して、簡易な操作で運用することにより他の無線局の運用を阻害するような混信その他の妨害を与えないように運用することができるものとして総務省令で定めるものに限る。）の免許人は、当該無線局の免許人以外の者による運用（簡易な操作によるものに限る。以下この条において同じ。）が電波の能率的な利用に資するものである場合には、当該無線局の免許が効力を有する間、自己以外の者に当該無線局の運用を行わせることができる。ただし、免許人以外の者が第五条第三項各号のいずれかに該当するときは、この限りでない。

2　前条第二項及び第三項の規定は、前項の規定により自己以外の者に無線局の運用を行わせた免許人について準用する。

3　第七十四条の二第二項、第七十六条第一項及び第八十一条の規定は、第一項の規定により無線局の運用を行う当該無線局の免許人以外の者について準用する。

4　前二項の場合において、必要な技術的読替えは、政令で定める。

［注釈］この改正により第七十条の九に繰り下げられた規定については、同条の項を参照されたい。

第七十条の九

【八十五次改正】

電波法の一部を改正する法律（平成二十年五月三十日法律第五十号）

> 第七十条の八第二項中「前条第二項」を「第七十条の七第二項」に改め、第五章第四節中同条を第七十条の九とし、第七十条の七の次に次の一条を加える。

（登録人以外の者による登録局の運用）

第七十条の九　登録局の登録人は、当該登録局の登録人以外の者による運用が電波の能率的な利用に資するものであり、かつ、他の無線局の運用に混信その他の妨害を与えるおそれがないと認める場合には、当該登録局の登録が効力を有する間、当該登録局を自己以外の者に運用させることができる。ただし、登録人以外の者が第二十七条の二十第二項各号（第二号を除く。）のいずれかに該当するときは、この限りでない。

2　第七十条の七第二項及び第三項の規定は、前項の規定により自己以外の者に登録局を運用させた登録人について準用する。

3　第三十九条第四項及び第七項、第五十一条、第七十四条の二第二項、第七十六条第一項及び第二項、第七十六条の二の二並びに第八十一条の規定は、第一項の規定により登録局を運用する当該登録局の登録人以外の者について準用する。

4　前二項の場合において、必要な技術的読替えは、政令で定める。

［注釈］この改正により第七十条の八が第七十条の九に繰り下げられた。ついては、改正前冒の規定は、第七十条の八の項を参照されたい。

【八十九次改正】

放送法等の一部を改正する法律（平成二十二年十二月三日法律第六十五号）第三条

> 第七十条の七第四項及び第七十条の九第三項中「及び第二項」を「及び第三項」に改める。

（登録人以外の者による登録局の運用）

第七十条の九　登録局の登録人は、当該登録局の登録人以外の者による運用が電波

の能率的な 利用に資するものであり、かつ、他の無線局の運用に混信その他の妨害を与えるおそれがないと認める場合には、当該登録局の登録が効力を有する間、当該登録局を自己以外の者 に運用させることができる。ただし、登録人以外の者が第二十七条の二十第二項各号（第二号を除く。）のいずれかに該当するときは、この限りでない。

2　第七十条の七第二項及び第三項の規定は、前項の規定により自己以外の者に登録局を運用させた登録人について準用する。

3　第三十九条第四項及び第七項、第五十一条、第七十四条の二第二項、第七十六条第一項及び第三項、第七十六条の二の二並びに第八十一条の規定は、第一項の規定により登録局を運用する当該登録局の登録人以外の者について準用する。

4　前二項の場合において、必要な技術的読替えは、政令で定める。

第二編　電波法の変遷

第二部　一次改正から百五次改正までの逐条改正経緯

第六章　監督

第七十一条

【制定】

電波法（昭和二十五年五月二日法律第百三十一号）

（周波数等の変更）

第七十一条　電波監理委員会は、電波の規整その他公益上必要があるときは、当該無線局の目的の遂行に支障を及ぼさない範囲内に限り、無線局の周波数又は空中線電力の指定を変更することができる。

２　国は、前項の規定による無線局の周波数又は空中線電力の指定の変更によつて生じた損失を当該免許人に対して補償しなければならない。

３　前項の規定により補償すべき損失は、同項の処分によつて通常生ずべき損失とする。

４　第二項の補償金額に不服がある者は、補償金額決定の通知を受けた日から三箇月以内に、訴をもつて、その増額を請求することができる。

５　前項の訴においては、国を被告とする。

【三次改正】

郵政省設置法の一部改正に伴う関係法令の整理に関する法律（昭和二十七年七月三十一日法律第二百八十号）第二条

> 「電波監理委員会」を「郵政大臣」に改める。

（周波数等の変更）

第七十一条　郵政大臣は、電波の規整その他公益上必要があるときは、当該無線局の目的の遂行に支障を及ぼさない範囲内に限り、無線局の周波数又は空中線電力の指定を変更することができる。

２　国は、前項の規定による無線局の周波数又は空中線電力の指定の変更によつて生じた損失を当該免許人に対して補償しなければならない。

３　前項の規定により補償すべき損失は、同項の処分によつて通常生ずべき損失とする。

４　第二項の補償金額に不服がある者は、補償金額決定の通知を受けた日から三箇月以内に、訴をもつて、その増額を請求することができる。

５　前項の訴においては、国を被告とする。

【二十三次改正】

電波法の一部を改正する法律（昭和五十四年十二月十八日法律第六十七号）

> 第七十一条第一項中「又は」を「若しくは」に、「変更する」を「変更し、又は人工衛星局の無線設備の設置場所の変更を命ずる」に改め、同条第二項中「又は」を「若しくは」に改め、「指定の変更」の下に「又は人工衛星局の無線設備の設置場所の変更を命じたこと」を加え、同条に次の一項を加える。
> （追加された第六項の規定は、後掲の条文の通り。）

（周波数等の変更）

第七十一条　郵政大臣は、電波の規整その他公益上必要があるときは、当該無線局の目的の遂行に支障を及ぼさない範囲内に限り、無線局の周波数若しくは空中線電力の指定を変更し、又は人工衛星局の無線設備の設置場所の変更を命ずることができる。

２　国は、前項の規定による無線局の周波数若しくは空中線電力の指定の変更又は人工衛星局の無線設備の設置場所の変更を命じたことによつて生じた損失を当該免許人に対して補償しなければならない。

3　前項の規定により補償すべき損失は、同項の処分によつて通常生ずべき損失とする。

4　第二項の補償金額に不服がある者は、補償金額決定の通知を受けた日から三箇月以内に、訴をもつて、その増額を請求することができる。

5　前項の訴においては、国を被告とする。

6　第一項の規定により人工衛星局の無線設備の設置場所の変更の命令を受けた免許人は、その命令に係る措置を講じたときは、速やかに、その旨を郵政大臣に報告しなければならない。

【六十二次改正】

中央省庁等改革関係法施行法（平成十一年十二月二十二日法律第百六十号）第百九十三条

> 本則（第九十九条の十二第二項を除く。）中「郵政大臣」を「総務大臣」に、「郵政省令」を「総務省令」に、「通商産業大臣」を「経済産業大臣」に、「建設大臣」を「国土交通大臣」に、「地方電気通信監理局長」を「総合通信局長」に、「沖縄郵政管理事務所長」を「沖縄総合通信事務所長」に改める。

（周波数等の変更）

第七十一条　総務大臣は、電波の規整その他公益上必要があるときは、当該無線局の目的の遂行に支障を及ぼさない範囲内に限り、無線局の周波数若しくは空中線電力の指定を変更し、又は人工衛星局の無線設備の設置場所の変更を命ずることができる。

2　国は、前項の規定による無線局の周波数若しくは空中線電力の指定の変更又は人工衛星局の無線設備の設置場所の変更を命じたことによつて生じた損失を当

該免許人に対して補償しなければならない。

3　前項の規定により補償すべき損失は、同項の処分によつて通常生ずべき損失とする。

4　第二項の補償金額に不服がある者は、補償金額決定の通知を受けた日から三箇月以内に、訴をもつて、その増額を請求することができる。

5　前項の訴においては、国を被告とする。

6　第一項の規定により人工衛星局の無線設備の設置場所の変更の命令を受けた免許人は、その命令に係る措置を講じたときは、速やかに、その旨を総務大臣に報告しなければならない。

【七十八次改正】

行政事件訴訟法の一部を改正する法律（平成十六年六月九日法律第八十四号）附則第十二条第二号

> 第十二条　次に掲げる法律の規定中「三箇月」を「六箇月」に、「訴」を「訴え」に改める。
> 二　電波法（昭和二十五年法律第百三十一号）第七十一条第四項
> （第一号・第三号～第六号略）

（周波数等の変更）

第七十一条　総務大臣は、電波の規整その他公益上必要があるときは、当該無線局の目的の遂行に支障を及ぼさない範囲内に限り、無線局の周波数若しくは空中線電力の指定を変更し、又は人工衛星局の無線設備の設置場所の変更を命ずることができる。

2　国は、前項の規定による無線局の周波数若しくは空中線電力の指定の変更又は人工衛星局の無線設備の設置場所の変更を命じたことによつて生じた損失を当

該免許人に対して補償しなければならない。
3　前項の規定により補償すべき損失は、同項の処分によつて通常生ずべき損失とする。
4　第二項の補償金額に不服がある者は、補償金額決定の通知を受けた日から六箇月以内に、訴えをもつて、その増額を請求することができる。
5　前項の訴においては、国を被告とする。
6　第一項の規定により人工衛星局の無線設備の設置場所の変更の命令を受けた免許人は、その命令に係る措置を講じたときは、速やかに、その旨を総務大臣に報告しなければならない。

【八十次改正】

電波法及び有線電気通信法の一部を改正する法律（平成十六年五月十九日法律第四十七号）第二条

第七十一条第一項中「当該無線局」を「無線局」に、「、無線局」を「、当該無線局（登録局を除く。）」に改め、「又は」の下に「登録局の周波数若しくは空中線電力若しくは」を加え、同条第二項中「又は」の下に「登録局の周波数若しくは空中線電力若しくは」を加え、「免許人」を「無線局の免許人等」に改める。

（周波数等の変更）
第七十一条　総務大臣は、電波の規整その他公益上必要があるときは、無線局の目的の遂行に支障を及ぼさない範囲内に限り、当該無線局（登録局を除く。）の周波数若しくは空中線電力の指定を変更し、又は登録局の周波数若しくは空中線電力若しくは人工衛星局の無線設備の設置場所の変更を命ずることができる。
2　国は、前項の規定による無線局の周波数若しくは空中線電力の指定の変更又は登録局の周波数若しくは空中線電力若しくは人工衛星局の無線設備の設置場所の変更を命じたことによつて生じた損失を当該無線局の免許人等に対して補償しなければならない。
3　前項の規定により補償すべき損失は、同項の処分によつて通常生ずべき損失とする。
4　第二項の補償金額に不服がある者は、補償金額決定の通知を受けた日から六箇月以内に、訴えをもつて、その増額を請求することができる。
5　前項の訴においては、国を被告とする。
6　第一項の規定により人工衛星局の無線設備の設置場所の変更の命令を受けた免許人は、その命令に係る措置を講じたときは、速やかに、その旨を総務大臣に報告しなければならない。

第七十一条の二

【六十八次改正】

電波法の一部を改正する法律（平成十三年六月十五日法律第四十八号）

第七十一条の次に次の三条を加える。
（追加された第七十一条の二の規定は、後掲の条文の通り。）

（特定周波数変更対策業務）
第七十一条の二　総務大臣は、次に掲げる要件に該当する周波数割当計画又は放送用周波数使用計画（以下この条及び次条において「周波数割当計画等」という。）の変更を行う場合において、電波の適正な利用の確保を図るため必要があると認めるときは、予算の範囲内で、第三号に規定する周波数又は空中線電力の変更に係る無線設備の変更の工事をしようとする免許人その他の無線設備の設置者に対して、当該工事に要する費用に充てるための給付金の支給その他の必要な援助（以下「特定周波数変更対策業務」という。）を行うことができる。

一　特定の無線局区分（無線通信の態様、無線局の目的及び無線設備についての第三章に定める技術基準を基準として総務省令で定める無線局の区分をいう。以下この条において同じ。）の周波数の使用に関する条件として周波数割当計画等の変更の公示の日から起算して十年を超えない範囲内で周波数の使用の期限を定めるとともに、当該無線局区分（以下この条において「旧割当区分」という。）に割り当てることが可能である周波数（以下この条において「割当変更周波数」という。）を旧割当区分以外の無線局区分にも割り当てることとするものであること。

二　割当変更周波数の割当てを受けることができる無線局区分のうち旧割当区分以外のもの（次号において「新割当区分」という。）に旧割当区分と無線通信の態様及び無線局の目的が同一である無線局区分（以下この号において「同一目的区分」という。）があるときは、割当変更周波数に占める同一目的区分に割り当てることが可能である周波数の割合が、四分の三以下であること。

三　新割当区分の無線局のうち周波数割当計画等の変更の公示と併せて総務大臣が公示するもの（以下この号において「特定新規開設局」という。）の免許の申請に対して、当該周波数割当計画等の変更の公示の日から起算して五年以内に割当変更周波数を割り当てることを可能とするものであること。この場合において、当該周波数割当計画等の変更の公示の際現に割当変更周波数の割当てを受けている旧割当区分の無線局（以下この号及び第七十一条の四第二項において「既開設局」という。）が特定新規開設局にその運用を阻害するような混信その他の妨害を与えないようにするため、あらかじめ、既開設局の周波数又は空中線電力の変更（既開設局の目的の遂行に支障を及ぼさない範囲内の変更に限り、周波数の変更にあつては割当変更周波数の範囲内の変更に限る。）をすることが可能なものであること。

【七十三次改正】

電波法の一部を改正する法律（平成十五年六月六日法律第六十八号）

第七十一条の二中「この条及び次条において」を削り、同条第一号中「以下この条において同じ」を「以下同じ」に改め、同条第三号中「この号において」及び「この号及び第七十一条の四第二項において」を削る。

（特定周波数変更対策業務）

第七十一条の二　総務大臣は、次に掲げる要件に該当する周波数割当計画又は放送用周波数使用計画（以下「周波数割当計画等」という。）の変更を行う場合において、電波の適正な利用の確保を図るため必要があると認めるときは、予算の範囲内で、第三号に規定する周波数又は空中線電力の変更に係る無線設備の変更の工事をしようとする免許人その他の無線設備の設置者に対して、当該工事に要する費用に充てるための給付金の支給その他の必要な援助（以下「特定周波数変更対策業務」という。）を行うことができる。

一　特定の無線局区分（無線通信の態様、無線局の目的及び無線設備についての第三章に定める技術基準を基準として総務省令で定める無線局の区分をいう。以下同じ。）の周波数の使用に関する条件として周波数割当計画等の変更の公示の日から起算して十年を超えない範囲内で周波数の使用の期限を定めるとともに、当該無線局区分（以下この条において「旧割当区分」という。）に割り当てることが可能である周波数（以下この条において「割当変更周波数」という。）を旧割当区分以外の無線局区分にも割り当てることとするものであること。

二　割当変更周波数の割当てを受けることができる無線局区分のうち旧割当区分以外のもの（次号において「新割当区分」という。）に旧割当区分と無線通信の態様及び無線局の目的が同一である無線局区分（以下この号において「同一目的区分」という。）があるときは、割当変更周波数に占める同一目的区分に割り当てることが可能である周波数の割合が、四分の三以下であること。

三　新割当区分の無線局のうち周波数割当計画等の変更の公示と併せて総務大臣が公示するもの（以下「特定新規開設局」という。）の免許の申請に対して、当該周波数割当計画等の変更の公示の日から起算して五年以内に割当変更周波数を割り当てることを可能とするものであること。この場合において、当該周波数割当計画等の変更の公示の際現に割当変更周波数の割当てを受けている旧割当区分の無線局（以下「既開設局」という。）が特定新規開設局にその運用を阻害するような混信その他の妨害を与えないようにするため、あらかじめ、既開設局の周波数又は空中線電力の変更（既開設局の目的の遂行に支障を及ぼさない範囲内の変更に限り、周波数の変更にあつては割当変更周波数の範囲内の変更に限る。）をすることが可能なものであること。

【 七十六次改正 】

電波法及び有線電気通信法の一部を改正する法律（平成十六年五月十九日法律第四十七号）第一条

第七十一条の二の見出しを「（特定周波数変更対策業務及び特定周波数終了対策業務）」に改め、同条に次の一項を加える。

（追加された第二項の規定は、後掲の条文の通り。）

（特定周波数変更対策業務及び特定周波数終了対策業務）

第七十一条の二　総務大臣は、次に掲げる要件に該当する周波数割当計画又は放送用周波数使用計画（以下「周波数割当計画等」という。）の変更を行う場合において、電波の適正な利用の確保を図るため必要があると認めるときは、予算の範囲内で、第三号に規定する周波数又は空中線電力の変更に係る無線設備の変更の工事をしようとする免許人その他の無線設備の設置者に対して、当該工事に要する費用に充てるための給付金の支給その他の必要な援助（以下「特定周波数変更対策業務」という。）を行うことができる。

一　特定の無線局区分（無線通信の態様、無線局の目的及び無線設備についての第三章に定める技術基準を基準として総務省令で定める無線局の区分をいう。以下同じ。）の周波数の使用に関する条件として周波数割当計画等の変更の公示の日から起算して十年を超えない範囲内で周波数の使用の期限を定めるとともに、当該無線局区分（以下この条において「旧割当区分」という。）に割り当てることが可能である周波数（以下この条において「割当変更周波数」という。）を旧割当区分以外の無線局区分にも割り当てることとするものであること。

二　割当変更周波数の割当てを受けることができる無線局区分のうち旧割当区分以外のもの（次号において「新割当区分」という。）に旧割当区分と無線通信の態様及び無線局の目的が同一である無線局区分（以下この号において「同一目的区分」という。）があるときは、割当変更周波数に占める同一目的区分に割り当てることが可能である周波数の割合が、四分の三以下であること。

三　新割当区分の無線局のうち周波数割当計画等の変更の公示と併せて総務大臣が公示するもの（以下「特定新規開設局」という。）の免許の申請に対して、当該周波数割当計画等の変更の公示の日から起算して五年以内に割当変更周波数を割り当てることを可能とするものであること。この場合において、当該周波数割当計画等の変更の公示の際現に割当変更周波数の割当てを受けている旧割当区分の無線局（以下「既開設局」という。）が特定新規開設局にその運用を阻害するような混信その他の妨害を与えないようにするため、あらかじめ、既開設局の周波数又は空中線電力の変更（既開設局の目的の遂行に支障を及ぼさない範囲内の変更に限り、周波数の変更にあつては割当変更周波数の範囲内の変更に限る。）をすることが可能なものであること。

2　総務大臣は、その公示する無線局（以下「特定公示局」という。）の円滑な開設を図るため、第二十六条の二第三項の評価の結果に基づき周波数割当計画の変更をして、当該周波数割当計画の変更の公示の日から起算して五年（当該周波数割当計画の変更が免許人に及ぼす経済的な影響を勘案して特に必要があると認める場合にあつては、十年。以下この項において「基準期間」という。）に満たない範囲内で当該特定公示局に係る無線局区分以外の無線局区分に割り当てることが可能である周波数の一部又は全部について周波数の使用の期限（以下「旧割当期限」という。）を定める場合（前項各号列記以外の部分に規定する場合に該当する場合を除く。）において、予算の範囲内で、旧割当期限が定められたことにより当該旧割当期限の満了の日までに無線局の周波数の指定の変更を申請し又は無線局を廃止しようとする免許人に対して、基準期間に満たない期間内で旧割当期限が定められたことにより当該免許人に通常生ずる費用として総務省令で定めるものに充てるための給付金の支給その他の必要な援助（以下「特定周波数終了対策業務」という。）を行うことができる。

【八十次改正】

電波法及び有線電気通信法の一部を改正する法律（平成十六年五月十九日法律第四十七号）第二条

第七十一条の二第二項中「免許人」を「免許人等」に改め、「指定の変更」の下に「（登録局にあつては、周波数の変更登録）」を加える。

（特定周波数変更対策業務及び特定周波数終了対策業務）

第七十一条の二　総務大臣は、次に掲げる要件に該当する周波数割当計画又は放送用周波数使用計画（以下「周波数割当計画等」という。）の変更を行う場合において、電波の適正な利用の確保を図るため必要があると認めるときは、予算の範囲内で、第三号に規定する周波数又は空中線電力の変更に係る無線設備の変更の工事をしようとする免許人その他の無線設備の設置者に対して、当該工事に要する費用に充てるための給付金の支給その他の必要な援助（以下「特定周波数変更対策業務」という。）を行うことができる。

一　特定の無線局区分（無線通信の態様、無線局の目的及び無線設備についての第三章に定める技術基準を基準として総務省令で定める無線局の区分をいう。以下同じ。）の周波数の使用に関する条件として周波数割当計画等の変更の公示の日から起算して十年を超えない範囲内で周波数の使用の期限を定めるとともに、当該無線局区分（以下この条において「旧割当区分」という。）に割り当てることが可能である周波数（以下この条において「割当変更周波数」という。）を旧割当区分以外の無線局区分にも割り当てることとするものであること。

二　割当変更周波数の割当てを受けることができる無線局区分のうち旧割当区分以外のもの（次号において「新割当区分」という。）に旧割当区分と無線通信の態様及び無線局の目的が同一である無線局区分（以下この号において「同一目的区分」という。）があるときは、割当変更周波数に占める同一目的区分に割り当てることが可能である周波数の割合が、四分の三以下であること。

三　新割当区分の無線局のうち周波数割当計画等の変更の公示と併せて総務大臣が公示するもの（以下「特定新規開設局」という。）の免許の申請に対して、当該周波数割当計画等の変更の公示の日から起算して五年以内に割当変更周波数を割り当てることを可能とするものであること。この場合において、当該周波数割当計画等の変更の公示の際現に割当変更周波数の割当てを受けている旧割当区分の無線局（以下「既開設局」という。）が特定新規開設局にその運用を阻害するような混信その他の妨害を与えないようにするため、あらかじめ、既開設局の周波数又は空中線電力の変更（既開設局の目的の遂行に支障を及ぼさない範囲内の変更に限り、周波数の変更にあつては割当変更周波数の範囲内の変更に限る。）をすることが可能なものであること。

2　総務大臣は、その公示する無線局（以下「特定公示局」という。）の円滑な開設を図るため、第二十六条の二第三項の評価の結果に基づき周波数割当計画の変更をして、当該周波数割当計画の変更の公示の日から起算して五年（当該周波数割当計画の変更が免許人等に及ぼす経済的な影響を勘案して特に必要があると認める場合にあつては、十年。以下この項において「基準期間」という。）に満たない範囲内で当該特定公示局に係る無線局区分以外の無線局区分に割り当てることが可能である周波数の一部又は全部について周波数の使用の期限（以下「旧割当期限」という。）を定める場合（前項各号列記以外の部分に規定する場合に該当する場合を除く。）において、予算の範囲内で、旧割当期限が定められたことにより当該旧割当期限の満了の日までに無線局の周波数の指定の変更（登録局にあつては、周波数の変更登録）を申請し又は無線局を廃止しようとする免許人等に対して、基準期間に満たない期間内で旧割当期限が定められたことにより当該免許人等に通常生ずる費用として総務省令で定めるものに充てるための給付金の支給その他の必要な援助（以下「特定周波数終了対策業務」という。）を行うことができる。

【　九十一次改正　】

放送法等の一部を改正する法律（平成二十二年十二月三日法律第六十五号）第四条

第七十一条の二第一項中「放送用周波数使用計画」を「基幹放送用周波数使用計画」に改める。

（特定周波数変更対策業務及び特定周波数終了対策業務）

第七十一条の二　総務大臣は、次に掲げる要件に該当する周波数割当計画又は基幹放送用周波数使用計画（以下「周波数割当計画等」という。）の変更を行う場合において、電波の適正な利用の確保を図るため必要があると認めるときは、予算の範囲内で、第三号に規定する周波数又は空中線電力の変更に係る無線設備の変更の工事をしようとする免許人その他の無線設備の設置者に対して、当該工事に要する費用に充てるための給付金の支給その他の必要な援助（以下「特定周波数変更対策業務」という。）を行うことができる。

一　特定の無線局区分（無線通信の態様、無線局の目的及び無線設備についての第三章に定める技術基準を基準として総務省令で定める無線局の区分をいう。以下同じ。）の周波数の使用に関する条件として周波数割当計画等の変更の公示の日から起算して十年を超えない範囲内で周波数の使用の期限を定めるとともに、当該無線局区分（以下この条において「旧割当区分」という。）に割り当てることが可能である周波数（以下この条において「割当変更周波数」という。）を旧割当区分以外の無線局区分にも割り当てることとするものであること。

二　割当変更周波数の割当てを受けることができる無線局区分のうち旧割当区分以外のもの（次号において「新割当区分」という。）に旧割当区分と無線通信の態様及び無線局の目的が同一である無線局区分（以下この号において「同一目的区分」という。）があるときは、割当変更周波数に占める同一目的区分に割り当てることが可能である周波数の割合が、四分の三以下であること。

三　新割当区分の無線局のうち周波数割当計画等の変更の公示と併せて総務大

臣が公示するもの（以下「特定新規開設局」という。）の免許の申請に対して、当該周波数割当計画等の変更の公示の日から起算して五年以内に割当変更周波数を割り当てることを可能とするものであること。この場合において、当該周波数割当計画等の変更の公示の際現に割当変更周波数の割当てを受けている旧割当区分の無線局（以下「既開設局」という。）が特定新規開設局にその運用を阻害するような混信その他の妨害を与えないようにするため、あらかじめ、既開設局の周波数又は空中線電力の変更（既開設局の目的の遂行に支障を及ぼさない範囲内の変更に限り、周波数の変更にあつては割当変更周波数の範囲内の変更に限る。）をすることが可能なものであること。

2　総務大臣は、その公示する無線局（以下「特定公示局」という。）の円滑な開設を図るため、第二十六条の二第三項の評価の結果に基づき周波数割当計画の変更をして、当該周波数割当計画の変更の公示の日から起算して五年（当該周波数割当計画の変更が免許人等に及ぼす経済的な影響を勘案して特に必要があると認める場合にあつては、十年。以下この項において「基準期間」という。）に満たない範囲内で当該特定公示局に係る無線局区分以外の無線局区分に割り当てることが可能である周波数の一部又は全部について周波数の使用の期限（以下「旧割当期限」という。）を定める場合（前項各号列記以外の部分に規定する場合に該当する場合を除く。）において、予算の範囲内で、旧割当期限が定められたことにより当該旧割当期限の満了の日までに無線局の周波数の指定の変更（登録局にあつては、周波数の変更登録）を申請し又は無線局を廃止しようとする免許人等に対して、基準期間に満たない期間内で旧割当期限が定められたことにより当該免許人等に通常生ずる費用として総務省令で定めるものに充てるための給付金の支給その他の必要な援助（以下「特定周波数終了対策業務」という。）を行うことができる。

【百四次改正】

電波法及び電気通信事業法等の一部を改正する法律（平成二十九年五月十二日法律第二十七号）第一条

第七十一条の二第二項中「第二十六条の二第三項」を「第二十六条の二第二項」に、「場合にあつては」を「場合には」に改める。

（特定周波数変更対策業務及び特定周波数終了対策業務）

第七十一条の二　総務大臣は、次に掲げる要件に該当する周波数割当計画又は基幹放送用周波数使用計画（以下「周波数割当計画等」という。）の変更を行う場合において、電波の適正な利用の確保を図るため必要があると認めるときは、予算の範囲内で、第三号に規定する周波数又は空中線電力の変更に係る無線設備の変更の工事をしようとする免許人その他の無線設備の設置者に対して、当該工事に要する費用に充てるための給付金の支給その他の必要な援助（以下「特定周波数変更対策業務」という。）を行うことができる。

一　特定の無線局区分（無線通信の態様、無線局の目的及び無線設備についての第三章に定める技術基準を基準として総務省令で定める無線局の区分をいう。以下同じ。）の周波数の使用に関する条件として周波数割当計画等の変更の公示の日から起算して十年を超えない範囲内で周波数の使用の期限を定めるとともに、当該無線局区分（以下この条において「旧割当区分」という。）に割り当てることが可能である周波数（以下この条において「割当変更周波数」という。）を旧割当区分以外の無線局区分にも割り当てることとするものであること。

二　割当変更周波数の割当てを受けることができる無線局区分のうち旧割当区分以外のもの（次号において「新割当区分」という。）に旧割当区分と無線通信の態様及び無線局の目的が同一である無線局区分（以下この号において「同一目的区分」という。）があるときは、割当変更周波数に占める同一目的区分に割り当てることが可能である周波数の割合が、四分の三以下であること。

三　新割当区分の無線局のうち周波数割当計画等の変更の公示と併せて総務大臣が公示するもの（以下「特定新規開設局」という。）の免許の申請に対して、当該周波数割当計画等の変更の公示の日から起算して五年以内に割当変更周波数を割り当てることを可能とするものであること。この場合において、当該周波数割当計画等の変更の公示の際現に割当変更周波数の割当てを受けている旧割当区分の無線局（以下「既開設局」という。）が特定新規開設局にその運用を阻害するような混信その他の妨害を与えないようにするため、あらかじめ、既開設局の周波数又は空中線電力の変更（既開設局の目的の遂行に支障を及ぼさない範囲内の変更に限り、周波数の変更にあつては割当変更周波数の範囲内の変更に限る。）をすることが可能なものであること。

2　総務大臣は、その公示する無線局（以下「特定公示局」という。）の円滑な開設を図るため、第二十六条の二第二項の評価の結果に基づき周波数割当計画の変更をして、当該周波数割当計画の変更の公示の日から起算して五年（当該周波数割当計画の変更が免許人等に及ぼす経済的な影響を勘案して特に必要があると認める場合には、十年。以下この項において「基準期間」という。）に満たない範囲内で当該特定公示局に係る無線局区分以外の無線局区分に割り当てることが可能である周波数の一部又は全部について周波数の使用の期限（以下「旧割当期限」という。）を定める場合（前項各号列記以外の部分に規定する場合に該当する場合を除く。）において、予算の範囲内で、旧割当期限が定められたことにより当該旧割当期限の満了の日までに無線局の周波数の指定の変更（登録局にあつては、周波数の変更登録）を申請し又は無線局を廃止しようとする免許人等に対して、基準期間に満たない期間内で旧割当期限が定められたことにより当該免許人等に通常生ずる費用として総務省令で定めるものに充てるための給付金の支給その他の必要な援助（以下「特定周波数終了対策業務」という。）を行うことができる。

[注釈] この改正は、本書収録の基準日である平成二十九年六月十八日において未施行である。

第七十一条の三

【　六十八次改正　】

電波法の一部を改正する法律（平成十三年六月十五日法律第四十八号）

第七十一条の次に次の三条を加える。
（追加された第七十一条の三の規定は、後掲の条文の通り。）

（指定周波数変更対策機関）

第七十一条の三　総務大臣は、その指定する者（以下「指定周波数変更対策機関」という。）に、特定周波数変更対策業務を行わせることができる。

2　指定周波数変更対策機関の指定は、特定周波数変更対策業務を行う周波数割当計画等の変更ごとに一を限り、特定周波数変更対策業務を行おうとする者の申請により行う。

3　総務大臣は、指定周波数変更対策機関の指定をしたときは、当該指定に係る特定周波数変更対策業務を行わないものとする。

4　第一項の規定により指定周波数変更対策機関が行う特定周波数変更対策業務に係る給付金の支給に関する基準は、総務省令で定める。

5　指定周波数変更対策機関は、総務省令で定めるところにより、総務大臣の認可を受けて、特定周波数変更対策業務（給付金の交付の決定を除く。）の一部を他の者に委託することができる。

6　指定周波数変更対策機関は、特定周波数変更対策業務に関し必要があると認めるときは、給付金の交付の決定を受けた者から、必要な事項に関し報告を徴することができる。

7　指定周波数変更対策機関は、毎事業年度、事業報告書、貸借対照表、収支決算書及び財産目録を作成し、当該事業年度の終了後三月以内に総務大臣に提出し、その承認を受けなければならない。

8　指定周波数変更対策機関は、特定周波数変更対策業務以外の業務を行つている場合には、当該業務に係る経理と特定周波数変更対策業務に係る経理とを区分して整理しなければならない。

9　総務大臣は、予算の範囲内で、指定周波数変更対策機関に対し、特定周波数変更対策業務に要する費用の全部又は一部に相当する金額を交付することができる。

10　この条に定めるもののほか、指定周波数変更対策機関の財務及び会計に関し必要な事項は、総務省令で定める。

11　第三十八条の四、第三十八条の七、第三十八条の八、第三十八条の十から第三十八条の十五まで、第三十九条の二第四項（第四号を除く。）、第四十六条第四項、第四十七条の二第一項及び第三項並びに第四十七条の三の規定は、指定周波数変更対策機関に準用する。この場合において、第三十八条の四第一項中「指定に係る区分、技術基準適合証明の業務を行う事務所の所在地並びに技術基準適合証明の業務」とあるのは「特定周波数変更対策業務を行う事務所の所在地並びに特定周波数変更対策業務」と、同条第二項、第三十八条の七、第三十八条の八、第三十八条の十一、第三十八条の十二第一項、第三十八条の十三第一項、第三十八条の十四第二項及び第三項並びに第三十八条の十五中「技術基準適合証明の業務」とあり、第三十八条の十中「技術基準適合証明」とあり、並びに第三十九条の二第四項中「講習の業務」とあるのは「特定周波数変更対策業務」と、第三十八条の七中「職員（証明員を含む。）」とあるのは「職員」と、同条第一項中「役員（法人でない指定証明機関にあつては、指定証明機関の指定を受けた者。次項並びに第百十条の二及び第百十三条の二において同じ。）」とあるのは「役員」と、第三十八条の十四第一項中「第三十八条の三第二項各号（第二号」とあるのは「第四十六条第四項各号（第三号」と、同条第二項第一号中「この章」とあるのは「第四十七条の三若しくは第七十一条の三第五項、第七項若しくは第八項の規定又は第七十一条の三第十一項において準用するこの章」と、同項第二号中「第三十八条の三第一項各号（第五号」とあるのは「第三十九条の二第四項各号（第四号」と、同項第三号中「第三十八条の六第二項」とあるのは「第四十七条の二第三項」と、第三十八条の十五第一項中「第三十八条の二第三項」とあるのは「第七十一条の三第三項」と、第三十九条の二第四項及び第四十六条第四項中「第二項の申請」とあるのは「第七十一条の三第二項の申請」と、第三十九条の二第四項第三号中「講習が」とあるのは「特定周波数変更対策業務が」と、第四十六条第四項第三号中「第四十七条の四」とあるのは「第七十一条の三第十一項」と、第四十七条の二第三項中「役員又は試験員」とあるのは「役員」と、「第四十七条の四」とあるのは「第七十一条の三第十一項」と読み替えるものとする。

【　七十三次改正　】

電波法の一部を改正する法律（平成十五年六月六日法律第六十八号）

第七十一条の三第十一項を次のように改める。

（改正後の第十一項の規定は、後掲の条文の通り。）

（指定周波数変更対策機関）

第七十一条の三　総務大臣は、その指定する者（以下「指定周波数変更対策機関」という。）に、特定周波数変更対策業務を行わせることができる。

2　指定周波数変更対策機関の指定は、特定周波数変更対策業務を行う周波数割当計画等の変更ごとに一を限り、特定周波数変更対策業務を行おうとする者の申請により行う。

3　総務大臣は、指定周波数変更対策機関の指定をしたときは、当該指定に係る特定周波数変更対策業務を行わないものとする。

4　第一項の規定により指定周波数変更対策機関が行う特定周波数変更対策業務に係る給付金の支給に関する基準は、総務省令で定める。

5　指定周波数変更対策機関は、総務省令で定めるところにより、総務大臣の認可を受けて、特定周波数変更対策業務（給付金の交付の決定を除く。）の一部を他の者に委託することができる。

6　指定周波数変更対策機関は、特定周波数変更対策業務に関し必要があると認めるときは、給付金の交付の決定を受けた者から、必要な事項に関し報告を徴することができる。

7　指定周波数変更対策機関は、毎事業年度、事業報告書、貸借対照表、収支決算書及び財産目録を作成し、当該事業年度の終了後三月以内に総務大臣に提出し、その承認を受けなければならない。

8　指定周波数変更対策機関は、特定周波数変更対策業務以外の業務を行っている場合には、当該業務に係る経理と特定周波数変更対策業務に係る経理とを区分して整理しなければならない。

9　総務大臣は、予算の範囲内で、指定周波数変更対策機関に対し、特定周波数変更対策業務に要する費用の全部又は一部に相当する金額を交付することができる。

10　この条に定めるもののほか、指定周波数変更対策機関の財務及び会計に関し必要な事項は、総務省令で定める。

11　第三十九条の二第四項（第四号を除く。）、第三十九条の三、第三十九条の五、第三十九条の七から第三十九条の十二まで、第四十六条第四項、第四十七条の二第一項及び第三項、第四十七条の三並びに第四十七条の四の規定は、指定周波数変更対策機関について準用する。この場合において、第三十九条の二第四項及び第四十六条第四項中「第二項の申請」とあるのは「第七十一条の三第二項の申請」と、第三十九条の二第四項、第三十九条の三第二項、第三十九条の五、第三十九条の八、第三十九条の九第一項、第三十九条の十第一項、第三十九条の十一第二項及び第三項並びに第三十九条の十二中「講習の業務」とあり、第三十九条の七中「講習」とあり、並びに第四十七条の三中「試験事務」とあるのは「特定周波数変更対策業務」と、第三十九条の二第四項第三号中「講習が」とあるのは「特定周波数変更対策業務が」と、第三十九条の三中「指定に係る区分、講習の業務を行う事務所の所在地並びに講習の業務」とあるのは「特定周波数変更対策業務を行う事務所の所在地並びに特定周波数変更対策業務」と、第三十九条の十一第一項中「第三十九条の二第五項」とあるのは「第四十六条第四項」と、同条第二項第一号中「第三十九条の六、第三十九条の七又は前条第一項」とあるのは「第三十九条の七、前条第一項、第四十七条の四又は第七十一条の三第五項、第七項若しくは第八項」と、同項第三号中「又は第三十九条の八」とあるのは「、第三十九条の八又は第四十七条の二第三項」と、第三十九条の十二第一項中「第三十九条の二第三項」とあるのは「第七十一条の三第三項」と、第四十六条第四項第三号及び第四十七条の二第三項中「第四十七条の五」とあるのは「第七十一条の三第十一項」と、同項中「役員又は試験員」とあるのは「役員」と、第四十七条の三中「職員（試験員を含む。次項において同じ。）」とあるのは「職員」と読み替えるものとする。

第七十一条の三の二

【 七十六次改正 】

電波法及び有線電気通信法の一部を改正する法律（平成十六年五月十九日法律第四十七号）第一条

第七十一条の三の次に次の一条を加える。
（追加された第七十一条の三の二の規定は、後掲の条文の通り。）

（登録周波数終了対策機関）

第七十一条の三の二　総務大臣は、その登録を受けた者（以下「登録周波数終了対策機関」という。）に、特定周波数終了対策業務の全部又は一部を行わせることができる。

2　総務大臣は、前項の規定により登録周波数終了対策機関に特定周波数終了対策業務を行わせることとしたときは、当該特定周波数終了対策業務を行わないものとする。

3　第一項の登録は、総務省令で定めるところにより、特定周波数終了対策業務を行おうとする者の申請により行う。

4　総務大臣は、前項の規定により登録の申請をした者（以下この項において「申請者」という。）が次の各号のいずれにも適合しているときは、その登録をしなければならない。

一　別表第五に掲げる条件のいずれかに適合する知識経験を有する者が特定周波数終了対策業務に係る給付金の交付の決定に係る事務を行うものであること。

二　債務超過の状態にないこと。

三　旧割当期限に係る周波数の電波を使用する無線局を開設している者でないこと。

四　申請者が、特定の者に支配されているものとして次のいずれかに該当するものでないこと。

イ　申請者が株式会社又は有限会社である場合にあつては、他の株式会社又は有限会社がその親会社であること。

ロ　申請者の役員（合名会社又は合資会社にあつては、業務執行権を有する社員）に占める同一の者の役員又は職員（過去二年間にその同一の者の役員又は職員であつた者を含む。）の割合が二分の一を超えていること。

5　第二十四条の二第五項及び第六項の規定は、第一項の登録について準用する。この場合において、同条第五項第二号中「第二十四条の十又は第二十四条の十三第三項」とあるのは「第七十一条の三の二第十一項において準用する第三十八条の十七第一項又は第二項」と、同条第六項中「前各項」とあるのは「前項並びに第七十一条の三の二第一項から第四項まで及び第六項」と読み替えるものとする。

6　第一項の登録は、登録周波数終了対策機関登録簿に次に掲げる事項を記載してするものとする。

一　登録の年月日及び登録の番号

二　登録を受けた者の氏名又は名称及び住所並びに法人にあつては、その代表者の氏名

三　登録を受けた者が特定周波数終了対策業務を行う事務所の名称及び所在地

7　第一項の登録は、三年を下らない政令で定める期間ごとにその更新を受けなければ、その期間の経過によつて、その効力を失う。

8　第三項から第六項までの規定は、前項の登録の更新について準用する。

9　登録周波数終了対策機関は、総務大臣から特定周波数終了対策業務を行うべきことを求められたときは、正当な理由がある場合を除き、遅滞なく、その特定周波数終了対策業務を行わなければならない。

10　総務大臣は、登録周波数終了対策機関が前項の規定に違反していると認めるとき、その他特定周波数終了対策業務の適正な実施を確保するため必要があると認めるときは、その登録周波数終了対策機関に対し、特定周波数終了対策業務を行うべきこと又は特定周波数終了対策業務の実施の方法その他の業務の方法の改善に関し必要な措置をとるべきことを命ずることができる。

11　第二十四条の七、第二十四条の十一、第三十八条の五、第三十八条の九、第三十八条の十一、第三十八条の十二、第三十八条の十五、第三十八条の十七、第三十八条の十八、第三十九条の五、第三十九条の十、第四十七条の三並びに前条第四項から第六項まで、第八項及び第九項の規定は、登録周波数終了対策機関について準用する。この場合において、次の表の上欄に掲げる規定中同表の中欄に掲げる字句は、同表の下欄に掲げる字句にそれぞれ読み替えるものとする。

第二十四条の七	第二十四条の二第四項各号	第七十一条の三の二第四項各号
第二十四条の十一	第二十四条の九第二項	第七十一条の三の二第七項
	失つたとき	失つたとき、同条第十一項において準用する第三十九条の十第一項の規定により登録周波数終了対策機関が特定周波数終了対策業務の全部を廃止したとき
	前条	第七十一条の三の二第十一項において準用する第三十八条の十七第一項若しくは第二項
第三十八条の五第一項	第三十八条の二第一項	第七十一条の三の二第一項
	受けた者（以下「登録証明機関」という。）	受けた者
	事業の区分、技術基準適合証明の業務	特定周波数終了対策業務
	技術基準適合証明の業務	特定周波数終了対策業務
第三十八条の五第二項	第三十八条の二第二項第一号又は第三号	第七十一条の三の二第六項第二号又は第三号
第三十八条の九	役員又は証明員	役員又は別表第五に掲げる条件に適合する知識経験を有する者
第三十八条の十一第二項	特定無線設備を取り扱うことを業とする者	特定周波数終了対策業務に係る給付金の支給の申請をした免許人
第三十八条の十二	技術基準適合証明	特定周波数終了対策業務
第三十八条の十五第一項、第三十八条の十七第二項各号列記以外の部分及び第三項並びに第三十	技術基準適合証明の業務	特定周波数終了対策業務

八条の十八第二項及び第三項		
第三十八条の十七第一項	第三十八条の三第二項	第七十一条の三の二第五項
第三十八条の十七第二項第一号	この節	第七十一条の三の二第十一項において準用する第三十八条の五第二項、第三十八条の九、第三十八条の十一第一項、第三十八条の十二、第三十九条の五第一項、第三十九条の十第一項又は第七十一条の三第五項若しくは第八項
第三十八条の十七第二項第二号	第三十八条の十三第一項又は第二項	第七十一条の三の二第十項又は同条第十一項において準用する第二十四条の七若しくは第三十九条の五第二項
第三十八条の十七第二項第三号	第三十八条の二第一項	第七十一条の三の二第一項
第三十八条の十八第一項	総務大臣は、第三十八条の二第一項の登録を受ける者がいないとき、又は	総務大臣は、

	第三十八条の十六第一項	第七十一条の三の二第十一項において準用する第三十九条の十第一項
	技術基準適合証明の業務	特定周波数終了対策業務
第三十九条の五及び第三十九条の十第一項	講習の業務	特定周波数終了対策業務
第四十七条の三第一項	職員（試験員を含む。次項において同じ。）	職員
	試験事務	特定周波数終了対策業務
第四十七条の三第二項	試験事務	特定周波数終了対策業務
前条第四項	第一項	次条第一項
	特定周波数変更対策業務	特定周波数終了対策業務
前条第五項、第六項、第八項及び第九項	特定周波数変更対策業務	特定周波数終了対策業務

【 八十二次改正 】

会社法の施行に伴う関係法律の整備等に関する法律（平成十七年七月二十六日法律第八十七号）第二百五十四条

第七十一条の三の二第四項第四号イ中「又は有限会社」を削り、「親会社」を「親法人」に改め、同号ロ中「合名会社又は合資会社」を「持分会社」に、「業務執行権を有する」を「業務を執行する」に改める。

（登録周波数終了対策機関）

第七十一条の三の二　総務大臣は、その登録を受けた者（以下「登録周波数終了対策機関」という。）に、特定周波数終了対策業務の全部又は一部を行わせることができる。

2　総務大臣は、前項の規定により登録周波数終了対策機関に特定周波数終了対策業務を行わせることとしたときは、当該特定周波数終了対策業務を行わないものとする。

3　第一項の登録は、総務省令で定めるところにより、特定周波数終了対策業務を行おうとする者の申請により行う。

4　総務大臣は、前項の規定により登録の申請をした者（以下この項において「申請者」という。）が次の各号のいずれにも適合しているときは、その登録をしなければならない。

一　別表第五に掲げる条件のいずれかに適合する知識経験を有する者が特定周波数終了対策業務に係る給付金の交付の決定に係る事務を行うものであること。

二　債務超過の状態にないこと。

三　旧割当期限に係る周波数の電波を使用する無線局を開設している者でないこと。

四　申請者が、特定の者に支配されているものとして次のいずれかに該当するものでないこと。

イ　申請者が株式会社である場合にあつては、他の株式会社がその親法人であること。

ロ　申請者の役員（持分会社にあつては、業務を執行する社員）に占める同一の者の役員又は職員（過去二年間にその同一の者の役員又は職員であつた者を含む。）の割合が二分の一を超えていること。

5　第二十四条の二第五項及び第六項の規定は、第一項の登録について準用する。この場合において、同条第五項第二号中「第二十四条の十又は第二十四条の十三第三項」とあるのは「第七十一条の三の二第十一項において準用する第三十八条の十七第一項又は第二項」と、同条第六項中「前各項」とあるのは「前項並びに第七十一条の三の二第一項から第四項まで及び第六項」と読み替えるものとする。

6　第一項の登録は、登録周波数終了対策機関登録簿に次に掲げる事項を記載してするものとする。

一　登録の年月日及び登録の番号

二　登録を受けた者の氏名又は名称及び住所並びに法人にあつては、その代表者の氏名

三　登録を受けた者が特定周波数終了対策業務を行う事務所の名称及び所在地

7　第一項の登録は、三年を下らない政令で定める期間ごとにその更新を受けなければ、その期間の経過によつて、その効力を失う。

8　第三項から第六項までの規定は、前項の登録の更新について準用する。

9　登録周波数終了対策機関は、総務大臣から特定周波数終了対策業務を行うべきことを求められたときは、正当な理由がある場合を除き、遅滞なく、その特定周波数終了対策業務を行わなければならない。

10　総務大臣は、登録周波数終了対策機関が前項の規定に違反していると認めるとき、その他特定周波数終了対策業務の適正な実施を確保するため必要があると認めるときは、その登録周波数終了対策機関に対し、特定周波数終了対策業務を行うべきこと又は特定周波数終了対策業務の実施の方法その他の業務の方法の改善に関し必要な措置をとるべきことを命ずることができる。

11　第二十四条の七、第二十四条の十一、第三十八条の五、第三十八条の九、第三十八条の十一、第三十八条の十二、第三十八条の十五、第三十八条の十七、第三十八条の十八、第三十九条の五、第三十九条の十、第四十七条の三並びに前条第四項から第六項まで、第八項及び第九項の規定は、登録周波数終了対策機関について準用する。この場合において、次の表の上欄に掲げる規定中同表の中欄に掲げる字句は、同表の下欄に掲げる字句にそれぞれ読み替えるものとする。

第二十四条の七	第二十四条の二第四項各号	第七十一条の三の二第四項各号
第二十四条の十一	第二十四条の九第二項	第七十一条の三の二第七項
	失つたとき	失つたとき、同条第十一項において準用する第三十九条の十第一項の規定により登録周波数終了対策機関が特定周波数終了対策業務の全部を廃止したとき
	前条	第七十一条の三の二第十一項において準用する第三十八条の十七第一項若しくは第二項
第三十八条の五第一項	第三十八条の二第一項	第七十一条の三の二第一項
	受けた者（以下「登録証明機関」という。）	受けた者
	事業の区分、技術基準適合証明の業務	特定周波数終了対策業務
	技術基準適合証明の業務	特定周波数終了対策業務
第三十八条の五第二項	第三十八条の二第二項第一号又は第三号	第七十一条の三の二第六項第二号又は第三号

第三十八条の九	役員又は証明員	役員又は別表第五に掲げる条件に適合する知識経験を有する者
第三十八条の十一第二項	特定無線設備を取り扱うことを業とする者	特定周波数終了対策業務に係る給付金の支給の申請をした免許人
第三十八条の十二	技術基準適合証明	特定周波数終了対策業務
第三十八条の十五第一項、第三十八条の十七第二項各号列記以外の部分及び第三項並びに第三十八条の十八第二項及び第三項	技術基準適合証明の業務	特定周波数終了対策業務
第三十八条の十七第一項	第三十八条の三第二項	第七十一条の三の二第五項
第三十八条の十七第二項第一号	この節	第七十一条の三の二第十一項において準用する第三十八条の五第二項、第三十八条の九、第三十八条の十一第一項、第三十八条の十二、第三十九条の五第一項、第三十九条の十第一項又は第七十一条の三第五項若しくは第八項

第三十八条の十七第二項第二号	第三十八条の十三第一項又は第二項	第七十一条の三の二第十項又は同条第十一項において準用する第二十四条の七若しくは第三十九条の五第二項
第三十八条の十七第二項第三号	第三十八条の二第一項	第七十一条の三の二第一項
第三十八条の十八第一項	総務大臣は、第三十八条の二第一項の登録を受ける者がいないとき、又は	総務大臣は、
	第三十八条の十六第一項	第七十一条の三の二第十一項において準用する第三十九条の十第一項
第三十九条の五及び第三十九条の十第一項	技術基準適合証明の業務	特定周波数終了対策業務
	講習の業務	特定周波数終了対策業務
第四十七条の三第一項	職員（試験員を含む。次項において同じ。）	職員
	試験事務	特定周波数終了対策業務
第四十七条の三第二項	試験事務	特定周波数終了対策業務
前条第四項	第一項	次条第一項
	特定周波数変更対策業務	特定周波数終了対策業務
前条第五項、第六項、第八項及び第九項	特定周波数変更対策業務	特定周波数終了対策業務

【八十九次改正】

放送法等の一部を改正する法律（平成二十二年十二月三日法律第六十五号）第三条

第七十一条の三の二第十一項の表第三十八条の五第一項の項中「第三十八条の二第一項」を「第三十八条の二の二第一項」に改め、同表第三十八条の五第二項の項中「第三十八条の二第二項第一号」を「第三十八条の二の二第二項第一号」に改め、同表第三十八条の十七第二項第三号の項及び第三十八条の十八第一項の項中「第三十八条の二第一項」を「第三十八条の二の二第一項」に改める。

（登録周波数終了対策機関）

第七十一条の三の二　総務大臣は、その登録を受けた者（以下「登録周波数終了対策機関」という。）に、特定周波数終了対策業務の全部又は一部を行わせることができる。

2　総務大臣は、前項の規定により登録周波数終了対策機関に特定周波数終了対策業務を行わせることとしたときは、当該特定周波数終了対策業務を行わないものとする。

3　第一項の登録は、総務省令で定めるところにより、特定周波数終了対策業務を行おうとする者の申請により行う。

4　総務大臣は、前項の規定により登録の申請をした者（以下この項において「申請者」という。）が次の各号のいずれにも適合しているときは、その登録をしなければならない。

一　別表第五に掲げる条件のいずれかに適合する知識経験を有する者が特定周波数終了対策業務に係る給付金の交付の決定に係る事務を行うものであること。

二　債務超過の状態にないこと。

三　旧割当期限に係る周波数の電波を使用する無線局を開設している者でないこと。

四　申請者が、特定の者に支配されているものとして次のいずれかに該当するものでないこと。

イ　申請者が株式会社である場合にあつては、他の株式会社がその親法人であること。

ロ　申請者の役員（持分会社にあつては、業務を執行する社員）に占める同一の者の役員又は職員（過去二年間にその同一の者の役員又は職員であつた者を含む。）の割合が二分の一を超えていること。

5　第二十四条の二第五項及び第六項の規定は、第一項の登録について準用する。この場合において、同条第五項第二号中「第二十四条の十又は第二十四条の十三第三項」とあるのは「第七十一条の三の二第十一項において準用する第三十八条の十七第一項又は第二項」と、同条第六項中「前各項」とあるのは「前項並びに第七十一条の三の二第一項から第四項まで及び第六項」と読み替えるものとする。

6　第一項の登録は、登録周波数終了対策機関登録簿に次に掲げる事項を記載してするものとする。

一　登録の年月日及び登録の番号

二　登録を受けた者の氏名又は名称及び住所並びに法人にあつては、その代表者の氏名

三　登録を受けた者が特定周波数終了対策業務を行う事務所の名称及び所在地

7　第一項の登録は、三年を下らない政令で定める期間ごとにその更新を受けなければ、その期間の経過によつて、その効力を失う。

8　第三項から第六項までの規定は、前項の登録の更新について準用する。

9　登録周波数終了対策機関は、総務大臣から特定周波数終了対策業務を行うべきことを求められたときは、正当な理由がある場合を除き、遅滞なく、その特定周波数終了対策業務を行わなければならない。

10　総務大臣は、登録周波数終了対策機関が前項の規定に違反していると認めるとき、その他特定周波数終了対策業務の適正な実施を確保するため必要があると認めるときは、その登録周波数終了対策機関に対し、特定周波数終了対策業務を行うべきこと又は特定周波数終了対策業務の実施の方法その他の業務の方法の改善に関し必要な措置をとるべきことを命ずることができる。

11　第二十四条の七、第二十四条の十一、第三十八条の五、第三十八条の九、第三十八条の十一、第三十八条の十二、第三十八条の十五、第三十八条の十七、第三十八条の十八、第三十九条の五、第三十九条の十、第四十七条の三並びに前条第四項から第六項まで、第八項及び第九項の規定は、登録周波数終了対策機関について準用する。この場合において、次の表の上欄に掲げる規定中同表の中欄に掲げる字句は、同表の下欄に掲げる字句にそれぞれ読み替えるものとする。

第二十四条の七	第二十四条の二第四項各号	第七十一条の三の二第四項各号
第二十四条の十一	第二十四条の九第二項	第七十一条の三の二第七項
	失つたとき	失つたとき、同条第十一項において準用する第三十九条の十第一項の規定により登録周波数終了対策機関が特定周波数終了対策業務の全部を廃止したとき
	前条	第七十一条の三の二第十一項において準用する第

		三十八条の十七第一項若しくは第二項
第三十八条の五第一項	第三十八条の二の二第一項	第七十一条の三の二第一項
	受けた者（以下「登録証明機関」という。）	受けた者
	事業の区分、技術基準適合証明の業務	特定周波数終了対策業務
	技術基準適合証明の業務	特定周波数終了対策業務
第三十八条の五第二項	第三十八条の二の二第二項第一号又は第三号	第七十一条の三の二第六項第二号又は第三号
第三十八条の九	役員又は証明員	役員又は別表第五に掲げる条件に適合する知識経験を有する者
第三十八条の十一第二項	特定無線設備を取り扱うことを業とする者	特定周波数終了対策業務に係る給付金の支給の申請をした免許人
第三十八条の十二	技術基準適合証明	特定周波数終了対策業務
第三十八条の十五第一項、第三十八条の十七第二項各号列記以外の部分及び第三項並びに第三十八条の十八第二項及び第三項	技術基準適合証明の業務	特定周波数終了対策業務

第三十八条の十七第一項	第三十八条の三第二項	第七十一条の三の二第五項
第三十八条の十七第二項第一号	この節	第七十一条の三の二第十一項において準用する第三十八条の五第二項、第三十八条の九、第三十八条の十一第一項、第三十八条の十二、第三十九条の五第一項、第三十九条の十第一項又は第七十一条の三第五項若しくは第八項
第三十八条の十七第二項第二号	第三十八条の十三第一項又は第二項	第七十一条の三の二第十項又は同条第十一項において準用する第二十四条の七若しくは第三十九条の五第二項
第三十八条の十七第二項第三号	第三十八条の二の二第一項	第七十一条の三の二第一項
第三十八条の十八第一項	総務大臣は、第三十八条の二の二第一項の登録を受ける者がいないとき、又は	総務大臣は、
	第三十八条の十六第一項	第七十一条の三の二第十一項において準用する第

		三十九条の十第一項
	技術基準適合証明の業務	特定周波数終了対策業務
第三十九条の五及び第三十九条の十第一項	講習の業務	特定周波数終了対策業務
第四十七条の三第一項	職員（試験員を含む。次項において同じ。）	職員
	試験事務	特定周波数終了対策業務
第四十七条の三第二項	試験事務	特定周波数終了対策業務
前条第四項	第一項	次条第一項
	特定周波数変更対策業務	特定周波数終了対策業務
前条第五項、第六項、第八項及び第九項	特定周波数変更対策業務	特定周波数終了対策業務

【九十一次改正】

放送法等の一部を改正する法律（平成二十二年十二月三日法律第六十五号）第四条

第七十一条の三の二第十一項の表以外の部分中「第二十四条の七」を「第二十四条の七第一項」に改め、同項の表第二十四条の七の項中「第二十四条の七」を「第二十四条の七第一項」に改め、「第二十四条の二第四項各号」の下に「（無線設備等の点検の事業のみを行う者にあつては、第一号、第二号又は第四号）」を加え、同表第二十四条の十一の項中「第二十四条の九第二項」を「第二十四条の二の二第一項若しくは第二十四条の九第二項」に改め、同表第三十八条の十七第二項第二号の項中「第二十四条の七」を「第二十四条の七第一項」に改める。

（登録周波数終了対策機関）

第七十一条の三の二　総務大臣は、その登録を受けた者（以下「登録周波数終了対策機関」という。）に、特定周波数終了対策業務の全部又は一部を行わせることができる。

2　総務大臣は、前項の規定により登録周波数終了対策機関に特定周波数終了対策業務を行わせることとしたときは、当該特定周波数終了対策業務を行わないものとする。

3　第一項の登録は、総務省令で定めるところにより、特定周波数終了対策業務を行おうとする者の申請により行う。

4　総務大臣は、前項の規定により登録の申請をした者（以下この項において「申請者」という。）が次の各号のいずれにも適合しているときは、その登録をしなければならない。

一　別表第五に掲げる条件のいずれかに適合する知識経験を有する者が特定周波数終了対策業務に係る給付金の交付の決定に係る事務を行うものであること。

二　債務超過の状態にないこと。

三　旧割当期限に係る周波数の電波を使用する無線局を開設している者でないこと。

四　申請者が、特定の者に支配されているものとして次のいずれかに該当するものでないこと。

イ　申請者が株式会社である場合にあつては、他の株式会社がその親法人であること。

ロ　申請者の役員（持分会社にあつては、業務を執行する社員）に占める同一の者の役員又は職員（過去二年間にその同一の者の役員又は職員であつた者を含む。）の割合が二分の一を超えていること。

5　第二十四条の二第五項及び第六項の規定は、第一項の登録について準用する。この場合において、同条第五項第二号中「第二十四条の十又は第二十四条の十三第三項」とあるのは「第七十一条の三の二第十一項において準用する第三十八条の十七第一項又は第二項」と、同条第六項中「前各項」とあるのは「前項並びに第七十一条の三の二第一項から第四項まで及び第六項」と読み替えるものとする。

6　第一項の登録は、登録周波数終了対策機関登録簿に次に掲げる事項を記載してするものとする。

一　登録の年月日及び登録の番号

二　登録を受けた者の氏名又は名称及び住所並びに法人にあつては、その代表者の氏名

三　登録を受けた者が特定周波数終了対策業務を行う事務所の名称及び所在地

7　第一項の登録は、三年を下らない政令で定める期間ごとにその更新を受けなければ、その期間の経過によつて、その効力を失う。

8　第三項から第六項までの規定は、前項の登録の更新について準用する。

9　登録周波数終了対策機関は、総務大臣から特定周波数終了対策業務を行うべきことを求められたときは、正当な理由がある場合を除き、遅滞なく、その特定周波数終了対策業務を行わなければならない。

10　総務大臣は、登録周波数終了対策機関が前項の規定に違反していると認めるとき、その他特定周波数終了対策業務の適正な実施を確保するため必要があると認めるときは、その登録周波数終了対策機関に対し、特定周波数終了対策業務を行うべきこと又は特定周波数終了対策業務の実施の方法その他の業務の方法の改善に関し必要な措置をとるべきことを命ずることができる。

11　第二十四条の七第一項、第二十四条の十一、第三十八条の五、第三十八条の九、第三十八条の十一、第三十八条の十二、第三十八条の十五、第三十八条の十七、第三十八条の十八、第三十九条の五、第三十九条の十、第四十七条の三並びに前条第四項から第六項まで、第八項及び第九項の規定は、登録周波数終了対策機関について準用する。この場合において、次の表の上欄に掲げる規定中同表の中欄に掲げる字句は、同表の下欄に掲げる字句にそれぞれ読み替えるものとする。

第二十四条の七第一項	第二十四条の二第四項各号（無線設備等の点検の事業のみを行う者にあつては、第一号、第二号又は第四号）	第七十一条の三の二第四項各号
第二十四条の十一	第二十四条の二の二第一項若しくは第二十四条の九第二項	第七十一条の三の二第七項
	失つたとき	失つたとき、同条第十一項において準用する第三十九条の十第一項の規定により登録周波数終了対策機関が特定周波数終了対策業務の全部を廃止したとき
	前条	第七十一条の三の二第十一項において準用する第三十八条の十七第一項若しくは第二項
第三十八条の五第一項	第三十八条の二の二第一項	第七十一条の三の二第一項
	受けた者（以下「登録証明機関」という。）	受けた者

	事業の区分、技術基準適合証明の業務	特定周波数終了対策業務
	技術基準適合証明の業務	特定周波数終了対策業務
第三十八条の五第二項	第三十八条の二の二第二項第一号又は第三号	第七十一条の三の二第六項第二号又は第三号
第三十八条の九	役員又は証明員	役員又は別表第五に掲げる条件に適合する知識経験を有する者
第三十八条の十一第二項	特定無線設備を取り扱うことを業とする者	特定周波数終了対策業務に係る給付金の支給の申請をした免許人
第三十八条の十二	技術基準適合証明	特定周波数終了対策業務
第三十八条の十五第一項、第三十八条の十七第二項各号列記以外の部分及び第三項並びに第三十八条の十八第二項及び第三項	技術基準適合証明の業務	特定周波数終了対策業務
第三十八条の十七第一項	第三十八条の三第二項	第七十一条の三の二第五項
第三十八条の十七第二項第一号	この節	第七十一条の三の二第十一項において準用する第三十八条の五第二項、第三十八条の九、第三十八条の十一第一項、第三十八条の十二、第三十九条の五第一項、第三十九条の十第一項又は第七十一条の三第五項若しくは第八項
第三十八条の十七第二項第二号	第三十八条の十三第一項又は第二項	第七十一条の三の二第十一項において準用する第二十四条の七第一項若しくは第三十九条の五第二項
第三十八条の十七第二項第三号	第三十八条の二の二第一項	第七十一条の三の二第一項
第三十八条の十八第一項	総務大臣は、第三十八条の二の二第一項の登録を受ける者がいないとき、又は	総務大臣は、
	第三十八条の十六第一項	第七十一条の三の二第十一項において準用する第三十九条の十第一項
	技術基準適合証明の業務	特定周波数終了対策業務
第三十九条の五及び第三十九条の十第一項	講習の業務	特定周波数終了対策業務
第四十七条の三第一項	職員（試験員を含む。次	職員

	項において同じ。）	
	試験事務	特定周波数終了対策業務
第四十七条の三第二項	試験事務	特定周波数終了対策業務
前条第四項	第一項	次条第一項
	特定周波数変更対策業務	特定周波数終了対策業務
前条第五項、第六項、第八項及び第九項	特定周波数変更対策業務	特定周波数終了対策業務

【九十七次改正】

電波法の一部を改正する法律（平成二十六年四月二十三日法律第二十六号）

第七十一条の三の二第十一項の表第三十八条の五第二項の項の次に次のように加える。

（追加された表の部分は、後掲の通り。）

第七十一条の三の二第十一項の表第三十八条の十五第一項、第三十八条の十七第二項各号列記以外の部分及び第三項並びに第三十八条の十八第二項及び第三項の項を削る

（登録周波数終了対策機関）

第七十一条の三の二　総務大臣は、その登録を受けた者（以下「登録周波数終了対策機関」という。）に、特定周波数終了対策業務の全部又は一部を行わせることができる。

2　総務大臣は、前項の規定により登録周波数終了対策機関に特定周波数終了対策業務を行わせることとしたときは、当該特定周波数終了対策業務を行わないものとする。

3　第一項の登録は、総務省令で定めるところにより、特定周波数終了対策業務を行おうとする者の申請により行う。

4　総務大臣は、前項の規定により登録の申請をした者（以下この項において「申請者」という。）が次の各号のいずれにも適合しているときは、その登録をしなければならない。

一　別表第五に掲げる条件のいずれかに適合する知識経験を有する者が特定周波数終了対策業務に係る給付金の交付の決定に係る事務を行うものであること。

二　債務超過の状態にないこと。

三　旧割当期限に係る周波数の電波を使用する無線局を開設している者でないこと。

四　申請者が、特定の者に支配されているものとして次のいずれかに該当するものでないこと。

イ　申請者が株式会社である場合にあつては、他の株式会社がその親法人であること。

ロ　申請者の役員（持分会社にあつては、業務を執行する社員）に占める同一の者の役員又は職員（過去二年間にその同一の者の役員又は職員であつた者を含む。）の割合が二分の一を超えていること。

5　第二十四条の二第五項及び第六項の規定は、第一項の登録について準用する。この場合において、同条第五項第二号中「第二十四条の十又は第二十四条の十三第三項」とあるのは「第七十一条の三の二第十一項において準用する第三十八条の十七第一項又は第二項」と、同条第六項中「前各項」とあるのは「前項並びに第七十一条の三の二第一項から第四項まで及び第六項」と読み替えるものとする。

6　第一項の登録は、登録周波数終了対策機関登録簿に次に掲げる事項を記載してするものとする。

一　登録の年月日及び登録の番号

二　登録を受けた者の氏名又は名称及び住所並びに法人にあつては、その代表者の氏名

三　登録を受けた者が特定周波数終了対策業務を行う事務所の名称及び所在地

7　第一項の登録は、三年を下らない政令で定める期間ごとにその更新を受けなければ、その期間の経過によつて、その効力を失う。

8　第三項から第六項までの規定は、前項の登録の更新について準用する。

9　登録周波数終了対策機関は、総務大臣から特定周波数終了対策業務を行うべきことを求められたときは、正当な理由がある場合を除き、遅滞なく、その特定周波数終了対策業務を行わなければならない。

10　総務大臣は、登録周波数終了対策機関が前項の規定に違反していると認めるとき、その他特定周波数終了対策業務の適正な実施を確保するため必要があると認めるときは、その登録周波数終了対策機関に対し、特定周波数終了対策業務を行うべきこと又は特定周波数終了対策業務の実施の方法その他の業務の方法の改善に関し必要な措置をとるべきことを命ずることができる。

11　第二十四条の七第一項、第二十四条の十一、第三十八条の五、第三十八条の九、第三十八条の十一、第三十八条の十二、第三十八条の十五、第三十八条の十七、第三十八条の十八、第三十九条の五、第三十九条の十、第四十七条の三並びに前条第四項から第六項まで、第八項及び第九項の規定は、登録周波数終了対策機関について準用する。この場合において、次の表の上欄に掲げる規定中同表の中欄に掲げる字句は、同表の下欄に掲げる字句にそれぞれ読み替えるものとする。

第二十四条の七第一項	第二十四条の二第四項各号（無線設備等の点検の事業のみを行う者にあつては、第一号、第二号又は第四号）	第七十一条の三の二第四項各号
第二十四条の十一	第二十四条の二の二第一項若しくは第二十四条の九第二項	第七十一条の三の二第七項
	失つたとき	失つたとき、同条第十一項において準用する第三十九条の十第一項の規定により登録周波数終了対策機関が特定周波数終了対策業務の全部を廃止したとき
	前条	第七十一条の三の二第十一項において準用する第三十八条の十七第一項若しくは第二項
第三十八条の五第一項	第三十八条の二の二第一項	第七十一条の三の二第一項
	受けた者（以下「登録証明機関」という。）	受けた者
	事業の区分、技術基準適合証明の業務	特定周波数終了対策業務
	技術基準適合証明の業務	特定周波数終了対策業務
第三十八条の五第二項	第三十八条の二の二第二項第一号又は第三号	第七十一条の三の二第六項第二号又は第三号

第三十八条の五第三項、第三十八条の十五第一項、第三十八条の十七第二項各号列記以外の部分及び第三項並びに第三十八条の十八第二項及び第三項	技術基準適合証明の業務	特定周波数終了対策業務
第三十八条の九	役員又は証明員	役員又は別表第五に掲げる条件に適合する知識経験を有する者
第三十八条の十一第二項	特定無線設備を取り扱うことを業とする者	特定周波数終了対策業務に係る給付金の支給の申請をした免許人
第三十八条の十二	技術基準適合証明	特定周波数終了対策業務
第三十八条の十七第一項	第三十八条の三第二項	第七十一条の三の二第五項
第三十八条の十七第二項第一号	この節	第七十一条の三の二第十一項において準用する第三十八条の五第二項、第三十八条の九、第三十八条の十一第一項、第三十八条の十二、第三十九条の五第一項、第三十九条の十第一項又は第七十一条の三第五項若しくは第八項
第三十八条の十七第二項第二号	第三十八条の十三第一項又は第二項	第七十一条の三の二第十一項において準用する第二十四条の七第一項若しくは第三十九条の五第二項
第三十八条の十七第二項第三号	第三十八条の二の二第一項	第七十一条の三の二第一項
第三十八条の十八第一項	総務大臣は、第三十八条の二の二第一項の登録を受ける者がいないとき、又は	総務大臣は、
	第三十八条の十六第一項	第七十一条の三の二第十一項において準用する第三十九条の十第一項
	技術基準適合証明の業務	特定周波数終了対策業務
第三十九条の五及び第三十九条の十第一項	講習の業務	特定周波数終了対策業務
第四十七条の三第一項	職員（試験員を含む。次項において同じ。）	職員
	試験事務	特定周波数終了対策業務
第四十七条の三第二項	試験事務	特定周波数終了対策業務
前条第四項	第一項	次条第一項
	特定周波数変更対策業務	特定周波数終了対策業務

前条第五項、第六項、第八項及び第九項	特定周波数変更対策業務	特定周波数終了対策業務

［注釈］この表の改正は、第三十八条の五第三項に「技術基準適合証明の業務」に関する規定が加えられ、同項を登録周波数終了対策機関に準用されたことによる読み替えを追加したものである。具体的には、「第三十八条の十五第一項、第三十八条の十七第二項各号列記以外の部分及び第三項並びに第三十八条の十八第二項及び第三項の項」を削り、新たにこの内容を含む「第三十八条の五第三項、第三十八条の十五第一項、第三十八条の十七第二項各号列記以外の部分及び第三項並びに第三十八条の十八第二項及び第三項の項」を追加したものである（傍線部分を比較対照されたい。）

第七十一条の四

【六十八次改正】

電波法の一部を改正する法律（平成十三年六月十五日法律第四十八号）

第七十一条の次に次の三条を加える。

（追加された第七十一条の四の規定は、後掲の条文の通り。）

（給付金の交付の決定を受けた免許人の義務等）

第七十一条の四　特定周波数変更対策業務に係る給付金の交付の決定を受けた免許人は、遅滞なく、周波数又は空中線電力の指定の変更を申請しなければならない。

2　前二条の規定は、総務大臣が、第七十一条第一項の規定に基づき既開設局の周波数又は空中線電力の指定を変更することを妨げるものではない。

【七十六次改正】

電波法及び有線電気通信法の一部を改正する法律（平成十六年五月十九日法律第四十七号）第一条

第七十一条の四第二項中「前二条」を「前三条」に、「又は」を「若しくは」に改め、「こと」の下に「、又は第七十六条の三第一項の規定に基づき第七十一条の二第二項の旧割当期限に係る周波数の電波を使用している無線局の周波数の指定を変更し、若しくは免許を取り消すこと」を加え、同項を同条第三項とし、同条第一項の次に次の一項を加える。

（追加された第二項の規定は、後掲の条文の通り。）

（給付金の交付の決定を受けた免許人の義務等）

第七十一条の四　特定周波数変更対策業務に係る給付金の交付の決定を受けた免許人は、遅滞なく、周波数又は空中線電力の指定の変更を申請しなければならない。

2　特定周波数終了対策業務に係る給付金の交付の決定を受けた免許人は、遅滞なく、周波数の指定の変更を申請し、又は無線局を廃止しなければならない。

3　前三条の規定は、総務大臣が、第七十一条第一項の規定に基づき既開設局の周波数若しくは空中線電力の指定を変更すること、又は第七十六条の三第一項の規定に基づき第七十一条の二第二項の旧割当期限に係る周波数の電波を使用している無線局の周波数の指定を変更し、若しくは免許を取り消すことを妨げるものではない。

【八十次改正】

電波法及び有線電気通信法の一部を改正する法律（平成十六年五月十九日法律第四十七号）第二条

> 第七十一条の四の見出し中「免許人」を「免許人等」に改め、同条第二項中「免許人」を「免許人等」に改め、「変更」の下に「（登録人にあつては、周波数の変更登録）」を加え、同条第三項中「若しくは免許」を「当該周波数の電波を使用している登録局の周波数の変更を命じ、若しくは当該周波数の電波を使用している無線局の免許等」に改める。

（給付金の交付の決定を受けた免許人等の義務等）

第七十一条の四　特定周波数変更対策業務に係る給付金の交付の決定を受けた免許人は、遅滞なく、周波数又は空中線電力の指定の変更を申請しなければならない。

2　特定周波数終了対策業務に係る給付金の交付の決定を受けた免許人等は、遅滞なく、周波数の指定の変更（登録人にあつては、周波数の変更登録）を申請し、又は無線局を廃止しなければならない。

3　前三条の規定は、総務大臣が、第七十一条第一項の規定に基づき既開設局の周波数若しくは空中線電力の指定を変更すること、又は第七十六条の三第一項の規定に基づき第七十一条の二第二項の旧割当期限に係る周波数の電波を使用している無線局の周波数の指定を変更し、当該周波数の電波を使用している登録局の周波数の変更を命じ、若しくは当該周波数の電波を使用している無線局の免許等を取り消すことを妨げるものではない。

第七十一条の五

【八十九次改正】

放送法等の一部を改正する法律（平成二十二年十二月三日法律第六十五号）第三条

> 第七十一条の四の次に次の一条を加える。
> （追加された第七十一条の五の規定は、後掲の条文の通り。）

（技術基準適合命令）

第七十一条の五　総務大臣は、無線設備が第三章に定める技術基準に適合していないと認めるときは、当該無線設備を使用する無線局の免許人等に対し、その技術基準に適合するように当該無線設備の修理その他の必要な措置をとるべきことを命ずることができる。

第七十二条

【制定】

電波法（昭和二十五年五月二日法律第百三十一号）

（電波の発射の停止）

第七十二条　電波監理委員会は、無線局の発射する電波の質が第二十八条の電波監理委員会規則で定めるものに適合していないと認めるときは、当該無線局に対して臨時に電波の発射の停止を命ずることができる。

2　電波監理委員会は、前項の命令を受けた無線局からその発射する電波の質が第二十八条の電波監理委員会規則の定めるものに適合するに至った旨の申出を受けたときは、その無線局に電波を試験的に発射させなければならない。

3　電波監理委員会は、前項の規定により発射する電波の質が第二十八条の電波監理委員会規則で定めるものに適合しているときは、直ちに第一項の停止を解除しなければならない。

【三次改正】

郵政省設置法の一部改正に伴う関係法令の整理に関する法律（昭和二十七年七月三十一日法律第二百八十号）第二条

「電波監理委員会規則」を「郵政省令」に改める。
「電波監理委員会」を「郵政大臣」に改める。

（電波の発射の停止）

第七十二条　郵政大臣は、無線局の発射する電波の質が第二十八条の郵政省令で定めるものに適合していないと認めるときは、当該無線局に対して臨時に電波の発射の停止を命ずることができる。

2　郵政大臣は、前項の命令を受けた無線局からその発射する電波の質が第二十八条の郵政省令の定めるものに適合するに至った旨の申出を受けたときは、その無線局に電波を試験的に発射させなければならない。

3　郵政大臣は、前項の規定により発射する電波の質が第二十八条の郵政省令で定めるものに適合しているときは、直ちに第一項の停止を解除しなければならない。

【六十二次改正】

中央省庁等改革関係法施行法（平成十一年十二月二十二日法律第百六十号）第百九十三条

本則（第九十九条の十二第二項を除く。）中「郵政大臣」を「総務大臣」に、「郵政省令」を「総務省令」に、「通商産業大臣」を「経済産業大臣」に、「建設大臣」を「国土交通大臣」に、「地方電気通信監理局長」を「総合通信局長」に、「沖縄郵政管理事務所長」を「沖縄総合通信事務所長」に改める。

（電波の発射の停止）

第七十二条　総務大臣は、無線局の発射する電波の質が第二十八条の総務省令で定めるものに適合していないと認めるときは、当該無線局に対して臨時に電波の発射の停止を命ずることができる。

2　総務大臣は、前項の命令を受けた無線局からその発射する電波の質が第二十八条の総務省令の定めるものに適合するに至った旨の申出を受けたときは、その無線局に電波を試験的に発射させなければならない。

3　総務大臣は、前項の規定により発射する電波の質が第二十八条の総務省令で定めるものに適合しているときは、直ちに第一項の停止を解除しなければならない。

第七十三条

【制定】

電波法（昭和二十五年五月二日法律第百三十一号）

（検査）

第七十三条　電波監理委員会は、毎年一回、あらかじめ通知する期日に、その職員を無線局に派遣し、その無線設備、無線従事者の資格及び員数並びに第六十条の時計及び書類を検査させる。但し、その年に免許を受けた無線局及び外国地間を航行中の船舶の無線局については、この限りでない。

2　電波監理委員会は、前条第一項の電波の発射の停止を命じたとき、同条第二項の申出があつたとき、無線局のある船舶が外国へ出港しようとするとき、その他この法律の施行を確保するため特に必要があるときは、その職員を無線局に派遣し、その無線設備、無線従事者の資格及び員数並びに第六十条の時計及び書類を検査させることができる。

3　前二項の規定により無線局に立ち入り、検査をする職員は、その身分を示す証票を携帯し、且つ、関係人の請求があるときは、これを呈示しなければならない。

4　第一項又は第二項の規定による検査は、犯罪捜査のために認められたものと解釈してはならない。

【三次改正】

郵政省設置法の一部改正に伴う関係法令の整理に関する法律（昭和二十七年七月三十一日法律第二百八十号）第二条

「電波監理委員会」を「郵政大臣」に改める。

（検査）

第七十三条　郵政大臣は、毎年一回、あらかじめ通知する期日に、その職員を無線局に派遣し、その無線設備、無線従事者の資格及び員数並びに第六十条の時計及び書類を検査させる。但し、その年に免許を受けた無線局及び外国地間を航行中の船舶の無線局については、この限りでない。

2　郵政大臣は、前条第一項の電波の発射の停止を命じたとき、同条第二項の申出があつたとき、無線局のある船舶が外国へ出港しようとするとき、その他この法律の施行を確保するため特に必要があるときは、その職員を無線局に派遣し、その無線設備、無線従事者の資格及び員数並びに第六十条の時計及び書類を検査させることができる。

3　前二項の規定により無線局に立ち入り、検査をする職員は、その身分を示す証票を携帯し、且つ、関係人の請求があるときは、これを呈示しなければならない。

4　第一項又は第二項の規定による検査は、犯罪捜査のために認められたものと解釈してはならない。

【七次改正】

電波法の一部を改正する法律（昭和三十三年五月六日法律第百四十号）

第七十三条第一項ただし書を次のように改め、同条第二項中「船舶」の下に「又は航空機」を加える。
（改正後の第一項ただし書きの規定は、後掲の条文の通り。）

（検査）

第七十三条　郵政大臣は、毎年一回、あらかじめ通知する期日に、その職員を無線局に派遣し、その無線設備、無線従事者の資格及び員数並びに第六十条の時計及び書類を検査させる。但し、検査を毎年行う必要がないと認める無線局並びに外国地間を航行中の船舶及び航空機の無線局については、その検査を省略することができる。

2　郵政大臣は、前条第一項の電波の発射の停止を命じたとき、同条第二項の申出があつたとき、無線局のある船舶又は航空機が外国へ出港しようとするとき、その他この法律の施行を確保するため特に必要があるときは、その職員を無線局に派遣し、その無線設備、無線従事者の資格及び員数並びに第六十条の時計及び書類を検査させることができる。

3　前二項の規定により無線局に立ち入り、検査をする職員は、その身分を示す証票を携帯し、且つ、関係人の請求があるときは、これを呈示しなければならない。

4　第一項又は第二項の規定による検査は、犯罪捜査のために認められたものと解釈してはならない。

【　十七次改正　】

許可、認可等の整理に関する法律（昭和四十七年七月一日法律第百十一号）第十三条

第七十三条第一項ただし書を次のように改める。
（改正後のただし書の規定は、後掲の条文の通り。）

第七十三条第四項中「第一項又は第二項」を「第一項本文又は第三項」に改め、同項を同条第六項とし、同条第三項中「前二項」を「第一項本文又は第三項」に改め、同項を同条第五項とし、同条第二項を同条第三項とし、同項の次に次の一項を加える。
（追加された第四項の規定は、後掲の条文の通り。）

第七十三条第一項の次に次の一項を加える。
（追加された第二項の規定は、後掲の条文の通り。）

（検査）

第七十三条　郵政大臣は、毎年一回、あらかじめ通知する期日に、その職員を無線局に派遣し、その無線設備、無線従事者の資格及び員数並びに第六十条の時計及び書類を検査させる。ただし、当該無線局の発射する電波の質又は空中線電力に係る無線設備の事項以外の事項の検査を行なう必要がないと認める無線局については、その無線局に電波の発射を命じて、その発射する電波の質又は空中線電力の検査を行なう。

2　前項の検査は、当該検査を毎年行なう必要がないと認める無線局並びに外国地間を航行中の船舶及び航空機の無線局については、同項の規定にかかわらず、省略することができる。

3　郵政大臣は、前条第一項の電波の発射の停止を命じたとき、同条第二項の申出があつたとき、無線局のある船舶又は航空機が外国へ出港しようとするとき、その他この法律の施行を確保するため特に必要があるときは、その職員を無線局に派遣し、その無線設備、無線従事者の資格及び員数並びに第六十条の時計及び書類を検査させることができる。

4　郵政大臣は、無線局のある船舶又は航空機が外国へ出港しようとする場合その他この法律の施行を確保するため特に必要がある場合において、当該無線局の発射する電波の質又は空中線電力に係る無線設備の事項のみについて検査を行なう必要があると認めるときは、その無線局に電波の発射を命じて、その発射する電波の質又は空中線電力の検査を行なうことができる。

5　第一項本文又は第三項の規定により無線局に立ち入り、検査をする職員は、その身分を示す証票を携帯し、且つ、関係人の請求があるときは、これを呈示しなければならない。

6　第一項本文又は第三項の規定による検査は、犯罪捜査のために認められたものと解釈してはならない。

【　二十五次改正　】

電波法の一部を改正する法律（昭和五十六年五月二十三日法律第四十九号）

第七十三条第五項を次のように改め、同条第六項を削る。
（改正後の第五項の規定は、後掲の条文の通り。）

（検査）

第七十三条　郵政大臣は、毎年一回、あらかじめ通知する期日に、その職員を無線局に派遣し、その無線設備、無線従事者の資格及び員数並びに第六十条の時計及び書類を検査させる。ただし、当該無線局の発射する電波の質又は空中線電力に係る無線設備の事項以外の事項の検査を行なう必要がないと認める無線局については、その無線局に電波の発射を命じて、その発射する電波の質又は空中線電力の検査を行なう。

2　前項の検査は、当該検査を毎年行なう必要がないと認める無線局並びに外国地間を航行中の船舶及び航空機の無線局については、同項の規定にかかわらず、省略することができる。

3　郵政大臣は、前条第一項の電波の発射の停止を命じたとき、同条第二項の申出があつたとき、無線局のある船舶又は航空機が外国へ出港しようとするとき、その他この法律の施行を確保するため特に必要があるときは、その職員を無線局に派遣し、その無線設備、無線従事者の資格及び員数並びに第六十条の時計及び書類を検査させることができる。

4　郵政大臣は、無線局のある船舶又は航空機が外国へ出港しようとする場合その他この法律の施行を確保するため特に必要がある場合において、当該無線局の発射する電波の質又は空中線電力に係る無線設備の事項のみについて検査を行なう必要があると認めるときは、その無線局に電波の発射を命じて、その発射する電波の質又は空中線電力の検査を行なうことができる。

5　第三十八条の十二第二項及び第三項の規定は、第一項本文又は第三項の規定による検査に準用する。

［注釈］第六項は、削られた。

【三十五次改正】

許可、認可等民間活動に係る規制の整理及び合理化に関する法律（昭和六十年十二月二十四日法律第百二号）第二十一条

第七十三条第一項中「毎年一回」を「郵政省令で定める時期ごとに」に改め、「職員を無線局」の下に「（郵政省令で定めるものを除く。）」を加え、同項ただし書中「行なう」を「行う」に改め、同条第二項中「当該検査を毎年行なう」を「当該無線局についてその検査を同項の郵政省令で定める時期に行う」に、「無線局並びに外国地間を航行中の船舶及び航空機の無線局については」を「場合及び当該無線局のある船舶又は航空機が当該時期に外国地間を航行中の場合においては」に、「省略する」を「その時期を延期し、又は省略する」に改め、同条の次に次の一条を加える。

（検査）

第七十三条　郵政大臣は、郵政省令で定める時期ごとに、あらかじめ通知する期日に、その職員を無線局（郵政省令で定めるものを除く。）に派遣し、その無線設備、無線従事者の資格及び員数並びに第六十条の時計及び書類を検査させる。ただし、当該無線局の発射する電波の質又は空中線電力に係る無線設備の事項以外の事項の検査を行う必要がないと認める無線局については、その無線局に電波の発射を命じて、その発射する電波の質又は空中線電力の検査を行う。

2　前項の検査は、当該無線局についてその検査を同項の郵政省令で定める時期に行う必要がないと認める場合及び当該無線局のある船舶又は航空機が当該時期に外国地間を航行中の場合においては、同項の規定にかかわらず、その時期を延期し、又は省略することができる。

3　郵政大臣は、前条第一項の電波の発射の停止を命じたとき、同条第二項の申出があつたとき、無線局のある船舶又は航空機が外国へ出港しようとするとき、その他この法律の施行を確保するため特に必要があるときは、その職員を無線局に派遣し、その無線設備、無線従事者の資格及び員数並びに第六十条の時計及び書類を検査させることができる。

4　郵政大臣は、無線局のある船舶又は航空機が外国へ出港しようとする場合その他この法律の施行を確保するため特に必要がある場合において、当該無線局の発射する電波の質又は空中線電力に係る無線設備の事項のみについて検査を行なう必要があると認めるときは、その無線局に電波の発射を命じて、その発射する電波の質又は空中線電力の検査を行なうことができる。

5　第三十八条の十二第二項及び第三項の規定は、第一項本文又は第三項の規定による検査に準用する。

【　五十四次改正　】

電波法の一部を改正する法律（平成九年五月九日法律第四十七号）

第七十三条第一項中「無線設備、無線従事者の資格及び員数並びに第六十条の時計及び書類」を「無線設備等」に改め、同条第五項中「又は第三項」を「又は第四項」に改め、同項を同条第六項とし、同条第四項を同条第五項とし、同条第三項中「無線設備、無線従事者の資格及び員数並びに第六十条の時計及び書類」を「無線設備等」に改め、同項を同条第四項とし、同条第二項の次に次の一項を加える。

（追加された第三項の規定は、後掲の条文の通り。）

（検査）

第七十三条　郵政大臣は、郵政省令で定める時期ごとに、あらかじめ通知する期日に、その職員を無線局（郵政省令で定めるものを除く。）に派遣し、その無線設備等を検査させる。ただし、当該無線局の発射する電波の質又は空中線電力に係る無線設備の事項以外の事項の検査を行う必要がないと認める無線局については、その無線局に電波の発射を命じて、その発射する電波の質又は空中線電力の検査を行う。

2　前項の検査は、当該無線局についてその検査を同項の郵政省令で定める時期に行う必要がないと認める場合及び当該無線局のある船舶又は航空機が当該時期に外国地間を航行中の場合においては、同項の規定にかかわらず、その時期を延期し、又は省略することができる。

3　第一項の検査は、当該無線局の免許人から、同項の規定により郵政大臣が通知した期日の一箇月前までに、当該無線局の無線設備等について第二十四条の二第一項の認定を受けた者が郵政省令で定めるところにより行った当該認定に係る点検の結果を記載した書類の提出があったときは、第一項の規定にかかわらず、その一部を省略することができる。

4　郵政大臣は、前条第一項の電波の発射の停止を命じたとき、同条第二項の申出があったとき、無線局のある船舶又は航空機が外国へ出港しようとするとき、その他この法律の施行を確保するため特に必要があるときは、その職員を無線局に派遣し、その無線設備等を検査させることができる。

5　郵政大臣は、無線局のある船舶又は航空機が外国へ出港しようとする場合その他この法律の施行を確保するため特に必要がある場合において、当該無線局の発射する電波の質又は空中線電力に係る無線設備の事項のみについて検査を行なう必要があると認めるときは、その無線局に電波の発射を命じて、その発射する電波の質又は空中線電力の検査を行なうことができる。

6　第三十八条の十二第二項及び第三項の規定は、第一項本文又は第四項の規定による検査に準用する。

【　五十五次改正　】

電気通信分野における規制の合理化のための関係法律の整備等に関する法律（平成

十年五月八日法律第五十八号）第三条

> 第七十三条第三項中「第二十四条の二第一項」の下に「又は第二十四条の九第一項」を加える。

（検査）

第七十三条　郵政大臣は、郵政省令で定める時期ごとに、あらかじめ通知する期日に、その職員を無線局（郵政省令で定めるものを除く。）に派遣し、その無線設備等を検査させる。ただし、当該無線局の発射する電波の質又は空中線電力に係る無線設備の事項以外の事項の検査を行う必要がないと認める無線局については、その無線局に電波の発射を命じて、その発射する電波の質又は空中線電力の検査を行う。

2　前項の検査は、当該無線局についてその検査を同項の郵政省令で定める時期に行う必要がないと認める場合及び当該無線局のある船舶又は航空機が当該時期に外国地間を航行中の場合においては、同項の規定にかかわらず、その時期を延期し、又は省略することができる。

3　第一項の検査は、当該無線局の免許人から、同項の規定により郵政大臣が通知した期日の一箇月前までに、当該無線局の無線設備等について第二十四条の二第一項又は第二十四条の九第一項の認定を受けた者が郵政省令で定めるところにより行つた当該認定に係る点検の結果を記載した書類の提出があつたときは、第一項の規定にかかわらず、その一部を省略することができる。

4　郵政大臣は、前条第一項の電波の発射の停止を命じたとき、同条第二項の申出があつたとき、無線局のある船舶又は航空機が外国へ出港しようとするとき、その他この法律の施行を確保するため特に必要があるときは、その職員を無線局に派遣し、その無線設備等を検査させることができる。

5　郵政大臣は、無線局のある船舶又は航空機が外国へ出港しようとする場合その他この法律の施行を確保するため特に必要がある場合において、当該無線局の発射する電波の質又は空中線電力に係る無線設備の事項のみについて検査を行なう必要があると認めるときは、その無線局に電波の発射を命じて、その発射する電波の質又は空中線電力の検査を行なうことができる。

6　第三十八条の十二第二項及び第三項の規定は、第一項本文又は第四項の規定による検査に準用する。

【六十二次改正】

中央省庁等改革関係法施行法（平成十一年十二月二十二日法律第百六十号）第百九十三条

> 本則（第九十九条の十二第二項を除く。）中「郵政大臣」を「総務大臣」に、「郵政省令」を「総務省令」に、「通商産業大臣」を「経済産業大臣」に、「建設大臣」を「国土交通大臣」に、「地方電気通信監理局長」を「総合通信局長」に、「沖縄郵政管理事務所長」を「沖縄総合通信事務所長」に改める。

（検査）

第七十三条　総務大臣は、総務省令で定める時期ごとに、あらかじめ通知する期日に、その職員を無線局（総務省令で定めるものを除く。）に派遣し、その無線設備等を検査させる。ただし、当該無線局の発射する電波の質又は空中線電力に係る無線設備の事項以外の事項の検査を行う必要がないと認める無線局については、その無線局に電波の発射を命じて、その発射する電波の質又は空中線電力の検査を行う。

2　前項の検査は、当該無線局についてその検査を同項の総務省令で定める時期に行う必要がないと認める場合及び当該無線局のある船舶又は航空機が当該時期に外国地間を航行中の場合においては、同項の規定にかかわらず、その時期を延期し、又は省略することができる。

3　第一項の検査は、当該無線局の免許人から、同項の規定により総務大臣が通知した期日の一箇月前までに、当該無線局の無線設備等について第二十四条の二第一項又は第二十四条の九第一項の認定を受けた者が総務省令で定めるところにより行つた当該認定に係る点検の結果を記載した書類の提出があつたときは、第一項の規定にかかわらず、その一部を省略することができる。

4　総務大臣は、前条第一項の電波の発射の停止を命じたとき、同条第二項の申出があつたとき、無線局のある船舶又は航空機が外国へ出港しようとするとき、その他この法律の施行を確保するため特に必要があるときは、その職員を無線局に派遣し、その無線設備等を検査させることができる。

5　総務大臣は、無線局のある船舶又は航空機が外国へ出港しようとする場合その他この法律の施行を確保するため特に必要がある場合において、当該無線局の発射する電波の質又は空中線電力に係る無線設備の事項のみについて検査を行なう必要があると認めるときは、その無線局に電波の発射を命じて、その発射する電波の質又は空中線電力の検査を行なうことができる。

6　第三十八条の十二第二項及び第三項の規定は、第一項本文又は第四項の規定による検査に準用する。

【　七十三次改正　】

電波法の一部を改正する法律（平成十五年六月六日法律第六十八号）

第七十三条第三項中「第二十四条の九第一項の認定」を「第二十四条の十三第一項の登録」に、「認定に」を「登録に」に改め、同条第六項中「第三十八条の十二第二項」を「第三十九条の九第二項」に、「準用」を「ついて準用」に改める。

（検査）

第七十三条　総務大臣は、総務省令で定める時期ごとに、あらかじめ通知する期日に、その職員を無線局（総務省令で定めるものを除く。）に派遣し、その無線設備等を検査させる。ただし、当該無線局の発射する電波の質又は空中線電力に係る無線設備の事項以外の事項の検査を行う必要がないと認める無線局については、その無線局に電波の発射を命じて、その発射する電波の質又は空中線電力の検査を行う。

2　前項の検査は、当該無線局についてその検査を同項の総務省令で定める時期に行う必要がないと認める場合及び当該無線局のある船舶又は航空機が当該時期に外国地間を航行中の場合においては、同項の規定にかかわらず、その時期を延期し、又は省略することができる。

3　第一項の検査は、当該無線局の免許人から、同項の規定により総務大臣が通知した期日の一箇月前までに、当該無線局の無線設備等について第二十四条の二第一項又は第二十四条の十三第一項の登録を受けた者が総務省令で定めるところにより行つた当該登録に係る点検の結果を記載した書類の提出があつたときは、第一項の規定にかかわらず、その一部を省略することができる。

4　総務大臣は、前条第一項の電波の発射の停止を命じたとき、同条第二項の申出があつたとき、無線局のある船舶又は航空機が外国へ出港しようとするとき、その他この法律の施行を確保するため特に必要があるときは、その職員を無線局に派遣し、その無線設備等を検査させることができる。

5　総務大臣は、無線局のある船舶又は航空機が外国へ出港しようとする場合その他この法律の施行を確保するため特に必要がある場合において、当該無線局の発射する電波の質又は空中線電力に係る無線設備の事項のみについて検査を行なう必要があると認めるときは、その無線局に電波の発射を命じて、その発射する電波の質又は空中線電力の検査を行なうことができる。

6　第三十九条の九第二項及び第三項の規定は、第一項本文又は第四項の規定による検査について準用する。

【　八十九次改正　】

放送法等の一部を改正する法律（平成二十二年十二月三日法律第六十五号）第三条

第七十三条第四項中「総務大臣は」の下に「、第七十一条の五の無線設備の修理その他の必要な措置をとるべきことを命じたとき」を加える。

（検査）

第七十三条　総務大臣は、総務省令で定める時期ごとに、あらかじめ通知する期日に、その職員を無線局（総務省令で定めるものを除く。）に派遣し、その無線設備等を検査させる。ただし、当該無線局の発射する電波の質又は空中線電力に係る無線設備の事項以外の事項の検査を行う必要がないと認める無線局については、その無線局に電波の発射を命じて、その発射する電波の質又は空中線電力の検査を行う。

2　前項の検査は、当該無線局についてその検査を同項の総務省令で定める時期に行う必要がないと認める場合及び当該無線局のある船舶又は航空機が当該時期に外国地間を航行中の場合においては、同項の規定にかかわらず、その時期を延期し、又は省略することができる。

3　第一項の検査は、当該無線局の免許人から、同項の規定により総務大臣が通知した期日の一箇月前までに、当該無線局の無線設備等について第二十四条の二第一項又は第二十四条の十三第一項の登録を受けた者が総務省令で定めるところにより行つた当該登録に係る点検の結果を記載した書類の提出があつたときは、第一項の規定にかかわらず、その一部を省略することができる。

4　総務大臣は、第七十一条の五の無線設備の修理その他の必要な措置をとるべきことを命じたとき、前条第一項の電波の発射の停止を命じたとき、同条第二項の申出があつたとき、無線局のある船舶又は航空機が外国へ出港しようとするとき、その他この法律の施行を確保するため特に必要があるときは、その職員を無線局に派遣し、その無線設備等を検査させることができる。

5　総務大臣は、無線局のある船舶又は航空機が外国へ出港しようとする場合その他この法律の施行を確保するため特に必要がある場合において、当該無線局の発射する電波の質又は空中線電力に係る無線設備の事項のみについて検査を行なう必要があると認めるときは、その無線局に電波の発射を命じて、その発射する電波の質又は空中線電力の検査を行なうことができる。

6　第三十九条の九第二項及び第三項の規定は、第一項本文又は第四項の規定による検査について準用する。

【　九十一次改正　】

放送法等の一部を改正する法律（平成二十二年十二月三日法律第六十五号）第四条

第七十三条第六項中「第四項」を「第五項」に改め、同項を同条第七項とし、同条第五項を同条第六項とし、同条第四項を同条第五項とし、同条第三項を同条第四項とし、同条第二項の次に次の一項を加える。
（追加された第三項の規定は、後掲の条文の通り。）

（検査）

第七十三条　総務大臣は、総務省令で定める時期ごとに、あらかじめ通知する期日に、その職員を無線局（総務省令で定めるものを除く。）に派遣し、その無線設備等を検査させる。ただし、当該無線局の発射する電波の質又は空中線電力に係る無線設備の事項以外の事項の検査を行う必要がないと認める無線局については、その無線局に電波の発射を命じて、その発射する電波の質又は空中線電力の検査を行う。

2　前項の検査は、当該無線局についてその検査を同項の総務省令で定める時期に行う必要がないと認める場合及び当該無線局のある船舶又は航空機が当該時期に外国地間を航行中の場合においては、同項の規定にかかわらず、その時期を延期し、又は省略することができる。

3　第一項の検査は、当該無線局（人の生命又は身体の安全の確保のためその適正な運用の確保が必要な無線局として総務省令で定めるものを除く。以下この項において同じ。）の免許人から、第一項の規定により総務大臣が通知した期日の一月前までに、当該無線局の無線設備等について第二十四条の二第一項の登録を受けた者（無線設備等の点検の事業のみを行う者を除く。）が、総務省令で定めるところにより、当該登録に係る検査を行い、当該無線局の無線設備がその工事設計に合致しており、かつ、その無線従事者の資格及び員数が第三十九条又は第三十九条の十三、第四十条及び第五十条の規定に、その時計及び書類が第六十条の規定にそれぞれ違反していない旨を記載した証明書の提出があつたときは、第一項の規定にかかわらず、省略することができる。

4　第一項の検査は、当該無線局の免許人から、同項の規定により総務大臣が通知した期日の一箇月前までに、当該無線局の無線設備等について第二十四条の二第一項又は第二十四条の十三第一項の登録を受けた者が総務省令で定めるところにより行つた当該登録に係る点検の結果を記載した書類の提出があつたときは、第一項の規定にかかわらず、その一部を省略することができる。

5　総務大臣は、第七十一条の五の無線設備の修理その他の必要な措置をとるべきことを命じたとき、前条第一項の電波の発射の停止を命じたとき、同条第二項の申出があつたとき、無線局のある船舶又は航空機が外国へ出港しようとするとき、その他この法律の施行を確保するため特に必要があるときは、その職員を無線局に派遣し、その無線設備等を検査させることができる。

6　総務大臣は、無線局のある船舶又は航空機が外国へ出港しようとする場合その他この法律の施行を確保するため特に必要がある場合において、当該無線局の発射する電波の質又は空中線電力に係る無線設備の事項のみについて検査を行なう必要があると認めるときは、その無線局に電波の発射を命じて、その発射する電波の質又は空中線電力の検査を行なうことができる。

7　第三十九条の九第二項及び第三項の規定は、第一項本文又は第五項の規定による検査について準用する。

第七十三条の二

【三十五次改正】

許可、認可等民間活動に係る規制の整理及び合理化に関する法律（昭和六十年十二月二十四日法律第百二号）第二十一条

第七十三条第一項中「毎年一回」を「郵政省令で定める時期ごとに」に改め、「職員を無線局」の下に「（郵政省令で定めるものを除く。）」を加え、同項ただし書中「行なう」を「行う」に改め、同条第二項中「当該検査を毎年行なう」を「当該無線局についてその検査を同項の郵政省令で定める時期に行う」に、「無線局並びに外国地間を航行中の船舶及び航空機の無線局については」を「場合及び当該無線局のある船舶又は航空機が当該時期に外国地間を航行中の場合においては」に、「省略する」を「その時期を延期し、又は省略する」に改め、同条の次に次の一条を加える。

（追加された第七十三条の二の規定は、後掲の条文の通り。）

（指定検査機関）

第七十三条の二　郵政大臣は、郵政省令で定める無線局について、その指定する者（以下「指定検査機関」という。）に、前条第一項の規定による検査（以下「定期検査」という。）を行わせることができる。

2　指定検査機関の指定は、郵政省令で定める区分ごとに、定期検査を行おうとする者の申請により行う。

3　郵政大臣は、指定検査機関の指定をしたときは、当該指定に係る区分の定期検査を行わないものとする。

4　郵政大臣は、指定検査機関の指定に係る区分の定期検査について前条第二項の規定によりその時期を延期し、又は省略することとしたときは、その旨を当該指定検査機関に通知するものとする。

5　第三十八条の三、第三十八条の四、第三十八条の五第二項及び第三十八条の六から第三十八条の十五までの規定は、指定検査機関について準用する。この場合において、第三十八条の三中「前条第二項」とあるのは「第七十三条の二第二項」と、同条第一項、第三十八条の四第一項及び第二項、第三十八条の五第二項、第三十八条の七、第三十八条の八、第三十八条の十、第三十八条の十一、第三十八条の十二第一項、第三十八条の十三第一項、第三十八条の十四第二項及び第三項並びに第三十八条の十五中「技術基準適合証明」とあるのは「第七十三条の二第一項の定期検査」と、第三十八条の五第二項中「かつ、」とあるのは「かつ、無線局の検査に必要な知識及び経験について」と、「審査」とあるのは「検査」と、同項、第三十八条の六第二項及び第三項並びに第三十八条の七中「証明員」とあるのは「検査員」と、第三十八条の十四第二項第一号中「この章」とあるのは「第七十三条の二第五項において準用するこの章」と、第三十八条の十五第一項中「第三十八条の二第三項」とあるのは「第七十三条の二第三項」と読み替えるものとする。

【五十四次改正】

電波法の一部を改正する法律（平成九年五月九日法律第四十七号）

第七十三条の二を削る。

［注釈］第七十三条の二は、削られた。

第七十四条

【制定】

電波法（昭和二十五年五月二日法律第百三十一号）

（非常の場合の無線通信）

第七十四条　電波監理委員会は、地震、台風、洪水、津波、雪害、火災、暴動その他非常の事態が発生し、又は発生するおそれがある場合においては、人命の救助、災害の救援、交通通信の確保又は秩序の維持のために必要な通信を無線局に行わせることができる。

2　電波監理委員会が前項の規定により無線局に通信を行わせたときは、国は、その通信に要した実費を弁償しなければならない。

【三次改正】

郵政省設置法の一部改正に伴う関係法令の整理に関する法律（昭和二十七年七月三十一日法律第二百八十号）第二条

「電波監理委員会」を「郵政大臣」に改める。

（非常の場合の無線通信）

第七十四条　郵政大臣は、地震、台風、洪水、津波、雪害、火災、暴動その他非常の事態が発生し、又は発生するおそれがある場合においては、人命の救助、災害の救援、交通通信の確保又は秩序の維持のために必要な通信を無線局に行わせることができる。

２　郵政大臣が前項の規定により無線局に通信を行わせたときは、国は、その通信に要した実費を弁償しなければならない。

【六十二次改正】

中央省庁等改革関係法施行法（平成十一年十二月二十二日法律第百六十号）第百九十三条

本則（第九十九条の十二第二項を除く。）中「郵政大臣」を「総務大臣」に、「郵政省令」を「総務省令」に、「通商産業大臣」を「経済産業大臣」に、「建設大臣」を「国土交通大臣」に、「地方電気通信監理局長」を「総合通信局長」に、「沖縄郵政管理事務所長」を「沖縄総合通信事務所長」に改める。

（非常の場合の無線通信）

第七十四条　総務大臣は、地震、台風、洪水、津波、雪害、火災、暴動その他非常の事態が発生し、又は発生するおそれがある場合においては、人命の救助、災害の救援、交通通信の確保又は秩序の維持のために必要な通信を無線局に行わせることができる。

２　総務大臣が前項の規定により無線局に通信を行わせたときは、国は、その通信に要した実費を弁償しなければならない。

第七十四条の二

【十二次改正】

電波法の一部を改正する法律（昭和四十年六月二日法律第百十四号）

第七十四条の次に次の一条を加える。
（追加された第七十四条の二の規定は、後掲の条文の通り。）

（非常の場合の通信体制の整備）

第七十四条の二　郵政大臣は、前条第一項に規定する通信の円滑な実施を確保するため必要な体制を整備するため、非常の場合における通信計画の作成、通信訓練の実施その他の必要な措置を講じておかなければならない。

２　郵政大臣は、前項に規定する措置を講じようとするときは、免許人の協力を求めることができる。

【六十二次改正】

中央省庁等改革関係法施行法（平成十一年十二月二十二日法律第百六十号）第百九十三条

本則（第九十九条の十二第二項を除く。）中「郵政大臣」を「総務大臣」に、「郵政省令」を「総務省令」に、「通商産業大臣」を「経済産業大臣」に、「建設大臣」を「国土交通大臣」に、「地方電気通信監理局長」を「総合通信局長」に、「沖縄郵政管理事務所長」を「沖縄総合通信事務所長」に改める。

（非常の場合の通信体制の整備）

第七十四条の二　総務大臣は、前条第一項に規定する通信の円滑な実施を確保するため必要な体制を整備するため、非常の場合における通信計画の作成、通信訓練の実施その他の必要な措置を講じておかなければならない。

2　総務大臣は、前項に規定する措置を講じようとするときは、免許人の協力を求めることができる。

【八十次改正】

電波法及び有線電気通信法の一部を改正する法律（平成十六年五月十九日法律第四十七号）第二条

第七十四条の二第二項中「免許人」を「免許人等」に改める。

（非常の場合の通信体制の整備）

第七十四条の二　総務大臣は、前条第一項に規定する通信の円滑な実施を確保するため必要な体制を整備するため、非常の場合における通信計画の作成、通信訓練の実施その他の必要な措置を講じておかなければならない。

2　総務大臣は、前項に規定する措置を講じようとするときは、免許人等の協力を求めることができる。

第七十五条

【制定】

電波法（昭和二十五年五月二日法律第百三十一号）

（無線局の免許の取消等）

第七十五条　電波監理委員会は、免許人が第五条の規定により免許を受けることができない者となつたときは、その免許を取り消さなければならない。

【一次改正】

電波法の一部を改正する法律（昭和二十七年七月三十一日法律第二百四十九号）

第七十五条中「第五条」を「第五条第一項及び第二項」に改める。

（無線局の免許の取消等）

第七十五条　電波監理委員会は、免許人が第五条第一項及び第二項の規定により免許を受けることができない者となつたときは、その免許を取り消さなければならない。

【三次改正】

郵政省設置法の一部改正に伴う関係法令の整理に関する法律（昭和二十七年七月三十一日法律第二百八十号）第二条

「電波監理委員会」を「郵政大臣」に改める。

（無線局の免許の取消等）

第七十五条　郵政大臣は、免許人が第五条第一項及び第二項の規定により免許を受けることができない者となつたときは、その免許を取り消さなければならない。

【七次改正】

電波法の一部を改正する法律（昭和三十三年五月六日法律第百四十号）

第七十五条中「及び第二項」を「、第二項及び第四項」に改める。

（無線局の免許の取消等）

第七十五条　郵政大臣は、免許人が第五条第一項、第二項及び第四項の規定により免許を受けることができない者となつたときは、その免許を取り消さなければならない。

【六十二次改正】

中央省庁等改革関係法施行法（平成十一年十二月二十二日法律第百六十号）第百九十三条

本則（第九十九条の十二第二項を除く。）中「郵政大臣」を「総務大臣」に、「郵政省令」を「総務省令」に、「通商産業大臣」を「経済産業大臣」に、「建設大臣」を「国土交通大臣」に、「地方電気通信監理局長」を「総合通信局長」に、「沖縄郵政管理事務所長」を「沖縄総合通信事務所長」に改める。

（無線局の免許の取消等）

第七十五条　総務大臣は、免許人が第五条第一項、第二項及び第四項の規定により免許を受けることができない者となつたときは、その免許を取り消さなければならない。

【八十一次改正】

電波法及び放送法の一部を改正する法律（平成十七年十一月二日法律第百七号）第一条

第七十五条の前の見出し中「取消」を「取消し」に改め、同条に次の一項を加える。

（追加された第二項の規定は、後掲の条文の通り。）

（無線局の免許の取消し等）

第七十五条　総務大臣は、免許人が第五条第一項、第二項及び第四項の規定により免許を受けることができない者となつたときは、その免許を取り消さなければならない。

２　前項の規定にかかわらず、総務大臣は、免許人が第五条第四項（第三号に該当する場合に限る。）の規定により免許を受けることができない者となつた場合において、同項第三号に該当することとなつた状況その他の事情を勘案して必要があると認めるときは、当該免許人の免許の有効期間の残存期間内に限り、期間を定めてその免許を取り消さないことができる。

【九十一次改正】

放送法等の一部を改正する法律（平成二十二年十二月三日法律第六十五号）第四条

第七十五条第一項中「ときは、その免許」を「とき、又は地上基幹放送の業務を行う認定基幹放送事業者の認定がその効力を失つたときは、当該免許を受けることができない者となつた免許人の免許又は当該地上基幹放送の業務に用いられる無線局の免許」に改める。

（無線局の免許の取消し等）

第七十五条　総務大臣は、免許人が第五条第一項、第二項及び第四項の規定により免許を受けることができない者となつたとき、又は地上基幹放送の業務を行う認定基幹放送事業者の認定がその効力を失つたときは、当該免許を受けることができない者となつた免許人の免許又は当該地上基幹放送の業務に用いられる無線局の免許を取り消さなければならない。

2　前項の規定にかかわらず、総務大臣は、免許人が第五条第四項（第三号に該当する場合に限る。）の規定により免許を受けることができない者となつた場合において、同項第三号に該当することとなつた状況その他の事情を勘案して必要があると認めるときは、当該免許人の免許の有効期間の残存期間内に限り、期間を定めてその免許を取り消さないことができる。

第七十六条

【制定】

電波法（昭和二十五年五月二日法律第百三十一号）

［無線局の免許の取消等］・・第七十五条から第七十七条までの共通見出しである。

第七十六条　電波監理委員会は、免許人がこの法律、放送法若しくはこれらの法律に基く命令又はこれらに基く処分に違反したときは、三箇月以内の期間を定めて無線局の運用の停止を命じ、又は期間を定めて運用許容時間、周波数若しくは空中線電力を制限することができる。

2　電波監理委員会は、免許人が左の各号の一に該当するときは、その免許を取り消すことができる。

一　正当な理由がないのに、無線局の運用を引き続き六箇月以上休止したとき。

二　不正な手段により無線局の免許若しくは第十七条の許可を受け、又は第十九条の規定による指定の変更を行わせたとき。

三　前項の規定による命令又は制限に従わないとき。

【一次改正】

電波法の一部を改正する法律（昭和二十七年七月三十一日法律第二百四十九号）

第七十六条第二項に次の一号を加える。

（追加された第四号の規定は、後掲の条文の通り。）

第七十六条に次の一項を加える。

（追加された第三項の規定は、後掲の条文の通り。）

［無線局の免許の取消等］・・第七十五条から第七十七条までの共通見出しである。

第七十六条　電波監理委員会は、免許人がこの法律、放送法若しくはこれらの法律に基く命令又はこれらに基く処分に違反したときは、三箇月以内の期間を定めて無線局の運用の停止を命じ、又は期間を定めて運用許容時間、周波数若しくは空中線電力を制限することができる。

2　電波監理委員会は、免許人が左の各号の一に該当するときは、その免許を取り消すことができる。

一　正当な理由がないのに、無線局の運用を引き続き六箇月以上休止したとき。

二　不正な手段により無線局の免許若しくは第十七条の許可を受け、又は第十九条の規定による指定の変更を行わせたとき。

三　前項の規定による命令又は制限に従わないとき。

四　免許人が第五条第三項第一号に該当するに至つたとき。

3　電波監理委員会は、前項の規定により免許の取消をしたときは、当該免許人であつた者が受けている他の無線局の免許を取り消すことができる。

【三次改正】

郵政省設置法の一部改正に伴う関係法令の整理に関する法律（昭和二十七年七月三十一日法律第二百八十号）第二条

「電波監理委員会」を「郵政大臣」に改める。

［無線局の免許の取消等］・・第七十五条から第七十七条までの共通見出しである。

第七十六条　郵政大臣は、免許人がこの法律、放送法若しくはこれらの法律に基く命令又はこれらに基く処分に違反したときは、三箇月以内の期間を定めて無線局の運用の停止を命じ、又は期間を定めて運用許容時間、周波数若しくは空中線電力を制限することができる。

2　郵政大臣は、免許人が左の各号の一に該当するときは、その免許を取り消すことができる。

一　正当な理由がないのに、無線局の運用を引き続き六箇月以上休止したとき。

二　不正な手段により無線局の免許若しくは第十七条の許可を受け、又は第十九条の規定による指定の変更を行わせたとき。

三　前項の規定による命令又は制限に従わないとき。

四　免許人が第五条第三項第一号に該当するに至つたとき。

3　郵政大臣は、前項の規定により免許の取消をしたときは、当該免許人であつた者が受けている他の無線局の免許を取り消すことができる。

【　五十二次改正　】

電波法の一部を改正する法律（平成九年五月九日法律第四十七号）

第七十六条第二項中「免許人が左の各号の一に」を「免許人（包括免許人を除く。）が次の各号のいずれかに」に改め、同条第三項中「前項」を「前二項」に改め、同項を同条第四項とし、同条第二項の次に次の一項を加える。

（追加された第三項の規定は、後掲の条文の通り。）

［無線局の免許の取消等］・・第七十五条から第七十七条までの共通見出しである。

第七十六条　郵政大臣は、免許人がこの法律、放送法若しくはこれらの法律に基く命令又はこれらに基く処分に違反したときは、三箇月以内の期間を定めて無線局の運用の停止を命じ、又は期間を定めて運用許容時間、周波数若しくは空中線電力を制限することができる。

2　郵政大臣は、免許人（包括免許人を除く。）が次の各号のいずれかに該当するときは、その免許を取り消すことができる。

一　正当な理由がないのに、無線局の運用を引き続き六箇月以上休止したとき。

二　不正な手段により無線局の免許若しくは第十七条の許可を受け、又は第十九条の規定による指定の変更を行わせたとき。

三　前項の規定による命令又は制限に従わないとき。

四　免許人が第五条第三項第一号に該当するに至つたとき。

3　郵政大臣は、包括免許人が次の各号のいずれかに該当するときは、その包括免許を取り消すことができる。

一　第二十七条の五第一項第四号の期限（第二十七条の六第一項の規定による期限の延長があつたときは、その期限）までに特定無線局の運用を全く開始しないとき。

二　正当な理由がないのに、その包括免許に係るすべての特定無線局の運用を引き続き六箇月以上休止したとき。

三　不正な手段により包括免許若しくは第二十七条の八の許可を受け、又は第二十七条の九の規定による指定の変更を行わせたとき。

四　第一項の規定による命令又は制限に従わないとき。

五　包括免許人が第五条第三項第一号に該当するに至つたとき。

4　郵政大臣は、前二項の規定により免許の取消をしたときは、当該免許人であつた者が受けている他の無線局の免許を取り消すことができる。

【 六十次改正 】

電波法の一部を改正する法律（平成十二年六月二日法律第百九号）

第七十六条第四項中「前二項」を「第二項（第四号を除く。）及び前項（第五号を除く。）」に、「取消」を「取消し」に改め、「の免許」の下に「又は第二十七条の十三第一項の開設計画の認定」を加える。

[無線局の免許の取消等]・・第七十五条から第七十七条までの共通見出しである。

第七十六条　郵政大臣は、免許人がこの法律、放送法若しくはこれらの法律に基く命令又はこれらに基く処分に違反したときは、三箇月以内の期間を定めて無線局の運用の停止を命じ、又は期間を定めて運用許容時間、周波数若しくは空中線電力を制限することができる。

2　郵政大臣は、免許人（包括免許人を除く。）が次の各号のいずれかに該当するときは、その免許を取り消すことができる。

一　正当な理由がないのに、無線局の運用を引き続き六箇月以上休止したとき。

二　不正な手段により無線局の免許若しくは第十七条の許可を受け、又は第十九条の規定による指定の変更を行わせたとき。

三　前項の規定による命令又は制限に従わないとき。

四　免許人が第五条第三項第一号に該当するに至つたとき。

3　郵政大臣は、包括免許人が次の各号のいずれかに該当するときは、その包括免許を取り消すことができる。

一　第二十七条の五第一項第四号の期限（第二十七条の六第一項の規定による期限の延長があつたときは、その期限）までに特定無線局の運用を全く開始しないとき。

二　正当な理由がないのに、その包括免許に係るすべての特定無線局の運用を引き続き六箇月以上休止したとき。

三　不正な手段により包括免許若しくは第二十七条の八の許可を受け、又は第二十七条の九の規定による指定の変更を行わせたとき。

四　第一項の規定による命令又は制限に従わないとき。

五　包括免許人が第五条第三項第一号に該当するに至つたとき。

4　郵政大臣は、第二項（第四号を除く。）及び前項（第五号を除く。）の規定により免許の取消しをしたときは、当該免許人であつた者が受けている他の無線局の免許又は第二十七条の十三第一項の開設計画の認定を取り消すことができる。

【 六十二次改正 】

中央省庁等改革関係法施行法（平成十一年十二月二十二日法律第百六十号）第百九十三条

本則（第九十九条の十二第二項を除く。）中「郵政大臣」を「総務大臣」に、「郵政省令」を「総務省令」に、「通商産業大臣」を「経済産業大臣」に、「建設大臣」を「国土交通大臣」に、「地方電気通信監理局長」を「総合通信局長」に、「沖縄郵政管理事務所長」を「沖縄総合通信事務所長」に改める。

[無線局の免許の取消等]・・第七十五条から第七十七条までの共通見出しである。

第七十六条　総務大臣は、免許人がこの法律、放送法若しくはこれらの法律に基く命令又はこれらに基く処分に違反したときは、三箇月以内の期間を定めて無線局の運用の停止を命じ、又は期間を定めて運用許容時間、周波数若しくは空中線電力を制限することができる。

2　総務大臣は、免許人（包括免許人を除く。）が次の各号のいずれかに該当するときは、その免許を取り消すことができる。

一　正当な理由がないのに、無線局の運用を引き続き六箇月以上休止したとき。

二　不正な手段により無線局の免許若しくは第十七条の許可を受け、又は第十九条の規定による指定の変更を行わせたとき。
三　前項の規定による命令又は制限に従わないとき。
四　免許人が第五条第三項第一号に該当するに至つたとき。

3　総務大臣は、包括免許人が次の各号のいずれかに該当するときは、その包括免許を取り消すことができる。
一　第二十七条の五第一項第四号の期限（第二十七条の六第一項の規定による期限の延長があつたときは、その期限）までに特定無線局の運用を全く開始しないとき。
二　正当な理由がないのに、その包括免許に係るすべての特定無線局の運用を引き続き六箇月以上休止したとき。
三　不正な手段により包括免許若しくは第二十七条の八の許可を受け、又は第二十七条の九の規定による指定の変更を行わせたとき。
四　第一項の規定による命令又は制限に従わないとき。
五　包括免許人が第五条第三項第一号に該当するに至つたとき。

4　総務大臣は、第二項（第四号を除く。）及び前項（第五号を除く。）の規定により免許の取消しをしたときは、当該免許人であつた者が受けている他の無線局の免許又は第二十七条の十三第一項の開設計画の認定を取り消すことができる。

【　八十次改正　】

電波法及び有線電気通信法の一部を改正する法律（平成十六年五月十九日法律第四十七号）第二条

第七十六条第一項中「免許人」を「免許人等」に、「基く」を「基づく」に改め、「命じ」の下に「、若しくは第二十七条の十八第一項の登録の全部若しくは一部の効力を停止し」を加え、同条第四項中「第二項（第四号を除く。）及び前項（第五号を除く。）」を「第三項（第四号を除く。）及び第四項（第五号を除く。）」に改め、「とき」の下に「並びに前項（第三号を除く。）の規定により登録の取消しをしたとき」を加え、「免許人」を「免許人等」に、「無線局の免許」を「無線局の免許等」に改め、同項を同条第六項とし、同条第三項を同条第四項とし、同項の次に次の一項を加える。

（追加された第五項の規定は、後掲の条文通り。）

第七十六条第二項第三号中「前項」を「第一項」に改め、同項を同条第三項とし、同条第一項の次に次の一項を加える。

（追加された第二項の規定は、後掲の条文通り。）

［無線局の免許の取消等］・・第七十五条から第七十七条までの共通見出しである。

第七十六条　総務大臣は、免許人等がこの法律、放送法若しくはこれらの法律に基づく命令又はこれらに基づく処分に違反したときは、三箇月以内の期間を定めて無線局の運用の停止を命じ、若しくは第二十七条の十八第一項の登録の全部若しくは一部の効力を停止し、又は期間を定めて運用許容時間、周波数若しくは空中線電力を制限することができる。

2　総務大臣は、前項の規定によるほか、登録人が第三章に定める技術基準に適合しない無線設備を使用することにより他の登録局の運用に悪影響を及ぼすおそれがあるときその他登録局の運用が適正を欠くため電波の能率的な利用を阻害するおそれが著しいときは、三箇月以内の期間を定めて、その登録の全部又は一部の効力を停止することができる。

3　総務大臣は、免許人（包括免許人を除く。）が次の各号のいずれかに該当するときは、その免許を取り消すことができる。
一　正当な理由がないのに、無線局の運用を引き続き六箇月以上休止したとき。
二　不正な手段により無線局の免許若しくは第十七条の許可を受け、又は第十九条の規定による指定の変更を行わせたとき。

三　第一項の規定による命令又は制限に従わないとき。
四　免許人が第五条第三項第一号に該当するに至つたとき。

4　総務大臣は、包括免許人が次の各号のいずれかに該当するときは、その包括免許を取り消すことができる。
一　第二十七条の五第一項第四号の期限（第二十七条の六第一項の規定による期限の延長があつたときは、その期限）までに特定無線局の運用を全く開始しないとき。
二　正当な理由がないのに、その包括免許に係るすべての特定無線局の運用を引き続き六箇月以上休止したとき。
三　不正な手段により包括免許若しくは第二十七条の八の許可を受け、又は第二十七条の九の規定による指定の変更を行わせたとき。
四　第一項の規定による命令又は制限に従わないとき。
五　包括免許人が第五条第三項第一号に該当するに至つたとき。

5　総務大臣は、登録人が次の各号のいずれかに該当するときは、その登録を取り消すことができる。
一　不正な手段により第二十七条の十八第一項の登録又は第二十七条の二十三第一項若しくは第二十七条の三十第一項の変更登録を受けたとき。
二　第一項又は第二項の規定による命令に従わないとき。
三　登録人が第五条第三項第一号に該当するに至つたとき。

6　総務大臣は、第三項（第四号を除く。）及び第四項（第五号を除く。）の規定により免許の取消しをしたとき並びに前項（第三号を除く。）の規定により登録の取消しをしたときは、当該免許人等であつた者が受けている他の無線局の免許等又は第二十七条の十三第一項の開設計画の認定を取り消すことができる。

【　八十九次改正　】

放送法等の一部を改正する法律（平成二十二年十二月三日法律第六十五号）第三条

第七十六条第一項中「、若しくは第二十七条の十八第一項の登録の全部若しくは一部の効力を停止し」を削り、同条第六項中「第三項」を「第四項」に、「第四項」を「第五項」に改め、同項を同条第七項とし、同条第五項第二号中「第一項又は第二項の規定による命令」を「第一項の規定による命令若しくは制限、第二項の規定による禁止又は第三項の規定による命令、制限若しくは禁止」に改め、同項を同条第六項とし、同条第四項第四号中「又は制限」を「若しくは制限又は第二項の規定による禁止」に改め、同項を同条第五項とし、同条第三項を同条第四項とし、同条第二項中「前項」を「前二項」に、「その登録の全部又は一部の効力を停止する」を「その登録に係る無線局の運用の停止を命じ、運用許容時間、周波数若しくは空中線電力を制限し、又は新たな開設を禁止する」に改め、同項を同条第三項とし、同条第一項の次に次の一項を加える。
（追加された第二項の規定は、後掲の条文の通り。）

[無線局の免許の取消等]・・第七十五条から第七十七条までの共通見出しである。

第七十六条　総務大臣は、免許人等がこの法律、放送法若しくはこれらの法律に基づく命令又はこれらに基づく処分に違反したときは、三箇月以内の期間を定めて無線局の運用の停止を命じ、又は期間を定めて運用許容時間、周波数若しくは空中線電力を制限することができる。

2　総務大臣は、包括免許人又は包括登録人がこの法律、放送法若しくはこれらの法律に基づく命令又はこれらに基づく処分に違反したときは、三月以内の期間を定めて、包括免許又は第二十七条の二十九第一項の規定による登録に係る無線局の新たな開設を禁止することができる。

3　総務大臣は、前二項の規定によるほか、登録人が第三章に定める技術基準に適合しない無線設備を使用することにより他の登録局の運用に悪影響を及ぼすおそれがあるときその他登録局の運用が適正を欠くため電波の能率的な利用を阻害するおそれが著しいときは、三箇月以内の期間を定めて、その登録に係る無線局の運用の停止を命じ、運用許容時間、周波数若しくは空中線電力を制限し、又は新たな開設を禁止することができる。

4 総務大臣は、免許人（包括免許人を除く。）が次の各号のいずれかに該当するときは、その免許を取り消すことができる。

一 正当な理由がないのに、無線局の運用を引き続き六箇月以上休止したとき。

二 不正な手段により無線局の免許若しくは第十七条の許可を受け、又は第十九条の規定による指定の変更を行わせたとき。

三 第一項の規定による命令又は制限に従わないとき。

四 免許人が第五条第三項第一号に該当するに至つたとき。

5 総務大臣は、包括免許人が次の各号のいずれかに該当するときは、その包括免許を取り消すことができる。

一 第二十七条の五第一項第四号の期限（第二十七条の六第一項の規定による期限の延長があつたときは、その期限）までに特定無線局の運用を全く開始しないとき。

二 正当な理由がないのに、その包括免許に係るすべての特定無線局の運用を引き続き六箇月以上休止したとき。

三 不正な手段により包括免許若しくは第二十七条の八の許可を受け、又は第二十七条の九の規定による指定の変更を行わせたとき。

四 第一項の規定による命令若しくは制限又は第二項の規定による禁止に従わないとき。

五 包括免許人が第五条第三項第一号に該当するに至つたとき。

6 総務大臣は、登録人が次の各号のいずれかに該当するときは、その登録を取り消すことができる。

一 不正な手段により第二十七条の十八第一項の登録又は第二十七条の二十三第一項若しくは第二十七条の三十第一項の変更登録を受けたとき。

二 第一項の規定による命令若しくは制限、第二項の規定による禁止又は第三項の規定による命令、制限若しくは禁止に従わないとき。

三 登録人が第五条第三項第一号に該当するに至つたとき。

7 総務大臣は、第四項（第四号を除く。）及び第五項（第五号を除く。）の規定により免許の取消しをしたとき並びに前項（第三号を除く。）の規定により登録の取消しをしたときは、当該免許人等であつた者が受けている他の無線局の免許等又は第二十七条の十三第一項の開設計画の認定を取り消すことができる。

【九十一次改正】

放送法等の一部を改正する法律（平成二十二年十二月三日法律第六十五号）第四条

第七十六条第四項に次の一号を加える。

（追加された第四項第五号の規定は、後掲の条文の通り。）

第七十六条第五項第三号中「第二十七条の八」を「第二十七条の八第一項」に改める。

[無線局の免許の取消等]・第七十五条から第七十七条までの共通見出しである。

第七十六条 総務大臣は、免許人等がこの法律、放送法若しくはこれらの法律に基づく命令又はこれらに基づく処分に違反したときは、三箇月以内の期間を定めて無線局の運用の停止を命じ、又は期間を定めて運用許容時間、周波数若しくは空中線電力を制限することができる。

2 総務大臣は、包括免許人又は包括登録人がこの法律、放送法若しくはこれらの法律に基づく命令又はこれらに基づく処分に違反したときは、三月以内の期間を定めて、包括免許又は第二十七条の二十九第一項の規定による登録に係る無線局の新たな開設を禁止することができる。

3　総務大臣は、前二項の規定によるほか、登録人が第三章に定める技術基準に適合しない無線設備を使用することにより他の登録局の運用に悪影響を及ぼすおそれがあるときその他登録局の運用が適正を欠くため電波の能率的な利用を阻害するおそれが著しいときは、三箇月以内の期間を定めて、その登録に係る無線局の運用の停止を命じ、運用許容時間、周波数若しくは空中線電力を制限し、又は新たな開設を禁止することができる。

4　総務大臣は、免許人（包括免許人を除く。）が次の各号のいずれかに該当するときは、その免許を取り消すことができる。

一　正当な理由がないのに、無線局の運用を引き続き六箇月以上休止したとき。

二　不正な手段により無線局の免許若しくは第十七条の許可を受け、又は第十九条の規定による指定の変更を行わせたとき。

三　第一項の規定による命令又は制限に従わないとき。

四　免許人が第五条第三項第一号に該当するに至つたとき。

五　特定地上基幹放送局の免許人が第七条第二項第四号ロに適合しなくなつたとき。

5　総務大臣は、包括免許人が次の各号のいずれかに該当するときは、その包括免許を取り消すことができる。

一　第二十七条の五第一項第四号の期限（第二十七条の六第一項の規定による期限の延長があつたときは、その期限）までに特定無線局の運用を全く開始しないとき。

二　正当な理由がないのに、その包括免許に係るすべての特定無線局の運用を引き続き六箇月以上休止したとき。

三　不正な手段により包括免許若しくは第二十七条の八第一項の許可を受け、又は第二十七条の九の規定による指定の変更を行わせたとき。

四　第一項の規定による命令若しくは制限又は第二項の規定による禁止に従わないとき。

五　包括免許人が第五条第三項第一号に該当するに至つたとき。

6　総務大臣は、登録人が次の各号のいずれかに該当するときは、その登録を取り消すことができる。

一　不正な手段により第二十七条の十八第一項の登録又は第二十七条の二十三第一項若しくは第二十七条の三十第一項の変更登録を受けたとき。

二　第一項の規定による命令若しくは制限、第二項の規定による禁止又は第三項の規定による命令、制限若しくは禁止に従わないとき。

三　登録人が第五条第三項第一号に該当するに至つたとき。

7　総務大臣は、第四項（第四号を除く。）及び第五項（第五号を除く。）の規定により免許の取消しをしたとき並びに前項（第三号を除く。）の規定により登録の取消しをしたときは、当該免許人等であつた者が受けている他の無線局の免許等又は第二十七条の十三第一項の開設計画の認定を取り消すことができる。

【　百三次改正　】

電気通信事業法等の一部を改正する法律（平成二十七年五月二十二日法律第二十六号）第二条

> 第七十六条第七項中「前項」を「第六項」に改め、同項を同条第八項とし、同条第六項の次に次の一項を加える。
> （追加された第七項の規定は、後掲の条文の通り。）

〔無線局の免許の取消等〕・・第七十五条から第七十七条までの共通見出しである。

第七十六条　総務大臣は、免許人等がこの法律、放送法若しくはこれらの法律に基づく命令又はこれらに基づく処分に違反したときは、三箇月以内の期間を定めて無線局の運用の停止を命じ、又は期間を定めて運用許容時間、周波数若しくは空中線電力を制限することができる。

2　総務大臣は、包括免許人又は包括登録人がこの法律、放送法若しくはこれらの法律に基づく命令又はこれらに基づく処分に違反したときは、三月以内の期間を定めて、包括免許又は第二十七条の二十九第一項の規定による登録に係る無線局の新たな開設を禁止することができる。

3　総務大臣は、前二項の規定によるほか、登録人が第三章に定める技術基準に適合しない無線設備を使用することにより他の登録局の運用に悪影響を及ぼすおそれがあるときその他登録局の運用が適正を欠くため電波の能率的な利用を阻害するおそれが著しいときは、三箇月以内の期間を定めて、その登録に係る無線局の運用の停止を命じ、運用許容時間、周波数若しくは空中線電力を制限し、又は新たな開設を禁止することができる。

4　総務大臣は、免許人（包括免許人を除く。）が次の各号のいずれかに該当するときは、その免許を取り消すことができる。

一　正当な理由がないのに、無線局の運用を引き続き六箇月以上休止したとき。

二　不正な手段により無線局の免許若しくは第十七条の許可を受け、又は第十九条の規定による指定の変更を行わせたとき。

三　第一項の規定による命令又は制限に従わないとき。

四　免許人が第五条第三項第一号に該当するに至つたとき。

五　特定地上基幹放送局の免許人が第七条第二項第四号ロに適合しなくなつたとき。

5　総務大臣は、包括免許人が次の各号のいずれかに該当するときは、その包括免許を取り消すことができる。

一　第二十七条の五第一項第四号の期限（第二十七条の六第一項の規定による期限の延長があつたときは、その期限）までに特定無線局の運用を全く開始しないとき。

二　正当な理由がないのに、その包括免許に係るすべての特定無線局の運用を引き続き六箇月以上休止したとき。

三　不正な手段により包括免許若しくは第二十七条の八第一項の許可を受け、又は第二十七条の九の規定による指定の変更を行わせたとき。

四　第一項の規定による命令若しくは制限又は第二項の規定による禁止に従わないとき。

五　包括免許人が第五条第三項第一号に該当するに至つたとき。

6　総務大臣は、登録人が次の各号のいずれかに該当するときは、その登録を取り消すことができる。

一　不正な手段により第二十七条の十八第一項の登録又は第二十七条の二十三第一項若しくは第二十七条の三十第一項の変更登録を受けたとき。

二　第一項の規定による命令若しくは制限、第二項の規定による禁止又は第三項の規定による命令、制限若しくは禁止に従わないとき。

三　登録人が第五条第三項第一号に該当するに至つたとき。

7　総務大臣は、前三項の規定によるほか、電気通信業務を行うことを目的とする無線局の免許人等が次の各号のいずれかに該当するときは、その免許等を取り消すことができる。

一　電気通信事業法第十二条第一項の規定により同法第九条の登録を拒否されたとき。

二　電気通信事業法第十三条第三項において準用する同法第十二条第一項の規定により同法第十三条第一項の変更登録を拒否されたとき（当該変更登録が無線局に関する事項の変更に係るものである場合に限る。）。

三　電気通信事業法第十五条の規定により同法第九条の登録を抹消されたとき。

8　総務大臣は、第四項（第四号を除く。）及び第五項（第五号を除く。）の規定により免許の取消しをしたとき並びに第六項（第三号を除く。）の規定により登録の取消しをしたときは、当該免許人等であつた者が受けている他の無線局の免許等又は第二十七条の十三第一項の開設計画の認定を取り消すことができる。

【百四次改正】

電波法及び電気通信事業法等の一部を改正する法律（平成二十九年五月十二日法律第二十七号）第一条

第七十六条第一項中「三箇月」を「三月」に改め、同条第三項中「その他」を「、その他」に、「三箇月」を「三月」に改め、同条第四項第一号中「六箇月」を「六月」に改め、同条第五項第二号中「すべて」を「全て」に、「六箇月」を「六月」に改め、同条第八項中「並びに」を「、並びに」に改め、「第二十七条の十三第一項の」を削り、「開設計画」の下に「若しくは無線設備等保守規程」を加え。

［無線局の免許の取消等］・・第七十五条から第七十七条までの共通見出しである。

第七十六条　総務大臣は、免許人等がこの法律、放送法若しくはこれらの法律に基づく命令又はこれらに基づく処分に違反したときは、三月以内の期間を定めて無線局の運用の停止を命じ、又は期間を定めて運用許容時間、周波数若しくは空中線電力を制限することができる。

2　総務大臣は、包括免許人又は包括登録人がこの法律、放送法若しくはこれらの法律に基づく命令又はこれらに基づく処分に違反したときは、三月以内の期間を定めて、包括免許又は第二十七条の二十九第一項の規定による登録に係る無線局の新たな開設を禁止することができる。

3　総務大臣は、前二項の規定によるほか、登録人が第三章に定める技術基準に適合しない無線設備を使用することにより他の登録局の運用に悪影響を及ぼすおそれがあるとき、その他登録局の運用が適正を欠くため電波の能率的な利用を阻害するおそれが著しいときは、三月以内の期間を定めて、その登録に係る無線局の運用の停止を命じ、運用許容時間、周波数若しくは空中線電力を制限し、又は新たな開設を禁止することができる。

4　総務大臣は、免許人（包括免許人を除く。）が次の各号のいずれかに該当するときは、その免許を取り消すことができる。

一　正当な理由がないのに、無線局の運用を引き続き六月以上休止したとき。

二　不正な手段により無線局の免許若しくは第十七条の許可を受け、又は第十九条の規定による指定の変更を行わせたとき。

三　第一項の規定による命令又は制限に従わないとき。

四　免許人が第五条第三項第一号に該当するに至つたとき。

五　特定地上基幹放送局の免許人が第七条第二項第四号ロに適合しなくなつたとき。

5　総務大臣は、包括免許人が次の各号のいずれかに該当するときは、その包括免許を取り消すことができる。

一　第二十七条の五第一項第四号の期限（第二十七条の六第一項の規定による期限の延長があつたときは、その期限）までに特定無線局の運用を全く開始しないとき。

二　正当な理由がないのに、その包括免許に係る全ての特定無線局の運用を引き続き六月以上休止したとき。

三　不正な手段により包括免許若しくは第二十七条の八第一項の許可を受け、又は第二十七条の九の規定による指定の変更を行わせたとき。

四　第一項の規定による命令若しくは制限又は第二項の規定による禁止に従わないとき。

五　包括免許人が第五条第三項第一号に該当するに至つたとき。

6　総務大臣は、登録人が次の各号のいずれかに該当するときは、その登録を取り消すことができる。
一　不正な手段により第二十七条の十八第一項の登録又は第二十七条の二十三第一項若しくは第二十七条の三十第一項の変更登録を受けたとき。
二　第一項の規定による命令若しくは制限、第二項の規定による禁止又は第三項の規定による命令、制限若しくは禁止に従わないとき。
三　登録人が第五条第三項第一号に該当するに至つたとき。
7　総務大臣は、前三項の規定によるほか、電気通信業務を行うことを目的とする無線局の免許人等が次の各号のいずれかに該当するときは、その免許等を取り消すことができる。
一　電気通信事業法第十二条第一項の規定により同法第九条の登録を拒否されたとき。
二　電気通信事業法第十三条第三項において準用する同法第十二条第一項の規定により同法第十三条第一項の変更登録を拒否されたとき（当該変更登録が無線局に関する事項の変更に係るものである場合に限る。）。
三　電気通信事業法第十五条の規定により同法第九条の登録を抹消されたとき。
8　総務大臣は、第四項（第四号を除く。）及び第五項（第五号を除く。）の規定により免許の取消しをしたとき、並びに第六項（第三号を除く。）の規定により登録の取消しをしたときは、当該免許人等であつた者が受けている他の無線局の免許等又は開設計画若しくは無線設備等保守規程の認定を取り消すことができる。

[注釈]この改正は、本書収録の基準日である平成二十九年六月十八日において未施行である。

第七十六条の二

【五十二次改正】

電波法の一部を改正する法律（平成九年五月九日法律第四十七号）

第七十六条の次に次の一条を加える。
（追加された第七十六条の二の規定は、後掲の条文の通り。）

[無線局の免許の取消等]・・第七十五条から第七十七条までの共通見出しである。

第七十六条の二　郵政大臣は、特定無線局について、その包括免許の有効期間中において同時に開設されていることとなる特定無線局の数の最大のものが当該包括免許に係る指定無線局数を著しく下回ることが確実であると認めるに足りる相当な理由があるときは、その指定無線局数を削減することができる。この場合において、郵政大臣は、併せて包括免許の周波数の指定を変更するものとする。

【六十二次改正】

中央省庁等改革関係法施行法（平成十一年十二月二十二日法律第百六十号）第百九十三条

本則（第九十九条の十二第二項を除く。）中「郵政大臣」を「総務大臣」に、「郵政省令」を「総務省令」に、「通商産業大臣」を「経済産業大臣」に、「建設大臣」を「国土交通大臣」に、「地方電気通信監理局長」を「総合通信局長」に、「郵政管理事務所長」を「沖縄総合通信事務所長」に改める。

[無線局の免許の取消等]・・第七十五条から第七十七条までの共通見出しである。

第七十六条の二　総務大臣は、特定無線局について、その包括免許の有効期間中において同時に開設されていることとなる特定無線局の数の最大のものが当該包括免許に係る指定無線局数を著しく下回ることが確実であると認めるに足りる相当な理由があるときは、その指定無線局数を削減することができる。この場合において、総務大臣は、併せて包括免許の周波数の指定を変更するものとする。

【八十九次改正】

放送法等の一部を改正する法律（平成二十二年十二月三日法律第六十五号）第三条

第七十六条の二中「特定無線局について」を「特定無線局（第二十七条の二第一号に掲げる無線局に係るものに限る。）について」に改める。

［無線局の免許の取消等］・・第七十五条から第七十七条までの共通見出しである。

第七十六条の二　総務大臣は、特定無線局（第二十七条の二第一号に掲げる無線局に係るものに限る。）について、その包括免許の有効期間中において同時に開設されていることとなる特定無線局の数の最大のものが当該包括免許に係る指定無線局数を著しく下回ることが確実であると認めるに足りる相当な理由があるときは、その指定無線局数を削減することができる。この場合において、総務大臣は、併せて包括免許の周波数の指定を変更するものとする。

第七十六の二の二

【八十次改正】

電波法及び有線電気通信法の一部を改正する法律（平成十六年五月十九日法律第四十七号）第二条

第七十六条の二の次に次の一条を加える。
（追加された第七十六条の二の二の規定は、後掲の条文通り。）

［無線局の免許の取消等］・・第七十五条から第七十七条までの共通見出しである。

第七十六条の二の二　総務大臣は、登録局のうち特定の周波数の電波を使用するものが著しく多数であり、かつ、当該特定の周波数の電波を使用する登録局が更に増加することにより他の無線局の運用に重大な影響を与えるおそれがある場合として総務省令で定める場合において必要があると認めるときは、当該特定の周波数の電波を使用している登録局の登録人に対し、その影響を防止するため必要な限度において、登録に係る無線局を新たに開設することを禁止し、又は当該登録人が開設している登録局の運用を制限することができる。

第七十六の三

【七十六次改正】

電波法及び有線電気通信法の一部を改正する法律（平成十六年五月十九日法律第四十七号）第一条

第七十六条の二の次に次の一条を加える。
（追加された第七十六条の三の規定は、後掲の条文の通り。）

［無線局の免許の取消等］・・第七十五条から第七十七条までの共通見出しである。

第七十六条の三　総務大臣は、第七十一条第一項の規定により周波数の指定を変更する場合のほか、第二十六条の二第三項の評価の結果に基づき周波数割当計画を変更して特定の無線局区分に割り当てることが可能な周波数の一部又は全部について周波数の使用の期限を定めたときは、当該期限の到来後に、当該期限に係る周波数の電波を使用している無線局の周波数の指定を変更し、又は免許を取り消すことができる。

2　国は、前項の規定による無線局の周波数の指定の変更又は免許の取消しによつて生じた損失を当該無線局の免許人に対して補償しなければならない。

3　第七十一条第三項から第五項までの規定は、前項の規定による損失の補償について準用する。

【八十次改正】

電波法及び有線電気通信法の一部を改正する法律（平成十六年五月十九日法律第四十七号）第二条

第七十六条の三第一項中「変更する」を「変更し、又は周波数の変更を命ずる」に改め、「いる無線局」の下に「（登録局を除く。）」を加え、「又は免許」を「当該周波数の電波を使用している登録局の周波数の変更を命じ、又は当該周波数の電波を使用している無線局の免許等」に改め、同条第二項中「又は免許」を「、登録局の周波数の変更の命令又は無線局の免許等」に、「免許人」を「免許人等」に改める。

［無線局の免許の取消等］・・第七十五条からの共通見出しである。

第七十六条の三　総務大臣は、第七十一条第一項の規定により周波数の指定を変更し、又は周波数の変更を命ずる場合のほか、第二十六条の二第三項の評価の結果に基づき周波数割当計画を変更して特定の無線局区分に割り当てることが可能な周波数の一部又は全部について周波数の使用の期限を定めたときは、当該期限の到来後に、当該期限に係る周波数の電波を使用している無線局（登録局を除く。）の周波数の指定を変更し、当該周波数の電波を使用している登録局の周波数の変更を命じ、又は当該周波数の電波を使用している無線局の免許等を取り消すことができる。

2　国は、前項の規定による無線局の周波数の指定の変更、登録局の周波数の変更の命令又は無線局の免許等の取消しによつて生じた損失を当該無線局の免許人等に対して補償しなければならない。

3　第七十一条第三項から第五項までの規定は、前項の規定による損失の補償について準用する。

【百四次改正】

電波法及び電気通信事業法等の一部を改正する法律（平成二十九年五月十二日法律第二十七号）第一条

第七十六条の三第一項中「第二十六条の二第三項」を「第二十六条の二第二項」に改める。

［無線局の免許の取消等］・・第七十五条からの共通見出しである。

第七十六条の三　総務大臣は、第七十一条第一項の規定により周波数の指定を変更し、又は周波数の変更を命ずる場合のほか、第二十六条の二第二項の評価の結果に基づき周波数割当計画を変更して特定の無線局区分に割り当てることが可能な周波数の一部又は全部について周波数の使用の期限を定めたときは、当該期限の到来後に、当該期限に係る周波数の電波を使用している無線局（登録局を除く。）の周波数の指定を変更し、当該周波数の電波を使用している登録局の周波数の変更を命じ、又は当該周波数の電波を使用している無線局の免許等を取り消すことができる。

2　国は、前項の規定による無線局の周波数の指定の変更、登録局の周波数の変更の命令又は無線局の免許等の取消しによつて生じた損失を当該無線局の免許人等に対して補償しなければならない。

3　第七十一条第三項から第五項までの規定は、前項の規定による損失の補償について準用する。

［注釈］この改正は、本書収録の基準日である平成二十九年六月十八日において未施行である。

第七十七条

【 制定 】

電波法（昭和二十五年五月二日法律第百三十一号）

［無線局の免許の取消等］‥第七十五条から第七十七条までの共通見出しである。

第七十七条　電波監理委員会は、前二条の規定による処分をしたときは、理由を記載した文書を免許人に送付しなければならない。

【 三次改正 】

郵政省設置法の一部改正に伴う関係法令の整理に関する法律（昭和二十七年七月三十一日法律第二百八十号）第二条

> 「電波監理委員会」を「郵政大臣」に改める。

［無線局の免許の取消等］‥第七十五条から第七十七条までの共通見出しである。

第七十七条　郵政大臣は、前二条の規定による処分をしたときは、理由を記載した文書を免許人に送付しなければならない。

【 五十二次改正 】

電波法の一部を改正する法律（平成九年五月九日法律第四十七号）

> 第七十七条中「前二条」を「前三条」に改める。

［無線局の免許の取消等］‥第七十五条から第七十七条までの共通見出しである。

第七十七条　郵政大臣は、前三条の規定による処分をしたときは、理由を記載した文書を免許人に送付しなければならない。

【 六十二次改正 】

中央省庁等改革関係法施行法（平成十一年十二月二十二日法律第百六十号）第百九十三条

> 本則（第九十九条の十二第二項を除く。）中「郵政大臣」を「総務大臣」に、「郵政省令」を「総務省令」に、「通商産業大臣」を「経済産業大臣」に、「建設大臣」を「国土交通大臣」に、「地方電気通信監理局長」を「総合通信局長」に、「沖縄郵政管理事務所長」を「沖縄総合通信事務所長」に改める。

［無線局の免許の取消等］‥第七十五条から第七十七条までの共通見出しである。

第七十七条　総務大臣は、前三条の規定による処分をしたときは、理由を記載した文書を免許人に送付しなければならない。

【 七十六次改正 】

電波法及び有線電気通信法の一部を改正する法律（平成十六年五月十九日法律第四十七号）第一条

> 第七十七条中「前三条」を「第七十五条から前条まで」に改める。

［無線局の免許の取消等］・・第七十五条から第七十七条までの共通見出しである。

第七十七条　総務大臣は、第七十五条から前条までの規定による処分をしたときは、理由を記載した文書を免許人に送付しなければならない。

【八十次改正】

電波法及び有線電気通信法の一部を改正する法律（平成十六年五月十九日法律第四十七号）第二条

> 第七十七条中「免許人」を「免許人等」に改める。

［無線局の免許の取消等］・・第七十五条から第七十七条までの共通見出しである。

第七十七条　総務大臣は、第七十五条から前条までの規定による処分をしたときは、理由を記載した文書を免許人等に送付しなければならない。

第七十八条

【制定】

電波法（昭和二十五年五月二日法律第百三十一号）

（空中線の撤去）

第七十八条　無線局の免許がその効力を失つたときは、免許人であつた者は、遅滞なく空中線を撤去しなければならない。

【八十次改正】

電波法及び有線電気通信法の一部を改正する法律（平成十六年五月十九日法律第四十七号）第二条

> 第七十八条中「免許が」を「免許等が」に、「免許人」を「免許人等」に改める。

（空中線の撤去）

第七十八条　無線局の免許等がその効力を失つたときは、免許人等であつた者は、遅滞なく空中線を撤去しなければならない。

【八十九次改正】

放送法等の一部を改正する法律（平成二十二年十二月三日法律第六十五号）第三条

> 第七十八条の見出しを「（電波の発射の防止）」に改め、同条中「空中線を撤去しなければ」を「空中線の撤去その他の総務省令で定める電波の発射を防止するために必要な措置を講じなければ」に改める。

（電波の発射の防止）

第七十八条　無線局の免許等がその効力を失つたときは、免許人等であつた者は、遅滞なく空中線の撤去その他の総務省令で定める電波の発射を防止するために必要な措置を講じなければならない。

第七十九条

【 制定 】

電波法（昭和二十五年五月二日法律第百三十一号）

（無線従事者の免許の取消等）

第七十九条　電波監理委員会は、無線従事者が左の各号の一に該当するときは、その免許を取り消し、又は三箇月以内の期間を定めてその業務に従事することを停止することができる。

一　この法律若しくはこの法律に基く命令又はこれらに基く処分に違反したとき。

二　不正な手段により免許又は免許の更新を受けたとき。

2　第七十七条の規定は、前項の規定による取消又は停止に準用する。

【 三次改正 】

郵政省設置法の一部改正に伴う関係法令の整理に関する法律（昭和二十七年七月三十一日法律第二百八十号）第二条

「電波監理委員会」を「郵政大臣」に改める。

（無線従事者の免許の取消等）

第七十九条　郵政大臣は、無線従事者が左の各号の一に該当するときは、その免許を取り消し、又は三箇月以内の期間を定めてその業務に従事することを停止することができる。

一　この法律若しくはこの法律に基く命令又はこれらに基く処分に違反したとき。

二　不正な手段により免許又は免許の更新を受けたとき。

2　第七十七条の規定は、前項の規定による取消又は停止に準用する。

【 七次改正 】

電波法の一部を改正する法律（昭和三十三年五月六日法律第百四十号）

第七十九条第一項第二号中「又は免許の更新」を削り、同項に次の一号を加える。

（追加された第一項第三号の規定は、後掲の条文の通り。）

（無線従事者の免許の取消等）

第七十九条　郵政大臣は、無線従事者が左の各号の一に該当するときは、その免許を取り消し、又は三箇月以内の期間を定めてその業務に従事することを停止することができる。

一　この法律若しくはこの法律に基く命令又はこれらに基く処分に違反したとき。

二　不正な手段により免許を受けたとき。

三　第四十二条第三号に該当するに至つたとき。

2　第七十七条の規定は、前項の規定による取消又は停止に準用する。

【 二十八次改正 】

電波法の一部を改正する法律（昭和五十七年六月一日法律第五十九号）

第七十九条の見出し中「取消」を「取消し」に改め、同条第二項中「前項」を「第一項（前項において準用する場合を含む。）」に、「取消」を「取消し」に改め、同項を同条第三項とし、同条第一項の次に次の一項を加える。
（追加された第二項の規定は、後掲の条文の通り。）

（無線従事者の免許の取消し等）
第七十九条　郵政大臣は、無線従事者が左の各号の一に該当するときは、その免許を取り消し、又は三箇月以内の期間を定めてその業務に従事することを停止することができる。
一　この法律若しくはこの法律に基く命令又はこれらに基く処分に違反したとき。
二　不正な手段により免許を受けたとき。
三　第四十二条第三号に該当するに至つたとき。
2　前項（第三号を除く。）の規定は、船舶局無線従事者証明を受けている者に準用する。この場合において、同項中「免許」とあるのは、「船舶局無線従事者証明」と読み替えるものとする。
3　第七十七条の規定は、第一項（前項において準用する場合を含む。）の規定による取消し又は停止に準用する。

【六十二次改正】

中央省庁等改革関係法施行法（平成十一年十二月二十二日法律第百六十号）第百九十三条

本則（第九十九条の十二第二項を除く。）中「郵政大臣」を「総務大臣」に、「郵政省令」を「総務省令」に、「通商産業大臣」を「経済産業大臣」に、「建設大臣」を「国土交通大臣」に、「地方電気通信監理局長」を「総合通信局長」に、「沖縄郵政管理事務所長」を「沖縄総合通信事務所長」に改める。

（無線従事者の免許の取消し等）
第七十九条　総務大臣は、無線従事者が左の各号の一に該当するときは、その免許を取り消し、又は三箇月以内の期間を定めてその業務に従事することを停止することができる。
一　この法律若しくはこの法律に基く命令又はこれらに基く処分に違反したとき。
二　不正な手段により免許を受けたとき。
三　第四十二条第三号に該当するに至つたとき。
2　前項（第三号を除く。）の規定は、船舶局無線従事者証明を受けている者に準用する。この場合において、同項中「免許」とあるのは、「船舶局無線従事者証明」と読み替えるものとする。
3　第七十七条の規定は、第一項（前項において準用する場合を含む。）の規定による取消し又は停止に準用する。

第七十九条の二

【二十八次改正】

電波法の一部を改正する法律（昭和五十七年六月一日法律第五十九号）

第七十九条の次に次の一条を加える。
（追加された第七十九条の二の規定は、後掲の条文の通り。）

（船舶局無線従事者証明の効力の停止）
第七十九条の二　郵政大臣は、第八十一条の二第二項の規定により書類の提出を求められた者が当該書類を提出しないときは、その船舶局無線従事者証明の効力を停止することができる。

2　郵政大臣は、前項の規定により船舶局無線従事者証明の効力を停止した場合において、同項の書類の提出があつたときは、速やかにその停止を解除するものとする。

3　第七十七条の規定は、第一項の規定による停止に準用する。

【六十二次改正】

中央省庁等改革関係法施行法（平成十一年十二月二十二日法律第百六十号）第百九十三条

> 本則（第九十九条の十二第二項を除く。）中「郵政大臣」を「総務大臣」に、「郵政省令」を「総務省令」に、「通商産業大臣」を「経済産業大臣」に、「建設大臣」を「国土交通大臣」に、「地方電気通信監理局長」を「総合通信局長」に、「沖縄郵政管理事務所長」を「沖縄総合通信事務所長」に改める。

（船舶局無線従事者証明の効力の停止）

第七十九条の二　総務大臣は、第八十一条の二第二項の規定により書類の提出を求められた者が当該書類を提出しないときは、その船舶局無線従事者証明の効力を停止することができる。

2　総務大臣は、前項の規定により船舶局無線従事者証明の効力を停止した場合において、同項の書類の提出があつたときは、速やかにその停止を解除するものとする。

3　第七十七条の規定は、第一項の規定による停止に準用する。

第八十条

【制定】

電波法（昭和二十五年五月二日法律第百三十一号）

（報告）

第八十条　無線局の免許人は、左に掲げる場合は、電波監理委員会規則で定める手続により、電波監理委員会に報告しなければならない。

一　遭難通信、緊急通信、安全通信又は非常通信を行つたとき。

二　この法律又はこの法律に基く命令の規定に違反して運用した無線局を認めたとき。

三　第二十五条の規定により公示された無線局の無線設備以外の無線設備から電波が発射されたことを認めたとき。

四　無線局が外国において、あらかじめ電波監理委員会が告示した以外の運用の制限をされたとき。

【三次改正】

郵政省設置法の一部改正に伴う関係法令の整理に関する法律（昭和二十七年七月三十一日法律第二百八十号）第二条

> 「電波監理委員会規則」を「郵政省令」に改める。
>
> 「電波監理委員会」を「郵政大臣」に改める。

（報告）

第八十条　無線局の免許人は、左に掲げる場合は、郵政省令で定める手続により、郵政大臣に報告しなければならない。

一　遭難通信、緊急通信、安全通信又は非常通信を行つたとき。

二　この法律又はこの法律に基く命令の規定に違反して運用した無線局を認めたとき。

三　第二十五条の規定により公示された無線局の無線設備以外の無線設備から電波が発射されたことを認めたとき。

四　無線局が外国において、あらかじめ郵政大臣が告示した以外の運用の制限をされたとき。

【七次改正】

電波法の一部を改正する法律（昭和三十三年五月六日法律第百四十号）

第八十条中第三号を削り、第四号を第三号とする。

（報告）

第八十条　無線局の免許人は、左に掲げる場合は、郵政省令で定める手続により、郵政大臣に報告しなければならない。

一　遭難通信、緊急通信、安全通信又は非常通信を行つたとき。

二　この法律又はこの法律に基く命令の規定に違反して運用した無線局を認めたとき。

三　無線局が外国において、あらかじめ郵政大臣が告示した以外の運用の制限をされたとき。

【二十八次改正】

電波法の一部を改正する法律（昭和五十七年六月一日法律第五十九号）

第八十条の前の見出しを「（報告等）」に改める。

（報告等）

第八十条　無線局の免許人は、左に掲げる場合は、郵政省令で定める手続により、郵政大臣に報告しなければならない。

一　遭難通信、緊急通信、安全通信又は非常通信を行つたとき。

二　この法律又はこの法律に基く命令の規定に違反して運用した無線局を認めたとき。

三　無線局が外国において、あらかじめ郵政大臣が告示した以外の運用の制限をされたとき。

【六十二次改正】

中央省庁等改革関係法施行法（平成十一年十二月二十二日法律第百六十号）第百九十三条

本則（第九十九条の十二第二項を除く。）中「郵政大臣」を「総務大臣」に、「郵政省令」を「総務省令」に、「通商産業大臣」を「経済産業大臣」に、「建設大臣」を「国土交通大臣」に、「地方電気通信監理局長」を「総合通信局長」に、「沖縄郵政管理事務所長」を「沖縄総合通信事務所長」に改める。

（報告等）

第八十条　無線局の免許人は、左に掲げる場合は、総務省令で定める手続により、総務大臣に報告しなければならない。

一　遭難通信、緊急通信、安全通信又は非常通信を行つたとき。

二　この法律又はこの法律に基く命令の規定に違反して運用した無線局を認めたとき。

三　無線局が外国において、あらかじめ総務大臣が告示した以外の運用の制限をされたとき。

【八十次改正】

電波法及び有線電気通信法の一部を改正する法律（平成十六年五月十九日法律第四十七号）第二条

第八十条中「免許人」を「免許人等」に、「左に」を「次に」に改め、同条第二号中「基く」を「基づく」に改める。

（報告等）

第八十条　無線局の免許人等は、次に掲げる場合は、総務省令で定める手続により、総務大臣に報告しなければならない。

一　遭難通信、緊急通信、安全通信又は非常通信を行つたとき。

二　この法律又はこの法律に基づく命令の規定に違反して運用した無線局を認めたとき。

三　無線局が外国において、あらかじめ総務大臣が告示した以外の運用の制限をされたとき。

【八十四次改正】

放送法等の一部を改正する法律（平成十九年十二月二十八日法律第百三十六号）第二条

第八十条第一号中「とき」の下に「（第七十条の七第一項又は第七十条の八第一項の規定により無線局を運用させた免許人等以外の者が行つたときを含む。）」を加える。

（報告等）

第八十条　無線局の免許人等は、次に掲げる場合は、総務省令で定める手続により、総務大臣に報告しなければならない。

一　遭難通信、緊急通信、安全通信又は非常通信を行つたとき（第七十条の七第一項又は第七十条の八第一項の規定により無線局を運用させた免許人等以外の者が行つたときを含む。）。

二　この法律又はこの法律に基づく命令の規定に違反して運用した無線局を認めたとき。

三　無線局が外国において、あらかじめ総務大臣が告示した以外の運用の制限をされたとき。

【八十五次改正】

電波法の一部を改正する法律（平成二十年五月三十日法律第五十号）

第八十条第一号中「又は第七十条の八第一項」を「、第七十条の八第一項又は第七十条の九第一項」に改める。

（報告等）

第八十条　無線局の免許人等は、次に掲げる場合は、総務省令で定める手続により、総務大臣に報告しなければならない。

一　遭難通信、緊急通信、安全通信又は非常通信を行つたとき（第七十条の七第一項、第七十条の八第一項又は第七十条の九第一項の規定により無線局を運用させた免許人等以外の者が行つたときを含む。）。

二　この法律又はこの法律に基づく命令の規定に違反して運用した無線局を認めたとき。

三　無線局が外国において、あらかじめ総務大臣が告示した以外の運用の制限をされたとき。

第八十一条

【制定】

電波法（昭和二十五年五月二日法律第百三十一号）

〔報告〕・・第八十条との共通見出しである。

第八十一条　電波監理委員会は、無線通信の秩序の維持その他無線局の適正な運用を確保するため必要があると認めるときは、免許人に対し、無線局に関し報告を求めることができる。

【三次改正】

郵政省設置法の一部改正に伴う関係法令の整理に関する法律（昭和二十七年七月三十一日法律第二百八十号）第二条

> 「電波監理委員会」を「郵政大臣」に改める。

〔報告〕・・第八十条との共通見出しである。

第八十一条　郵政大臣は、無線通信の秩序の維持その他無線局の適正な運用を確保するため必要があると認めるときは、免許人に対し、無線局に関し報告を求めることができる。

【六十二次改正】

中央省庁等改革関係法施行法（平成十一年十二月二十二日法律第百六十号）第百九十三条

> 本則（第九十九条の十二第二項を除く。）中「郵政大臣」を「総務大臣」に、「郵政省令」を「総務省令」に、「通商産業大臣」を「経済産業大臣」に、「建設大臣」を「国土交通大臣」に、「地方電気通信監理局長」を「総合通信局長」に、「沖縄郵政管理事務所長」を「沖縄総合通信事務所長」に改める。

〔報告〕・・第八十条との共通見出しである。

第八十一条　総務大臣は、無線通信の秩序の維持その他無線局の適正な運用を確保するため必要があると認めるときは、免許人に対し、無線局に関し報告を求めることができる。

【八十次改正】

電波法及び有線電気通信法の一部を改正する法律（平成十六年五月十九日法律第四十七号）第二条

> 第八十一条中「免許人」を「免許人等」に改める。

〔報告〕・・第八十条との共通見出しである。

第八十一条　総務大臣は、無線通信の秩序の維持その他無線局の適正な運用を確保するため必要があると認めるときは、免許人等に対し、無線局に関し報告を求めることができる。

第八十一条の二

【二十八次改正】

電波法の一部を改正する法律（昭和五十七年六月一日法律第五十九号）

第八十一条の次に次の一条を加える。
（追加された第八十一条の二の規定は、後掲の条文の通り。）

〔報告〕・・第八十条との共通見出しである。

第八十一条の二　郵政大臣は、この法律を施行するため必要があると認めるときは、船舶局無線従事者証明を受けている者に対し、船舶局無線従事者証明に関し報告を求めることができる。

2　郵政大臣は、船舶局無線従事者証明を受けた者が第四十八条の三第一号又は第二号に該当する疑いのあるときは、その者に対し、郵政省令で定めるところにより、当該船舶局無線従事者証明の効力を確認するための書類であつて郵政省令で定めるものの提出を求めることができる。

【六十二次改正】

中央省庁等改革関係法施行法（平成十一年十二月二十二日法律第百六十号）第百九十三条

本則（第九十九条の十二第二項を除く。）中「郵政大臣」を「総務大臣」に、「郵政省令」を「総務省令」に、「通商産業大臣」を「経済産業大臣」に、「建設大臣」を「国土交通大臣」に、「地方電気通信監理局長」を「総合通信局長」に、「沖縄郵政管理事務所長」を「沖縄総合通信事務所長」に改める。

〔報告〕・・第八十条との共通見出しである。

第八十一条の二　総務大臣は、この法律を施行するため必要があると認めるときは、船舶局無線従事者証明を受けている者に対し、船舶局無線従事者証明に関し報告を求めることができる。

2　総務大臣は、船舶局無線従事者証明を受けた者が第四十八条の三第一号又は第二号に該当する疑いのあるときは、その者に対し、総務省令で定めるところにより、当該船舶局無線従事者証明の効力を確認するための書類であつて総務省令で定めるものの提出を求めることができる。

第八十二条

【制定】

電波法（昭和二十五年五月二日法律第百三十一号）

（受信設備に対する監督）

第八十二条　電波監理委員会は、受信設備が副次的に発する電波又は高周波電流が他の無線設備の機能に継続的且つ重大な障害を与えるときは、その設備の所有者又は占有者に対し、その障害を除去するために必要な措置をとるべきことを命ずることができる。

2　電波監理委員会は、放送の受信を目的とする受信設備以外の受信設備について前項の措置をとるべきことを命じた場合において特に必要があると認めるときは、その職員を当該設備のある場所に派遣し、その設備を検査させることができる。

3　第七十三条第三項及び第四項の規定は、前項の場合に準用する。

【三次改正】

郵政省設置法の一部改正に伴う関係法令の整理に関する法律（昭和二十七年七月三

十一日法律第二百八十号）第二条

「電波監理委員会」を「郵政大臣」に改める。

（受信設備に対する監督）

第八十二条　郵政大臣は、受信設備が副次的に発する電波又は高周波電流が他の無線設備の機能に継続的且つ重大な障害を与えるときは、その設備の所有者又は占有者に対し、その障害を除去するために必要な措置をとるべきことを命ずることができる。

2　郵政大臣は、放送の受信を目的とする受信設備以外の受信設備について前項の措置をとるべきことを命じた場合において特に必要があると認めるときは、その職員を当該設備のある場所に派遣し、その設備を検査させることができる。

3　第七十三条第三項及び第四項の規定は、前項の場合に準用する。

【七次改正】

電波法の一部を改正する法律（昭和三十三年五月六日法律第百四十号）

第八十二条の見出し中「受信設備」を「免許を要しない無線局及び受信設備」に改め、同条第一項中「受信設備が副次的に発する電波又は高周波電流」を「第四条第一項但書の規定による免許を要しない無線局（以下「免許を要しない無線局」という。）の無線設備の発する電波又は受信設備が副次的に発する電波若しくは高周波電流」に改め、同条第二項中「放送の受信を目的とする受信設備」を「免許を要しない無線局の無線設備について又は放送の受信を目的とする受信設備」に改める。

（免許を要しない無線局及び受信設備に対する監督）

第八十二条　郵政大臣は、第四条第一項但書の規定による免許を要しない無線局（以下「免許を要しない無線局」という。）の無線設備の発する電波又は受信設備が副次的に発する電波若しくは高周波電流が他の無線設備の機能に継続的且つ重大な障害を与えるときは、その設備の所有者又は占有者に対し、その障害を除去するために必要な措置をとるべきことを命ずることができる。

2　郵政大臣は、免許を要しない無線局の無線設備について又は放送の受信を目的とする受信設備以外の受信設備について前項の措置をとるべきことを命じた場合において特に必要があると認めるときは、その職員を当該設備のある場所に派遣し、その設備を検査させることができる。

3　第七十三条第三項及び第四項の規定は、前項の場合に準用する。

【十七次改正】

許可、認可等の整理に関する法律（昭和四十七年七月一日法律第百十一号）第十三条

第八十二条第三項中「第七十三条第三項及び第四項」を「第七十三条第五項及び第六項」に改める。

（免許を要しない無線局及び受信設備に対する監督）

第八十二条　郵政大臣は、第四条第一項但書の規定による免許を要しない無線局（以下「免許を要しない無線局」という。）の無線設備の発する電波又は受信設備が副次的に発する電波若しくは高周波電流が他の無線設備の機能に継続的且つ重大な障害を与えるときは、その設備の所有者又は占有者に対し、その障害を除去するために必要な措置をとるべきことを命ずることができる。

2　郵政大臣は、免許を要しない無線局の無線設備について又は放送の受信を目的とする受信設備以外の受信設備について前項の措置をとるべきことを命じた場合において特に必要があると認めるときは、その職員を当該設備のある場所に派遣し、その設備を検査させることができる。

3　第七十三条第五項及び第六項の規定は、前項の場合に準用する。

【 二十五次改正 】

電波法の一部を改正する法律（昭和五十六年五月二十三日法律第四十九号）

第八十二条第三項を次のように改める。
（改正後の第三項の規定は、後掲の条文の通り。）

（免許を要しない無線局及び受信設備に対する監督）

第八十二条　郵政大臣は、第四条第一項但書の規定による免許を要しない無線局（以下「免許を要しない無線局」という。）の無線設備の発する電波又は受信設備が副次的に発する電波若しくは高周波電流が他の無線設備の機能に継続的且つ重大な障害を与えるときは、その設備の所有者又は占有者に対し、その障害を除去するために必要な措置をとるべきことを命ずることができる。

2　郵政大臣は、免許を要しない無線局の無線設備について又は放送の受信を目的とする受信設備以外の受信設備について前項の措置をとるべきことを命じた場合において特に必要があると認めるときは、その職員を当該設備のある場所に派遣し、その設備を検査させることができる。

3　第三十八条の十二第二項及び第三項の規定は、前項の規定による検査に準用する。

【 三十二次改正 】

日本電信電話株式会社法及び電気通信事業法の施行に伴う関係法律の整備等に関する法律（昭和五十九年十二月二十五日法律第八十七号）第四十七項

第八十二条第一項中「第四条第一項但書」を「第四条ただし書」に、「且つ」を「かつ」に改める。

（免許を要しない無線局及び受信設備に対する監督）

第八十二条　郵政大臣は、第四条ただし書の規定による免許を要しない無線局（以下「免許を要しない無線局」という。）の無線設備の発する電波又は受信設備が副次的に発する電波若しくは高周波電流が他の無線設備の機能に継続的かつ重大な障害を与えるときは、その設備の所有者又は占有者に対し、その障害を除去するために必要な措置をとるべきことを命ずることができる。

2　郵政大臣は、免許を要しない無線局の無線設備について又は放送の受信を目的とする受信設備以外の受信設備について前項の措置をとるべきことを命じた場合において特に必要があると認めるときは、その職員を当該設備のある場所に派遣し、その設備を検査させることができる。

3　第三十八条の十二第二項及び第三項の規定は、前項の規定による検査に準用する。

【 六十二次改正 】

中央省庁等改革関係法施行法（平成十一年十二月二十二日法律第百六十号）第百九十三条

本則（第九十九条の十二第二項を除く。）中「郵政大臣」を「総務大臣」に、「郵政省令」を「総務省令」に、「通商産業大臣」を「経済産業大臣」に、「建設大臣」を「国土交通大臣」に、「地方電気通信監理局長」を「総合通信局長」に、「沖縄郵政管理事務所長」を「沖縄総合通信事務所長」に改める。

（免許を要しない無線局及び受信設備に対する監督）

第八十二条　総務大臣は、第四条ただし書の規定による免許を要しない無線局（以下「免許を要しない無線局」という。）の無線設備の発する電波又は受信設備が副次的に発する電波若しくは高周波電流が他の無線設備の機能に継続的かつ重大な障害を与えるときは、その設備の所有者又は占有者に対し、その障害を除去するために必要な措置をとるべきことを命ずることができる。

２　総務大臣は、免許を要しない無線局の無線設備について又は放送の受信を目的とする受信設備以外の受信設備について前項の措置をとるべきことを命じた場合において特に必要があると認めるときは、その職員を当該設備のある場所に派遣し、その設備を検査させることができる。

３　第三十八条の十二第二項及び第三項の規定は、前項の規定による検査に準用する。

【　七十三次改正　】

電波法の一部を改正する法律（平成十五年六月六日法律第六十八号）

第八十二条第三項中「第三十八条の十二第二項」を「第三十九条の九第二項」に、「準用」を「ついて準用」に改める。

（免許を要しない無線局及び受信設備に対する監督）

第八十二条　総務大臣は、第四条ただし書の規定による免許を要しない無線局（以下「免許を要しない無線局」という。）の無線設備の発する電波又は受信設備が副次的に発する電波若しくは高周波電流が他の無線設備の機能に継続的かつ重大な障害を与えるときは、その設備の所有者又は占有者に対し、その障害を除去するために必要な措置をとるべきことを命ずることができる。

２　総務大臣は、免許を要しない無線局の無線設備について又は放送の受信を目的とする受信設備以外の受信設備について前項の措置をとるべきことを命じた場合において特に必要があると認めるときは、その職員を当該設備のある場所に派遣し、その設備を検査させることができる。

３　第三十九条の九第二項及び第三項の規定は、前項の規定による検査について準用する。

【　八十次改正　】

電波法及び有線電気通信法の一部を改正する法律（平成十六年五月十九日法律第四十七号）第二条

第八十二条の見出し中「免許」を「免許等」に改め、同条第一項中「第四条ただし書の規定による免許を要しない無線局（以下「免許」を「第四条第一号から第三号までに掲げる無線局（以下「免許等」に改め、同条第二項中「免許」を「免許等」に改める。

（免許等を要しない無線局及び受信設備に対する監督）

第八十二条　総務大臣は、第四条第一号から第三号までに掲げる無線局（以下「免許等を要しない無線局」という。）の無線設備の発する電波又は受信設備が副次的に発する電波若しくは高周波電流が他の無線設備の機能に継続的かつ重大な障害を与えるときは、その設備の所有者又は占有者に対し、その障害を除去するために必要な措置をとるべきことを命ずることができる。

２　総務大臣は、免許等を要しない無線局の無線設備について又は放送の受信を目的とする受信設備以外の受信設備について前項の措置をとるべきことを命じた場合において特に必要があると認めるときは、その職員を当該設備のある場所に派遣し、その設備を検査させることができる。

３　第三十九条の九第二項及び第三項の規定は、前項の規定による検査について準用する。

【百三次改正】

電気通信事業法等の一部を改正する法律（平成二十七年五月二十二日法律第二十六号）第二条

第八十二条第一項中「第四条第一号」を「第四条第一項第一号」に改める。

（免許等を要しない無線局及び受信設備に対する監督）

第八十二条　総務大臣は、第四条第一項第一号から第三号までに掲げる無線局（以下「免許等を要しない無線局」という。）の無線設備の発する電波又は受信設備が副次的に発する電波若しくは高周波電流が他の無線設備の機能に継続的かつ重大な障害を与えるときは、その設備の所有者又は占有者に対し、その障害を除去するために必要な措置をとるべきことを命ずることができる。

２　総務大臣は、免許等を要しない無線局の無線設備について又は放送の受信を目的とする受信設備以外の受信設備について前項の措置をとるべきことを命じた場合において特に必要があると認めるときは、その職員を当該設備のある場所に派遣し、その設備を検査させることができる。

３　第三十九条の九第二項及び第三項の規定は、前項の規定による検査について準用する。

平成 30 年 1 月 22 日　初版発行

電 波 法 の 歴 史
—全改正逐条通史—
上 巻
（上・下巻 1 セット）

定　価　（本体 10,000 円＋税）

編著者　武智健二

発行者　一般財団法人情報通信振興会
郵便番号　170-8480
東京都豊島区駒込 2-3-10
電話　03-3940-3951
FAX　03-3940-4055
URL　https://dsk.or.jp
印刷　株式会社エム.ティ.ディ

ISBN978-4-8076-0853-9 C3065¥10000E